线性代数

第 2 版

居余马
胡金德 林翠琴
王飞燕 邢文训
编著

清华大学出版社
北 京

内容简介

本书为高等院校理工科教材. 全书共7章,内容包括:行列式;矩阵;线性方程组;向量空间与线性变换;特征值和特征向量,矩阵的对角化;二次型及应用问题. 书末附录中还介绍了内积空间,埃尔米特二次型;约当(Jordan)标准形;并汇编了历年硕士研究生入学考试中的线性代数试题.

本书内容丰富,层次清晰,阐述深入浅出,简明扼要. 可作为高等院校的教材(适用于35～70课时的教学)或教学参考书和考研复习用书.

图书在版编目(CIP)数据

线性代数/居余马等编著. —2版. —北京:清华大学出版社,2002.9(2024.10重印)
ISBN 978-7-302-05534-1

Ⅰ. 线…　Ⅱ. 居…　Ⅲ. 线性代数－高等学校－教材　Ⅳ. O151.2

中国版本图书馆CIP数据核字(2002)第037392号

责任编辑:刘　颖
责任印制:杨　艳
出版发行:清华大学出版社
网　址:https://www.tup.com.cn, https://www.wqxuetang.com
地　址:北京清华大学学研大厦A座　邮　编:100084
社总机:010-83470000　邮　购:010-62786544
投稿与读者服务:010-62776969,c-service@tup.tsinghua.edu.cn
质 量 反 馈:010-62772015,zhiliang@tup.tsinghua.edu.cn
印 装 者:北京同文印刷有限责任公司
经　销:全国新华书店
开　本:140mm×203mm　印　张:12.625　字　数:316千字
版　次:2002年9月第2版　印　次:2024年10月第45次印刷
定　价:39.00元

产品编号:005534-06

第2版序言

本书第2版在正文的基本内容及教材的体系框架和章节安排方面，基本上与原书(第1版)一致，保留了原书的风格．第2版的变化主要有以下几点．

1. 改变了部分内容的阐述方式．正文有些部分(如矩阵运算的特点，用配方法和初等变换法化二次型为标准形等)的阐述更为精炼和简明易懂．

2. 增加了部分内容．在第2章中增添了附录2——数域　命题　量词，着重说明了用反证法证明一个命题的思路，以及如何表述含有量词(∀，∃)的命题的否命题，这些内容可安排自学，它有助于学生更好地掌握一些定理的证明方法．此外，在第4章的4.6节中增添了线性变换的象(值域)和核的概念及它们的维数公式，这可使学生更清楚地理解：齐次和非齐线性方程组的求解只是向量空间的线性变换求核和原象的一个具体问题．

3. 对例题和习题的配置作了一些调整和充实．与原书的题目相比，第2版的例题和习题更丰富，题型也更多样，更能启迪读者运用基本概念、基本理论和基本方法去分析、解决各种具体问题．在补充题中配置了相当数量的新题目，它们与历年来考研试题的要求和题型相适应，其中有些就是考研试题．

4. 按本书前6章的体系汇编了历年来硕士研究生入学考试中线性代数试题，这不仅使有志于攻读硕士研究生的学生能在学习过程中就作适当的准备，而且所有学生也能从中具体理解线性代数课程的基本要求和重点．考虑到学生掌握了本教材的正文内容，并能演算和证明所配置的习题和部分补充题，就不难独立完成这些考研试题，所以我们没有给出这些试题的答案（只对个别较难的题给了提示），不给答案也有利于学生在答题过程中通过思考和钻研，提高自己分析、解决问题的能力.

第2版的编写是5位编著者的共同愿望，经过讨论，正文由居余马执笔编写，习题的配置和历年考研试题的汇编由林翠琴负责编写. 本书第2版也是在出版社刘颖博士大力促进与支持下才顺利与读者见面的，在此特向他致以深切的谢意. 由于编著者水平所限，不妥之处在所难免，恳请读者和使用本教材的教师批评指正.

编著者

2002年2月于清华园

第1版序言

本书是根据全国工科数学课程指导委员会制定的《线性代数》课程基本要求，以及我们多年来在清华大学讲授本课程的实际体会编写而成的. 本书适用于教学要求不同的院校和专业，课内学时为 35～72 的都可选用本书作为教材.

线性代数是一门基础数学课程，它的基本概念、理论和方法，具有较强的逻辑性、抽象性和广泛的实用性；它的核心内容是研究有限维线性空间的结构和线性空间的线性变换. 由于数域 F 上的 n 维线性空间 $V(F)$ 与 n 维向量空间 F^n 是同构的，给定了 n 维线性空间 $V(F)$ 的一组基后，$V(F)$ 的线性变换与数域 F 上的 n 阶矩阵一一对应，因此，在学时较少的情况下，教学的基本要求是：熟练掌握 n 维向量的线性运算，理解线性相关性的理论，搞清 $\mathbb{R}^n$ 的基、向量在基下的坐标、向量的内积运算及向量的长度与夹角等概念；熟练掌握矩阵的基本运算、线性方程组的解的理论和求解方法；掌握矩阵的特征值和特征向量、矩阵的对角化及二次型的标准形和正定二次型的基本概念和理论. 在上述教学内容中，要注重基本概念和理论，着重培养熟练的运算能力，适当地训练逻辑思维和推理能力.

关于教材内容，作了以下一些处理：

1. 关于行列式. 采用简便的递归法来定义 n 阶行列式，并相应地证明它的性质. 这比用逆序法定义可节省一些学时.

2. 关于矩阵. 从高斯消元法入手，引进矩阵和初等变换的概念. 对于矩阵的运算，除了要熟练掌握加法、数乘、乘法、求逆及转置等基本运算，还要加强初等变换和分块矩阵运算，它们不仅是矩阵运算的重要方法和技巧，而且在理论分析中也有重要意义.

3. 关于线性方程组. 将方程组放在矩阵之后讲解，可以充分利用矩阵工具，使表述简明. 向量的线性相关性的概念和矩阵的秩的概念是这一章的难点，以三维几何向量在线性运算下的关系作背景，抽象出 n 维向量的线性相关性的概念，便于初学者理解这个重要的概念. 利用初等行变换不改变矩阵的行秩和列秩以及阶梯形矩阵的行秩等于列秩，来证明矩阵的列秩等于其行秩，这样容易为读者所理解.

4. 关于向量空间. 重点放在搞清 $\mathbb{R}^n$ 的基本结构，以三维几何向量为背景，一并提出 $\mathbb{R}^n$ 中的线性运算和内积运算，阐明 $\mathbb{R}^n$ 的基和向量在基下的坐标的概念以及向量的几何度量性. 如果教学学时允许的话，在 $\mathbb{R}^n$ 的基础上再进一步讲授一般线性空间的概念和理论. 至于一般的欧氏空间和内积空间的概念，则把它放在附录中，这是因为受一般工科院校的本课程学时所限，而不能列入教学要求.

5. 关于线性变换. 以一元线性函数为背景，抽象出 n 维向量空间的线性变换的概念，并列举了 CAD 中常用的线性变换的例子. 进而讲了线性变换的矩阵表示和线性变换的运算.

6. 关于特征值和特征向量，书中只讲矩阵的特征值和特征向量. 深入讨论了矩阵可对角化的条件，学时少时可重点掌握实对称矩阵的对角化.

7. 关于二次型. 将其放在最后，目的是用已学过的知识，全面地讨论二次型化标准形的方法和正定二次型的判定. 学时少时只要求掌握通过正交变换化二次型为标准形.

8. 关于应用问题. 书中专列一章应用问题，是为学有余力的学生提供一些材料，使他们对线性代数应用的广泛性有所了解.

本书的编排情况为：

(1) 正文分为基本部分、引申和应用部分及附录. 基本部分共6章,引申部分用打"*"的办法安排在有关章节.

(2) 习题分为基本题、打"*"题和补充题. 打"*"题主要是一些证明题和引申内容的训练题,补充题一般比打"*"题更难一些.

对于课内不超过40学时的院校,我们建议以正文的基本部分和习题的基本题作为讲授和训练的基本要求.

本书由居余马(主编)与胡金德、林翠琴、王飞燕、邢文训合编,是在居余马(主编)与胡金德合编的《线性代数及其应用》的基础上作了较大修改而写成的. 第1章由王飞燕、第2章及附录B由胡金德、第3,4章由居余马、第5,7章由林翠琴、第6章及附录A由邢文训编写,最后由主编作了些修改而定稿. 由于水平所限,不妥或谬误之处在所难免,恳请读者和使用本教材的教师批评指正.

编 者

1994年5月于清华园

目 录

第 1 章 行列式 ………………………………………………… 1
1.1 n 阶行列式的定义及性质 ………………………………… 1
1.2 n 阶行列式的计算 ……………………………………… 12
1.3 克拉默法则 ……………………………………………… 22
附录 1 性质 1 的证明 双重连加号 ……………………… 28
习题 补充题 答案 ………………………………………… 32

第 2 章 矩阵 ………………………………………………… 41
2.1 高斯消元法 ……………………………………………… 41
2.2 矩阵的加法 数量乘法 乘法 ……………………………… 49
2.3 矩阵的转置 对称矩阵 …………………………………… 61
2.4 可逆矩阵的逆矩阵 ……………………………………… 63
2.5 矩阵的初等变换和初等矩阵 …………………………… 70
2.6 分块矩阵 ………………………………………………… 79
附录 2 数域 命题 量词 ………………………………… 89
习题 补充题 答案 ………………………………………… 92

第 3 章 线性方程组 …………………………………………… 109
3.1 n 维向量及其线性相关性 ……………………………… 109
3.2 向量组的秩及其极大线性无关组 ……………………… 119
3.3 矩阵的秩 *相抵标准形 ………………………………… 122
3.4 齐次线性方程组有非零解的条件及解的结构 …… 132

3.5 非齐次线性方程组有解的条件及解的结构 ……… 138
习题 补充题 答案 ……………………………………… 146

第 4 章 向量空间与线性变换 ……………………………… 158
4.1 $\mathbb{R}^n$的基与向量关于基的坐标 …………………… 158
4.2 $\mathbb{R}^n$中向量的内积 标准正交基和正交矩阵 ……… 165
*4.3 线性空间的定义及简单性质 ………………………… 174
*4.4 线性子空间 ……………………………………… 177
*4.5 线性空间的基 维数 向量的坐标 ………………… 182
*4.6 向量空间的线性变换 ………………………………… 189
习题 补充题 答案 ……………………………………… 210

第 5 章 特征值和特征向量 矩阵的对角化 ……………… 223
5.1 矩阵的特征值和特征向量 相似矩阵 ……………… 223
5.2 矩阵可对角化的条件 ………………………………… 232
5.3 实对称矩阵的对角化 ………………………………… 241
习题 补充题 答案 ……………………………………… 247

第 6 章 二次型 ……………………………………………… 257
6.1 二次型的定义和矩阵表示 合同矩阵 ……………… 258
6.2 化二次型为标准形 …………………………………… 262
*6.3 惯性定理和二次型的规范形 ………………………… 275
6.4 正定二次型和正定矩阵 ……………………………… 278
*6.5 其他有定二次型 …………………………………… 286
习题 补充题 答案 ……………………………………… 289

*第 7 章 应用问题 ………………………………………… 298
7.1 人口模型 …………………………………………… 298

7.2 马尔可夫链 …… 306
7.3 投入产出数学模型 …… 311
7.4 图的邻接矩阵 …… 317
7.5 递推关系式的矩阵解法 …… 320
7.6 矩阵在求解常系数线性微分方程组中的应用 …… 323
7.7 不相容方程组的最小二乘解 …… 328
习题 补充题 答案 …… 334

附录A 内积空间 埃尔米特二次型 …… 342
A.1 实内积空间 欧氏空间 …… 342
A.2 度量矩阵和标准正交基 …… 346
A.3 复向量的内积 酉空间 …… 351
A.4 酉矩阵和埃尔米特二次型 …… 353
习题 答案 …… 355

附录B 约当标准形(简介) …… 359
习题 答案 …… 368

附录C 历年硕士研究生入学考试中线性代数试题汇编 …… 371

索引 …… 387

第 1 章

行　列　式

在线性代数中，行列式是一个基本工具，讨论很多问题时都要用到它. 本章先简单介绍二、三阶行列式的定义及按第一行的展开式，再进一步讨论 n 阶行列式. 本章主要内容：n 阶行列式的定义及其性质；行列式的计算；求解一类非齐次线性方程组的克拉默(Cramer)法则，以及由此得到的方程个数与未知量个数相同的齐次线性方程组有非零解的必要条件.

1.1　n 阶行列式的定义及性质

行列式的概念首先是在求解方程个数与未知量个数相同的一次方程组时提出来的(以后常把一次方程组称为线性方程组)，例如对于一个二元一次方程组

$$\begin{cases} a_{11}x_1 + a_{12}x_2 = b_1, \\ a_{21}x_1 + a_{22}x_2 = b_2. \end{cases} \tag{1.1}$$

当 $a_{11}a_{22} - a_{12}a_{21} \neq 0$ 时，用消元法求解，得其解为

$$x_1 = \frac{b_1 a_{22} - a_{12} b_2}{a_{11}a_{22} - a_{12}a_{21}}, \quad x_2 = \frac{a_{11}b_2 - b_1 a_{21}}{a_{11}a_{22} - a_{12}a_{21}}. \tag{1.2}$$

人们从(1.2)式中发现，如果记

$$D=\begin{vmatrix} a & b \\ c & d \end{vmatrix}=ad-bc, \tag{1.3}$$

则(1.2)式可以表示为

$$x_1=\frac{\begin{vmatrix} b_1 & a_{12} \\ b_2 & a_{22} \end{vmatrix}}{\begin{vmatrix} a_{11} & a_{12} \\ a_{21} & a_{22} \end{vmatrix}},\quad x_2=\frac{\begin{vmatrix} a_{11} & b_1 \\ a_{21} & b_2 \end{vmatrix}}{\begin{vmatrix} a_{11} & a_{12} \\ a_{21} & a_{22} \end{vmatrix}}.$$

我们把(1.3)式中的 D 称为**二阶行列式**.

对于由 9 个元素 $a_{ij}(i,j=1,2,3)$ 排成三行三列的式子,定义

$$\begin{vmatrix} a_{11} & a_{12} & a_{13} \\ a_{21} & a_{22} & a_{23} \\ a_{31} & a_{32} & a_{33} \end{vmatrix}=a_{11}a_{22}a_{33}+a_{12}a_{23}a_{31}+a_{13}a_{21}a_{32}-a_{13}a_{22}a_{31}-a_{12}a_{21}a_{33}-a_{11}a_{23}a_{32}, \tag{1.4}$$

并称它为**三阶行列式**(横为行,竖为列).

(1.4)式中的 6 项是按下面(1.5)式所示的方法(称为**沙路法**)得到的.

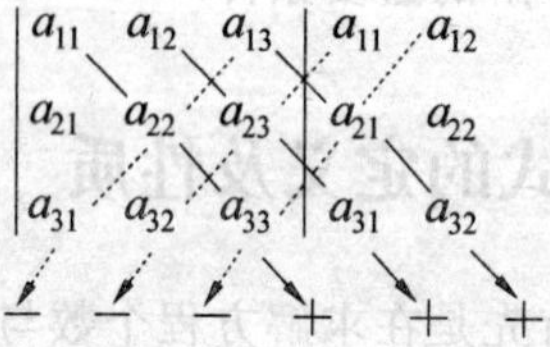

(1.5)

如果三元线性方程组

$$\begin{cases} a_{11}x_1+a_{12}x_2+a_{13}x_3=b_1, \\ a_{21}x_1+a_{22}x_2+a_{23}x_3=b_2, \\ a_{31}x_1+a_{32}x_2+a_{33}x_3=b_3 \end{cases}$$

的系数行列式

$$D=\begin{vmatrix} a_{11} & a_{12} & a_{13} \\ a_{21} & a_{22} & a_{23} \\ a_{31} & a_{32} & a_{33} \end{vmatrix}\neq 0,$$

用消元法求解这个方程组，可得

$$x_1=\frac{D_1}{D},\quad x_2=\frac{D_2}{D},\quad x_3=\frac{D_3}{D}. \tag{1.6}$$

其中 $D_j(j=1,2,3)$ 是用常数项 b_1,b_2,b_3 替换 D 中的第 j 列所得到的三阶行列式，即

$$D_1=\begin{vmatrix} b_1 & a_{12} & a_{13}\\ b_2 & a_{22} & a_{23}\\ b_3 & a_{32} & a_{33}\end{vmatrix},\quad D_2=\begin{vmatrix} a_{11} & b_1 & a_{13}\\ a_{21} & b_2 & a_{23}\\ a_{31} & b_3 & a_{33}\end{vmatrix},\quad D_3=\begin{vmatrix} a_{11} & a_{12} & b_1\\ a_{21} & a_{22} & b_2\\ a_{31} & a_{32} & b_3\end{vmatrix}.$$

但是，对于 n 阶行列式（$n>3$），不能如(1.5)式（沙路法）那样定义. 因为如果像(1.5)式那样定义 n 阶行列式，当 $n>3$ 时，它将与二、三阶行列式没有统一的运算性质，而且对 n 元线性方程组也得不到像(1.6)式那样的求解公式. 因此，对一般的 n 阶行列式要用另外的方法来定义. 在代数中，它可以用三种不同的方法做定义，我们采用简明的递归法做定义.

从二、三阶行列式的展开式中，我们发现它们遵循着一个共同的规律——可以按第一行展开，即

$$D=\begin{vmatrix} a_{11} & a_{12} & a_{13}\\ a_{21} & a_{22} & a_{23}\\ a_{31} & a_{32} & a_{33}\end{vmatrix}$$

$$=a_{11}\begin{vmatrix} a_{22} & a_{23}\\ a_{32} & a_{33}\end{vmatrix}-a_{12}\begin{vmatrix} a_{21} & a_{23}\\ a_{31} & a_{33}\end{vmatrix}+a_{13}\begin{vmatrix} a_{21} & a_{22}\\ a_{31} & a_{32}\end{vmatrix}, \tag{1.7}$$

其中

$$M_{11}=\begin{vmatrix} a_{22} & a_{23}\\ a_{32} & a_{33}\end{vmatrix},\quad M_{12}=\begin{vmatrix} a_{21} & a_{23}\\ a_{31} & a_{33}\end{vmatrix},\quad M_{13}=\begin{vmatrix} a_{21} & a_{22}\\ a_{31} & a_{32}\end{vmatrix}$$

分别称为元素 a_{11},a_{12},a_{13} 的余子式，并称 $A_{11}=(-1)^{1+1}M_{11}$，$A_{12}=(-1)^{1+2}M_{12}$，$A_{13}=(-1)^{1+3}M_{13}$ 分别为 a_{11},a_{12},a_{13} 的代数余子式. 如此，(1.7)式即为

$$D=a_{11}A_{11}+a_{12}A_{12}+a_{13}A_{13}.$$

同样

$$D=\begin{vmatrix} a_{11} & a_{12} \\ a_{21} & a_{22} \end{vmatrix}=a_{11}A_{11}+a_{12}A_{12}, \tag{1.8}$$

其中

$$A_{11}=(-1)^{1+1}\,|a_{22}|=a_{22},\quad A_{12}=(-1)^{1+2}\,|a_{21}|=-a_{21}.$$

这里$|a_{22}|$,$|a_{21}|$是一阶行列式(不是数的绝对值). 我们把 a 的一阶行列式$|a|$定义为a.

如果把(1.7),(1.8)两式作为三阶、二阶行列式的定义,那么这种定义的方法是统一的,它们都是用低阶行列式定义高一阶的行列式. 因此人们很自然地会想到,用这种递归的方法来定义一般的 n 阶行列式. 对于这样定义的各阶行列式,将会有统一的运算性质. 下面我们给出 n 阶行列式的递归法定义.

1.1.1　n 阶行列式的定义

定义　由 n^2 个数 $a_{ij}(i,j=1,2,\cdots,n)$组成的 n 阶行列式

$$D=\begin{vmatrix} a_{11} & a_{12} & \cdots & a_{1n} \\ a_{21} & a_{22} & \cdots & a_{2n} \\ \vdots & \vdots & & \vdots \\ a_{n1} & a_{n2} & \cdots & a_{nn} \end{vmatrix}\quad (简记作\ |a_{ij}|_1^n) \tag{1.9}$$

是一个算式. 当 $n=1$ 时,定义 $D=|a_{11}|=a_{11}$;当 $n\geqslant 2$ 时,定义

$$D=a_{11}A_{11}+a_{12}A_{12}+\cdots+a_{1n}A_{1n}=\sum_{j=1}^{n}a_{1j}A_{1j}, \tag{1.10}$$

其中

$$A_{1j}=(-1)^{1+j}M_{1j},$$

M_{1j}是D 中去掉第 1 行第 j 列全部元素后,按原顺序排成的 $n-1$ 阶行列式,即

$$M_{1j}=\begin{vmatrix} a_{21} & \cdots & a_{2j-1} & a_{2j+1} & \cdots & a_{2n} \\ a_{31} & \cdots & a_{3j-1} & a_{3j+1} & \cdots & a_{3n} \\ \vdots & & \vdots & \vdots & & \vdots \\ a_{n1} & \cdots & a_{nj-1} & a_{nj+1} & \cdots & a_{nn} \end{vmatrix}\quad (j=1,2,\cdots,n),$$

并称 M_{1j} 为元素 a_{1j} 的**余子式**，A_{1j} 为元素 a_{1j} 的**代数余子式**.

在(1.9)式中，$a_{11},a_{22},\cdots,a_{nn}$ 所在的对角线称为行列式的**主对角线**，相应地 $a_{11},a_{22},\cdots,a_{nn}$ 称为**主对角元**，另一条对角线称为行列式的**副对角线**.

由定义可见，行列式这个算式是由其 n^2 个元素 $a_{ij}(i,j=1,2,\cdots,n)$ 构成的 n 次齐次多项式(称作**展开式**)，二阶行列式的展开式中共有 2！项；三阶行列式的展开式中共有 3！项；n 阶行列式的展开式中共有 n！项，其中每一项都是不同行不同列的 n 个元素的乘积，在全部 n！项中，带正号的项和带负号的项各占一半(以上结论可根据定义，用数学归纳法给以证明). 当第一行元素为 $x_1,x_2,\cdots,x_n$ 时，n 阶行列式是 $x_1,x_2,\cdots,x_n$ 的一次齐次多项式.

例 1 证明 n 阶下三角行列式(当 $i<j$ 时，$a_{ij}=0$，即主对角线以上元素全为 0)

$$D_n=\begin{vmatrix} a_{11} & 0 & \cdots & 0 \\ a_{21} & a_{22} & \cdots & 0 \\ \vdots & \vdots & \ddots & \vdots \\ a_{n1} & a_{n2} & \cdots & a_{nn} \end{vmatrix}=a_{11}a_{22}\cdots a_{nn}.$$

证 对 n 作数学归纳法. 当 $n=2$ 时，结论成立.

假设结论对 $n-1$ 阶下三角行列式成立，则由定义得

$$D_n=\begin{vmatrix} a_{11} & 0 & \cdots & 0 \\ a_{21} & a_{22} & \cdots & 0 \\ \vdots & \vdots & \ddots & \vdots \\ a_{n1} & a_{n2} & \cdots & a_{nn} \end{vmatrix}=(-1)^{1+1}a_{11}\begin{vmatrix} a_{22} & 0 & \cdots & 0 \\ a_{32} & a_{33} & \cdots & 0 \\ \vdots & \vdots & \ddots & \vdots \\ a_{n2} & a_{n3} & \cdots & a_{nn} \end{vmatrix},$$

右端行列式是 $n-1$ 阶下三角行列式，根据归纳假设得

$$D_n=a_{11}(a_{22}a_{33}\cdots a_{nn}).$$ ■

同理可证,n 阶对角行列式(非主对角线上的元素全为0)

$$\begin{vmatrix} a_{11} & 0 & \cdots & 0 \\ 0 & a_{22} & \cdots & 0 \\ \vdots & \vdots & \ddots & \vdots \\ 0 & 0 & \cdots & a_{nn} \end{vmatrix} = a_{11}\, a_{22} \cdots a_{nn}.$$

例 2 计算 n 阶行列式(副对角线以上元素全为0)

$$D_n = \begin{vmatrix} 0 & 0 & \cdots & 0 & a_n \\ 0 & 0 & \cdots & a_{n-1} & * \\ \vdots & \vdots & ⋰ & \vdots & \vdots \\ 0 & a_2 & \cdots & * & * \\ a_1 & * & \cdots & * & * \end{vmatrix},$$

其中,$a_i \neq 0 \quad (i=1,2,\cdots,n)$,"$*$"表示元素为任意数.

解 注意,对一般的 n,这个行列式不等于 $-a_1a_2\cdots a_n$. 利用行列式定义,可得到

$$D_n = (-1)^{n+1} a_n \begin{vmatrix} 0 & 0 & \cdots & a_{n-1} \\ \vdots & \vdots & ⋰ & \vdots \\ 0 & a_2 & \cdots & * \\ a_1 & * & \cdots & * \end{vmatrix} = (-1)^{n-1} a_n D_{n-1},$$

再利用上面 n 阶与 $n-1$ 阶行列式之间的关系(通常称为**递推关系**或**递推公式**),递推可得

$$\begin{aligned} D_n &= (-1)^{n-1} a_n D_{n-1} = (-1)^{n-1} a_n (-1)^{n-2} a_{n-1} D_{n-2} \\ &\cdots\cdots\cdots\cdots\cdots\cdots \\ &= (-1)^{(n-1)+(n-2)+\cdots+2+1} a_n a_{n-1} \cdots a_2 a_1 \\ &= (-1)^{\frac{n(n-1)}{2}} a_n a_{n-1} \cdots a_2 a_1. \end{aligned}$$

例如，当 $n=2,3$ 时，$D_2=-a_1a_2$，$D_3=-a_1a_2a_3$；当 $n=4,5$ 时，$D_4=a_1a_2a_3a_4$，$D_5=a_1a_2a_3a_4a_5$.

此结论对副对角线以下元素全为 0 的行列式也成立. 利用下面讲的性质 2，对最后一列展开，也得同样的递推公式.

1.1.2 n阶行列式的性质

直接用行列式的定义计算行列式，一般是较繁琐的. 因此，我们要从定义推导出行列式的一些性质，以简化行列式的计算.

性质 1 行列式的行与列（按原顺序）互换，其值不变，即

$$\begin{vmatrix} a_{11} & a_{12} & \cdots & a_{1n} \\ a_{21} & a_{22} & \cdots & a_{2n} \\ \vdots & \vdots & & \vdots \\ a_{n1} & a_{n2} & \cdots & a_{nn} \end{vmatrix} = \begin{vmatrix} a_{11} & a_{21} & \cdots & a_{n1} \\ a_{12} & a_{22} & \cdots & a_{n2} \\ \vdots & \vdots & & \vdots \\ a_{1n} & a_{2n} & \cdots & a_{nn} \end{vmatrix}. \tag{1.11}$$

这个性质可用数学归纳法证明，由于证明的表述较繁琐，我们略去其证明，有兴趣的读者可参阅本章附录.

有了这个性质，行列式对行成立的性质都适用于列. 以下我们仅对行讨论行列式的性质.

性质 2 行列式(1.9)对任一行按下式展开，其值相等，即

$$D = a_{i1}A_{i1} + a_{i2}A_{i2} + \cdots + a_{in}A_{in} = \sum_{j=1}^{n} a_{ij}A_{ij} \quad (i = 1,2,\cdots,n), \tag{1.12}$$

其中

$$A_{ij} = (-1)^{i+j}M_{ij},$$

M_{ij} 是 D 中去掉第 i 行第 j 列全部元素后按原顺序排成的 $n-1$ 阶行列式，它称为 a_{ij} 的**余子式**，A_{ij} 称为 a_{ij} 的**代数余子式**.

证法与性质1的证明类似，也用数学归纳法（参阅本章附录）.

性质3 （线性性质）有以下两条：

$$
\text{(i)}\quad \begin{vmatrix} a_{11} & a_{12} & \cdots & a_{1n} \\ \vdots & \vdots & & \vdots \\ ka_{i1} & ka_{i2} & \cdots & ka_{in} \\ \vdots & \vdots & & \vdots \\ a_{n1} & a_{n2} & \cdots & a_{nn} \end{vmatrix} = k \begin{vmatrix} a_{11} & a_{12} & \cdots & a_{1n} \\ \vdots & \vdots & & \vdots \\ a_{i1} & a_{i2} & \cdots & a_{in} \\ \vdots & \vdots & & \vdots \\ a_{n1} & a_{n2} & \cdots & a_{nn} \end{vmatrix}. \tag{1.13}
$$

$$
\text{(ii)}\quad \begin{vmatrix} a_{11} & a_{12} & \cdots & a_{1n} \\ \vdots & \vdots & & \vdots \\ a_{i1}+b_{i1} & a_{i2}+b_{i2} & \cdots & a_{in}+b_{in} \\ \vdots & \vdots & & \vdots \\ a_{n1} & a_{n2} & \cdots & a_{nn} \end{vmatrix}
$$

$$
= \begin{vmatrix} a_{11} & a_{12} & \cdots & a_{1n} \\ \vdots & \vdots & & \vdots \\ a_{i1} & a_{i2} & \cdots & a_{in} \\ \vdots & \vdots & & \vdots \\ a_{n1} & a_{n2} & \cdots & a_{nn} \end{vmatrix} + \begin{vmatrix} a_{11} & a_{12} & \cdots & a_{1n} \\ \vdots & \vdots & & \vdots \\ b_{i1} & b_{i2} & \cdots & b_{in} \\ \vdots & \vdots & & \vdots \\ a_{n1} & a_{n2} & \cdots & a_{nn} \end{vmatrix}. \tag{1.14}
$$

利用性质2，将(1.13)，(1.14)式中等号左端的行列式按第 i 行展开，立即可得等号右端的结果.

由(1.13)式又可得：

推论1 某行元素全为零的行列式其值为零.

性质4 行列式中两行对应元素全相等，其值为零，即当 $a_{il}=a_{jl}\,(i\neq j, l=1,2,\cdots,n)$ 时，有

$$D=\begin{vmatrix} a_{11} & a_{12} & \cdots & a_{1n} \\ \vdots & \vdots & & \vdots \\ a_{i1} & a_{i2} & \cdots & a_{in} \\ \vdots & \vdots & & \vdots \\ a_{j1} & a_{j2} & \cdots & a_{jn} \\ \vdots & \vdots & & \vdots \\ a_{n1} & a_{n2} & \cdots & a_{nn} \end{vmatrix}=0. \tag{1.15}$$

证 用数学归纳法证明. 结果对二阶行列式显然成立,假设结论对 $n-1$ 阶行列式成立,在 n 阶的情况下,对第 k 行展开($k\neq i,j$),则

$$D=a_{k1}A_{k1}+a_{k2}A_{k2}+\cdots+a_{kn}A_{kn}=\sum_{l=1}^{n}a_{kl}A_{kl}.$$

由于余子式 M_{kl}($l=1,2,\cdots,n$)是 $n-1$ 阶行列式,且其中都有两行元素相同,所以 $A_{kl}=(-1)^{k+l}M_{kl}=0$($l=1,2,\cdots,n$),故 $D=0$. ■

由性质 3(i)和性质 4,立即可得:

推论 2 行列式中两行对应元素成比例(即 $a_{jl}=ka_{il}$,$i\neq j$,$l=1,2,\cdots,n$,k 是常数),其值为零.

性质 5 在行列式中,把某行各元素分别乘非零常数 k,再加到另一行的对应元素上,行列式的值不变(简称: 对行列式做倍加行变换,其值不变),即

$$\begin{vmatrix} a_{11} & a_{12} & \cdots & a_{1n} \\ \vdots & \vdots & & \vdots \\ a_{i1} & a_{i2} & \cdots & a_{in} \\ \vdots & \vdots & & \vdots \\ a_{j1} & a_{j2} & \cdots & a_{jn} \\ \vdots & \vdots & & \vdots \\ a_{n1} & a_{n2} & \cdots & a_{nn} \end{vmatrix}=\begin{vmatrix} a_{11} & a_{12} & \cdots & a_{1n} \\ \vdots & \vdots & & \vdots \\ a_{i1} & a_{i2} & \cdots & a_{in} \\ \vdots & \vdots & & \vdots \\ ka_{i1}+a_{j1} & ka_{i2}+a_{j2} & \cdots & ka_{in}+a_{jn} \\ \vdots & \vdots & & \vdots \\ a_{n1} & a_{n2} & \cdots & a_{nn} \end{vmatrix}. \tag{1.16}$$

利用性质 3(ii)和推论 2,可证明(1.16)式成立.

性质 6(反对称性质)　行列式的两行对换,行列式的值反号.

证　重复用性质 5,然后再利用性质 3(i),就有

$$\begin{vmatrix} a_{11} & a_{12} & \cdots & a_{1n} \\ \vdots & \vdots & & \vdots \\ a_{i1} & a_{i2} & \cdots & a_{in} \\ \vdots & \vdots & & \vdots \\ a_{j1} & a_{j2} & \cdots & a_{jn} \\ \vdots & \vdots & & \vdots \\ a_{n1} & a_{n2} & \cdots & a_{nn} \end{vmatrix} = \begin{vmatrix} a_{11} & a_{12} & \cdots & a_{1n} \\ \vdots & \vdots & & \vdots \\ a_{i1}+a_{j1} & a_{i2}+a_{j2} & \cdots & a_{in}+a_{jn} \\ \vdots & \vdots & & \vdots \\ a_{j1} & a_{j2} & \cdots & a_{jn} \\ \vdots & \vdots & & \vdots \\ a_{n1} & a_{n2} & \cdots & a_{nn} \end{vmatrix}$$

$$= \begin{vmatrix} a_{11} & a_{12} & \cdots & a_{1n} \\ \vdots & \vdots & & \vdots \\ a_{i1}+a_{j1} & a_{i2}+a_{j2} & \cdots & a_{in}+a_{jn} \\ \vdots & \vdots & & \vdots \\ -a_{i1} & -a_{i2} & \cdots & -a_{in} \\ \vdots & \vdots & & \vdots \\ a_{n1} & a_{n2} & \cdots & a_{nn} \end{vmatrix}$$

$$= \begin{vmatrix} a_{11} & a_{12} & \cdots & a_{1n} \\ \vdots & \vdots & & \vdots \\ a_{j1} & a_{j2} & \cdots & a_{jn} \\ \vdots & \vdots & & \vdots \\ -a_{i1} & -a_{i2} & \cdots & -a_{in} \\ \vdots & \vdots & & \vdots \\ a_{n1} & a_{n2} & \cdots & a_{nn} \end{vmatrix} = -\begin{vmatrix} a_{11} & a_{12} & \cdots & a_{1n} \\ \vdots & \vdots & & \vdots \\ a_{j1} & a_{j2} & \cdots & a_{jn} \\ \vdots & \vdots & & \vdots \\ a_{i1} & a_{i2} & \cdots & a_{in} \\ \vdots & \vdots & & \vdots \\ a_{n1} & a_{n2} & \cdots & a_{nn} \end{vmatrix}.$$

■

性质 7　行列式某一行的元素乘另一行对应元素的代数余子式之和等于零,即

$$\sum_{k=1}^{n} a_{ik}A_{jk} = a_{i1}A_{j1} + a_{i2}A_{j2} + \cdots + a_{in}A_{jn} = 0 \quad (i \neq j). \tag{1.17}$$

证 根据性质2,行列式(1.9)对 j 行展开得

$$D = \sum_{k=1}^{n} a_{jk}A_{jk}.$$

因此,将行列式(1.9)中第 j 行的元素 $a_{j1},a_{j2},\cdots,a_{jn}$ 换成 a_{i1},$a_{i2},\cdots,a_{in}$ 后所得的行列式,其展开式就是 $\sum_{k=1}^{n} a_{ik}A_{jk}$,即

$$\sum_{k=1}^{n} a_{ik}A_{jk} = \begin{vmatrix} a_{11} & a_{12} & \cdots & a_{1n} \\ \vdots & \vdots & & \vdots \\ a_{i1} & a_{i2} & \cdots & a_{in} \\ \vdots & \vdots & & \vdots \\ a_{i1} & a_{i2} & \cdots & a_{in} \\ \vdots & \vdots & & \vdots \\ a_{n1} & a_{n2} & \cdots & a_{nn} \end{vmatrix} \begin{matrix} \\ \\ \text{第} i \text{行} \\ \\ \text{第} j \text{行} \\ \\ \\ \end{matrix}.$$

由于上式右端的行列式第 i 行和第 j 行对应元素相等,故

$$\sum_{k=1}^{n} a_{ik}A_{jk} = 0.$$ ■

对于行列式(1.9),我们可以把(1.10),(1.12),(1.17)式统一地写成

$$\sum_{k=1}^{n} a_{ik}A_{jk} = \delta_{ij}D,$$

其中

$$\delta_{ij} = \begin{cases} 1, & \text{当 } i = j, \\ 0, & \text{当 } i \neq j. \end{cases} \tag{1.18}$$

同样,行列式(1.9)对列展开,也有

$$\sum_{k=1}^{n} a_{ki}A_{kj} = \delta_{ij}D. \tag{1.19}$$

1.2 n 阶行列式的计算

这一节,我们通过例题来说明,利用行列式的定义和性质,计算 n 阶行列式的常用方法.

例 1 对于上三角行列式(当 $i>j$ 时,$a_{ij}=0$)有

$$D=\begin{vmatrix} a_{11} & a_{12} & \cdots & a_{1n} \\ 0 & a_{22} & \cdots & a_{2n} \\ \vdots & \vdots & \ddots & \vdots \\ 0 & 0 & \cdots & a_{nn} \end{vmatrix}=a_{11}a_{22}\cdots a_{nn}.$$

解 设 D' 表示将行列式 D 的行与列(按原顺序)互换所得的行列式,则利用 1.1 节中性质 1 和例 1 的结果,即得

$$D=D'=a_{11}a_{22}\cdots a_{nn}.$$

例 2 计算 4 阶行列式

$$D=\begin{vmatrix} 1 & 1 & -1 & 2 \\ -1 & -1 & -4 & 1 \\ 2 & 4 & -6 & 1 \\ 1 & 2 & 4 & 2 \end{vmatrix}.$$

解 对行列式做倍加行变换和两行对换,将其化为上三角行列式. 先利用性质 5,把第 1 行分别乘 1,−2,−1 加到第 2,3,4 行上去得

$$D=\begin{vmatrix} 1 & 1 & -1 & 2 \\ 0 & 0 & -5 & 3 \\ 0 & 2 & -4 & -3 \\ 0 & 1 & 5 & 0 \end{vmatrix} \xlongequal{②\leftrightarrow④} -\begin{vmatrix} 1 & 1 & -1 & 2 \\ 0 & 1 & 5 & 0 \\ 0 & 2 & -4 & -3 \\ 0 & 0 & -5 & 3 \end{vmatrix}$$

$$\xlongequal{③+②\times(-2)} -\begin{vmatrix} 1 & 1 & -1 & 2 \\ 0 & 1 & 5 & 0 \\ 0 & 0 & -14 & -3 \\ 0 & 0 & -5 & 3 \end{vmatrix}$$

$$\xlongequal{④+③\times\left(-\frac{5}{14}\right)} -\begin{vmatrix} 1 & 1 & -1 & 2 \\ 0 & 1 & 5 & 0 \\ 0 & 0 & -14 & -3 \\ 0 & 0 & 0 & 57/14 \end{vmatrix}$$

$$= (-1)\times 1\times 1\times(-14)\times(57/14) = 57.$$

其中：②↔④表示第②行与第④行对换；③＋②×（－2）表示第③行加第②行乘（－2）；④＋③×$\left(-\frac{5}{14}\right)$的意义也是类似的.

此例利用性质 5 和性质 6，把数字行列式化为上三角行列式，是计算数字行列式的基本方法．但是对于三阶数字行列式，用沙路法按对角线展开（计算 6 项乘积）可能更为简捷.

例 3 计算 4 阶行列式

$$D=\begin{vmatrix} 1 & 4 & -1 & 4 \\ 2 & 1 & 4 & 3 \\ 4 & 2 & 3 & 11 \\ 3 & 0 & 9 & 2 \end{vmatrix}.$$

解 利用性质 5，把行列式某行（列）元素化为只剩一个非零元，再利用性质 2，把行列式按该行（列）展开，从而降阶计算．这也是展开行列式的基本方法.

注意到 D 中第 2 列有一个 0，再利用 $a_{22}=1$，把第 2 行乘（－4）和（－2）分别加到第 1 和第 3 行上去，将第 2 列中其余元素化为 0，然后对第 2 列展开，得

$$D=\begin{vmatrix}-7 & 0 & -17 & -8\\ 2 & 1 & 4 & 3\\ 0 & 0 & -5 & 5\\ 3 & 0 & 9 & 2\end{vmatrix}$$

$$=(-1)^{2+2}\times 1\times\begin{vmatrix}-7 & -17 & -8\\ 0 & -5 & 5\\ 3 & 9 & 2\end{vmatrix}$$

$$=\begin{vmatrix}-7 & -17 & -8\\ 0 & -5 & 5\\ 3 & 9 & 2\end{vmatrix}.$$

再把第 3 列加到第 2 列，按第 2 行展开

$$D=\begin{vmatrix}-7 & -17 & -8\\ 0 & -5 & 5\\ 3 & 9 & 2\end{vmatrix}=\begin{vmatrix}-7 & -25 & -8\\ 0 & 0 & 5\\ 3 & 11 & 2\end{vmatrix}$$

$$=(-1)^{2+3}\times 5\times\begin{vmatrix}-7 & -25\\ 3 & 11\end{vmatrix}$$

$$=-5\times(-77+75)=10.$$

例 4 如果行列式 $D=|a_{ij}|_1^n$ 的元素满足 $a_{ij}=-a_{ji}(i,j=1,2,\cdots,n)$，就称 D 是**反对称行列式**(其中 $a_{ii}=-a_{ii}\Rightarrow a_{ii}=0,i=1,\cdots,n$).

证明奇数阶反对称行列式的值为零.

证 设 $$D=\begin{vmatrix}0 & a_{12} & \cdots & a_{1n}\\ -a_{12} & 0 & \cdots & a_{2n}\\ \vdots & \vdots & \ddots & \vdots\\ -a_{1n} & -a_{2n} & \cdots & 0\end{vmatrix}.$$

根据性质 1 有

$$D=\begin{vmatrix}0 & -a_{12} & -a_{13} & \cdots & -a_{1n}\\ a_{12} & 0 & -a_{23} & \cdots & -a_{2n}\\ \vdots & \vdots & \vdots & \ddots & \vdots\\ a_{1n} & a_{2n} & a_{3n} & \cdots & 0\end{vmatrix}.$$

再利用性质 3(i)，将每行提出公因数(−1)，即得

$$D=(-1)^nD.$$

由于 n 是奇数，得 $D=-D$，故 $D=0$. ■

例 5 证明

$$\begin{vmatrix}a_1+b_1 & b_1+c_1 & c_1+a_1\\ a_2+b_2 & b_2+c_2 & c_2+a_2\\ a_3+b_3 & b_3+c_3 & c_3+a_3\end{vmatrix}=2\begin{vmatrix}a_1 & b_1 & c_1\\ a_2 & b_2 & c_2\\ a_3 & b_3 & c_3\end{vmatrix}.$$

证 方法 1：把左端行列式的第 2,3 列加到第 1 列，提取公因子 2，再把第 1 列乘(−1)加到第 2,3 列得

$$左式=2\begin{vmatrix}a_1+b_1+c_1 & -a_1 & -b_1\\ a_2+b_2+c_2 & -a_2 & -b_2\\ a_3+b_3+c_3 & -a_3 & -b_3\end{vmatrix}.$$

再把第 2,3 列加到第 1 列，然后分别提出 2,3 列的公因数(−1)，再作两次列对换，等式就得证.

方法 2：对左式的各列依次用性质 3(ii)，将左式表示为 2^3 个行列式之和，其中有 6 个行列式各有 2 列相等，即

$$左式=\begin{vmatrix}a_1 & b_1+c_1 & c_1+a_1\\ a_2 & b_2+c_2 & c_2+a_2\\ a_3 & b_3+c_3 & c_3+a_3\end{vmatrix}+\begin{vmatrix}b_1 & b_1+c_1 & c_1+a_1\\ b_2 & b_2+c_2 & c_2+a_2\\ b_3 & b_3+c_3 & c_3+a_3\end{vmatrix}$$

$$=\begin{vmatrix}a_1 & b_1 & c_1+a_1\\ a_2 & b_2 & c_2+a_2\\ a_3 & b_3 & c_3+a_3\end{vmatrix}+\begin{vmatrix}a_1 & c_1 & c_1+a_1\\ a_2 & c_2 & c_2+a_2\\ a_3 & c_3 & c_3+a_3\end{vmatrix}+$$

$$
\begin{vmatrix} b_1 & b_1 & c_1+a_1 \\ b_2 & b_2 & c_2+a_2 \\ b_3 & b_3 & c_3+a_3 \end{vmatrix} + \begin{vmatrix} b_1 & c_1 & c_1+a_1 \\ b_2 & c_2 & c_2+a_2 \\ b_3 & c_3 & c_3+a_3 \end{vmatrix}
$$

$$
= \begin{vmatrix} a_1 & b_1 & c_1 \\ a_2 & b_2 & c_2 \\ a_3 & b_3 & c_3 \end{vmatrix} + 0 + 0 + 0 + 0 + 0 + 0 + \begin{vmatrix} b_1 & c_1 & a_1 \\ b_2 & c_2 & a_2 \\ b_3 & c_3 & a_3 \end{vmatrix}
$$

= 右式. ■

例 6 计算 n 阶行列式

$$
D = \begin{vmatrix} x & a & a & \cdots & a \\ a & x & a & \cdots & a \\ a & a & x & \cdots & a \\ \vdots & \vdots & \vdots & \ddots & \vdots \\ a & a & a & \cdots & x \end{vmatrix}.
$$

解 该行列式每行元素之和相等，此时把各列都加到第1列，提出第1列的公因子 $x+(n-1)a$，然后将第1行乘 -1 分别加到其余各行，D 就化为上三角行列式，即

$$
D = [x+(n-1)a] \begin{vmatrix} 1 & a & a & \cdots & a \\ 1 & x & a & \cdots & a \\ 1 & a & x & \cdots & a \\ \vdots & \vdots & \vdots & \ddots & \vdots \\ 1 & a & a & \cdots & x \end{vmatrix}
$$

$$
= [x+(n-1)a] \begin{vmatrix} 1 & a & a & \cdots & a \\ 0 & x-a & 0 & \cdots & 0 \\ 0 & 0 & x-a & \cdots & 0 \\ \vdots & \vdots & \vdots & \ddots & \vdots \\ 0 & 0 & 0 & \cdots & x-a \end{vmatrix}
$$

$$
= [x+(n-1)a](x-a)^{n-1}.
$$

例 7 如果 $xyz\neq 0$,计算三阶行列式

$$D=\begin{vmatrix}1+x & 2 & 3\\ 1 & 2+y & 3\\ 1 & 2 & 3+z\end{vmatrix}.$$

解 方法一:将第 1 行乘(-1)加到第 2、第 3 行,再将第 2 列乘$\frac{x}{y}$、第 3 列乘$\frac{x}{z}$并各加到第 1 列,化为上三角行列式,得

$$D=\begin{vmatrix}1+x & 2 & 3\\ -x & y & 0\\ -x & 0 & z\end{vmatrix}=\begin{vmatrix}1+x+\dfrac{2x}{y}+\dfrac{3x}{z} & 2 & 3\\ 0 & y & 0\\ 0 & 0 & z\end{vmatrix}$$

$$=\left(1+x+\frac{2x}{y}+\frac{3x}{z}\right)yz=yz+2zx+3xy+xyz.$$

方法二:将 D 中 1,2,3 分别表示为 1+0,2+0,3+0,根据性质 3(ii),D 可化为 2^3 个行列式,其中有 4 个为 0,得

$$D=\begin{vmatrix}1 & 0 & 0\\ 1 & y & 0\\ 1 & 0 & z\end{vmatrix}+\begin{vmatrix}x & 2 & 0\\ 0 & 2 & 0\\ 0 & 2 & z\end{vmatrix}+\begin{vmatrix}x & 0 & 3\\ 0 & y & 3\\ 0 & 0 & 3\end{vmatrix}+\begin{vmatrix}x & 0 & 0\\ 0 & y & 0\\ 0 & 0 & z\end{vmatrix}$$

$$=yz+2zx+3xy+xyz.$$

例 8 证明范德蒙(Vandermonde)行列式

$$V_n=\begin{vmatrix}1 & 1 & 1 & \cdots & 1\\ x_1 & x_2 & x_3 & \cdots & x_n\\ x_1^2 & x_2^2 & x_3^2 & \cdots & x_n^2\\ \vdots & \vdots & \vdots & & \vdots\\ x_1^{n-1} & x_2^{n-1} & x_3^{n-1} & \cdots & x_n^{n-1}\end{vmatrix}$$

$$=\prod_{1\leqslant j<i\leqslant n}(x_i-x_j),$$

其中连乘积

$$\prod_{1\leqslant j<i\leqslant n}(x_i-x_j)=(x_2-x_1)(x_3-x_1)\cdots(x_n-x_1)(x_3-x_2)\cdots(x_n-x_2)\cdots(x_{n-1}-x_{n-2})(x_n-x_{n-2})(x_n-x_{n-1})$$

是满足条件 $1\leqslant j<i\leqslant n$ 的所有因子 (x_i-x_j) 的乘积.

证　用数学归纳法证明. 当 $n=2$ 时,有

$$V_2=\begin{vmatrix}1 & 1\\ x_1 & x_2\end{vmatrix}=x_2-x_1=\prod_{1\leqslant j<i\leqslant 2}(x_i-x_j),$$

结论成立. 假设结论对 $n-1$ 阶范德蒙行列式成立,下面证明对 n 阶范德蒙行列式结论也成立.

在 V_n 中,从第 n 行起,依次将前一行乘 $-x_1$ 加到后一行,得

$$V_n=\begin{vmatrix}1 & 1 & 1 & \cdots & 1\\ 0 & x_2-x_1 & x_3-x_1 & \cdots & x_n-x_1\\ 0 & x_2(x_2-x_1) & x_3(x_3-x_1) & \cdots & x_n(x_n-x_1)\\ \vdots & \vdots & \vdots & & \vdots\\ 0 & x_2^{n-2}(x_2-x_1) & x_3^{n-2}(x_3-x_1) & \cdots & x_n^{n-2}(x_n-x_1)\end{vmatrix}.$$

按第1列展开,并分别提取公因子,得

$$V_n=(x_2-x_1)(x_3-x_1)\cdots(x_n-x_1)\begin{vmatrix}1 & 1 & \cdots & 1\\ x_2 & x_3 & \cdots & x_n\\ x_2^2 & x_3^2 & \cdots & x_n^2\\ \vdots & \vdots & & \vdots\\ x_2^{n-2} & x_3^{n-2} & \cdots & x_n^{n-2}\end{vmatrix}.$$

上式右端的行列式是 $n-1$ 阶范德蒙行列式,根据归纳假设得

$$V_n=(x_2-x_1)(x_3-x_1)\cdots(x_n-x_1)\prod_{2\leqslant j<i\leqslant n}(x_i-x_j),$$

故

$$V_n=\prod_{1\leqslant j<i\leqslant n}(x_i-x_j).$$ ■

例 9　证明

$$D=\begin{vmatrix} a_{11} & a_{12} & \cdots & a_{1k} & 0 & \cdots & 0 \\ a_{21} & a_{22} & \cdots & a_{2k} & 0 & \cdots & 0 \\ \vdots & \vdots & & \vdots & \vdots & & \vdots \\ a_{k1} & a_{k2} & \cdots & a_{kk} & 0 & \cdots & 0 \\ c_{11} & c_{12} & \cdots & c_{1k} & b_{11} & \cdots & b_{1m} \\ \vdots & \vdots & & \vdots & \vdots & & \vdots \\ c_{m1} & c_{m2} & \cdots & c_{mk} & b_{m1} & \cdots & b_{mm} \end{vmatrix}$$

$$=\begin{vmatrix} a_{11} & a_{12} & \cdots & a_{1k} \\ a_{21} & a_{22} & \cdots & a_{2k} \\ \vdots & \vdots & & \vdots \\ a_{k1} & a_{k2} & \cdots & a_{kk} \end{vmatrix}\begin{vmatrix} b_{11} & \cdots & b_{1m} \\ \vdots & & \vdots \\ b_{m1} & \cdots & b_{mm} \end{vmatrix}. \tag{1.20}$$

证 记

$$|\boldsymbol{A}|=|a_{ij}|_1^k, \qquad |\boldsymbol{B}|=|b_{ij}|_1^m.$$

对$|\boldsymbol{A}|$的阶数 k 作数学归纳法．当 $k=1$ 时，对 D 的第一行展开，得 $D=a_{11}|\boldsymbol{B}|=|a_{11}||\boldsymbol{B}|$（这里$|a_{11}|$是一阶行列式），(1.20)式成立．假设$|\boldsymbol{A}|$为 $k-1$ 阶时，(1.20)式成立．下面考虑$|\boldsymbol{A}|$为 k 阶的情形：此时，将 D 对第 1 行展开，得

$$D=a_{11}(-1)^{1+1}M_{11}^D+a_{12}(-1)^{1+2}M_{12}^D+\cdots+ a_{1k}(-1)^{1+k}M_{1k}^D, \tag{①}$$

其中 M_{1j}^D 是 a_{1j} 在 D 中的余子式（$j=1,2,\cdots,k$）．显然 M_{1j}^D 也是(1.20)式类型的行列式，而且它的左上角是 $k-1$ 阶的，根据归纳假设

$$M_{1j}^D=M_{1j}^{|\boldsymbol{A}|}\,|\boldsymbol{B}|, \qquad j=1,2,\cdots,k, \tag{②}$$

其中 $M_{1j}^{|\boldsymbol{A}|}$ 是 a_{1j} 在$|\boldsymbol{A}|$中的余子式．将②式代入①式，即得

$$D=[a_{11}(-1)^{1+1}M_{11}^{|\boldsymbol{A}|}+a_{12}(-1)^{1+2}M_{12}^{|\boldsymbol{A}|}+\cdots+ a_{1k}(-1)^{1+k}M_{1k}^{|\boldsymbol{A}|}]\,|\boldsymbol{B}|=|\boldsymbol{A}|\,|\boldsymbol{B}|,$$

所以$|\boldsymbol{A}|$为 k 阶时,(1.20)式成立. 因此$|\boldsymbol{A}|$为任意阶行列式时,(1.20)式都成立. ■

(1.20)式可简记为

$$D=\begin{vmatrix}\boldsymbol{A} & \boldsymbol{0}\\ * & \boldsymbol{B}\end{vmatrix}=|\boldsymbol{A}|\,|\boldsymbol{B}|.$$

若$|\boldsymbol{A}|$,$|\boldsymbol{B}|$如上所设,同样也有

$$D=\begin{vmatrix}\boldsymbol{A} & *\\ \boldsymbol{0} & \boldsymbol{B}\end{vmatrix}=|\boldsymbol{A}|\,|\boldsymbol{B}|. \tag{1.21}$$

但要注意,

$$D=\begin{vmatrix}\boldsymbol{0} & \boldsymbol{A}\\ \boldsymbol{B} & *\end{vmatrix}\neq-|\boldsymbol{A}|\,|\boldsymbol{B}|.$$

此时,可将$|\boldsymbol{A}|$所在的每一列依次与其前面的 m 列逐列对换(共对换 $k\times m$ 次),使之化为(1.20)式的形式,于是便有

$$\begin{vmatrix}\boldsymbol{0} & \boldsymbol{A}\\ \boldsymbol{B} & *\end{vmatrix}=(-1)^{k\times m}\begin{vmatrix}\boldsymbol{A} & \boldsymbol{0}\\ * & \boldsymbol{B}\end{vmatrix}=(-1)^{k\times m}\,|\boldsymbol{A}|\,|\boldsymbol{B}|. \tag{1.22}$$

例 10 求方程 $D(x)=0$ 的根,其中

$$D(x)=\begin{vmatrix}x-1 & x-2 & x-1 & x\\ x-2 & x-4 & x-2 & x\\ x-3 & x-6 & x-4 & x-1\\ x-4 & x-8 & 2x-5 & x-2\end{vmatrix}.$$

解 由观察可见 $x=0$ 是一个根,因为 $x=0$ 时,行列式第 1、第 2 列成比例,所以 $D(0)=0$. 但要求其他根,必须展开这个行列式. 将第 1 列乘 -1 加到 2,3,4 列;再将变换后的第 2 列加到第 4 列,即得

$$D(x)=\begin{vmatrix} x-1 & -1 & 0 & 1 \\ x-2 & -2 & 0 & 2 \\ x-3 & -3 & -1 & 2 \\ x-4 & -4 & x-1 & 2 \end{vmatrix}=\begin{vmatrix} x-1 & -1 & 0 & 0 \\ x-2 & -2 & 0 & 0 \\ x-3 & -3 & -1 & -1 \\ x-4 & -4 & x-1 & -2 \end{vmatrix}$$

$$=\begin{vmatrix} x-1 & -1 \\ x-2 & -2 \end{vmatrix}\cdot\begin{vmatrix} -1 & -1 \\ x-1 & -2 \end{vmatrix}=-x(x+1).$$

所以方程 $D(x)=0$ 有两个根：0 与 −1.

***例 11** 计算 n 阶三对角行列式

$$D_n=\begin{vmatrix} a & b & & & & \\ c & a & b & & & \\ & c & a & b & & \\ & & \ddots & \ddots & \ddots & \\ & & & c & a & b \\ & & & & c & a \end{vmatrix}.$$

解 把 D_n 按第 1 行展开，再将第 2 项中的行列式对第 1 列展开得

$$D_n=aD_{n-1}+(-1)^{1+2}b\begin{vmatrix} c & b & & & & \\ 0 & a & b & & & \\ 0 & c & a & b & & \\ \vdots & \vdots & \ddots & \ddots & \ddots & \\ 0 & 0 & \cdots & c & a & b \\ 0 & 0 & \cdots & 0 & c & a \end{vmatrix}_{n-1\text{阶}}$$

$$=aD_{n-1}-bcD_{n-2}. \qquad ①$$

由①式(称为递推公式)可见：由 D_1 和 D_2 可算出 D_3；由 D_2 和 D_3 可算出 D_4；如此等等. 为了利用 D_1 和 D_2 递推出 D_n 的计算公式，我们将①式改写成

$$D_n-kD_{n-1}=l(D_{n-1}-kD_{n-2}), \qquad ②$$

其中

$$k+l=a,\quad kl=bc. \qquad ③$$

在②式中，记 $\Delta_n=D_n-kD_{n-1}$，则②式为

$$\Delta_n=l\Delta_{n-1}. \qquad ②'$$

由这个递推公式易得

$$\Delta_n=l\Delta_{n-1}=l(l\Delta_{n-2})=\cdots=l^{n-2}\Delta_2,$$

即

$$D_n-kD_{n-1}=l^{n-2}(D_2-kD_1), \qquad ④$$

其中

$$D_2=\begin{vmatrix} a & b \\ c & a \end{vmatrix}=a^2-bc,\quad D_1=|a|=a.$$

将它们代入④式，再利用③式，易得 $D_2-kD_1=l^2$，于是

$$D_n=l^n+kD_{n-1}. \qquad ⑤$$

再利用递推公式⑤，可以递推出

$$\begin{aligned} D_n &= l^n+k(l^{n-1}+kD_{n-2})=l^n+kl^{n-1}+k^2D_{n-2} \\ &= l^n+kl^{n-1}+k^2(l^{n-2}+kD_{n-3}) \\ &= l^n+kl^{n-1}+k^2l^{n-2}+k^3D_{n-3} \\ &= \cdots=l^n+kl^{n-1}+k^2l^{n-2}+\cdots+k^{n-2}l^2+k^{n-1}D_1, \end{aligned}$$

其中 $D_1=|a|=a=k+l$，所以

$$D_n=l^n+kl^{n-1}+k^2l^{n-2}+\cdots+k^{n-2}l^2+k^{n-1}l+k^n. \qquad ⑥$$

例如，当 $a=3,b=2,c=1$ 时，由③式算得 $k=1,l=2$，或 $k=2,l=1$，此时

$$D_n=\frac{l^{n+1}-k^{n+1}}{l-k}=2^{n+1}-1.$$

1.3 克拉默法则

这一节讨论：n 个未知量 n 个方程的线性方程组，在系数行列式不等于零时的行列式解法，通常称为**克拉默(Cramer)法则**；

并进一步给出 n 个未知量 n 个方程的线性齐次方程组有非零解的必要条件.

定理(克拉默法则) 设线性非齐次方程组

$$\begin{cases} a_{11}x_1 + a_{12}x_2 + \cdots + a_{1n}x_n = b_1, \\ a_{21}x_1 + a_{22}x_2 + \cdots + a_{2n}x_n = b_2, \\ \cdots\cdots\cdots\cdots\cdots\cdots \\ a_{n1}x_1 + a_{n2}x_2 + \cdots + a_{nn}x_n = b_n. \end{cases} \tag{1.23}$$

或简记为

$$\sum_{j=1}^{n} a_{ij}x_j = b_i, \qquad i = 1,2,\cdots,n \tag{1.24}$$

其系数行列式

$$D = \begin{vmatrix} a_{11} & a_{12} & \cdots & a_{1n} \\ a_{21} & a_{22} & \cdots & a_{2n} \\ \vdots & \vdots & & \vdots \\ a_{n1} & a_{n2} & \cdots & a_{nn} \end{vmatrix} \neq 0,$$

则方程组(1.23)有唯一解

$$x_j = \frac{D_j}{D}, \qquad j = 1,2,\cdots,n. \tag{1.25}$$

其中 D_j 是用常数项 $b_1,b_2,\cdots,b_n$ 替换 D 中第 j 列所成的行列式,即

$$D_j = \begin{vmatrix} a_{11} & \cdots & a_{1j-1} & b_1 & a_{1j+1} & \cdots & a_{1n} \\ a_{21} & \cdots & a_{2j-1} & b_2 & a_{2j+1} & \cdots & a_{2n} \\ \vdots & & \vdots & \vdots & \vdots & & \vdots \\ a_{n1} & \cdots & a_{nj-1} & b_n & a_{nj+1} & \cdots & a_{nn} \end{vmatrix}. \tag{1.26}$$

证 先证(1.25)式是方程组(1.23)的解,根据(1.26)式

$$D_j = b_1A_{1j} + b_2A_{2j} + \cdots + b_nA_{nj} = \sum_{k=1}^{n} b_kA_{kj},$$

其中 A_{kj} 是系数行列式中元素 a_{kj} 的代数余子式.

将 $x_j=\frac{1}{D}\sum_{k=1}^{n}b_kA_{kj}(j=1,2,\cdots,n)$ 代入(1.24)式左端,得

$$\sum_{j=1}^{n}a_{ij}\left(\frac{1}{D}\sum_{k=1}^{n}b_kA_{kj}\right)=\frac{1}{D}\sum_{j=1}^{n}\left(\sum_{k=1}^{n}a_{ij}A_{kj}b_k\right)$$

$$\overset{*}{=}\frac{1}{D}\sum_{k=1}^{n}\left(\sum_{j=1}^{n}a_{ij}A_{kj}b_k\right)$$

$$=\frac{1}{D}\sum_{k=1}^{n}b_k\left(\sum_{j=1}^{n}a_{ij}A_{kj}\right)=\frac{1}{D}\sum_{k=1}^{n}b_k\delta_{ik}D$$

$$(k=i\text{ 时},\delta_{ik}=1,k\neq i\text{ 时},\delta_{ik}=0)$$

$$=\frac{1}{D}(b_i\cdot 1\cdot D)=b_i\quad(i=1,2,\cdots,n).$$

(其中 * 处等号成立的理由是,双重连加号求和次序可交换,请参阅本章附录.)

所以(1.25)式中的 $x_j=D_j/D(j=1,2,\cdots,n)$ 满足方程组(1.23)中的每一个方程,因此它是方程组(1.23)的解.

再证方程组(1.23)的解也必是如(1.25)式所示,设 $c_1,c_2,\cdots,c_n$ 是一组解,则

$$\begin{cases}a_{11}c_1+a_{12}c_2+\cdots+a_{1n}c_n=b_1,\\ a_{21}c_1+a_{22}c_2+\cdots+a_{2n}c_n=b_2,\\ \cdots\cdots\cdots\cdots\cdots\cdots\cdots\cdots\\ a_{n1}c_1+a_{n2}c_2+\cdots+a_{nn}c_n=b_n.\end{cases}$$

在上面 n 个等式两端,分别依次乘 $A_{1j},A_{2j},\cdots,A_{nj}$,然后再把这 n 个等式的两端相加,得

$$\left(\sum_{i=1}^{n}a_{i1}A_{ij}\right)c_1+\cdots+\left(\sum_{i=1}^{n}a_{ij}A_{ij}\right)c_j+\cdots+\left(\sum_{i=1}^{n}a_{in}A_{ij}\right)c_n$$

$$=\sum_{i=1}^{n}b_iA_{ij}.$$

上式左端 $c_1,c_2,\cdots,c_{j-1},c_{j+1},\cdots,c_n$ 的系数全为零，c_j 的系数为 D，右端 $\sum_{i=1}^{n} b_i A_{ij} = D_j$，因此 $Dc_j = D_j$，故

$$c_j = \frac{D_j}{D}.$$

分别取 $j=1,2,\cdots,n$，这就证明了 $c_1,c_2,\cdots,c_n$ 如果是解，它们也必然分别等于 $\frac{D_1}{D},\frac{D_2}{D},\cdots,\frac{D_n}{D}$，于是方程组(1.23)的解的唯一性得证. ■

由克拉默法则，立即可得下面的推论

推论 若齐次线性方程组

$$\sum_{j=1}^{n} a_{ij}x_j = 0 \qquad (i = 1,2,\cdots,n) \tag{1.27}$$

的系数行列式 $D=|a_{ij}|_1^n \neq 0$，则方程组只有零解 $x_j=0, j=1, 2,\cdots,n$.

因为此时 $D_j=0, j=1,2,\cdots,n$.

与推论等价的命题(即逆否命题)是：若上述齐次线性方程组有非零解，则系数行列式 $D=|a_{ij}|_1^n=0$. 即齐次线性方程组有非零解的必要条件是系数行列式 $D=0$.

在第 3 章中，我们将进一步证明，$D=0$ 也是齐次线性方程组(1.27)有非零解的充分条件.

用克拉默法则求解系数行列式不等于零的 n 元非齐次线性方程组，需要计算 $n+1$ 个 n 阶行列式，它的计算工作量很大. 实际上关于数字系数的线性方程组(包括系数行列式等于零及方程个数和未知量个数不相同的线性方程组)的解法，一般都采用第 2 章中介绍的高斯消元法. 克拉默法则主要是在理论上具有重要的意义，特别是它明确地揭示了方程组的解和系数之间的关系.

例 1 已知三次曲线 $y=f(x)=a_0+a_1x+a_2x^2+a_3x^3$ 在 4 个点 $x=\pm1, x=\pm2$ 处的值：$f(1)=f(-1)=f(2)=6, f(-2)=-6$，试求其系数 a_0, a_1, a_2, a_3.

解 将三次曲线在 4 个点处的值代入其方程，得到关于 a_0，a_1, a_2, a_3 的非齐次线性方程组

$$\begin{cases} a_0+a_1+a_2+a_3=6, \\ a_0+a_1(-1)+a_2(-1)^2+a_3(-1)^3=6, \\ a_0+a_1(2)+a_2(2)^2+a_3(2)^3=6, \\ a_0+a_1(-2)+a_2(-2)^2+a_3(-2)^3=-6. \end{cases}$$

它的系数行列式是范德蒙行列式(例 8 的行、列互换)

$$D=\begin{vmatrix} 1 & 1 & 1 & 1 \\ 1 & -1 & (-1)^2 & (-1)^3 \\ 1 & 2 & 2^2 & 2^3 \\ 1 & -2 & (-2)^2 & (-2)^3 \end{vmatrix}$$

$$=(-1-1)(2-1)(-2-1)(2+1)(-2+1)\cdot(-2-2)=72.$$

于是，由克拉默法则可得三次曲线方程的系数

$$a_j=\frac{D_j}{D}, \quad j=0,1,2,3,$$

其中

$$D_0=\begin{vmatrix} 6 & 1 & 1 & 1 \\ 6 & -1 & 1 & -1 \\ 6 & 2 & 4 & 8 \\ -6 & -2 & 4 & -8 \end{vmatrix}=576,$$

$$D_1=\begin{vmatrix} 1 & 6 & 1 & 1 \\ 1 & 6 & 1 & -1 \\ 1 & 6 & 4 & 8 \\ 1 & -6 & 4 & -8 \end{vmatrix}=-72,$$

$$D_2=\begin{vmatrix}1 & 1 & 6 & 1\\ 1 & -1 & 6 & -1\\ 1 & 2 & 6 & 8\\ 1 & -2 & -6 & -8\end{vmatrix}=-144,$$

$$D_3=\begin{vmatrix}1 & 1 & 1 & 6\\ 1 & -1 & 1 & 6\\ 1 & 2 & 4 & 6\\ 1 & -2 & 4 & -6\end{vmatrix}=72.$$

所以 $a_0=8, a_1=-1, a_2=-2, a_3=1$，这是唯一解，因此过上述4个点所唯一确定的三次曲线方程为

$$f(x)=8-x-2x^2+x^3.$$

一般地，过 $n+1$ 个 x 坐标不同的点 (x_i, y_i)，$i=1,\cdots,n+1$，可以唯一地确定一个 n 次曲线的方程 $y=a_0+a_1x+a_2x^2+\cdots+a_nx^n$.

例2 求4个平面 $a_ix+b_iy+c_iz+d_i=0(i=1,2,3,4)$ 相交于一点 (x_0, y_0, z_0) 的充分必要条件.

解 设4个平面相交于一点 $P_0(x_0, y_0, z_0)$，则其中必有某3个平面相交于 P_0 点（如果任意3个平面都不相交于此点，则4个平面不会交于此点）。不妨设前3个平面相交于 P_0 点，于是前3个平面方程构成的非齐次线性方程组有唯一解，从而

$$D_3=\begin{vmatrix}a_1 & b_1 & c_1\\ a_2 & b_2 & c_2\\ a_3 & b_3 & c_3\end{vmatrix}\neq 0.$$

我们把平面方程写成

$$a_ix+b_iy+c_iz+d_it=0,$$

其中 $t=1, i=1,2,3,4$，于是4个平面交于 P_0 点就是4个方程构成的 x,y,z,t 的齐次线性方程组有唯一的非零解 $(x_0, y_0, z_0, 1)$，因此其系数行列式 $D=0$. 所以 $D=0$ 或 $D_3\neq0$ 是4个平面相交于一点的必要条件. 它也是充分条件，因为由 $D_3\neq0$ 可得前3个平面相交于一点 P_0，学习了第3章，由 $D=0$ 可知 P_0 是4个平面的唯一交点.

附录1 性质1的证明 双重连加号

Ⅰ. 性质1的证明

证明
$$\begin{vmatrix} a_{11} & a_{12} & \cdots & a_{1n} \\ a_{21} & a_{22} & \cdots & a_{2n} \\ \vdots & \vdots & & \vdots \\ a_{n1} & a_{n2} & \cdots & a_{nn} \end{vmatrix} = \begin{vmatrix} a_{11} & a_{21} & \cdots & a_{n1} \\ a_{12} & a_{22} & \cdots & a_{n2} \\ \vdots & \vdots & & \vdots \\ a_{1n} & a_{2n} & \cdots & a_{nn} \end{vmatrix}.$$

证 对行列式的阶数作数学归纳法，将等式两端的行列式分别记作 D 和 D'.

当 $n=2$ 时，$D=D'$ 显然成立，假设结论对于小于 n 阶的行列式都成立，下面考虑 n 阶的情况.

根据定义

$$D = a_{11}A_{11} + a_{12}A_{12} + \cdots + a_{1n}A_{1n},$$
$$D' = a_{11}A'_{11} + a_{21}A'_{21} + \cdots + a_{n1}A'_{n1}.$$

根据归纳假设 $A'_{11}=A_{11}$，于是

$$D' = a_{11}A_{11} + (-1)^{1+2}a_{21}\begin{vmatrix} a_{12} & a_{32} & \cdots & a_{n2} \\ a_{13} & a_{33} & \cdots & a_{n3} \\ \vdots & \vdots & & \vdots \\ a_{1n} & a_{3n} & \cdots & a_{nn} \end{vmatrix} +$$

$$(-1)^{1+3}a_{31}\begin{vmatrix} a_{12} & a_{22} & a_{42} & \cdots & a_{n2} \\ a_{13} & a_{23} & a_{43} & \cdots & a_{n3} \\ \vdots & \vdots & \vdots & & \vdots \\ a_{1n} & a_{2n} & a_{4n} & \cdots & a_{nn} \end{vmatrix} + \cdots +$$

$$(-1)^{1+n}a_{n1}\begin{vmatrix} a_{12} & a_{22} & \cdots & a_{n-1\,2} \\ a_{13} & a_{23} & \cdots & a_{n-1\,3} \\ \vdots & \vdots & & \vdots \\ a_{1n} & a_{2n} & \cdots & a_{n-1\,n} \end{vmatrix}.$$

此时，根据归纳假设，上面的 $n-1$ 个 $n-1$ 阶行列式，都对第1列展开，将含 a_{12} 的项合并在一起，其值恰好等于 $a_{12}A_{12}$，含 a_{13} 的项合并后其值等于 $a_{13}A_{13}$，…，含 a_{1n} 的项合并后其值等于 $a_{1n}A_{1n}$，因此 $D'=D$. 下面证明含 a_{12} 的项合并后其值等于 $a_{12}A_{12}$.

$$(-1)^{1+2}a_{21}a_{12}\begin{vmatrix} a_{33} & \cdots & a_{n3} \\ \vdots & & \vdots \\ a_{3n} & \cdots & a_{nn} \end{vmatrix}+(-1)^{1+3}a_{31}a_{12}\begin{vmatrix} a_{23} & a_{43} & \cdots & a_{n3} \\ \vdots & \vdots & & \vdots \\ a_{2n} & a_{4n} & \cdots & a_{nn} \end{vmatrix}+\cdots+$$

$$(-1)^{1+n}a_{n1}a_{12}\begin{vmatrix} a_{23} & \cdots & a_{n-13} \\ \vdots & & \vdots \\ a_{2n} & \cdots & a_{n-1n} \end{vmatrix}$$

$$=(-1)^{1+2}a_{12}\left\{\begin{vmatrix} a_{21} & 0 & \cdots & 0 \\ 0 & a_{33} & \cdots & a_{n3} \\ \vdots & \vdots & & \vdots \\ 0 & a_{3n} & \cdots & a_{nn} \end{vmatrix}+\begin{vmatrix} 0 & a_{31} & 0 & \cdots & 0 \\ a_{23} & 0 & a_{43} & \cdots & a_{n3} \\ \vdots & \vdots & \vdots & & \vdots \\ a_{2n} & 0 & a_{4n} & \cdots & a_{nn} \end{vmatrix}+\cdots+\right.$$

$$\left.\begin{vmatrix} 0 & \cdots & 0 & a_{n1} \\ a_{23} & \cdots & a_{n-13} & 0 \\ \vdots & & \vdots & \vdots \\ a_{2n} & \cdots & a_{n-1n} & 0 \end{vmatrix}\right\}$$

$$=(-1)^{1+2}a_{12}\begin{vmatrix} a_{21} & a_{31} & \cdots & a_{n1} \\ a_{23} & a_{33} & \cdots & a_{n3} \\ \vdots & \vdots & & \vdots \\ a_{2n} & a_{3n} & \cdots & a_{nn} \end{vmatrix}$$

$$=a_{12}(-1)^{1+2}M'_{12}=a_{12}(-1)^{1+2}M_{12}=a_{12}A_{12},$$

其中余子式 M'_{12}（$n-1$ 阶行列式）是 M_{12} 的行、列互换后的行列式. 根据归纳假设它们相等.

Ⅱ. 性质 2 的证明

证明 $a_{i1}A_{i1}+a_{i2}A_{i2}+\cdots+a_{in}A_{in}$

$=a_{11}A_{11}+a_{12}A_{12}+\cdots+a_{1n}A_{1n}$ $(i=2,3,\cdots,n)$.

证 用类似于性质 1 的证明方法，读者不难证明上式对任意的 $i(2\leqslant i\leqslant n)$ 都成立.

Ⅲ. 关于双重连加号“$\sum\sum$”

对于 n 个数连加的式子

$$a_1+a_2+\cdots+a_n,$$

为了简便起见，我们可用连加号 $\sum$，把它记作 $\sum\limits_{i=1}^{n}a_i$.

例如 $$\sum_{i=1}^{n}i^2=1^2+2^2+\cdots+n^2,$$

其中 i 为求和指标，它取自然数 $1,2,\cdots,n$.

有时连加的数是用两个指标来编号的，例如 $m\times n$ 个数排成 m 行 n 列：

$$\begin{matrix} a_{11},a_{12},\cdots,a_{1j},\cdots,a_{1n} \\ a_{21},a_{22},\cdots,a_{2j},\cdots,a_{2n} \\ \cdots\cdots\cdots\cdots\cdots\cdots \\ a_{i1},a_{i2},\cdots,a_{ij},\cdots,a_{in} \\ \cdots\cdots\cdots\cdots\cdots\cdots \\ a_{m1},a_{m2},\cdots,a_{mj},\cdots,a_{mn} \end{matrix} \qquad ①$$

求它们的和数 S. 可先把第 i 行的 n 个数相加，记作 $S_i=\sum\limits_{j=1}^{n}a_{ij}$（称为对 j 指标求和），再把 m 个行的和数 $S_1,S_2,\cdots,S_m$ 相加，

记作

$$S=\sum_{i=1}^{m}S_i=\sum_{i=1}^{m}\sum_{j=1}^{n}a_{ij}. \quad ②$$

同样也可以先把第 j 列的 m 个数相加，记作 $S_j'=\sum\limits_{i=1}^{m}a_{ij}$（称为对 i 指标求和）. 再把 n 个列的和数 $S_1', S_2', \cdots, S_n'$ 相加，记作

$$S=\sum_{j=1}^{n}S_j'=\sum_{j=1}^{n}\sum_{i=1}^{m}a_{ij}. \quad ③$$

②式是先对 j 求和，后对 i 求和，而③式是先对 i 求和，后对 j 求和. 它们显然相等，这表明用双重连加号求和时，对指标 i,j 的求和次序可以颠倒.

有时，对用两个指标编号的数，求其一部分数的和时，可以在连加号下注明求和指标应满足的条件，例如

$$\begin{aligned}\sum_{j=1}^{n-1}\sum_{j<i\leqslant n}a_{ij}=(a_{21}+a_{31}+a_{41}+\cdots+a_{n1})&\quad j=1\\+(a_{32}+a_{42}+\cdots+a_{n2})&\quad j=2\\+(a_{43}+\cdots+a_{n3})&\quad j=3\\+\cdots&\\+a_{nn-1}.&\quad j=n-1\end{aligned}$$

又如，对于两个多项式

$$f(x)=a_nx^n+a_{n-1}x^{n-1}+\cdots+a_1x+a_0,$$
$$g(x)=b_mx^m+b_{m-1}x^{m-1}+\cdots+b_1x+b_0,$$

求其乘积 $f(x)g(x)$ 中 x^k 的系数，就可以表示为

$$\sum_{i+j=k}a_i b_j.$$

例如 x^4 的系数为 $\sum\limits_{i+j=4}a_i b_j=a_0b_4+a_1b_3+a_2b_2+a_3b_1+a_4b_0$.

此外，某 n 个数的和与另 m 个数的和之积也可用双重连加号表示，即

$$(a_1+a_2+\cdots+a_n)(b_1+b_2+\cdots+b_m)=\sum_{i=1}^{n}a_i\sum_{j=1}^{m}b_j.$$

利用分配律,得

$$\text{上式}=\sum_{i=1}^{n}\Big(\sum_{j=1}^{m}a_i b_j\Big)=\sum_{i=1}^{n}\sum_{j=1}^{m}a_i b_j \overset{\text{或}}{=} \sum_{j=1}^{m}\Big(\sum_{i=1}^{n}a_i b_j\Big)$$
$$=\sum_{j=1}^{m}\sum_{i=1}^{n}a_i b_j,$$

其中 $\sum_{j=1}^{m}a_i b_j$ 是对指标 j 求和,此时指标 i 不变,这种情况下的和式

$$\sum_{j=1}^{m}a_i b_j=a_i\sum_{j=1}^{m}b_j.$$

习题 补充题 答案

习题

计算下列二、三阶行列式(用沙路法和定义):

1. $\begin{vmatrix} a^2 & ab \\ ab & b^2 \end{vmatrix}$.　　**2.** $\begin{vmatrix} \cos\alpha & -\sin\alpha \\ \sin\alpha & \cos\alpha \end{vmatrix}$.

3. $\begin{vmatrix} a+bi & b \\ 2a & a-bi \end{vmatrix}$.　　**4.** $\begin{vmatrix} 3 & 2 & -4 \\ 4 & 1 & -2 \\ 5 & 2 & -3 \end{vmatrix}$.

5. $\begin{vmatrix} 1 & 2 & 3 \\ 4 & 5 & 6 \\ 7 & 8 & 9 \end{vmatrix}$.　　**6.** $\begin{vmatrix} 2 & 2 & 1 \\ 4 & 1 & -1 \\ 202 & 199 & 101 \end{vmatrix}$.

7. $\begin{vmatrix} 1 & \omega & \omega^2 \\ \omega^2 & 1 & \omega \\ \omega & \omega^2 & 1 \end{vmatrix}$,其中 $\omega=-\frac{1}{2}+i\frac{\sqrt{3}}{2}$.

8. $\begin{vmatrix} 1 & x & x \\ x & 2 & x \\ x & x & 3 \end{vmatrix}$.

计算下列数字元素行列式(利用行列式性质展开)：

9. $\begin{vmatrix} 0 & 0 & 0 & 4 \\ 0 & 0 & 4 & 3 \\ 0 & 4 & 3 & 2 \\ 4 & 3 & 2 & 1 \end{vmatrix}$.

10. $\begin{vmatrix} 0 & 0 & \cdots & 0 & 1 & 0 \\ 0 & 0 & \cdots & 2 & 0 & 0 \\ \vdots & \vdots & \iddots & \vdots & \vdots & \vdots \\ 0 & 8 & \cdots & 0 & 0 & 0 \\ 9 & 0 & \cdots & 0 & 0 & 0 \\ 0 & 0 & \cdots & 0 & 0 & 10 \end{vmatrix}$.

11. $\begin{vmatrix} 1 & 1 & 1 & 1 \\ 1 & -1 & 1 & 1 \\ 1 & 1 & -1 & 1 \\ 1 & 1 & 1 & -1 \end{vmatrix}$.

12. $\begin{vmatrix} 1 & 2 & 3 & 4 \\ 2 & 3 & 4 & 1 \\ 3 & 4 & 1 & 2 \\ 4 & 1 & 2 & 3 \end{vmatrix}$.

13. $\begin{vmatrix} 5 & 0 & 4 & 2 \\ 1 & -1 & 2 & 1 \\ 4 & 1 & 2 & 0 \\ 1 & 1 & 1 & 1 \end{vmatrix}$.

14. $\begin{vmatrix} 3 & 6 & 5 & 6 & 4 \\ 2 & 5 & 4 & 5 & 3 \\ 3 & 6 & 3 & 4 & 2 \\ 2 & 5 & 4 & 6 & 5 \\ 1 & 1 & 1 & -1 & -1 \end{vmatrix}$.

15. $\begin{vmatrix} 1 & 2 & 0 & 0 \\ 3 & 4 & 0 & 0 \\ 0 & 0 & -1 & 3 \\ 0 & 0 & 5 & 1 \end{vmatrix}$.

16. $\begin{vmatrix} 1 & 2 & 3 & 4 & 5 \\ 6 & 7 & 8 & 9 & 10 \\ 0 & 0 & 0 & 1 & 3 \\ 0 & 0 & 0 & 2 & 4 \\ 0 & 1 & 0 & 1 & 1 \end{vmatrix}$.

17. $\begin{vmatrix} 0 & 0 & 1 & -1 & 2 \\ 0 & 0 & 3 & 0 & 2 \\ 0 & 0 & 2 & 4 & 0 \\ 1 & 2 & 4 & 0 & -1 \\ 3 & 1 & 2 & 5 & 8 \end{vmatrix}$.

18. $\begin{vmatrix} * & \boldsymbol{A} \\ \boldsymbol{B} & \boldsymbol{0} \end{vmatrix}$,其中 $\boldsymbol{A}=\begin{pmatrix} 1 & 0 & 0 \\ 1 & 2 & 0 \\ 1 & 2 & 3 \end{pmatrix}$, $\boldsymbol{B}=\begin{pmatrix} 0 & 0 & 0 & 0 & -1 \\ 0 & 0 & 0 & -2 & 0 \\ 0 & 0 & -3 & 0 & 0 \\ 0 & -4 & 0 & 0 & 0 \\ -5 & 0 & 0 & 0 & 0 \end{pmatrix}$.

证明下列恒等式:

19. $\begin{vmatrix} a_1+b_1x & a_1x+b_1 & c_1 \\ a_2+b_2x & a_2x+b_2 & c_2 \\ a_3+b_3x & a_3x+b_3 & c_3 \end{vmatrix}=(1-x^2)\begin{vmatrix} a_1 & b_1 & c_1 \\ a_2 & b_2 & c_2 \\ a_3 & b_3 & c_3 \end{vmatrix}$.

20. $\begin{vmatrix} 1+x & 1 & 1 & 1 \\ 1 & 1-x & 1 & 1 \\ 1 & 1 & 1+y & 1 \\ 1 & 1 & 1 & 1-y \end{vmatrix}=x^2y^2$.

21. $\begin{vmatrix} 1 & 1 & 1 \\ a & b & c \\ a^3 & b^3 & c^3 \end{vmatrix}=(a+b+c)(b-a)(c-a)(c-b)$.

22. $\begin{vmatrix} 1 & a^2 & a^3 \\ 1 & b^2 & b^3 \\ 1 & c^2 & c^3 \end{vmatrix}=(ab+bc+ca)\begin{vmatrix} 1 & a & a^2 \\ 1 & b & b^2 \\ 1 & c & c^2 \end{vmatrix}$.

计算下列各题:

23. $\begin{vmatrix} 1 & 0 & 2 & a \\ 2 & 0 & b & 0 \\ 3 & c & 4 & 5 \\ d & 0 & 0 & 0 \end{vmatrix}$.

24. $\begin{vmatrix} a & 1 & 0 & 0 \\ -1 & b & 1 & 0 \\ 0 & -1 & c & 1 \\ 0 & 0 & -1 & d \end{vmatrix}$.

25. $\begin{vmatrix} a^2 & (a+1)^2 & (a+2)^2 & (a+3)^2 \\ b^2 & (b+1)^2 & (b+2)^2 & (b+3)^2 \\ c^2 & (c+1)^2 & (c+2)^2 & (c+3)^2 \\ d^2 & (d+1)^2 & (d+2)^2 & (d+3)^2 \end{vmatrix}$.

26. $\begin{vmatrix} a & b & c & 1 \\ b & c & a & 1 \\ c & a & b & 1 \\ \frac{b+c}{2} & \frac{c+a}{2} & \frac{a+b}{2} & 1 \end{vmatrix}$.

27. $\begin{vmatrix} a_1 & 0 & 0 & b_1 \\ 0 & a_2 & b_2 & 0 \\ 0 & b_3 & a_3 & 0 \\ b_4 & 0 & 0 & a_4 \end{vmatrix}$.

28. $\begin{vmatrix} 1 & 2 & 2 & \cdots & 2 & 2 \\ 2 & 2 & 2 & \cdots & 2 & 2 \\ 2 & 2 & 3 & \cdots & 2 & 2 \\ \vdots & \vdots & \vdots & \ddots & \vdots & \vdots \\ 2 & 2 & 2 & \cdots & n-1 & 2 \\ 2 & 2 & 2 & \cdots & 2 & n \end{vmatrix}$.

29. $\begin{vmatrix} 1 & 1 & 1 & \cdots & 1 \\ a & a-1 & a-2 & \cdots & a-n \\ a^2 & (a-1)^2 & (a-2)^2 & \cdots & (a-n)^2 \\ \vdots & \vdots & \vdots & & \vdots \\ a^n & (a-1)^n & (a-2)^n & \cdots & (a-n)^n \end{vmatrix}$.

30. $\begin{vmatrix} a_1^n & a_1^{n-1}b_1 & a_1^{n-2}b_1^2 & \cdots & a_1b_1^{n-1} & b_1^n \\ a_2^n & a_2^{n-1}b_2 & a_2^{n-2}b_2^2 & \cdots & a_2b_2^{n-1} & b_2^n \\ \vdots & \vdots & \vdots & & \vdots & \vdots \\ a_{n+1}^n & a_{n+1}^{n-1}b_{n+1} & a_{n+1}^{n-2}b_{n+1}^2 & \cdots & a_{n+1}b_{n+1}^{n-1} & b_{n+1}^n \end{vmatrix}$.

用克拉默法则解下列线性方程组：

31. $\begin{cases} 5x_1 + 4x_3 + 2x_4 = 3, \\ x_1 - x_2 + 2x_3 + x_4 = 1, \\ 4x_1 + x_2 + 2x_3 = 1, \\ x_1 + x_2 + x_3 + x_4 = 0. \end{cases}$

32. $\begin{cases} x_2 + x_3 + x_4 + x_5 = 1, \\ x_1 + x_3 + x_4 + x_5 = 2, \\ x_1 + x_2 + x_4 + x_5 = 3, \\ x_1 + x_2 + x_3 + x_5 = 4, \\ x_1 + x_2 + x_3 + x_4 = 5. \end{cases}$

33. 问：齐次线性方程组

$$\begin{cases} x_1 + x_2 + x_3 + ax_4 = 0, \\ x_1 + 2x_2 + x_3 + x_4 = 0, \\ x_1 + x_2 - 3x_3 + x_4 = 0, \\ x_1 + x_2 + ax_3 + bx_4 = 0 \end{cases}$$

有非零解时，a,b 必须满足什么条件？

34. 求平面上过两点(x_1,y_1)和(x_2,y_2)的直线方程(用行列式表示).

35. 求三次多项式 $f(x)=a_0+a_1x+a_2x^2+a_3x^3$，使得

$$f(-1)=0, f(1)=4, f(2)=3, f(3)=16.$$

补充题

证明下列恒等式：

36. $$\begin{vmatrix} 1+a_1 & 1 & \cdots & 1 \\ 1 & 1+a_2 & \cdots & 1 \\ \vdots & \vdots & & \vdots \\ 1 & 1 & \cdots & 1+a_n \end{vmatrix} = \left(1+\sum_{i=1}^{n}\frac{1}{a_i}\right)\prod_{i=1}^{n}a_i.$$

(1) 用数学归纳法证明之；

(2) 利用线性性质，将原行列式表示为 2^n 个行列式之和的方法，计算行列式；

(3) 利用递推公式，计算行列式.

37. $$\begin{vmatrix} x & -1 & 0 & \cdots & 0 & 0 \\ 0 & x & -1 & \cdots & 0 & 0 \\ \vdots & \vdots & \ddots & \ddots & \vdots & \vdots \\ 0 & 0 & 0 & \cdots & x & -1 \\ a_n & a_{n-1} & a_{n-2} & \cdots & a_2 & x+a_1 \end{vmatrix} = x^n + \sum_{k=1}^{n} a_k x^{n-k}.$$

38. $$\begin{vmatrix} a_1 & -1 & 0 & \cdots & 0 & 0 \\ a_2 & x & -1 & \cdots & 0 & 0 \\ a_3 & 0 & x & \cdots & 0 & 0 \\ \vdots & \vdots & \vdots & \ddots & \vdots & \vdots \\ a_{n-1} & 0 & 0 & \cdots & x & -1 \\ a_n & 0 & 0 & \cdots & 0 & x \end{vmatrix} = \sum_{k=1}^{n} a_k x^{n-k}.$$

39. $$\begin{vmatrix} \cos\theta & 1 & & & \\ 1 & 2\cos\theta & 1 & & \\ & \ddots & \ddots & \ddots & \\ & & 1 & 2\cos\theta & 1 \\ & & & 1 & 2\cos\theta \end{vmatrix} = \cos n\theta.$$

计算下列行列式：

40. $$\begin{vmatrix} \frac{1}{3} & -\frac{5}{2} & \frac{2}{5} & \frac{3}{2} \\ 3 & -12 & \frac{21}{5} & 15 \\ \frac{2}{3} & -\frac{9}{2} & \frac{4}{5} & \frac{5}{2} \\ -\frac{1}{7} & \frac{2}{7} & -\frac{1}{7} & \frac{3}{7} \end{vmatrix}.$$

41. $$\begin{vmatrix} 1 & 1 & \cdots & 1 & -n \\ 1 & 1 & \cdots & -n & 1 \\ \vdots & \vdots & ⋰ & \vdots & \vdots \\ 1 & -n & \cdots & 1 & 1 \\ -n & 1 & \cdots & 1 & 1 \end{vmatrix}.$$

42. $$\begin{vmatrix} a_1+\lambda_1 & a_2 & a_3 & \cdots & a_n \\ a_1 & a_2+\lambda_2 & a_3 & \cdots & a_n \\ a_1 & a_2 & a_3+\lambda_3 & \cdots & a_n \\ \vdots & \vdots & \vdots & \ddots & \vdots \\ a_1 & a_2 & a_3 & \cdots & a_n+\lambda_n \end{vmatrix}.$$

43. $$\begin{vmatrix} 1 & 2 & 3 & \cdots & n-1 & n \\ 2 & 3 & 4 & \cdots & n & 1 \\ 3 & 4 & 5 & \cdots & 1 & 2 \\ \vdots & \vdots & \vdots & & \vdots & \vdots \\ n-1 & n & 1 & \cdots & n-3 & n-2 \\ n & 1 & 2 & \cdots & n-2 & n-1 \end{vmatrix}.$$

44. 证明

$$\begin{vmatrix} 1 & 1 & 1 & \cdots & 1 \\ x_1 & x_2 & x_3 & \cdots & x_n \\ x_1^2 & x_2^2 & x_3^2 & \cdots & x_n^2 \\ \vdots & \vdots & \vdots & & \vdots \\ x_1^{n-2} & x_2^{n-2} & x_3^{n-2} & \cdots & x_n^{n-2} \\ x_1^n & x_2^n & x_3^n & \cdots & x_n^n \end{vmatrix} = \left(\sum_{i=1}^{n} x_i\right) \prod_{1\leqslant j<i\leqslant n} (x_i - x_j).$$

45. 证明(用数学归纳法):导数关系式

$$\frac{\mathrm{d}}{\mathrm{d}t}\begin{vmatrix} a_{11}(t) & a_{12}(t) & \cdots & a_{1n}(t) \\ a_{21}(t) & a_{22}(t) & \cdots & a_{2n}(t) \\ \vdots & \vdots & & \vdots \\ a_{n1}(t) & a_{n2}(t) & \cdots & a_{nn}(t) \end{vmatrix}$$

$$= \sum_{j=1}^{n} \begin{vmatrix} a_{11}(t) & \cdots & \frac{\mathrm{d}}{\mathrm{d}t}a_{1j}(t) & \cdots & a_{1n}(t) \\ a_{21}(t) & \cdots & \frac{\mathrm{d}}{\mathrm{d}t}a_{2j}(t) & \cdots & a_{2n}(t) \\ \vdots & & \vdots & & \vdots \\ a_{n1}(t) & \cdots & \frac{\mathrm{d}}{\mathrm{d}t}a_{nj}(t) & \cdots & a_{nn}(t) \end{vmatrix}.$$

46. 设3个点 $P_1(x_1,y_1)$,$P_2(x_2,y_2)$,$P_3(x_3,y_3)$不在一条直线上,求过点 P_1,P_2,P_3 的圆的方程.

47. 求使3点(x_1,y_1),(x_2,y_2),(x_3,y_3)位于一直线上的充分必要条件.

48. 写出通过3点(1,1,1),(2,3,−1),(3,−1,−1)的平面的方程.

49. 写出通过点(1,1,1),(1,1,−1),(1,−1,1),(−1,0,0)的球面方程,并求其中心和半径.

50. 已知 $a^2 \neq b^2$,证明方程组

$$\begin{cases} ax_1 + bx_{2n} = 1, \\ ax_2 + bx_{2n-1} = 1, \\ \cdots\cdots \\ ax_n + bx_{n+1} = 1, \\ bx_n + ax_{n+1} = 1, \\ \cdots\cdots \\ bx_2 + ax_{2n-1} = 1, \\ bx_1 + ax_{2n} = 1 \end{cases}$$

有唯一解,并求解.

答案

1. 0. **2.** 1. **3.** $(a-b)^2$. **4.** -5. **5.** 0.

6. -18. **7.** 0. **8.** $2x^3-6x^2+6$. **9.** 256. **10.** $10!$.

11. -8. **12.** 160. **13.** -7. **14.** -12. **15.** 32.

16. -20. **17.** -60. **18.** $3!\ 5!$. **23.** $abcd$.

24. $(ab+1)(cd+1)+ad$. **25.** 0. **26.** 0.

27. $(a_1a_4-b_1b_4)(a_2a_3-b_2b_3)$. **28.** $-2(n-2)!$.

29. $(-1)^{\frac{n(n+1)}{2}}\prod_{k=1}^{n}k!$.

30. 第 1 行至第 $n+1$ 行分别提出公因子 $a_1^n,a_2^n,\cdots,a_{n+1}^n$,将其化为范德蒙行列式,$\prod_{1\leqslant j<i\leqslant n+1}(b_ia_j-a_ib_j)$.

31. $1,-1,-1,1$. **32.** $\frac{11}{4},\frac{7}{4},\frac{3}{4},-\frac{1}{4},-\frac{5}{4}$.

33. $(a+1)^2=4b$. **34.** $\begin{vmatrix} x & y & 1\\ x_1 & y_1 & 1\\ x_2 & y_2 & 1\end{vmatrix}=0$.

35. $f(x)=7-5x^2+2x^3$.

37. 对第 1 列展开,得递推公式 $D_n=xD_{n-1}+a_n$,$D_2=\begin{vmatrix} x & -1\\ a_2 & x+a_1\end{vmatrix}$.

38. 对最后一列展开,得递推公式 $D_n=xD_{n-1}+a_n$,$D_2=\begin{vmatrix} a_1 & -1\\ a_2 & x\end{vmatrix}$.

39. 用数学归纳法:$n=1$ 时成立,假设结论对小于 n 阶的行列式都成立,并利用对最后一列展开所得的递推公式 $D_n=2\cos\theta D_{n-1}-D_{n-2}$.

40. 通分,提出公因子,化为整数行列式,$\frac{1}{35}$.

41. $(-1)^{\frac{n(n+1)}{2}}(n+1)^{n-1}$.

42. $\left(1+\sum_{i=1}^{n}\frac{a_i}{\lambda_i}\right)\prod_{j=1}^{n}\lambda_j$,(用例 7 的方法).

43. $(-1)^{\frac{n(n-1)}{2}}\frac{n+1}{2}n^{n-1}$. 将各列加到第1列，提出公因子$\frac{1}{2}n(n+1)$，并从最后一行起，依次减前一行，将第1列化为$1,0,\cdots,0$，对第1列展开；然后对$a_{11}$的余子式，将第1行乘$(-1)$加到其余各行，再将各列加到最后一列，并利用1.1节的例2结果.

44. 在原行列式最后两行之间添一行$x_1^{n-1},x_2^{n-1},x_n^{n-1}$，在最后一列之后添一列$1,x_{n+1},x_{n+1}^2,\cdots,x_{n+1}^{n-1},x_{n+1}^n$，使之成为$n+1$阶范德蒙行列式，在它的展开式中，$x_{n+1}^{n-1}$的系数乘以$(-1)$就等于原行列式$D$（因为$n+1$阶范德蒙行列式对最后一列展开式为$1\cdot A_{1n+1}+x_{n+1}\cdot A_{2n+1}+\cdots+x_{n+1}^{n-1}\cdot A_{nn+1}+x_{n+1}^n\cdot A_{n+1n+1}$，其中代数余子式$A_{nn+1}=(-1)^{n+n+1}D=-D$）. 另一方法是：用数学归纳法证明，与证明范德蒙行列式类似的方法，找到D_n与D_{n-1}之间的一个递推关系.

45. 用数学归纳法，证明结论对n阶成立时，将n阶行列式按第一列展开求导后用归纳法假设即可.

46. 圆的方程为$a(x^2+y^2)+bx+cy+d=0(a\neq 0)$，将$P_1,P_2,P_3$点的坐标代入方程，连同圆的方程构成关于$a,b,c,d$的四元齐次线性方程组，它有非零解$(a\neq 0)$的充要条件是系数行列式等于零，即

$$\begin{vmatrix} x^2+y^2 & x & y & 1 \\ x_1^2+y_1^2 & x_1 & y_1 & 1 \\ x_2^2+y_2^2 & x_2 & y_2 & 1 \\ x_3^2+y_3^2 & x_3 & y_3 & 1 \end{vmatrix}=0.$$

这就是圆上动点$P(x,y)$所满足的方程.

47. $\begin{vmatrix} x_1 & y_1 & 1 \\ x_2 & y_2 & 1 \\ x_3 & y_3 & 1 \end{vmatrix}=0.$

48. $4x+y+3z-8=0.$

49. $\left(x-\frac{1}{2}\right)^2+y^2+z^2=\left(\frac{3}{2}\right)^2.$

50. $x_k=\frac{1}{a+b}\quad(k=1,2,\cdots,2n).$

第2章

矩　阵

矩阵是数学中重要的基本概念之一，在很多问题中的一些数量关系要用矩阵来描述. 矩阵是代数学的一个重要研究对象，它在数学的很多分支和其他学科中有着广泛的应用.

本章从高斯消元法入手，引出矩阵的概念，进而介绍矩阵的基本运算——加法、数量乘法、乘法、转置、可逆矩阵的逆矩阵及矩阵的初等变换，并介绍矩阵的分块及分块矩阵的运算.

矩阵是一种新的运算对象，读者必须注意矩阵运算的一些特有的规律，并熟练地掌握它的各种基本运算，这对学好线性代数所研究的一些基本问题是十分重要的.

2.1　高斯消元法

在前一章，我们介绍了求解 n 个未知元 n 个方程的线性方程组的克拉默法则. 在中学已学过用代入消元法或加减消元法解二元、三元一次方程组. 现在我们把它推广到 m 个方程 n 个未知元的一般情况，并在此基础上引出矩阵的概念. 至于线性方程组的解的一般理论将在第 3 章中介绍.

消元法的基本思想是通过消元变形把方程组化成容易求解的

同解方程组. 在解未知量较多的方程组时,需要使消元步骤规范而又简便. 下面通过例子来说明高斯消元法的具体做法.

例 1 解线性方程组

$$\begin{cases}2x_1-2x_2\quad\quad+6x_4=-2,\\2x_1-x_2+2x_3+4x_4=-2,\\3x_1-x_2+4x_3+4x_4=-3,\\5x_1-3x_2+x_3+20x_4=-2.\end{cases}\tag{2.1}$$

解 将第 1 个方程乘$\frac{1}{2}$,得

$$\begin{cases}x_1-x_2\quad\quad+3x_4=-1,\\2x_1-x_2+2x_3+4x_4=-2,\\3x_1-x_2+4x_3+4x_4=-3,\\5x_1-3x_2+x_3+20x_4=-2.\end{cases}$$

将第 1 个方程乘(−2),(−3),(−5),并分别加到第 2,3,4 这三个方程上,使得在第 2,3,4 这三个方程中消去未知量 x_1,得

$$\begin{cases}x_1-x_2\quad\quad+3x_4=-1,\\\quad x_2+2x_3-2x_4=0,\\\quad 2x_2+4x_3-5x_4=0,\\\quad 2x_2+x_3+5x_4=3.\end{cases}$$

容易证明,这个方程组与原方程组是同解的. 现在再把其中的第 2 个方程乘(−2),并分别加到第 3,4 这两个方程上,使得在第 3,4 这两个方程中消去 x_2,得

$$\begin{cases}x_1-x_2\quad\quad+3x_4=-1,\\\quad x_2+2x_3-2x_4=0,\\\quad\quad\quad -x_4=0,\\\quad\quad -3x_3+9x_4=3.\end{cases}$$

再将第 3 个方程乘(−1),第 4 个方程乘(−1/3),并把第 3,4 个方

程交换位置,得

$$\begin{cases} x_1 - x_2 \qquad + 3x_4 = -1, \\ \qquad x_2 + 2x_3 - 2x_4 = 0, \\ \qquad\qquad x_3 - 3x_4 = -1, \\ \qquad\qquad\qquad x_4 = 0. \end{cases} \tag{2.2}$$

线性方程组(2.2)与原线性方程组是同解的. 由(2.2)易知 $x_4=0$,将其回代第 3 个方程得 $x_3=-1$,再回代前两个方程,分别得 $x_2=2$,$x_1=1$. 所以$(1,2,-1,0)$是原线性方程组(2.1)的解.

形如(2.2)的方程组称为**阶梯形线性方程组**.

任一个线性方程组都可用例 1 所述的高斯消元法将其化为容易求解的、同解的阶梯形线性方程组. 所谓消元,就是将元的系数化为 0,为使消元过程书写简便,我们可把线性方程组

$$\begin{cases} a_{11}x_1 + a_{12}x_2 + \cdots + a_{1n}x_n = b_1, \\ a_{21}x_1 + a_{22}x_2 + \cdots + a_{2n}x_n = b_2, \\ \cdots\cdots\cdots\cdots\cdots\cdots\cdots\cdots\cdots \\ a_{m1}x_1 + a_{m2}x_2 + \cdots + a_{mn}x_n = b_m. \end{cases} \tag{2.3}$$

对应的系数按顺序排成的一张矩形数表

$$\begin{pmatrix} a_{11} & a_{12} & \cdots & a_{1n} & b_1 \\ a_{21} & a_{22} & \cdots & a_{2n} & b_2 \\ \vdots & \vdots & & \vdots & \vdots \\ a_{m1} & a_{m2} & \cdots & a_{mn} & b_m \end{pmatrix}, \tag{2.4}$$

其中 $a_{ij}(i=1,2,\cdots,m;j=1,2,\cdots,n)$表示第 i 个方程第 j 个未知量 x_j 的系数. 这样,高斯消元法的消元过程就可在这张数表上进行操作,这张数表就称之为矩阵.

定义 2.1 数域 F 中 $m\times n$ 个数 $a_{ij}(i=1,2,\cdots,m;j=1,2,\cdots,n)$排成 m 行 n 列,并括以圆括弧(或方括弧)的数表

$$\begin{pmatrix} a_{11} & a_{12} & \cdots & a_{1n} \\ a_{21} & a_{22} & \cdots & a_{2n} \\ \vdots & \vdots & & \vdots \\ a_{m1} & a_{m2} & \cdots & a_{mn} \end{pmatrix} \tag{2.5}$$

称为数域 F 上的 $m \times n$ **矩阵**,通常用大写字母记做 $\boldsymbol{A}$ 或 $\boldsymbol{A}_{m\times n}$,有时也记做

$$\boldsymbol{A} = (a_{ij})_{m\times n} \qquad (i = 1,2,\cdots,m; j = 1,2,\cdots,n),$$

其中 a_{ij} 称为矩阵 $\boldsymbol{A}$ 的第 i 行第 j 列**元素**. 当 $a_{ij} \in \mathbb{R}$(实数域)时,$\boldsymbol{A}$ 称为实矩阵;当 $a_{ij} \in \mathbb{C}$(复数域)时,$\boldsymbol{A}$ 称为复矩阵.

$m \times n$ 个元素全为零的矩阵称为**零矩阵**,记做 $\boldsymbol{0}$.

当 $m=n$ 时,称 $\boldsymbol{A}$ 为 n 阶**矩阵**(或 n 阶**方阵**).

数域 F 上的全体 $m \times n$ 矩阵组成的集合,记做 $F^{m\times n}$或 $M_{m\times n}(F)$;全体 $n\times n$ 实矩阵(或 n 阶实矩阵)组成的集合,记做 $\mathbb{R}^{n\times n}$或 $M_n(\mathbb{R})$.

线性方程组(2.3)对应的矩阵(2.4)称为方程(2.3)的**增广矩阵**,记做$(\boldsymbol{A},\boldsymbol{b})$,其中由未知元系数排成的矩阵 $\boldsymbol{A}$ 称为线性方程组的**系数矩阵**.

用消元法解线性方程组的消元步骤可以在增广矩阵上实现,下面举例说明.

例 2 求解线性方程组

$$\begin{cases} x_1 - x_2 - x_3 \qquad + 3x_5 = -1, & ① \\ 2x_1 - 2x_2 - x_3 + 2x_4 + 4x_5 = -2, & ② \\ 3x_1 - 3x_2 - x_3 + 4x_4 + 5x_5 = -3, & ③ \\ x_1 - x_2 + x_3 + x_4 + 8x_5 = 2. & ④ \end{cases} \tag{2.6}$$

解 线性方程组的增广矩阵为

$$(\boldsymbol{A},\boldsymbol{b}) = \left(\begin{array}{ccccc:c} 1 & -1 & -1 & 0 & 3 & -1 \\ 2 & -2 & -1 & 2 & 4 & -2 \\ 3 & -3 & -1 & 4 & 5 & -3 \\ 1 & -1 & 1 & 1 & 8 & 2 \end{array}\right). \begin{matrix} ① \\ ② \\ ③ \\ ④ \end{matrix} \tag{2.6$'$}$$

将(2.6)中方程①分别乘(−2),(−3),(−1)并依次加到方程②,③,④上,消去后三个方程中的 x_1(此时也消去了 x_2),也就是将(2.6)′矩阵的①行分别乘(−2),(−3),(−1)再加到其②,③,④行上,得

$$(\boldsymbol{A},\boldsymbol{b})\xrightarrow[\text{④}+\text{①}\times(-1)]{\substack{\text{②}+\text{①}\times(-2)\\ \text{③}+\text{①}\times(-3)}}\left(\begin{array}{ccccc:c}1&-1&-1&0&3&-1\\0&0&1&2&-2&0\\0&0&2&4&-4&0\\0&0&2&1&5&3\end{array}\right).\quad\begin{matrix}\text{①}\\\text{②}\\\text{③}\\\text{④}\end{matrix}$$

这个矩阵中第1,2列后三个元素皆为零,表示方程(2.6)中方程②,③,④中的 x_1,x_2 均已消去. 再用(−2)乘此矩阵的②行加到其③,④行上,得

$$\xrightarrow[\text{④}+\text{②}\times(-2)]{\text{③}+\text{②}\times(-2)}\left(\begin{array}{ccccc:c}1&-1&-1&0&3&-1\\0&0&1&2&-2&0\\0&0&0&0&0&0\\0&0&0&-3&9&3\end{array}\right)\quad\begin{matrix}\text{①}\\\text{②}\\\text{③}\\\text{④}\end{matrix}$$

$$\xrightarrow[\text{③}\Leftrightarrow\text{④}]{\text{④}\times\left(-\frac{1}{3}\right)}\left(\begin{array}{ccccc:c}1&-1&-1&0&3&-1\\0&0&1&2&-2&0\\0&0&0&1&-3&-1\\0&0&0&0&0&0\end{array}\right),\quad\begin{matrix}\text{①}\\\text{②}\\\text{③}\\\text{④}\end{matrix}\qquad(2.7)$$

其中: ④×(−1/3)表示第④行乘(−1/3);③⇔④表示第③,④行对换位置.

(2.7)式中的阶梯形增广矩阵所对应的线性方程组与原线性方程组是同解的. 为了在求解时省去回代的步骤,我们把(2.7)中每行第一个非零元所在列的其余元素全化为零,即

$$\xrightarrow{\text{②}+\text{③}\times(-2)}\left(\begin{array}{ccccc:c}1&-1&-1&0&3&-1\\0&0&1&0&4&2\\0&0&0&1&-3&-1\\0&0&0&0&0&0\end{array}\right)\quad\begin{matrix}\text{①}\\\text{②}\\\text{③}\\\text{④}\end{matrix}$$

$$\xrightarrow{①+②}\left(\begin{array}{cccccc}1 & -1 & 0 & 0 & 7 & 1\\0 & 0 & 1 & 0 & 4 & 2\\0 & 0 & 0 & 1 & -3 & -1\\0 & 0 & 0 & 0 & 0 & 0\end{array}\right).\begin{array}{c}①\\②\\③\\④\end{array}\qquad(2.8)$$

(2.8)式矩阵称为**行简化阶梯矩阵**,它所对应的线性方程组

$$\begin{cases}x_1-x_2\qquad\quad+7x_5=1,\\ \qquad\qquad x_3\quad+4x_5=2,\\ \qquad\qquad\quad x_4-3x_5=-1\end{cases}\qquad(2.8)'$$

与原线性方程组同解. 这里是 3 个方程,5 个未知数,任取 $x_2=k_1$,$x_5=k_2$ 代入线性方程组(2.8)′可唯一地解得对应于 k_1,k_2 的 x_1,x_3,x_4,从而得到满足线性方程组的全部解:$x_1=1+k_1-7k_2$,$x_2=k_1$,$x_3=2-4k_2$,$x_4=-1+3k_2$,$x_5=k_2$,其中 k_1,k_2 为任意常数. 以后我们常把线性方程组的解写成下面的形式

$$(x_1,x_2,x_3,x_4,x_5)$$
$$=(1+k_1-7k_2,k_1,2-4k_2,-1+3k_2,k_2).$$

当线性方程组(2.3)的常数项 $b_1=b_2=\cdots=b_m=0$ 时,我们称它为**齐次线性方程组**,否则称为**非齐次线性方程组**.

齐次线性方程组的解法与例 2 一样. 如果例 2 中 4 个方程的常数项全为零,其解为

$$(x_1,x_2,x_3,x_4,x_5)$$
$$=(k_1-7k_2,k_1,-4k_2,3k_2,k_2).$$

例 3 解线性方程组

$$\begin{cases}x_1+x_2+x_3=1,\\x_1+2x_2-5x_3=2,\\2x_1+3x_2-4x_3=5.\end{cases}$$

解

$$(\boldsymbol{A},\boldsymbol{b})=\left(\begin{array}{ccc:c}1 & 1 & 1 & 1\\1 & 2 & -5 & 2\\2 & 3 & -4 & 5\end{array}\right)\xrightarrow[③+①\times(-2)]{②+①\times(-1)}\left(\begin{array}{ccc:c}1 & 1 & 1 & 1\\0 & 1 & -6 & 1\\0 & 1 & -6 & 3\end{array}\right)$$

$$\xrightarrow{③+②\times(-1)}\left(\begin{array}{ccc:c}1 & 1 & 1 & 1\\ 0 & 1 & -6 & 1\\ 0 & 0 & 0 & 2\end{array}\right)$$

$$\xrightarrow{①+②\times(-1)}\left(\begin{array}{ccc:c}1 & 0 & 7 & 0\\ 0 & 1 & -6 & 1\\ 0 & 0 & 0 & 2\end{array}\right), \tag{2.9}$$

其中第三行0,0,0,2所表示的方程 $0x_1+0x_2+0x_3=2$ 显然是无解的，故原线性方程组无解. 这是由于线性方程组中第三个方程的左端等于前两个方程左端之和，而右端不等于前两个方程右端之和，这表明第三个方程与前两个方程是矛盾的，即满足前两个方程的解不可能满足第三个方程，这种含有矛盾方程而无解的方程组称为**不相容方程组**. 有解的方程组则称做**相容方程组**. 例1、例2是相容方程组，例2在消元过程中其增广矩阵第③行出现全零行，是由于方程组(2.6)中方程③等于(方程②乘2)+(方程①乘(−1)). 因此，满足方程①,②的解都满足方程③，所以方程③对方程组(2.6)求解是多余的，称之为**多余方程**. 在高斯消元法的消元过程中，在增广矩阵上会清楚地揭示出方程组中的多余方程和矛盾方程.

从例2、例3可见，对一般的线性方程组(2.3)，通过消元步骤，其增广矩阵(2.4)可化为如(2.8)，(2.9)式那样的行简化阶梯矩阵. 为便于讨论，不妨假设(2.4)化为如下的行简化阶梯矩阵：

$$(\boldsymbol{A},\boldsymbol{b})\Longrightarrow\begin{pmatrix}c_{11} & 0 & \cdots & 0 & c_{1,r+1} & \cdots & c_{1n} & d_1\\ 0 & c_{22} & \cdots & 0 & c_{2,r+1} & \cdots & c_{2n} & d_2\\ \vdots & \vdots & \ddots & \vdots & \vdots & & \vdots & \vdots\\ 0 & 0 & \cdots & c_{rr} & c_{r,r+1} & \cdots & c_{rn} & d_r\\ 0 & 0 & \cdots & 0 & 0 & \cdots & 0 & d_{r+1}\\ 0 & 0 & \cdots & 0 & 0 & \cdots & 0 & 0\\ \vdots & \vdots & & \vdots & \vdots & & \vdots & \vdots\\ 0 & 0 & \cdots & 0 & 0 & \cdots & 0 & 0\end{pmatrix}, \tag{2.10}$$

其中 $c_{ii}=1, i=1,2,\cdots,r$.

(2.10)式对应的非齐次线性方程组与线性方程组(2.3)是同解方程组. 由(2.10)式易见,线性方程组有解的充要条件是 $d_{r+1}=0$. 在有解的情况下:

(i) 当 $r=n$ 时,有唯一解 $x_1=d_1, x_2=d_2, \cdots, x_n=d_n$;

(ii) 当 $r<n$ 时,有无穷多解,求解时把(2.10)式中每行第一个非零元 $c_{ii}(i=1,2,\cdots,r)$ 所在列对应的未知量(这里是 $x_1, x_2, \cdots, x_r$)取为基本未知量,其余未知量(这里是 $x_{r+1}, x_{r+2}, \cdots, x_n$)取为自由未知量,并令自由未知量依次取任意常数 $k_1, k_2, \cdots, k_{n-r}$,将它们代入(2.10)式所对应的线性方程组,即可解得

$$\begin{cases} x_1 = d_1 - c_{1,r+1}k_1 - \cdots - c_{1n}k_{n-r}, \\ x_2 = d_2 - c_{2,r+1}k_1 - \cdots - c_{2n}k_{n-r}, \\ \cdots\cdots\cdots\cdots\cdots\cdots\cdots\cdots\cdots \\ x_r = d_r - c_{r,r+1}k_1 - \cdots - c_{rn}k_{n-r}, \\ x_{r+1} = k_1, \\ \cdots\cdots\cdots\cdots \\ x_n = k_{n-r}. \end{cases} \tag{2.11}$$

其中 $k_1, k_2, \cdots, k_{n-r}$ 为互相独立的任意常数. 这就是线性方程组的全部解.

齐次线性方程组总是有解的,这是因为(2.3)中 $b_1=b_2=\cdots=b_m=0$,从而(2.10)中 $d_1=\cdots=d_r=d_{r+1}=0$. 当 $r=n$ 时,只有零解,即 $x_1=x_2=\cdots=x_n=0$;当 $r<n$ 时,有无穷多解,其解是(2.11)式中 $d_1=d_2=\cdots=d_r=0$ 的情形.

如果齐次线性方程组中方程个数 m 小于未知量个数 n,则必有无穷多个非零解.

最后还需指出:用不同的消元步骤,将增广矩阵化为阶梯矩阵时,阶梯矩阵的形式不是唯一的,但阶梯矩阵的非零行的行数是唯一确定的,当线性方程组有解时,这表明解中任意常数的个数是

相同的,但解的表示式不是唯一的,然而每一种解的表示式中包含的无穷多个解的集合又是相等的. 这些重要的结论,待第 3 章研究了矩阵的秩和向量的线性相关性的理论,才能给以严格的论证.

2.2 矩阵的加法 数量乘法 乘法

在前一节中,我们已经初步看到用矩阵表示线性方程组,对其用消元法求解是比较方便的. 以后我们将通过对矩阵的进一步研究,来揭示线性方程组的解的理论.

矩阵不仅对研究线性方程组的问题是重要的,而且研究线性代数的各种基本问题都离不开矩阵. 此外,很多实际问题的研究都要使用矩阵的工具,有兴趣的读者可参阅第 7 章中的一些应用问题.

矩阵的加法、数量乘法和乘法是矩阵最基本的运算. 为要讨论矩阵的运算,首先要对两个矩阵相等给以定义.

定义 2.2 如果两个矩阵 $\boldsymbol{A}=(a_{ij})$ 和 $\boldsymbol{B}=(b_{ij})$ 的行数和列数分别相等,且各对应元素也相等,即 $a_{ij}=b_{ij}\ (i=1,2,\cdots,m;j=1,2,\cdots,n)$,就称 $\boldsymbol{A}$ 和 $\boldsymbol{B}$ **相等**,记作 $\boldsymbol{A}=\boldsymbol{B}$.

由定义可知,两个 $m\times n$ 矩阵构成一个矩阵等式,等价于 $m\times n$ 个元素(数)的等式,例如由

$$\begin{pmatrix} x & -1 & -8 \\ 0 & y & 4 \end{pmatrix}=\begin{pmatrix} 3 & -1 & z \\ 0 & 2 & 4 \end{pmatrix},$$

立即可得 $x=3,y=2,z=-8$.

读者必须注意,矩阵与行列式的本质区别,行列式是一个算式,一个数字行列式经过计算可求得其值,而矩阵仅仅是一个数表,它的行数和列数也可以不同. 对于 n 阶方阵,虽然有时也要算它的行列式(记作 $|\boldsymbol{A}|$ 或 $\det\boldsymbol{A}$),但是方阵 $\boldsymbol{A}$ 和方阵 $\boldsymbol{A}$ 的行列式是不同的概念,当 $\det\boldsymbol{A}=0$(此时 $\boldsymbol{A}$ 不一定为零矩阵)时,称 $\boldsymbol{A}$ 为**奇异**

矩阵;当 $\det\boldsymbol{A}\neq 0$ 时,称 $\boldsymbol{A}$ 为**非奇异矩阵**.

2.2.1 矩阵的加法

定义 2.3 设 $\boldsymbol{A}=(a_{ij})$ 和 $\boldsymbol{B}=(b_{ij})\in F^{m\times n}$,规定

$$\boldsymbol{A}+\boldsymbol{B}=(a_{ij}+b_{ij})=\begin{pmatrix} a_{11}+b_{11} & a_{12}+b_{12} & \cdots & a_{1n}+b_{1n} \\ a_{21}+b_{21} & a_{22}+b_{22} & \cdots & a_{2n}+b_{2n} \\ \vdots & \vdots & & \vdots \\ a_{m1}+b_{m1} & a_{m2}+b_{m2} & \cdots & a_{mn}+b_{mn} \end{pmatrix}, \tag{2.12}$$

并称 $\boldsymbol{A}+\boldsymbol{B}$ 为 $\boldsymbol{A}$ 与 $\boldsymbol{B}$ 之和.

必须注意:只有行数相同,列数也相同的矩阵(即同型矩阵)才能相加,且同型矩阵之和仍是同型矩阵.

根据定义,不难验证矩阵的加法满足以下运算律:

(i) 交换律:$\boldsymbol{A}+\boldsymbol{B}=\boldsymbol{B}+\boldsymbol{A}$;

(ii) 结合律:$(\boldsymbol{A}+\boldsymbol{B})+\boldsymbol{C}=\boldsymbol{A}+(\boldsymbol{B}+\boldsymbol{C})$;

(iii) 零矩阵满足:$\boldsymbol{A}+\boldsymbol{0}=\boldsymbol{A}$,其中 $\boldsymbol{0}$ 是与 $\boldsymbol{A}$ 同型的零矩阵;

(iv) 存在矩阵 $(-\boldsymbol{A})$ 满足 $\boldsymbol{A}+(-\boldsymbol{A})=\boldsymbol{0}$,此时,如果 $\boldsymbol{A}=(a_{ij})_{m\times n}$,则 $(-\boldsymbol{A})=(-a_{ij})_{m\times n}$(即 $\boldsymbol{A}$ 中每个元素都乘 -1),并称 $(-\boldsymbol{A})$ 为 $\boldsymbol{A}$ 的**负矩阵**.

进而我们定义矩阵的减法

$$\boldsymbol{A}-\boldsymbol{B}=\boldsymbol{A}+(-\boldsymbol{B}).$$

2.2.2 矩阵的数量乘法(简称数乘)

定义 2.4 设 k 是数域 F 中的任意一个数,$\boldsymbol{A}=(a_{ij})\in F^{m\times n}$,规定

$$k\boldsymbol{A}=(ka_{ij})=\begin{pmatrix} ka_{11} & ka_{12} & \cdots & ka_{1n} \\ ka_{21} & ka_{22} & \cdots & ka_{2n} \\ \vdots & \vdots & & \vdots \\ ka_{m1} & ka_{m2} & \cdots & ka_{mn} \end{pmatrix}, \tag{2.13}$$

并称这个矩阵为 k 与 $\boldsymbol{A}$ 的**数量乘积**.

要注意：数 k 乘一个矩阵 $\boldsymbol{A}$，需要把数 k 乘矩阵 $\boldsymbol{A}$ 的每一个元素，这与行列式的性质 3(i)是不同的.

设 1，k，l 是数域 F 中的数，矩阵的数量乘法满足以下运算律：

(i) $1\boldsymbol{A}=\boldsymbol{A}$；

(ii) $(kl)\boldsymbol{A}=k(l\boldsymbol{A})$；

(iii) $(k+l)\boldsymbol{A}=k\boldsymbol{A}+l\boldsymbol{A}$；

(iv) $k(\boldsymbol{A}+\boldsymbol{B})=k\boldsymbol{A}+k\boldsymbol{B}$.

2.2.3 矩阵的乘法

矩阵乘法的定义，是从研究 n 维向量空间的线性变换的需要而规定的一种独特的乘法运算，矩阵运算中所具有的特殊规律，主要产生于矩阵的乘法运算.

定义 2.5 设 $\boldsymbol{A}$ 是一个 $m\times n$ 矩阵，$\boldsymbol{B}$ 是一个 $n\times s$ 矩阵，即

$$\boldsymbol{A}=\begin{pmatrix} a_{11} & a_{12} & \cdots & a_{1n} \\ a_{21} & a_{22} & \cdots & a_{2n} \\ \vdots & \vdots & & \vdots \\ a_{m1} & a_{m2} & \cdots & a_{mn} \end{pmatrix},\ \boldsymbol{B}=\begin{pmatrix} b_{11} & b_{12} & \cdots & b_{1s} \\ b_{21} & b_{22} & \cdots & b_{2s} \\ \vdots & \vdots & & \vdots \\ b_{n1} & b_{n2} & \cdots & b_{ns} \end{pmatrix}.$$

则 $\boldsymbol{A}$ 与 $\boldsymbol{B}$ 之乘积 $\boldsymbol{AB}$(记作 $\boldsymbol{C}=(c_{ij})$)是一个 $m\times s$ 矩阵，且

$$c_{ij}=a_{i1}b_{1j}+a_{i2}b_{2j}+\cdots+a_{in}b_{nj}=\sum_{k=1}^{n}a_{ik}b_{kj}. \qquad (2.14)$$

即矩阵 $\boldsymbol{C}=\boldsymbol{AB}$ 的第 i 行第 j 列元素 c_{ij}，是 $\boldsymbol{A}$ 的第 i 行 n 个元素与 $\boldsymbol{B}$ 的第 j 列相应的 n 个元素分别相乘的乘积之和.

必须注意：两个矩阵 $\boldsymbol{A}$ 与 $\boldsymbol{B}$ 的乘积 $\boldsymbol{AB}$ 有意义(或说可乘)，要求 $\boldsymbol{A}$ 的列数等于 $\boldsymbol{B}$ 的行数，否则 $\boldsymbol{A}$ 与 $\boldsymbol{B}$ 不可乘.

例 1 设

$$A=\begin{pmatrix}1&2&-1\\-1&3&4\\1&1&1\end{pmatrix},\quad B=\begin{pmatrix}5&6\\-5&-6\\6&0\end{pmatrix}.$$

计算 $\boldsymbol{AB}$.

解 $\boldsymbol{AB}$ 是 3×2 矩阵，即

$$\boldsymbol{AB}=\begin{pmatrix}1\times5+2\times(-5)+(-1)\times6 & 1\times6+2\times(-6)+0\\(-1)\times5+3\times(-5)+4\times6 & (-1)\times6+3\times(-6)+0\\5+(-5)+6 & 6+(-6)+0\end{pmatrix}$$

$$=\begin{pmatrix}-11&-6\\4&-24\\6&0\end{pmatrix}.$$

例 2 设 $\boldsymbol{A},\boldsymbol{B}$ 分别是 $n\times1$ 和 $1\times n$ 矩阵，且

$$\boldsymbol{A}=\begin{pmatrix}a_1\\a_2\\\vdots\\a_n\end{pmatrix},\quad \boldsymbol{B}=(b_1,b_2,\cdots,b_n),$$

计算 $\boldsymbol{AB}$ 和 $\boldsymbol{BA}$.

解

$$\boldsymbol{AB}=\begin{pmatrix}a_1\\a_2\\\vdots\\a_n\end{pmatrix}(b_1,b_2,\cdots,b_n)=\begin{pmatrix}a_1b_1&a_1b_2&\cdots&a_1b_n\\a_2b_1&a_2b_2&\cdots&a_2b_n\\\vdots&\vdots&&\vdots\\a_nb_1&a_nb_2&\cdots&a_nb_n\end{pmatrix}.$$

$$\boldsymbol{BA}=(b_1,b_2,\cdots,b_n)\begin{pmatrix}a_1\\a_2\\\vdots\\a_n\end{pmatrix}=b_1a_1+b_2a_2+\cdots+b_na_n.$$

$\boldsymbol{AB}$ 是 n 阶矩阵，$\boldsymbol{BA}$ 是 1 阶矩阵(运算的最后结果为 1 阶矩阵时，可以把它与数等同看待，不必加矩阵符号，但是，在运算过程中，一

般不能把1阶矩阵看成数).

例3 设

$$\boldsymbol{A}=\begin{pmatrix}a & a\\ -a & -a\end{pmatrix},\ \boldsymbol{B}=\begin{pmatrix}b & -b\\ -b & b\end{pmatrix},\ \boldsymbol{C}=\begin{pmatrix}-1 & 1\\ 1 & -1\end{pmatrix}.$$

计算 $\boldsymbol{AB}$,$\boldsymbol{AC}$ 和 $\boldsymbol{BA}$.

解 $\boldsymbol{AB}=\boldsymbol{AC}=\begin{pmatrix}0 & 0\\ 0 & 0\end{pmatrix}$, $\boldsymbol{BA}=\begin{pmatrix}2ab & 2ab\\ -2ab & -2ab\end{pmatrix}$.

关于矩阵的乘法运算,从例1,2,3可见,它有3个重要的结论:

(1) 矩阵的乘法不满足交换律.

在例1中,$\boldsymbol{BA}$ 不可乘;在例2中 $\boldsymbol{AB}$ 与 $\boldsymbol{BA}$ 不是同型矩阵;在例3中 $\boldsymbol{AB}$ 与 $\boldsymbol{BA}$ 虽都是2阶矩阵,但不相等.

矩阵乘法不满足交换律,并不等于说对任意的两个矩阵 $\boldsymbol{A}$ 与 $\boldsymbol{B}$,必有 $\boldsymbol{AB}\neq\boldsymbol{BA}$. 例如,若

$$\boldsymbol{A}=\begin{pmatrix}2 & 0\\ 0 & 2\end{pmatrix},\qquad \boldsymbol{B}=\begin{pmatrix}a & b\\ c & d\end{pmatrix}.$$

就有

$$\boldsymbol{AB}=\boldsymbol{BA}=\begin{pmatrix}2a & 2b\\ 2c & 2d\end{pmatrix}=2\boldsymbol{B}.$$

当 $\boldsymbol{AB}\neq\boldsymbol{BA}$ 时,称 $\boldsymbol{AB}$ 不可交换(或 $\boldsymbol{A}$ 与 $\boldsymbol{B}$ 不可交换),当 $\boldsymbol{AB}=\boldsymbol{BA}$ 时,称 $\boldsymbol{AB}$ 可交换(或 $\boldsymbol{A}$ 与 $\boldsymbol{B}$ 可交换). 读者不难证明,若 $\boldsymbol{AB}=\boldsymbol{BA}$,则 $\boldsymbol{A}$,$\boldsymbol{B}$ 必是同阶方阵.

(2) 由矩阵乘积 $\boldsymbol{AB}=\boldsymbol{0}$(零矩阵),不能推出 $\boldsymbol{A}=\boldsymbol{0}$ 或 $\boldsymbol{B}=\boldsymbol{0}$. 等价地说:$\boldsymbol{A}\neq\boldsymbol{0}$ 且 $\boldsymbol{B}\neq\boldsymbol{0}$,有可能使 $\boldsymbol{AB}=\boldsymbol{0}$.

这相对于数的乘法是一个奇特的现象. 但读者不难理解:如果以 $\boldsymbol{A}$ 为系数矩阵的齐次线性方程组有非零解,则将非零解按列排成的矩阵 $\boldsymbol{B}$,就必有 $\boldsymbol{AB}=\boldsymbol{0}$.

当 $\boldsymbol{A}\neq\boldsymbol{0}$ 且 $\boldsymbol{B}\neq\boldsymbol{0}$ 时,有 $\boldsymbol{AB}=\boldsymbol{0}$,我们称 $\boldsymbol{B}$ 是 $\boldsymbol{A}$ 的右零因子,$\boldsymbol{A}$

是 $\boldsymbol{B}$ 的左零因子. 所以这个结论也可以说,有些非零矩阵存在非零矩阵作为其左、右零因子. 由例 3 可见,$\boldsymbol{B}$,$\boldsymbol{C}$ 都是 $\boldsymbol{A}$ 的右零因子. 一般地,如果 $\boldsymbol{A}$ 有非零的零因子,则其零因子不是唯一的.

(3) 矩阵乘法不满足消去律,即 $\boldsymbol{A}\neq\boldsymbol{0}$ 时,由 $\boldsymbol{AB}=\boldsymbol{AC}$,不能推出 $\boldsymbol{B}=\boldsymbol{C}$. 这是由结论(2)所决定的. 因为

$$\boldsymbol{AB}=\boldsymbol{AC}\Rightarrow\boldsymbol{AB}-\boldsymbol{AC}=\boldsymbol{0}\overset{*}{\Rightarrow}\boldsymbol{A}(\boldsymbol{B}-\boldsymbol{C})=\boldsymbol{0},$$

此时不能推出 $\boldsymbol{B}-\boldsymbol{C}=\boldsymbol{0}$,即 $\boldsymbol{B}=\boldsymbol{C}$(* 处用了后面的左分配律).

如例 3,$\boldsymbol{AB}=\boldsymbol{AC}$,但 $\boldsymbol{B}\neq\boldsymbol{C}$(当 $b\neq-1$ 时).

但是读者以后会理解,当 $\boldsymbol{A}$ 为非奇异矩阵,即行列式 $|\boldsymbol{A}|\neq 0$ 时: 若 $\boldsymbol{AB}=\boldsymbol{0}$,则必有 $\boldsymbol{B}=\boldsymbol{0}$;若 $\boldsymbol{AB}=\boldsymbol{AC}$,则必有 $\boldsymbol{B}=\boldsymbol{C}$. 也就是说,当 $\boldsymbol{A}$ 为非奇异矩阵时,矩阵乘法就没有区别于数的乘法的上述(2),(3)的奇异现象. 而行列式等于 0 的奇异矩阵均有(2),(3)的奇异现象.

矩阵乘法不满足交换律和消去律,是矩阵乘法区别于数的乘法的重要特点,但是矩阵乘法与数的乘法也有相同或相似的运算律,即矩阵乘法满足下列运算律:

(i) 结合律 $(\boldsymbol{AB})\boldsymbol{C}=\boldsymbol{A}(\boldsymbol{BC})$;

(ii) 数乘结合律 $k(\boldsymbol{AB})=(k\boldsymbol{A})\boldsymbol{B}=\boldsymbol{A}(k\boldsymbol{B})$,其中 k 是数;

(iii) 左分配律 $\boldsymbol{A}(\boldsymbol{B}+\boldsymbol{C})=\boldsymbol{AB}+\boldsymbol{AC}$;

右分配律 $(\boldsymbol{B}+\boldsymbol{C})\boldsymbol{A}=\boldsymbol{BA}+\boldsymbol{CA}$.

证 (i) 设 $\boldsymbol{A}$ 是 $m\times n$ 矩阵,$\boldsymbol{B}$ 是 $n\times p$ 矩阵,$\boldsymbol{C}$ 是 $p\times s$ 矩阵,则 $(\boldsymbol{AB})\boldsymbol{C}$ 和 $\boldsymbol{A}(\boldsymbol{BC})$ 均是 $m\times s$ 矩阵. 下面证它们的第 i 行第 j 列元素($i=1,2,\cdots,m;j=1,2,\cdots,s.$)都是相同的.

$$\begin{aligned}((\boldsymbol{AB})\boldsymbol{C})_{ij}&=\sum_{k=1}^{p}(\boldsymbol{AB})_{ik}c_{kj}=\sum_{k=1}^{p}\Big(\sum_{l=1}^{n}a_{il}b_{lk}\Big)c_{kj}\\&=\sum_{k=1}^{p}\Big(\sum_{l=1}^{n}a_{il}b_{lk}c_{kj}\Big)=\sum_{l=1}^{n}\Big(\sum_{k=1}^{p}a_{il}b_{lk}c_{kj}\Big)\\&=\sum_{l=1}^{n}a_{il}\Big(\sum_{k=1}^{p}b_{lk}c_{kj}\Big)=\sum_{l=1}^{n}a_{il}(\boldsymbol{BC})_{lj}\end{aligned}$$

$$= (\boldsymbol{A}(\boldsymbol{BC}))_{ij}.$$

(ii)和(iii)的证明留给读者作为练习.

下面介绍几个重要的特殊矩阵及其乘法运算.

定义 2.6 主对角元全为 1,其余元素全为零的 n 阶矩阵,称为 n 阶**单位矩阵**(简称**单位阵**),记作 $\boldsymbol{I}_n$ 或 $\boldsymbol{I}$ 或 $\boldsymbol{E}$;主对角元全为非零数 k,其余元素全为零的 n 阶矩阵,称为 n 阶**数量矩阵**,记作 $k\boldsymbol{I}_n$ 或 $k\boldsymbol{I}$ 或 $k\boldsymbol{E}$. 即

$$\boldsymbol{I}_n = \begin{pmatrix} 1 & & & \\ & 1 & & \\ & & \ddots & \\ & & & 1 \end{pmatrix}_{n\times n}, \quad k\boldsymbol{I}_n = \begin{pmatrix} k & & & \\ & k & & \\ & & \ddots & \\ & & & k \end{pmatrix}_{n\times n} \quad (k \neq 0).$$

因为 $\boldsymbol{I}_m\boldsymbol{A}_{m\times n} = \boldsymbol{A}_{m\times n}, \boldsymbol{A}_{m\times n}\boldsymbol{I}_n = \boldsymbol{A}_{m\times n}$. 可见,单位矩阵在矩阵乘法中的作用与数 1 在数的乘法中的作用是类似的.

又因为

$$(k\boldsymbol{I})\boldsymbol{A} = k(\boldsymbol{IA}) = k\boldsymbol{A}; \quad \boldsymbol{A}(k\boldsymbol{I}) = k(\boldsymbol{AI}) = k\boldsymbol{A},$$

故数量矩阵 $k\boldsymbol{I}$ 乘矩阵 $\boldsymbol{A}$ 等于数 k 乘矩阵 $\boldsymbol{A}$,且 n 阶数量矩阵 $k\boldsymbol{I}$ 与任意的 n 阶矩阵 $\boldsymbol{A}$ 可交换,此外也可以证明(留给读者作为练习):与任意的 n 阶矩阵可交换的矩阵必是 n 阶数量矩量.

定义 2.7 非主对角元皆为零的 n 阶矩阵称为 n 阶**对角矩阵**(简称**对角阵**),记作$\boldsymbol{\Lambda}$,即

$$\boldsymbol{\Lambda} = \begin{pmatrix} a_1 & & & \\ & a_2 & & \\ & & \ddots & \\ & & & a_n \end{pmatrix},$$

或记作 $\mathrm{diag}(a_1, a_2, \cdots, a_n)$.

对角阵$\boldsymbol{\Lambda}$ 左乘 $\boldsymbol{A}$ 等于 $a_i(i=1,\cdots,n)$乘 $\boldsymbol{A}$ 中第 i 行的每个元素;对角阵$\boldsymbol{\Lambda}$ 右乘 $\boldsymbol{A}$ 等于 $a_i(i=1,\cdots,n)$乘 $\boldsymbol{A}$ 中第 i 列的每个元素. 即

$$\begin{pmatrix} a_1 & & & \\ & a_2 & & \\ & & \ddots & \\ & & & a_n \end{pmatrix}\begin{pmatrix} a_{11} & a_{12} & \cdots & a_{1s} \\ a_{21} & a_{22} & \cdots & a_{2s} \\ \vdots & \vdots & & \vdots \\ a_{n1} & a_{n2} & \cdots & a_{ns} \end{pmatrix}=\begin{pmatrix} a_1a_{11} & a_1a_{12} & \cdots & a_1a_{1s} \\ a_2a_{21} & a_2a_{22} & \cdots & a_2a_{2s} \\ \vdots & \vdots & & \vdots \\ a_na_{n1} & a_na_{n2} & \cdots & a_na_{ns} \end{pmatrix},$$

$$\begin{pmatrix} a_{11} & a_{12} & \cdots & a_{1n} \\ a_{21} & a_{22} & \cdots & a_{2n} \\ \vdots & \vdots & & \vdots \\ a_{m1} & a_{m2} & \cdots & a_{mn} \end{pmatrix}\begin{pmatrix} a_1 & & & \\ & a_2 & & \\ & & \ddots & \\ & & & a_n \end{pmatrix}=\begin{pmatrix} a_1a_{11} & a_2a_{12} & \cdots & a_na_{1n} \\ a_1a_{21} & a_2a_{22} & \cdots & a_na_{2n} \\ \vdots & \vdots & & \vdots \\ a_1a_{m1} & a_2a_{m2} & \cdots & a_na_{mn} \end{pmatrix},$$

$$\begin{pmatrix} a_1 & & & \\ & a_2 & & \\ & & \ddots & \\ & & & a_n \end{pmatrix}\begin{pmatrix} b_1 & & & \\ & b_2 & & \\ & & \ddots & \\ & & & b_n \end{pmatrix}=\begin{pmatrix} a_1b_1 & & & \\ & a_2b_2 & & \\ & & \ddots & \\ & & & a_nb_n \end{pmatrix}.$$

定义 2.8 n 阶矩阵 $\boldsymbol{A}=(a_{ij})_{n\times n}$，当 $i>j$ 时，$a_{ij}=0(j=1,2,\cdots,n-1)$的矩阵称为**上三角矩阵**；当 $i<j$ 时，$a_{ij}=0(j=2,3,\cdots,n)$的矩阵称为**下三角矩阵**.

例 4 证明：两个上三角矩阵的乘积仍是上三角矩阵.

证

$$设\quad \boldsymbol{A}=\begin{pmatrix} a_{11} & a_{12} & \cdots & a_{1n} \\ & a_{22} & \cdots & a_{2n} \\ & & \ddots & \vdots \\ & & & a_{nn} \end{pmatrix},\ \boldsymbol{B}=\begin{pmatrix} b_{11} & b_{12} & \cdots & b_{1n} \\ & b_{22} & \cdots & b_{2n} \\ & & \ddots & \vdots \\ & & & b_{nn} \end{pmatrix},$$

则
$$\boldsymbol{AB}=\boldsymbol{C}=(c_{ij})_{n\times n}.$$

当 $i>j$ 时，$c_{ij}=\sum\limits_{k=1}^{n}a_{ik}b_{kj}=\sum\limits_{k=1}^{i-1}a_{ik}b_{kj}+\sum\limits_{k=i}^{n}a_{ik}b_{kj}$，由于 $\boldsymbol{A}$ 是上三角矩阵，所以式中右端第一个和式中 $a_{ik}=0(k=1,2,\cdots,i-1)$；同理，上式右端第二个和式中 $b_{kj}=0(k=i,i+1,\cdots,n$，它们都大于 $j)$. 因此，当 $i>j$ 时，恒有 $c_{ij}=0$，故 $\boldsymbol{C}$ 是上三角矩阵.

同样可证，两个下三角矩阵的乘积仍是下三角矩阵.

定义了矩阵的乘法,我们可以将线性方程组简洁地表示成一个矩阵等式.

设线性方程组

$$\begin{cases} a_{11}x_1 + a_{12}x_2 + \cdots + a_{1n}x_n = b_1, \\ a_{21}x_1 + a_{22}x_2 + \cdots + a_{2n}x_n = b_2, \\ \cdots\cdots\cdots\cdots\cdots\cdots\cdots\cdots\cdots\cdots \\ a_{m1}x_1 + a_{m2}x_2 + \cdots + a_{mn}x_n = b_m. \end{cases} \tag{2.15}$$

由于方程组中第 i 个方程可以表示为

$$(a_{i1}, a_{i2}, \cdots, a_{in})\begin{pmatrix} x_1 \\ x_2 \\ \vdots \\ x_n \end{pmatrix} = b_i, \qquad i = 1, 2, \cdots, m.$$

因此线性方程组(2.15)可以表示成

$$\begin{pmatrix} a_{11} & a_{12} & \cdots & a_{1n} \\ a_{21} & a_{22} & \cdots & a_{2n} \\ \vdots & \vdots & & \vdots \\ a_{m1} & a_{m2} & \cdots & a_{mn} \end{pmatrix}\begin{pmatrix} x_1 \\ x_2 \\ \vdots \\ x_n \end{pmatrix} = \begin{pmatrix} b_1 \\ b_2 \\ \vdots \\ b_m \end{pmatrix}.$$

记

$$\boldsymbol{A} = \begin{pmatrix} a_{11} & a_{12} & \cdots & a_{1n} \\ a_{21} & a_{22} & \cdots & a_{2n} \\ \vdots & \vdots & & \vdots \\ a_{m1} & a_{m2} & \cdots & a_{mn} \end{pmatrix}, \quad \boldsymbol{x} = \begin{pmatrix} x_1 \\ x_2 \\ \vdots \\ x_n \end{pmatrix}, \quad \boldsymbol{b} = \begin{pmatrix} b_1 \\ b_2 \\ \vdots \\ b_m \end{pmatrix}. \tag{2.16}$$

则线性方程组(2.15)可以简洁地表示成下列矩阵等式

$$\boldsymbol{Ax} = \boldsymbol{b}, \tag{2.17}$$

并称矩阵 $\boldsymbol{A}$ 为线性方程组(2.15)的系数矩阵.

下面讨论两个方阵的乘积的行列式.

定理 2.1 设 $\boldsymbol{A},\boldsymbol{B}$ 是两个 n 阶矩阵，则乘积 $\boldsymbol{AB}$ 的行列式等于 $\boldsymbol{A}$ 和 $\boldsymbol{B}$ 的行列式的乘积，即

$$|\boldsymbol{AB}|=|\boldsymbol{A}|\,|\boldsymbol{B}|.$$

证 设 $\boldsymbol{A}=(a_{ij})_{n\times n}$，$\boldsymbol{B}=(b_{ij})_{n\times n}$，利用第 1 章 1.2 节例 9 的结果，有

$$|\boldsymbol{A}|\,|\boldsymbol{B}|=\begin{vmatrix} a_{11} & a_{12} & \cdots & a_{1n} & 0 & 0 & \cdots & 0 \\ a_{21} & a_{22} & \cdots & a_{2n} & 0 & 0 & \cdots & 0 \\ \vdots & \vdots & & \vdots & \vdots & \vdots & & \vdots \\ a_{n1} & a_{n2} & \cdots & a_{nn} & 0 & 0 & \cdots & 0 \\ -1 & 0 & \cdots & 0 & b_{11} & b_{12} & \cdots & b_{1n} \\ 0 & -1 & \cdots & 0 & b_{21} & b_{22} & \cdots & b_{2n} \\ \vdots & \vdots & \ddots & \vdots & \vdots & \vdots & & \vdots \\ 0 & 0 & \cdots & -1 & b_{n1} & b_{n2} & \cdots & b_{nn} \end{vmatrix}_{2n\times 2n}.$$

将第 $n+1$ 行乘 a_{11} 加到第一行，第 $n+2$ 行乘 a_{12} 加到第一行……第 $2n$ 行乘 a_{1n} 加到第一行，即得

$$|\boldsymbol{A}|\,|\boldsymbol{B}|=\begin{vmatrix} 0 & 0 & \cdots & 0 & c_{11} & c_{12} & \cdots & c_{1n} \\ a_{21} & a_{22} & \cdots & a_{2n} & 0 & 0 & \cdots & 0 \\ \vdots & \vdots & & \vdots & \vdots & \vdots & & \vdots \\ a_{n1} & a_{n2} & \cdots & a_{nn} & 0 & 0 & \cdots & 0 \\ -1 & 0 & \cdots & 0 & b_{11} & b_{12} & \cdots & b_{1n} \\ 0 & -1 & \cdots & \vdots & b_{21} & b_{22} & \cdots & b_{2n} \\ \vdots & \vdots & \ddots & 0 & \vdots & \vdots & & \vdots \\ 0 & 0 & \cdots & -1 & b_{n1} & b_{n2} & \cdots & b_{nn} \end{vmatrix},$$

其中

$$c_{1j}=a_{11}b_{1j}+a_{12}b_{2j}+\cdots+a_{1n}b_{nj}=\sum_{k=1}^{n}a_{1k}b_{kj}\,(j=1,2,\cdots,n).$$

即 $c_{11},c_{12},\cdots,c_{1n}$ 是 $\boldsymbol{AB}$ 的第一行，仿照上述步骤，将行列式中 a_{21}，$a_{22},\cdots,a_{2n},\cdots,a_{n1},a_{n2},\cdots,a_{nn}$ 全消为零时，就得到

$$|\boldsymbol{A}||\boldsymbol{B}| = \begin{vmatrix} \boldsymbol{A} & \boldsymbol{0} \\ -\boldsymbol{I} & \boldsymbol{B} \end{vmatrix} = \begin{vmatrix} \boldsymbol{0} & \boldsymbol{AB} \\ -\boldsymbol{I} & \boldsymbol{B} \end{vmatrix} = (-1)^n \begin{vmatrix} \boldsymbol{AB} & \boldsymbol{0} \\ \boldsymbol{B} & -\boldsymbol{I} \end{vmatrix}$$

$$= (-1)^n |\boldsymbol{AB}||-\boldsymbol{I}_n| = (-1)^n |\boldsymbol{AB}| (-1)^n$$

$$= |\boldsymbol{AB}|.$$

■

定理 2.1 应用很广，下面举两个应用的例子.

***例 5** 设 $\boldsymbol{A} = \begin{pmatrix} a & -b & -c & -d \\ b & a & -d & c \\ c & d & a & -b \\ d & -c & b & a \end{pmatrix}$，

计算$(\det\boldsymbol{A})^2$ 和 $\det\boldsymbol{A}$(即$|\boldsymbol{A}|^2$ 和$|\boldsymbol{A}|$).

解 将 $\boldsymbol{A}$ 中行列互换所得矩阵记成 $\boldsymbol{A}^{\mathrm{T}}$，即

$$\boldsymbol{A}^{\mathrm{T}} = \begin{pmatrix} a & b & c & d \\ -b & a & d & -c \\ -c & -d & a & b \\ -d & c & -b & a \end{pmatrix}.$$

由于$|\boldsymbol{A}^{\mathrm{T}}| = |\boldsymbol{A}|$，所以

$$|\boldsymbol{A}|^2 = |\boldsymbol{A}||\boldsymbol{A}^{\mathrm{T}}| = |\boldsymbol{AA}^{\mathrm{T}}|$$

$$= \begin{vmatrix} a^2+b^2+c^2+d^2 & 0 & 0 & 0 \\ 0 & a^2+b^2+c^2+d^2 & 0 & 0 \\ 0 & 0 & a^2+b^2+c^2+d^2 & 0 \\ 0 & 0 & 0 & a^2+b^2+c^2+d^2 \end{vmatrix}$$

$$= (a^2+b^2+c^2+d^2)^4.$$

因此$|\boldsymbol{A}| = \pm(a^2+b^2+c^2+d^2)^2$. 但 $\boldsymbol{A}$ 的主对角元全是 a，行列式$|\boldsymbol{A}|$中的 a^4 项的符号为"+"，故

$$|\boldsymbol{A}| = (a^2+b^2+c^2+d^2)^2.$$

例 6 设

$$\boldsymbol{A}=\begin{pmatrix}a_{11} & a_{12} & \cdots & a_{1n}\\ a_{21} & a_{22} & \cdots & a_{2n}\\ \vdots & \vdots & & \vdots\\ a_{n1} & a_{n2} & \cdots & a_{nn}\end{pmatrix},\quad \boldsymbol{A}^*=\begin{pmatrix}A_{11} & A_{21} & \cdots & A_{n1}\\ A_{12} & A_{22} & \cdots & A_{n2}\\ \vdots & \vdots & & \vdots\\ A_{1n} & A_{2n} & \cdots & A_{nn}\end{pmatrix}, \tag{2.18}$$

其中 A_{ij} 是行列式 $|\boldsymbol{A}|$ 中元素 a_{ij} 的代数余子式.

证明：当 $|\boldsymbol{A}|\neq 0$ 时，$|\boldsymbol{A}^*|=|\boldsymbol{A}|^{n-1}$.

证 设 $\boldsymbol{AA}^*=\boldsymbol{C}=(c_{ij})$，其中

$$\begin{aligned}c_{ij}&=a_{i1}A_{j1}+a_{i2}A_{j2}+\cdots+a_{in}A_{jn}\\ &=\begin{cases}|\boldsymbol{A}|, & \text{当 } j=i\\ 0, & \text{当 } j\neq i\end{cases}\quad i,j=1,2,\cdots,n.\end{aligned}$$

于是

$$\boldsymbol{AA}^*=\begin{pmatrix}|\boldsymbol{A}| & & & \\ & |\boldsymbol{A}| & & \\ & & \ddots & \\ & & & |\boldsymbol{A}|\end{pmatrix}=|\boldsymbol{A}|\,\boldsymbol{I}_n, \tag{2.19}$$

因此

$$|\boldsymbol{A}|\,|\boldsymbol{A}^*|=|\boldsymbol{AA}^*|=|\boldsymbol{A}|^n.$$

由于 $|\boldsymbol{A}|\neq 0$，故 $|\boldsymbol{A}^*|=|\boldsymbol{A}|^{n-1}$. ■

最后，我们定义方阵的幂和方阵的多项式.

定义 2.9 设 $\boldsymbol{A}$ 是 n 阶矩阵，k 个 $\boldsymbol{A}$ 的连乘积称为 $\boldsymbol{A}$ 的 k 次幂，记作 $\boldsymbol{A}^k$，即

$$\boldsymbol{A}^k=\underbrace{\boldsymbol{A}\boldsymbol{A}\cdots\boldsymbol{A}}_{k\text{个}}.$$

由定义可以证明：当 m,k 为正整数时，有

$$\boldsymbol{A}^m\boldsymbol{A}^k=\boldsymbol{A}^{m+k}, \tag{2.20}$$

$$(\boldsymbol{A}^m)^k=\boldsymbol{A}^{mk}, \tag{2.21}$$

当 $\boldsymbol{AB}$ 不可交换时，一般情况下，$(\boldsymbol{AB})^k\neq\boldsymbol{A}^k\boldsymbol{B}^k$；当 $\boldsymbol{AB}$ 可交换时，$(\boldsymbol{AB})^k=\boldsymbol{A}^k\boldsymbol{B}^k=\boldsymbol{B}^k\boldsymbol{A}^k$，但其逆不真.

定义 2.10 设 $f(x)=a_kx^k+a_{k-1}x^{k-1}+\cdots+a_1x+a_0$ 是 x 的

k 次多项式,$\boldsymbol{A}$ 是 n 阶矩阵,则

$$f(\boldsymbol{A})=a_k\boldsymbol{A}^k+a_{k-1}\boldsymbol{A}^{k-1}+\cdots+a_1\boldsymbol{A}+a_0\boldsymbol{I}_n,$$

称为矩阵 $\boldsymbol{A}$ 的 k 次**多项式**(注意常数项应变为 $a_0\boldsymbol{I}$).

由定义容易证明:若 $f(x),g(x)$ 为多项式,$\boldsymbol{A},\boldsymbol{B}$ 皆是 n 阶矩阵,则

$$f(\boldsymbol{A})g(\boldsymbol{A})=g(\boldsymbol{A})f(\boldsymbol{A}).$$

但当 $\boldsymbol{AB}$ 不可交换时,一般 $f(\boldsymbol{A})g(\boldsymbol{B})\neq g(\boldsymbol{B})f(\boldsymbol{A})$. 例如

$$\begin{aligned}(\boldsymbol{A}^2+\boldsymbol{A}-2\boldsymbol{I})(\boldsymbol{A}-\boldsymbol{I})&=(\boldsymbol{A}-\boldsymbol{I})(\boldsymbol{A}^2+\boldsymbol{A}-2\boldsymbol{I})\\&=\boldsymbol{A}^3-3\boldsymbol{A}+2\boldsymbol{I},\\(\boldsymbol{A}+\boldsymbol{B})(\boldsymbol{A}-\boldsymbol{B})&=\boldsymbol{A}^2-\boldsymbol{AB}+\boldsymbol{BA}-\boldsymbol{B}^2(\neq\boldsymbol{A}^2-\boldsymbol{B}^2)\\&\neq\boldsymbol{A}^2-\boldsymbol{BA}+\boldsymbol{AB}-\boldsymbol{B}^2=(\boldsymbol{A}-\boldsymbol{B})(\boldsymbol{A}+\boldsymbol{B}),\\(\boldsymbol{A}+\boldsymbol{B})^2&=(\boldsymbol{A}+\boldsymbol{B})(\boldsymbol{A}+\boldsymbol{B})\\&=\boldsymbol{A}^2+\boldsymbol{AB}+\boldsymbol{BA}+\boldsymbol{B}^2\neq\boldsymbol{A}^2+2\boldsymbol{AB}+\boldsymbol{B}^2.\end{aligned}$$

由于数量矩阵 $\lambda\boldsymbol{I}$ 与任意方阵可交换,下式可按二项式定理展开

$$(\boldsymbol{A}+\lambda\boldsymbol{I})^n=\boldsymbol{A}^n+\mathrm{C}_n^1\lambda\boldsymbol{A}^{n-1}+\mathrm{C}_n^2\lambda^2\boldsymbol{A}^{n-2}+\cdots+\mathrm{C}_n^{n-1}\lambda^{n-1}\boldsymbol{A}+\lambda^n\boldsymbol{I}.$$

还要注意:对于 $m\times n$ 矩阵 $\boldsymbol{A}$,当 $m\neq n$ 时,$\boldsymbol{A}^2$ 没有意义.

2.3 矩阵的转置 对称矩阵

定义 2.11 把一个 $m\times n$ 矩阵

$$\boldsymbol{A}=\begin{pmatrix}a_{11}&a_{12}&\cdots&a_{1n}\\a_{21}&a_{22}&\cdots&a_{2n}\\\vdots&\vdots&&\vdots\\a_{m1}&a_{m2}&\cdots&a_{mn}\end{pmatrix}$$

的行列互换得到的一个 $n\times m$ 矩阵,称之为 $\boldsymbol{A}$ 的**转置矩阵**,记作 $\boldsymbol{A}^{\mathrm{T}}$ 或 $\boldsymbol{A}'$,即

$$\boldsymbol{A}^{\mathrm{T}}=\begin{pmatrix}a_{11} & a_{21} & \cdots & a_{m1}\\ a_{12} & a_{22} & \cdots & a_{m2}\\ \vdots & \vdots & & \vdots\\ a_{1n} & a_{2n} & \cdots & a_{mn}\end{pmatrix}.$$

由定义可知，如果记 $\boldsymbol{A}=(a_{ij})_{m\times n}$，$\boldsymbol{A}^{\mathrm{T}}=(a_{ji}^{\mathrm{T}})_{n\times m}$，则

$$a_{ji}^{\mathrm{T}}=a_{ij}\quad(i=1,2,\cdots,m;j=1,2,\cdots,n).$$

矩阵的转置运算满足以下运算规律：

(i) $(\boldsymbol{A}^{\mathrm{T}})^{\mathrm{T}}=\boldsymbol{A}$；

(ii) $(\boldsymbol{A}+\boldsymbol{B})^{\mathrm{T}}=\boldsymbol{A}^{\mathrm{T}}+\boldsymbol{B}^{\mathrm{T}}$；

(iii) $(k\boldsymbol{A})^{\mathrm{T}}=k\boldsymbol{A}^{\mathrm{T}}$（$k$ 是数）；

(iv) $(\boldsymbol{A}\boldsymbol{B})^{\mathrm{T}}=\boldsymbol{B}^{\mathrm{T}}\boldsymbol{A}^{\mathrm{T}}$.

规则(i)，(ii)，(iii)是显然成立的，下面证明(iv). 设

$$\boldsymbol{A}=(a_{ij})_{m\times n},\boldsymbol{B}=(b_{ij})_{n\times s},\boldsymbol{A}^{\mathrm{T}}=(a_{ji}^{\mathrm{T}})_{n\times m},\boldsymbol{B}^{\mathrm{T}}=(b_{ji}^{\mathrm{T}})_{s\times n}.$$

于是 $(\boldsymbol{A}\boldsymbol{B})^{\mathrm{T}}$ 与 $\boldsymbol{B}^{\mathrm{T}}\boldsymbol{A}^{\mathrm{T}}$ 都是 $s\times m$ 矩阵，再根据

$$a_{ji}^{\mathrm{T}}=a_{ij},\quad b_{ji}^{\mathrm{T}}=b_{ij}.$$

得

$$(\boldsymbol{B}^{\mathrm{T}}\boldsymbol{A}^{\mathrm{T}})_{ji}=\sum_{k=1}^{n}b_{jk}^{\mathrm{T}}a_{ki}^{\mathrm{T}}=\sum_{k=1}^{n}a_{ik}b_{kj}=(\boldsymbol{A}\boldsymbol{B})_{ij}=(\boldsymbol{A}\boldsymbol{B})_{ji}^{\mathrm{T}},$$
$$j=1,2,\cdots,s;i=1,2,\cdots,m.$$

故 $(\boldsymbol{A}\boldsymbol{B})^{\mathrm{T}}=\boldsymbol{B}^{\mathrm{T}}\boldsymbol{A}^{\mathrm{T}}$. ■

由(iv)，用数学归纳法可证 $(\boldsymbol{A}_1\boldsymbol{A}_2\cdots\boldsymbol{A}_k)^{\mathrm{T}}=\boldsymbol{A}_k^{\mathrm{T}}\cdots\boldsymbol{A}_2^{\mathrm{T}}\boldsymbol{A}_1^{\mathrm{T}}$.

定义 2.12　设

$$\boldsymbol{A}=\begin{pmatrix}a_{11} & a_{12} & \cdots & a_{1n}\\ a_{21} & a_{22} & \cdots & a_{2n}\\ \vdots & \vdots & & \vdots\\ a_{n1} & a_{n2} & \cdots & a_{nn}\end{pmatrix}$$

是一个 n 阶矩阵，如果 $a_{ij}=a_{ji}(i,j=1,2,\cdots,n)$，则称 $\boldsymbol{A}$ 为**对称矩阵**；如果 $a_{ij}=-a_{ji}(i,j=1,2,\cdots,n)$，则称 $\boldsymbol{A}$ 为**反对称矩阵**.

对于反对称矩阵 $\boldsymbol{A}$，由于 $a_{ii}=-a_{ii}(i=1,2,\cdots,n)$，所以其主对角元 a_{ii} 全为零.

根据定义 2.11 和定义 2.12，容易证明：

$\boldsymbol{A}$ 为对称矩阵的充要条件是 $\boldsymbol{A}^{\mathrm{T}}=\boldsymbol{A}$；

$\boldsymbol{A}$ 为反对称矩阵的充要条件是 $\boldsymbol{A}^{\mathrm{T}}=-\boldsymbol{A}$.

例 1 设 $\boldsymbol{B}$ 是一个 $m\times n$ 矩阵，则 $\boldsymbol{B}^{\mathrm{T}}\boldsymbol{B}$ 和 $\boldsymbol{B}\boldsymbol{B}^{\mathrm{T}}$ 都是对称矩阵.

因为 $\boldsymbol{B}^{\mathrm{T}}\boldsymbol{B}$ 是 n 阶矩阵，且

$$(\boldsymbol{B}^{\mathrm{T}}\boldsymbol{B})^{\mathrm{T}}=\boldsymbol{B}^{\mathrm{T}}(\boldsymbol{B}^{\mathrm{T}})^{\mathrm{T}}=\boldsymbol{B}^{\mathrm{T}}\boldsymbol{B}.$$

同理 $\boldsymbol{B}\boldsymbol{B}^{\mathrm{T}}$ 是 m 阶对称矩阵.

例 2 设 $\boldsymbol{A}$ 是 n 阶反对称矩阵，$\boldsymbol{B}$ 是 n 阶对称矩阵，则 $\boldsymbol{AB}+\boldsymbol{BA}$ 是 n 阶反对称矩阵. 这是因为

$$\begin{aligned}(\boldsymbol{AB}+\boldsymbol{BA})^{\mathrm{T}}&=(\boldsymbol{AB})^{\mathrm{T}}+(\boldsymbol{BA})^{\mathrm{T}}=\boldsymbol{B}^{\mathrm{T}}\boldsymbol{A}^{\mathrm{T}}+\boldsymbol{A}^{\mathrm{T}}\boldsymbol{B}^{\mathrm{T}}\\&=\boldsymbol{B}(-\boldsymbol{A})+(-\boldsymbol{A})\boldsymbol{B}=-(\boldsymbol{AB}+\boldsymbol{BA}).\end{aligned}$$

必须注意，对称矩阵的乘积不一定是对称矩阵. 容易证明：若 $\boldsymbol{A}$ 与 $\boldsymbol{B}$ 均为对称矩阵，则 $\boldsymbol{AB}$ 对称的充要条件是 $\boldsymbol{AB}$ 可交换.

2.4 可逆矩阵的逆矩阵

矩阵的运算中，定义了加法和负矩阵，就可以定义矩阵的减法，那么定义了矩阵的乘法，是否可定义矩阵的除法呢？由于矩阵乘法不满足交换律，因此我们不能一般地定义矩阵的除法. 大家知道，在数的运算中，当数 $a\neq0$ 时，$aa^{-1}=a^{-1}a=1$，这里 $a^{-1}=\dfrac{1}{a}$ 称为 a 的倒数（或称 a 的逆）；在矩阵的乘法运算中，单位矩阵 $\boldsymbol{I}$ 相当于数的乘法运算中的 1，那么，对于一个矩阵 $\boldsymbol{A}$，是否存在一个矩阵 $\boldsymbol{A}^{-1}$，使得 $\boldsymbol{A}\boldsymbol{A}^{-1}=\boldsymbol{A}^{-1}\boldsymbol{A}=\boldsymbol{I}$ 呢？如果存在这样的矩阵 $\boldsymbol{A}^{-1}$，就称 $\boldsymbol{A}$ 是可逆矩阵，并称 $\boldsymbol{A}^{-1}$ 是 $\boldsymbol{A}$ 的逆矩阵. 下面给出可逆矩阵及其逆矩阵的定义，并讨论矩阵可逆的条件及求逆矩阵的方法.

定义 2.13 对于矩阵 $\boldsymbol{A}\in F^{n\times n}$，如果存在矩阵 $\boldsymbol{B}\in F^{n\times n}$，使得

$$\boldsymbol{AB}=\boldsymbol{BA}=\boldsymbol{I}, \tag{2.22}$$

就称 $\boldsymbol{A}$ 为**可逆矩阵**(简称 $\boldsymbol{A}$ **可逆**)，并称 $\boldsymbol{B}$ 是 $\boldsymbol{A}$ 的**逆矩阵**，记作 $\boldsymbol{A}^{-1}$，即 $\boldsymbol{A}^{-1}=\boldsymbol{B}$.

由定义可知，可逆矩阵及其逆矩阵是同阶方阵. 由于(2.22)式中，$\boldsymbol{A}$ 与 $\boldsymbol{B}$ 的地位是平等的，所以也可称 $\boldsymbol{A}$ 是 $\boldsymbol{B}$ 的逆矩阵.

由定义 2.13 立即可知，单位阵 $\boldsymbol{I}$ 的逆矩阵是其自身.

定理 2.2 若 $\boldsymbol{A}$ 是可逆矩阵，则 $\boldsymbol{A}$ 的逆矩阵是唯一的.

证 设 $\boldsymbol{B}$ 和 $\boldsymbol{C}$ 都是 $\boldsymbol{A}$ 的逆矩阵，则由

$$\boldsymbol{AB}=\boldsymbol{BA}=\boldsymbol{I},\quad \boldsymbol{AC}=\boldsymbol{CA}=\boldsymbol{I},$$

可得

$$\boldsymbol{B}=\boldsymbol{IB}=(\boldsymbol{CA})\boldsymbol{B}=\boldsymbol{C}(\boldsymbol{AB})=\boldsymbol{CI}=\boldsymbol{C},$$

故 $\boldsymbol{A}$ 的逆矩阵是唯一的. ■

下面讨论矩阵 $\boldsymbol{A}$ 可逆的充分必要条件.

如果 $\boldsymbol{A}$ 可逆，由(2.22)式可知：$|\boldsymbol{A}||\boldsymbol{B}|=|\boldsymbol{I}|=1$，于是 $|\boldsymbol{A}|\neq 0$，因此 $|\boldsymbol{A}|\neq 0$ 是 $\boldsymbol{A}$ 可逆的必要条件. $|\boldsymbol{A}|\neq 0$ 也是 $\boldsymbol{A}$ 可逆的充分条件，为了证明这个结论，我们引进 $\boldsymbol{A}$ 的伴随矩阵(adjoint matrix)的概念.

定义 2.14 设 n 阶矩阵 $\boldsymbol{A}=(a_{ij})_{n\times n}$，$A_{ij}$ 是行列式 $\det\boldsymbol{A}$ 中元素 a_{ij} 的代数余子式，我们称

$$\mathrm{cof}\boldsymbol{A}=(A_{ij})_{n\times n}$$

为 $\boldsymbol{A}$ 的代数余子式矩阵，并称 $\mathrm{cof}\boldsymbol{A}$ 的转置矩阵为 $\boldsymbol{A}$ 的**伴随矩阵**，记作 $\mathrm{adj}\boldsymbol{A}$ 或 $\boldsymbol{A}^*$，即

$$\boldsymbol{A}^*=(\mathrm{cof}\boldsymbol{A})^{\mathrm{T}}=\begin{bmatrix} A_{11} & A_{21} & \cdots & A_{n1} \\ A_{12} & A_{22} & \cdots & A_{n2} \\ \vdots & \vdots & & \vdots \\ A_{1n} & A_{2n} & \cdots & A_{nn} \end{bmatrix}.$$

在 2.2 节的例 6 中已经证明了 $\boldsymbol{AA}^*=|\boldsymbol{A}|\boldsymbol{I}$(见(2.19)式)，同理可证，$\boldsymbol{A}^*\boldsymbol{A}=|\boldsymbol{A}|\boldsymbol{I}$，于是

$$\boldsymbol{A}\boldsymbol{A}^* = \boldsymbol{A}^*\boldsymbol{A} = |\boldsymbol{A}|\boldsymbol{I}, \tag{2.23}$$

当$|\boldsymbol{A}|\neq 0$时,由(2.23)式可得

$$\boldsymbol{A}\left(\frac{1}{|\boldsymbol{A}|}\boldsymbol{A}^*\right) = \left(\frac{1}{|\boldsymbol{A}|}\boldsymbol{A}^*\right)\boldsymbol{A} = \boldsymbol{I}, \tag{2.24}$$

故当$|\boldsymbol{A}|\neq 0$时,$\boldsymbol{A}$可逆,且

$$\boldsymbol{A}^{-1} = \frac{1}{|\boldsymbol{A}|}\boldsymbol{A}^*. \tag{2.25}$$

综上所述,我们得到下面的定理.

定理 2.3 矩阵$\boldsymbol{A}$可逆的充分必要条件是$|\boldsymbol{A}|\neq 0$,且

$$\boldsymbol{A}^{-1} = \frac{1}{|\boldsymbol{A}|}\boldsymbol{A}^*.$$

推论 若$\boldsymbol{A},\boldsymbol{B}$都是$n$阶矩阵,且$\boldsymbol{AB}=\boldsymbol{I}$,则$\boldsymbol{BA}=\boldsymbol{I}$,即$\boldsymbol{A},\boldsymbol{B}$皆可逆,且$\boldsymbol{A},\boldsymbol{B}$互为逆矩阵.

证 由$\boldsymbol{AB}=\boldsymbol{I}$,得$|\boldsymbol{A}||\boldsymbol{B}|=1$,$|\boldsymbol{A}|\neq 0$,$|\boldsymbol{B}|\neq 0$,根据定理2.3,$\boldsymbol{A},\boldsymbol{B}$皆可逆,于是,

$$\boldsymbol{AB} = \boldsymbol{I} \Rightarrow \boldsymbol{A}^{-1}\boldsymbol{ABA} = \boldsymbol{A}^{-1}\boldsymbol{IA} \Rightarrow \boldsymbol{BA} = \boldsymbol{I}. \quad \blacksquare$$

由定理2.3立即可得,对角阵和上(下)三角矩阵可逆的充要条件是它们的主对角元$a_{11},a_{22},\cdots,a_{nn}$全不为零.

定理2.3不仅给出了$\boldsymbol{A}$可逆的充要条件,而且提供了求$\boldsymbol{A}^{-1}$的一种方法. 以后我们还将介绍另一种常用的求$\boldsymbol{A}^{-1}$的方法. 定理2.3的推论告诉我们,判断$\boldsymbol{B}$是否为$\boldsymbol{A}$的逆,只需验证$\boldsymbol{AB}=\boldsymbol{I}$或$\boldsymbol{BA}=\boldsymbol{I}$的一个等式成立即可.

可逆矩阵满足以下运算规律(下设同阶方阵$\boldsymbol{A},\boldsymbol{B}$皆可逆,数$k\neq 0$):

(i) $(\boldsymbol{A}^{-1})^{-1}=\boldsymbol{A}$;　　(ii) $(k\boldsymbol{A})^{-1}=k^{-1}\boldsymbol{A}^{-1}$;

(iii) $(\boldsymbol{AB})^{-1}=\boldsymbol{B}^{-1}\boldsymbol{A}^{-1}$;　　(iv) $(\boldsymbol{A}^{\mathrm{T}})^{-1}=(\boldsymbol{A}^{-1})^{\mathrm{T}}$;

(v) $\det(\boldsymbol{A}^{-1})=1/\det\boldsymbol{A}$, 即$|\boldsymbol{A}^{-1}|=|\boldsymbol{A}|^{-1}$.

我们仅证明后三条运算规律(前两条运算规律的证明,留给读者作为练习).

因为$|\boldsymbol{AB}|=|\boldsymbol{A}||\boldsymbol{B}|\neq 0$，所以$\boldsymbol{AB}$可逆，又

$$(\boldsymbol{AB})(\boldsymbol{B}^{-1}\boldsymbol{A}^{-1})=\boldsymbol{A}(\boldsymbol{BB}^{-1})\boldsymbol{A}^{-1}=\boldsymbol{AIA}^{-1}=\boldsymbol{AA}^{-1}=\boldsymbol{I},$$

故$(\boldsymbol{AB})^{-1}=\boldsymbol{B}^{-1}\boldsymbol{A}^{-1}$. 运算规律(iii)可推广到多个可逆矩阵的乘积，即若$\boldsymbol{A}_1,\boldsymbol{A}_2,\cdots,\boldsymbol{A}_m$皆可逆，则

$$(\boldsymbol{A}_1\boldsymbol{A}_2\cdots\boldsymbol{A}_m)^{-1}=\boldsymbol{A}_m^{-1}\cdots\boldsymbol{A}_2^{-1}\boldsymbol{A}_1^{-1}.$$

因为 $|\boldsymbol{A}^{\mathrm{T}}|=|\boldsymbol{A}|\neq 0$，所以$\boldsymbol{A}^{\mathrm{T}}$可逆，又

$$(\boldsymbol{AA}^{-1})^{\mathrm{T}}=\boldsymbol{I}，即(\boldsymbol{A}^{-1})^{\mathrm{T}}\boldsymbol{A}^{\mathrm{T}}=\boldsymbol{I},$$

故 $(\boldsymbol{A}^{\mathrm{T}})^{-1}=(\boldsymbol{A}^{-1})^{\mathrm{T}}$.

因为$\boldsymbol{AA}^{-1}=\boldsymbol{I}$，所以$|\boldsymbol{A}||\boldsymbol{A}^{-1}|=1$，即$|\boldsymbol{A}|\neq 0$，因此

$$|\boldsymbol{A}^{-1}|=\frac{1}{|\boldsymbol{A}|}=|\boldsymbol{A}|^{-1}.$$

必须注意，$\boldsymbol{A},\boldsymbol{B}$皆可逆，$\boldsymbol{A}+\boldsymbol{B}$不一定可逆，即使$\boldsymbol{A}+\boldsymbol{B}$可逆，一般地，$(\boldsymbol{A}+\boldsymbol{B})^{-1}\neq\boldsymbol{A}^{-1}+\boldsymbol{B}^{-1}$，例如：对角阵

$$\boldsymbol{A}=\mathrm{diag}(2,-1),\qquad \boldsymbol{B}=\boldsymbol{I}_2,\qquad \boldsymbol{C}=\mathrm{diag}(1,2)$$

均可逆，但$\boldsymbol{A}+\boldsymbol{B}=\mathrm{diag}(3,0)$不可逆，而$\boldsymbol{A}+\boldsymbol{C}=\mathrm{diag}(3,1)$可逆，其逆

$$(\boldsymbol{A}+\boldsymbol{C})^{-1}=\mathrm{diag}\left(\frac{1}{3},1\right)\neq\boldsymbol{A}^{-1}+\boldsymbol{C}^{-1}=\mathrm{diag}\left(\frac{3}{2},-\frac{1}{2}\right).$$

例1 下列矩阵$\boldsymbol{A},\boldsymbol{B}$是否可逆？若可逆，求其逆矩阵. 其中

$$\boldsymbol{A}=\begin{bmatrix}3&2&1\\1&1&1\\1&0&1\end{bmatrix},\quad \boldsymbol{B}=\begin{bmatrix}b_1&&\\&b_2&\\&&b_3\end{bmatrix}.$$

解 $|\boldsymbol{A}|=2$，故$\boldsymbol{A}$可逆. 记$\boldsymbol{A}=(a_{ij})_{3\times 3}$，各元素的代数余子式分别为

$$A_{11}=\begin{vmatrix}1&1\\0&1\end{vmatrix}=1,\quad A_{12}=-\begin{vmatrix}1&1\\1&1\end{vmatrix}=0,A_{13}=\begin{vmatrix}1&1\\1&0\end{vmatrix}=-1,$$

$$A_{21}=-\begin{vmatrix}2&1\\0&1\end{vmatrix}=-2,A_{22}=\begin{vmatrix}3&1\\1&1\end{vmatrix}=2,\quad A_{23}=-\begin{vmatrix}3&2\\1&0\end{vmatrix}=2,$$

$$A_{31}=\begin{vmatrix}2&1\\1&1\end{vmatrix}=1,\ A_{32}=-\begin{vmatrix}3&1\\1&1\end{vmatrix}=-2,\ A_{33}=\begin{vmatrix}3&2\\1&1\end{vmatrix}=1.$$

故

$$\boldsymbol{A}^{-1}=\frac{1}{|\boldsymbol{A}|}\boldsymbol{A}^*=\frac{1}{2}\begin{pmatrix}1&-2&1\\0&2&-2\\-1&2&1\end{pmatrix}.$$

$|\boldsymbol{B}|=b_1b_2b_3\neq0$ 时，$\boldsymbol{B}$ 可逆，其逆矩阵仍为对角矩阵，且

$$\boldsymbol{B}^{-1}=\begin{pmatrix}1/b_1&&\\&1/b_2&\\&&1/b_3\end{pmatrix}.$$

求逆的运算容易出错，所以求得 $\boldsymbol{A}^{-1}$ 后，应验证 $\boldsymbol{A}\boldsymbol{A}^{-1}=\boldsymbol{I}$，以保证结果是正确的.

例 2 设
$$\boldsymbol{A}=\begin{pmatrix}a_{11}&a_{12}\\a_{21}&a_{22}\end{pmatrix}$$
的行列式 $\det\boldsymbol{A}=a_{11}a_{22}-a_{12}a_{21}=d\neq0$，则其逆矩阵

$$\boldsymbol{A}^{-1}=\frac{1}{d}\boldsymbol{A}^*=\frac{1}{d}\begin{pmatrix}a_{22}&-a_{12}\\-a_{21}&a_{11}\end{pmatrix}.$$

例 3 设方阵 $\boldsymbol{A}$ 满足方程 $\boldsymbol{A}^2-3\boldsymbol{A}-10\boldsymbol{I}=\boldsymbol{0}$，证明：$\boldsymbol{A}$，$\boldsymbol{A}-4\boldsymbol{I}$ 都可逆，并求它们的逆矩阵.

证 由 $\boldsymbol{A}^2-3\boldsymbol{A}-10\boldsymbol{I}=\boldsymbol{0}$ 得 $\boldsymbol{A}(\boldsymbol{A}-3\boldsymbol{I})=10\boldsymbol{I}$，即

$$\boldsymbol{A}\left[\frac{1}{10}(\boldsymbol{A}-3\boldsymbol{I})\right]=\boldsymbol{I},$$

故 $\boldsymbol{A}$ 可逆，且 $\boldsymbol{A}^{-1}=\frac{1}{10}(\boldsymbol{A}-3\boldsymbol{I})$. 再由 $\boldsymbol{A}^2-3\boldsymbol{A}-10\boldsymbol{I}=\boldsymbol{0}$ 得

$$(\boldsymbol{A}+\boldsymbol{I})(\boldsymbol{A}-4\boldsymbol{I})=6\boldsymbol{I},$$

即
$$\frac{1}{6}(\boldsymbol{A}+\boldsymbol{I})(\boldsymbol{A}-4\boldsymbol{I})=\boldsymbol{I},$$

故 $\boldsymbol{A}-4\boldsymbol{I}$ 可逆，且 $(\boldsymbol{A}-4\boldsymbol{I})^{-1}=\frac{1}{6}(\boldsymbol{A}+\boldsymbol{I})$. ■

例 4 已知非齐次线性方程组 $\boldsymbol{A}\boldsymbol{x}=\boldsymbol{b}$ 的系数矩阵 $\boldsymbol{A}$ 如例 1 所给，$\boldsymbol{b}=(5,1,1)^{\mathrm{T}}$，问方程组是否有解？如有解，求其解.

解 由于 $\boldsymbol{A}$ 是可逆矩阵，且逆矩阵是唯一的，因此等式 $\boldsymbol{A}\boldsymbol{x}=\boldsymbol{b}$ 两端都左乘 $\boldsymbol{A}^{-1}$，即

$$\boldsymbol{A}^{-1}(\boldsymbol{A}\boldsymbol{x})=\boldsymbol{A}^{-1}\boldsymbol{b},$$

便得此方程组的唯一解

$$\boldsymbol{x}=\begin{pmatrix}x_1\\x_2\\x_3\end{pmatrix}=\boldsymbol{A}^{-1}\boldsymbol{b}=\begin{pmatrix}1/2&-1&1/2\\0&1&-1\\-1/2&1&1/2\end{pmatrix}\begin{pmatrix}5\\1\\1\end{pmatrix}=\begin{pmatrix}2\\0\\-1\end{pmatrix}.$$

例 5 证明：若 $\boldsymbol{A}$ 是可逆的反对称矩阵，则 $\boldsymbol{A}^{-1}$ 也是反对称矩阵.

证 因为 $(\boldsymbol{A}^{-1})^{\mathrm{T}}=(\boldsymbol{A}^{\mathrm{T}})^{-1}=(-\boldsymbol{A})^{-1}=-\boldsymbol{A}^{-1}$，所以 $\boldsymbol{A}^{-1}$ 是反对称矩阵. ■

同理，可逆对称矩阵的逆矩阵仍是对称矩阵.

下面再举几个综合的例题.

例 6 设 $\boldsymbol{A}=(a_{ij})_{n\times n}$ 为非零实矩阵，证明：若 $\boldsymbol{A}^*=\boldsymbol{A}^{\mathrm{T}}$，则 $\boldsymbol{A}$ 为可逆矩阵.

证 欲证 $\boldsymbol{A}$ 可逆，只要证 $|\boldsymbol{A}|\neq 0$. 由 $\boldsymbol{A}^*=\boldsymbol{A}^{\mathrm{T}}$ 及 $\boldsymbol{A}^*$ 的定义可得，$\boldsymbol{A}$ 的元素 a_{ij} 等于其自身的代数余子式 A_{ij}，根据行列式 $|\boldsymbol{A}|$ 按 i 行的展开式得

$$|\boldsymbol{A}|=\sum_{j=1}^{n}a_{ij}A_{ij}=\sum_{j=1}^{n}a_{ij}^2.$$

由于 $\boldsymbol{A}$ 为非零实矩阵，所以 $\boldsymbol{A}$ 的元素 $a_{ij}\,(i,j=1,2,\cdots,n)$ 为实数且不全为零，故 $|\boldsymbol{A}|\neq 0$，即 $\boldsymbol{A}$ 可逆.

例 7 设 $\boldsymbol{A},\boldsymbol{B},\boldsymbol{C}$ 均为 n 阶方阵，若 $\boldsymbol{ABC}=\boldsymbol{I}$，则下列乘积：$\boldsymbol{ACB},\boldsymbol{BAC},\boldsymbol{BCA},\boldsymbol{CAB},\boldsymbol{CBA}$ 中哪些必等于单位阵 $\boldsymbol{I}$.

解 根据矩阵乘法满足结合律及定理 2.3 的推论，必有 $\boldsymbol{BCA}=(\boldsymbol{BC})\boldsymbol{A}=\boldsymbol{I}$，因为 $\boldsymbol{A}(\boldsymbol{BC})=\boldsymbol{I}$；同理可得，也必有 $\boldsymbol{CAB}=$

$\boldsymbol{C}(\boldsymbol{AB})=\boldsymbol{I}$.

例 8 设 $\boldsymbol{A}$ 可逆,且 $\boldsymbol{A}^*\boldsymbol{B}=\boldsymbol{A}^{-1}+\boldsymbol{B}$,证明 $\boldsymbol{B}$ 可逆,当

$$\boldsymbol{A}=\begin{pmatrix}2&6&0\\0&2&6\\0&0&2\end{pmatrix}$$

时,求 $\boldsymbol{B}$.

解 由 $\boldsymbol{A}^*\boldsymbol{B}=\boldsymbol{A}^{-1}+\boldsymbol{B}=\boldsymbol{A}^{-1}+\boldsymbol{IB}$,得

$$(\boldsymbol{A}^*-\boldsymbol{I})\boldsymbol{B}=\boldsymbol{A}^{-1}. \qquad ①$$

于是 $|\boldsymbol{A}^*-\boldsymbol{I}|\,|\boldsymbol{B}|=|\boldsymbol{A}^{-1}|\neq 0$,所以 $\boldsymbol{B}$ 和 $\boldsymbol{A}^*-\boldsymbol{I}$ 可逆,再由①得

$$\boldsymbol{B}=(\boldsymbol{A}^*-\boldsymbol{I})^{-1}\boldsymbol{A}^{-1}=[\boldsymbol{A}(\boldsymbol{A}^*-\boldsymbol{I})]^{-1}=[\,|\boldsymbol{A}|\,\boldsymbol{I}-\boldsymbol{A}]^{-1},$$

其中

$$|\boldsymbol{A}|\,\boldsymbol{I}-\boldsymbol{A}=\begin{pmatrix}8&&\\&8&\\&&8\end{pmatrix}-\begin{pmatrix}2&6&0\\0&2&6\\0&0&2\end{pmatrix}=6\begin{pmatrix}1&-1&0\\0&1&-1\\0&0&1\end{pmatrix}.$$

按逆矩阵的运算律(ii)和求逆公式(2.25),易得

$$\boldsymbol{B}=\frac{1}{6}\begin{pmatrix}1&1&1\\0&1&1\\0&0&1\end{pmatrix}.$$

例 9 设 $\boldsymbol{A},\boldsymbol{B}$ 均为 n 阶可逆矩阵,证明:(1) $(\boldsymbol{AB})^*=\boldsymbol{B}^*\boldsymbol{A}^*$;(2) $(\boldsymbol{A}^*)^*=|\boldsymbol{A}|^{n-2}\boldsymbol{A}$.

证 (1) 由 $|\boldsymbol{AB}|=|\boldsymbol{A}|\,|\boldsymbol{B}|\neq 0$ 可知 $\boldsymbol{AB}$ 也可逆. 根据(2.23)式,有 $(\boldsymbol{AB})(\boldsymbol{AB})^*=|\boldsymbol{AB}|\boldsymbol{I}$,所以

$$\begin{aligned}(\boldsymbol{AB})^*&=(\boldsymbol{AB})^{-1}\,|\boldsymbol{AB}|\,\boldsymbol{I}=|\boldsymbol{AB}|\,(\boldsymbol{AB})^{-1}=|\boldsymbol{A}|\,|\boldsymbol{B}|\,\boldsymbol{B}^{-1}\boldsymbol{A}^{-1}\\&=|\boldsymbol{B}|\,\boldsymbol{B}^{-1}\,|\boldsymbol{A}|\,\boldsymbol{A}^{-1}=|\boldsymbol{B}|\,\frac{\boldsymbol{B}^*}{|\boldsymbol{B}|}\,|\boldsymbol{A}|\,\frac{\boldsymbol{A}^*}{|\boldsymbol{A}|}=\boldsymbol{B}^*\boldsymbol{A}^*.\end{aligned}$$

(2) 由 $(\boldsymbol{A}^*)^*\boldsymbol{A}^*=|\boldsymbol{A}^*|\boldsymbol{I}$,得 $(\boldsymbol{A}^*)^*\,|\boldsymbol{A}|\,\boldsymbol{A}^{-1}=|\boldsymbol{A}|^{n-1}\boldsymbol{I}$,从而有

$$(\boldsymbol{A}^*)^*=|\boldsymbol{A}|^{n-2}\boldsymbol{A}.$$

2.5 矩阵的初等变换和初等矩阵

用高斯消元法解线性方程组，其消元步骤是对增广矩阵做 3 类行变换：

(i) 以非零常数 c 乘矩阵的某一行；

(ii) 将矩阵的某一行乘以常数 c 并加到另一行；

(iii) 将矩阵的某两行对换位置.

这 3 类行变换统称为**矩阵的初等行变换**，(i)称为**倍乘变换**，(ii)称为**倍加变换**，(iii)称为**对换变换**.

在矩阵的其他一些问题里(如展开方阵的行列式)，还要对矩阵的列做与上述 3 类初等行变换相对应的变换，称之为初等列变换. 初等行、列变换统称为**初等变换**.

初等变换在矩阵的理论中具有十分重要的作用. 矩阵的初等变换不只是可用语言表述，而且可用矩阵的乘法运算来表示，为此要引入初等矩阵的概念.

定义 2.15 将单位矩阵做一次初等变换所得的矩阵称为**初等矩阵**.

对应于 3 类初等行、列变换，有 3 种类型的初等矩阵：

(i) **初等倍乘矩阵**

$$\boldsymbol{E}_i(c)=\operatorname{diag}(1,\cdots,1,c,1,\cdots,1).$$

$\boldsymbol{E}_i(c)$是由单位矩阵第 i 行(或列)乘 $c(c\neq 0)$而得到的；

(ii) **初等倍加矩阵**

$$\boldsymbol{E}_{ij}(c)=\begin{pmatrix}1 & & & & & & \\ & \ddots & & & & & \\ & & 1 & & & & \\ & & & \ddots & & & \\ & & c & & 1 & & \\ & & & & & \ddots & \\ & & & & & & 1\end{pmatrix}\begin{matrix} \\ \\ i\text{ 行} \\ \\ j\text{ 行} \\ \\ \\ \end{matrix},$$

$\boldsymbol{E}_{ij}(c)$是由单位矩阵第i行乘c加到第j行而得到的，或由第j列乘c加到第i列而得到；

(iii) **初等对换矩阵**

$$\boldsymbol{E}_{ij}=\begin{bmatrix}1&&&&&&&&\\&\ddots&&&&&&&\\&&0&&&&1&&\\&&&1&&&&&\\&&&&\ddots&&&&\\&&&&&1&&&\\&&1&&&&0&&\\&&&&&&&\ddots&\\&&&&&&&&1\end{bmatrix}\begin{matrix}\\\\i\text{行}\\\\\\\\j\text{行}\\\\\\\end{matrix}.$$

$\boldsymbol{E}_{ij}$是由单位矩阵第i,j行(或列)对换而得到的.

例 1 计算下列初等矩阵与矩阵$\boldsymbol{A}=(a_{ij})_{3\times n},\boldsymbol{C}=(c_{ij})_{3\times 2}$，$\boldsymbol{B}=(b_{ij})_{3\times 3}$的乘积：

$$\begin{bmatrix}1&0&0\\0&c&0\\0&0&1\end{bmatrix}\begin{bmatrix}a_{11}&a_{12}&\cdots&a_{1n}\\a_{21}&a_{22}&\cdots&a_{2n}\\a_{31}&a_{32}&\cdots&a_{3n}\end{bmatrix}=\begin{bmatrix}a_{11}&a_{12}&\cdots&a_{1n}\\ca_{21}&ca_{22}&\cdots&ca_{2n}\\a_{31}&a_{32}&\cdots&a_{3n}\end{bmatrix}.$$

$$\begin{bmatrix}1&0&d\\0&1&0\\0&0&1\end{bmatrix}\begin{bmatrix}c_{11}&c_{12}\\c_{21}&c_{22}\\c_{31}&c_{32}\end{bmatrix}=\begin{bmatrix}c_{11}+dc_{31}&c_{12}+dc_{32}\\c_{21}&c_{22}\\c_{31}&c_{32}\end{bmatrix}.$$

$$\begin{bmatrix}b_{11}&b_{12}&b_{13}\\b_{21}&b_{22}&b_{23}\\b_{31}&b_{32}&b_{33}\end{bmatrix}\begin{bmatrix}1&0&0\\0&0&1\\0&1&0\end{bmatrix}=\begin{bmatrix}b_{11}&b_{13}&b_{12}\\b_{21}&b_{23}&b_{22}\\b_{31}&b_{33}&b_{32}\end{bmatrix}.$$

由例1可见，初等矩阵左乘$\boldsymbol{A},\boldsymbol{C}$(右乘$\boldsymbol{B}$)的结果是对$\boldsymbol{A},\boldsymbol{C}(\boldsymbol{B})$做初等行(列)变换，而且，如果初等矩阵是由单位矩阵做某种行

(列)变换所得,那么它左乘 $\boldsymbol{A},\boldsymbol{C}$(右乘 $\boldsymbol{B}$)也是对 $\boldsymbol{A},\boldsymbol{C}(\boldsymbol{B})$ 做该种行(列)变换.

读者不难证明下面的一般结论:

$\boldsymbol{E}_i(c)\boldsymbol{A}$ 表示 $\boldsymbol{A}$ 的第 i 行乘 c;

$\boldsymbol{E}_{ij}(c)\boldsymbol{A}$ 表示 $\boldsymbol{A}$ 的第 i 行乘 c 加至第 j 行;

$\boldsymbol{E}_{ij}\boldsymbol{A}$ 表示 $\boldsymbol{A}$ 第 i 行与第 j 行对换位置;

$\boldsymbol{B}\boldsymbol{E}_i(c)$ 表示 $\boldsymbol{B}$ 的第 i 列乘 c;

$\boldsymbol{B}\boldsymbol{E}_{ij}(c)$ 表示 $\boldsymbol{B}$ 的第 j 列乘 c 加至第 i 列;

$\boldsymbol{B}\boldsymbol{E}_{ij}$ 表示 $\boldsymbol{B}$ 的第 i 列与第 j 列对换位置.

初等矩阵的行列式都不等于零,因此初等矩阵都是可逆矩阵.对初等矩阵再做一次适当的同类初等变换就化为单位矩阵,如

$$\boldsymbol{E}_i\left(\frac{1}{c}\right)\boldsymbol{E}_i(c)=\boldsymbol{I},\quad \boldsymbol{E}_{ij}(-c)\boldsymbol{E}_{ij}(c)=\boldsymbol{I},\quad \boldsymbol{E}_{ij}\boldsymbol{E}_{ij}=\boldsymbol{I},$$

所以,初等矩阵的逆矩阵是同类初等矩阵,即

$$\boldsymbol{E}_i^{-1}(c)=\boldsymbol{E}_i\left(\frac{1}{c}\right),\quad \boldsymbol{E}_{ij}^{-1}(c)=\boldsymbol{E}_{ij}(-c),\quad \boldsymbol{E}_{ij}^{-1}=\boldsymbol{E}_{ij}.$$

例 2 设初等矩阵

$$\boldsymbol{P}_1=\begin{pmatrix}0&0&1&0\\0&1&0&0\\1&0&0&0\\0&0&0&1\end{pmatrix},\quad \boldsymbol{P}_2=\begin{pmatrix}1&&&\\0&1&&\\0&0&1&\\c&0&0&1\end{pmatrix},$$

$$\boldsymbol{P}_3=\begin{pmatrix}1&&&\\&k&&\\&&1&\\&&&1\end{pmatrix}.$$

试求 $\boldsymbol{P}_1\boldsymbol{P}_2\boldsymbol{P}_3$ 及 $(\boldsymbol{P}_1\boldsymbol{P}_2\boldsymbol{P}_3)^{-1}$.

解 $\boldsymbol{P}_2$ 左乘 $\boldsymbol{P}_3$ 表示对 $\boldsymbol{P}_3$ 做倍加行变换,$\boldsymbol{P}_1$ 左乘 $\boldsymbol{P}_2\boldsymbol{P}_3$,表示对 $\boldsymbol{P}_2\boldsymbol{P}_3$ 做对换行变换,于是可得

$$\boldsymbol{P}_1\boldsymbol{P}_2\boldsymbol{P}_3=\begin{pmatrix}0&0&1&0\\0&1&0&0\\1&0&0&0\\0&0&0&1\end{pmatrix}\begin{pmatrix}1&&&\\0&1&&\\0&0&1&\\c&0&0&1\end{pmatrix}\begin{pmatrix}1&&&\\&k&&\\&&1&\\&&&1\end{pmatrix}$$

$$=\begin{pmatrix}0&0&1&0\\0&1&0&0\\1&0&0&0\\0&0&0&1\end{pmatrix}\begin{pmatrix}1&&&\\0&k&&\\0&0&1&\\c&0&0&1\end{pmatrix}$$

$$=\begin{pmatrix}0&0&1&0\\0&k&0&0\\1&0&0&0\\c&0&0&1\end{pmatrix}.$$

$$(\boldsymbol{P}_1\boldsymbol{P}_2\boldsymbol{P}_3)^{-1}=\boldsymbol{P}_3^{-1}\boldsymbol{P}_2^{-1}\boldsymbol{P}_1^{-1}$$

$$=\begin{pmatrix}1&&&\\0&\dfrac{1}{k}&&\\0&0&1&\\0&0&0&1\end{pmatrix}\begin{pmatrix}1&&&\\0&1&&\\0&0&1&\\-c&0&0&1\end{pmatrix}\begin{pmatrix}0&0&1&0\\0&1&0&0\\1&0&0&0\\0&0&0&1\end{pmatrix}$$

$$=\begin{pmatrix}1&&&\\&\dfrac{1}{k}&&\\&&1&\\&&&1\end{pmatrix}\begin{pmatrix}0&0&1&0\\0&1&0&0\\1&0&0&0\\0&0&-c&1\end{pmatrix}$$

$$=\begin{pmatrix}0&0&1&0\\0&\dfrac{1}{k}&0&0\\1&0&0&0\\0&0&-c&1\end{pmatrix}.$$

对于 $\boldsymbol{P}_1\boldsymbol{P}_2\boldsymbol{P}_3$，其中 $\boldsymbol{P}_2$ 右乘 $\boldsymbol{P}_1$ 表示对 $\boldsymbol{P}_1$ 做倍加列变换，$\boldsymbol{P}_3$ 右乘

P_1P_2 表示对 P_1P_2 做倍乘列变换，这样运算其结果也是一样的.

*例 3 将三对角矩阵

$$A=\begin{pmatrix}2&1&0&0\\1&2&1&0\\0&1&2&1\\0&0&1&2\end{pmatrix}$$

分解成主对角元为 1 的下三角矩阵 L 和上三角矩阵 U 的乘积，即 $A=LU$(称为矩阵的 LU 分解).

解 由于倍加初等矩阵及其逆矩阵都是主对角元为 1 的同类型三角阵. 因此如能通过倍加行变换将 A 的主对角线以下元素消为零(此时倍加行变换对应的初等矩阵是主对元为 1 的下三角矩阵，而 A 将化成上三角矩阵)，就可将 A 分解为 LU，具体作法如下：

$$\begin{pmatrix}1&&&\\-\frac{1}{2}&1&&\\&&1&\\&&&1\end{pmatrix}A=\begin{pmatrix}2&1&0&0\\0&\frac{3}{2}&1&0\\0&1&2&1\\0&0&1&2\end{pmatrix}\xlongequal{\text{记作}}A_1,$$

$$\begin{pmatrix}1&&&\\&1&&\\&-\frac{2}{3}&1&\\&&&1\end{pmatrix}A_1=\begin{pmatrix}2&1&0&0\\0&\frac{3}{2}&1&0\\0&0&\frac{4}{3}&1\\0&0&1&2\end{pmatrix}\xlongequal{\text{记作}}A_2,$$

$$\begin{pmatrix}1&&&\\&1&&\\&&1&\\&&-\frac{3}{4}&1\end{pmatrix}A_2=\begin{pmatrix}2&1&0&0\\&\frac{3}{2}&1&0\\&&\frac{4}{3}&1\\&&&\frac{5}{4}\end{pmatrix}\xlongequal{\text{记作}}U.$$

将上面三个式子中的左端的矩阵分别记作 $\boldsymbol{L}_1,\boldsymbol{L}_2,\boldsymbol{L}_3$，则

$$\boldsymbol{L}_3\boldsymbol{L}_2\boldsymbol{L}_1\boldsymbol{A}=\boldsymbol{U},$$

故
$$\boldsymbol{A}=(\boldsymbol{L}_3\boldsymbol{L}_2\boldsymbol{L}_1)^{-1}\boldsymbol{U}=\boldsymbol{L}\boldsymbol{U},$$

其中
$$\boldsymbol{L}=(\boldsymbol{L}_3\boldsymbol{L}_2\boldsymbol{L}_1)^{-1}=\boldsymbol{L}_1^{-1}\boldsymbol{L}_2^{-1}\boldsymbol{L}_3^{-1}$$

$$=\begin{pmatrix}1&&&\\\frac{1}{2}&1&&\\&&1&\\&&&1\end{pmatrix}\begin{pmatrix}1&&&\\&1&&\\&\frac{2}{3}&1&\\&&&1\end{pmatrix}\begin{pmatrix}1&&&\\&1&&\\&&1&\\&&\frac{3}{4}&1\end{pmatrix}$$

$$=\begin{pmatrix}1&&&\\\frac{1}{2}&1&&\\&\frac{2}{3}&1&\\&&\frac{3}{4}&1\end{pmatrix}.$$

下面介绍用初等变换求逆矩阵的方法.

定理 2.4 可逆矩阵可以经过若干次初等行变换化为单位矩阵.

证 在 2.1 节中讲过的高斯消元法，其消元过程是对线性方程组的增广矩阵做 3 类初等行变换，并一定可以将其化为行简化阶梯形矩阵. 因此，对任何矩阵 $\boldsymbol{A}$，都可经初等行变换将其化为行简化阶梯形矩阵，即存在初等矩阵 $\boldsymbol{P}_1,\boldsymbol{P}_2,\cdots,\boldsymbol{P}_s$ 使

$$\boldsymbol{P}_s\cdots\boldsymbol{P}_2\boldsymbol{P}_1\boldsymbol{A}=\boldsymbol{U}.$$

当 $\boldsymbol{A}$ 为 n 阶可逆矩阵时，行简化阶梯形矩阵也是可逆矩阵(因为初等矩阵都可逆)，从而 $\boldsymbol{U}$ 必是单位矩阵 $\boldsymbol{I}$. ■

推论 1 可逆矩阵 $\boldsymbol{A}$ 可以表示为若干个初等矩阵的乘积.

证 根据定理 2.4，存在初等矩阵 $\boldsymbol{P}_1,\boldsymbol{P}_2,\cdots,\boldsymbol{P}_s$ 使得

$$\boldsymbol{P}_s\cdots\boldsymbol{P}_2\boldsymbol{P}_1\boldsymbol{A}=\boldsymbol{I}, \tag{2.26}$$

所以

$$\boldsymbol{A}=(\boldsymbol{P}_s\cdots\boldsymbol{P}_2\boldsymbol{P}_1)^{-1}=\boldsymbol{P}_1^{-1}\boldsymbol{P}_2^{-1}\cdots\boldsymbol{P}_s^{-1},\tag{2.27}$$

其中 $\boldsymbol{P}_1^{-1},\boldsymbol{P}_2^{-1},\cdots,\boldsymbol{P}_s^{-1}$ 仍是初等矩阵,推论得证. ■

由(2.26)式可知

$$\boldsymbol{A}^{-1}=\boldsymbol{P}_s\cdots\boldsymbol{P}_2\boldsymbol{P}_1=\boldsymbol{P}_s\cdots\boldsymbol{P}_2\boldsymbol{P}_1\boldsymbol{I}.\tag{2.28}$$

于是,根据(2.26),(2.28)式,即得下面的推论.

推论 2 如果对可逆矩阵 $\boldsymbol{A}$ 和同阶单位阵 $\boldsymbol{I}$ 做同样的初等行变换,那么当 $\boldsymbol{A}$ 变为单位阵时,$\boldsymbol{I}$ 就变为 $\boldsymbol{A}^{-1}$,即

$$(\boldsymbol{A},\boldsymbol{I})\xrightarrow{\text{初等行变换}}(\boldsymbol{I},\boldsymbol{A}^{-1}).$$

由(2.27)式又可得

$$\boldsymbol{A}\boldsymbol{P}_s\cdots\boldsymbol{P}_2\boldsymbol{P}_1=\boldsymbol{I};$$

$$\boldsymbol{I}\boldsymbol{P}_s\cdots\boldsymbol{P}_2\boldsymbol{P}_1=\boldsymbol{A}^{-1}.$$

因此,同样也可用初等列变换求逆矩阵,即

$$\begin{pmatrix}\boldsymbol{A}\\ \boldsymbol{I}\end{pmatrix}\xrightarrow{\text{初等列变换}}\begin{pmatrix}\boldsymbol{I}\\ \boldsymbol{A}^{-1}\end{pmatrix}.$$

例 4 用初等行变换求矩阵

$$\boldsymbol{A}=\begin{pmatrix}0&2&-1\\1&1&2\\-1&-1&-1\end{pmatrix}$$

的逆矩阵.

解

$$(\boldsymbol{A},\boldsymbol{I})=\left(\begin{array}{ccc:ccc}0&2&-1&1&0&0\\1&1&2&0&1&0\\-1&-1&-1&0&0&1\end{array}\right)$$

$$\xrightarrow{①\leftrightarrow②}\left(\begin{array}{ccc:ccc}1&1&2&0&1&0\\0&2&-1&1&0&0\\-1&-1&-1&0&0&1\end{array}\right)$$

$$\xrightarrow{③+①}\left(\begin{array}{ccc:ccc}1&1&2&0&1&0\\0&2&-1&1&0&0\\0&0&1&0&1&1\end{array}\right)\xrightarrow[②+③]{①+③\times(-2)}\left(\begin{array}{ccc:ccc}1&1&0&0&-1&-2\\0&2&0&1&1&1\\0&0&1&0&1&1\end{array}\right)$$

$$\xrightarrow[②\times\left(\frac{1}{2}\right)]{①+②\times\left(-\frac{1}{2}\right)}\left(\begin{array}{ccc:ccc}1&0&0&-\frac{1}{2}&-\frac{3}{2}&-\frac{5}{2}\\0&1&0&\frac{1}{2}&\frac{1}{2}&\frac{1}{2}\\0&0&1&0&1&1\end{array}\right),$$

所以

$$A^{-1}=\begin{pmatrix}-\frac{1}{2}&-\frac{3}{2}&-\frac{5}{2}\\\frac{1}{2}&\frac{1}{2}&\frac{1}{2}\\0&1&1\end{pmatrix}.$$

例 5 已知 $ABA^{\mathrm{T}}=2BA^{\mathrm{T}}+I$，求 B. 其中

$$A=\begin{pmatrix}1&0&0\\0&1&2\\0&0&1\end{pmatrix}.$$

解 在已知的矩阵方程中，注意到 $2BA^{\mathrm{T}}=2IBA^{\mathrm{T}}$，于是

$$(A-2I)BA^{\mathrm{T}}=I,\quad 即\ BA^{\mathrm{T}}=(A-2I)^{-1}.$$

所以
$$\begin{aligned}B&=(A-2I)^{-1}(A^{\mathrm{T}})^{-1}=[A^{\mathrm{T}}(A-2I)]^{-1}\\&=(A^{\mathrm{T}}A-2A^{\mathrm{T}})^{-1}.\end{aligned}$$

$$A^{\mathrm{T}}A-2A^{\mathrm{T}}=\begin{pmatrix}1&0&0\\0&1&2\\0&2&5\end{pmatrix}-\begin{pmatrix}2&0&0\\0&2&0\\0&4&2\end{pmatrix}=\begin{pmatrix}-1&0&0\\0&-1&2\\0&-2&3\end{pmatrix},$$

用两种求逆方法都易得

$$B=\begin{pmatrix}-1&0&0\\0&-1&2\\0&-2&3\end{pmatrix}^{-1}=\begin{pmatrix}-1&0&0\\0&3&-2\\0&2&-1\end{pmatrix}.$$

读者必须注意，用初等行变换求可逆矩阵的逆矩阵时，必须始终做行变换，其间不能做任何列变换．如果做初等行变换时，出现全零行，则其行列式等于零，因而矩阵是不可逆的．

读者也应练习一下，用初等列变换求逆矩阵的方法．

例6 当 a,b 满足什么条件时，矩阵 $\boldsymbol{A}$ 不可逆．其中

$$\boldsymbol{A}=\begin{pmatrix}0&1&2&3\\1&4&7&10\\-1&0&1&b\\a&2&3&4\end{pmatrix}.$$

解 对 $\boldsymbol{A}$ 做初等行、列变换将其化为阶梯形矩阵，由 $|\boldsymbol{A}|=0$ 可得 a,b 应满足的条件．为简便起见，应尽量将 a,b 置于 $\boldsymbol{A}$ 的右下方，所以先将 $\boldsymbol{A}$ 的第1,2,3列对换两次（此时 $|\boldsymbol{A}|$ 不变），然后再做倍加行变换，即

$$\boldsymbol{A}\longrightarrow\begin{pmatrix}1&2&0&3\\4&7&1&10\\0&1&-1&b\\2&3&a&4\end{pmatrix}$$

$$\xrightarrow[\text{④}+\text{①}\times(-2)]{\text{②}+\text{①}\times(-4)}\begin{pmatrix}1&2&0&3\\0&-1&1&-2\\0&1&-1&b\\0&-1&a&-2\end{pmatrix}$$

$$\xrightarrow[\text{④}+\text{②}\times(-1)]{\text{③}+\text{②}}\begin{pmatrix}1&2&0&3\\0&-1&1&-2\\0&0&0&b-2\\0&0&a-1&0\end{pmatrix}.$$

矩阵 $\boldsymbol{A}$ 不可逆的充要条件是

$$|\boldsymbol{A}|=\begin{vmatrix}1&2\\0&-1\end{vmatrix}\begin{vmatrix}0&b-2\\a-1&0\end{vmatrix}=(a-1)(b-2)=0,$$

即 $a=1$ 或 $b=2$.

2.6 分块矩阵

把一个大型矩阵分成若干小块,构成一个分块矩阵,这是矩阵运算中的一个重要技巧,它可以把大型矩阵的运算化为若干小型矩阵的运算,使运算更为简明. 下面通过例子说明如何分块及分块矩阵的运算方法.

把一个 5 阶矩阵

$$\boldsymbol{A}=\left(\begin{array}{cc:ccc}2 & 1 & 1 & 0 & -1\\ 1 & 2 & 2 & -3 & 0\\ \hdashline 0 & 0 & 1 & 0 & 0\\ 0 & 0 & 0 & 1 & 0\\ 0 & 0 & 0 & 0 & 1\end{array}\right),$$

用水平和垂直的虚线分成 4 块,如果记

$$\begin{pmatrix}2 & 1\\ 1 & 2\end{pmatrix}=\boldsymbol{A}_1,\quad \begin{pmatrix}1 & 0 & -1\\ 2 & -3 & 0\end{pmatrix}=\boldsymbol{A}_2,$$

$$\begin{pmatrix}0 & 0\\ 0 & 0\\ 0 & 0\end{pmatrix}=\boldsymbol{0},\qquad \begin{pmatrix}1 & & \\ & 1 & \\ & & 1\end{pmatrix}=\boldsymbol{I}_3,$$

就可以把 $\boldsymbol{A}$ 看成由上面 4 个小矩阵所组成,写作

$$\boldsymbol{A}=\begin{pmatrix}\boldsymbol{A}_1 & \boldsymbol{A}_2\\ \boldsymbol{0} & \boldsymbol{I}_3\end{pmatrix},$$

并称它是 $\boldsymbol{A}$ 的一个 2×2 分块矩阵,其中的每一个小矩阵称为 $\boldsymbol{A}$ 的一个子块.

把一个 $m\times n$ 矩阵 $\boldsymbol{A}$,在行的方向分成 s 块,在列的方向分成 t 块,称为 $\boldsymbol{A}$ 的 $s\times t$ **分块矩阵**,记作 $\boldsymbol{A}=(\boldsymbol{A}_{kl})_{s\times t}$,其中 $\boldsymbol{A}_{kl}$ ($k=1,2,\cdots,s;l=1,2,\cdots,t$)称为 $\boldsymbol{A}$ 的**子块**,它们可以是各种类型的小

矩阵.

常用的分块矩阵,除了 2×2 分块矩阵,还有以下几种形式:

按行分块

$$\boldsymbol{A}=\begin{bmatrix} a_{11} & a_{12} & \cdots & a_{1n} \\ a_{21} & a_{22} & \cdots & a_{2n} \\ \vdots & \vdots & & \vdots \\ a_{m1} & a_{m2} & \cdots & a_{mn} \end{bmatrix}=\begin{bmatrix} \boldsymbol{a}_1 \\ \boldsymbol{a}_2 \\ \vdots \\ \boldsymbol{a}_m \end{bmatrix},$$

其中 $\boldsymbol{a}_i=(a_{i1}, a_{i2}, \cdots, a_{in}), i=1,2,\cdots,m$.

按列分块

$$\boldsymbol{B}=\left[\begin{array}{c|c|c|c} b_{11} & b_{12} & \cdots & b_{1s} \\ b_{21} & b_{22} & \cdots & b_{2s} \\ \vdots & \vdots & & \vdots \\ b_{n1} & b_{n2} & \cdots & b_{ns} \end{array}\right]=(\boldsymbol{b}_1, \boldsymbol{b}_2, \cdots, \boldsymbol{b}_s),$$

其中 $\boldsymbol{b}_j=(b_{1j}, b_{2j}, \cdots, b_{nj})^{\mathrm{T}}, j=1,2,\cdots,s$.

当 n 阶矩阵 $\boldsymbol{C}$ 中非零元素都集中在主对角线附近,有时可以分块成下面的**对角块矩阵**(又称准对角矩阵)

$$\boldsymbol{C}=\begin{bmatrix} \boldsymbol{C}_1 & & & \\ & \boldsymbol{C}_2 & & \\ & & \ddots & \\ & & & \boldsymbol{C}_m \end{bmatrix},$$

其中 $\boldsymbol{C}_i$ 是 r_i 阶方阵 $\left(i=1,2,\cdots,m;\ \sum_{i=1}^{m} r_i=n\right)$,例如

$$\boldsymbol{C}=\left[\begin{array}{cc|ccc|c} 0 & -1 & 0 & 0 & 0 & 0 \\ 1 & 2 & 0 & 0 & 0 & 0 \\ \hline 0 & 0 & 1 & -1 & 0 & 0 \\ 0 & 0 & -1 & 1 & 2 & 0 \\ 0 & 0 & 0 & 2 & -2 & 0 \\ \hline 0 & 0 & 0 & 0 & 0 & 3 \end{array}\right]=\begin{bmatrix} \boldsymbol{C}_1 & & \\ & \boldsymbol{C}_2 & \\ & & \boldsymbol{C}_3 \end{bmatrix},$$

其中 $\quad C_1=\begin{pmatrix}0 & -1\\ 1 & 2\end{pmatrix},\quad C_2=\begin{bmatrix}1 & -1 & 0\\ -1 & 1 & 2\\ 0 & 2 & -2\end{bmatrix},\quad C_3=(3).$

下面讨论分块矩阵的运算.

1. 分块矩阵的加法

设分块矩阵 $\boldsymbol{A}=(\boldsymbol{A}_{kl})_{s\times t}$，$\boldsymbol{B}=(\boldsymbol{B}_{kl})_{s\times t}$，如果 $\boldsymbol{A}$ 与 $\boldsymbol{B}$ 对应的子块 $\boldsymbol{A}_{kl}$ 和 $\boldsymbol{B}_{kl}$ 都是同型矩阵，则

$$\boldsymbol{A}+\boldsymbol{B}=(\boldsymbol{A}_{kl}+\boldsymbol{B}_{kl})_{s\times t}.$$

例如

$$\begin{bmatrix}\boldsymbol{A}_{11} & \boldsymbol{A}_{12}\\ \boldsymbol{A}_{21} & \boldsymbol{A}_{22}\end{bmatrix}+\begin{bmatrix}\boldsymbol{B}_{11} & \boldsymbol{B}_{12}\\ \boldsymbol{B}_{21} & \boldsymbol{B}_{22}\end{bmatrix}=\begin{bmatrix}\boldsymbol{A}_{11}+\boldsymbol{B}_{11} & \boldsymbol{A}_{12}+\boldsymbol{B}_{12}\\ \boldsymbol{A}_{21}+\boldsymbol{B}_{21} & \boldsymbol{A}_{22}+\boldsymbol{B}_{22}\end{bmatrix},$$

其中 $\boldsymbol{A}_{11}$ 与 $\boldsymbol{B}_{11}$，$\boldsymbol{A}_{12}$ 与 $\boldsymbol{B}_{12}$，$\boldsymbol{A}_{21}$ 与 $\boldsymbol{B}_{21}$，$\boldsymbol{A}_{22}$ 与 $\boldsymbol{B}_{22}$ 分别都是同型小矩阵(子块).

2. 分块矩阵的数量乘法

设分块矩阵 $\boldsymbol{A}=(\boldsymbol{A}_{kl})_{s\times t}$，$\lambda$ 是一个数，则

$$\lambda\boldsymbol{A}=(\lambda\boldsymbol{A}_{kl})_{s\times t}.$$

3. 分块矩阵的乘法

设 $\boldsymbol{A}\in F^{m\times n}$，$\boldsymbol{B}\in F^{n\times p}$，如果 $\boldsymbol{A}$ 分块为 $r\times s$ 分块矩阵 $(\boldsymbol{A}_{kl})_{r\times s}$，$\boldsymbol{B}$ 分块为 $s\times t$ 分块矩阵 $(\boldsymbol{B}_{kl})_{s\times t}$，且 $\boldsymbol{A}$ 的列的分块法和 $\boldsymbol{B}$ 的行的分块法完全相同，则

$$\boldsymbol{AB}=\begin{array}{c}\begin{array}{cccc}j_1\text{ 列} & j_2\text{ 列} & \cdots & j_s\text{ 列}\end{array}\\ \left[\begin{array}{c:c:c:c}\boldsymbol{A}_{11} & \boldsymbol{A}_{12} & \cdots & \boldsymbol{A}_{1s}\\ \boldsymbol{A}_{21} & \boldsymbol{A}_{22} & \cdots & \boldsymbol{A}_{2s}\\ \vdots & \vdots & & \vdots\\ \boldsymbol{A}_{r1} & \boldsymbol{A}_{r2} & \cdots & \boldsymbol{A}_{rs}\end{array}\right]\end{array}\left[\begin{array}{cccc}\boldsymbol{B}_{11} & \boldsymbol{B}_{12} & \cdots & \boldsymbol{B}_{1t}\\ \hdashline \boldsymbol{B}_{21} & \boldsymbol{B}_{22} & \cdots & \boldsymbol{B}_{2t}\\ \hdashline \vdots & \vdots & & \vdots\\ \hdashline \boldsymbol{B}_{s1} & \boldsymbol{B}_{s2} & \cdots & \boldsymbol{B}_{st}\end{array}\right]\begin{array}{l}j_1\text{ 行}\\ j_2\text{ 行}\\ \vdots\\ j_s\text{ 行}\end{array}$$

$$=\boldsymbol{C}\xlongequal{\text{记作}}(\boldsymbol{C}_{kl})_{r\times t},$$

其中 $\boldsymbol{C}$ 是 $r\times t$ 分块矩阵，且

$$C_{kl}=\sum_{i=1}^{s}A_{ki}B_{il}\quad (k=1,2,\cdots,r;l=1,2,\cdots,t).$$

可以证明(但略去),用分块乘法求得的 $\boldsymbol{AB}$ 与不分块作乘法求得的 $\boldsymbol{AB}$ 是相等的.

例1 将下列5阶矩阵 $\boldsymbol{A},\boldsymbol{B}$ 分成 2×2 的分块矩阵,并用分块矩阵的乘法计算 $\boldsymbol{AB}$.

$$\boldsymbol{A}=\begin{pmatrix}1&0&0&0&0\\0&1&0&0&0\\-1&2&1&0&0\\1&1&0&1&0\\-2&0&0&0&1\end{pmatrix},\quad \boldsymbol{B}=\begin{pmatrix}3&2&0&1&0\\1&3&0&0&1\\-1&0&0&0&0\\0&-1&0&0&0\\0&0&-1&0&0\end{pmatrix}.$$

解 由观察,可将 $\boldsymbol{A}$ 分成如下4个子块

$$\boldsymbol{A}=\left(\begin{array}{cc:ccc}1&0&0&0&0\\0&1&0&0&0\\\hdashline -1&2&1&0&0\\1&1&0&1&0\\-2&0&0&0&1\end{array}\right)=\begin{pmatrix}\boldsymbol{I}_2&\boldsymbol{0}_{2\times3}\\\boldsymbol{A}_1&\boldsymbol{I}_3\end{pmatrix},$$

其中
$$\boldsymbol{A}_1=\begin{pmatrix}-1&2\\1&1\\-2&0\end{pmatrix}.$$

根据分块矩阵乘法的要求,$\boldsymbol{B}$ 的行的分法应和 $\boldsymbol{A}$ 的列的分法一致,而列可以任分,为计算方便可将 $\boldsymbol{B}$ 分块如下:

$$\boldsymbol{B}=\left(\begin{array}{ccc:cc}3&2&0&1&0\\1&3&0&0&1\\\hdashline -1&0&0&0&0\\0&-1&0&0&0\\0&0&-1&0&0\end{array}\right)=\begin{pmatrix}\boldsymbol{B}_1&\boldsymbol{I}_2\\-\boldsymbol{I}_3&\boldsymbol{0}_{3\times2}\end{pmatrix},$$

其中
$$\boldsymbol{B}_1=\begin{pmatrix}3&2&0\\1&3&0\end{pmatrix},$$

则 $$\boldsymbol{AB}=\begin{pmatrix}\boldsymbol{I}_2 & \boldsymbol{0}\\ \boldsymbol{A}_1 & \boldsymbol{I}_3\end{pmatrix}\begin{pmatrix}\boldsymbol{B}_1 & \boldsymbol{I}_2\\ -\boldsymbol{I}_3 & \boldsymbol{0}\end{pmatrix}=\begin{pmatrix}\boldsymbol{B}_1 & \boldsymbol{I}_2\\ \boldsymbol{A}_1\boldsymbol{B}_1-\boldsymbol{I}_3 & \boldsymbol{A}_1\end{pmatrix},$$

其中 $$\boldsymbol{A}_1\boldsymbol{B}_1-\boldsymbol{I}_3=\begin{pmatrix}-2 & 4 & 0\\ 4 & 4 & 0\\ -6 & -4 & -1\end{pmatrix}$$

故

$$\boldsymbol{AB}=\left(\begin{array}{cc|c|cc}3 & 2 & 0 & 1 & 0\\ 1 & 3 & 0 & 0 & 1\\ \hline -2 & 4 & 0 & -1 & 2\\ 4 & 4 & 0 & 1 & 1\\ -6 & -4 & -1 & -2 & 0\end{array}\right).$$

不难验证，$\boldsymbol{AB}$ 直接相乘与分块相乘所得结果是一致的.

例 2 设 $\boldsymbol{A}$ 是 $m\times n$ 矩阵，$\boldsymbol{B}$ 是 $n\times s$ 矩阵，$\boldsymbol{B}$ 按列分块成 $1\times s$ 分块矩阵，将 $\boldsymbol{A}$ 看成 1×1 分块矩阵，则

$$\boldsymbol{AB}=\boldsymbol{A}(\boldsymbol{b}_1,\boldsymbol{b}_2,\cdots,\boldsymbol{b}_s)=(\boldsymbol{A}\boldsymbol{b}_1,\boldsymbol{A}\boldsymbol{b}_2,\cdots,\boldsymbol{A}\boldsymbol{b}_s).$$

若已知 $\boldsymbol{AB}=\boldsymbol{0}$（$m\times s$ 零矩阵），则显然有 $\boldsymbol{A}\boldsymbol{b}_j=\boldsymbol{0}$（$n\times 1$ 零矩阵），$j=1,2,\cdots,s$. 因此，$\boldsymbol{B}$ 的每一列 $\boldsymbol{b}_j$ 都是线性方程组 $\boldsymbol{Ax}=\boldsymbol{0}$ 的解.

例 3 若 n 阶矩阵 $\boldsymbol{C},\boldsymbol{D}$ 可以分块成同型对角块矩阵，即

$$\boldsymbol{C}=\begin{pmatrix}\boldsymbol{C}_1 & & & \\ & \boldsymbol{C}_2 & & \\ & & \ddots & \\ & & & \boldsymbol{C}_m\end{pmatrix},\quad \boldsymbol{D}=\begin{pmatrix}\boldsymbol{D}_1 & & & \\ & \boldsymbol{D}_2 & & \\ & & \ddots & \\ & & & \boldsymbol{D}_m\end{pmatrix},$$

其中 $\boldsymbol{C}_i$ 和 $\boldsymbol{D}_i$ 是同阶方阵（$i=1,2,\cdots,m$），则

$$\boldsymbol{CD}=\begin{pmatrix}\boldsymbol{C}_1\boldsymbol{D}_1 & & & \\ & \boldsymbol{C}_2\boldsymbol{D}_2 & & \\ & & \ddots & \\ & & & \boldsymbol{C}_m\boldsymbol{D}_m\end{pmatrix}.$$

矩阵的分块乘法,在以后证明一些重要的命题时,起着重要的作用,下面看一个例子.

例 4 证明:若 n 阶上三角矩阵 $\boldsymbol{A}$ 可逆,则其逆矩阵 $\boldsymbol{A}^{-1}$ 也是上三角矩阵.

证 对 n 作数学归纳法,$n=1$ 时,$(a)^{-1}=\left(\dfrac{1}{a}\right)$,结论成立.(一阶矩阵可以认为是上(下)三角矩阵,对角矩阵,对称矩阵). 假设命题对 $n-1$ 阶可逆上三角矩阵成立,下面考虑 n 阶情况. 设

$$\boldsymbol{A}=\begin{pmatrix} a_{11} & a_{12} & \cdots & a_{1n} \\ 0 & a_{22} & \cdots & a_{2n} \\ \vdots & \vdots & \ddots & \vdots \\ 0 & 0 & \cdots & a_{nn} \end{pmatrix} \xlongequal{\text{分块}} \begin{pmatrix} a_{11} & \boldsymbol{\alpha} \\ \boldsymbol{0} & \boldsymbol{A}_1 \end{pmatrix} \quad (a_{ii}\neq 0, i=1,2,\cdots,n),$$

其中 $\boldsymbol{A}_1$ 是 $n-1$ 阶可逆的上三角矩阵. 设 $\boldsymbol{A}$ 的逆矩阵为

$$\boldsymbol{B}=\begin{pmatrix} b_{11} & b_{12} & \cdots & b_{1n} \\ b_{21} & b_{22} & \cdots & b_{2n} \\ \vdots & \vdots & & \vdots \\ b_{n1} & b_{n2} & \cdots & b_{nn} \end{pmatrix} \xlongequal{\text{分块}} \begin{pmatrix} b_{11} & \boldsymbol{\beta} \\ \boldsymbol{\gamma} & \boldsymbol{B}_1 \end{pmatrix},$$

则
$$\boldsymbol{AB}=\begin{pmatrix} a_{11} & \boldsymbol{\alpha} \\ \boldsymbol{0} & \boldsymbol{A}_1 \end{pmatrix}\begin{pmatrix} b_{11} & \boldsymbol{\beta} \\ \boldsymbol{\gamma} & \boldsymbol{B}_1 \end{pmatrix}=\boldsymbol{I}_n=\begin{pmatrix} 1 & \boldsymbol{0} \\ \boldsymbol{0} & \boldsymbol{I}_{n-1} \end{pmatrix},$$

即
$$\begin{pmatrix} a_{11}b_{11}+\boldsymbol{\alpha\gamma} & a_{11}\boldsymbol{\beta}+\boldsymbol{\alpha B}_1 \\ \boldsymbol{A}_1\boldsymbol{\gamma} & \boldsymbol{A}_1\boldsymbol{B}_1 \end{pmatrix}=\begin{pmatrix} 1 & \boldsymbol{0} \\ \boldsymbol{0} & \boldsymbol{I}_{n-1} \end{pmatrix},$$

于是

$$\boldsymbol{A}_1\boldsymbol{\gamma}=\boldsymbol{0}\Rightarrow\boldsymbol{\gamma}=\boldsymbol{A}^{-1}\boldsymbol{0}=\boldsymbol{0},$$

$$\boldsymbol{A}_1\boldsymbol{B}_1=\boldsymbol{I}_{n-1}\Rightarrow\boldsymbol{B}_1=\boldsymbol{A}_1^{-1},$$

根据归纳假设,$\boldsymbol{B}_1$ 是 $n-1$ 阶上三角矩阵,因此

$$\boldsymbol{A}^{-1}=\boldsymbol{B}=\begin{pmatrix} b_{11} & \boldsymbol{\beta} \\ \boldsymbol{0} & \boldsymbol{B}_1 \end{pmatrix}$$

是上三角矩阵(其中:$b_{11}=a_{11}^{-1}$;$\boldsymbol{\beta}=-a_{11}^{-1}\boldsymbol{\alpha A}_1^{-1}$).

4. 分块矩阵的转置

分块矩阵 $\boldsymbol{A}=(\boldsymbol{A}_{kl})_{s\times t}$ 的转置矩阵为

$$\boldsymbol{A}^{\mathrm{T}}=(\boldsymbol{B}_{lk})_{t\times s},$$

其中 $\boldsymbol{B}_{lk}=\boldsymbol{A}_{kl}^{\mathrm{T}}$， $l=1,2,\cdots,t$； $k=1,2,\cdots,s$.

例如 $$\boldsymbol{A}=\begin{pmatrix}\boldsymbol{A}_{11} & \boldsymbol{A}_{12} & \boldsymbol{A}_{13}\\ \boldsymbol{A}_{21} & \boldsymbol{A}_{22} & \boldsymbol{A}_{23}\end{pmatrix},$$

则 $$\boldsymbol{A}^{\mathrm{T}}=\begin{pmatrix}\boldsymbol{A}_{11}^{\mathrm{T}} & \boldsymbol{A}_{21}^{\mathrm{T}}\\ \boldsymbol{A}_{12}^{\mathrm{T}} & \boldsymbol{A}_{22}^{\mathrm{T}}\\ \boldsymbol{A}_{13}^{\mathrm{T}} & \boldsymbol{A}_{23}^{\mathrm{T}}\end{pmatrix}.$$

$$\boldsymbol{B}\xlongequal{\text{按行分块}}\begin{pmatrix}\boldsymbol{b}_1\\ \boldsymbol{b}_2\\ \vdots\\ \boldsymbol{b}_m\end{pmatrix},$$

则 $$\boldsymbol{B}^{\mathrm{T}}=(\boldsymbol{b}_1^{\mathrm{T}},\boldsymbol{b}_2^{\mathrm{T}},\cdots,\boldsymbol{b}_m^{\mathrm{T}}).$$

5. 可逆分块矩阵的逆矩阵

对角块矩阵(准对角矩阵)

$$\boldsymbol{A}=\begin{pmatrix}\boldsymbol{A}_1 & & & \\ & \boldsymbol{A}_2 & & \\ & & \ddots & \\ & & & \boldsymbol{A}_m\end{pmatrix}$$

的行列式为 $|\boldsymbol{A}|=|\boldsymbol{A}_1||\boldsymbol{A}_2|\cdots|\boldsymbol{A}_m|$，因此，对角块矩阵 $\boldsymbol{A}$ 可逆的充要条件为

$$|\boldsymbol{A}_i|\neq 0,\quad i=1,2,\cdots,m.$$

根据对角块矩阵的乘法，容易求得它的逆矩阵

$$\boldsymbol{A}^{-1}=\begin{pmatrix}\boldsymbol{A}_1^{-1} & & & \\ & \boldsymbol{A}_2^{-1} & & \\ & & \ddots & \\ & & & \boldsymbol{A}_m^{-1}\end{pmatrix}.$$

用分块矩阵求逆矩阵，可以将高阶矩阵的求逆转化为低阶矩阵的求逆. 一个 2×2 的分块矩阵求逆，可以根据逆矩阵的定义，用解矩阵方程的办法解得.

例 5 设 $\boldsymbol{A}=\begin{pmatrix}\boldsymbol{B} & \boldsymbol{0}\\ \boldsymbol{C} & \boldsymbol{D}\end{pmatrix}$,

其中 $\boldsymbol{B},\boldsymbol{D}$ 皆为可逆方阵，证明 $\boldsymbol{A}$ 可逆并求 $\boldsymbol{A}^{-1}$.

解 $|\boldsymbol{A}|=|\boldsymbol{B}||\boldsymbol{D}|\neq 0$，所以 $\boldsymbol{A}$ 可逆. 设

$$\boldsymbol{A}^{-1}=\begin{pmatrix}\boldsymbol{X} & \boldsymbol{Y}\\ \boldsymbol{Z} & \boldsymbol{T}\end{pmatrix},$$

其中 $\boldsymbol{X}$ 与 $\boldsymbol{B}$，$\boldsymbol{T}$ 与 $\boldsymbol{D}$ 分别是同阶方阵，于是由

$$\begin{pmatrix}\boldsymbol{B} & \boldsymbol{0}\\ \boldsymbol{C} & \boldsymbol{D}\end{pmatrix}\begin{pmatrix}\boldsymbol{X} & \boldsymbol{Y}\\ \boldsymbol{Z} & \boldsymbol{T}\end{pmatrix}=\begin{pmatrix}\boldsymbol{BX} & \boldsymbol{BY}\\ \boldsymbol{CX}+\boldsymbol{DZ} & \boldsymbol{CY}+\boldsymbol{DT}\end{pmatrix}=\begin{pmatrix}\boldsymbol{I}_m & \boldsymbol{0}\\ \boldsymbol{0} & \boldsymbol{I}_n\end{pmatrix},$$

得：

$\boldsymbol{BX}=\boldsymbol{I}_m$， 故 $\boldsymbol{X}=\boldsymbol{B}^{-1}$；

$\boldsymbol{BY}=\boldsymbol{0}$， 故 $\boldsymbol{Y}=\boldsymbol{B}^{-1}\boldsymbol{0}=\boldsymbol{0}$；

$\boldsymbol{CX}+\boldsymbol{DZ}=\boldsymbol{0}$， 故 $\boldsymbol{DZ}=-\boldsymbol{CX}=-\boldsymbol{CB}^{-1}$，

$\boldsymbol{Z}=-\boldsymbol{D}^{-1}\boldsymbol{CB}^{-1}$；

$\boldsymbol{CY}+\boldsymbol{DT}=\boldsymbol{I}_n$， 故 $\boldsymbol{DT}=\boldsymbol{I}_n$，即 $\boldsymbol{T}=\boldsymbol{D}^{-1}$.

所以

$$\boldsymbol{A}^{-1}=\begin{pmatrix}\boldsymbol{B}^{-1} & \boldsymbol{0}\\ -\boldsymbol{D}^{-1}\boldsymbol{CB}^{-1} & \boldsymbol{D}^{-1}\end{pmatrix}.$$

*6. 分块矩阵的初等变换与分块初等阵

这里我们仅就 2×2 分块矩阵为例来作讨论. 对于分块矩阵

$$A=\begin{pmatrix} A_{11} & A_{12} \\ A_{21} & A_{22} \end{pmatrix}$$

可以同样地定义它的 3 类初等行变换和列变换，并相应地定义 3 类分块初等矩阵：

(i) 分块倍乘阵(C_1, C_2 是可逆阵)

$$\begin{pmatrix} C_1 & 0 \\ 0 & I_n \end{pmatrix} \quad 或 \quad \begin{pmatrix} I_m & 0 \\ 0 & C_2 \end{pmatrix}.$$

(ii) 分块倍加阵

$$\begin{pmatrix} I_m & 0 \\ C_3 & I_n \end{pmatrix} \quad 或 \quad \begin{pmatrix} I_m & C_4 \\ 0 & I_n \end{pmatrix}.$$

(iii) 分块对换阵

$$\begin{pmatrix} 0 & I_n \\ I_m & 0 \end{pmatrix}.$$

分块初等矩阵自然是方阵，它们左乘(或右乘)分块矩阵 A(不一定是方阵)，在保证可乘的情况下，其作用与 2.5 节中所述初等矩阵左乘(或右乘)矩阵的作用是相同的.

分块矩阵的初等变换也是矩阵运算的一个重要技巧，以后讨论一些问题时用它处理会比较方便. 下面举两个应用的例子.

例 6 设 n 阶矩阵 A 分块表示为

$$A=\begin{pmatrix} A_{11} & A_{12} \\ A_{21} & A_{22} \end{pmatrix},$$

其中 A_{11}, A_{22} 为方阵，且 A 和 A_{11} 可逆. 证明 $A_{22}-A_{21}A_{11}^{-1}A_{12}$ 可逆，并求 A^{-1}.

解 先对分块阵 A 做初等行变换，将其化为上三角块矩阵，为此左乘分块倍加阵

$$P_1=\begin{pmatrix} I_1 & 0 \\ -A_{21}A_{11}^{-1} & I_2 \end{pmatrix},$$

其中 $\boldsymbol{I}_1,\boldsymbol{I}_2$ 为单位矩阵,其阶数分别等于 $\boldsymbol{A}_{11},\boldsymbol{A}_{22}$ 的阶数. 于是

$$\boldsymbol{P}_1\boldsymbol{A}=\begin{bmatrix}\boldsymbol{A}_{11} & \boldsymbol{A}_{12}\\ \boldsymbol{0} & \boldsymbol{A}_{22}-\boldsymbol{A}_{21}\boldsymbol{A}_{11}^{-1}\boldsymbol{A}_{12}\end{bmatrix}\xlongequal{\text{记作}}\boldsymbol{B},$$

$$|\boldsymbol{P}_1\boldsymbol{A}|=|\boldsymbol{A}_{11}|\,|\boldsymbol{A}_{22}-\boldsymbol{A}_{21}\boldsymbol{A}_{11}^{-1}\boldsymbol{A}_{12}|.$$

由于 $|\boldsymbol{P}_1|=1,|\boldsymbol{A}|\neq 0,|\boldsymbol{A}_{11}|\neq 0$,所以 $|\boldsymbol{A}_{22}-\boldsymbol{A}_{21}\boldsymbol{A}_{11}^{-1}\boldsymbol{A}_{12}|=\dfrac{|\boldsymbol{A}|}{|\boldsymbol{A}_{11}|}\neq 0$,故矩阵 $\boldsymbol{A}_{22}-\boldsymbol{A}_{21}\boldsymbol{A}_{11}^{-1}\boldsymbol{A}_{12}$ 可逆.

为了求 $\boldsymbol{A}^{-1}$,记 $\boldsymbol{Q}=\boldsymbol{A}_{22}-\boldsymbol{A}_{21}\boldsymbol{A}_{11}^{-1}\boldsymbol{A}_{12}$. 对 $\boldsymbol{B}$ 做行变换将其化为对角块矩阵,为此取

$$\boldsymbol{P}_2=\begin{bmatrix}\boldsymbol{I}_1 & -\boldsymbol{A}_{12}\boldsymbol{Q}^{-1}\\ \boldsymbol{0} & \boldsymbol{I}_2\end{bmatrix},$$

于是

$$\boldsymbol{P}_2\boldsymbol{B}=\begin{bmatrix}\boldsymbol{A}_{11} & \boldsymbol{0}\\ \boldsymbol{0} & \boldsymbol{Q}\end{bmatrix}\xlongequal{\text{记作}}\boldsymbol{C},$$

即 $\boldsymbol{P}_2\boldsymbol{P}_1\boldsymbol{A}=\boldsymbol{C}$,两边取逆得 $\boldsymbol{A}^{-1}(\boldsymbol{P}_2\boldsymbol{P}_1)^{-1}=\boldsymbol{C}^{-1}$,因此

$$\begin{aligned}\boldsymbol{A}^{-1}&=\boldsymbol{C}^{-1}(\boldsymbol{P}_2\boldsymbol{P}_1)\\ &=\begin{bmatrix}\boldsymbol{A}_{11}^{-1} & \boldsymbol{0}\\ \boldsymbol{0} & \boldsymbol{Q}^{-1}\end{bmatrix}\begin{bmatrix}\boldsymbol{I}_1 & -\boldsymbol{A}_{12}\boldsymbol{Q}^{-1}\\ \boldsymbol{0} & \boldsymbol{I}_2\end{bmatrix}\begin{bmatrix}\boldsymbol{I}_1 & \boldsymbol{0}\\ -\boldsymbol{A}_{21}\boldsymbol{A}_{11}^{-1} & \boldsymbol{I}_2\end{bmatrix}.\end{aligned}$$

记

$$\boldsymbol{A}^{-1}=\begin{bmatrix}\boldsymbol{D}_{11} & \boldsymbol{D}_{12}\\ \boldsymbol{D}_{21} & \boldsymbol{D}_{22}\end{bmatrix},$$

则

$$\boldsymbol{D}_{11}=\boldsymbol{A}_{11}^{-1}+\boldsymbol{A}_{11}^{-1}\boldsymbol{A}_{12}\boldsymbol{Q}^{-1}\boldsymbol{A}_{21}\boldsymbol{A}_{11}^{-1},\quad \boldsymbol{D}_{22}=\boldsymbol{Q}^{-1},$$

$$\boldsymbol{D}_{12}=-\boldsymbol{A}_{11}^{-1}\boldsymbol{A}_{12}\boldsymbol{Q}^{-1},\quad \boldsymbol{D}_{21}=-\boldsymbol{Q}^{-1}\boldsymbol{A}_{21}\boldsymbol{A}_{11}^{-1},$$

其中

$$\boldsymbol{Q}=\boldsymbol{A}_{22}-\boldsymbol{A}_{21}\boldsymbol{A}_{11}^{-1}\boldsymbol{A}_{12}.$$

例7 设

$$\boldsymbol{Q}=\begin{bmatrix}\boldsymbol{A} & \boldsymbol{B}\\ \boldsymbol{C} & \boldsymbol{D}\end{bmatrix},$$

且 $\boldsymbol{A}$ 可逆,证明:$\det\boldsymbol{Q}=|\boldsymbol{A}|\,|\boldsymbol{D}-\boldsymbol{C}\boldsymbol{A}^{-1}\boldsymbol{B}|$.

证 先用分块倍加阵左乘 $\boldsymbol{Q}$,使之化为上三角块矩阵,为此取

$$P=\begin{pmatrix} I_n & 0 \\ -CA^{-1} & I_m \end{pmatrix},$$

其中 I_n 与 A 同阶，I_m 与 D 同阶. 如此则有

$$PQ=\begin{pmatrix} A & B \\ 0 & D-CA^{-1}B \end{pmatrix},$$

将上式两端求行列式，得 $|P||Q|=|A||D-CA^{-1}B|$，由于 $|P|=1$，故命题得证.

例 8 设 A,B 均为 n 阶矩阵，证明：

$$\begin{vmatrix} A & B \\ B & A \end{vmatrix}=|A+B||A-B|.$$

证 将分块矩阵 $P=\begin{pmatrix} A & B \\ B & A \end{pmatrix}$ 的第 1 行加到第 2 行，再将第 2 列乘 $-I$ 加到第 1 列，使之化为上三角块矩阵，即

$$\begin{pmatrix} I & 0 \\ I & I \end{pmatrix}\begin{pmatrix} A & B \\ B & A \end{pmatrix}\begin{pmatrix} I & 0 \\ -I & I \end{pmatrix}=\begin{pmatrix} A & B \\ A+B & A+B \end{pmatrix}\begin{pmatrix} I & 0 \\ -I & I \end{pmatrix}$$

$$=\begin{pmatrix} A-B & B \\ 0 & A+B \end{pmatrix},$$

于是由两边矩阵的行列式相等，即得

$$\begin{vmatrix} A & B \\ B & A \end{vmatrix}=\begin{vmatrix} A-B & B \\ 0 & A+B \end{vmatrix}=|A-B||A+B|.$$

附录 2 数域 命题 量词

Ⅰ. 数域

一个含有数 0,1 的数集 F，如果其中任意两个数关于数的四则运算封闭（除法的除数不为零），即它们的和、差、积、商仍是 F 中的数，那么数集 F 就称为一个数域.

显然,全体有理数、实数、复数组成的数集都是数域,称为有理数域、实数域、复数域,分别记作$\mathbb{Q}$,$\mathbb{R}$,$\mathbb{C}$. 而全体整数组成的数集$\mathbb{Z}$就不是数域,因为任意两个整数的商不都是整数.

还有一些数集,如 $Q(\sqrt{2})=\{a+b\sqrt{2}\mid a,b\in\mathbb{Q}\}$,也构成一个数域.

还要指出,有理数域是最小的数域,即任何数域 F 都包含有理数域$\mathbb{Q}$. 事实上,由于 $0,1\in F$,所以 $n=1+1+\cdots+1\in F$,$0-n\in F$,从而整数集$\mathbb{Z}\subset F$;又对于任意的 $p,q\in\mathbb{Z}\subset F$,$p\neq 0$,均有 $q/p\in F$,而 $q/p\in\mathbb{Q}$,所以$\mathbb{Q}\subset F$.

Ⅱ. 命题

所谓命题,就是一个陈述句. 严格地说,命题不是陈述句本身,而是陈述句所表达的含义,因为“语句”是语言学的概念,而“命题”是逻辑学的概念.

下面的语句:(1) $3<5$;(2) 雪是白的;(3) 雪不是白的;(4) $3<5$ 且 3 整除 5;(5) 他学英语或者他学法语;(6) 如果天不下雨,我就出去散步;(7) 两个三角形相似当且仅当两个三角形三个内角分别相等. 它们都是命题,其中(1)~(3)是简单命题;(4)~(7)是由两个命题与逻辑联接词组成的复合命题;一个命题的否定也是一个命题,命题(3)是命题(2)的否定. 这里所指的逻辑联接词有:$\wedge$(合取词),$\vee$(析取词),$\rightarrow$(蕴涵词),$\Leftrightarrow$(双蕴涵词),$\neg$(否定词). 其含义为(下面 p,q 均为命题):

$p\wedge q$ 表示命题“p 且 q”;$p\vee q$ 表示命题“p 或 q”;$p\rightarrow q$ 表示命题“若 p 则 q”(或说 p 蕴涵 q);$p\Leftrightarrow q$ 表示命题“p 当且仅当 q”(或说 p 与 q 等价);$\neg p$ 表示命题“非 p”,即 p 的否定命题.

这里要特别指出,条件命题 $p\rightarrow q$ 与其逆否命题$(\neg q)\rightarrow(\neg p)$(可简写为$\neg q\rightarrow\neg p$)即“若非 q 则非 p”,是等价命题. 例如:

“如果下雨,我就带伞”等价于“如果我不带伞,就不下雨”;“如果两个三角形的三条边分别相等,则两个三角形全等”等价于“如果两个三角形不全等,则它们的三条边不分别相等”.

用反证法证明一个数学定理“若 p 则 q”,就是证明它的等价命题(即逆否命题)“若非 q,则非 p”.

在线性代数课程中,经常用反证法证明一个定理(即条件命题),所以还要善于表述一个命题的否命题. 例如:命题

“存在不全为零的数 $x_1, x_2, \cdots, x_n$ 使 $x_1\boldsymbol{\xi}_1+x_2\boldsymbol{\xi}_2+\cdots+x_n\boldsymbol{\xi}_n=\mathbf{0}$ 成立”的否命题为

“任何不全为零的数 $x_1, x_2, \cdots, x_n$ 都使 $x_1\boldsymbol{\xi}_1+x_2\boldsymbol{\xi}_2+\cdots+x_n\boldsymbol{\xi}_n\neq\mathbf{0}$”, 即“只有 $x_1, x_2, \cdots, x_n$ 全为零, 才使 $x_1\boldsymbol{\xi}_1+x_2\boldsymbol{\xi}_2+\cdots+x_n\boldsymbol{\xi}_n=\mathbf{0}$ 成立”.

“若 p 则 q”称为条件命题,此时,我们也称:p 成立的必要条件是 q 成立(或简称 q 是 p 的必要条件;p 成立是 q 成立的充分条件(或简称 p 是 q 的充分条件).

Ⅲ. 量词

有些命题常用两种断言:“集 X 中每个元素具有性质 p”;“集 X 中有一个元素 x 具有性质 p”. 为表述简便起见,我们用逻辑符号:“$\forall x\in X, p$”(或“$(\forall x\in X)p$”);“$\exists x\in X, p$”(或“$(\exists x\in X)p$”)表示上述两种断言. 这里,“$\forall x$”表示“对于任意的元素 x”,“$\forall$”叫做全称量词,它是 any 字头 a 大写后的倒写;“$\exists x$”表示“有一个元素 x(或存在元素 x)”,“$\exists$”叫做存在量词,它是 exist 字头 e 大写后的反写.

例如,对于集合 A 与 B,$A\subset B$ 的含义是“若 $a\in A$,则 $a\in B$”,这可表述为“$\forall a\in A, a\in B$”.

$A\subset B$ 的否定为 $A\not\subset B$,其含义是“$\exists a\in A, a\notin B$”.

一般地,含有量词的命题的否定命题,满足下面两个基本的等价规则:

$$\text{非}(\forall x \in X)p\text{，等价于}(\exists x \in X)\text{ 非 }p; \quad ①$$

$$\text{非}(\exists x \in X)p\text{，等价于}(\forall x \in X)\text{ 非 }p. \quad ②$$

例 1 设 X 和 Y 分别是甲、乙班学生的集合，$p(x,y)$表示 $x\in X$ 和 $y\in Y$ 同姓，则命题 1°

$$(\forall x \in X)(\exists y \in Y)p(x,y)$$

表示"所有甲班的学生都能在乙班中找到与之同姓的学生"。按上述两个等价规则，命题"非 1°"等价于

$$(\exists x \in X)\text{ 非}(\exists y \in Y)p(x,y) \Leftrightarrow (\exists x \in X)(\forall y \in Y)\text{ 非 }p(x,y)$$

(其中$\Leftrightarrow$是双蕴涵词，即等价于的意思)，由后一个式子可知，命题"非 1°"的含义是：甲班有一个学生与乙班所有学生都不同姓.

例 2 数列$\{u_n\}$以 a 为极限，用 ε-N 语言可定义为：

"对任意的 $\varepsilon>0$，存在 $N>0$，使对任何 $n>N$，恒有$|u_n-a|<\varepsilon$"，这可用多个量词组合为"命题 2°"：

$$(\forall \varepsilon > 0)\{(\exists N > 0)[(\forall n > N)\ |u_n - a| < \varepsilon]\}.$$

于是数列$\{u_n\}$不以 a 为极限的命题为"非 2°"，即

$$\begin{aligned}\text{非 }2° &\Leftrightarrow (\exists \varepsilon > 0)\text{ 非}\{(\exists N > 0)[(\forall n > N)\ |u_n - a| < \varepsilon]\}\\ &\Leftrightarrow (\exists \varepsilon > 0)\{(\forall N > 0)\text{ 非}[(\forall n > N)\ |u_n - a| < \varepsilon]\}\\ &\Leftrightarrow (\exists \varepsilon > 0)\{(\forall N > 0)[(\exists n > N)\text{ 非 }|u_n - a| < \varepsilon]\}\\ &\Leftrightarrow (\exists \varepsilon > 0)\{(\forall N > 0)[(\exists n > N)\ |u_n - a| \geqslant \varepsilon]\},\end{aligned}$$

即"存在 $\varepsilon>0$，对任何 $N>0$，存在 $n>N$，使$|u_n-a|\geqslant\varepsilon$"。

从以上例子可见，含有多个量词的数学命题，欲知其否命题的含义，按上述①，②等价规则，只要将原命题中的"$\forall$"改为"$\exists$"，"$\exists$"改为"$\forall$"，而"具有性质 p"改为"具有性质非 p"。

习题　补充题　答案

习题

用高斯消元法解 1～4 题的线性方程组：

1. $\begin{cases} 2x_1-\frac{1}{2}x_2-\frac{1}{2}x_3 & =0, \\ -\frac{1}{2}x_1+2x_2-\frac{1}{2}x_4=3, \\ -\frac{1}{2}x_1+2x_3-\frac{1}{2}x_4=3, \\ -\frac{1}{2}x_2-\frac{1}{2}x_3+2x_4=0. \end{cases}$

2. $\begin{cases} x_1-2x_2+3x_3-4x_4=4, \\ x_2-x_3+x_4=-3, \\ x_1+3x_2-3x_4=1, \\ -7x_2+3x_3+x_4=-3. \end{cases}$

3. $\begin{cases} 2x_1+3x_2+5x_3+x_4=3, \\ 3x_1+4x_2+2x_3+3x_4=-2, \\ x_1+2x_2+8x_3-x_4=8, \\ 7x_1+9x_2+x_3+8x_4=0. \end{cases}$

4. $\begin{cases} x_1-10x_2+11x_3-11x_4=0, \\ 2x_1+4x_2-5x_3+7x_4=0, \\ 3x_1-3x_2+3x_3-2x_4=0, \\ 5x_1+x_2-2x_3+5x_4=0. \end{cases}$

下列 5～6 题的线性方程组中，p,q 取何值时，方程组有解，无解. 在有解的情况下，求出它的全部解：

5. $\begin{cases} px_1+x_2+x_3=1, \\ x_1+px_2+x_3=p, \\ x_1+x_2+px_3=p^2. \end{cases}$

6. $\begin{cases} x_1-3x_2-6x_3+2x_4=-1, \\ x_1-x_2-2x_3+3x_4=0, \\ x_1+5x_2+10x_3-x_4=q, \\ 3x_1+x_2+px_3+4x_4=1. \end{cases}$

7. 将军点兵，三三数之剩二，五五数之剩三，七七数之剩二，问兵几何（求在 500 至 1000 范围内的解）？

8. 百鸡术：母鸡每只 5 元，公鸡每只 3 元，小鸡三只一元，百元买百鸡，各买几何？

9. 设 $\boldsymbol{A}=\begin{pmatrix}1 & 0\\ 2 & -1\end{pmatrix}$，　$\boldsymbol{B}=\begin{pmatrix}3 & 0\\ 1 & 2\end{pmatrix}$，计算：$2\boldsymbol{A}$，$3\boldsymbol{B}$，$\boldsymbol{A}+\boldsymbol{B}$，$2\boldsymbol{A}-3\boldsymbol{B}$，$\boldsymbol{AB}-\boldsymbol{BA}$.

10. 设 $\boldsymbol{A}=\begin{pmatrix}3 & 1 & 1\\ 2 & 1 & 2\\ 1 & 2 & 3\end{pmatrix}$，　$\boldsymbol{B}=\begin{pmatrix}1 & 1 & 1\\ 2 & -1 & 0\\ 1 & 0 & 1\end{pmatrix}$，求 $\boldsymbol{AB}-\boldsymbol{BA}$.

计算 11～20 题的矩阵乘积：

11. $\begin{pmatrix} 3 & -2 \\ 0 & 1 \\ 2 & 4 \\ -1 & 0 \end{pmatrix}\begin{pmatrix} 2 & 1 & -1 \\ 0 & -1 & 0 \end{pmatrix}$. **12.** $\begin{pmatrix} 1 & 2 & -1 \\ -2 & 1 & 0 \\ 1 & 0 & 3 \end{pmatrix}\begin{pmatrix} 2 & 3 \\ 1 & -1 \\ 2 & 4 \end{pmatrix}$.

13. $(1,-1,2)\begin{pmatrix} 2 & -1 & 0 \\ 1 & 1 & 3 \\ 4 & 2 & 1 \end{pmatrix}$. **14.** $\begin{pmatrix} a & b \\ ma & mb \end{pmatrix}\begin{pmatrix} -1 & 1 \\ \frac{a}{b} & -\frac{a}{b} \end{pmatrix}$.

15. $(y_1, y_2, \cdots, y_n)\begin{pmatrix} a_{11} & a_{12} & \cdots & a_{1n} \\ a_{21} & a_{22} & \cdots & a_{2n} \\ \vdots & \vdots & & \vdots \\ a_{n1} & a_{n2} & \cdots & a_{nn} \end{pmatrix}$.

16. $(x_1, x_2)\begin{pmatrix} a_{11} & a_{12} \\ a_{21} & a_{22} \end{pmatrix}\begin{pmatrix} x_1 \\ x_2 \end{pmatrix}$.

17. $\begin{pmatrix} 1 & & & & \\ & 1 & & & \\ & & 0 & & \\ & & & \ddots & \\ & & & & 0 \end{pmatrix}\begin{pmatrix} a_{11} & a_{12} & \cdots & a_{1n} \\ a_{21} & a_{22} & \cdots & a_{2n} \\ \vdots & \vdots & & \vdots \\ a_{n1} & a_{n2} & \cdots & a_{nn} \end{pmatrix}$.

18. $\begin{pmatrix} a_{11} & a_{12} & \cdots & a_{1n} \\ a_{21} & a_{22} & \cdots & a_{2n} \\ \vdots & \vdots & & \vdots \\ a_{n1} & a_{n2} & \cdots & a_{nn} \end{pmatrix}\begin{pmatrix} 1 & & & & \\ & 2 & & & \\ & & 0 & & \\ & & & \ddots & \\ & & & & 0 \end{pmatrix}$.

19. $\begin{pmatrix} 1 & 0 & 0 \\ -2 & 1 & 0 \\ 0 & 0 & 1 \end{pmatrix}\begin{pmatrix} a_1 & a_2 & a_3 \\ b_1 & b_2 & b_3 \\ c_1 & c_2 & c_3 \end{pmatrix}$.

20. $\begin{pmatrix} a_1 & a_2 & a_3 & a_4 \\ b_1 & b_2 & b_3 & b_4 \\ c_1 & c_2 & c_3 & c_4 \end{pmatrix}\begin{pmatrix} 0 & 0 & 1 & 0 \\ 0 & 1 & 0 & 0 \\ 1 & 0 & 0 & 0 \\ 0 & 0 & 0 & 1 \end{pmatrix}$.

21. 已知 $\boldsymbol{A}=\boldsymbol{P\Lambda Q}$，其中

$$\boldsymbol{P}=\begin{pmatrix}2&3\\1&2\end{pmatrix},\ \boldsymbol{\Lambda}=\begin{pmatrix}1&0\\0&-1\end{pmatrix},\ \boldsymbol{Q}=\begin{pmatrix}2&-3\\-1&2\end{pmatrix},\ \boldsymbol{QP}=\boldsymbol{I}_2,$$

计算：$\boldsymbol{A}^8,\boldsymbol{A}^9,\boldsymbol{A}^{2n},\boldsymbol{A}^{2n+1}$（$n$ 为正整数）.

22. 计算 $\begin{bmatrix}a&&\\&-b&\\&&c\end{bmatrix}^n$（$n$ 为正整数）.

23. 计算 $\begin{pmatrix}\cos\varphi&\sin\varphi\\-\sin\varphi&\cos\varphi\end{pmatrix}^n$ 及 $\begin{pmatrix}0&1\\-1&0\end{pmatrix}^n$.

24. $\boldsymbol{A},\boldsymbol{B}$ 皆是 n 阶矩阵，问下列等式成立的条件是什么？

(1) $(\boldsymbol{A}+\boldsymbol{B})^3=\boldsymbol{A}^3+3\boldsymbol{A}^2\boldsymbol{B}+3\boldsymbol{A}\boldsymbol{B}^2+\boldsymbol{B}^3$；

(2) $(\boldsymbol{A}+\boldsymbol{B})(\boldsymbol{A}-\boldsymbol{B})=\boldsymbol{A}^2-\boldsymbol{B}^2$.

25. 若 $\boldsymbol{AB}=\boldsymbol{BA},\boldsymbol{AC}=\boldsymbol{CA}$，证明 $\boldsymbol{A},\boldsymbol{B},\boldsymbol{C}$ 是同阶矩阵，且 $\boldsymbol{A}(\boldsymbol{B}+\boldsymbol{C})=(\boldsymbol{B}+\boldsymbol{C})\boldsymbol{A},\boldsymbol{A}(\boldsymbol{BC})=(\boldsymbol{BC})\boldsymbol{A}$.

26. 求平方等于零矩阵的所有二阶矩阵.

27. 求与 $\boldsymbol{A}=\begin{pmatrix}1&1\\0&1\end{pmatrix}$ 可交换的全体二阶矩阵.

28. 求与 $\boldsymbol{A}=\begin{bmatrix}1&0&0\\0&1&2\\0&1&-2\end{bmatrix}$ 可交换的全体三阶矩阵.

29. 已知 $\boldsymbol{A}$ 是对角元互不相等的 n 阶对角矩阵，即

$$\boldsymbol{A}=\begin{bmatrix}a_1&&&\\&a_2&&\\&&\ddots&\\&&&a_n\end{bmatrix}.$$

当 $i\neq j$ 时，$a_i\neq a_j$（$i,j=1,2,\cdots,n$）. 证明：与 $\boldsymbol{A}$ 可交换的矩阵必是对角矩阵.

30. 证明：两个 n 阶下三角矩阵的乘积仍是下三角矩阵.

31. 证明：若 $\boldsymbol{A}$ 是主对角元全为零的上三角矩阵，则 $\boldsymbol{A}^2$ 也是主对角元全为零的上三角矩阵.

32. 证明：主对角元全为1的上三角矩阵的乘积，仍是主对角元为1的上三角矩阵.

33. 设 $\boldsymbol{A}=\begin{pmatrix}5 & -2 & 1\\ 3 & 4 & -1\end{pmatrix}$，$\boldsymbol{B}=\begin{pmatrix}-3 & 2 & 0\\ -2 & 0 & 1\end{pmatrix}$，计算：$\boldsymbol{AB}^{\mathrm{T}}$，$\boldsymbol{B}^{\mathrm{T}}\boldsymbol{A}$，$\boldsymbol{A}^{\mathrm{T}}\boldsymbol{A}$，$\boldsymbol{BB}^{\mathrm{T}}+\boldsymbol{AB}^{\mathrm{T}}$.

34. 证明：$(\boldsymbol{A}_1\boldsymbol{A}_2\cdots\boldsymbol{A}_k)^{\mathrm{T}}=\boldsymbol{A}_k^{\mathrm{T}}\cdots\boldsymbol{A}_2^{\mathrm{T}}\boldsymbol{A}_1^{\mathrm{T}}$.

35. 证明：若 $\boldsymbol{A}$ 和 $\boldsymbol{B}$ 都是 n 阶对称矩阵，则 $\boldsymbol{A}+\boldsymbol{B}$，$\boldsymbol{A}-2\boldsymbol{B}$ 也是对称矩阵.

36. 对于任意的 n 阶矩阵 $\boldsymbol{A}$. 证明：

(1) $\boldsymbol{A}+\boldsymbol{A}^{\mathrm{T}}$ 是对称矩阵，$\boldsymbol{A}-\boldsymbol{A}^{\mathrm{T}}$ 是反对称矩阵；

(2) $\boldsymbol{A}$ 可表示为对称矩阵和反对称矩阵之和.

37. 证明：若 $\boldsymbol{A}$ 和 $\boldsymbol{B}$ 都是 n 阶对称矩阵，则 $\boldsymbol{AB}$ 是对称矩阵的充要条件是 $\boldsymbol{A}$ 与 $\boldsymbol{B}$ 可交换.

38. 设 $\boldsymbol{A}$ 是实对称矩阵，且 $\boldsymbol{A}^2=\boldsymbol{0}$，证明 $\boldsymbol{A}=\boldsymbol{0}$.

39. 已知 $\boldsymbol{A}$ 是一个 n 阶对称矩阵，$\boldsymbol{B}$ 是一个 n 阶反对称矩阵.

(1) 问 $\boldsymbol{A}^k$，$\boldsymbol{B}^k$ 是否为对称或反对称矩阵？

(2) 证明：$\boldsymbol{AB}+\boldsymbol{BA}$ 是一个反对称矩阵.

40. 求下列矩阵的逆矩阵：

(1) $\begin{pmatrix}8 & -4\\ -5 & 3\end{pmatrix}$； (2) $\begin{pmatrix}\cos\theta & \sin\theta\\ -\sin\theta & \cos\theta\end{pmatrix}$；

(3) $\begin{pmatrix}1 & 2 & 2\\ 2 & 1 & -2\\ 2 & -2 & 1\end{pmatrix}$； (4) $\begin{pmatrix}2 & 3 & -1\\ 1 & 2 & 0\\ -1 & 2 & -2\end{pmatrix}$；

(5) $\begin{pmatrix}1 & 0 & 0\\ 1 & 1 & 0\\ 1 & 1 & 1\end{pmatrix}$； (6) $\begin{pmatrix}1 & 1 & 0 & 0\\ 0 & 1 & 1 & 0\\ 0 & 0 & 1 & 1\\ 0 & 0 & 0 & 1\end{pmatrix}$.

41. 利用逆矩阵，解下列矩阵方程：

(1) $\begin{pmatrix}2 & 5\\ 1 & 3\end{pmatrix}\boldsymbol{B}=\begin{pmatrix}1 & 1\\ -1 & 0\end{pmatrix}$；

(2) $\begin{pmatrix} 2 & 3 & -1 \\ 1 & 2 & 0 \\ -1 & 2 & -2 \end{pmatrix} \boldsymbol{X} = \begin{pmatrix} 2 & 1 \\ -1 & 0 \\ 3 & 1 \end{pmatrix}$;

(3) $\boldsymbol{A} \begin{pmatrix} 1 & 1 & 1 \\ 0 & 1 & 1 \\ 0 & 0 & 1 \end{pmatrix} = \begin{pmatrix} 1 & -2 & 1 \\ 0 & 1 & -1 \end{pmatrix}$.

42. 利用逆矩阵,解线性方程组

$$\begin{cases} x_1 + x_2 + x_3 = 1, \\ 2x_2 + 2x_3 = 1, \\ x_1 - x_2 = 2. \end{cases}$$

43. 设 $\boldsymbol{A},\boldsymbol{B},\boldsymbol{C}$ 为同阶方阵.

(1) 问 $\boldsymbol{A}$ 满足什么条件时,命题"若 $\boldsymbol{AB}=\boldsymbol{AC}$,则 $\boldsymbol{B}=\boldsymbol{C}$(消去律)"成立;

(2) 问:若 $\boldsymbol{B}\neq\boldsymbol{C}$,是否必有 $\boldsymbol{AB}\neq\boldsymbol{AC}$?

44. 设 $\boldsymbol{A},\boldsymbol{B}$ 都是 n 阶矩阵,问:下列命题是否成立?若成立,给出证明;若不成立,举反例说明.

(1) 若 $\boldsymbol{A},\boldsymbol{B}$ 皆不可逆,则 $\boldsymbol{A}+\boldsymbol{B}$ 也不可逆;

(2) 若 $\boldsymbol{AB}$ 可逆,则 $\boldsymbol{A},\boldsymbol{B}$ 都可逆;

(3) 若 $\boldsymbol{AB}$ 不可逆,则 $\boldsymbol{A},\boldsymbol{B}$ 都不可逆;

(4) 若 $\boldsymbol{A}$ 可逆,则 $k\boldsymbol{A}$ 可逆(k 是数).

45. 设方阵 $\boldsymbol{A}$ 满足 $\boldsymbol{A}^2-\boldsymbol{A}-2\boldsymbol{I}=\boldsymbol{0}$,证明:

(1) $\boldsymbol{A}$ 和 $\boldsymbol{I}-\boldsymbol{A}$ 都可逆,并求它们的逆矩阵;

(2) $\boldsymbol{A}+\boldsymbol{I}$ 和 $\boldsymbol{A}-2\boldsymbol{I}$ 不同时可逆.

46. 设方阵 $\boldsymbol{A}$ 满足方程 $\boldsymbol{A}^2-2\boldsymbol{A}+4\boldsymbol{I}=\boldsymbol{0}$,证明:$\boldsymbol{A}+\boldsymbol{I}$ 和 $\boldsymbol{A}-3\boldsymbol{I}$ 都可逆,并求它们的逆矩阵.

47. 证明:可逆的对称矩阵的逆矩阵仍是对称矩阵.

48. 试求上(或下)三角矩阵可逆的充要条件,并证明:可逆上(或下)三角矩阵的逆矩阵也是上(或下)三角矩阵.

用初等变换法求 49~53 题的矩阵的逆:

49. $\begin{pmatrix} 1 & 2 & 2 \\ 2 & 1 & -2 \\ 2 & -2 & 1 \end{pmatrix}$.

50. $\begin{pmatrix} 1 & 2 & 3 & 4 \\ 2 & 3 & 1 & 2 \\ 1 & 1 & 1 & -1 \\ 1 & 0 & -2 & -6 \end{pmatrix}$.

51. $\begin{pmatrix} 1 & 0 & 0 & 0 \\ 1 & 1 & 0 & 0 \\ 1 & 1 & 1 & 0 \\ 1 & 1 & 1 & 1 \end{pmatrix}$.　　　**52.** $\begin{pmatrix} 1 & a & a^2 & a^3 \\ 0 & 1 & a & a^2 \\ 0 & 0 & 1 & a \\ 0 & 0 & 0 & 1 \end{pmatrix}$.

53. $\begin{pmatrix} 0 & a_1 & 0 & \cdots & 0 \\ 0 & 0 & a_2 & \cdots & 0 \\ \vdots & \vdots & \vdots & \ddots & \vdots \\ 0 & 0 & 0 & \cdots & a_{n-1} \\ a_n & 0 & 0 & \cdots & 0 \end{pmatrix}$，其中 $a_i \neq 0, i=1,2,\cdots,n$.

解 54～56 题的矩阵方程：

54. $\begin{pmatrix} 1 & 2 \\ 3 & 4 \end{pmatrix} \boldsymbol{X} = \begin{pmatrix} 3 & 5 \\ 5 & 9 \end{pmatrix}$.

55. $\boldsymbol{X} \begin{pmatrix} 1 & 2 & -3 \\ 3 & 2 & -4 \\ 2 & -1 & 0 \end{pmatrix} = \begin{pmatrix} 1 & -3 & 0 \\ 10 & 2 & 7 \\ 10 & 7 & 8 \end{pmatrix}$.

56. $\begin{pmatrix} 1 & 1 & 1 & \cdots & 1 \\ 0 & 1 & 1 & \cdots & 1 \\ 0 & 0 & 1 & \cdots & 1 \\ \vdots & \vdots & \vdots & \ddots & \vdots \\ 0 & 0 & 0 & \cdots & 1 \end{pmatrix} \boldsymbol{X} = \begin{pmatrix} 1 & 2 & 3 & \cdots & n \\ 0 & 1 & 2 & \cdots & n-1 \\ 0 & 0 & 1 & \cdots & n-2 \\ \vdots & \vdots & \vdots & \ddots & \vdots \\ 0 & 0 & 0 & \cdots & 1 \end{pmatrix}$.

***57.** 将下列矩阵做 $\boldsymbol{LU}$ 分解，其中 $\boldsymbol{L}$ 为主对角元为 1 的下三角矩阵，$\boldsymbol{U}$ 为上三角矩阵：

(1) $\begin{pmatrix} 1 & -2 & 3 \\ 2 & 4 & 2 \\ 0 & 1 & 1 \end{pmatrix}$；　　(2) $\begin{pmatrix} 3 & 1 & 0 & 0 \\ 2 & 3 & 1 & 0 \\ 0 & 2 & 3 & 1 \\ 0 & 0 & 2 & 3 \end{pmatrix}$.

58. 用分块矩阵的乘法，计算下列矩阵的乘积：

(1) $\boldsymbol{A} = \begin{pmatrix} 1 & 3 & 0 & 0 & 0 \\ 2 & 8 & 0 & 0 & 0 \\ 0 & 0 & 1 & 0 & 1 \\ 0 & 0 & 2 & 3 & 2 \\ 0 & 0 & 3 & 1 & 1 \end{pmatrix}$，　$\boldsymbol{B} = \begin{pmatrix} 1 & 3 & 0 & 0 & 0 \\ 2 & 8 & 0 & 0 & 0 \\ 1 & 0 & 1 & 0 & 1 \\ 0 & 1 & 2 & 3 & 2 \\ 2 & 3 & 3 & 1 & 1 \end{pmatrix}$，

求 $\boldsymbol{AB}$；

(2) $\boldsymbol{A}=\begin{pmatrix}1&0&1&0&0\\0&2&-1&0&0\\3&1&0&0&0\\0&0&0&-2&0\\0&0&0&0&-2\end{pmatrix}$，$\boldsymbol{B}=\begin{pmatrix}1&0&1&0&0\\0&2&0&0&0\\0&0&3&0&0\\0&0&0&-1&3\\0&0&0&4&2\end{pmatrix}$，

求 $\boldsymbol{AB}$.

59. 设 $\boldsymbol{A}$ 是 $m\times n$ 矩阵，$\boldsymbol{B}$ 是 $n\times s$ 矩阵，$\boldsymbol{x}$ 是 $n\times 1$ 矩阵，证明：$\boldsymbol{AB}=\boldsymbol{0}$ 的充分必要条件是 $\boldsymbol{B}$ 的每一列都是齐次线性方程组 $\boldsymbol{Ax}=\boldsymbol{0}$ 的解.

60. 设 $\boldsymbol{C}$ 是 n 阶可逆矩阵，$\boldsymbol{D}$ 是 $3\times n$ 矩阵，且

$$\boldsymbol{D}=\begin{pmatrix}1&2&\cdots&n\\0&0&\cdots&0\\0&0&\cdots&0\end{pmatrix},$$

试用分块乘法，求一个 $n\times(n+3)$ 矩阵 $\boldsymbol{A}$，使得 $\boldsymbol{A}\begin{pmatrix}\boldsymbol{C}\\\boldsymbol{D}\end{pmatrix}=\boldsymbol{I}_n$.

61. 设 $\boldsymbol{A}=\begin{pmatrix}\boldsymbol{0}&\boldsymbol{B}\\\boldsymbol{C}&\boldsymbol{0}\end{pmatrix}$，其中 $\boldsymbol{B}$ 是 n 阶可逆矩阵，$\boldsymbol{C}$ 是 m 阶可逆矩阵，证明 $\boldsymbol{A}$ 可逆，并求 $\boldsymbol{A}^{-1}$.

62. 用矩阵分块的方法，证明下列矩阵可逆，并求其逆矩阵：

(1) $\begin{pmatrix}1&2&0&0&0\\2&5&0&0&0\\0&0&3&0&0\\0&0&0&1&0\\0&0&0&0&1\end{pmatrix}$；　(2) $\begin{pmatrix}0&0&0&4&4\\0&0&0&7&8\\1&1&1&0&0\\0&1&1&0&0\\0&0&1&0&0\end{pmatrix}$；

(3) $\begin{pmatrix}0&a_1&0&\cdots&0\\0&0&a_2&\cdots&0\\\vdots&\vdots&\vdots&\ddots&\vdots\\0&0&0&\cdots&a_{n-1}\\a_n&0&0&\cdots&0\end{pmatrix}$；　(4) $\begin{pmatrix}2&0&1&0&2\\0&2&0&1&3\\0&0&1&0&0\\0&0&0&1&0\\0&0&0&0&1\end{pmatrix}$.

***63.** 设 $\boldsymbol{A},\boldsymbol{B},\boldsymbol{C},\boldsymbol{D}$ 都是 n 阶矩阵，$|\boldsymbol{A}|\neq 0$，$\boldsymbol{AC}=\boldsymbol{CA}$. 证明：

$$\begin{vmatrix} \boldsymbol{A} & \boldsymbol{B} \\ \boldsymbol{C} & \boldsymbol{D} \end{vmatrix} = |\boldsymbol{AD}-\boldsymbol{CB}|.$$

*64. 设 $\boldsymbol{A}=\begin{pmatrix} \boldsymbol{0} & \boldsymbol{B} \\ \boldsymbol{C} & \boldsymbol{D} \end{pmatrix}$,其中 $\boldsymbol{B},\boldsymbol{C}$ 分别为二阶,三阶可逆矩阵,且已知 $\boldsymbol{B}^{-1},\boldsymbol{C}^{-1}$,求 $\boldsymbol{A}^{-1}$.

*65. 将 n 阶矩阵 $\boldsymbol{A}$ 分块为

$$\boldsymbol{A}=\begin{pmatrix} \boldsymbol{A}_{n-1} & \boldsymbol{b} \\ \boldsymbol{c} & a_{nn} \end{pmatrix},$$

其中 $\boldsymbol{A}_{n-1}$ 是 $n-1$ 阶可逆矩阵,如果 $\boldsymbol{A}$ 可逆,且已知 $\boldsymbol{A}_{n-1}^{-1}$,试求 $\boldsymbol{A}^{-1}$(这种利用 $\boldsymbol{A}_{n-1}^{-1}$ 求 $\boldsymbol{A}^{-1}$ 的方法,称为加边法).

*66. 利用65题加边法的结果,求

$$\boldsymbol{A}=\begin{bmatrix} 1 & 2 & 2 \\ 2 & 1 & -2 \\ 2 & -2 & 1 \end{bmatrix},\quad \boldsymbol{B}=\begin{bmatrix} 1 & 2 & 3 & 4 \\ 2 & 3 & 1 & 2 \\ 1 & 1 & 1 & -1 \\ 1 & 0 & -2 & -6 \end{bmatrix}.$$

的逆矩阵.

补充题

67. 设 $\boldsymbol{A},\boldsymbol{B}$ 均为4阶矩阵,已知 $|\boldsymbol{A}|=-2$,$|\boldsymbol{B}|=3$,计算:

(1) $\left|\frac{1}{2}\boldsymbol{AB}^{-1}\right|$;(2) $|-\boldsymbol{AB}^{\mathrm{T}}|$;(3) $|(\boldsymbol{AB})^{-1}|$;(4) $\det[(\boldsymbol{AB})^{\mathrm{T}}]^{-1}$;

(5) $|-3\boldsymbol{A}^*|$($\boldsymbol{A}^*$ 为 $\boldsymbol{A}$ 的伴随矩阵).

68. 设 $\boldsymbol{\alpha}=(1,-2,3)^{\mathrm{T}}$,$\boldsymbol{\beta}=\left(-1,\frac{1}{2},0\right)^{\mathrm{T}}$,$\boldsymbol{A}=\boldsymbol{\alpha\beta}^{\mathrm{T}}$,求 $|\boldsymbol{A}^{100}|$.

69. 设 $\boldsymbol{A}$ 为4阶矩阵,已知 $|\boldsymbol{A}|=a\neq 0$,计算 $\det(|\boldsymbol{A}^*|\boldsymbol{A})$.

70. 设 $\boldsymbol{A},\boldsymbol{B}$ 均为 n 阶矩阵,$\boldsymbol{I}$ 为 n 阶单位矩阵,下列命题哪些成立?

(A) $\boldsymbol{A}=\boldsymbol{I}\Leftrightarrow|\boldsymbol{A}|=1$;　　(B) $\boldsymbol{AB}\neq\boldsymbol{0}\Leftrightarrow\boldsymbol{A}\neq\boldsymbol{0}$ 且 $\boldsymbol{B}\neq\boldsymbol{0}$;

(C) $\boldsymbol{A}^2=\boldsymbol{I}$,则 $\boldsymbol{A}=\boldsymbol{I}$ 或 $-\boldsymbol{I}$;

(D) $(\boldsymbol{A}+\boldsymbol{I})(\boldsymbol{A}-\boldsymbol{I})=(\boldsymbol{A}-\boldsymbol{I})(\boldsymbol{A}+\boldsymbol{I})$;

(E) $\boldsymbol{AB}$ 可逆 $\Leftrightarrow\boldsymbol{A},\boldsymbol{B}$ 均可逆;　　(F) $|-2\boldsymbol{A}^*\boldsymbol{B}|=-2|\boldsymbol{A}||\boldsymbol{B}|$.

71. 设 $\boldsymbol{\alpha}=(a,b,c)$,$\boldsymbol{\beta}=(x,y,z)$,已知

$$\alpha^T\beta=\begin{pmatrix}-2 & 4 & -6\\ 1 & -2 & 3\\ -1 & 2 & -3\end{pmatrix},$$

求$\alpha\beta^T$.

72. 设$\alpha=(x_1,x_2,\cdots,x_n)^T$，$\beta=(y_1,y_2,\cdots,y_n)^T$，已知$\alpha^T\beta=3$，$B=\alpha\beta^T$，$A=I-B$. 证明：

(1) $B^k=3^{k-1}B$（$k\geqslant2$为正整数）；

(2) $A+2I$或$A-I$不可逆；

(3) A及$A+I$均可逆.

73. 设A为3阶矩阵，$|A|>0$，已知$A^*=\mathrm{diag}(1,-1,-4)$，且$ABA^{-1}=BA^{-1}+3I$，求$B$.

74. 设n阶矩阵A满足：$A^TA=I$和$|A|<0$，求$|A+I|$.

75. 设A为奇数阶可逆矩阵，且$A^{-1}=A^T$，$|A|=1$，求$|I-A|$.

76. 设A,B均为n阶矩阵，且$A=B^T$，问：$A^T(B^{-1}A^{-1}+I)^T$可化简为下列哪一个式子？

(A) $A+B$； (B) $B+A^{-1}$； (C) A^TB；

(D) $A+A^{-1}$； (E) $A+B^{-1}$； (F) AA^T.

77. 设$\alpha=(1,0,-1)^T$，k为正整数，$A=\alpha\alpha^T$，求$|kI-A^n|$.

78. 已知4阶矩阵A满足：$(2I-C^{-1}B)A^T=C^{-1}$，求A. 其中

$$B=\begin{pmatrix}1 & 2 & -3 & -2\\ 0 & 1 & 2 & -3\\ 0 & 0 & 1 & 2\\ 0 & 0 & 0 & 1\end{pmatrix},\quad C=\begin{pmatrix}1 & 2 & 0 & 1\\ 0 & 1 & 2 & 0\\ 0 & 0 & 1 & 2\\ 0 & 0 & 0 & 1\end{pmatrix}.$$

79. 设$B=\begin{pmatrix}-1 & 1 & 0\\ 0 & 0 & 2\\ 0 & 0 & 2\end{pmatrix}$，$C=\begin{pmatrix}1 & 1 & 0\\ 0 & 2 & 2\\ 0 & 0 & 3\end{pmatrix}$，

且A,B,C满足：$(I-C^{-1}B)^TC^TA=I$. 求A,A^{-1}.

80. 设B是元素全为1的n阶($n\geqslant2$)矩阵，证明：

(1) $B^k=n^{k-1}B$（$k\geqslant2$为正整数）； (2) $(I-B)^{-1}=I-\dfrac{1}{n-1}B$.

81. 设A为3阶实对称矩阵，且主对角元全为0，$B=\mathrm{diag}(0,1,2)$，求使

$\boldsymbol{AB}+\boldsymbol{I}$ 为可逆矩阵的条件.

82. 已知 $\boldsymbol{P},\boldsymbol{A}$ 均为 n 阶矩阵，且 $\boldsymbol{P}^{-1}\boldsymbol{AP}=\mathrm{diag}(1,1,\cdots,1,0,\cdots,0)$（有 r 个 1），试计算 $|\boldsymbol{A}+2\boldsymbol{I}|$.

83. 设 $\boldsymbol{A}$ 为 n 阶（$n\geqslant 2$）可逆矩阵，证明：

(1) $(\boldsymbol{A}^*)^{-1}=(\boldsymbol{A}^{-1})^*$； (2) $(\boldsymbol{A}^{\mathrm{T}})^*=(\boldsymbol{A}^*)^{\mathrm{T}}$；

(3) $(k\boldsymbol{A})^*=k^{n-1}\boldsymbol{A}^*$（$k$ 为非零常数）.

84. 计算下列矩阵的幂：

$$(1)\ \begin{bmatrix}1&1&0\\0&1&1\\0&0&1\end{bmatrix}^n;\quad (2)\ \begin{bmatrix}a&1&0&0\\0&a&1&0\\0&0&a&1\\0&0&0&a\end{bmatrix}^n.$$

85. 证明：与任意的 n 阶矩阵可交换的矩阵必是 n 阶数量矩阵.

86. n 阶矩阵 $\boldsymbol{A}=(a_{ij})$ 的主对角元之和称为矩阵 $\boldsymbol{A}$ 的迹，记作 $\mathrm{tr}(\boldsymbol{A})$，即

$$\mathrm{tr}(\boldsymbol{A})=\sum_{i=1}^{n}a_{ii}.$$

证明：若 $\boldsymbol{A}$ 是 $m\times n$ 矩阵，$\boldsymbol{B}$ 是 $n\times m$ 矩阵，则

$$\mathrm{tr}(\boldsymbol{AB})=\mathrm{tr}(\boldsymbol{BA}).$$

87. 证明：对于任意的两个 n 阶矩阵 $\boldsymbol{A}$ 和 $\boldsymbol{B}$，都有 $\boldsymbol{AB}-\boldsymbol{BA}\neq\boldsymbol{I}_n$.

88. 若 n 阶矩阵 $\boldsymbol{A}$ 存在正整数 k，使得 $\boldsymbol{A}^k=\boldsymbol{0}$，就称 $\boldsymbol{A}$ 为幂零矩阵.

设幂零矩阵 $\boldsymbol{A}$ 满足 $\boldsymbol{A}^k=\boldsymbol{0}$（$k$ 为正整数），试证明：$\boldsymbol{I}-\boldsymbol{A}$ 可逆，并求其逆矩阵.

89. 设 $\boldsymbol{A}=\begin{bmatrix}a&1&0&0\\0&a&1&0\\0&0&a&1\\0&0&0&a\end{bmatrix}$，$f(x)=(x-b)^n$. 试求 $f(\boldsymbol{A})$，当 $f(\boldsymbol{A})$ 可逆时，求其逆矩阵.

90. 设

$$\boldsymbol{A}=\begin{pmatrix}0&1\\3&-2\end{pmatrix},\ f(x)=\begin{vmatrix}x-1&x&0\\0&x-1&-3\\1&1&1\end{vmatrix},$$

$$g(x)=\begin{vmatrix} x & -1 \\ -3 & x+2 \end{vmatrix}.$$

试求：$f(\boldsymbol{A}),g(\boldsymbol{A})$.

91. 证明：主对角元全为 1 的上(下)三角矩阵的逆矩阵也是主对角元全为 1 的上(下)三角矩阵.

92. 证明：n 阶反对称矩阵可逆的必要条件是 n 为偶数，举例说明 n 为偶数不是 n 阶反对称矩阵可逆的充分条件.

93. 设 $\boldsymbol{P}=\begin{pmatrix} \boldsymbol{A} & \boldsymbol{B} \\ \boldsymbol{0} & \boldsymbol{C} \end{pmatrix}$，$\boldsymbol{A},\boldsymbol{C}$ 均为可逆矩阵，证明 $\boldsymbol{P}$ 可逆，并求 $\boldsymbol{P}^{-1}$.

94. 证明：n 阶可逆下三角矩阵的逆矩阵也是下三角矩阵.

95. 证明：n 阶矩阵 $\boldsymbol{A}$ 的任意多项式 $f(\boldsymbol{A})$ 与 $g(\boldsymbol{A})$ 可交换.

96. 证明：若 n 阶矩阵 $\boldsymbol{A}$ 与 $\boldsymbol{B}$ 可交换，则 $\boldsymbol{A}$ 与 $\boldsymbol{B}$ 的任意多项式 $f(\boldsymbol{A})$ 与 $g(\boldsymbol{B})$ 也可交换.

答案

1. $(1,2,2,1)$.　　**2.** $(-8,k+3,2k+6,k)$，k 是任意常数.

3. 无解.　　**4.** $\left(0,\frac{11}{3}k,\frac{13}{3}k,k\right)$，$k$ 是任意常数.

5. $p=1$ 时有无穷多解：$(1-k_1-k_2,k_1,k_2)$，其中 k_1,k_2 是任意常数；$p=-2$ 时无解；$p\neq1$ 且 $p\neq-2$ 时有唯一解：$\left(-\frac{p+1}{p+2},\frac{1}{p+2},\frac{(p+1)^2}{p+2}\right)$.

6. $p\neq2$ 时有唯一解：$\left(\frac{q-2}{2},\frac{1}{2}\left(1-\frac{3-q}{7}-4\,\frac{2-q}{p-2}\right),\frac{2-q}{p-2},\frac{3-q}{7}\right)$；$p=2$，$q\neq2$ 时无解；$p=2$ 且 $q=2$ 时有无穷多解：$\left(0,\frac{3}{7}-2k,k,\frac{1}{7}\right)$，$k$ 是任意常数.

7. 548，653，758，863，968.

8. $(0,25,75)$，$(4,18,78)$，$(8,11,81)$，$(12,4,84)$等.

21. $\boldsymbol{A}^8=\boldsymbol{I}_2$，$\boldsymbol{A}^9=\begin{pmatrix} 7 & -12 \\ 4 & -7 \end{pmatrix}$，$\boldsymbol{A}^{2n}=\boldsymbol{I}_2$，$\boldsymbol{A}^{2n+1}=\begin{pmatrix} 7 & -12 \\ 4 & -7 \end{pmatrix}$.

23. $\begin{pmatrix} \cos n\varphi & \sin n\varphi \\ -\sin n\varphi & \cos n\varphi \end{pmatrix}$, $\begin{bmatrix} \cos\frac{n\pi}{2} & \sin\frac{n\pi}{2} \\ -\sin\frac{n\pi}{2} & \cos\frac{n\pi}{2} \end{bmatrix}$.

24. $\boldsymbol{A},\boldsymbol{B}$ 可交换时成立，一般情况不成立.

26. $\begin{pmatrix} a & b \\ c & -a \end{pmatrix}$，其中 a,b,c 满足关系 $a^2+bc=0$.

27. $\begin{pmatrix} a & b \\ 0 & a \end{pmatrix}$，$a,b$ 为任意常数.

28. $\begin{bmatrix} a & 0 & 0 \\ 0 & c & 2b \\ 0 & b & c-3b \end{bmatrix}$，$a,b,c$ 为任意常数.

38. 由 $\mathbf{A}^2$ 的对角元 $\sum_{k=1}^{n} a_{ik}a_{ki}=0\ (i=1,2,\cdots,n)$ 及 $\mathbf{A}^{\mathrm{T}}=\mathbf{A}$，即可得证 $\mathbf{A}=\mathbf{0}$.

39. $\boldsymbol{A}^k$ 仍是对称矩阵，$\boldsymbol{B}^k$ 当 k 为偶数时为对称矩阵，k 为奇数时为反对称矩阵.

40. (2) $\begin{pmatrix} \cos\varphi & -\sin\varphi \\ \sin\varphi & \cos\varphi \end{pmatrix}$；(4) $\frac{1}{6}\begin{bmatrix} 4 & -4 & -2 \\ -2 & 5 & 1 \\ -4 & 7 & -1 \end{bmatrix}$；

(6) $\begin{bmatrix} 1 & -1 & 1 & -1 \\ 0 & 1 & -1 & 1 \\ 0 & 0 & 1 & -1 \\ 0 & 0 & 0 & 1 \end{bmatrix}$.

41. (2) $\frac{1}{6}\begin{bmatrix} 6 & 2 \\ -6 & -1 \\ -18 & -5 \end{bmatrix}$；(3) $\begin{pmatrix} 1 & -3 & 3 \\ 0 & 1 & -2 \end{pmatrix}$.

42. $\frac{1}{2}(1,-3,4)^{\mathrm{T}}$.

43. (1) $|\boldsymbol{A}|\neq 0$；　(2) 否.

44. (1) 不成立；(2) 成立；(3) 不成立；(4) $k\neq 0$ 时成立，$k=0$ 时不成立.

45. $A^{-1}=\frac{1}{2}(A-I)$，$(I-A)^{-1}=-\frac{1}{2}A$.

46. $(A+I)^{-1}=-\frac{1}{7}(A-3I)$，$(A-3I)^{-1}=-\frac{1}{7}(A+I)$.

47. 利用运算性质和 $A^{\mathrm{T}}=A$，证明 $(A^{-1})^{\mathrm{T}}=A^{-1}$.

48. 证明伴随矩阵为上（下）三角矩阵.

51. $\begin{pmatrix} 1 & 0 & 0 & 0 \\ -1 & 1 & 0 & 0 \\ 0 & -1 & 1 & 0 \\ 0 & 0 & -1 & 1 \end{pmatrix}$.　**52.** $\begin{pmatrix} 1 & -a & 0 & 0 \\ 0 & 1 & -a & 0 \\ 0 & 0 & 1 & -a \\ 0 & 0 & 0 & 1 \end{pmatrix}$.

53. $\begin{pmatrix} 0 & 0 & \cdots & 0 & 1/a_n \\ 1/a_1 & 0 & \cdots & 0 & 0 \\ 0 & 1/a_2 & \cdots & 0 & 0 \\ \vdots & \vdots & \ddots & \vdots & \vdots \\ 0 & 0 & \cdots & 1/a_{n-1} & 0 \end{pmatrix}$.

54. $\begin{pmatrix} -1 & -1 \\ 2 & 3 \end{pmatrix}$.

55. $\begin{pmatrix} 20 & -15 & 13 \\ -105 & 77 & -58 \\ -152 & 112 & -87 \end{pmatrix}$.　**56.** $\begin{pmatrix} 1 & 1 & \cdots & 1 \\ 0 & 1 & \cdots & 1 \\ \vdots & \vdots & \ddots & \vdots \\ 0 & 0 & \cdots & 1 \end{pmatrix}$.

***57.** (1) $\begin{pmatrix} 1 & 0 & 0 \\ 2 & 1 & 0 \\ 0 & \frac{1}{8} & 1 \end{pmatrix}\begin{pmatrix} 1 & -2 & 3 \\ 0 & 8 & -4 \\ 0 & 0 & \frac{3}{2} \end{pmatrix}$;

(2) $\begin{pmatrix} 1 & 0 & 0 & 0 \\ \frac{2}{3} & 1 & 0 & 0 \\ 0 & \frac{6}{7} & 1 & 0 \\ 0 & 0 & \frac{14}{15} & 1 \end{pmatrix}\begin{pmatrix} 3 & 1 & 0 & 0 \\ 0 & \frac{7}{3} & 1 & 0 \\ 0 & 0 & \frac{15}{7} & 1 \\ 0 & 0 & 0 & \frac{31}{15} \end{pmatrix}$.

58. (1) $\begin{pmatrix} 7 & 27 & 0 & 0 & 0 \\ 18 & 70 & 0 & 0 & 0 \\ 3 & 3 & 4 & 1 & 2 \\ 6 & 9 & 14 & 11 & 10 \\ 5 & 4 & 8 & 4 & 6 \end{pmatrix}$；

(2) $\begin{pmatrix} 1 & 0 & 4 & 0 & 0 \\ 0 & 4 & -3 & 0 & 0 \\ 3 & 2 & 3 & 0 & 0 \\ 0 & 0 & 0 & 2 & -6 \\ 0 & 0 & 0 & -8 & -4 \end{pmatrix}$.

59. 将 $\boldsymbol{B}$ 按列分块为 $\boldsymbol{B}=(\boldsymbol{b}_1,\boldsymbol{b}_2,\cdots,\boldsymbol{b}_n)$.

60. $\boldsymbol{A}=(\boldsymbol{C}^{-1},\boldsymbol{B})$，其中 $\boldsymbol{B}$ 是第一列元素全为零，其余元素为任意的 $n\times s$ 矩阵.

61. $\boldsymbol{A}^{-1}=\begin{pmatrix} \boldsymbol{0} & \boldsymbol{C}^{-1} \\ \boldsymbol{B}^{-1} & \boldsymbol{0} \end{pmatrix}$.

62. (3) $\begin{pmatrix} 0 & 0 & 0 & \cdots & 0 & 1/a_n \\ 1/a_1 & 0 & 0 & \cdots & 0 & 0 \\ 0 & 1/a_2 & 0 & \cdots & 0 & 0 \\ \vdots & \vdots & \vdots & \ddots & \vdots & \vdots \\ 0 & 0 & 0 & \cdots & 1/a_{n-1} & 0 \end{pmatrix}$；

(4) $\begin{pmatrix} 1/2 & 0 & -1/2 & 0 & -1 \\ 0 & 1/2 & 0 & -1/2 & -3/2 \\ 0 & 0 & 1 & 0 & 0 \\ 0 & 0 & 0 & 1 & 0 \\ 0 & 0 & 0 & 0 & 1 \end{pmatrix}$.

63. 对对应分块矩阵做初等行变换. 第一行左乘 $-\boldsymbol{C}\boldsymbol{A}^{-1}$ 加到第二行.

64. $\begin{pmatrix} -\boldsymbol{C}^{-1}\boldsymbol{D}\boldsymbol{B}^{-1} & \boldsymbol{C}^{-1} \\ \boldsymbol{B}^{-1} & \boldsymbol{0} \end{pmatrix}$.

65. $\begin{pmatrix} \boldsymbol{A}_{n-1}^{-1}(\boldsymbol{I}+\boldsymbol{b}\boldsymbol{w}^{-1}\boldsymbol{c}\boldsymbol{A}_{n-1}^{-1}) & -\boldsymbol{A}_{n-1}^{-1}\boldsymbol{b}\boldsymbol{w}^{-1} \\ -\boldsymbol{w}^{-1}\boldsymbol{c}\boldsymbol{A}_{n-1}^{-1} & \boldsymbol{w}^{-1} \end{pmatrix}$，其中 $\boldsymbol{w}=a_{nn}-\boldsymbol{c}\boldsymbol{A}_{n-1}^{-1}\boldsymbol{b}$.

67. (1) $-\frac{1}{24}$；(2) -6；(3) $-\frac{1}{6}$；(4) $-\frac{1}{6}$；(5) $(-3)^4(-2)^3$.

68. 0. **69.** $|\boldsymbol{A}^*|^4|\boldsymbol{A}|=a^{13}$. **70.** (D),(E).

71. -7,因为 $\boldsymbol{\alpha\beta}^{\mathrm{T}}=\sum_{i=1}^{3}[\boldsymbol{\alpha}^{\mathrm{T}}\boldsymbol{\beta}]_{ii}=-2+(-2)+(-3)$.

72. (1) $\boldsymbol{B}^2=\boldsymbol{\alpha}(\boldsymbol{\beta}^{\mathrm{T}}\boldsymbol{\alpha})\boldsymbol{\beta}^{\mathrm{T}}=3\boldsymbol{B}$,由归纳法得;(2) 因为 $\boldsymbol{A}^2=\boldsymbol{I}-2\boldsymbol{B}+\boldsymbol{B}^2$,所以 $\boldsymbol{A}^2+\boldsymbol{A}-2\boldsymbol{I}=(\boldsymbol{A}+2\boldsymbol{I})(\boldsymbol{A}-\boldsymbol{I})=\boldsymbol{0}$,从而 $|\boldsymbol{A}+2\boldsymbol{I}|=0$ 或 $|\boldsymbol{A}-\boldsymbol{I}|=0$；(3) 由 $\boldsymbol{A}(\boldsymbol{A}+\boldsymbol{I})=\boldsymbol{I}$ 得 $|\boldsymbol{A}|\neq0$, $|\boldsymbol{A}+\boldsymbol{I}|\neq0$.

73. $|\boldsymbol{A}|=2$, $\boldsymbol{B}=3(\boldsymbol{A}-\boldsymbol{I})^{-1}\boldsymbol{A}=3(\boldsymbol{A}^{-1}(\boldsymbol{A}-\boldsymbol{I}))^{-1}=3\left(\boldsymbol{I}-\frac{1}{2}\boldsymbol{A}^*\right)^{-1}=$ diag(6,2,1).

74. $|\boldsymbol{A}+\boldsymbol{I}|=|\boldsymbol{I}+\boldsymbol{A}^{\mathrm{T}}||\boldsymbol{A}|$, $|\boldsymbol{A}|=-1$, $|\boldsymbol{A}+\boldsymbol{I}|=|\boldsymbol{A}^{\mathrm{T}}+\boldsymbol{I}|$,所以 $|\boldsymbol{A}+\boldsymbol{I}|=0$.

75. $|\boldsymbol{I}-\boldsymbol{A}|=|\boldsymbol{A}^{\mathrm{T}}-\boldsymbol{I}||\boldsymbol{A}|=(-1)^n|\boldsymbol{I}-\boldsymbol{A}|$,所以 $|\boldsymbol{I}-\boldsymbol{A}|=0$.

76. (B). **77.** 利用 $\boldsymbol{A}^n=2^{n-1}\boldsymbol{A}$,得 $|k\boldsymbol{I}-\boldsymbol{A}^n|=k^2(k-2^n)$.

78. $$\boldsymbol{A}=((2\boldsymbol{C}-\boldsymbol{B})^{\mathrm{T}})^{-1}=\begin{pmatrix}1&0&0&0\\-2&1&0&0\\1&-2&1&0\\0&1&-2&1\end{pmatrix}.$$

79. $$\boldsymbol{A}=[(\boldsymbol{C}-\boldsymbol{B})^{\mathrm{T}}]^{-1}=\begin{pmatrix}\frac{1}{2}&0&0\\0&\frac{1}{2}&0\\0&0&1\end{pmatrix},\boldsymbol{A}^{-1}=(\boldsymbol{C}-\boldsymbol{B})^{\mathrm{T}}=\mathrm{diag}(2,2,1).$$

80. (1) 利用 $\boldsymbol{B}=\boldsymbol{\alpha}^{\mathrm{T}}\boldsymbol{\alpha}$,其中 $\boldsymbol{\alpha}=(1,1,\cdots,1)$;

(2) $(\boldsymbol{I}-\boldsymbol{B})\left(\boldsymbol{I}-\frac{1}{n-1}\boldsymbol{B}\right)=\boldsymbol{I}$.

81. $|\boldsymbol{AB}+\boldsymbol{I}|=1-2a_{23}^2\neq0$, $a_{23}\neq\frac{\pm1}{\sqrt{2}}$.

82. $\boldsymbol{P}^{-1}(\boldsymbol{A}+2\boldsymbol{I})\boldsymbol{P}=\boldsymbol{P}^{-1}\boldsymbol{AP}+2\boldsymbol{I}=\mathrm{diag}(3,\cdots,3,2,\cdots,2)$,两边取行列式,得 $|\boldsymbol{A}+2\boldsymbol{I}|=3^r\cdot2^{n-r}$.

83. 利用 $\boldsymbol{A}^*=|\boldsymbol{A}|\boldsymbol{A}^{-1}$,(1) $(\boldsymbol{A}^{-1})^*=|\boldsymbol{A}^{-1}|\boldsymbol{A}=(\boldsymbol{A}^*)^{-1}$；(2) $(\boldsymbol{A}^{\mathrm{T}})^*=|\boldsymbol{A}|(\boldsymbol{A}^{\mathrm{T}})^{-1}=(|\boldsymbol{A}|\boldsymbol{A}^{-1})^{\mathrm{T}}=(\boldsymbol{A}^*)^{\mathrm{T}}$；(3) $(k\boldsymbol{A})^*=k^n|\boldsymbol{A}|(k\boldsymbol{A})^{-1}=k^{n-1}|\boldsymbol{A}|\boldsymbol{A}^{-1}=k^{n-1}\boldsymbol{A}^*$.

84. (1) $\begin{pmatrix} 1 & n & \dfrac{n(n-1)}{2} \\ 0 & 1 & n \\ 0 & 0 & 1 \end{pmatrix}$;

(2) $\begin{pmatrix} a^n & C_n^1 a^{n-1} & C_n^2 a^{n-2} & C_n^3 a^{n-3} \\ 0 & a^n & C_n^1 a^{n-1} & C_n^2 a^{n-2} \\ 0 & 0 & a^n & C_n^1 a^{n-1} \\ 0 & 0 & 0 & a^n \end{pmatrix}$.

85. 设 $\boldsymbol{A}=(a_{ij})$,(1) 取 $\boldsymbol{E}_{ii}=\mathrm{diag}(0,\cdots,0,1,0,\cdots,0)$,由 $\boldsymbol{E}_{ii}\boldsymbol{A}=\boldsymbol{A}\boldsymbol{E}_{ii}$ $(i=1,2,\cdots,n)$得证 $a_{ij}=0(i\neq j,i,j=1,2,\cdots,n)$. (2) 再证 $a_{11}=a_{22}=\cdots=a_{nn}$.

87. 证明 $\boldsymbol{AB}-\boldsymbol{AB}$ 的主对角元之和等于零.

88. 利用$(\boldsymbol{I}-\boldsymbol{A})(\boldsymbol{I}+\boldsymbol{A}+\boldsymbol{A}^2+\cdots+\boldsymbol{A}^{k-2}+\boldsymbol{A}^{k-1})=\boldsymbol{I}-\boldsymbol{A}^k=\boldsymbol{I}$,可知 $\boldsymbol{I}-\boldsymbol{A}$ 可逆,并得其逆矩阵. $(\boldsymbol{I}-\boldsymbol{A})^{-1}=\boldsymbol{A}^{k-1}+\boldsymbol{A}^{k-2}+\cdots+\boldsymbol{A}+\boldsymbol{I}$.

89. $\begin{pmatrix} (a-b)^n & C_n^1(a-b)^{n-1} & C_n^2(a-b)^{n-2} & C_n^3(a-b)^{n-3} \\ 0 & (a-b)^n & C_n^1(a-b)^{n-1} & C_n^2(a-b)^{n-2} \\ 0 & 0 & (a-b)^n & C_n^1(a-b)^{n-1} \\ 0 & 0 & 0 & (a-b)^n \end{pmatrix}$,

$$\frac{\begin{pmatrix} 1 & -C_n^1(a-b)^{-1} & [(C_n^1)^2-C_n^2](a-b)^{-2} & [-(C_n^1)^3+2C_n^2C_n^1-C_n^3](a-b)^{-3} \\ 0 & 1 & -C_n^1(a-b)^{-1} & [(C_n^1)^2-C_n^2](a-b)^{-2} \\ 0 & 0 & 1 & -C_n^1(a-b)^{-1} \\ 0 & 0 & 0 & 1 \end{pmatrix}}{(a-b)^n}.$$

90. $f(\boldsymbol{A})=\begin{pmatrix} 1 & -4 \\ -12 & 9 \end{pmatrix}$, $g(\boldsymbol{A})=\begin{pmatrix} 0 & 0 \\ 0 & 0 \end{pmatrix}$.

91. 对矩阵的阶数作数学归纳法,并用分块的方法证明结论对 n 阶矩阵成立.

92. 例如$\begin{pmatrix} 0 & 1 & 0 & 0 \\ -1 & 0 & 1 & 0 \\ 0 & -1 & 0 & 0 \\ 0 & 0 & 0 & 0 \end{pmatrix}$.　　**93.** $\begin{pmatrix} \boldsymbol{A}^{-1} & -\boldsymbol{A}^{-1}\boldsymbol{BC}^{-1} \\ \boldsymbol{0} & \boldsymbol{C}^{-1} \end{pmatrix}$.

94. 证法同 91.

第 3 章

线性方程组

这一章的中心问题是讨论线性方程组的解的基本理论，也就是非齐次线性方程组有解和齐次线性方程组有非零解的充分必要条件以及它们的解的结构. 前一章介绍的高斯消元法虽然提供了求解线性方程组的一种基本方法，但是它并没有告诉我们线性方程组 $\boldsymbol{Ax}=\boldsymbol{b}$ 的增广矩阵 $(\boldsymbol{A},\boldsymbol{b})$ 满足什么条件时，由消元步骤将 $(\boldsymbol{A},\boldsymbol{b})$ 化成的阶梯形矩阵 $(\boldsymbol{C},\boldsymbol{d})$ 中的 d_{r+1} 必定等于零（即线性方程组有解）. 此外，采用不同的消元步骤所得到的阶梯形矩阵的非零的行的行数是否唯一确定（即自由未知量的个数是否唯一确定）？求解时，自由未知量可以有不同的选择，那么对不同自由未知量求得的全部解的集合是否相等？为了探讨这些问题，并给出明确的结论，需要引入 n 维向量的概念，定义它的线性运算，研究向量的线性相关性，进而引出矩阵的秩的概念. 本章概念密集，难点较多，读者要仔细领会，深入钻研，学好上一章和这一章将为学好线性代数打下坚实的基础.

3.1 n 维向量及其线性相关性

在空间解析几何学中，我们利用向量工具讨论过三元齐次线性方程组

$$\begin{cases}a_{11}x_1+a_{12}x_2+a_{13}x_3=0,\\a_{21}x_1+a_{22}x_2+a_{23}x_3=0,\\a_{31}x_1+a_{32}x_2+a_{33}x_3=0\end{cases}\tag{3.1}$$

的解的几何解释.记三个方程的系数向量(即平面的法向量)为

$$\boldsymbol{\alpha}_i=a_{i1}\boldsymbol{i}+a_{i2}\boldsymbol{j}+a_{i3}\boldsymbol{k}\quad(i=1,2,3),$$

或简记为

$$\boldsymbol{\alpha}_i=(a_{i1},a_{i2},a_{i3})\quad(i=1,2,3).$$

线性方程组(3.1)的任一个解记作向量形式

$$\boldsymbol{x}=x_1\boldsymbol{i}+x_2\boldsymbol{j}+x_3\boldsymbol{k}\text{ 或 }\boldsymbol{x}=(x_1,x_2,x_3).$$

那么,线性方程组的解向量 $\boldsymbol{x}$ 与$\boldsymbol{\alpha}_1,\boldsymbol{\alpha}_2,\boldsymbol{\alpha}_3$ 都垂直(因点积为0).因此,(i) 如果$\boldsymbol{\alpha}_1,\boldsymbol{\alpha}_2,\boldsymbol{\alpha}_3$ 不共面,只有零向量与三者都垂直,即线性方程组(3.1)只有零解;(ii) 如果$\boldsymbol{\alpha}_1,\boldsymbol{\alpha}_2,\boldsymbol{\alpha}_3$ 共面,但不共线,则与该平面垂直的向量都是(3.1)的解向量,故(3.1)有无穷多个彼此平行的解向量;(iii) 如果$\boldsymbol{\alpha}_1,\boldsymbol{\alpha}_2,\boldsymbol{\alpha}_3$ 共线,则过原点且与该直线垂直的平面上的全体向量都是(3.1)的解向量,这时任一解向量可表示为

$$\boldsymbol{x}=k_1\boldsymbol{x}^{(1)}+k_2\boldsymbol{x}^{(2)},$$

其中 $\boldsymbol{x}^{(1)}$ 和 $\boldsymbol{x}^{(2)}$ 是线性方程组(3.1)的某两个不共线的非零解向量,k_1,k_2 为任意常数.

对于 n 元线性方程组 $\boldsymbol{Ax}=\boldsymbol{b}$,如果把系数矩阵和增广矩阵的每一行也看做一个向量,并像三维几何向量那样定义它的加法运算和数乘向量的运算,那么线性方程组的解的情况也取决于 $\boldsymbol{A}$ 和 $(\boldsymbol{A},\boldsymbol{b})$ 的所有各行的向量在加法和数乘运算下的相互关系.

现在,我们先引入 n 维向量的概念,定义它的线性运算,并讨论向量的线性相关性.

定义 3.1 数域 F 上的 n 个数 $a_1,a_2,\cdots,a_n$ 构成的有序数组,称为数域 F 上的一个 n 元向量(以后常称 n 维向量),记作

$$\boldsymbol{\alpha}=(a_1,a_2,\cdots,a_n),\tag{3.2}$$

其中 a_i 称为$\boldsymbol{\alpha}$ 的第 i 个分量.

向量写作(3.2)的形式,称为**行向量**;向量写作列的形式(也用矩阵的转置记号表示)

$$\boldsymbol{\alpha}=(a_1,a_2,\cdots,a_n)^{\mathrm{T}} \tag{3.3}$$

称为**列向量**((3.2),(3.3)式的圆括号也可用方括号).

数域 F 上全体 n 元向量组成的集合,记作 F^n.

定义 3.2 设$\boldsymbol{\alpha}=(a_1,a_2,\cdots,a_n)$,$\boldsymbol{\beta}=(b_1,b_2,\cdots,b_n)\in F^n$,$k\in F$,定义:

(i) $\boldsymbol{\alpha}=\boldsymbol{\beta}$,当且仅当 $a_i=b_i(i=1,\cdots,n)$;

(ii) 向量加法(或$\boldsymbol{\alpha}$ 与$\boldsymbol{\beta}$ 之和)为

$$\boldsymbol{\alpha}+\boldsymbol{\beta}=(a_1+b_1,a_2+b_2,\cdots,a_n+b_n);$$

(iii) 向量的数量乘法(简称数乘)为

$$k\boldsymbol{\alpha}=(ka_1,ka_2,\cdots,ka_n),$$

$k\boldsymbol{\alpha}$ 称为向量$\boldsymbol{\alpha}$ 与数 k 的数量乘积.

在定义 3.2 的(iii)中,取 $k=-1$,得

$$(-1)\boldsymbol{\alpha}=(-a_1,-a_2,\cdots,-a_n). \tag{3.4}$$

(3.4)式右端的向量称为$\boldsymbol{\alpha}$ 的负向量,记作$-\boldsymbol{\alpha}$.向量的减法定义为

$$\boldsymbol{\beta}-\boldsymbol{\alpha}=\boldsymbol{\beta}+(-\boldsymbol{\alpha}).$$

分量全为零的 n 维向量$(0,0,\cdots,0)$称为 n 维零向量,记作 $\mathbf{0}_n$ 或简记 $\mathbf{0}$.

上述在 F^n 中定义的向量加法和数乘运算称为向量的线性运算.设$\boldsymbol{\alpha},\boldsymbol{\beta},\boldsymbol{\gamma}\in F^n$,$1,k,l\in F$,用定义容易验证它们满足下列 8 条运算规则:

(1) $\boldsymbol{\alpha}+\boldsymbol{\beta}=\boldsymbol{\beta}+\boldsymbol{\alpha}$(加法交换律);

(2) $(\boldsymbol{\alpha}+\boldsymbol{\beta})+\boldsymbol{\gamma}=\boldsymbol{\alpha}+(\boldsymbol{\beta}+\boldsymbol{\gamma})$(加法结合律);

(3) 对任一个向量$\boldsymbol{\alpha}$,有$\boldsymbol{\alpha}+\mathbf{0}_n=\boldsymbol{\alpha}$;

(4) 对任一个向量$\boldsymbol{\alpha}$,存在负向量$-\boldsymbol{\alpha}$,使$\boldsymbol{\alpha}+(-\boldsymbol{\alpha})=\mathbf{0}_n$;

(5) $1\boldsymbol{\alpha}=\boldsymbol{\alpha}$;

(6) $k(l\boldsymbol{\alpha})=(kl)\boldsymbol{\alpha}$（数乘结合律）；

(7) $k(\boldsymbol{\alpha}+\boldsymbol{\beta})=k\boldsymbol{\alpha}+k\boldsymbol{\beta}$（数乘分配律）；

(8) $(k+l)\boldsymbol{\alpha}=k\boldsymbol{\alpha}+l\boldsymbol{\alpha}$（数乘分配律）.

除了上述8条运算规则，显然还有以下性质：

(1) $0\boldsymbol{\alpha}=\boldsymbol{0}_n, k\boldsymbol{0}_n=\boldsymbol{0}_n$（其中0为数零，$k$为任意数）；

(2) 若 $k\boldsymbol{\alpha}=\boldsymbol{0}_n$，则或者 $k=0$，或者$\boldsymbol{\alpha}=\boldsymbol{0}_n$；

(3) 向量方程$\boldsymbol{\alpha}+\boldsymbol{x}=\boldsymbol{\beta}$有唯一解 $\boldsymbol{x}=\boldsymbol{\beta}-\boldsymbol{\alpha}$.

定义 3.3　数域 F 上的全体 n 元向量，在其中定义了上述向量的加法和数乘运算，就称之为数域 F 上的 n 维向量空间，仍记作 F^n. 当 $F=\mathbb{R}$（实数域）时，叫做 n 维实向量空间，记作$\mathbb{R}^n$.

定义 3.4　设$\boldsymbol{\alpha}_i\in F^n, k_i\in F$（数域）$(i=1,2,\cdots,m)$，则向量

$$\sum_{i=1}^{m}k_i\boldsymbol{\alpha}_i=k_1\boldsymbol{\alpha}_1+k_2\boldsymbol{\alpha}_2+\cdots+k_m\boldsymbol{\alpha}_m$$

称为向量组$\boldsymbol{\alpha}_1,\boldsymbol{\alpha}_2,\cdots,\boldsymbol{\alpha}_m$ 在数域 F 上的一个线性组合. 如果记 $\boldsymbol{\beta}=\sum\limits_{i=1}^{m}k_i\boldsymbol{\alpha}_i$，就说$\boldsymbol{\beta}$可由$\boldsymbol{\alpha}_1,\boldsymbol{\alpha}_2,\cdots,\boldsymbol{\alpha}_m$ 线性表示（或线性表出）.

向量的线性相关性是向量在线性运算下的一种性质，它是线性代数中极重要的基本概念. 为了更好地理解这个概念，我们先讲一下它在三维实向量中的某些几何背景，然后给以一般定义.

若三个非零向量$\boldsymbol{\alpha}_1,\boldsymbol{\alpha}_2,\boldsymbol{\alpha}_3$ 共面，则其中至少有一个向量可由另两个向量线性表示，如图 3.1 中：$\boldsymbol{\alpha}_3=l_1\boldsymbol{\alpha}_1+l_2\boldsymbol{\alpha}_2$，图 3.2 中：$\boldsymbol{\alpha}_1=0\boldsymbol{\alpha}_2+l_3\boldsymbol{\alpha}_3$，二者都等价于：存在不全为 0 的数 k_1,k_2,k_3，使 $k_1\boldsymbol{\alpha}_1+k_2\boldsymbol{\alpha}_2+k_3\boldsymbol{\alpha}_3=\boldsymbol{0}_3$；若$\boldsymbol{\alpha}_1,\boldsymbol{\alpha}_2,\boldsymbol{\alpha}_3$ 不共面（如图 3.3），则任一个向量都不能由另两个向量线性表示，即只有当 k_1,k_2,k_3 全为 0 时，才有 $k_1\boldsymbol{\alpha}_1+k_2\boldsymbol{\alpha}_2+k_3\boldsymbol{\alpha}_3=\boldsymbol{0}_3$.

上述三维向量在线性运算下的性质（即：一组向量中是否存在一个向量可由其余向量线性表示，或是否有不全为 0 的系数使向量的线性组合为零向量），就是向量的线性相关性.

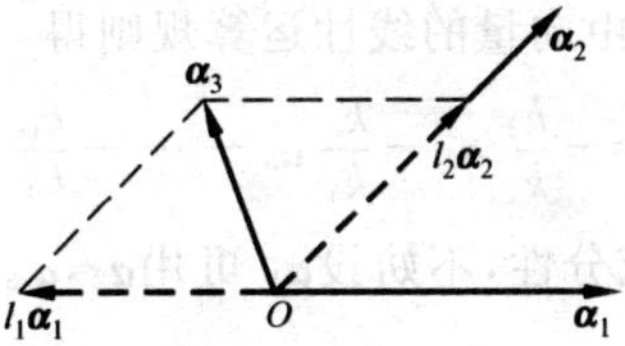

图 3.1

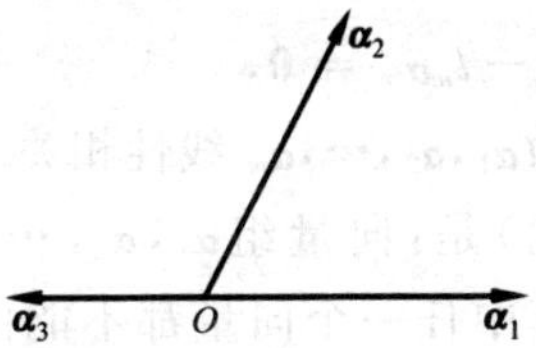

图 3.2

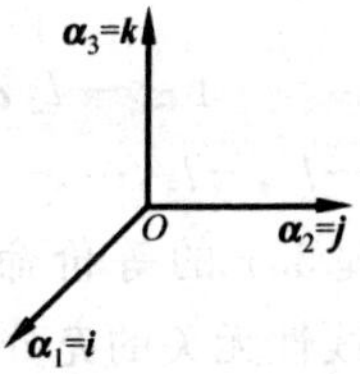

图 3.3

定义 3.5 如果对 m 个向量$\boldsymbol{\alpha}_1,\boldsymbol{\alpha}_2,\cdots,\boldsymbol{\alpha}_m\in F^n$,有 m 个不全为零的数 $k_1,k_2,\cdots,k_m\in F$,使

$$k_1\boldsymbol{\alpha}_1+k_2\boldsymbol{\alpha}_2+\cdots+k_m\boldsymbol{\alpha}_m=\mathbf{0}_n \tag{3.5}$$

成立,则称$\boldsymbol{\alpha}_1,\boldsymbol{\alpha}_2,\cdots,\boldsymbol{\alpha}_m$ 线性相关;否则,称$\boldsymbol{\alpha}_1,\boldsymbol{\alpha}_2,\cdots,\boldsymbol{\alpha}_m$ 线性无关.

读者要注意定义中"否则"一词的含义,这里是指:"没有不全为零的数 $k_1,k_2,\cdots,k_m$ 使(3.5)式成立",也就是"只有当 $k_1,k_2,\cdots,k_m$ 全为零时,才使(3.5)成立",即"若(3.5)成立,则 $k_1,k_2,\cdots,k_m$ 必须全为零".

以后,$\mathbf{0}_n$ 常简写成 $\mathbf{0}$,注意不要把 $\mathbf{0}$ 向量与数 0 混淆.

定理 3.1 向量组$\boldsymbol{\alpha}_1,\boldsymbol{\alpha}_2,\cdots,\boldsymbol{\alpha}_m(m\geqslant 2)$线性相关的充分必要条件是$\boldsymbol{\alpha}_1,\boldsymbol{\alpha}_2,\cdots,\boldsymbol{\alpha}_m$ 中至少有一个向量可由其余 $m-1$ 个向量线性表示.

证 设$\boldsymbol{\alpha}_1,\boldsymbol{\alpha}_2,\cdots,\boldsymbol{\alpha}_m$ 线性相关,则存在 m 个不全为 0 的数 $k_1,k_2,\cdots,k_m$,使

$$k_1\boldsymbol{\alpha}_1+k_2\boldsymbol{\alpha}_2+\cdots+k_m\boldsymbol{\alpha}_m=\mathbf{0}.$$

不妨设 $k_1 \neq 0$，于是由向量的线性运算规则得

$$\boldsymbol{\alpha}_1 = -\frac{k_2}{k_1}\boldsymbol{\alpha}_2 - \frac{k_3}{k_1}\boldsymbol{\alpha}_3 - \cdots - \frac{k_m}{k_1}\boldsymbol{\alpha}_m.$$

必要性得证. 再证充分性，不妨设 $\boldsymbol{\alpha}_1$ 可用 $\boldsymbol{\alpha}_2, \boldsymbol{\alpha}_3, \cdots, \boldsymbol{\alpha}_m$ 线性表示，即

$$\boldsymbol{\alpha}_1 = l_2\boldsymbol{\alpha}_2 + l_3\boldsymbol{\alpha}_3 + \cdots + l_m\boldsymbol{\alpha}_m,$$

于是有

$$1\boldsymbol{\alpha}_1 - l_2\boldsymbol{\alpha}_2 - l_3\boldsymbol{\alpha}_3 - \cdots - l_m\boldsymbol{\alpha}_m = \mathbf{0},$$

显然 $1, -l_2, -l_3, \cdots, -l_m$ 不全为 0，故 $\boldsymbol{\alpha}_1, \boldsymbol{\alpha}_2, \cdots, \boldsymbol{\alpha}_m$ 线性相关. ■

定理 3.1 的等价命题（逆否命题）是：向量组 $\boldsymbol{\alpha}_1, \boldsymbol{\alpha}_2, \cdots, \boldsymbol{\alpha}_m$ $(m \geqslant 2)$ 线性无关的充分必要条件是其中任一个向量都不能由其余向量线性表示.

例 1　设 n 维向量 $\boldsymbol{\varepsilon}_i = (0, \cdots, 0, 1, 0, \cdots, 0)$，即第 i 个分量为 1，其余分量为 0，则 $\boldsymbol{\varepsilon}_1, \boldsymbol{\varepsilon}_2, \cdots, \boldsymbol{\varepsilon}_n$ 是线性无关的.

证　设存在 n 个数 $k_1, k_2, \cdots, k_n$ 使

$$k_1\boldsymbol{\varepsilon}_1 + k_2\boldsymbol{\varepsilon}_2 + \cdots + k_n\boldsymbol{\varepsilon}_n = \mathbf{0},$$

即

$$(k_1, k_2, \cdots, k_n) = \mathbf{0},$$

则必须 $k_1 = k_2 = \cdots = k_n = 0$，故 $\boldsymbol{\varepsilon}_1, \boldsymbol{\varepsilon}_2, \cdots, \boldsymbol{\varepsilon}_n$ 线性无关. ■

以后，我们把 $\boldsymbol{\varepsilon}_1, \boldsymbol{\varepsilon}_2, \cdots, \boldsymbol{\varepsilon}_n$ 称为基本向量. 因为 F^n 中任一个向量 $\boldsymbol{\alpha} = (a_1, a_2, \cdots, a_n)$ 都可由 $\boldsymbol{\varepsilon}_1, \boldsymbol{\varepsilon}_2, \cdots, \boldsymbol{\varepsilon}_n$ 线性表示，即

$$\boldsymbol{\alpha} = a_1\boldsymbol{\varepsilon}_1 + a_2\boldsymbol{\varepsilon}_2 + \cdots + a_n\boldsymbol{\varepsilon}_n.$$

例 2　包含零向量的向量组是线性相关的.

证　设向量组 $\boldsymbol{\alpha}_1, \boldsymbol{\alpha}_2, \cdots, \boldsymbol{\alpha}_m$（其中 $\boldsymbol{\alpha}_1 = \mathbf{0}$），于是存在不全为零的数 $1, 0, \cdots, 0$，使

$$1\boldsymbol{\alpha}_1 + 0\boldsymbol{\alpha}_2 + \cdots + 0\boldsymbol{\alpha}_m = \mathbf{0},$$

故 $\boldsymbol{\alpha}_1, \boldsymbol{\alpha}_2, \cdots, \boldsymbol{\alpha}_m$ 线性相关.

根据定义 3.5，读者不难证明：单个向量 $\boldsymbol{\alpha}$ 线性相关（无关），当

且仅当$\boldsymbol{\alpha}$为零向量(非零向量).

例 3 如果向量组$\boldsymbol{\alpha}_1,\boldsymbol{\alpha}_2,\cdots,\boldsymbol{\alpha}_m$中有一部分向量线性相关,则整个向量组也线性相关.

证 不妨设$\boldsymbol{\alpha}_1,\boldsymbol{\alpha}_2,\cdots,\boldsymbol{\alpha}_j(j<m)$线性相关,于是有不全为零的数$k_1,k_2,\cdots,k_j$使

$$k_1\boldsymbol{\alpha}_1+k_2\boldsymbol{\alpha}_2+\cdots+k_j\boldsymbol{\alpha}_j=\mathbf{0}.$$

从而有不全为零的数$k_1,k_2,\cdots,k_j,0,\cdots,0$使

$$k_1\boldsymbol{\alpha}_1+k_2\boldsymbol{\alpha}_2+\cdots+k_j\boldsymbol{\alpha}_j+0\boldsymbol{\alpha}_{j+1}+\cdots+0\boldsymbol{\alpha}_m=\mathbf{0},$$

故$\boldsymbol{\alpha}_1,\boldsymbol{\alpha}_2,\cdots,\boldsymbol{\alpha}_m$也线性相关.

与例 3 等价的命题(即逆否命题)是:如果$\boldsymbol{\alpha}_1,\boldsymbol{\alpha}_2,\cdots,\boldsymbol{\alpha}_m$线性无关,则其任一部分向量组也线性无关.

总之,向量组部分线性相关,则整体也线性相关;整体线性无关,则任一部分都线性无关.

需要注意,定理 3.1 不能理解为:线性相关的向量组中,每一个向量都能由其余向量线性表示.例如,$\boldsymbol{\alpha}_1=(0,1)$,$\boldsymbol{\alpha}_2=(0,-2)$,$\boldsymbol{\alpha}_3=(1,1)$是线性相关的(因为其中$\boldsymbol{\alpha}_1,\boldsymbol{\alpha}_2$线性相关),但$\boldsymbol{\alpha}_3$不能由$\boldsymbol{\alpha}_1,\boldsymbol{\alpha}_2$线性表示,即对于任意的$k_1,k_2$,都有$\boldsymbol{\alpha}_3\neq k_1\boldsymbol{\alpha}_1+k_2\boldsymbol{\alpha}_2$.

如果两个非零向量$\boldsymbol{\alpha}=(a_1,\cdots,a_n)$,$\boldsymbol{\beta}=(b_1,\cdots,b_n)$线性相关,则必有全不为零的数$k_1,k_2$,使

$$k_1\boldsymbol{\alpha}+k_2\boldsymbol{\beta}=\mathbf{0}.$$

从而$\boldsymbol{\alpha}=k\boldsymbol{\beta}$,即$a_i=kb_i(i=1,\cdots,n)$,即$\boldsymbol{\alpha}$与$\boldsymbol{\beta}$的$n$个分量成比例.

定理 3.2 设$\boldsymbol{\alpha}_1,\boldsymbol{\alpha}_2,\cdots,\boldsymbol{\alpha}_r\in F^n$,其中

$$\begin{aligned}\boldsymbol{\alpha}_1&=(a_{11},a_{21},\cdots,a_{n1})^{\mathrm{T}},\\\boldsymbol{\alpha}_2&=(a_{12},a_{22},\cdots,a_{n2})^{\mathrm{T}},\\&\cdots\\\boldsymbol{\alpha}_r&=(a_{1r},a_{2r},\cdots,a_{nr})^{\mathrm{T}}.\end{aligned}$$

则向量组$\boldsymbol{\alpha}_1,\boldsymbol{\alpha}_2,\cdots,\boldsymbol{\alpha}_r$线性相关的充分必要条件是齐次线性方程组

$$\boldsymbol{A}\boldsymbol{x}=\boldsymbol{0} \tag{3.6}$$

有非零解,其中

$$\boldsymbol{A}=(\boldsymbol{\alpha}_1,\boldsymbol{\alpha}_2,\cdots,\boldsymbol{\alpha}_r)=\begin{bmatrix} a_{11} & a_{12} & \cdots & a_{1r} \\ a_{21} & a_{22} & \cdots & a_{2r} \\ \vdots & \vdots & & \vdots \\ a_{n1} & a_{n2} & \cdots & a_{nr} \end{bmatrix},\quad \boldsymbol{x}=\begin{bmatrix} x_1 \\ x_2 \\ \vdots \\ x_r \end{bmatrix}.$$

证 设

$$x_1\boldsymbol{\alpha}_1+x_2\boldsymbol{\alpha}_2+\cdots+x_r\boldsymbol{\alpha}_r=\boldsymbol{0}_n, \tag{3.7}$$

即

$$x_1\begin{bmatrix} a_{11} \\ a_{21} \\ \vdots \\ a_{n1} \end{bmatrix}+x_2\begin{bmatrix} a_{12} \\ a_{22} \\ \vdots \\ a_{n2} \end{bmatrix}+\cdots+x_r\begin{bmatrix} a_{1r} \\ a_{2r} \\ \vdots \\ a_{nr} \end{bmatrix}=\begin{bmatrix} 0 \\ 0 \\ \vdots \\ 0 \end{bmatrix}. \tag{3.8}$$

将(3.8)式左端作线性运算,再与其右端相等,即得线性方程组(3.6).因此,如果$\boldsymbol{\alpha}_1,\boldsymbol{\alpha}_2,\cdots,\boldsymbol{\alpha}_r$线性相关,就必有不全为零的数$x_1,x_2,\cdots,x_r$使(3.7)式成立,即齐次线性方程组(3.6)有非零解;反之,如果线性方程组(3.6)有非零解,也就是有不全为零的数$x_1,x_2,\cdots,x_r$使(3.7)式成立,则$\boldsymbol{\alpha}_1,\boldsymbol{\alpha}_2,\cdots,\boldsymbol{\alpha}_r$线性相关.定理得证. ■

定理3.2的等价命题是:$\boldsymbol{\alpha}_1,\boldsymbol{\alpha}_2,\cdots,\boldsymbol{\alpha}_r$线性无关的充分必要条件是齐次线性方程组(3.6)只有零解.

在定理3.2中,如果$n<r$,由高斯消元法可知,线性方程组(3.6)求解时必有自由未知量,即必有非零解.因此,任何$n+1$个n维向量都是线性相关的.所以在$\mathbb{R}^n$中,任何一组线性无关的向量最多只能含n个向量.

定理3.3 若向量组$\boldsymbol{\alpha}_1,\boldsymbol{\alpha}_2,\cdots,\boldsymbol{\alpha}_r$线性无关,而$\boldsymbol{\beta},\boldsymbol{\alpha}_1,\boldsymbol{\alpha}_2,\cdots,\boldsymbol{\alpha}_r$线性相关,则$\boldsymbol{\beta}$可由$\boldsymbol{\alpha}_1,\boldsymbol{\alpha}_2,\cdots,\boldsymbol{\alpha}_r$线性表示,且表示法唯一.

证 因为$\boldsymbol{\beta},\boldsymbol{\alpha}_1,\boldsymbol{\alpha}_2,\cdots,\boldsymbol{\alpha}_r$线性相关,所以存在不全为零的数$k,k_1,k_2,\cdots,k_r$,使得

$$k\boldsymbol{\beta}+k_1\boldsymbol{\alpha}_1+k_2\boldsymbol{\alpha}_2+\cdots+k_r\boldsymbol{\alpha}_r=\mathbf{0},\tag{3.9}$$

其中 $k\neq 0$(如果 $k=0$,则由 $\boldsymbol{\alpha}_1,\boldsymbol{\alpha}_2,\cdots,\boldsymbol{\alpha}_r$ 线性无关又得 $k_1,k_2,\cdots,k_r$ 必须全为零,这与 $k,k_1,k_2,\cdots,k_r$ 不全为零矛盾),于是 $\boldsymbol{\beta}$ 可由 $\boldsymbol{\alpha}_1,\boldsymbol{\alpha}_2,\cdots,\boldsymbol{\alpha}_r$ 线性表示为

$$\boldsymbol{\beta}=-\frac{k_1}{k}\boldsymbol{\alpha}_1-\frac{k_2}{k}\boldsymbol{\alpha}_2-\cdots-\frac{k_r}{k}\boldsymbol{\alpha}_r.$$

再证表示法唯一,设有两种表示法:

$$\begin{aligned}\boldsymbol{\beta}&=l_1\boldsymbol{\alpha}_1+l_2\boldsymbol{\alpha}_2+\cdots+l_r\boldsymbol{\alpha}_r\\&=h_1\boldsymbol{\alpha}_1+h_2\boldsymbol{\alpha}_2+\cdots+h_r\boldsymbol{\alpha}_r,\end{aligned}$$

于是

$$(l_1-h_1)\boldsymbol{\alpha}_1+(l_2-h_2)\boldsymbol{\alpha}_2+\cdots+(l_r-h_r)\boldsymbol{\alpha}_r=\mathbf{0}.$$

由于 $\boldsymbol{\alpha}_1,\boldsymbol{\alpha}_2,\cdots,\boldsymbol{\alpha}_r$ 线性无关,所以必有

$$l_i-h_i=0,\text{即 } l_i=h_i,\quad i=1,\cdots,r,$$

故 $\boldsymbol{\beta}$ 由 $\boldsymbol{\alpha}_1,\boldsymbol{\alpha}_2,\cdots,\boldsymbol{\alpha}_r$ 线性表示的表示法唯一. ■

由定理 3.2 和定理 3.3,立即可得下面的推论.

推论 如果 F^n 中的 n 个向量 $\boldsymbol{\alpha}_1,\boldsymbol{\alpha}_2,\cdots,\boldsymbol{\alpha}_n$ 线性无关,则 F^n 中的任一向量 $\boldsymbol{\alpha}$ 可由 $\boldsymbol{\alpha}_1,\boldsymbol{\alpha}_2,\cdots,\boldsymbol{\alpha}_n$ 线性表示,且表示法唯一.

例 4 设 $\boldsymbol{\alpha}_1=(1,-1,1)$,$\boldsymbol{\alpha}_2=(1,2,0)$,$\boldsymbol{\alpha}_3=(1,0,3)$,$\boldsymbol{\alpha}_4=(2,-3,7)$.

问:(1) $\boldsymbol{\alpha}_1,\boldsymbol{\alpha}_2,\boldsymbol{\alpha}_3$ 是否线性相关?(2) $\boldsymbol{\alpha}_4$ 可否由 $\boldsymbol{\alpha}_1,\boldsymbol{\alpha}_2,\boldsymbol{\alpha}_3$ 线性表示?如能表示求其表示式.

解 (1) 根据定理 3.2,将 $\boldsymbol{\alpha}_1,\boldsymbol{\alpha}_2,\boldsymbol{\alpha}_3$ 设为列向量,作矩阵

$$\boldsymbol{A}=(\boldsymbol{\alpha}_1^{\mathrm{T}},\boldsymbol{\alpha}_2^{\mathrm{T}},\boldsymbol{\alpha}_3^{\mathrm{T}})=\begin{pmatrix}1&1&1\\-1&2&0\\1&0&3\end{pmatrix}.$$

由 $|\boldsymbol{A}|=7$,得 $\boldsymbol{A}$ 可逆,从而得方程组 $\boldsymbol{A}\boldsymbol{x}=\mathbf{0}$ 只有零解,故 $\boldsymbol{\alpha}_1,\boldsymbol{\alpha}_2,\boldsymbol{\alpha}_3$ 线性无关.

(2) 根据推论,$\boldsymbol{\alpha}_4$ 可由 $\boldsymbol{\alpha}_1,\boldsymbol{\alpha}_2,\boldsymbol{\alpha}_3$ 线性表示,且表示法唯一.设

$$x_1\boldsymbol{\alpha}_1+x_2\boldsymbol{\alpha}_2+x_3\boldsymbol{\alpha}_3=\boldsymbol{\alpha}_4,$$

即　$x_1(1,-1,1)+x_2(1,2,0)+x_3(1,0,3)=(2,-3,7).$

于是得

$$(\boldsymbol{\alpha}_1^{\mathrm{T}},\boldsymbol{\alpha}_2^{\mathrm{T}},\boldsymbol{\alpha}_3^{\mathrm{T}})\begin{pmatrix}x_1\\x_2\\x_3\end{pmatrix}=\begin{pmatrix}1&1&1\\-1&2&0\\1&0&3\end{pmatrix}\begin{pmatrix}x_1\\x_2\\x_3\end{pmatrix}=\begin{pmatrix}2\\-3\\7\end{pmatrix},$$

即 $\boldsymbol{A}\boldsymbol{x}=\boldsymbol{\alpha}_4^{\mathrm{T}}$，解此方程组得唯一解：$x_1=1,x_2=-1,x_3=2$，故

$$\boldsymbol{\alpha}_4=\boldsymbol{\alpha}_1-\boldsymbol{\alpha}_2+2\boldsymbol{\alpha}_3.$$

例 5　设向量组$\boldsymbol{\alpha}_1,\boldsymbol{\alpha}_2,\boldsymbol{\alpha}_3$线性无关，又$\boldsymbol{\beta}_1=\boldsymbol{\alpha}_1+\boldsymbol{\alpha}_2+2\boldsymbol{\alpha}_3$，$\boldsymbol{\beta}_2=\boldsymbol{\alpha}_1-\boldsymbol{\alpha}_2$，$\boldsymbol{\beta}_3=\boldsymbol{\alpha}_1+\boldsymbol{\alpha}_3$，证明$\boldsymbol{\beta}_1,\boldsymbol{\beta}_2,\boldsymbol{\beta}_3$线性相关.

证　思路是，由 $x_1\boldsymbol{\beta}_1+x_2\boldsymbol{\beta}_2+x_3\boldsymbol{\beta}_3=\boldsymbol{0}$ 推出 x_1,x_2,x_3 不全为零.

设

$$x_1\boldsymbol{\beta}_1+x_2\boldsymbol{\beta}_2+x_3\boldsymbol{\beta}_3=\boldsymbol{0},\tag{3.10}$$

即

$$x_1(\boldsymbol{\alpha}_1+\boldsymbol{\alpha}_2+2\boldsymbol{\alpha}_3)+x_2(\boldsymbol{\alpha}_1-\boldsymbol{\alpha}_2)+x_3(\boldsymbol{\alpha}_1+\boldsymbol{\alpha}_3)=\boldsymbol{0},$$

$$(x_1+x_2+x_3)\boldsymbol{\alpha}_1+(x_1-x_2)\boldsymbol{\alpha}_2+(2x_1+x_3)\boldsymbol{\alpha}_3=\boldsymbol{0}.$$

由于$\boldsymbol{\alpha}_1,\boldsymbol{\alpha}_2,\boldsymbol{\alpha}_3$线性无关，上式系数必须全为零，于是得

$$\begin{cases}x_1+x_2+x_3=0,\\x_1-x_2=0,\\2x_1+x_3=0.\end{cases}$$

容易解得此方程组有非零解$(-1,-1,2)$. 因此，有不全为零的 x_1,x_2,x_3 使(3.10)式成立，故$\boldsymbol{\beta}_1,\boldsymbol{\beta}_2,\boldsymbol{\beta}_3$线性相关.　■

利用定理 3.2 的结论容易证明：如果一组 n 维向量$\boldsymbol{\alpha}_1,\boldsymbol{\alpha}_2,\cdots,\boldsymbol{\alpha}_s$线性无关，那么把这些向量各任意添加 m 个分量所得到的新向量($n+m$ 维)组$\boldsymbol{\alpha}_1^*,\boldsymbol{\alpha}_2^*,\cdots,\boldsymbol{\alpha}_s^*$也是线性无关的；如果$\boldsymbol{\alpha}_1,\boldsymbol{\alpha}_2,\cdots,\boldsymbol{\alpha}_s$线性相关，那么它们各去掉相同的若干个分量所得到的新向量组也是线性相关的. 事实上，对于

$$\boldsymbol{A}=(\boldsymbol{\alpha}_1,\boldsymbol{\alpha}_2,\cdots,\boldsymbol{\alpha}_s),\ \boldsymbol{B}=(\boldsymbol{\alpha}_1^*,\boldsymbol{\alpha}_2^*,\cdots,\boldsymbol{\alpha}_s^*),$$

其中$\boldsymbol{\alpha}_1^*,\boldsymbol{\alpha}_2^*,\cdots,\boldsymbol{\alpha}_s^*$是分别在$\boldsymbol{\alpha}_1,\boldsymbol{\alpha}_2,\cdots,\boldsymbol{\alpha}_s$后面任加$m$个分量. 如果$\boldsymbol{\alpha}_1,\boldsymbol{\alpha}_2,\cdots,\boldsymbol{\alpha}_s$线性无关,即齐次线性方程组$\boldsymbol{Ax}=\boldsymbol{0}$只有零解,则$\boldsymbol{Bx}=\boldsymbol{0}$显然也只有零解(即$\boldsymbol{\alpha}_1^*,\boldsymbol{\alpha}_2^*,\cdots,\boldsymbol{\alpha}_s^*$也线性无关);反之,如果$\boldsymbol{\alpha}_1^*,\boldsymbol{\alpha}_2^*,\cdots,\boldsymbol{\alpha}_s^*$线性相关,即$\boldsymbol{Bx}=\boldsymbol{0}$有非零解,则$\boldsymbol{Ax}=\boldsymbol{0}$也有非零解(即$\boldsymbol{\alpha}_1,\boldsymbol{\alpha}_2,\cdots,\boldsymbol{\alpha}_s$也线性相关).

3.2 向量组的秩及其极大线性无关组

这一节,我们利用向量的线性相关性的概念,来定义"向量组的秩",并讨论一个向量组中线性无关的向量最多有多少个.

向量组的秩也是一个重要的概念,先看一个例子.

在$\mathbb{R}^3$中,给定4个共面的向量$\boldsymbol{\alpha}_1,\boldsymbol{\alpha}_2,\boldsymbol{\alpha}_3,\boldsymbol{\alpha}_4$(如图3.4所示),它们显然是线性相关的,但它们中存在两个线性无关的向量,而且任一个向量都可由这两个线性无关的向量线性表示(例如:$\boldsymbol{\alpha}_1,\boldsymbol{\alpha}_2$线性无关,$\boldsymbol{\alpha}_3$和$\boldsymbol{\alpha}_4$可由$\boldsymbol{\alpha}_1$和$\boldsymbol{\alpha}_2$线性表示). 此外它们中任意3个向量是线性相关的,即它们中任一个线性无关的部分组最多只含"2"个向量,数"2"就叫做这个向量组的秩. 下面正式给出向量组的秩的定义.

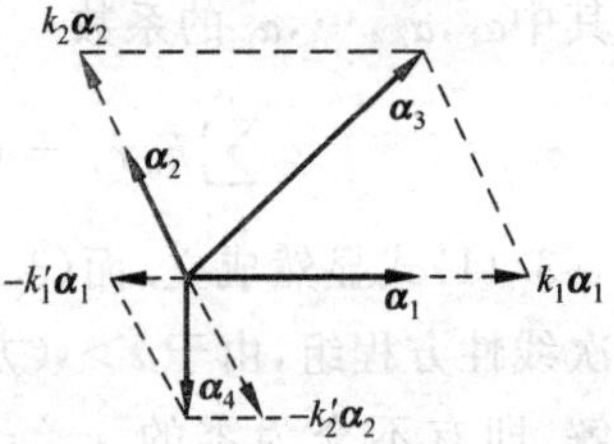

图 3.4

定义 3.6 如果向量组$\boldsymbol{\alpha}_1,\boldsymbol{\alpha}_2,\cdots,\boldsymbol{\alpha}_s$中存在$r$个线性无关的向量,且其中任一个向量可由这$r$个线性无关的向量线性表示,则数$r$称为**向量组的秩**,记作秩$\{\boldsymbol{\alpha}_1,\boldsymbol{\alpha}_2,\cdots,\boldsymbol{\alpha}_s\}=r$.

显然,如果$\boldsymbol{\alpha}_1,\boldsymbol{\alpha}_2,\cdots,\boldsymbol{\alpha}_s$线性无关,则秩$\{\boldsymbol{\alpha}_1,\boldsymbol{\alpha}_2,\cdots,\boldsymbol{\alpha}_s\}=s$;只含零向量的向量组的秩为零.

秩为 r 的向量组中,任意 $r+1$ 个向量都是线性相关的. 为了证明这个结论和叙述方便,再给一个定义并证明一个定理.

定义 3.7 如果向量组$\boldsymbol{\beta}_1,\boldsymbol{\beta}_2,\cdots,\boldsymbol{\beta}_t$ 中每个向量可由向量组$\boldsymbol{\alpha}_1,\boldsymbol{\alpha}_2,\cdots,\boldsymbol{\alpha}_s$ 线性表示,就称前一个向量组可由后一个向量组线性表示. 如果两个向量组可以互相线性表示,则称这两个向量组是**等价的**.

定理 3.4 如果向量组$\boldsymbol{\beta}_1,\boldsymbol{\beta}_2,\cdots,\boldsymbol{\beta}_t$ 可由向量组$\boldsymbol{\alpha}_1,\boldsymbol{\alpha}_2,\cdots,\boldsymbol{\alpha}_s$ 线性表示,且 $t>s$,则$\boldsymbol{\beta}_1,\boldsymbol{\beta}_2,\cdots,\boldsymbol{\beta}_t$ 线性相关.

证 设$\boldsymbol{\beta}_j=\sum\limits_{i=1}^{s}k_{ij}\boldsymbol{\alpha}_i(j=1,\cdots,t)$,欲证$\boldsymbol{\beta}_1,\boldsymbol{\beta}_2,\cdots,\boldsymbol{\beta}_t$ 线性相关,只需证:存在不全为零的数 $x_1,x_2,\cdots,x_t$ 使得

$$x_1\boldsymbol{\beta}_1+x_2\boldsymbol{\beta}_2+\cdots+x_t\boldsymbol{\beta}_t=\mathbf{0},\tag{3.11}$$

即

$$\sum_{j=1}^{t}x_j\boldsymbol{\beta}_j=\sum_{j=1}^{t}x_j\Big(\sum_{i=1}^{s}k_{ij}\boldsymbol{\alpha}_i\Big)=\sum_{i=1}^{s}\Big(\sum_{j=1}^{t}k_{ij}x_j\Big)\boldsymbol{\alpha}_i=\mathbf{0}.$$

当其中$\boldsymbol{\alpha}_1,\boldsymbol{\alpha}_2,\cdots,\boldsymbol{\alpha}_s$ 的系数

$$\sum_{j=1}^{t}k_{ij}x_j=0\quad(i=1,2,\cdots,s)\tag{3.12}$$

时,(3.11)式显然成立. 而(3.12)式是 t 个未知量 $x_1,x_2,\cdots,x_t$ 的齐次线性方程组,由于 $t>s$(方程个数),故线性方程组(3.12)有非零解,即有不全为零的 $x_1,x_2,\cdots,x_t$ 使(3.11)式成立. 所以$\boldsymbol{\beta}_1,\boldsymbol{\beta}_2,\cdots,\boldsymbol{\beta}_t$ 线性相关. ■

我们把定理 3.4 的等价命题写作推论 1.

推论 1 如果向量组 $\boldsymbol{\beta}_1,\cdots,\boldsymbol{\beta}_t$ 可由向量组 $\boldsymbol{\alpha}_1,\cdots,\boldsymbol{\alpha}_s$ 线性表示,且 $\boldsymbol{\beta}_1,\cdots,\boldsymbol{\beta}_t$ 线性无关,则 $t\leqslant s$.

推论 2 若秩$\{\boldsymbol{\alpha}_1,\cdots,\boldsymbol{\alpha}_s\}=r$,则$\boldsymbol{\alpha}_1,\cdots,\boldsymbol{\alpha}_s$ 中任何 $r+1$ 个向量都是线性相关的.

证 不妨设$\boldsymbol{\alpha}_1,\cdots,\boldsymbol{\alpha}_r$ 是向量组$\boldsymbol{\alpha}_1,\cdots,\boldsymbol{\alpha}_s$ 中的 r 个线性无关的

向量,由于该向量组中任一个向量可由$\boldsymbol{\alpha}_1,\cdots,\boldsymbol{\alpha}_r$线性表示,所以由定理3.4立即可得其中任何$r+1$个向量都线性相关. ■

如此,向量组的秩可等价地定义为:若向量组中存在r个线性无关的向量,且任何$r+1$个向量都线性相关,就称数r为**向量组的秩**.

由此可知,秩为r的向量组中,任一个线性无关的部分组最多只含r个向量.因此,秩为r的向量组中含有r个向量的线性无关组,称为该向量组的**极大线性无关组**.一般情况下,极大线性无关组不唯一,但不同的极大线性无关组所含向量个数是相同的,如图3.4中,$\boldsymbol{\alpha}_1,\boldsymbol{\alpha}_2$和$\boldsymbol{\alpha}_1,\boldsymbol{\alpha}_3$都是极大线性无关组.

推论3 设秩$\{\boldsymbol{\alpha}_1,\cdots,\boldsymbol{\alpha}_s\}=p$,秩$\{\boldsymbol{\beta}_1,\cdots,\boldsymbol{\beta}_t\}=r$,如果向量组$\boldsymbol{\beta}_1,\cdots,\boldsymbol{\beta}_t$可由向量组$\boldsymbol{\alpha}_1,\cdots,\boldsymbol{\alpha}_s$线性表示,则$r\leqslant p$.

证 不妨设$\boldsymbol{\alpha}_1,\cdots,\boldsymbol{\alpha}_p$和$\boldsymbol{\beta}_1,\cdots,\boldsymbol{\beta}_r$分别是两个向量组的极大线性无关组,因此有

$$\boldsymbol{\alpha}_i=\sum_{j=1}^{p}c_{ij}\boldsymbol{\alpha}_j\quad(i=1,\cdots,s).$$

又已知

$$\boldsymbol{\beta}_k=\sum_{i=1}^{s}b_{ki}\boldsymbol{\alpha}_i\quad(k=1,\cdots,r,\cdots,t).$$

所以

$$\boldsymbol{\beta}_k=\sum_{i=1}^{s}b_{ki}\Big(\sum_{j=1}^{p}c_{ij}\boldsymbol{\alpha}_j\Big)=\sum_{j=1}^{p}\Big(\sum_{i=1}^{s}b_{ki}c_{ij}\Big)\boldsymbol{\alpha}_j,$$

即$\boldsymbol{\beta}_1,\cdots,\boldsymbol{\beta}_r$可由$\boldsymbol{\alpha}_1,\cdots,\boldsymbol{\alpha}_p$线性表示,于是由推论1可得$r\leqslant p$. ■

由推论3立即可得,等价向量组的秩相等.

关于如何求向量组的秩及其极大线性无关组,在下一节再作介绍.

3.3 矩阵的秩 *相抵标准形

对于矩阵 $\boldsymbol{A}$,我们把它的每一行(列)称为 $\boldsymbol{A}$ 的一个行(列)向量,把 $\boldsymbol{A}$ 的行(列)向量组的秩称为 $\boldsymbol{A}$ 的行(列)秩. 显然,$m\times n$ 矩阵 $\boldsymbol{A}$ 的行秩$\leqslant m$,列秩$\leqslant n$.

阶梯形矩阵

$$\boldsymbol{A}=\begin{pmatrix} a_{11} & a_{12} & a_{13} & a_{14} & a_{15} \\ 0 & 0 & a_{23} & a_{24} & a_{25} \\ 0 & 0 & 0 & a_{34} & a_{35} \\ 0 & 0 & 0 & 0 & 0 \end{pmatrix}$$

(其中 $a_{11}\neq 0, a_{23}\neq 0, a_{34}\neq 0$)的行秩$=3$,列秩$=3$,这是因为:把 $\boldsymbol{A}$ 按行和按列分块为

$$\boldsymbol{A}=\begin{pmatrix} \boldsymbol{\alpha}_1 \\ \boldsymbol{\alpha}_2 \\ \boldsymbol{\alpha}_3 \\ \boldsymbol{\alpha}_4 \end{pmatrix}, \boldsymbol{A}=(\boldsymbol{\beta}_1,\boldsymbol{\beta}_2,\boldsymbol{\beta}_3,\boldsymbol{\beta}_4,\boldsymbol{\beta}_5),$$

则:(i) 由 $x_1\boldsymbol{\alpha}_1+x_2\boldsymbol{\alpha}_2+x_3\boldsymbol{\alpha}_3=\mathbf{0}$ 可推出数 x_1,x_2,x_3 必须全为零,故$\boldsymbol{\alpha}_1,\boldsymbol{\alpha}_2,\boldsymbol{\alpha}_3$ 线性无关,而$\boldsymbol{\alpha}_4=\mathbf{0}$,因此 $\boldsymbol{A}$ 的行秩等于 3.

(ii) 由 $y_1\boldsymbol{\beta}_1+y_3\boldsymbol{\beta}_3+y_4\boldsymbol{\beta}_4=\mathbf{0}$ 可推出数 y_1,y_3,y_4 必须全为零,故$\boldsymbol{\beta}_1,\boldsymbol{\beta}_3,\boldsymbol{\beta}_4$ 线性无关,又易见 $\boldsymbol{A}$ 的任意 4 个列向量都线性相关(因为任意 4 个三维向量都线性相关),因此 $\boldsymbol{A}$ 的列秩也等于 3.

由此例我们可得一般的结论:阶梯形矩阵的行秩等于列秩,其值等于阶梯形矩阵的非零行的行数.

用高斯消元法解线性方程组 $\boldsymbol{Ax}=\boldsymbol{b}$ 的消元步骤,是对增广矩阵$(\boldsymbol{A},\boldsymbol{b})$做初等行变换将其化为阶梯形矩阵,而初等行变换的倍乘、倍加变换实际是对行向量做线性运算,因此,我们需要研究初等变换是否改变矩阵的行秩和列秩.

定理 3.5 如果对矩阵 $\boldsymbol{A}$ 做初等行变换将其化为 $\boldsymbol{B}$，则 $\boldsymbol{B}$ 的行秩等于 $\boldsymbol{A}$ 的行秩.

证 只需证明每做一次倍乘、倍加和对换行变换，矩阵的行秩都不变.

设 $\boldsymbol{A}$ 是 $m\times n$ 矩阵，$\boldsymbol{A}$ 的 m 个行向量记作 $\boldsymbol{\alpha}_1,\boldsymbol{\alpha}_2,\cdots,\boldsymbol{\alpha}_m$.

(i) 对换 $\boldsymbol{A}$ 的某两行位置，所得到的矩阵 $\boldsymbol{B}$ 的 m 个行向量仍是 $\boldsymbol{A}$ 的 m 个行向量，显然 $\boldsymbol{B}$ 的行秩等于 $\boldsymbol{A}$ 的行秩.

(ii) 把 $\boldsymbol{A}$ 的第 i 行乘非零常数 c 得 $\boldsymbol{B}$，则 $\boldsymbol{B}$ 的 m 个行向量为 $\boldsymbol{\alpha}_1,\boldsymbol{\alpha}_2,\cdots,c\boldsymbol{\alpha}_i,\cdots,\boldsymbol{\alpha}_m$，显然 $\boldsymbol{B}$ 的行向量组与 $\boldsymbol{A}$ 的行向量组是等价的，根据定理 3.4 的推论 3，$\boldsymbol{B}$ 的行秩等于 $\boldsymbol{A}$ 的行秩.

(iii) $$\boldsymbol{A}=\begin{pmatrix}\boldsymbol{\alpha}_1\\ \vdots\\ \boldsymbol{\alpha}_i\\ \vdots\\ \boldsymbol{\alpha}_j\\ \vdots\\ \boldsymbol{\alpha}_m\end{pmatrix}\xrightarrow[\text{加到 } j \text{ 行}]{i \text{ 行乘 } c}\begin{pmatrix}\boldsymbol{\alpha}_1\\ \vdots\\ \boldsymbol{\alpha}_i\\ \vdots\\ c\boldsymbol{\alpha}_i+\boldsymbol{\alpha}_j\\ \vdots\\ \boldsymbol{\alpha}_m\end{pmatrix}\text{记作}\begin{pmatrix}\boldsymbol{\beta}_1\\ \vdots\\ \boldsymbol{\beta}_i\\ \vdots\\ \boldsymbol{\beta}_j\\ \vdots\\ \boldsymbol{\beta}_m\end{pmatrix}=\boldsymbol{B}.$$

显然，$\boldsymbol{B}$ 的行向量组可由 $\boldsymbol{A}$ 的行向量组线性表示，又 $\boldsymbol{\alpha}_k=\boldsymbol{\beta}_k(k\neq j)$，$\boldsymbol{\alpha}_j=-c\boldsymbol{\beta}_i+\boldsymbol{\beta}_j$，所以 $\boldsymbol{A}$ 的行向量组也可由 $\boldsymbol{B}$ 的行向量组线性表示，因此 $\boldsymbol{A}$ 与 $\boldsymbol{B}$ 的行秩也相等. ■

由定理 3.5 可知，对线性方程组 $\boldsymbol{Ax}=\boldsymbol{b}$ 的增广矩阵 $(\boldsymbol{A},\boldsymbol{b})$，不论怎样做初等行变换将其化为阶梯形矩阵，其非零行的行数都等于 $(\boldsymbol{A},\boldsymbol{b})$ 的行秩.

初等行变换也不改变矩阵的列秩，这是因为：

定理 3.6 对矩阵 $\boldsymbol{A}$ 做初等行变换化为 $\boldsymbol{B}$，则 $\boldsymbol{A}$ 与 $\boldsymbol{B}$ 的任何对应的列向量组有相同的线性相关性，即

$$\boldsymbol{A}=(\boldsymbol{\alpha}_1,\boldsymbol{\alpha}_2,\cdots,\boldsymbol{\alpha}_n)\xrightarrow{\text{初等行变换}}(\boldsymbol{\zeta}_1,\boldsymbol{\zeta}_2,\cdots,\boldsymbol{\zeta}_n)=\boldsymbol{B},$$

则列向量组$\boldsymbol{\alpha}_{i_1},\boldsymbol{\alpha}_{i_2},\cdots,\boldsymbol{\alpha}_{i_r}$与$\boldsymbol{\zeta}_{i_1},\boldsymbol{\zeta}_{i_2},\cdots,\boldsymbol{\zeta}_{i_r}$($1\leqslant i_1<i_2<\cdots<i_r\leqslant n$)有相同的线性相关性.

证　对$\boldsymbol{A}$做初等行变换化为$\boldsymbol{B}$,就是用若干初等阵$\boldsymbol{P}_1,\cdots,\boldsymbol{P}_s$左乘$\boldsymbol{A}$使之等于$\boldsymbol{B}$,记$\boldsymbol{P}=\boldsymbol{P}_s\cdots\boldsymbol{P}_2\boldsymbol{P}_1$,即有

$$\boldsymbol{PA}=\boldsymbol{B}.$$

从而

$$\boldsymbol{P}\boldsymbol{\alpha}_j=\boldsymbol{\zeta}_j,\ j=1,2,\cdots,n.$$

取

$$\boldsymbol{A}_1=(\boldsymbol{\alpha}_{i_1},\boldsymbol{\alpha}_{i_2},\cdots,\boldsymbol{\alpha}_{i_r}),$$

$$\boldsymbol{B}_1=(\boldsymbol{\zeta}_{i_1},\boldsymbol{\zeta}_{i_2},\cdots,\boldsymbol{\zeta}_{i_r}),$$

$$\boldsymbol{x}_1=(x_{i_1},x_{i_2},\cdots,x_{i_r})^{\mathrm{T}},$$

则齐次线性方程组$\boldsymbol{A}_1\boldsymbol{x}_1=\boldsymbol{0}$与$\boldsymbol{B}_1\boldsymbol{x}_1=\boldsymbol{0}$(即$\boldsymbol{PA}_1\boldsymbol{x}_1=\boldsymbol{0}$)显然是同解方程组.因此,根据定理3.2即得$\boldsymbol{A}_1$与$\boldsymbol{B}_1$的列向量组有相同的线性相关性. ■

定理3.6也提供了求向量组的秩及其极大线性无关组的一个简便而有效的方法.

例1　设向量组:$\boldsymbol{\alpha}_1=(-1,-1,0,0)^{\mathrm{T}},\boldsymbol{\alpha}_2=(1,2,1,-1)^{\mathrm{T}}$,$\boldsymbol{\alpha}_3=(0,1,1,-1)^{\mathrm{T}},\boldsymbol{\alpha}_4=(1,3,2,1)^{\mathrm{T}},\boldsymbol{\alpha}_5=(2,6,4,-1)^{\mathrm{T}}$.试求向量组的秩及其一个极大线性无关组,并将其余向量用这个极大线性无关组线性表示.

解　作矩阵$\boldsymbol{A}=(\boldsymbol{\alpha}_1,\boldsymbol{\alpha}_2,\boldsymbol{\alpha}_3,\boldsymbol{\alpha}_4,\boldsymbol{\alpha}_5)$(如果向量以行向量给出,也按列向量作矩阵$\boldsymbol{A}$),对$\boldsymbol{A}$做初等行变换将其化为阶梯矩阵,即

$$\boldsymbol{A}=\begin{bmatrix}-1&1&0&1&2\\-1&2&1&3&6\\0&1&1&2&4\\0&-1&-1&1&-1\end{bmatrix}$$

$$\xrightarrow[\text{②}+\text{①}]{\text{①}\times(-1)}\begin{pmatrix}1 & -1 & 0 & -1 & -2\\0 & 1 & 1 & 2 & 4\\0 & 1 & 1 & 2 & 4\\0 & -1 & -1 & 1 & -1\end{pmatrix}$$

$$\xrightarrow[\text{④}+\text{②}]{\text{③}+\text{②}\times(-1)}\begin{pmatrix}1 & -1 & 0 & -1 & -2\\0 & 1 & 1 & 2 & 4\\0 & 0 & 0 & 0 & 0\\0 & 0 & 0 & 3 & 3\end{pmatrix}$$

$$\xrightarrow[\text{③}\leftrightarrow\text{④}]{\text{④}\times\frac{1}{3}}\begin{pmatrix}1 & -1 & 0 & -1 & -2\\0 & 1 & 1 & 2 & 4\\0 & 0 & 0 & 1 & 1\\0 & 0 & 0 & 0 & 0\end{pmatrix}$$

$$\xrightarrow[\text{②}+\text{③}\times(-2)]{\text{①}+\text{③}}\begin{pmatrix}1 & -1 & 0 & 0 & -1\\0 & 1 & 1 & 0 & 2\\0 & 0 & 0 & 1 & 1\\0 & 0 & 0 & 0 & 0\end{pmatrix}$$

$$\xrightarrow{\text{①}+\text{②}}\begin{pmatrix}1 & 0 & 1 & 0 & 1\\0 & 1 & 1 & 0 & 2\\0 & 0 & 0 & 1 & 1\\0 & 0 & 0 & 0 & 0\end{pmatrix}=\boldsymbol{U}.$$

把上面最后一个阶梯矩阵 $\boldsymbol{U}$ 记作 $(\boldsymbol{\zeta}_1,\boldsymbol{\zeta}_2,\boldsymbol{\zeta}_3,\boldsymbol{\zeta}_4,\boldsymbol{\zeta}_5)$.

易见 $\boldsymbol{\zeta}_1,\boldsymbol{\zeta}_2,\boldsymbol{\zeta}_4$ 是 $\boldsymbol{U}$ 的列向量组的一个极大线性无关组，所以 $\boldsymbol{\alpha}_1,\boldsymbol{\alpha}_2,\boldsymbol{\alpha}_4$ 也是 $\boldsymbol{A}$ 的列向量组的一个极大线性无关组，故秩$\{\boldsymbol{\alpha}_1,\boldsymbol{\alpha}_2,\boldsymbol{\alpha}_3,\boldsymbol{\alpha}_4,\boldsymbol{\alpha}_5\}=3$，令

$$x_1\boldsymbol{\alpha}_1+x_2\boldsymbol{\alpha}_2+x_4\boldsymbol{\alpha}_4=\boldsymbol{\alpha}_3,$$

$$y_1\boldsymbol{\alpha}_1+y_2\boldsymbol{\alpha}_2+y_4\boldsymbol{\alpha}_4=\boldsymbol{\alpha}_5.$$

用高斯消元法解这两个线性方程组，可利用阶梯矩阵 $\boldsymbol{U}$，(如后者可用 $\boldsymbol{U}$ 的第 1,2,4,5 列)，得到它们对应的同解线性方程组，

从而

$$\boldsymbol{\alpha}_3=\boldsymbol{\alpha}_1+\boldsymbol{\alpha}_2,$$

$$\boldsymbol{\alpha}_5=\boldsymbol{\alpha}_1+2\boldsymbol{\alpha}_2+\boldsymbol{\alpha}_4.$$

如果只需求向量组的秩和极大线性无关组,只要对 $\boldsymbol{A}$ 做初等行变换将其化为一般的阶梯矩阵,而不必化为行简化阶梯矩阵.

由定理 3.5 和定理 3.6 可以推出:初等列变换也不改变矩阵的列秩和行秩.因为对 $\boldsymbol{A}$ 做列变换就是对 $\boldsymbol{A}^{\mathrm{T}}$ 做行变换,$\boldsymbol{A}^{\mathrm{T}}$ 的行(列)秩就是 $\boldsymbol{A}$ 的列(行)秩.于是综上就有下面的定理.

定理 3.7 初等变换不改变矩阵的行秩和列秩.

由定理 3.5 和定理 3.6 还可推出下面的定理.

定理 3.8 矩阵 $\boldsymbol{A}$ 的行秩等于其列秩.

证 对 $\boldsymbol{A}$ 做初等行变换将其化为阶梯矩阵 $\boldsymbol{U}$,则有

$$\begin{aligned}\boldsymbol{A}\text{ 的行秩 }&=\boldsymbol{U}\text{ 的行秩}\\&=\boldsymbol{U}\text{ 的列秩 }=\boldsymbol{A}\text{ 的列秩}.\end{aligned}$$ ■

由于矩阵 $\boldsymbol{A}$ 的行秩与列秩相等,所以我们给出下面的定义:

定义 3.8 矩阵 $\boldsymbol{A}$ 的行秩的数值称为**矩阵 $\boldsymbol{A}$ 的秩**,记作:秩($\boldsymbol{A}$)或 r($\boldsymbol{A}$).秩($\boldsymbol{A}$)$=n$ 的 n 阶矩阵也称满秩矩阵.

定理 3.9 n 阶矩阵 $\boldsymbol{A}$ 的秩等于 n 的充要条件是 $\boldsymbol{A}$ 为非奇异矩阵(即 $|\boldsymbol{A}|\neq 0$).

证 若 $\mathrm{r}(\boldsymbol{A})=n$,则对 $\boldsymbol{A}$ 做初等行变换可以将其化为有 n 个非零行的行简化阶梯矩阵(即单位矩阵 $\boldsymbol{I}$),也就是,存在可逆矩阵 $\boldsymbol{P}$,使 $\boldsymbol{PA}=\boldsymbol{I}$,即 $|\boldsymbol{P}||\boldsymbol{A}|=1$,故 $|\boldsymbol{A}|\neq 0$;反之,若 $|\boldsymbol{A}|\neq 0$,则齐次线性方程组 $\boldsymbol{Ax}=\boldsymbol{0}$ 只有零解,即 $\boldsymbol{x}=\boldsymbol{A}^{-1}\boldsymbol{0}=\boldsymbol{0}$,故 $\boldsymbol{A}$ 的 n 个列向量线性无关,即 $\mathrm{r}(\boldsymbol{A})=n$. ■

对于一般的 $m\times n$ 矩阵 $\boldsymbol{A}$,$\boldsymbol{A}$ 的秩与 $\boldsymbol{A}$ 的子行列式也有密切的关系.

定义 3.9 矩阵 $\boldsymbol{A}=(a_{ij})_{m\times n}$ 的任意 k 个行($i_1,i_2,\cdots,i_k$ 行)和任意 k 个列($j_1,j_2,\cdots,j_k$ 列)的交点上的 k^2 个元素按原顺序排成

的 k 阶行列式

$$\begin{vmatrix} a_{i_1j_1} & a_{i_1j_2} & \cdots & a_{i_1j_k} \\ a_{i_2j_1} & a_{i_2j_2} & \cdots & a_{i_2j_k} \\ \vdots & \vdots & & \vdots \\ a_{i_kj_1} & a_{i_kj_2} & \cdots & a_{i_kj_k} \end{vmatrix} \tag{3.13}$$

称为 $\boldsymbol{A}$ 的 k 阶**子行列式**，简称 $\boldsymbol{A}$ 的 k 阶**子式**. 当(3.13)式等于零(不等于零)时，称为 k 阶**零子式(非零子式)**. 当(3.13)式的 $j_1=i_1, j_2=i_2, \cdots, j_k=i_k$ 时，称为 $\boldsymbol{A}$ 的 k 阶**主子式**.

如果矩阵 $\boldsymbol{A}$ 存在 r 阶非零子式，而所有 $r+1$ 阶子式(如果有 $r+1$ 阶子式)都等于零，则矩阵 $\boldsymbol{A}$ 的非零子式的最高阶数为 r，因为由所有 $r+1$ 阶子式都等于零可推出所有更高阶的子式都等于零.

定理 3.10 秩$(\boldsymbol{A})=r$ 的充要条件是 $\boldsymbol{A}$ 的非零子式的最高阶数为 r.

证 先证必要性. 设秩$(\boldsymbol{A})=r$，即 $\boldsymbol{A}$ 的行秩为 r，不妨设 $\boldsymbol{A}$ 的前 r 行构成的矩阵 $\boldsymbol{A}_1$ 的行秩为 r，其列秩也为 r；不妨再设 $\boldsymbol{A}_1$ 的前 r 个列向量线性无关. 如此由定理 3.9 可知 $\boldsymbol{A}$ 的左上角 r 阶子式为非零子式. 又因为 $\boldsymbol{A}$ 的任意 $r+1$ 个行向量线性相关，所以 $\boldsymbol{A}$ 的任意 $r+1$ 阶子式都是零子式(因为其中有一行可用其余 r 行线性表示)，因此，$\boldsymbol{A}$ 的非零子式的最高阶数为 r.

再证充分性. 不妨设 $\boldsymbol{A}$ 的左上角 r 阶子式 $|\boldsymbol{A}_r|\neq 0$，于是 $\boldsymbol{A}_r$ 可逆，其 r 个行向量线性无关，将它们添加分量成为 $\boldsymbol{A}$ 的前 r 个行向量，它们也线性无关；而 $\boldsymbol{A}$ 的任何 $r+1$ 个行向量必线性相关(否则由必要性的证明可知 $\boldsymbol{A}$ 中存在 $r+1$ 阶非零子式，这与题设矛盾)，故 $\boldsymbol{A}$ 的行秩＝秩$(\boldsymbol{A})=r$. ■

综上所述，关于矩阵的秩的基本结论是：(1) 矩阵的秩＝矩阵的行秩＝矩阵的列秩＝矩阵的非零子式的最高阶数；(2) 初等变换不改变矩阵的秩.

矩阵的秩对线性方程组的解有十分重要的意义，在以后两节我们将予以阐明.

现在我们研究矩阵相加、相乘以后的秩的情况：

性质1 $\mathrm{r}(\boldsymbol{A}+\boldsymbol{B})\leqslant \mathrm{r}(\boldsymbol{A})+\mathrm{r}(\boldsymbol{B})$

证 设 $\boldsymbol{A},\boldsymbol{B}$ 均是 $m\times n$ 矩阵，$\mathrm{r}(\boldsymbol{A})=p$，$\mathrm{r}(\boldsymbol{B})=q$，将 $\boldsymbol{A},\boldsymbol{B}$ 按列分块为

$$\boldsymbol{A}=(\boldsymbol{\alpha}_1,\boldsymbol{\alpha}_2,\cdots,\boldsymbol{\alpha}_n),\ \boldsymbol{B}=(\boldsymbol{\beta}_1,\boldsymbol{\beta}_2,\cdots,\boldsymbol{\beta}_n),$$

于是

$$\boldsymbol{A}+\boldsymbol{B}=(\boldsymbol{\alpha}_1+\boldsymbol{\beta}_1,\boldsymbol{\alpha}_2+\boldsymbol{\beta}_2,\cdots,\boldsymbol{\alpha}_n+\boldsymbol{\beta}_n).$$

不妨设 $\boldsymbol{A}$ 和 $\boldsymbol{B}$ 的列向量组的极大线性无关组分别为 $\boldsymbol{\alpha}_1,\boldsymbol{\alpha}_2,\cdots,\boldsymbol{\alpha}_p$ 和 $\boldsymbol{\beta}_1,\boldsymbol{\beta}_2,\cdots,\boldsymbol{\beta}_q$，于是 $\boldsymbol{A}+\boldsymbol{B}$ 的列向量组可由向量组 $\boldsymbol{\alpha}_1,\boldsymbol{\alpha}_2,\cdots,\boldsymbol{\alpha}_p,\boldsymbol{\beta}_1,\boldsymbol{\beta}_2,\cdots,\boldsymbol{\beta}_q$ 线性表示，因此

$$\begin{aligned}\mathrm{r}(\boldsymbol{A}+\boldsymbol{B})&=\boldsymbol{A}+\boldsymbol{B}\text{ 的列秩}\\&\leqslant \text{秩}\{\boldsymbol{\alpha}_1,\boldsymbol{\alpha}_2,\cdots,\boldsymbol{\alpha}_p,\boldsymbol{\beta}_1,\boldsymbol{\beta}_2,\cdots,\boldsymbol{\beta}_q\}\leqslant p+q.\end{aligned}$$ ■

性质2 $\mathrm{r}(\boldsymbol{AB})\leqslant \min(\mathrm{r}(\boldsymbol{A}),\mathrm{r}(\boldsymbol{B}))$

证 设 $\boldsymbol{A},\boldsymbol{B}$ 分别是 $m\times n$，$n\times s$ 矩阵，将 $\boldsymbol{A}$ 按列分块，则

$$\boldsymbol{AB}=(\boldsymbol{\alpha}_1,\boldsymbol{\alpha}_2,\cdots,\boldsymbol{\alpha}_n)\begin{pmatrix}b_{11}&b_{12}&\cdots&b_{1s}\\b_{21}&b_{22}&\cdots&b_{2s}\\\vdots&\vdots&&\vdots\\b_{n1}&b_{n2}&\cdots&b_{ns}\end{pmatrix}$$

的列向量组 $\boldsymbol{\gamma}_1,\cdots,\boldsymbol{\gamma}_s$ 可由 $\boldsymbol{A}$ 的列向量组 $\boldsymbol{\alpha}_1,\cdots,\boldsymbol{\alpha}_n$ 线性表示，故 $\mathrm{r}(\boldsymbol{AB})=\boldsymbol{AB}$ 的列秩 $\leqslant\boldsymbol{A}$ 的列秩 $=\mathrm{r}(\boldsymbol{A})$. 类似地，将 $\boldsymbol{B}$ 按行分块，可得 $\mathrm{r}(\boldsymbol{AB})\leqslant\mathrm{r}(\boldsymbol{B})$. ■

性质3 设 $\boldsymbol{A}$ 是 $m\times n$ 矩阵，$\boldsymbol{P},\boldsymbol{Q}$ 分别是 m 阶、n 阶可逆矩阵，则

$$\mathrm{r}(\boldsymbol{A})=\mathrm{r}(\boldsymbol{PA})=\mathrm{r}(\boldsymbol{AQ})=\mathrm{r}(\boldsymbol{PAQ}).$$

证 由于可逆矩阵 $\boldsymbol{P},\boldsymbol{Q}$ 可以表示为若干个初等阵的乘积，而初等变换不改变矩阵的秩，故结论成立. 或者根据 $\boldsymbol{A}=\boldsymbol{P}^{-1}(\boldsymbol{PA})$，

利用性质 2 得

$$r(\boldsymbol{A}) = r[\boldsymbol{P}^{-1}(\boldsymbol{PA})] \leqslant r(\boldsymbol{PA}) \leqslant r(\boldsymbol{A}),$$

故 $r(\boldsymbol{PA})=r(\boldsymbol{A})$,同理可证其余等式. ■

例 2 设 $\boldsymbol{A}$ 是 $m\times n$ 矩阵,$m<n$,证明:$|\boldsymbol{A}^{\mathrm{T}}\boldsymbol{A}|=0$.

证 由于 $r(\boldsymbol{A})=r(\boldsymbol{A}^{\mathrm{T}})\leqslant\min(m,n)<n$,根据性质 2,有

$$r(\boldsymbol{A}^{\mathrm{T}}\boldsymbol{A}) \leqslant \min(r(\boldsymbol{A}^{\mathrm{T}}), r(\boldsymbol{A})) < n,$$

而 $\boldsymbol{A}^{\mathrm{T}}\boldsymbol{A}$ 是 n 阶矩阵,根据定理 3.9 或定理 3.10,即得 $|\boldsymbol{A}^{\mathrm{T}}\boldsymbol{A}|=0$. ■

*最后我们讨论,一个秩为 r 的矩阵通过初等变换可以化为怎样的最简单的矩阵,也就是矩阵的相抵标准形(或说等价标准形).

定义 3.10 若矩阵 $\boldsymbol{A}$ 经过初等变换化为 $\boldsymbol{B}$(或:若存在可逆阵 $\boldsymbol{P}$ 和 $\boldsymbol{Q}$,使得 $\boldsymbol{PAQ}=\boldsymbol{B}$),就称 $\boldsymbol{A}$ **相抵**于 $\boldsymbol{B}$,记作 $\boldsymbol{A}\cong\boldsymbol{B}$.

根据定义,容易证明矩阵的相抵关系有以下性质:

(i) 反身性,即 $\boldsymbol{A}\cong\boldsymbol{A}$;

(ii) 对称性,即若 $\boldsymbol{A}\cong\boldsymbol{B}$,则 $\boldsymbol{B}\cong\boldsymbol{A}$(由于有对称性,$\boldsymbol{A}\cong\boldsymbol{B}$ 一般就说 $\boldsymbol{A}$ 和 $\boldsymbol{B}$ 相抵);

(iii) 传递性,即若 $\boldsymbol{A}\cong\boldsymbol{B}$,$\boldsymbol{B}\cong\boldsymbol{C}$,则 $\boldsymbol{A}\cong\boldsymbol{C}$.

所以相抵是一种等价关系.

定理 3.11 若 $\boldsymbol{A}$ 为 $m\times n$ 矩阵,且 $r(\boldsymbol{A})=r$,则一定存在可逆矩阵 $\boldsymbol{P}$(m 阶)和 $\boldsymbol{Q}$(n 阶),使得

$$\boldsymbol{PAQ} = \begin{pmatrix} \boldsymbol{I}_r & \boldsymbol{0} \\ \boldsymbol{0} & \boldsymbol{0} \end{pmatrix}_{m\times n} = \boldsymbol{U}, \tag{3.14}$$

其中 $\boldsymbol{I}_r$ 为 r 阶单位矩阵.

证 对 $\boldsymbol{A}$ 做初等行变换,将 $\boldsymbol{A}$ 化为有 r 个非零行的行简化阶梯阵 $\boldsymbol{U}_1$,即存在初等矩阵 $\boldsymbol{P}_1,\boldsymbol{P}_2,\cdots,\boldsymbol{P}_s$,使得

$$\boldsymbol{P}_s\cdots\boldsymbol{P}_2\boldsymbol{P}_1\boldsymbol{A} = \boldsymbol{U}_1.$$

再对 $\boldsymbol{U}_1$ 做倍加列变换和列对换可将 $\boldsymbol{U}_1$ 化为(3.14)式右端的 $\boldsymbol{U}$

矩阵，即存在初等矩阵 $Q_1,Q_2,\cdots,Q_t$，使得

$$U_1Q_1Q_2\cdots Q_t = U.$$

记 $P_s\cdots P_2P_1=P$, $Q_1Q_2\cdots Q_t=Q$（P,Q 均可逆），则有 $PAQ=U$. ■

我们把(3.14)式右端的矩阵称为 A 的相抵标准形. 由定理3.11可知，秩相同的同型矩阵必相抵于同一相抵标准形. 因此，任意两个秩相同的同型矩阵是相抵的.

*例3　设 A 是 $m\times n$ 矩阵（$m>n$），秩（A）$=n$. 证明：存在 $n\times m$ 矩阵 B，使得 $BA=I_n$.

证　根据定理3.11，存在 m 阶可逆矩阵 P 和 n 阶可逆矩阵 Q，使得

$$PAQ = \begin{pmatrix} I_n \\ 0_1 \end{pmatrix},$$

于是

$$PA = \begin{pmatrix} I_n \\ 0_1 \end{pmatrix} Q^{-1} = \begin{pmatrix} Q^{-1} \\ 0_1 \end{pmatrix},$$

其中 0_1 是 $(m-n)\times n$ 零矩阵，取 $C=(Q,0_2)$，其中 0_2 是 $n\times(m-n)$ 零矩阵，则

$$CPA = (Q,0_2)\begin{pmatrix} Q^{-1} \\ 0_1 \end{pmatrix} = QQ^{-1}+0_2 0_1 = I_n,$$

故存在 $B=CP$，使得 $BA=I_n$. ■

此例更简便的解法是，对 A 只做初等行变换即可将其化为标准形，即存在 m 阶可逆矩阵 P，使

$$PA = \begin{pmatrix} I_n \\ 0_1 \end{pmatrix}.$$

下面再列举几个有关矩阵的秩和向量组的秩的例子.

例4　设 $\alpha_1=(1,3,1,2)$, $\alpha_2=(2,5,3,3)$, $\alpha_3=(0,1,-1,a)$, $\alpha_4=(3,10,k,4)$，试求向量组 $\alpha_1,\alpha_2,\alpha_3,\alpha_4$ 的秩，并将 α_4 用 $\alpha_1,\alpha_2,\alpha_3$ 线性表示.

解 将4个向量按列排成一个矩阵 $\boldsymbol{A}$,对 $\boldsymbol{A}$ 做初等行变换,将其化为阶梯形矩阵 $\boldsymbol{U}$,即

$$\boldsymbol{A}=\begin{pmatrix}1 & 2 & 0 & 3\\ 3 & 5 & 1 & 10\\ 1 & 3 & -1 & k\\ 2 & 3 & a & 4\end{pmatrix}\xrightarrow[\text{行变换}]{\text{初等}}\begin{pmatrix}1 & 2 & 0 & 3\\ 0 & -1 & 1 & 1\\ 0 & 0 & a-1 & -3\\ 0 & 0 & 0 & k-2\end{pmatrix}=\boldsymbol{U}.$$

当 $a=1$ 或 $k=2$ 时,阶梯矩阵 $\boldsymbol{U}$ 只有3个非零行,所以秩$(\boldsymbol{A})=$秩$\{\boldsymbol{\alpha}_1,\boldsymbol{\alpha}_2,\boldsymbol{\alpha}_3,\boldsymbol{\alpha}_4\}=3$;

当 $a\neq1$ 且 $k\neq2$ 时,秩$(\boldsymbol{U})=$秩$(\boldsymbol{A})=$秩$\{\boldsymbol{\alpha}_1,\boldsymbol{\alpha}_2,\boldsymbol{\alpha}_3,\boldsymbol{\alpha}_4\}=4$.

设 $x_1\boldsymbol{\alpha}_1+x_2\boldsymbol{\alpha}_2+x_3\boldsymbol{\alpha}_3=\boldsymbol{\alpha}_4$,这个向量方程对应的非齐次线性方程组的增广矩阵就是 $\boldsymbol{A}$,用高斯消元法(即对 $\boldsymbol{A}$ 做初等行变换)将 $\boldsymbol{A}$ 化为 $\boldsymbol{U}$,由此可见,当 $k=2$ 且 $a\neq1$ 时,$\boldsymbol{\alpha}_4$ 可由$\boldsymbol{\alpha}_1,\boldsymbol{\alpha}_2,\boldsymbol{\alpha}_3$ 线性表示,并得:

$$x_3=\frac{3}{1-a},x_2=-1+x_3=\frac{2+a}{1-a},x_1=3-2x_2=-\frac{1+5a}{1-a}.$$

当 $k\neq2$ 或 $a=1$ 时,$\boldsymbol{\alpha}_4$ 不能由$\boldsymbol{\alpha}_1,\boldsymbol{\alpha}_2,\boldsymbol{\alpha}_3$ 线性表示.

例5 设 $\boldsymbol{A}=\begin{pmatrix}1 & 2 & 1\\ 2 & 2 & -2\\ -1 & t & 5\\ 1 & 0 & -3\end{pmatrix}$,

已知 $\mathrm{r}(\boldsymbol{A})=2$,求 t.

解 对 $\boldsymbol{A}$ 做初等行变换将其化为矩阵 $\boldsymbol{B}$,即

$$\boldsymbol{A}\longrightarrow\begin{pmatrix}1 & 2 & 1\\ 0 & -2 & -4\\ 0 & 2+t & 6\\ 0 & 0 & 0\end{pmatrix}=\boldsymbol{B}.$$

由于 $\mathrm{r}(\boldsymbol{A})=\mathrm{r}(\boldsymbol{B})=2$,所以 $\boldsymbol{B}$ 中第2、第3行必须成比例,于是由 $\dfrac{-2}{2+t}=\dfrac{-4}{6}$,即得 $t=1$.

例 6 已知 $r(\boldsymbol{B})=2$,

$$\boldsymbol{A}=\begin{pmatrix}1&2&0\\0&a&1\\1&3&b\end{pmatrix}.$$

问:(1) a,b 满足什么条件时,将确保 $r(\boldsymbol{AB})=2$;(2) $\boldsymbol{A}$ 与 $\boldsymbol{B}$ 满足什么条件时,$r(\boldsymbol{AB})=1$.

解 (1) 当 $|\boldsymbol{A}|=ab-1\neq 0$ 时,$\boldsymbol{A}$ 可逆,则 $r(\boldsymbol{AB})=r(\boldsymbol{B})=2$.

(2) 当 $|\boldsymbol{A}|=ab-1=0$ 时,$\boldsymbol{A}$ 不可逆,$r(\boldsymbol{A})=2$(因为 $\boldsymbol{A}$ 中存在二阶非零子式 $\begin{vmatrix}1&2\\1&3\end{vmatrix}=1$,或 $\boldsymbol{A}$ 中有两列不成比例,从而线性无关),$\boldsymbol{A}$ 的列向量组线性相关,根据定理 3.2,齐次线性方程组 $\boldsymbol{Ax}=\boldsymbol{0}$ 有非零解. 如果 $\boldsymbol{B}$(不妨假设也是 3×3 矩阵)的 3 个列向量为 $\boldsymbol{x}_1,\boldsymbol{x}_2,\boldsymbol{x}_3$(即 $\boldsymbol{B}=(\boldsymbol{x}_1,\boldsymbol{x}_2,\boldsymbol{x}_3)$),其中 $\boldsymbol{x}_1,\boldsymbol{x}_2$ 成比例,且是 $\boldsymbol{Ax}=\boldsymbol{0}$ 的解,$\boldsymbol{x}_3$ 不是 $\boldsymbol{Ax}=\boldsymbol{0}$ 的解(即 $\boldsymbol{Ax}_3=\boldsymbol{\beta}\neq\boldsymbol{0}$),则

$$\boldsymbol{AB}=\boldsymbol{A}(\boldsymbol{x}_1,\boldsymbol{x}_2,\boldsymbol{x}_3)=(\boldsymbol{0},\boldsymbol{0},\boldsymbol{\beta}).$$

故 $r(\boldsymbol{AB})=1$. 此时 $\boldsymbol{B}=(\boldsymbol{x}_1,\boldsymbol{x}_2,\boldsymbol{x}_3)$ 仍满足 $r(\boldsymbol{B})=2$,因为 $\boldsymbol{x}_1$ 或 $\boldsymbol{x}_2$ 与 $\boldsymbol{x}_3$ 不成比例(否则 $\boldsymbol{x}_3=k_1\boldsymbol{x}_1$ 或 $\boldsymbol{x}_3=k_2\boldsymbol{x}_2$ 就是 $\boldsymbol{Ax}=\boldsymbol{0}$ 的解),而且 $r(\boldsymbol{B})\neq 3$(否则 $r(\boldsymbol{AB})=2$),所以 $\boldsymbol{B}$ 中有且仅有两个列向量线性无关. 结论:$\boldsymbol{A},\boldsymbol{B}$ 满足上述条件,则 $r(\boldsymbol{AB})=1$.

3.4 齐次线性方程组有非零解的条件及解的结构

对于以 $m\times n$ 矩阵 $\boldsymbol{A}$ 为系数矩阵的齐次线性方程组

$$\boldsymbol{Ax}=\boldsymbol{0}. \tag{3.15}$$

如果把 $\boldsymbol{A}$ 按列分块为 $\boldsymbol{A}=(\boldsymbol{\alpha}_1,\boldsymbol{\alpha}_2,\cdots,\boldsymbol{\alpha}_n)$,它就可以表示为向量等式

$$x_1\boldsymbol{\alpha}_1+x_2\boldsymbol{\alpha}_2+\cdots+x_n\boldsymbol{\alpha}_n=\boldsymbol{0}. \tag{3.16}$$

因此,(3.15)有非零解的充要条件是 $\boldsymbol{\alpha}_1,\boldsymbol{\alpha}_2,\cdots,\boldsymbol{\alpha}_n$ 线性相关,即

$$\text{秩}(\boldsymbol{A}) = \text{秩}\{\boldsymbol{\alpha}_1,\boldsymbol{\alpha}_2,\cdots,\boldsymbol{\alpha}_n\} < n,$$

于是有下面的定理.

定理 3.12 设 $\boldsymbol{A}$ 是 $m\times n$ 矩阵,则齐次线性方程组 $\boldsymbol{Ax}=\boldsymbol{0}$ 有非零解的充要条件为秩$(\boldsymbol{A})<n$.

这个定理也可用下面的证法证明:

设秩$(\boldsymbol{A})=r$,则矩阵 $\boldsymbol{A}$ 存在 r 个线性无关的行向量,其余 $m-r$ 个行向量可由这 r 个线性无关的行向量线性表示. 因此,对 $\boldsymbol{A}$ 做初等行变换可将其化为有 r 个非零行的阶梯阵

$$\boldsymbol{U} = \begin{pmatrix} c_{11} & \cdots & c_{1i_2} & \cdots & c_{1i_r} & \cdots & c_{1n} \\ 0 & \cdots & c_{2i_2} & \cdots & c_{2i_r} & \cdots & c_{2n} \\ \vdots & & \vdots & & \vdots & & \vdots \\ 0 & \cdots & 0 & \cdots & c_{ri_r} & \cdots & c_{rn} \\ 0 & \cdots & 0 & \cdots & 0 & \cdots & 0 \\ \vdots & & \vdots & & \vdots & & \vdots \\ 0 & \cdots & 0 & \cdots & 0 & \cdots & 0 \end{pmatrix}.$$

由 $\boldsymbol{Ux}=\boldsymbol{0}$ 与 $\boldsymbol{Ax}=\boldsymbol{0}$ 是同解线性方程组,以及 $\boldsymbol{Ux}=\boldsymbol{0}$ 有非零解的充要条件为 $r<n$,就使本定理得证. ■

定理 3.12 的等价命题是:齐次线性方程组 $\boldsymbol{Ax}=\boldsymbol{0}$ 只有零解的充要条件是秩$(\boldsymbol{A})=\boldsymbol{A}$ 的列数.

当 $\boldsymbol{A}$ 为 n 阶矩阵时,$\boldsymbol{Ax}=\boldsymbol{0}$ 有非零解(只有零解)的充要条件还可叙述为 $|\boldsymbol{A}|=0$($|\boldsymbol{A}|\neq 0$).

例 1 设 $\boldsymbol{A}$ 是 n 阶矩阵,证明:存在 $n\times s$ 矩阵 $\boldsymbol{B}\neq\boldsymbol{0}$,使得 $\boldsymbol{AB}=\boldsymbol{0}$ 的充要条件是 $|\boldsymbol{A}|=0$.

证 将 $\boldsymbol{B}$ 按列分块为 $\boldsymbol{B}=(\boldsymbol{b}_1,\boldsymbol{b}_2,\cdots,\boldsymbol{b}_s)$,则 $\boldsymbol{AB}=\boldsymbol{0}$ 等价于

$$\boldsymbol{Ab}_j = \boldsymbol{0},\quad j = 1,2,\cdots,s,$$

即 $\boldsymbol{B}$ 的每一列都是齐次线性方程组 $\boldsymbol{Ax}=\boldsymbol{0}$ 的解.

若 $\boldsymbol{AB}=\boldsymbol{0}$,$\boldsymbol{B}\neq\boldsymbol{0}$,则 $\boldsymbol{Ax}=\boldsymbol{0}$ 有非零解,故 $|\boldsymbol{A}|=0$;反之,若

$|A|=0$,取 $Ax=\mathbf{0}$ 的 s 个非零解作为 B 的 s 个列,则 $B\neq\mathbf{0}$,但它使得 $AB=\mathbf{0}$. ■

为了研究齐次线性方程组的解的结构,我们先讨论它的解的性质,并给出基础解系的概念.

定理 3.13 若 $\boldsymbol{x}_1,\boldsymbol{x}_2$ 是齐次线性方程组 $A\boldsymbol{x}=\mathbf{0}$ 的两个解,则 $k_1\boldsymbol{x}_1+k_2\boldsymbol{x}_2$($k_1,k_2$ 为任意常数)也是它的解.

证 因为 $A(k_1\boldsymbol{x}_1+k_2\boldsymbol{x}_2)=k_1A\boldsymbol{x}_1+k_2A\boldsymbol{x}_2=k_1\mathbf{0}+k_2\mathbf{0}=\mathbf{0}$,故 $k_1\boldsymbol{x}_1+k_2\boldsymbol{x}_2$ 是 $A\boldsymbol{x}=\mathbf{0}$ 的解.

定理 3.13 的结论显然对有限多个解也成立.

定义 3.11 设 $\boldsymbol{x}_1,\boldsymbol{x}_2,\cdots,\boldsymbol{x}_p$ 是 $A\boldsymbol{x}=\mathbf{0}$ 的解向量,如果:(1) $\boldsymbol{x}_1,\boldsymbol{x}_2,\cdots,\boldsymbol{x}_p$ 线性无关;(2) $A\boldsymbol{x}=\mathbf{0}$ 的任一个解向量可由 $\boldsymbol{x}_1,\boldsymbol{x}_2,\cdots,\boldsymbol{x}_p$ 线性表示. 则称 $\boldsymbol{x}_1,\boldsymbol{x}_2,\cdots,\boldsymbol{x}_p$ 是 $A\boldsymbol{x}=\mathbf{0}$ 的一个**基础解系**.

如果找到了 $A\boldsymbol{x}=\mathbf{0}$ 的基础解系 $\boldsymbol{x}_1,\boldsymbol{x}_2,\cdots,\boldsymbol{x}_p$,那么 $k_1\boldsymbol{x}_1+k_2\boldsymbol{x}_2+\cdots+k_p\boldsymbol{x}_p$ 对任意常数 $k_1,k_2,\cdots,k_p$ 作成的集合,就是 $A\boldsymbol{x}=\mathbf{0}$ 的全部解的集合. 下面证明有非零解的齐次线性方程组存在基础解系.

定理 3.14 设 A 是 $m\times n$ 矩阵,若 $\mathrm{r}(A)=r<n$,则齐次线性方程组 $A\boldsymbol{x}=\mathbf{0}$ 存在基础解系,且基础解系含 $n-r$ 个解向量.

证 先证存在 $n-r$ 个线性无关的解向量. 按高斯消元法步骤对 A 做初等行变换,将 A 化为行简化的阶梯阵 U,不失一般性,可设

$$U=\begin{pmatrix} 1 & 0 & \cdots & 0 & c_{1,r+1} & \cdots & c_{1n} \\ 0 & 1 & \cdots & 0 & c_{2,r+1} & \cdots & c_{2n} \\ \vdots & \vdots & & \vdots & \vdots & & \vdots \\ 0 & 0 & \cdots & 1 & c_{r,r+1} & \cdots & c_{rn} \\ 0 & 0 & \cdots & 0 & 0 & \cdots & 0 \\ \vdots & \vdots & & \vdots & \vdots & & \vdots \\ 0 & 0 & \cdots & 0 & 0 & \cdots & 0 \end{pmatrix},$$

于是$\boldsymbol{Ux}=\boldsymbol{0}$,即

$$\begin{cases} x_1 \qquad\qquad + c_{1,r+1}x_{r+1} + \cdots + c_{1n}x_n = 0, \\ \qquad x_2 \qquad + c_{2,r+1}x_{r+1} + \cdots + c_{2n}x_n = 0, \\ \qquad\qquad\qquad \cdots\cdots \\ \qquad\qquad x_r + c_{r,r+1}x_{r+1} + \cdots + c_{rn}x_n = 0 \end{cases} \tag{3.17}$$

是$\boldsymbol{Ax}=\boldsymbol{0}$的同解线性方程组,取$x_{r+1},x_{r+2},\cdots,x_n$为自由未知量,将它们的下列$n-r$组值:

$$(1,0,\cdots,0);(0,1,\cdots,0);\cdots;(0,0,\cdots,1)$$

分别代入(3.17)式,相应地求得$x_1,x_2,\cdots,x_r$,并得到$n-r$个解:

$$\boldsymbol{x}_1=(d_{11},d_{21},\cdots,d_{r1},1,0,\cdots,0)^{\mathrm{T}},$$
$$\boldsymbol{x}_2=(d_{12},d_{22},\cdots,d_{r2},0,1,\cdots,0)^{\mathrm{T}},$$
$$\cdots\cdots$$
$$\boldsymbol{x}_{n-r}=(d_{1,n-r},d_{2,n-r},\cdots,d_{r,n-r},0,0,\cdots,1)^{\mathrm{T}}.$$

显然,$\boldsymbol{x}_1,\boldsymbol{x}_2,\cdots,\boldsymbol{x}_{n-r}$是线性无关的(因为由$\lambda_1\boldsymbol{x}_1+\lambda_2\boldsymbol{x}_2+\cdots+\lambda_{n-r}\boldsymbol{x}_{n-r}=\boldsymbol{0}$可推出$\lambda_1=\lambda_2=\cdots=\lambda_{n-r}=0$).

再证$\boldsymbol{Ax}=\boldsymbol{0}$的任一个解$\boldsymbol{x}$可由$\boldsymbol{x}_1,\boldsymbol{x}_2,\cdots,\boldsymbol{x}_{n-r}$线性表示.为此任取自由未知量的一组值$k_1,k_2,\cdots,k_{n-r}$代入(3.17)式,得一个解

$$\boldsymbol{x}=(d_1,d_2,\cdots,d_r,k_1,k_2,\cdots,k_{n-r})^{\mathrm{T}}.$$

由于
$$\boldsymbol{x}^*=k_1\boldsymbol{x}_1+k_2\boldsymbol{x}_2+\cdots+k_{n-r}\boldsymbol{x}_{n-r}$$
也是一个解,所以

$$\boldsymbol{x}-\boldsymbol{x}^*=\begin{pmatrix} d_1\\ d_2\\ \vdots\\ d_r\\ k_1\\ k_2\\ \vdots\\ k_{n-r}\end{pmatrix}-k_1\begin{pmatrix} d_{11}\\ d_{21}\\ \vdots\\ d_{r1}\\ 1\\ 0\\ \vdots\\ 0\end{pmatrix}-k_2\begin{pmatrix} d_{12}\\ d_{22}\\ \vdots\\ d_{r2}\\ 0\\ 1\\ \vdots\\ 0\end{pmatrix}-\cdots-k_{n-r}\begin{pmatrix} d_{1n-r}\\ d_{2n-r}\\ \vdots\\ d_{rn-r}\\ 0\\ 0\\ \vdots\\ 1\end{pmatrix}=\begin{pmatrix} d'_1\\ d'_2\\ \vdots\\ d'_r\\ 0\\ 0\\ \vdots\\ 0\end{pmatrix}$$

是相应于自由未知量 $x_{r+1},x_{r+2},\cdots,x_n$ 全取零时的 $\boldsymbol{Ax}=\boldsymbol{0}$ 的一个解，这个解是 $\boldsymbol{Ax}=\boldsymbol{0}$ 的零解，故

$$\boldsymbol{x}-\boldsymbol{x}^*=\boldsymbol{0},$$

即
$$\boldsymbol{x}=\boldsymbol{x}^*=k_1\boldsymbol{x}_1+k_2\boldsymbol{x}_2+\cdots+k_{n-r}\boldsymbol{x}_{n-r}.$$

因此，$\boldsymbol{x}_1,\boldsymbol{x}_2,\cdots,\boldsymbol{x}_{n-r}$ 是 $\boldsymbol{Ax}=\boldsymbol{0}$ 的一个含有 $n-r$ 个解向量的基础解系. ■

定理的证明过程，提供了求 $\boldsymbol{Ax}=\boldsymbol{0}$ 的基础解系的方法. 但是对 $n-r$ 个自由未知量也可以取另外的 $n-r$ 组数而求得 $n-r$ 个线性无关的解，此外，自由未知量的选择也不是唯一的，事实上，在 $\boldsymbol{Ux}=\boldsymbol{0}$ 中，任何 r 个未知量只要它们的系数行列式不等于零，都可以作基本未知量，其余的 $n-r$ 个未知量为自由未知量. 因此，基础解系不是唯一的. 但是不难证明（证明留给读者）：

如果 $\boldsymbol{x}_1,\boldsymbol{x}_2,\cdots,\boldsymbol{x}_p$ 和 $\boldsymbol{x}_1^*,\boldsymbol{x}_2^*,\cdots,\boldsymbol{x}_p^*$ 是 $\boldsymbol{Ax}=\boldsymbol{0}$ 的两个基础解系，则两个解集合

$$S=\{k_1\boldsymbol{x}_1+k_2\boldsymbol{x}_2+\cdots+k_p\boldsymbol{x}_p \mid k_1,k_2,\cdots,k_p\ \text{为任意常数}\}$$

与

$$S^*=\{l_1\boldsymbol{x}_1^*+l_2\boldsymbol{x}_2^*+\cdots+l_p\boldsymbol{x}_p^* \mid l_1,l_2,\cdots,l_p\ \text{为任意常数}\}$$

是相等的（只要证明：$S\subseteq S^*$ 且 $S^*\subseteq S$）.

这里的解集合 S 与 S^* 显然是 $\boldsymbol{Ax}=\boldsymbol{0}$ 的全部解的集合，集合中元素的一般表示式

$$\boldsymbol{x}=k_1\boldsymbol{x}_1+k_2\boldsymbol{x}_2+\cdots+k_p\boldsymbol{x}_p$$

称为 $\boldsymbol{Ax}=\boldsymbol{0}$ 的一般解（或通解），它清楚地揭示了齐次线性方程组的解的结构. 求解有非零解的齐次线性方程组通常是先求基础解系，然后写出它的一般解.

例 2 求齐次线性方程组 $\boldsymbol{Ax}=\boldsymbol{0}$ 的一般解，其系数矩阵为

$$\boldsymbol{A}=\begin{pmatrix}1&2&1&1&1\\2&4&3&1&1\\-1&-2&1&3&-3\\0&0&2&4&-2\end{pmatrix}.$$

解 对矩阵 $\boldsymbol{A}$ 做初等行变换，将其化为行简化阶梯矩阵

$$\boldsymbol{U}=\begin{pmatrix}1&2&0&0&2\\0&0&1&0&-1\\0&0&0&1&0\\0&0&0&0&0\end{pmatrix}.$$

选 x_2,x_5 为自由未知量，取：$x_2=1,x_5=0$ 和 $x_2=0,x_5=1$，得基础解系

$$\boldsymbol{x}_1=(-2,1,0,0,0)^{\mathrm{T}},\qquad \boldsymbol{x}_2=(-2,0,1,0,1)^{\mathrm{T}},$$

于是，$\boldsymbol{Ax}=\boldsymbol{0}$ 的一般解为

$$\boldsymbol{x}=k_1\boldsymbol{x}_1+k_2\boldsymbol{x}_2,$$

即

$$\boldsymbol{x}=\begin{pmatrix}x_1\\x_2\\x_3\\x_4\\x_5\end{pmatrix}=k_1\begin{pmatrix}-2\\1\\0\\0\\0\end{pmatrix}+k_2\begin{pmatrix}-2\\0\\1\\0\\1\end{pmatrix},$$

其中 k_1,k_2 为任意常数. ■

例 3 设 $\boldsymbol{A},\boldsymbol{B}$ 分别是 $m\times n$ 和 $n\times s$ 矩阵，且 $\boldsymbol{AB}=\boldsymbol{0}$. 证明：

$$\mathrm{r}(\boldsymbol{A})+\mathrm{r}(\boldsymbol{B})\leqslant n.$$

证 将 $\boldsymbol{B}$ 按列分块为 $\boldsymbol{B}=(\boldsymbol{b}_1,\boldsymbol{b}_2,\cdots,\boldsymbol{b}_s)$，由 $\boldsymbol{AB}=\boldsymbol{0}$ 得

$$\boldsymbol{Ab}_j=\boldsymbol{0},\ j=1,2,\cdots,s,$$

即 $\boldsymbol{B}$ 的每一列都是 $\boldsymbol{Ax}=\boldsymbol{0}$ 的解. 而 $\boldsymbol{Ax}=\boldsymbol{0}$ 的基础解系含 $n-\mathrm{r}(\boldsymbol{A})$ 个解，即 $\boldsymbol{Ax}=\boldsymbol{0}$ 的任何一组解中至多含 $n-\mathrm{r}(\boldsymbol{A})$ 个线性无关的解，因此，

$$\mathrm{r}(\boldsymbol{B})=\text{秩}(\boldsymbol{b}_1,\boldsymbol{b}_2,\cdots,\boldsymbol{b}_s)\leqslant n-\mathrm{r}(\boldsymbol{A}),$$

故

$$\mathrm{r}(\boldsymbol{A})+\mathrm{r}(\boldsymbol{B})\leqslant n.$$ ■

* **例 4** 设 $\boldsymbol{A}$ 是 $m\times n$ 实矩阵，证明：$\mathrm{r}(\boldsymbol{A}^{\mathrm{T}}\boldsymbol{A})=\mathrm{r}(\boldsymbol{A})$.

证 根据 3.3 节中性质 2，$\mathrm{r}(\boldsymbol{A}^{\mathrm{T}}\boldsymbol{A})\leqslant\mathrm{r}(\boldsymbol{A})$，因此只需证明：

$r(\boldsymbol{A})\leqslant r(\boldsymbol{A}^T\boldsymbol{A})$. 为此，只要证明：$(\boldsymbol{A}^T\boldsymbol{A})\boldsymbol{x}=\boldsymbol{0}$ 的解集合含于 $\boldsymbol{A}\boldsymbol{x}=\boldsymbol{0}$ 的解集合.

由于当 $(\boldsymbol{A}^T\boldsymbol{A})\boldsymbol{x}=\boldsymbol{0}(\boldsymbol{x}\in\mathbb{R}^n)$ 时，必有 $\boldsymbol{x}^T(\boldsymbol{A}^T\boldsymbol{A})\boldsymbol{x}=0$，即 $(\boldsymbol{A}\boldsymbol{x})^T(\boldsymbol{A}\boldsymbol{x})=0$，令

$$\boldsymbol{A}\boldsymbol{x}=(b_1,b_2,\cdots,b_m)^T,$$

(显然 $\boldsymbol{A}\boldsymbol{x}\in\mathbb{R}^m$)，于是 $b_1^2+b_2^2+\cdots+b_m^2=0$，因此必有 $b_1=b_2=\cdots=b_m=0$，即必有 $\boldsymbol{A}\boldsymbol{x}=\boldsymbol{0}$，故方程组 $(\boldsymbol{A}^T\boldsymbol{A})\boldsymbol{x}=\boldsymbol{0}$ 的解必满足方程组 $\boldsymbol{A}\boldsymbol{x}=\boldsymbol{0}$，所以

$$n-r(\boldsymbol{A}^T\boldsymbol{A})\leqslant n-r(\boldsymbol{A}),$$

从而

$$r(\boldsymbol{A})\leqslant r(\boldsymbol{A}^T\boldsymbol{A}).$$ ■

定理 3.14 揭示了矩阵 $\boldsymbol{A}$ 的秩与 $\boldsymbol{A}\boldsymbol{x}=\boldsymbol{0}$ 的解之间的关系，它不仅对求 $\boldsymbol{A}\boldsymbol{x}=\boldsymbol{0}$ 的解有重要意义，而且如例 3、例 4 所表明的那样，也可以通过研究线性方程组的解来讨论矩阵的秩.

3.5　非齐次线性方程组有解的条件及解的结构

以 $m\times n$ 矩阵 $\boldsymbol{A}$ 为系数矩阵的非齐次线性方程组

$$\boldsymbol{A}\boldsymbol{x}=\boldsymbol{b} \tag{3.18}$$

可以表示为一个向量等式

$$x_1\boldsymbol{\alpha}_1+x_2\boldsymbol{\alpha}_2+\cdots+x_n\boldsymbol{\alpha}_n=\boldsymbol{b}, \tag{3.19}$$

其中 $\boldsymbol{\alpha}_1,\boldsymbol{\alpha}_2,\cdots,\boldsymbol{\alpha}_n$ 是 $\boldsymbol{A}$ 的 n 个列向量，因此，线性方程组(3.18)有解的充要条件是 $\boldsymbol{b}$ 可由 $\boldsymbol{A}$ 的列向量组线性表示，从而

$$秩\{\boldsymbol{\alpha}_1,\boldsymbol{\alpha}_2,\cdots,\boldsymbol{\alpha}_n,\boldsymbol{b}\}=秩\{\boldsymbol{\alpha}_1,\boldsymbol{\alpha}_2,\cdots,\boldsymbol{\alpha}_n\},$$

即

$$r((\boldsymbol{A},\boldsymbol{b}))=r(\boldsymbol{A}).$$

于是有下面的定理.

定理 3.15　对于非齐次线性方程组 $\boldsymbol{A}\boldsymbol{x}=\boldsymbol{b}$，下列命题等价：

(i) $\boldsymbol{A}\boldsymbol{x}=\boldsymbol{b}$ 有解(或相容)；

(ii) $\boldsymbol{b}$ 可由 $\boldsymbol{A}$ 的列向量组线性表示；

(iii) 增广矩阵$(\boldsymbol{A},\boldsymbol{b})$的秩等于系数矩阵 $\boldsymbol{A}$ 的秩.

这个定理也可作如下的证明：

对增广矩阵$(\boldsymbol{A},\boldsymbol{b})$做初等行变换将其化为阶梯矩阵

$$(\boldsymbol{C},\boldsymbol{d})=\begin{pmatrix} 1 & \cdots & c_{1r} & c_{1,r+1} & \cdots & c_{1n} & d_1 \\ \vdots & & \vdots & \vdots & & \vdots & \vdots \\ 0 & \cdots & 1 & c_{r,r+1} & \cdots & c_{rn} & d_r \\ 0 & \cdots & 0 & 0 & \cdots & 0 & d_{r+1} \\ 0 & \cdots & 0 & 0 & \cdots & 0 & 0 \\ \vdots & & \vdots & \vdots & & \vdots & \vdots \\ 0 & \cdots & 0 & 0 & \cdots & 0 & 0 \end{pmatrix}. \tag{3.20}$$

则 $\boldsymbol{Cx}=\boldsymbol{d}$ 与 $\boldsymbol{Ax}=\boldsymbol{b}$ 是同解线性方程组，因此

$$\boldsymbol{Ax}=\boldsymbol{b}\text{ 有解(即 }\boldsymbol{Cx}=\boldsymbol{d}\text{ 有解)}\Leftrightarrow d_{r+1}=0,$$

而 $d_{r+1}=0\Leftrightarrow \mathrm{r}(\boldsymbol{C},\boldsymbol{d})=\mathrm{r}(\boldsymbol{C})$，又

$$\mathrm{r}(\boldsymbol{C},\boldsymbol{d})=\mathrm{r}(\boldsymbol{A},\boldsymbol{b}),\ \mathrm{r}(\boldsymbol{C})=\mathrm{r}(\boldsymbol{A}),$$

故 $\boldsymbol{Ax}=\boldsymbol{b}$ 有解$\Leftrightarrow\mathrm{r}((\boldsymbol{A},\boldsymbol{b}))=\mathrm{r}(\boldsymbol{A})$，即

$$\text{秩}\{\boldsymbol{\alpha}_1,\boldsymbol{\alpha}_2,\cdots,\boldsymbol{\alpha}_n,\boldsymbol{b}\}=\text{秩}\{\boldsymbol{\alpha}_1,\boldsymbol{\alpha}_2,\cdots,\boldsymbol{\alpha}_n\}, \tag{3.21}$$

其中$\boldsymbol{\alpha}_1,\boldsymbol{\alpha}_2,\cdots,\boldsymbol{\alpha}_n$ 是 $\boldsymbol{A}$ 的列向量组. 显然，(3.21)式成立的充要条件是 $\boldsymbol{b}$ 可由$\boldsymbol{\alpha}_1,\boldsymbol{\alpha}_2,\cdots,\boldsymbol{\alpha}_n$ 线性表示，不然的话，得出矛盾的结果

$$\text{秩}\{\boldsymbol{\alpha}_1,\boldsymbol{\alpha}_2,\cdots,\boldsymbol{\alpha}_n,\boldsymbol{b}\}=\text{秩}\{\boldsymbol{\alpha}_1,\boldsymbol{\alpha}_2,\cdots,\boldsymbol{\alpha}_n\}+1.$$

推论 $\boldsymbol{Ax}=\boldsymbol{b}$ 有唯一解的充要条件是

$$\mathrm{r}((\boldsymbol{A},\boldsymbol{b}))=\mathrm{r}(\boldsymbol{A})=\boldsymbol{A}\text{ 的列数}. \tag{3.22}$$

这是因为，$\boldsymbol{b}$ 可由 $\boldsymbol{A}$ 的列向量组$\boldsymbol{\alpha}_1,\boldsymbol{\alpha}_2,\cdots,\boldsymbol{\alpha}_n$ 线性表示，且表示法唯一的充要条件是$\boldsymbol{\alpha}_1,\boldsymbol{\alpha}_2,\cdots,\boldsymbol{\alpha}_n$ 线性无关. 或由(3.20)式得

$$\boldsymbol{Ax}=\boldsymbol{b}\text{ 有唯一解}\Leftrightarrow d_{r+1}=0,\text{且 }r=n\Leftrightarrow\text{(3.22) 式成立.}$$

下面讨论非齐次线性方程组 $\boldsymbol{Ax}=\boldsymbol{b}$ 的解的结构. 为此我们先

讨论 $\boldsymbol{Ax}=\boldsymbol{b}$ 的解的性质.

需要注意,若 $\boldsymbol{x}_1,\boldsymbol{x}_2$ 是 $\boldsymbol{Ax}=\boldsymbol{b}$ 的两个解,则 $k_1\boldsymbol{x}_1+k_2\boldsymbol{x}_2$($k_1,k_2$ 为任意常数)一般不是 $\boldsymbol{Ax}=\boldsymbol{b}$ 的解,因为

$$\begin{aligned}\boldsymbol{A}(k_1\boldsymbol{x}_1+k_2\boldsymbol{x}_2)&=k_1\boldsymbol{Ax}_1+k_2\boldsymbol{Ax}_2=k_1\boldsymbol{b}+k_2\boldsymbol{b}\\&=(k_1+k_2)\boldsymbol{b}\neq\boldsymbol{b}.\end{aligned}$$

但是,非齐次线性方程组的解有如下的性质:

定理 3.16 若 $\boldsymbol{x}_1,\boldsymbol{x}_2$ 是 $\boldsymbol{Ax}=\boldsymbol{b}$ 的解,则 $\boldsymbol{x}_1-\boldsymbol{x}_2$ 是对应齐次方程组 $\boldsymbol{Ax}=\boldsymbol{0}$ 的解.

证 因为 $\boldsymbol{A}(\boldsymbol{x}_1-\boldsymbol{x}_2)=\boldsymbol{Ax}_1-\boldsymbol{Ax}_2=\boldsymbol{b}-\boldsymbol{b}=\boldsymbol{0}$,故 $\boldsymbol{x}_1-\boldsymbol{x}_2$ 是 $\boldsymbol{Ax}=\boldsymbol{0}$ 的解. ■

由此进一步可得非齐次线性方程组的解的结构定理.

定理 3.17 若 $\boldsymbol{Ax}=\boldsymbol{b}$ 有解,则其一般解为

$$\boldsymbol{x}=\boldsymbol{x}_0+\bar{\boldsymbol{x}},$$

其中 $\boldsymbol{x}_0$ 是 $\boldsymbol{Ax}=\boldsymbol{b}$ 的一个特解(某一个解);而

$$\bar{\boldsymbol{x}}=k_1\boldsymbol{x}_1+\cdots+k_p\boldsymbol{x}_p$$

是 $\boldsymbol{Ax}=\boldsymbol{0}$(也称 $\boldsymbol{Ax}=\boldsymbol{b}$ 的导出组)的一般解.

证 由于 $\boldsymbol{A}(\boldsymbol{x}_0+\bar{\boldsymbol{x}})=\boldsymbol{Ax}_0+\boldsymbol{A}\bar{\boldsymbol{x}}=\boldsymbol{b}$,所以 $\boldsymbol{x}_0+\bar{\boldsymbol{x}}$ 是 $\boldsymbol{Ax}=\boldsymbol{b}$ 的解. 设 $\boldsymbol{x}^*$ 是 $\boldsymbol{Ax}=\boldsymbol{b}$ 的任意一个解,则 $\boldsymbol{x}^*-\boldsymbol{x}_0$ 是 $\boldsymbol{Ax}=\boldsymbol{0}$ 的解,而

$$\boldsymbol{x}^*=\boldsymbol{x}_0+(\boldsymbol{x}^*-\boldsymbol{x}_0).$$

因此 $\boldsymbol{x}^*$ 可以表示为 $\boldsymbol{x}_0+\bar{\boldsymbol{x}}$ 的形式,所以它是 $\boldsymbol{Ax}=\boldsymbol{b}$ 的一般解. ■

例 1 设非齐次线性方程组 $\boldsymbol{Ax}=\boldsymbol{b}$ 的增广矩阵

$$(\boldsymbol{A},\boldsymbol{b})=\left(\begin{array}{ccccc:c}1&1&1&0&0&0\\1&1&-1&-1&-2&1\\2&2&0&-1&-2&1\\5&5&-3&-4&-8&4\end{array}\right),$$

试求 $\boldsymbol{Ax}=\boldsymbol{b}$ 的一般解.

解

$$(\boldsymbol{A},\boldsymbol{b}) \xrightarrow{\text{初等行变换}} \left(\begin{array}{ccccc:c} 1 & 1 & 0 & -\frac{1}{2} & -1 & \frac{1}{2} \\ 0 & 0 & 1 & \frac{1}{2} & 1 & -\frac{1}{2} \\ 0 & 0 & 0 & 0 & 0 & 0 \\ 0 & 0 & 0 & 0 & 0 & 0 \end{array}\right) = (\boldsymbol{U},\boldsymbol{d}).$$

取 $x_2=x_4=x_5=0$ 代入 $\boldsymbol{Ux}=\boldsymbol{d}$,求得 $\boldsymbol{Ax}=\boldsymbol{b}$ 的一个特解

$$\boldsymbol{x}_0 = \left(\frac{1}{2},0,-\frac{1}{2},0,0\right)^{\mathrm{T}}.$$

取自由未知量 x_2,x_4,x_5 的 3 组值(1,0,0),(0,1,0),(0,0,1),并依次代入 $\boldsymbol{Ux}=\boldsymbol{0}$(注意,不要代入 $\boldsymbol{Ux}=\boldsymbol{d}$),得 $\boldsymbol{Ax}=\boldsymbol{0}$ 的基础解系

$$\boldsymbol{x}_1 = (-1,1,0,0,0)^{\mathrm{T}},$$

$$\boldsymbol{x}_2 = \left(\frac{1}{2},0,-\frac{1}{2},1,0\right)^{\mathrm{T}},$$

$$\boldsymbol{x}_3 = (1,0,-1,0,1)^{\mathrm{T}}.$$

于是 $\boldsymbol{Ax}=\boldsymbol{b}$ 的一般解为

$$\boldsymbol{x} = \boldsymbol{x}_0 + k_1\boldsymbol{x}_1 + k_2\boldsymbol{x}_2 + k_3\boldsymbol{x}_3$$

$$= \begin{pmatrix} 1/2 \\ 0 \\ -1/2 \\ 0 \\ 0 \end{pmatrix} + k_1\begin{pmatrix} -1 \\ 1 \\ 0 \\ 0 \\ 0 \end{pmatrix} + k_2\begin{pmatrix} 1/2 \\ 0 \\ -1/2 \\ 1 \\ 0 \end{pmatrix} + k_3\begin{pmatrix} 1 \\ 0 \\ -1 \\ 0 \\ 1 \end{pmatrix},$$

其中 k_1,k_2,k_3 为任意常数(求线性方程组的解,必须养成习惯,将求得的 $\boldsymbol{x}_0,\boldsymbol{x}_1,\boldsymbol{x}_2,\boldsymbol{x}_3$ 代入原方程,验证其正确性). 这样求得的一般解与前面在高斯消元法中,令 $x_2=k_1,x_4=k_2,x_5=k_3$ 求得的一般解完全一样.

显然,$\boldsymbol{Ax}=\boldsymbol{0}$ 的基础解系也可取为

$$\boldsymbol{x}_1^* = (-1,1,0,0,0)^{\mathrm{T}},$$

$$\boldsymbol{x}_2^* = (1,0,-1,2,0)^{\mathrm{T}},$$

$$x_3^* = (1,0,-1,0,1)^{\mathrm{T}}.$$

例 2　设线性方程组

$$\begin{cases} px_1 + x_2 + x_3 = 4, \\ x_1 + tx_2 + x_3 = 3, \\ x_1 + 2tx_2 + x_3 = 4. \end{cases}$$

试就 p,t 讨论方程组的解的情况，有解时并求出解.

解　对方程组的增广矩阵$(\boldsymbol{A},\boldsymbol{b})$做初等行变换

$$(\boldsymbol{A},\boldsymbol{b}) \xrightarrow{\text{行对换}} \left(\begin{array}{ccc:c} 1 & t & 1 & 3 \\ 1 & 2t & 1 & 4 \\ p & 1 & 1 & 4 \end{array}\right)$$

$$\xrightarrow[\text{③}+\text{①}\times(-p)]{\text{②}+\text{①}\times(-1)} \left(\begin{array}{ccc:c} 1 & t & 1 & 3 \\ 0 & t & 0 & 1 \\ 0 & 1-pt & 1-p & 4-3p \end{array}\right)$$

$$\xrightarrow{\text{③}+\text{②}\times p} \left(\begin{array}{ccc:c} 1 & t & 1 & 3 \\ 0 & t & 0 & 1 \\ 0 & 1 & 1-p & 4-2p \end{array}\right)$$

$$\xrightarrow[\text{②}\leftrightarrow\text{③}]{\text{②}+\text{③}\times(-t)} \left(\begin{array}{ccc:c} 1 & t & 1 & 3 \\ 0 & 1 & 1-p & 4-2p \\ 0 & 0 & (p-1)t & 1-4t+2pt \end{array}\right).$$

(i) 当$(p-1)t\neq 0$(即 $p\neq 1,t\neq 0$)时，有唯一解

$$x_1 = \frac{2t-1}{(p-1)t},\ x_2 = \frac{1}{t},\ x_3 = \frac{1-4t+2pt}{(p-1)t}.$$

(ii) 当 $p=1$，且 $1-4t+2pt=1-2t=0$，即 $t=1/2$ 时，有无穷多解，此时

$$(\boldsymbol{A},\boldsymbol{b}) \Rightarrow \left(\begin{array}{ccc:c} 1 & 1/2 & 1 & 3 \\ 0 & 1 & 0 & 2 \\ 0 & 0 & 0 & 0 \end{array}\right) \Rightarrow \left(\begin{array}{ccc:c} 1 & 0 & 1 & 2 \\ 0 & 1 & 0 & 2 \\ 0 & 0 & 0 & 0 \end{array}\right).$$

于是方程组的一般解为

$$\boldsymbol{x}=\begin{pmatrix}2\\2\\0\end{pmatrix}+k\begin{pmatrix}-1\\0\\1\end{pmatrix}\ (k\ \text{为任意常数}),$$

(iii) 当 $p=1$,但 $1-4t+2pt=1-2t\neq0$,即 $t\neq1/2$ 时,方程组无解.

(iv) 当 $t=0$ 时,$1-4t+2pt=1\neq0$,故方程组也无解.此时,方程组中第二个与第三个方程矛盾.

***例 3** 证明:若 $\boldsymbol{x}_0$ 是 $\boldsymbol{Ax}=\boldsymbol{b}$ 的一个特解,$\boldsymbol{x}_1,\cdots,\boldsymbol{x}_p$ 是 $\boldsymbol{Ax}=\boldsymbol{0}$ 的基础解系,则 $\boldsymbol{x}_0,\boldsymbol{x}_0+\boldsymbol{x}_1,\cdots,\boldsymbol{x}_0+\boldsymbol{x}_p$ 线性无关,且 $\boldsymbol{Ax}=\boldsymbol{b}$ 的任一个解可表示为

$$\boldsymbol{x}=k_0\boldsymbol{x}_0+\sum_{i=1}^{p}k_i(\boldsymbol{x}_0+\boldsymbol{x}_i),$$

其中 $k_0+k_1+\cdots+k_p=1$.

证 设 $c_0\boldsymbol{x}_0+c_1(\boldsymbol{x}_0+\boldsymbol{x}_1)+\cdots+c_p(\boldsymbol{x}_0+\boldsymbol{x}_p)=\boldsymbol{0}$,即

$$(c_0+c_1+\cdots+c_p)\boldsymbol{x}_0+c_1\boldsymbol{x}_1+\cdots+c_p\boldsymbol{x}_p=\boldsymbol{0},$$

则必有 $c_0+c_1+\cdots+c_p=0$(否则,$\boldsymbol{x}_0=l_1\boldsymbol{x}_1+\cdots+l_p\boldsymbol{x}_p$ 是 $\boldsymbol{Ax}=\boldsymbol{0}$ 的解,与题设矛盾),再由 $\boldsymbol{x}_1,\cdots,\boldsymbol{x}_p$ 线性无关得 $c_1,\cdots,c_p$ 必须全为零,从而 $c_0=0$,故 $\boldsymbol{x}_0,\boldsymbol{x}_0+\boldsymbol{x}_1,\cdots,\boldsymbol{x}_0+\boldsymbol{x}_p$ 线性无关.

根据定理 3.17,$\boldsymbol{Ax}=\boldsymbol{b}$ 的任一个解 $\boldsymbol{x}$ 可表示为

$$\begin{aligned}\boldsymbol{x}&=\boldsymbol{x}_0+k_1\boldsymbol{x}_1+\cdots+k_p\boldsymbol{x}_p\\&=(1-k_1-\cdots-k_p)\boldsymbol{x}_0+k_1(\boldsymbol{x}_0+\boldsymbol{x}_1)+\cdots+\\&\quad k_p(\boldsymbol{x}_0+\boldsymbol{x}_p),\end{aligned}$$

令 $1-k_1-\cdots-k_p=k_0$,则 $k_0+k_1+\cdots+k_p=1$,命题第二部分得证. ■

在例 3 中,$\boldsymbol{x}_1+\boldsymbol{x}_0,\cdots,\boldsymbol{x}_p+\boldsymbol{x}_0$ 都是 $\boldsymbol{Ax}=\boldsymbol{b}$ 的解.一般来说,如果($\boldsymbol{A}$ 的列数)$-\mathrm{r}(\boldsymbol{A})=p$,则非齐次线性方程组 $\boldsymbol{Ax}=\boldsymbol{b}$ 有且仅有 $p+1$ 个线性无关的解 $\boldsymbol{x}_0,\boldsymbol{x}_1^*,\cdots,\boldsymbol{x}_p^*$,且其任一解可表示为

$$\boldsymbol{x}=k_0\boldsymbol{x}_0+k_1\boldsymbol{x}_1^*+\cdots+k_p\boldsymbol{x}_p^*,\tag{3.23}$$

其中系数和 $k_0+k_1+\cdots+k_p=1$. 这里的系数不是任意常数，一般不将(3.23)式称为 $\boldsymbol{Ax}=\boldsymbol{b}$ 的一般解.

例 4 设 $\boldsymbol{A}$ 是 5×4 矩阵，$\mathrm{r}(\boldsymbol{A})=2$，$\boldsymbol{x}_1=(1,2,0,1)^{\mathrm{T}}$，$\boldsymbol{x}_2=(2,1,1,3)^{\mathrm{T}}$ 是方程组 $\boldsymbol{Ax}=\boldsymbol{b}$ 的两个解，$\boldsymbol{x}_3=(1,0,1,0)^{\mathrm{T}}$ 是对应齐次方程组 $\boldsymbol{Ax}=\boldsymbol{0}$ 的一个解，试求 $\boldsymbol{Ax}=\boldsymbol{b}$ 的一般解.

解 $\boldsymbol{Ax}=\boldsymbol{0}$ 的基础解系是由 $4-\mathrm{r}(\boldsymbol{A})=2$ 个解组成，$\boldsymbol{x}_4=\boldsymbol{x}_2-\boldsymbol{x}_1=(1,-1,1,2)^{\mathrm{T}}$ 与 $\boldsymbol{x}_3$ 是 $\boldsymbol{Ax}=\boldsymbol{0}$ 的两个线性无关的解(即基础解系)，所以 $\boldsymbol{Ax}=\boldsymbol{b}$ 的一般解为

$$\begin{aligned}\boldsymbol{x}&=k_1\boldsymbol{x}_3+k_2(\boldsymbol{x}_2-\boldsymbol{x}_1)+\boldsymbol{x}_1\\&=k_1(1,0,1,0)^{\mathrm{T}}+k_2(1,-1,1,2)^{\mathrm{T}}+(1,2,0,1)^{\mathrm{T}},\end{aligned}$$

其中 k_1,k_2 为任意常数.

例 5 设4元齐次线性方程组(Ⅰ)为

$$\begin{cases}x_1+x_3=0,\\x_3-x_4=0.\end{cases}$$

4元齐次线性方程组(Ⅱ)的基础解系为 $\boldsymbol{x}_3=(0,1,2,0)^{\mathrm{T}}$，$\boldsymbol{x}_4=(-1,-3,-3,1)^{\mathrm{T}}$.

(1) 求线性方程组(Ⅰ)的一般解；

(2) 线性方程组(Ⅰ)和(Ⅱ)是否有非零的公共解，若有，求出其所有的非零公共解，若没有，则说明理由(此题实际上是求这两个方程组的解集的交集).

解 (1) 线性方程组(Ⅰ)的系数矩阵

$$\boldsymbol{A}=\begin{pmatrix}1&0&1&0\\0&0&1&-1\end{pmatrix}\xrightarrow[\text{行变换}]{\text{初等}}\begin{pmatrix}1&0&0&1\\0&0&1&-1\end{pmatrix}=\boldsymbol{U}.$$

线性方程组(Ⅰ)$\boldsymbol{Ax}=\boldsymbol{0}$ 的同解方程组为 $\boldsymbol{Ux}=\boldsymbol{0}$，即

$$\begin{cases}x_1+x_4=0,\\x_3-x_4=0.\end{cases}$$

取 x_2,x_4 为自由未知量，分别取 $x_2=1,x_4=0$ 和 $x_2=0,x_4=1$，得其基础解系

$$\boldsymbol{x}_1 = (0,1,0,0)^{\mathrm{T}},\ \boldsymbol{x}_2 = (-1,0,1,1)^{\mathrm{T}}.$$

故一般解为 $\boldsymbol{x}=k_1\boldsymbol{x}_1+k_2\boldsymbol{x}_2$，其中 $\boldsymbol{x}_1,\boldsymbol{x}_2$ 如上，k_1,k_2 为任意常数.

*(2) 线性方程组(Ⅱ)的一般解为 $\boldsymbol{x}=k_3\boldsymbol{x}_3+k_4\boldsymbol{x}_4$. 因此线性方程组(Ⅰ)和(Ⅱ)如有公共解 $\boldsymbol{x}_0$，则必有

$$\boldsymbol{x}_0 = k_1\boldsymbol{x}_1 + k_2\boldsymbol{x}_2 = k_3\boldsymbol{x}_3 + k_4\boldsymbol{x}_4, \qquad ①$$

即
$$k_1\boldsymbol{x}_1 + k_2\boldsymbol{x}_2 - k_3\boldsymbol{x}_3 - k_4\boldsymbol{x}_4 = \boldsymbol{0}.$$

这个向量方程是关于 k_1,k_2,k_3,k_4 的 4 元齐次线性方程组 $\boldsymbol{Bk}=\boldsymbol{0}$，其中 $\boldsymbol{k}=[k_1,k_2,k_3,k_4]^{\mathrm{T}}$，系数矩阵

$$\boldsymbol{B}=(\boldsymbol{x}_1,\boldsymbol{x}_2,-\boldsymbol{x}_3,-\boldsymbol{x}_4)=\begin{pmatrix}0&-1&0&1\\1&0&-1&3\\0&1&-2&3\\0&1&0&-1\end{pmatrix}$$

$$\text{(先将第 1,2 行对换)}\xrightarrow[\text{行变换}]{\text{初等}}\begin{pmatrix}1&0&0&1\\0&1&0&-1\\0&0&1&-2\\0&0&0&0\end{pmatrix}.$$

取 k_4 为自由未知量，$k_4=1$，得 $\boldsymbol{Bk}=\boldsymbol{0}$ 的基础解系(只有一个解)

$$\boldsymbol{k}_1 = (-1,1,2,1)^{\mathrm{T}}$$

其一般解为

$$\boldsymbol{k} = (k_1,k_2,k_3,k_4)^{\mathrm{T}} = \lambda(-1,1,2,1)^{\mathrm{T}}(\lambda \text{ 为任意常数}).$$

于是，取 $k_1=-\lambda, k_2=\lambda$ 代入①式，即得线性方程组(Ⅰ)和(Ⅱ)的所有非零公共解

$$\boldsymbol{x}_0 = -\lambda\boldsymbol{x}_1 + \lambda\boldsymbol{x}_2 = \lambda(-1,-1,1,1)^{\mathrm{T}}(\lambda \text{ 为任意常数}).$$

注意：如果 $\boldsymbol{Bk}=\boldsymbol{0}$ 没有非零解(只有零解)，则(Ⅰ)和(Ⅱ)没有非零公共解.

如果线性方程组(Ⅱ)也是以 4 元齐次线性方程组的形式给出，则线性方程组(Ⅰ),(Ⅱ)的解集的交集，就是将(Ⅰ),(Ⅱ)中所有方程联立在一起构成的线性方程组的解集.

习题　补充题　答案

习题

将1,2题中的向量$\boldsymbol{\alpha}$表示成$\boldsymbol{\alpha}_1,\boldsymbol{\alpha}_2,\boldsymbol{\alpha}_3,\boldsymbol{\alpha}_4$的线性组合：

1. $\boldsymbol{\alpha}=\begin{pmatrix}1\\2\\1\\1\end{pmatrix},\boldsymbol{\alpha}_1=\begin{pmatrix}1\\1\\1\\1\end{pmatrix},\boldsymbol{\alpha}_2=\begin{pmatrix}1\\1\\-1\\-1\end{pmatrix},\boldsymbol{\alpha}_3=\begin{pmatrix}1\\-1\\1\\-1\end{pmatrix},\boldsymbol{\alpha}_4=\begin{pmatrix}1\\-1\\-1\\1\end{pmatrix}.$

2. $\boldsymbol{\alpha}=(0,0,0,1),\boldsymbol{\alpha}_1=(1,1,0,1),\boldsymbol{\alpha}_2=(2,1,3,1),\boldsymbol{\alpha}_3=(1,1,0,0),\boldsymbol{\alpha}_4=(0,1,-1,-1)$.

判别3,4题中的向量组的线性相关性：

3. $\boldsymbol{\alpha}_1=(1,1,1)^{\mathrm{T}},\boldsymbol{\alpha}_2=(0,2,5)^{\mathrm{T}},\boldsymbol{\alpha}_3=(1,3,6)^{\mathrm{T}}$.

4. $\boldsymbol{\beta}_1=(1,-1,2,4)^{\mathrm{T}},\boldsymbol{\beta}_2=(0,3,1,2)^{\mathrm{T}},\boldsymbol{\beta}_3=(3,0,7,14)^{\mathrm{T}}$.

5. 论述单个向量$\boldsymbol{\alpha}=(\alpha_1,\alpha_2,\cdots,\alpha_n)$线性相关和线性无关的条件.

6. 证明：如果向量组线性无关，则向量组的任一部分组都线性无关.

7. 证明：若$\boldsymbol{\alpha}_1,\boldsymbol{\alpha}_2$线性无关，则$\boldsymbol{\alpha}_1+\boldsymbol{\alpha}_2,\boldsymbol{\alpha}_1-\boldsymbol{\alpha}_2$也线性无关.

8. 设有两个向量组$\boldsymbol{\alpha}_1,\boldsymbol{\alpha}_2,\cdots,\boldsymbol{\alpha}_s$和$\boldsymbol{\beta}_1,\boldsymbol{\beta}_2,\cdots,\boldsymbol{\beta}_s$，其中

$$\boldsymbol{\alpha}_1=\begin{pmatrix}a_{11}\\a_{21}\\\vdots\\a_{k1}\end{pmatrix},\boldsymbol{\alpha}_2=\begin{pmatrix}a_{12}\\a_{22}\\\vdots\\a_{k2}\end{pmatrix},\cdots,\boldsymbol{\alpha}_s=\begin{pmatrix}a_{1s}\\a_{2s}\\\vdots\\a_{ks}\end{pmatrix},$$

$\boldsymbol{\beta}_1,\boldsymbol{\beta}_2,\cdots,\boldsymbol{\beta}_s$是分别在$\boldsymbol{\alpha}_1,\boldsymbol{\alpha}_2,\cdots,\boldsymbol{\alpha}_s$的$k$个分量后面任意添加$m$个分量$b_{1j},b_{2j},\cdots,b_{mj}(j=1,2,\cdots,s)$所组成的$k+m$维向量.证明：

(1) 若$\boldsymbol{\alpha}_1,\boldsymbol{\alpha}_2,\cdots,\boldsymbol{\alpha}_s$线性无关，则$\boldsymbol{\beta}_1,\boldsymbol{\beta}_2,\cdots,\boldsymbol{\beta}_s$也线性无关；

(2) 若$\boldsymbol{\beta}_1,\boldsymbol{\beta}_2,\cdots,\boldsymbol{\beta}_s$线性相关，则$\boldsymbol{\alpha}_1,\boldsymbol{\alpha}_2,\cdots,\boldsymbol{\alpha}_s$也线性相关.

并在$\mathbb{R}^2$和$\mathbb{R}^3$中各取两个向量(即取$s=2,k=2,m=1$)做几何解释.

9. 证明：$\boldsymbol{\alpha}_1+\boldsymbol{\alpha}_2,\boldsymbol{\alpha}_2+\boldsymbol{\alpha}_3,\boldsymbol{\alpha}_3+\boldsymbol{\alpha}_1$线性无关的充要条件是$\boldsymbol{\alpha}_1,\boldsymbol{\alpha}_2,\boldsymbol{\alpha}_3$线性无关.

10. 下列命题(或说法)是否正确？如正确，证明之；如不正确，举反例：

(1) $\boldsymbol{\alpha}_1,\boldsymbol{\alpha}_2,\cdots,\boldsymbol{\alpha}_m(m>2)$线性无关的充要条件是任意两个向量线性无关；

(2) $\boldsymbol{\alpha}_1,\boldsymbol{\alpha}_2,\cdots,\boldsymbol{\alpha}_m(m>2)$线性相关的充要条件是有$m-1$个向量线性相关；

(3) 若$\boldsymbol{\alpha}_1,\boldsymbol{\alpha}_2$线性相关，$\boldsymbol{\beta}_1,\boldsymbol{\beta}_2$线性相关，则有不全为零的数$k_1$和$k_2$，使$k_1\boldsymbol{\alpha}_1+k_2\boldsymbol{\alpha}_2=\mathbf{0}$且$k_1\boldsymbol{\beta}_1+k_2\boldsymbol{\beta}_2=\mathbf{0}$，从而使$k_1(\boldsymbol{\alpha}_1+\boldsymbol{\beta}_1)+k_2(\boldsymbol{\alpha}_2+\boldsymbol{\beta}_2)=\mathbf{0}$，故$\boldsymbol{\alpha}_1+\boldsymbol{\beta}_1,\boldsymbol{\alpha}_2+\boldsymbol{\beta}_2$线性相关；

(4) 若$\boldsymbol{\alpha}_1,\boldsymbol{\alpha}_2,\boldsymbol{\alpha}_3$线性无关，则$\boldsymbol{\alpha}_1-\boldsymbol{\alpha}_2,\boldsymbol{\alpha}_2-\boldsymbol{\alpha}_3,\boldsymbol{\alpha}_3-\boldsymbol{\alpha}_1$线性无关；

(5) 若$\boldsymbol{\alpha}_1,\boldsymbol{\alpha}_2,\boldsymbol{\alpha}_3,\boldsymbol{\alpha}_4$线性无关，则$\boldsymbol{\alpha}_1+\boldsymbol{\alpha}_2,\boldsymbol{\alpha}_2+\boldsymbol{\alpha}_3,\boldsymbol{\alpha}_3+\boldsymbol{\alpha}_4,\boldsymbol{\alpha}_4+\boldsymbol{\alpha}_1$线性无关（*对$n$个向量的情况，给出一般的结论）；

(6) 若$\boldsymbol{\alpha}_1,\boldsymbol{\alpha}_2,\cdots,\boldsymbol{\alpha}_n$线性相关，则$\boldsymbol{\alpha}_1+\boldsymbol{\alpha}_2,\boldsymbol{\alpha}_2+\boldsymbol{\alpha}_3,\cdots,\boldsymbol{\alpha}_{n-1}+\boldsymbol{\alpha}_n,\boldsymbol{\alpha}_n+\boldsymbol{\alpha}_1$线性相关.

11. 如果$\boldsymbol{\alpha}_1,\boldsymbol{\alpha}_2,\boldsymbol{\alpha}_3,\boldsymbol{\alpha}_4$线性相关，但其中任意3个向量都线性无关，证明必存在一组全不为零的数k_1,k_2,k_3,k_4，使得

$$k_1\boldsymbol{\alpha}_1+k_2\boldsymbol{\alpha}_2+k_3\boldsymbol{\alpha}_3+k_4\boldsymbol{\alpha}_4=\mathbf{0}.$$

12. 若$\boldsymbol{\alpha}_1,\boldsymbol{\alpha}_2,\cdots,\boldsymbol{\alpha}_r$线性无关，证明：$\boldsymbol{\beta},\boldsymbol{\alpha}_1,\boldsymbol{\alpha}_2,\cdots,\boldsymbol{\alpha}_r$线性无关的充要条件是$\boldsymbol{\beta}$不能由$\boldsymbol{\alpha}_1,\boldsymbol{\alpha}_2,\cdots,\boldsymbol{\alpha}_r$线性表示.

13. 求下列向量组的秩及其一个极大线性无关组，并将其余向量用极大线性无关组线性表示：

(1) $\boldsymbol{\alpha}_1=(6,4,1,9,2),\boldsymbol{\alpha}_2=(1,0,2,3,-4)$,

$\boldsymbol{\alpha}_3=(1,4,-9,-6,22),\boldsymbol{\alpha}_4=(7,1,0,-1,3)$;

(2) $\boldsymbol{\alpha}_1=(1,-1,2,4),\boldsymbol{\alpha}_2=(0,3,1,2),\boldsymbol{\alpha}_3=(3,0,7,14)$,

$\boldsymbol{\alpha}_4=(2,1,5,6),\boldsymbol{\alpha}_5=(1,-1,2,0)$;

(3) $\boldsymbol{\alpha}_1=(1,1,1),\boldsymbol{\alpha}_2=(1,1,0),\boldsymbol{\alpha}_3=(1,0,0),\boldsymbol{\alpha}_4=(1,2,-3)$.

14. 设向量组：$\boldsymbol{\xi}_1=(1,-1,2,4),\boldsymbol{\xi}_2=(0,3,1,2),\boldsymbol{\xi}_3=(3,0,7,14),\boldsymbol{\xi}_4=(1,-1,2,0),\boldsymbol{\xi}_5=(2,1,5,6)$.

(1) 证明$\boldsymbol{\xi}_1,\boldsymbol{\xi}_2$线性无关；

(2) 求向量组包含$\boldsymbol{\xi}_1,\boldsymbol{\xi}_2$的极大线性无关组.

***15.** 设$\boldsymbol{A},\boldsymbol{B}$皆为$n$阶矩阵，$\mathrm{r}(\boldsymbol{A})\leqslant n,\mathrm{r}(\boldsymbol{B})\leqslant n$，证明：

(1) 秩$\begin{pmatrix}\boldsymbol{A}&\mathbf{0}\\\mathbf{0}&\boldsymbol{B}\end{pmatrix}=\mathrm{r}(\boldsymbol{A})+\mathrm{r}(\boldsymbol{B})$;

(2) 秩$\begin{pmatrix} A & C \\ 0 & B \end{pmatrix} \geqslant \mathrm{r}(A)+\mathrm{r}(B)$ (C 为任意的 n 阶矩阵).

* **16.** 证明 $\mathrm{r}(AB) \leqslant \min(\mathrm{r}(A),\mathrm{r}(B))$.

17. 设 A 是 $m\times n$ 矩阵，B 是 $n\times m$ 矩阵，$n<m$，证明：齐次线性方程组 $(AB)x=0$ 有非零解.

* **18.** 设 A 是 $s\times n$ 矩阵，B 是由 A 的前 m 行构成的 $m\times n$ 矩阵. 证明：若 A 的行向量组的秩为 r，则 $\mathrm{r}(B)\geqslant r+m-s$.

求下列(19～22题)矩阵的秩，并指出该矩阵的一个最高阶的非零子式：

19. $\begin{pmatrix} 1 & 2 & 3 & 4 & 5 \\ 0 & 0 & -1 & -2 & -3 \\ 0 & 0 & 0 & 0 & 4 \\ 0 & 0 & 1 & 2 & -1 \end{pmatrix}$.　**20.** $\begin{pmatrix} 1 & -1 & 2 & 1 & 0 \\ 2 & -2 & 4 & -2 & 0 \\ 3 & 0 & 6 & -1 & 1 \\ 0 & 3 & 0 & 0 & 1 \end{pmatrix}$.

21. $\begin{pmatrix} 3 & 2 & -1 & -3 & -2 \\ 2 & -1 & 3 & 1 & -3 \\ 4 & 5 & -5 & -6 & 1 \end{pmatrix}$.　**22.** $\begin{pmatrix} 1 & 1 & 0 & 0 \\ 2 & 1 & 1 & 0 \\ 0 & 2 & 1 & 1 \\ 0 & 0 & 2 & 1 \end{pmatrix}$.

23. 设 A 是一个 $m\times n$ 矩阵，证明：存在非零的 $n\times s$ 矩阵 B，使 $AB=0$ 的充要条件是 $\mathrm{r}(A)<n$.

* **24.** 设 A,B 是同型矩阵，证明：A 与 B 相抵的充分必要条件是 $\mathrm{r}(A)=\mathrm{r}(B)$.

* **25.** 设 A 是 $m\times n$ 矩阵($m<n$)，$\mathrm{r}(A)=m$，证明：存在 $n\times m$ 矩阵 B，使 $AB=I_m$.

* **26.** 证明：若 n 阶方阵 A 的秩为 r，则必有秩为 $n-r$ 的 n 阶方阵 B，使 $BA=0$.

* **27.** 证明：任何秩为 r 的矩阵可以表示为 r 个秩为1的矩阵之和，但不能表示为少于 r 个秩为1的矩阵之和.

28. 求下列齐次线性方程组的一个基础解系及一般解：

(1) $\begin{cases} x_1 - x_2 + 5x_3 - x_4 = 0, \\ x_1 + x_2 - 2x_3 + 3x_4 = 0, \\ 3x_1 - x_2 + 8x_3 + x_4 = 0, \\ x_1 + 3x_2 - 9x_3 + 7x_4 = 0. \end{cases}$

(2) $\begin{cases} 3x_1+x_2-8x_3+2x_4+x_5=0, \\ 2x_1-2x_2-3x_3-7x_4+2x_5=0, \\ x_1+11x_2-12x_3+34x_4-5x_5=0, \\ x_1-5x_2+2x_3-16x_4+3x_5=0. \end{cases}$

29. 求下列非齐次线性方程组的一般解:

(1) $\begin{cases} 2x_1+7x_2+3x_3+x_4=6, \\ 3x_1+5x_2+2x_3+2x_4=4, \\ 9x_1+4x_2+x_3+7x_4=2. \end{cases}$

(2) $\begin{cases} x_1+x_2+x_3+x_4+x_5=7, \\ 3x_1+2x_2+x_3+x_4-3x_5=-2, \\ x_2+2x_3+2x_4+6x_5=23, \\ 5x_1+4x_2+3x_3+3x_4-x_5=12. \end{cases}$

30. 讨论 p,q 取何值时,下列线性方程组有解、无解,有解时求其解:

(1) $\begin{cases} (p+3)x_1+x_2+2x_3=p, \\ px_1+(p-1)x_2+x_3=2p, \\ 3(p+1)x_1+px_2+(p+3)x_3=3. \end{cases}$

(2) $\begin{cases} x_1+x_2+x_3+x_4+x_5=1, \\ 3x_1+2x_2+x_3+x_4-3x_5=p, \\ x_2+2x_3+2x_4+6x_5=3, \\ 5x_1+4x_2+3x_3+3x_4-x_5=q. \end{cases}$

(3) $\begin{cases} x_1+x_2+2x_3-x_4=1, \\ x_1-x_2-2x_3-7x_4=3, \\ x_2+px_3+qx_4=q-3, \\ x_1+x_2+2x_3+(q-2)x_4=q+3. \end{cases}$

31. 设 $\boldsymbol{A}$ 为 $m\times n$ 矩阵,证明:若任一个 n 维向量都是 $\boldsymbol{Ax}=\boldsymbol{0}$ 的解,则 $\boldsymbol{A}=\boldsymbol{0}$.

32. 设 $\boldsymbol{A}$ 是 $m\times s$ 矩阵,$\boldsymbol{B}$ 是 $s\times n$ 矩阵,$\boldsymbol{x}$ 是 n 维列向量. 证明:若 $(\boldsymbol{AB})\boldsymbol{x}=\boldsymbol{0}$ 与 $\boldsymbol{Bx}=\boldsymbol{0}$ 是同解方程组,则 $\mathrm{r}(\boldsymbol{AB})=\mathrm{r}(\boldsymbol{B})$.

33. 设 $\boldsymbol{A}$ 是 $m\times n$ 矩阵,$\boldsymbol{B}$ 是 $n\times s$ 矩阵. 证明:若 $\boldsymbol{AB}=\boldsymbol{0}$,则 $\mathrm{r}(\boldsymbol{A})+\mathrm{r}(\boldsymbol{B})\leqslant n$(提示:$\boldsymbol{B}$ 的列向量是 $\boldsymbol{Ax}=\boldsymbol{0}$ 的解).

*34. 设 A^* 是 n 阶矩阵 A 的伴随矩阵. 证明：

(1) $\mathrm{r}(A^*)=\begin{cases} n, 当\ \mathrm{r}(A)=n, \\ 1, 当\ \mathrm{r}(A)=n-1, \\ 0, 当\ \mathrm{r}(A)<n-1. \end{cases}$

(2) $|A^*|=|A|^{n-1}$.

35. 设 A 是 n 阶可逆矩阵($n>2$)，证明：$(A^*)^*=|A|^{n-2}A$.

36. 设 A 是 n 阶矩阵. 证明：非齐次线性方程组 $Ax=b$ 对任何 b 都有解的充分必要条件是 $|A|\neq 0$.

37. 设 $x_1-x_2=a_1, x_2-x_3=a_2, x_3-x_4=a_3, x_4-x_5=a_4, x_5-x_1=a_5$.

证明：这个方程组有解的充分必要条件为 $\sum\limits_{i=1}^{5} a_i=0$. 在有解的情形下，求出它的一般解.

补充题

下列 38～44 题为选择题：

38. 已知 β_1, β_2 是方程组 $Ax=b$ 的两个不同解，α_1, α_2 是对应齐次方程 $Ax=0$ 的基础解系，则 $Ax=b$ 的一般解是：

(A) $k_1\alpha_1+k_2(\alpha_1+\alpha_2)+\dfrac{\beta_1-\beta_2}{2}$； (B) $k_1\alpha_1+k_2(\alpha_2-\alpha_1)+\dfrac{\beta_1+\beta_2}{2}$；

(C) $k_1\alpha_1+k_2(\beta_1+\beta_2)+\dfrac{\beta_1-\beta_2}{2}$； (D) $k_1\alpha_1+k_2(\beta_1-\beta_2)+\dfrac{\beta_1+\beta_2}{2}$.

39. 已知 $Q=\begin{pmatrix} 1 & 2 & 3 \\ 2 & 4 & t \\ 3 & 6 & 9 \end{pmatrix}$，

P 为非零三阶矩阵，$PQ=0$，则：

(A) 当 $t=6$ 时 $\mathrm{r}(P)=1$；(B) 当 $t=6$ 时 $\mathrm{r}(P)=2$；

(C) 当 $t\neq 6$ 时 $\mathrm{r}(P)=1$；(D) 当 $t\neq 6$ 时 $\mathrm{r}(P)=2$.

40. 设 $\alpha_1=(a_1,a_2,a_3)^{\mathrm{T}}, \alpha_2=(b_1,b_2,b_3)^{\mathrm{T}}, \alpha_3=(c_1,c_2,c_3)^{\mathrm{T}}$，则三条直线 $a_ix+b_iy+c_i=0, (a_i^2+b_i^2\neq 0)(i=1,2,3)$ 交于一点的充要条件是：

(A) $\alpha_1, \alpha_2, \alpha_3$ 线性相关； (B) $\alpha_1, \alpha_2, \alpha_3$ 线性无关；

(C) $\mathrm{r}\{\alpha_1, \alpha_2, \alpha_3\}=\mathrm{r}\{\alpha_1, \alpha_2\}$； (D) $\alpha_1, \alpha_2, \alpha_3$ 线性相关，α_1, α_2 线性无关.

41. 设 $\boldsymbol{A}$ 是 $m\times n$ 矩阵，$\mathrm{r}(\boldsymbol{A})=m(m<n)$，$\boldsymbol{B}$ 是 n 阶矩阵，下列哪个成立？

(A) $\boldsymbol{A}$ 中任一 m 阶子式 $\neq 0$； (B) $\boldsymbol{A}$ 中任意 m 列线性无关；

(C) $|\boldsymbol{A}^{\mathrm{T}}\boldsymbol{A}|\neq 0$； (D) 若 $\boldsymbol{AB}=\boldsymbol{0}$，则 $\boldsymbol{B}=\boldsymbol{0}$；

(E) 若 $\mathrm{r}(\boldsymbol{B})=n$，则 $\mathrm{r}(\boldsymbol{AB})=m$.

42. 设 $\boldsymbol{\alpha}_1,\cdots,\boldsymbol{\alpha}_m\ (\boldsymbol{\alpha}_i\in\mathbb{R}^n, i=1,\cdots,m, m>2)$ 线性无关，下列哪个成立？

(A) 对任意常数 $k_1,\cdots,k_m$ 有 $k_1\boldsymbol{\alpha}_1+\cdots+k_m\boldsymbol{\alpha}_m=\boldsymbol{0}$；

(B) 任意 $k(k<m)$ 个向量 $\boldsymbol{\alpha}_{i_1},\cdots,\boldsymbol{\alpha}_{i_k}$ 线性相关；

(C) 对任意 $\boldsymbol{\beta}\in\mathbb{R}^n$，$\boldsymbol{\alpha}_1,\cdots,\boldsymbol{\alpha}_m,\boldsymbol{\beta}$ 线性相关；

(D) 任意 $k(k<m)$ 个向量 $\boldsymbol{\alpha}_{i_1},\boldsymbol{\alpha}_{i_2},\cdots,\boldsymbol{\alpha}_{i_k}$ 线性无关.

43. 设向量 $\boldsymbol{\alpha},\boldsymbol{\beta},\boldsymbol{\gamma}$ 线性无关，$\boldsymbol{\alpha},\boldsymbol{\beta},\boldsymbol{\delta}$ 线性相关，下列哪个成立？

(A) $\boldsymbol{\alpha}$ 必可由 $\boldsymbol{\beta},\boldsymbol{\gamma},\boldsymbol{\delta}$ 线性表示； (B) $\boldsymbol{\beta}$ 必不可由 $\boldsymbol{\alpha},\boldsymbol{\gamma},\boldsymbol{\delta}$ 线性表示；

(C) $\boldsymbol{\delta}$ 必可由 $\boldsymbol{\alpha},\boldsymbol{\beta},\boldsymbol{\gamma}$ 线性表示； (D) $\boldsymbol{\delta}$ 必不可由 $\boldsymbol{\alpha},\boldsymbol{\beta},\boldsymbol{\gamma}$ 线性表示.

44. 设 $\boldsymbol{A}$ 是 4×3 矩阵，$\mathrm{r}(\boldsymbol{A})=1$，$\boldsymbol{\xi}_1,\boldsymbol{\xi}_2,\boldsymbol{\xi}_3$ 是非齐次线性方程组 $\boldsymbol{Ax}=\boldsymbol{b}$ 的三个线性无关解，下列哪个是 $\boldsymbol{Ax}=\boldsymbol{0}$ 的基础解系？

(A) $\boldsymbol{\xi}_1+\boldsymbol{\xi}_2+\boldsymbol{\xi}_3$； (B) $\boldsymbol{\xi}_1+\boldsymbol{\xi}_2-2\boldsymbol{\xi}_3$；

(C) $\boldsymbol{\xi}_2-\boldsymbol{\xi}_1,\boldsymbol{\xi}_3-\boldsymbol{\xi}_2$； (D) $\boldsymbol{\xi}_1+\boldsymbol{\xi}_2,\boldsymbol{\xi}_2+\boldsymbol{\xi}_3$.

45. 设向量组 $\{\boldsymbol{\alpha}_1,\boldsymbol{\alpha}_2,\boldsymbol{\alpha}_3\}$ 线性相关，$\{\boldsymbol{\alpha}_2,\boldsymbol{\alpha}_3,\boldsymbol{\alpha}_4\}$ 线性无关. 回答下列问题，并证明之.

(1) $\boldsymbol{\alpha}_1$ 能否由 $\{\boldsymbol{\alpha}_2,\boldsymbol{\alpha}_3\}$ 线性表示？

(2) $\boldsymbol{\alpha}_4$ 能否由 $\{\boldsymbol{\alpha}_1,\boldsymbol{\alpha}_2,\boldsymbol{\alpha}_3\}$ 线性表示？

46. 设 $\boldsymbol{A}$ 为 n 阶矩阵，若存在正整数 $k(k\geqslant 2)$ 使得 $\boldsymbol{A}^k\boldsymbol{\alpha}=\boldsymbol{0}$ 但 $\boldsymbol{A}^{k-1}\boldsymbol{\alpha}\neq\boldsymbol{0}$（其中 $\boldsymbol{\alpha}$ 为 n 维非零列向量），证明：$\boldsymbol{\alpha},\boldsymbol{A\alpha},\cdots,\boldsymbol{A}^{k-1}\boldsymbol{\alpha}$ 线性无关.

47. 设 $\boldsymbol{A},\boldsymbol{B}$ 分别为 $n\times m$，$m\times n$ 矩阵（$n<m$），且 $\boldsymbol{AB}=\boldsymbol{I}$（$n$ 阶单位矩阵），证明：$\boldsymbol{B}$ 的列向量组线性无关.

48. 已知秩 $\{\boldsymbol{\alpha}_1,\boldsymbol{\alpha}_2,\boldsymbol{\alpha}_3\}$ = 秩 $\{\boldsymbol{\beta}_1,\boldsymbol{\beta}_2,\boldsymbol{\beta}_3\}$，其中 $\boldsymbol{\alpha}_1=(1,2,-3)^{\mathrm{T}}$，$\boldsymbol{\alpha}_2=(3,0,1)^{\mathrm{T}}$，$\boldsymbol{\alpha}_3=(9,6,-7)^{\mathrm{T}}$；$\boldsymbol{\beta}_1=(0,1,-1)^{\mathrm{T}}$，$\boldsymbol{\beta}_2=(a,2,1)^{\mathrm{T}}$，$\boldsymbol{\beta}_3=(b,1,0)^{\mathrm{T}}$，且 $\boldsymbol{\beta}_3$ 可由 $\boldsymbol{\alpha}_1,\boldsymbol{\alpha}_2,\boldsymbol{\alpha}_3$ 线性表示，求 a,b 的值.

49. 设 $\boldsymbol{A}=\begin{pmatrix} 1 & a & \cdots & a \\ a & 1 & \cdots & a \\ \vdots & \vdots & \ddots & \vdots \\ a & a & \cdots & 1 \end{pmatrix}$

为 n 阶矩阵($n\geqslant 3$),$a\in\mathbb{R}$,且 $\mathrm{r}(\boldsymbol{A})=n-1$,求 a.

50. 设 n 阶矩阵 $\boldsymbol{A}$ 的每行元素之和均为零,又 $\mathrm{r}(\boldsymbol{A})=n-1$,求齐次线性方程组 $\boldsymbol{Ax}=\boldsymbol{0}$ 的通解.

51. 已知下列线性方程组Ⅰ,Ⅱ为同解线性方程组,求参数 m,n,t 之值.

$$\text{Ⅰ}:\begin{cases}x_1+x_2-2x_4=-6,\\4x_1-x_2-x_3-x_4=1,\\3x_1-x_2-x_3=3;\end{cases}$$

$$\text{Ⅱ}:\begin{cases}x_1+mx_2-x_3-x_4=-5,\\nx_2-x_3-2x_4=-11,\\x_3-2x_4=-t+1.\end{cases}$$

52. 设 $\boldsymbol{\alpha}=(1,2,1)^{\mathrm{T}},\boldsymbol{\beta}=\left(1,\dfrac{1}{2},0\right)^{\mathrm{T}},\boldsymbol{\gamma}=(0,0,8)^{\mathrm{T}},\boldsymbol{A}=\boldsymbol{\alpha\beta}^{\mathrm{T}},\boldsymbol{B}=\boldsymbol{\beta}^{\mathrm{T}}\boldsymbol{\alpha}$,求解方程 $2\boldsymbol{B}^2\boldsymbol{A}^2\boldsymbol{x}=\boldsymbol{A}^4\boldsymbol{x}+\boldsymbol{B}^4\boldsymbol{x}+\boldsymbol{\gamma}$.

53. 设 n 阶矩阵 $\boldsymbol{A}=(\boldsymbol{\alpha}_1,\boldsymbol{\alpha}_2,\cdots,\boldsymbol{\alpha}_n)$ 的行列式 $|\boldsymbol{A}|\neq 0$,$\boldsymbol{A}$ 的前 $n-1$ 列构成的 $n\times(n-1)$ 矩阵记为 $\boldsymbol{A}_1=(\boldsymbol{\alpha}_1,\boldsymbol{\alpha}_2,\cdots,\boldsymbol{\alpha}_{n-1})$,问方程组 $\boldsymbol{A}_1\boldsymbol{x}=\boldsymbol{\alpha}_n$ 有解否?为什么?

54. 设 $\boldsymbol{\alpha},\boldsymbol{\beta}$ 均为非零的 n 维列向量,$\boldsymbol{A}=\boldsymbol{\alpha\beta}^{\mathrm{T}}$,证明:$\boldsymbol{A}$ 中任两行(或两列)成比例.

55. 设 n 阶矩阵 $\boldsymbol{A}$ 分块为

$$\boldsymbol{A}=\begin{pmatrix}\boldsymbol{A}_{11}&\boldsymbol{A}_{12}\\\boldsymbol{A}_{21}&\boldsymbol{A}_{22}\end{pmatrix},$$

其中 $\boldsymbol{A}_{11}$ 为 k 阶可逆矩阵($k<n$),证明:存在主对角元为1的上三角矩阵 $\boldsymbol{U}$ 和下三角矩阵 $\boldsymbol{L}$,使得

$$\boldsymbol{LAU}=\begin{pmatrix}\boldsymbol{A}_{11}&\boldsymbol{0}\\\boldsymbol{0}&\boldsymbol{B}\end{pmatrix}.$$

56. 设 $\boldsymbol{A},\boldsymbol{B}$ 皆为 n 阶矩阵.证明:

(1) $\begin{vmatrix}\boldsymbol{I}&\boldsymbol{B}\\\boldsymbol{A}&\boldsymbol{I}\end{vmatrix}=|\boldsymbol{I}-\boldsymbol{AB}|$; (2) $|\boldsymbol{I}-\boldsymbol{AB}|=|\boldsymbol{I}-\boldsymbol{BA}|$;

(3) $\det(\lambda\boldsymbol{I}-\boldsymbol{AB})=\det(\lambda\boldsymbol{I}-\boldsymbol{BA})$($\lambda$ 为任意常数).

57. 证明:若 $\boldsymbol{A}$ 是 $m\times n$ 矩阵,$\mathrm{r}(\boldsymbol{A})=r$,则存在 $m\times r$ 矩阵 $\boldsymbol{B}$,$r\times n$ 矩阵 $\boldsymbol{C}$,且 $\mathrm{r}(\boldsymbol{B})=\mathrm{r}(\boldsymbol{C})=r$,使得 $\boldsymbol{A}=\boldsymbol{BC}$(提示:利用相抵标准形).

58. 设 $\boldsymbol{A},\boldsymbol{B}$ 皆为 n 阶矩阵，$\mathrm{r}(\boldsymbol{A})+\mathrm{r}(\boldsymbol{B})<n$，证明：存在可逆矩阵 $\boldsymbol{Q}$，使 $\boldsymbol{AQB}=\boldsymbol{0}$[提示：利用相抵标准形，$\boldsymbol{A}\cong\mathrm{diag}(1,\cdots,1,0,\cdots,0)$，$\boldsymbol{B}\cong\mathrm{diag}(0,\cdots,0,1,\cdots,1)$].

59. 证明：$\boldsymbol{\alpha}_1,\boldsymbol{\alpha}_2,\cdots,\boldsymbol{\alpha}_r$（其中 $\boldsymbol{\alpha}_1\neq 0$）线性相关的充要条件是存在一个 $\boldsymbol{\alpha}_i$ $(1<i\leqslant r)$ 使得 $\boldsymbol{\alpha}_i$ 可以由 $\boldsymbol{\alpha}_1,\boldsymbol{\alpha}_2,\cdots,\boldsymbol{\alpha}_{i-1}$ 线性表示，且表示法唯一.

60. 证明：向量组 $\boldsymbol{\alpha}_1,\boldsymbol{\alpha}_2,\cdots,\boldsymbol{\alpha}_s$ 线性无关的充要条件是

$$\boldsymbol{\alpha}_i \neq \sum_{j=1}^{i-1} k_j\boldsymbol{\alpha}_j\ (i=2,3,\cdots,s).$$

61. 设向量组 $\boldsymbol{\alpha}_1,\boldsymbol{\alpha}_2,\cdots,\boldsymbol{\alpha}_r$ 线性无关，如在向量组的前面加入一个向量 $\boldsymbol{\beta}$，证明：在向量组 $\boldsymbol{\beta},\boldsymbol{\alpha}_1,\boldsymbol{\alpha}_2,\cdots,\boldsymbol{\alpha}_r$ 中至多有一个向量 $\boldsymbol{\alpha}_i$ $(1\leqslant i\leqslant r)$ 可经其前面的 i 个向量 $\boldsymbol{\beta},\boldsymbol{\alpha}_1,\boldsymbol{\alpha}_2,\cdots,\boldsymbol{\alpha}_{i-1}$ 线性表示. 并在 $\mathbb{R}^3$ 中做几何解释.

62. 证明：在 n 维向量空间 $\mathbb{R}^n$ 中，若向量 $\boldsymbol{\alpha}$ 可经向量组 $\boldsymbol{\alpha}_1,\boldsymbol{\alpha}_2,\cdots,\boldsymbol{\alpha}_s$ 线性表示，则表示法唯一的充分必要条件是向量组 $\boldsymbol{\alpha}_1,\boldsymbol{\alpha}_2,\cdots,\boldsymbol{\alpha}_s$ 线性无关.

63. 设 $\boldsymbol{A}$ 是 n 阶矩阵，$\mathrm{r}(\boldsymbol{A})=1$. 证明：

(1) $\boldsymbol{A}=\begin{pmatrix} a_1 \\ a_2 \\ \vdots \\ a_n \end{pmatrix}(b_1,b_2,\cdots,b_n)$；　(2) $\boldsymbol{A}^2=k\boldsymbol{A}$.

64. 设 $\boldsymbol{A}=\begin{pmatrix} a_{11} & a_{12} & \cdots & a_{1n} \\ a_{21} & a_{22} & \cdots & a_{2n} \\ \vdots & \vdots & & \vdots \\ a_{m1} & a_{m2} & \cdots & a_{mn} \end{pmatrix}$，$\boldsymbol{y}=\begin{pmatrix} y_1 \\ y_2 \\ \vdots \\ y_n \end{pmatrix}$，

$$\boldsymbol{b}=(b_1,b_2,\cdots,b_m)^{\mathrm{T}},\ \boldsymbol{x}=(x_1,x_2,\cdots,x_m)^{\mathrm{T}}.$$

(1) 证明：若 $\boldsymbol{Ay}=\boldsymbol{b}$ 有解，则 $\boldsymbol{A}^{\mathrm{T}}\boldsymbol{x}=\boldsymbol{0}$ 的任一组解 $x_1,x_2,\cdots,x_m$ 必满足方程

$$b_1x_1+b_2x_2+\cdots+b_mx_m=0.$$

(2) 方程组 $\boldsymbol{Ay}=\boldsymbol{b}$ 有解的充要条件是方程组

$$\begin{pmatrix} \boldsymbol{A}^{\mathrm{T}} \\ \boldsymbol{b}^{\mathrm{T}} \end{pmatrix}\boldsymbol{x}=\begin{pmatrix} \boldsymbol{0} \\ 1 \end{pmatrix}$$

无解（其中 $\boldsymbol{0}$ 是 $n\times 1$ 零矩阵）.

65. 设 $\boldsymbol{A}$ 是一个 $m\times n$ 矩阵，$m<n$，$\mathrm{r}(\boldsymbol{A})=m$，齐次线性方程组 $\boldsymbol{Ax}=\boldsymbol{0}$ 的

一个基础解系为

$$\boldsymbol{b}_i=(b_{i1},b_{i2},\cdots,b_{in})^{\mathrm{T}},\ i=1,2,\cdots,n-m.$$

试求齐次线性方程组

$$\sum_{j=1}^{n}b_{ij}y_j=0,\ i=1,2,\cdots,n-m$$

的基础解系所含解向量的个数,并求出一个基础解系.

66. 设 $m\times n$ 矩阵 $\boldsymbol{A}$ 的 m 个行向量是齐次线性方程组 $\boldsymbol{Cx}=\boldsymbol{0}$ 的一个基础解系,又 $\boldsymbol{B}$ 是一个 m 阶可逆矩阵.证明: $\boldsymbol{BA}$ 的行向量也是 $\boldsymbol{Cx}=\boldsymbol{0}$ 的一个基础解系.

67. 证明:若 $\boldsymbol{A}$ 为 n 阶矩阵($n>1$),且 $|\boldsymbol{A}|=0$,则 $|\boldsymbol{A}|$ 中任意两行(或列)对应元素的代数余子式成比例.

68. 设 $\boldsymbol{A}$ 是 $(n-1)\times n$ 矩阵, $|\boldsymbol{A}_j|$ 表示 $\boldsymbol{A}$ 中划去第 j 列所构成的行列式.证明:

(1) $(-|\boldsymbol{A}_1|,|\boldsymbol{A}_2|,\cdots,(-1)^n|\boldsymbol{A}_n|)^{\mathrm{T}}$ 是 $\boldsymbol{Ax}=\boldsymbol{0}$ 的一个解;

(2) 若 $|\boldsymbol{A}_j|(j=1,2,\cdots,n)$ 不全为零,则(1)中的解是 $\boldsymbol{Ax}=\boldsymbol{0}$ 的一个基础解系.

69. 若 $\boldsymbol{A}$ 为一个 n 阶矩阵,且 $\boldsymbol{A}^2=\boldsymbol{A}$,证明

$$\mathrm{r}(\boldsymbol{A})+\mathrm{r}(\boldsymbol{A}-\boldsymbol{I})=n.$$

70. 若 $\boldsymbol{A}$ 为一个 n 阶矩阵,且 $\boldsymbol{A}^2=\boldsymbol{I}$,证明

$$\mathrm{r}(\boldsymbol{A}+\boldsymbol{I})+\mathrm{r}(\boldsymbol{A}-\boldsymbol{I})=n.$$

71. 设 $\boldsymbol{A},\boldsymbol{B}$ 皆为 n 阶方阵,证明

$$\mathrm{r}(\boldsymbol{AB})\geqslant \mathrm{r}(\boldsymbol{A})+\mathrm{r}(\boldsymbol{B})-n.$$

并问:若 $\boldsymbol{A}=(a_{ij})_{s\times n}$,$\boldsymbol{B}=(b_{ij})_{n\times m}$,上述结论是否成立?

(提示:利用3.3节定理3.11、性质3及18题结论.或利用15题结论.)

72. 设向量组 $\boldsymbol{\alpha}_j=(a_{1j},a_{2j},\cdots,a_{nj})^{\mathrm{T}}(j=1,2,\cdots,n)$.证明:如果

$$|a_{ii}|>\sum_{\substack{j=1\\j\neq i}}^{n}|a_{ij}|,\ i=1,2,\cdots,n,$$

则向量组 $\boldsymbol{\alpha}_1,\boldsymbol{\alpha}_2,\cdots,\boldsymbol{\alpha}_n$ 线性无关.

(提示:用反证法,取 $\boldsymbol{A}=(\boldsymbol{\alpha}_1,\boldsymbol{\alpha}_2,\cdots,\boldsymbol{\alpha}_n)$,设 $\boldsymbol{Ax}=\boldsymbol{0}$ 的非零解 $\boldsymbol{x}$ 的分量 $|x_i|\geqslant|x_j|,j\neq i$.)

答案

1. $\frac{5}{4}\boldsymbol{\alpha}_1+\frac{1}{4}\boldsymbol{\alpha}_2-\frac{1}{4}\boldsymbol{\alpha}_3-\frac{1}{4}\boldsymbol{\alpha}_4$.

2. $\boldsymbol{\alpha}_1-\boldsymbol{\alpha}_3$. 3. 线性相关. 4. 线性相关.

5. $\boldsymbol{\alpha}=\mathbf{0}$ 线性相关，$\boldsymbol{\alpha}\neq\mathbf{0}$ 线性无关.

8. 利用定理 3.2.

9. 必要性用反证法，并利用定理 3.4.

10. (1) 充分性不成立. (2) 必要性不成立. (3) 推理不正确，结论不成立. (4) 命题不正确，$\boldsymbol{\alpha}_1-\boldsymbol{\alpha}_2,\boldsymbol{\alpha}_2-\boldsymbol{\alpha}_3,\boldsymbol{\alpha}_3-\boldsymbol{\alpha}_1$ 是线性相关的. (5) 命题不正确(n 为奇数时，线性无关；n 为偶数时，线性相关). (6) 命题正确.

11. 用反证法.

12. 必要性和充分性都用反证法.

13. (1) 秩为 3；$\boldsymbol{\alpha}_1,\boldsymbol{\alpha}_2,\boldsymbol{\alpha}_4$；$\boldsymbol{\alpha}_3=\boldsymbol{\alpha}_1-5\boldsymbol{\alpha}_2$. (2) 秩为 3；$\boldsymbol{\alpha}_1,\boldsymbol{\alpha}_2,\boldsymbol{\alpha}_4$；$\boldsymbol{\alpha}_3=3\boldsymbol{\alpha}_1+\boldsymbol{\alpha}_2$；$\boldsymbol{\alpha}_5=\boldsymbol{\alpha}_4-\boldsymbol{\alpha}_1-\boldsymbol{\alpha}_2$. (3) 秩为 3；$\boldsymbol{\alpha}_1,\boldsymbol{\alpha}_2,\boldsymbol{\alpha}_3$；$\boldsymbol{\alpha}_4=5\boldsymbol{\alpha}_2-3\boldsymbol{\alpha}_1-\boldsymbol{\alpha}_3$.

14. (2) $\boldsymbol{\xi}_1,\boldsymbol{\xi}_2,\boldsymbol{\xi}_4$.

15. (1) 用秩的定义或用初等变换化为标准形. (2) 用秩的定义及第 8 题中命题(2)的逆命题不成立.

17. 用 16 题的结论，证明秩$(\boldsymbol{AB})<m$.

18. $\boldsymbol{A}$ 的前 m 个行向量的极大无关组(其中有 $\mathrm{r}(\boldsymbol{B})$ 个向量)，与 $\boldsymbol{A}$ 的后 $s-m$ 个行向量合在一起构成的向量组，其向量个数$\geqslant r$.

19. $\begin{vmatrix}1 & 3 & 5\\ 0 & -1 & -3\\ 0 & 0 & 4\end{vmatrix}$. 20. $\begin{vmatrix}1 & -1 & 1\\ 2 & -2 & -2\\ 3 & 0 & -1\end{vmatrix}$.

22. 非零子式最高阶数为 4.

25. 利用 $\boldsymbol{A}$ 的相抵标准形，即 $\boldsymbol{PAQ}=(\boldsymbol{I}_m,\mathbf{0})$，$\boldsymbol{AQ}=(\boldsymbol{P}^{-1},\mathbf{0})$.

26. 由 $\boldsymbol{PAQ}=\begin{pmatrix}\boldsymbol{I}_r & \mathbf{0}\\ \mathbf{0} & \mathbf{0}\end{pmatrix}$得 $\boldsymbol{PA}=\begin{pmatrix}\boldsymbol{C}\\ \mathbf{0}\end{pmatrix}$，$\boldsymbol{C}$ 是 $r\times n$ 矩阵.

27. 将相抵标准形化为 r 个秩为 1 的矩阵之和，后一部分的证明，用反证法及 3.3 节性质 1.

28. (1) $k_1\left(-\frac{3}{2},\frac{7}{2},1,0\right)^{\mathrm T}+k_2(-1,-2,0,1)^{\mathrm T}$；

(2) $k_1\left(\frac{19}{8},\frac{7}{8},1,0,0\right)^{\mathrm T}+k_2\left(\frac{3}{8},\frac{-25}{8},0,1,0\right)^{\mathrm T}+k_3\left(-\frac{1}{2},\frac{1}{2},0,0,1\right)^{\mathrm T}$.

29. (1) $(8,0,0,-10)^{\mathrm T}+k_1(-9,1,0,11)^{\mathrm T}+k_2(-4,0,1,5)^{\mathrm T}$；

(2) $(-16,23,0,0,0)^{\mathrm T}+k_1(1,-2,1,0,0)^{\mathrm T}+k_2(1,-2,0,1,0)^{\mathrm T}+k_3(5,-6,0,0,1)^{\mathrm T}$.

30. (1) $p=0$ 或 $p=1$ 无解，$p\neq 0$ 且 $p\neq 1$ 有唯一解：$x_1=\frac{p^3+p^2-15p+9}{p^2(p-1)}$，$x_2=\frac{p^3+12p-9}{p^2(p-1)}$，$x_3=\frac{-4p^3+3p^2+12p-9}{p^2(p-1)}$；

(2) $p\neq 0$ 或 $q\neq 2$ 无解，$p=0$ 且 $q=2$ 有无穷多解：$(-2,3,0,0,0)^{\mathrm T}+k_1(1,-2,1,0,0)^{\mathrm T}+k_2(1,-2,0,1,0)^{\mathrm T}+k_3(5,-6,0,0,1)^{\mathrm T}$.

(3) ① $p\neq 2,q\neq 1$ 有唯一解，② $q=1$ 时，无解，③ $p=2,\frac{q-3}{q-1}=\frac{q-2}{q+2}$，即 $q=4$ 时，有无穷多解 $k(0,-2,1,0)^{\mathrm T}+(-4,-7,0,2)^{\mathrm T}$，④ $p=2,q\neq 4$ 时，无解.

31. $\boldsymbol{\varepsilon}_i=(0,\cdots,0,1,0,\cdots,0)^{\mathrm T}(i=1,2,\cdots,n)$是解，即 $\boldsymbol{A}\boldsymbol{\varepsilon}_i=\boldsymbol{0}$，再利用矩阵分块乘法.

34. 利用 $\boldsymbol{A}^*$ 的定义，$\boldsymbol{A}\boldsymbol{A}^*=|\boldsymbol{A}|\boldsymbol{I}$，及33题的结论.

36. 必要性用反证法. 设 $|\boldsymbol{A}|=0$，证明存在 $\boldsymbol{b}$，使得秩$(\boldsymbol{A},\boldsymbol{b})\neq$秩$(\boldsymbol{A})$.

37. $(a_1+a_2+a_3+a_4,a_2+a_3+a_4,a_3+a_4,a_4,0)^{\mathrm T}+k(1,1,1,1,1)^{\mathrm T}$.

38. B. **39.** C. **40.** D. **41.** E. **42.** D. **43.** C. **44.** C.

45. (1) 能(因为$\boldsymbol{\alpha}_2,\boldsymbol{\alpha}_3$ 线性无关)；(2) 不能(否则，$\boldsymbol{\alpha}_4$ 能由$\boldsymbol{\alpha}_2,\boldsymbol{\alpha}_3$ 线性表示，这与$\boldsymbol{\alpha}_2,\boldsymbol{\alpha}_3,\boldsymbol{\alpha}_4$ 线性无关矛盾).

46. 利用定义，设 $c_1\boldsymbol{\alpha}+c_2\boldsymbol{A}\boldsymbol{\alpha}+\cdots+c_k\boldsymbol{A}^{k-1}\boldsymbol{\alpha}=\boldsymbol{0}$，等式两端左乘 $\boldsymbol{A}^{k-1}$，可推出 $c_1=0$，同理，类似地可推出 $c_2=\cdots=c_k=0$.

47. 由 $\mathrm{r}(\boldsymbol{AB})=n$ 可推出 $\mathrm{r}(\boldsymbol{B})=n$(即 $\boldsymbol{B}$ 的 n 个列向量线性无关)，因为若 $\mathrm{r}(\boldsymbol{B})<n$，则 $\mathrm{r}(\boldsymbol{AB})<n$.

48. $a=15,b=5$. **49.** $a=\frac{1}{1-n}$.

50. $\boldsymbol{x}=k(1,1,\cdots,1)$,$k$ 为任意常数.

51. $m=2,n=4,t=6$.

52. $\boldsymbol{x}=k(1,2,1)^{\mathrm{T}}+(0,0,-1/2)^{\mathrm{T}}$,$k$ 为任意常数.

53. 无解.因为 $\mathrm{r}(\boldsymbol{A}_1)=n-1,\mathrm{r}(\boldsymbol{A}_1,\boldsymbol{\alpha}_n)=n$.

54. 因为 $0<\mathrm{r}(\boldsymbol{A})\leqslant 1$,所以 $\mathrm{r}(\boldsymbol{A})=1$,从而 $\boldsymbol{A}$ 中任两个行向量(或列向量)均线性相关,即成比例.

55. $\boldsymbol{L}=\begin{pmatrix}\boldsymbol{I}_k & \boldsymbol{0}\\ -\boldsymbol{A}_{12}\boldsymbol{A}_{11}^{-1} & \boldsymbol{I}_{n-k}\end{pmatrix},\boldsymbol{U}=\begin{pmatrix}\boldsymbol{I}_k & -\boldsymbol{A}_{11}^{-1}\boldsymbol{A}_{12}\\ \boldsymbol{0} & \boldsymbol{I}_{n-k}\end{pmatrix}$.

56. 利用

$$\begin{pmatrix}\boldsymbol{I} & \boldsymbol{0}\\ -\boldsymbol{A} & \boldsymbol{I}\end{pmatrix}\begin{pmatrix}\boldsymbol{I} & \boldsymbol{B}\\ \boldsymbol{A} & \boldsymbol{I}\end{pmatrix}=\begin{pmatrix}\boldsymbol{I} & \boldsymbol{B}\\ \boldsymbol{0} & \boldsymbol{I}-\boldsymbol{A}\boldsymbol{B}\end{pmatrix},$$

$$\begin{pmatrix}\boldsymbol{I} & -\boldsymbol{B}\\ \boldsymbol{0} & \boldsymbol{I}\end{pmatrix}\begin{pmatrix}\boldsymbol{I} & \boldsymbol{B}\\ \boldsymbol{A} & \boldsymbol{I}\end{pmatrix}=\begin{pmatrix}\boldsymbol{I}-\boldsymbol{B}\boldsymbol{A} & \boldsymbol{0}\\ \boldsymbol{A} & \boldsymbol{I}\end{pmatrix}.$$

57. 利用相抵标准形得 $\boldsymbol{A}=\boldsymbol{P}^{-1}\begin{pmatrix}\boldsymbol{I}_r & \boldsymbol{0}\\ \boldsymbol{0} & \boldsymbol{0}\end{pmatrix}\boldsymbol{Q}^{-1}$,并用 $\begin{pmatrix}\boldsymbol{I}_r & \boldsymbol{0}\\ \boldsymbol{0} & \boldsymbol{0}\end{pmatrix}_{m\times n}=\begin{pmatrix}\boldsymbol{I}_r & \boldsymbol{0}\\ \boldsymbol{0} & \boldsymbol{0}\end{pmatrix}_{m\times n}\begin{pmatrix}\boldsymbol{I}_r & \boldsymbol{0}\\ \boldsymbol{0} & \boldsymbol{0}\end{pmatrix}_{n\times n}$.

59. 必要性:使 $k_1\boldsymbol{\alpha}_1+k_2\boldsymbol{\alpha}_2+\cdots+k_r\boldsymbol{\alpha}_r=\boldsymbol{0}$ 成立的所有不为零的系数中,必有一个最小的下标 i,使 $k_i\neq 0$,但 $k_j=0(j>i)$;再证 $1<i\leqslant r$,且 $\boldsymbol{\alpha}_1,\boldsymbol{\alpha}_2,\cdots,\boldsymbol{\alpha}_{i-1}$ 线性无关(这里的证明用反证法).

61. 用反证法,设有两个向量 $\boldsymbol{\alpha}_i$ 与 $\boldsymbol{\alpha}_j$ 分别可用其前面的向量线性表示.

62. 必要性用反证法.

63. $\mathrm{r}(\boldsymbol{A})=1$ 即有 $\boldsymbol{A}$ 的每行向量成比例.

64. (1) 利用 $\boldsymbol{b}^{\mathrm{T}}=\boldsymbol{y}^{\mathrm{T}}\boldsymbol{A}^{\mathrm{T}}$ 证明 $\boldsymbol{b}^{\mathrm{T}}\boldsymbol{x}=\boldsymbol{0}$.

65. 利用非齐次线性方程组有解的充要条件为增广矩阵的秩等于系数矩阵的秩.

66. 记 $\boldsymbol{B}=(\boldsymbol{b}_1,\boldsymbol{b}_2,\cdots,\boldsymbol{b}_{n-m})$,根据 $\boldsymbol{AB}=\boldsymbol{0}$ 及 $\boldsymbol{B}^{\mathrm{T}}\boldsymbol{A}^{\mathrm{T}}=\boldsymbol{0}$,讨论 $\boldsymbol{B}^{\mathrm{T}}\boldsymbol{y}=\boldsymbol{0}$ 的解.

67. 利用 34 题的结论.

69,70. 利用 3.4 节例 3 的结论及 3.3 节性质 1.

第 4 章

向量空间与线性变换

向量空间与线性变换是线性代数的核心内容，由于受学时的限制，我们只能介绍它们的一些基本内容.

首先，我们将在上一章给出的 n 维实向量空间$\mathbb{R}^n$的定义及线性相关性概念的基础上，讨论$\mathbb{R}^n$的基与向量在基下的坐标以及基变换和坐标变换，进而在$\mathbb{R}^n$中引入向量的内积运算，建立 n 维欧氏空间的概念并讨论它的结构. 然后，我们再在$\mathbb{R}^n$的基础上进一步抽象出一般线性空间（向量空间）的概念，并讨论有限维线性空间的结构. 关于内积空间和一般欧氏空间的基本概念，仅在附录中作简要的介绍.

关于线性变换，我们主要是讨论$\mathbb{R}^n$的线性变换以及它的矩阵表示.

4.1　$\mathbb{R}^n$ 的基与向量关于基的坐标

我们知道$\mathbb{R}^n$中的 n 个单位向量$\boldsymbol{\varepsilon}_i=(0,\cdots,0,1,0,\cdots,0)$ $(i=1,\cdots,n)$是线性无关的；一个 n 阶实矩阵 $\boldsymbol{A}=(a_{ij})_{n\times n}$，如果$|\boldsymbol{A}|\neq 0$，则 $\boldsymbol{A}$ 的 n 个行向量和 n 个列向量也都是线性无关的. 在上一章还讲过：$\mathbb{R}^n$中任何 $n+1$ 个向量都是线性相关的，因此，由定理 3.3

可知，$\mathbb{R}^n$中任一向量$\boldsymbol{\alpha}$都可用$\mathbb{R}^n$中n个线性无关的向量来表示，且表示法唯一. $\mathbb{R}^n$中向量之间的这种关系就是本节将要讨论的“基”与“坐标”的概念.

定义 4.1 设有序向量组$B=\{\boldsymbol{\beta}_1,\boldsymbol{\beta}_2,\cdots,\boldsymbol{\beta}_n\}\subset\mathbb{R}^n$，如果$B$线性无关，则$\mathbb{R}^n$中任一向量$\boldsymbol{\alpha}$均可由$B$线性表示，即

$$\boldsymbol{\alpha}=a_1\boldsymbol{\beta}_1+a_2\boldsymbol{\beta}_2+\cdots+a_n\boldsymbol{\beta}_n, \tag{4.1}$$

就称B是$\mathbb{R}^n$的一组基(或基底)，有序数组$(a_1,a_2,\cdots,a_n)$是向量$\boldsymbol{\alpha}$关于基B(或说在基B下)的**坐标**，记作

$$\boldsymbol{\alpha}_B=(a_1,a_2,\cdots,a_n)\text{ 或 }\boldsymbol{\alpha}_B=(a_1,a_2,\cdots,a_n)^{\mathrm{T}},$$

并称之为$\boldsymbol{\alpha}$的**坐标向量**.

显然$\mathbb{R}^n$的基不是唯一的，而$\boldsymbol{\alpha}$关于给定的基的坐标是唯一确定的. 以后，我们把n个单位向量组成的基称为**自然基或标准基**.

在三维几何向量空间$\mathbb{R}^3$中，$\boldsymbol{i},\boldsymbol{j},\boldsymbol{k}$是一组标准基，$\mathbb{R}^3$中任一个向量$\boldsymbol{\alpha}$可以唯一地表示为

$$\boldsymbol{\alpha}=a_1\boldsymbol{i}+a_2\boldsymbol{j}+a_3\boldsymbol{k},$$

这里有序数组(a_1,a_2,a_3)称为$\boldsymbol{\alpha}$在基$\boldsymbol{i},\boldsymbol{j},\boldsymbol{k}$下的坐标. 如果$\boldsymbol{\alpha}$的起点在原点，$(a_1,a_2,a_3)$就是$\boldsymbol{\alpha}$的终点$P$的直角坐标(以后我们常利用$\mathbb{R}^3$中向量$\boldsymbol{\alpha}$与空间点$P$的一一对应关系，对$\mathbb{R}^n$中的一些问题及其结论在$\mathbb{R}^3$中作几何解释). 为了讨论问题方便，本书对于向量及其坐标常采用列向量的形式$(a_1,a_2,\cdots,a_n)^{\mathrm{T}}$表示，如此，(4.1)式可表示为

$$\boldsymbol{\alpha}=(\boldsymbol{\beta}_1,\boldsymbol{\beta}_2,\cdots,\boldsymbol{\beta}_n)\begin{pmatrix}a_1\\a_2\\\vdots\\a_n\end{pmatrix}. \tag{4.2}$$

例 1 设$\mathbb{R}^n$的两组基为自然基B_1和$B_2=\{\boldsymbol{\beta}_1,\boldsymbol{\beta}_2,\cdots,\boldsymbol{\beta}_n\}$，其中

$\boldsymbol{\beta}_1=(1,-1,0,\cdots,0)^{\mathrm{T}},\boldsymbol{\beta}_2=(0,1,-1,0,\cdots,0)^{\mathrm{T}},\cdots,\boldsymbol{\beta}_{n-1}=$

$(0,\cdots,0,1,-1)^{\mathrm{T}}$，$\boldsymbol{\beta}_n=(0,\cdots,0,1)^{\mathrm{T}}$.

求向量$\boldsymbol{\alpha}=(a_1,a_2,\cdots,a_n)^{\mathrm{T}}$分别在两组基下的坐标.

解 $\boldsymbol{\alpha}$关于自然基$B_1=\{\boldsymbol{\varepsilon}_1,\boldsymbol{\varepsilon}_2,\cdots,\boldsymbol{\varepsilon}_n\}$，显然有$\boldsymbol{\alpha}=a_1\boldsymbol{\varepsilon}_1+a_2\boldsymbol{\varepsilon}_2+\cdots+a_n\boldsymbol{\varepsilon}_n$，所以$\boldsymbol{\alpha}_{B_1}=(a_1,a_2,\cdots,a_n)^{\mathrm{T}}$.

设$\boldsymbol{\alpha}$关于B_2有

$$\boldsymbol{\alpha}=x_1\boldsymbol{\beta}_1+x_2\boldsymbol{\beta}_2+\cdots+x_n\boldsymbol{\beta}_n=(\boldsymbol{\beta}_1,\boldsymbol{\beta}_2,\cdots,\boldsymbol{\beta}_n)\begin{pmatrix}x_1\\x_2\\\vdots\\x_n\end{pmatrix},\qquad ①$$

将以列向量形式表示的$\boldsymbol{\alpha}$，$\boldsymbol{\beta}_1$，$\boldsymbol{\beta}_2$，$\cdots$，$\boldsymbol{\beta}_{n-1}$，$\boldsymbol{\beta}_n$代入①式，得

$$\begin{pmatrix}1&0&\cdots&0&0\\-1&1&\cdots&0&0\\0&-1&\cdots&0&0\\\vdots&\vdots&&\vdots&\vdots\\0&0&\cdots&1&0\\0&0&\cdots&-1&1\end{pmatrix}\begin{pmatrix}x_1\\x_2\\\vdots\\x_{n-1}\\x_n\end{pmatrix}=\begin{pmatrix}a_1\\a_2\\\vdots\\a_{n-1}\\a_n\end{pmatrix}.\qquad ②$$

解非齐次线性方程组②，即得

$$\boldsymbol{\alpha}_{B_2}=\begin{pmatrix}x_1\\x_2\\\vdots\\x_{n-1}\\x_n\end{pmatrix}=\begin{pmatrix}a_1\\a_1+a_2\\\vdots\\a_1+a_2+\cdots+a_{n-1}\\a_1+a_2+\cdots+a_{n-1}+a_n\end{pmatrix}.$$

由例1可见，$\mathbb{R}^n$中同一个向量关于不同基的坐标一般是不同的.因此需要一般地讨论基变换与坐标变换的问题.

为了得到$\mathbb{R}^n$中同一向量关于两组基所对应的坐标之间的关系，先证明下面的定理.

定理 4.1 设$B=\{\boldsymbol{\alpha}_1,\boldsymbol{\alpha}_2,\cdots,\boldsymbol{\alpha}_n\}$是$\mathbb{R}^n$的一组基，且

$$\begin{cases}\boldsymbol{\eta}_1 = a_{11}\boldsymbol{\alpha}_1 + a_{21}\boldsymbol{\alpha}_2 + \cdots + a_{n1}\boldsymbol{\alpha}_n, \\ \boldsymbol{\eta}_2 = a_{12}\boldsymbol{\alpha}_1 + a_{22}\boldsymbol{\alpha}_2 + \cdots + a_{n2}\boldsymbol{\alpha}_n, \\ \cdots\cdots \\ \boldsymbol{\eta}_n = a_{1n}\boldsymbol{\alpha}_1 + a_{2n}\boldsymbol{\alpha}_2 + \cdots + a_{nn}\boldsymbol{\alpha}_n.\end{cases} \tag{4.3}$$

则$\boldsymbol{\eta}_1,\boldsymbol{\eta}_2,\cdots,\boldsymbol{\eta}_n$线性无关的充要条件是

$$\det\mathbf{A} = \begin{vmatrix} a_{11} & a_{12} & \cdots & a_{1n} \\ a_{21} & a_{22} & \cdots & a_{2n} \\ \vdots & \vdots & & \vdots \\ a_{n1} & a_{n2} & \cdots & a_{nn} \end{vmatrix} \neq 0. \tag{4.4}$$

证 由(4.3)式得$\boldsymbol{\eta}_j = \sum_{i=1}^{n} a_{ij}\boldsymbol{\alpha}_i\ (j = 1,2,\cdots,n)$，$\boldsymbol{\eta}_1,\boldsymbol{\eta}_2,\cdots,\boldsymbol{\eta}_n$线性无关的充要条件是方程

$$\sum_{j=1}^{n} x_j\boldsymbol{\eta}_j = \sum_{j=1}^{n} x_j\Big(\sum_{i=1}^{n} a_{ij}\boldsymbol{\alpha}_i\Big)$$

$$= \sum_{i=1}^{n}\Big(\sum_{j=1}^{n} a_{ij}x_j\Big)\boldsymbol{\alpha}_i = \mathbf{0} \qquad ①$$

只有零解 $x_j = 0(j=1,2,\cdots,n)$.

由于$\boldsymbol{\alpha}_1,\boldsymbol{\alpha}_2,\cdots,\boldsymbol{\alpha}_n$线性无关，由①式得

$$\sum_{j=1}^{n} a_{ij}x_j = 0\ (i = 1,2,\cdots,n). \qquad ②$$

因此，方程①只有零解(即齐次线性方程组②只有零解)的充要条件是②的系数行列式不等于零，即(4.4)式成立. ■

设$B_1=\{\boldsymbol{\alpha}_1,\boldsymbol{\alpha}_2,\cdots,\boldsymbol{\alpha}_n\}$和$B_2=\{\boldsymbol{\eta}_1,\boldsymbol{\eta}_2,\cdots,\boldsymbol{\eta}_n\}$是$\mathbb{R}^n$的两组基(分别称为旧基和新基)，它们的关系如(4.3)式所示，将(4.3)式表示成矩阵形式

$$(\boldsymbol{\eta}_1,\boldsymbol{\eta}_2,\cdots,\boldsymbol{\eta}_n)=(\boldsymbol{\alpha}_1,\boldsymbol{\alpha}_2,\cdots,\boldsymbol{\alpha}_n)\begin{bmatrix} a_{11} & a_{12} & \cdots & a_{1n} \\ a_{21} & a_{22} & \cdots & a_{2n} \\ \vdots & \vdots & \cdots\cdots & \vdots \\ a_{n1} & a_{n2} & \cdots & a_{nn} \end{bmatrix}. \tag{4.5}$$

记(4.5)式右面的矩阵为 $\mathbf{A}$(注意：$\mathbf{A}$ 是(4.3)式中 $\boldsymbol{\alpha}_1,\boldsymbol{\alpha}_2,\cdots,\boldsymbol{\alpha}_n$ 的系数矩阵的转置)，为叙述简便，(4.5)式可写作

$$(\boldsymbol{\eta}_1,\boldsymbol{\eta}_2,\cdots,\boldsymbol{\eta}_n)=(\boldsymbol{\alpha}_1,\boldsymbol{\alpha}_2,\cdots,\boldsymbol{\alpha}_n)\mathbf{A}. \tag{4.6}$$

定义 4.2 设 $\mathbb{R}^n$ 的两组基 $B_1=\{\boldsymbol{\alpha}_1,\boldsymbol{\alpha}_2,\cdots,\boldsymbol{\alpha}_n\}$ 和 $B_2=\{\boldsymbol{\eta}_1,\boldsymbol{\eta}_2,\cdots,\boldsymbol{\eta}_n\}$ 满足(4.5)式的关系，则(4.5)中矩阵 $\mathbf{A}$ 称为旧基 B_1 到新基 B_2 的**过渡矩阵**(或称 $\mathbf{A}$ 是基 B_1 变为基 B_2 的变换矩阵).

根据定理 4.1，过渡矩阵 $\mathbf{A}$ 是可逆的，$\mathbf{A}$ 中第 j 列是新基的基向量 $\boldsymbol{\eta}_j$ 在旧基 $\{\boldsymbol{\alpha}_1,\boldsymbol{\alpha}_2,\cdots,\boldsymbol{\alpha}_n\}$ 下的坐标.

定理 4.2 设向量 $\boldsymbol{\alpha}$ 在两组基 $B_1=\{\boldsymbol{\alpha}_1,\boldsymbol{\alpha}_2,\cdots,\boldsymbol{\alpha}_n\}$ 和 $B_2=\{\boldsymbol{\eta}_1,\boldsymbol{\eta}_2,\cdots,\boldsymbol{\eta}_n\}$ 下的坐标向量分别为

$$\boldsymbol{x}=(x_1,x_2,\cdots,x_n)^{\mathrm{T}} \text{ 和 } \boldsymbol{y}=(y_1,y_2,\cdots,y_n)^{\mathrm{T}}.$$

基 B_1 到基 B_2 的过渡矩阵为 $\mathbf{A}$，则

$$\mathbf{A}\boldsymbol{y}=\boldsymbol{x} \text{ 或 } \boldsymbol{y}=\mathbf{A}^{-1}\boldsymbol{x}. \tag{4.7}$$

证 由已知条件，有(4.6)式成立，且

$$\begin{aligned}\boldsymbol{\alpha} &= x_1\boldsymbol{\alpha}_1+x_2\boldsymbol{\alpha}_2+\cdots+x_n\boldsymbol{\alpha}_n \\ &= y_1\boldsymbol{\eta}_1+y_2\boldsymbol{\eta}_2+\cdots+y_n\boldsymbol{\eta}_n,\end{aligned}$$

故

$$\boldsymbol{\alpha}=(\boldsymbol{\alpha}_1,\boldsymbol{\alpha}_2,\cdots,\boldsymbol{\alpha}_n)\begin{bmatrix} x_1 \\ x_2 \\ \vdots \\ x_n \end{bmatrix}=(\boldsymbol{\eta}_1,\boldsymbol{\eta}_2,\cdots,\boldsymbol{\eta}_n)\begin{bmatrix} y_1 \\ y_2 \\ \vdots \\ y_n \end{bmatrix}$$

$$= (\boldsymbol{\alpha}_1,\boldsymbol{\alpha}_2,\cdots,\boldsymbol{\alpha}_n)\boldsymbol{A}\begin{pmatrix}y_1\\y_2\\\vdots\\y_n\end{pmatrix} = (\boldsymbol{\alpha}_1,\boldsymbol{\alpha}_2,\cdots,\boldsymbol{\alpha}_n)\left(\boldsymbol{A}\begin{pmatrix}y_1\\y_2\\\vdots\\y_n\end{pmatrix}\right).$$

由于$\boldsymbol{\alpha}$在基$\boldsymbol{\alpha}_1,\boldsymbol{\alpha}_2,\cdots,\boldsymbol{\alpha}_n$下的坐标是唯一的，所以

$$\boldsymbol{A}\boldsymbol{y} = \boldsymbol{x} \text{ 或 } \boldsymbol{y} = \boldsymbol{A}^{-1}\boldsymbol{x}. \quad ■$$

例 2 已知$\mathbb{R}^3$的一组基$B_2=\{\boldsymbol{\beta}_1,\boldsymbol{\beta}_2,\boldsymbol{\beta}_3\}$为$\boldsymbol{\beta}_1=(1,2,1)^{\mathrm{T}}$，$\boldsymbol{\beta}_2=(1,-1,0)^{\mathrm{T}}$，$\boldsymbol{\beta}_3=(1,0,-1)^{\mathrm{T}}$，求自然基$B_1=\{\boldsymbol{\varepsilon}_1,\boldsymbol{\varepsilon}_2,\boldsymbol{\varepsilon}_3\}$到$B_2$的过渡矩阵$\boldsymbol{A}$.

解 由
$$\begin{cases}\boldsymbol{\beta}_1=\boldsymbol{\varepsilon}_1+2\boldsymbol{\varepsilon}_2+\boldsymbol{\varepsilon}_3,\\ \boldsymbol{\beta}_2=\boldsymbol{\varepsilon}_1-\boldsymbol{\varepsilon}_2,\\ \boldsymbol{\beta}_3=\boldsymbol{\varepsilon}_1-\boldsymbol{\varepsilon}_3.\end{cases}$$

即

$$(\boldsymbol{\beta}_1,\boldsymbol{\beta}_2,\boldsymbol{\beta}_3)=(\boldsymbol{\varepsilon}_1,\boldsymbol{\varepsilon}_2,\boldsymbol{\varepsilon}_3)\begin{pmatrix}1&1&1\\2&-1&0\\1&0&-1\end{pmatrix},$$

得

$$\boldsymbol{A}=\begin{pmatrix}1&1&1\\2&-1&0\\1&0&-1\end{pmatrix}.$$

由例 2 可见，在$\mathbb{R}^n$中由自然基$B_1=\{\boldsymbol{\varepsilon}_1,\boldsymbol{\varepsilon}_2,\cdots,\boldsymbol{\varepsilon}_n\}$到基$B_2=\{\boldsymbol{\beta}_1,\boldsymbol{\beta}_2,\cdots,\boldsymbol{\beta}_n\}$的过渡矩阵$\boldsymbol{A}$，就是将$\boldsymbol{\beta}_1,\boldsymbol{\beta}_2,\cdots,\boldsymbol{\beta}_n$按列排成的矩阵.

例 3 已知$\mathbb{R}^3$的两组基为$B_1=\{\boldsymbol{\alpha}_1,\boldsymbol{\alpha}_2,\boldsymbol{\alpha}_3\}$及$B_2=\{\boldsymbol{\beta}_1,\boldsymbol{\beta}_2,\boldsymbol{\beta}_3\}$，其中

$$\boldsymbol{\alpha}_1=(1,1,1)^{\mathrm{T}},\quad \boldsymbol{\alpha}_2=(0,1,1)^{\mathrm{T}},\quad \boldsymbol{\alpha}_3=(0,0,1)^{\mathrm{T}},$$
$$\boldsymbol{\beta}_1=(1,0,1)^{\mathrm{T}},\quad \boldsymbol{\beta}_2=(0,1,-1)^{\mathrm{T}},\quad \boldsymbol{\beta}_3=(1,2,0)^{\mathrm{T}}.$$

(i) 求基B_1到基B_2的过渡矩阵$\boldsymbol{A}$；(ii) 已知$\boldsymbol{\alpha}$在基B_1下的坐标为$(1,-2,-1)^{\mathrm{T}}$，求$\boldsymbol{\alpha}$在基B_2下的坐标.

解　(i) 设

$$(\boldsymbol{\beta}_1,\boldsymbol{\beta}_2,\boldsymbol{\beta}_3)=(\boldsymbol{\alpha}_1,\boldsymbol{\alpha}_2,\boldsymbol{\alpha}_3)\begin{pmatrix}a_{11}&a_{12}&a_{13}\\a_{21}&a_{22}&a_{23}\\a_{31}&a_{32}&a_{33}\end{pmatrix}.$$

将以列向量形式表示的两组基向量代入上式,得

$$\begin{pmatrix}1&0&1\\0&1&2\\1&-1&0\end{pmatrix}=\begin{pmatrix}1&0&0\\1&1&0\\1&1&1\end{pmatrix}\begin{pmatrix}a_{11}&a_{12}&a_{13}\\a_{21}&a_{22}&a_{23}\\a_{31}&a_{32}&a_{33}\end{pmatrix},$$

故过渡矩阵

$$\boldsymbol{A}=\begin{pmatrix}a_{11}&a_{12}&a_{13}\\a_{21}&a_{22}&a_{23}\\a_{31}&a_{32}&a_{33}\end{pmatrix}=\begin{pmatrix}1&0&0\\1&1&0\\1&1&1\end{pmatrix}^{-1}\begin{pmatrix}1&0&1\\0&1&2\\1&-1&0\end{pmatrix}$$

$$=\begin{pmatrix}1&0&0\\-1&1&0\\0&-1&1\end{pmatrix}\begin{pmatrix}1&0&1\\0&1&2\\1&-1&0\end{pmatrix}=\begin{pmatrix}1&0&1\\-1&1&1\\1&-2&-2\end{pmatrix}.$$

(ii) 根据定理 4.2 的(4.7)式,得$\boldsymbol{\alpha}$在基 B_2 下的坐标

$$\begin{pmatrix}y_1\\y_2\\y_3\end{pmatrix}=\boldsymbol{A}^{-1}\begin{pmatrix}1\\-2\\-1\end{pmatrix}=\begin{pmatrix}0&-2&-1\\-1&-3&-2\\1&2&1\end{pmatrix}\begin{pmatrix}1\\-2\\-1\end{pmatrix}=\begin{pmatrix}5\\7\\-4\end{pmatrix}.$$

此题的另一解法：先求出$\boldsymbol{\alpha}$,即

$$\boldsymbol{\alpha}=\boldsymbol{\alpha}_1-2\boldsymbol{\alpha}_2-\boldsymbol{\alpha}_3=(1,-1,-2)^{\mathrm{T}},$$

然后按　$\boldsymbol{\alpha}=y_1\boldsymbol{\beta}_1+y_2\boldsymbol{\beta}_2+y_3\boldsymbol{\beta}_3$,解出坐标$(y_1,y_2,y_3)^{\mathrm{T}}$.

利用定理 4.2 的结论,容易得到平面直角坐标系中坐标轴旋转的坐标变换公式.

设平面直角坐标系逆时针旋转 θ 角(如图 4.1 所示),在 Oxy 坐标系中,取基$\boldsymbol{\varepsilon}_1=\boldsymbol{i},\boldsymbol{\varepsilon}_2=\boldsymbol{j}$;在 $Ox'y'$坐标系中取基$\boldsymbol{\varepsilon}_1'=\boldsymbol{i}',\boldsymbol{\varepsilon}_2'=\boldsymbol{j}'$.则

$$\begin{cases}\boldsymbol{\varepsilon}_1'=(\cos\theta)\boldsymbol{\varepsilon}_1+(\sin\theta)\boldsymbol{\varepsilon}_2,\\ \boldsymbol{\varepsilon}_2'=(-\sin\theta)\boldsymbol{\varepsilon}_1+(\cos\theta)\boldsymbol{\varepsilon}_2.\end{cases}$$

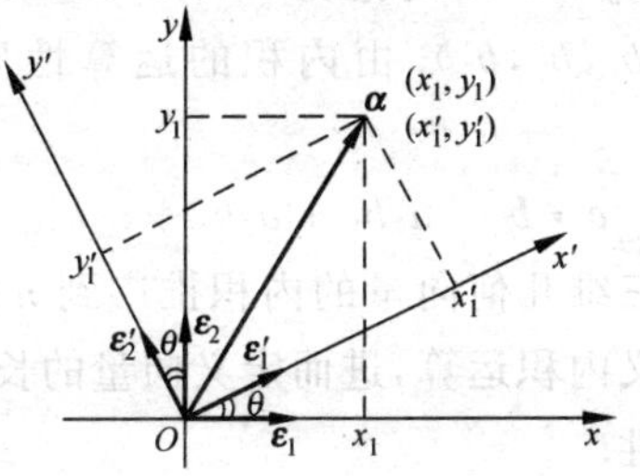

图 4.1

即

$$(\boldsymbol{\varepsilon}_1',\boldsymbol{\varepsilon}_2')=(\boldsymbol{\varepsilon}_1,\boldsymbol{\varepsilon}_2)\begin{pmatrix}\cos\theta & -\sin\theta\\ \sin\theta & \cos\theta\end{pmatrix}.$$

于是向量$\boldsymbol{\alpha}$在基$\{\boldsymbol{\varepsilon}_1,\boldsymbol{\varepsilon}_2\}$和$\{\boldsymbol{\varepsilon}_1',\boldsymbol{\varepsilon}_2'\}$下的坐标$(x_1,y_1)$和$(x_1',y_2')$满足关系式

$$\begin{pmatrix}x_1'\\ y_1'\end{pmatrix}=\begin{pmatrix}\cos\theta & -\sin\theta\\ \sin\theta & \cos\theta\end{pmatrix}^{-1}\begin{pmatrix}x_1\\ y_1\end{pmatrix}=\begin{pmatrix}\cos\theta & \sin\theta\\ -\sin\theta & \cos\theta\end{pmatrix}\begin{pmatrix}x_1\\ y_1\end{pmatrix}.$$

4.2 ℝ^{n}中向量的内积 标准正交基和正交矩阵

4.2.1 n维实向量的内积，欧氏空间

在前面讨论的n维实向量空间中，我们只定义了向量的线性运算，它不能描述向量的度量性质，如长度、夹角等. 在三维几何空间中，向量的内积(即点积或数量积)描述了内积与向量的长度及夹角间的关系. 由内积定义

$$\boldsymbol{a}\cdot\boldsymbol{b}=\|\boldsymbol{a}\|\,\|\boldsymbol{b}\|\cos\langle\boldsymbol{a},\boldsymbol{b}\rangle,$$

可以得到

$$\cos\langle \boldsymbol{a},\boldsymbol{b}\rangle = \frac{\boldsymbol{a}\cdot\boldsymbol{b}}{\|\boldsymbol{a}\|\,\|\boldsymbol{b}\|},\quad \|\boldsymbol{a}\| = \sqrt{\boldsymbol{a}\cdot\boldsymbol{a}}.$$

若 $\boldsymbol{a}=a_1\boldsymbol{i}+a_2\boldsymbol{j}+a_3\boldsymbol{k}$，简记为 $\boldsymbol{a}=(a_1,a_2,a_3)$；$\boldsymbol{b}=b_1\boldsymbol{i}+b_2\boldsymbol{j}+b_3\boldsymbol{k}$，简记为 $b=(b_1,b_2,b_3)$. 由内积的运算性质和内积的定义，可得

$$\boldsymbol{a}\cdot\boldsymbol{b} = a_1b_1 + a_2b_2 + a_3b_3.$$

现在我们把三维几何向量的内积推广到 n 维实向量，在 n 维实向量空间中定义内积运算，进而定义向量的长度和夹角，使 n 维实向量具有度量性.

定义 4.3　设 $\boldsymbol{\alpha}=(a_1,a_2,\cdots,a_n)^{\mathrm{T}}$ 和 $\boldsymbol{\beta}=(b_1,b_2,\cdots,b_n)^{\mathrm{T}}\in\mathbb{R}^n$，规定 $\boldsymbol{\alpha}$ 与 $\boldsymbol{\beta}$ 的内积为

$$(\boldsymbol{\alpha},\boldsymbol{\beta}) = a_1b_1 + a_2b_2 + \cdots + a_nb_n.$$

当 $\boldsymbol{\alpha},\boldsymbol{\beta}$ 为列向量时，$(\boldsymbol{\alpha},\boldsymbol{\beta})=\boldsymbol{\alpha}^{\mathrm{T}}\boldsymbol{\beta}=\boldsymbol{\beta}^{\mathrm{T}}\boldsymbol{\alpha}$.

根据定义，容易证明内积具有以下的运算性质：

(i) $(\boldsymbol{\alpha},\boldsymbol{\beta})=(\boldsymbol{\beta},\boldsymbol{\alpha})$；

(ii) $(\boldsymbol{\alpha}+\boldsymbol{\beta},\boldsymbol{\gamma})=(\boldsymbol{\alpha},\boldsymbol{\gamma})+(\boldsymbol{\beta},\boldsymbol{\gamma})$；　(4.8)

(iii) $(k\boldsymbol{\alpha},\boldsymbol{\beta})=k(\boldsymbol{\alpha},\boldsymbol{\beta})$；

(iv) $(\boldsymbol{\alpha},\boldsymbol{\alpha})\geqslant 0$，等号成立当且仅当 $\boldsymbol{\alpha}=\mathbf{0}$.

其中 $\boldsymbol{\alpha},\boldsymbol{\beta},\boldsymbol{\gamma}\in\mathbb{R}^n$，$k\in\mathbb{R}$.

由于向量 $\boldsymbol{\alpha}$ 与自身的内积是非负数，于是我们如三维几何空间中那样，用内积定义 n 维向量 $\boldsymbol{\alpha}$ 的长度.

定义 4.4　向量 $\boldsymbol{\alpha}$ 的**长度** $\|\boldsymbol{\alpha}\|=\sqrt{(\boldsymbol{\alpha},\boldsymbol{\alpha})}$.　(4.9)

定理 4.3　向量的内积满足

$$|(\boldsymbol{\alpha},\boldsymbol{\beta})| \leqslant \|\boldsymbol{\alpha}\|\,\|\boldsymbol{\beta}\|. \tag{4.10}$$

(4.10)式称为柯西-施瓦茨(Cauchy-Schwarz)不等式.

证　当 $\boldsymbol{\beta}=\mathbf{0}$ 时，$(\boldsymbol{\alpha},\boldsymbol{\beta})=0$，$\|\boldsymbol{\beta}\|=0$，(4.10)式显然成立.

当 $\boldsymbol{\beta}\neq\mathbf{0}$ 时，作向量 $\boldsymbol{\alpha}+t\boldsymbol{\beta}$ $(t\in\mathbb{R})$，由性质(iv)得

$$(\boldsymbol{\alpha}+t\boldsymbol{\beta},\boldsymbol{\alpha}+t\boldsymbol{\beta}) \geqslant 0.$$

再由性质(i),(ii),(iii)展开上式左端得

$$(\boldsymbol{\alpha},\boldsymbol{\alpha})+2(\boldsymbol{\alpha},\boldsymbol{\beta})t+(\boldsymbol{\beta},\boldsymbol{\beta})t^2\geqslant 0.$$

其左端是 t 的二次三项式,且 t^2 系数$(\boldsymbol{\beta},\boldsymbol{\beta})>0$,因此判别式

$$4(\boldsymbol{\alpha},\boldsymbol{\beta})^2-4(\boldsymbol{\alpha},\boldsymbol{\alpha})(\boldsymbol{\beta},\boldsymbol{\beta})\leqslant 0,$$

即 $$(\boldsymbol{\alpha},\boldsymbol{\beta})^2\leqslant(\boldsymbol{\alpha},\boldsymbol{\alpha})(\boldsymbol{\beta},\boldsymbol{\beta})=\|\boldsymbol{\alpha}\|^2\|\boldsymbol{\beta}\|^2,$$

故 $$|(\boldsymbol{\alpha},\boldsymbol{\beta})|\leqslant\|\boldsymbol{\alpha}\|\|\boldsymbol{\beta}\|.$$ ■

读者不难证明,定理 4.3 中(4.10)式等号成立的充分必要条件为$\boldsymbol{\alpha}$与$\boldsymbol{\beta}$线性相关.

当$\boldsymbol{\alpha}=(a_1,a_2,\cdots,a_n)^{\mathrm{T}}$,$\boldsymbol{\beta}=(b_1,b_2,\cdots,b_n)^{\mathrm{T}}$ 时,利用定理 4.3 可得

$$\left(\sum_{i=1}^{n}a_ib_i\right)^2\leqslant\left(\sum_{i=1}^{n}a_i^2\right)\left(\sum_{i=1}^{n}b_i^2\right). \tag{4.11}$$

由于内积满足柯西-施瓦茨不等式,于是我们可以利用内积定义向量之间的夹角.

定义 4.5 向量$\boldsymbol{\alpha}$,$\boldsymbol{\beta}$之间的夹角定义为

$$\langle\boldsymbol{\alpha},\boldsymbol{\beta}\rangle=\arccos\frac{(\boldsymbol{\alpha},\boldsymbol{\beta})}{\|\boldsymbol{\alpha}\|\|\boldsymbol{\beta}\|}. \tag{4.12}$$

由定义 4.5 立即可得:

定理 4.4 非零向量$\boldsymbol{\alpha}$,$\boldsymbol{\beta}$正交(或垂直)的充分必要条件是$(\boldsymbol{\alpha},\boldsymbol{\beta})=0$.

由于零向量与任何向量的内积为零,因此,我们也说零向量与任何向量正交.

在三维几何空间中,向量$\boldsymbol{\alpha}$,$\boldsymbol{\beta}$,$\boldsymbol{\alpha}+\boldsymbol{\beta}$构成三角形,三个向量的长度满足三角形不等式

$$\|\boldsymbol{\alpha}+\boldsymbol{\beta}\|\leqslant\|\boldsymbol{\alpha}\|+\|\boldsymbol{\beta}\|. \tag{4.13}$$

当$\boldsymbol{\alpha}\perp\boldsymbol{\beta}$时,三个向量的长度满足勾股定理

$$\|\boldsymbol{\alpha}+\boldsymbol{\beta}\|^2=\|\boldsymbol{\alpha}\|^2+\|\boldsymbol{\beta}\|^2. \tag{4.14}$$

在定义了内积运算的 n 维向量空间中，三角形不等式和勾股定理仍然成立. 下面给出它们的证明：

$$\begin{aligned}\|\boldsymbol{\alpha}+\boldsymbol{\beta}\|^2 &= (\boldsymbol{\alpha}+\boldsymbol{\beta},\boldsymbol{\alpha}+\boldsymbol{\beta}) = (\boldsymbol{\alpha},\boldsymbol{\alpha})+2(\boldsymbol{\alpha},\boldsymbol{\beta})+(\boldsymbol{\beta},\boldsymbol{\beta}) \quad ①\\ &\leqslant \|\boldsymbol{\alpha}\|^2+2\|\boldsymbol{\alpha}\|\|\boldsymbol{\beta}\|+\|\boldsymbol{\beta}\|^2 \quad ②\\ &= (\|\boldsymbol{\alpha}\|+\|\boldsymbol{\beta}\|)^2,\end{aligned}$$

故 $$\|\boldsymbol{\alpha}+\boldsymbol{\beta}\| \leqslant \|\boldsymbol{\alpha}\|+\|\boldsymbol{\beta}\|.$$

上面①式到②式是利用了柯西-施瓦茨不等式.

当 $\boldsymbol{\alpha}\perp\boldsymbol{\beta}$ 时，①式中 $(\boldsymbol{\alpha},\boldsymbol{\beta})=0$，于是就有

$$\|\boldsymbol{\alpha}+\boldsymbol{\beta}\|^2 = \|\boldsymbol{\alpha}\|^2+\|\boldsymbol{\beta}\|^2.$$

定义 4.6 定义了内积运算的 n 维实向量空间称为 n 维欧几里得空间(简称欧氏空间)，仍记作 $\mathbb{R}^n$.

4.2.2 标准正交基

在 n 维欧氏空间 $\mathbb{R}^n$ 中，长度为 1 的单位向量组：

$$\boldsymbol{\varepsilon}_1 = (1,0,0,\cdots,0)^{\mathrm{T}},\boldsymbol{\varepsilon}_2 = (0,1,0,\cdots,0)^{\mathrm{T}},\cdots,$$
$$\boldsymbol{\varepsilon}_n = (0,0,0,\cdots,1)^{\mathrm{T}},$$

显然是两两正交的线性无关的向量组，我们称它为 $\mathbb{R}^n$ 的一组标准正交基. 然而，n 维欧氏空间的标准正交基不是唯一的，为了说清楚这个问题，我们先证明下面的定理，给出标准正交基的一般定义，然后介绍由 $\mathbb{R}^n$ 中 n 个线性无关的向量构造一组标准正交基的施密特正交化方法.

定理 4.5 $\mathbb{R}^n$ 中两两正交且不含零向量的向量组(称为非零正交向量组) $\boldsymbol{\alpha}_1,\boldsymbol{\alpha}_2,\cdots,\boldsymbol{\alpha}_s$ 是线性无关的.

证 设 $$k_1\boldsymbol{\alpha}_1+k_2\boldsymbol{\alpha}_2+\cdots+k_s\boldsymbol{\alpha}_s=\mathbf{0},$$

则 $$\left(\boldsymbol{\alpha}_i,\sum_{j=1}^{s}k_j\boldsymbol{\alpha}_j\right) = k_i(\boldsymbol{\alpha}_i,\boldsymbol{\alpha}_i) = 0,\quad i=1,2,\cdots,s.$$

由于 $(\boldsymbol{\alpha}_i,\boldsymbol{\alpha}_i)>0$，故 $k_i=0$，$i=1,2,\cdots,s$. 因此，$\boldsymbol{\alpha}_1,\boldsymbol{\alpha}_2,\cdots,\boldsymbol{\alpha}_s$ 线性无关.

定义 4.7 设$\boldsymbol{\alpha}_1,\boldsymbol{\alpha}_2,\cdots,\boldsymbol{\alpha}_n\in\mathbb{R}^n$,若

$$(\boldsymbol{\alpha}_i,\boldsymbol{\alpha}_j)=\begin{cases}1, & i=j,\\0, & i\neq j,\end{cases}\quad i,j=1,2,\cdots,n. \tag{4.15}$$

则称$\{\boldsymbol{\alpha}_1,\boldsymbol{\alpha}_2,\cdots,\boldsymbol{\alpha}_n\}$是$\mathbb{R}^n$的一组**标准正交基**.

例 1 设$B=\{\boldsymbol{\alpha}_1,\boldsymbol{\alpha}_2,\cdots,\boldsymbol{\alpha}_n\}$是$\mathbb{R}^n$的一组标准正交基,求$\mathbb{R}^n$中向量$\boldsymbol{\beta}$在基$B$下的坐标.

解 设$\boldsymbol{\beta}=x_1\boldsymbol{\alpha}_1+x_2\boldsymbol{\alpha}_2+\cdots+x_n\boldsymbol{\alpha}_n$,将此式两边对$\boldsymbol{\alpha}_j(j=1,2,\cdots,n)$分别求内积,得

$$(\boldsymbol{\beta},\boldsymbol{\alpha}_j)=(x_1\boldsymbol{\alpha}_1+x_2\boldsymbol{\alpha}_2+\cdots+x_n\boldsymbol{\alpha}_n,\boldsymbol{\alpha}_j)$$

$$=\sum_{i=1}^{n}x_i(\boldsymbol{\alpha}_i,\boldsymbol{\alpha}_j)=x_j(\boldsymbol{\alpha}_j,\boldsymbol{\alpha}_j)=x_j,$$

故$\boldsymbol{\beta}$在标准正交基$\boldsymbol{\alpha}_1,\boldsymbol{\alpha}_2,\cdots,\boldsymbol{\alpha}_n$下的坐标向量的第$j$个分量为

$$x_j=(\boldsymbol{\beta},\boldsymbol{\alpha}_j),\quad j=1,2,\cdots,n.$$

在$\mathbb{R}^3$中取$\boldsymbol{i},\boldsymbol{j},\boldsymbol{k}$为标准正交基,例1中的$x_1,x_2,x_3$就是$\boldsymbol{\beta}$在$\boldsymbol{i},\boldsymbol{j},\boldsymbol{k}$上的投影.

4.2.3 施密特(Schmidt)正交化方法

施密特正交化方法是将$\mathbb{R}^n$中一组线性无关的向量$\boldsymbol{\alpha}_1,\boldsymbol{\alpha}_2,\cdots,\boldsymbol{\alpha}_n$做一种特定的线性运算,构造出一组标准正交向量组的方法.

我们先从$\mathbb{R}^3$的一组基$\{\boldsymbol{\alpha}_1,\boldsymbol{\alpha}_2,\boldsymbol{\alpha}_3\}$构造出一组标准正交基,以揭示施密特正交化方法的思路和过程.

令 $\boldsymbol{\beta}_1=\boldsymbol{\alpha}_1$,将$\boldsymbol{\alpha}_2$在$\boldsymbol{\beta}_1$上的投影向量(见图4.2)

$$(\boldsymbol{\alpha}_2)_{\boldsymbol{\beta}_1}=\boldsymbol{\gamma}_{12}=\|\boldsymbol{\alpha}_2\|\cos\langle\boldsymbol{\alpha}_2,\boldsymbol{\beta}_1\rangle\frac{\boldsymbol{\beta}_1}{\|\boldsymbol{\beta}_1\|}=\frac{(\boldsymbol{\alpha}_2,\boldsymbol{\beta}_1)}{(\boldsymbol{\beta}_1,\boldsymbol{\beta}_1)}\boldsymbol{\beta}_1$$

$$\xlongequal{\text{记作}}k_{12}\boldsymbol{\beta}_1,$$

其中 $k_{12}=\dfrac{(\boldsymbol{\alpha}_2,\boldsymbol{\beta}_1)}{(\boldsymbol{\beta}_1,\boldsymbol{\beta}_1)}$,再取

$$\boldsymbol{\beta}_2=\boldsymbol{\alpha}_2-\boldsymbol{\gamma}_{12}=\boldsymbol{\alpha}_2-k_{12}\boldsymbol{\beta}_1,$$

则$\boldsymbol{\beta}_2 \perp \boldsymbol{\beta}_1$（如图 4.2 所示）. 由于$\boldsymbol{\alpha}_3$与$\boldsymbol{\alpha}_1,\boldsymbol{\alpha}_2$不共面，所以$\boldsymbol{\alpha}_3$也与$\boldsymbol{\beta}_1,\boldsymbol{\beta}_2$不共面，如果记$\boldsymbol{\alpha}_3$在$\boldsymbol{\beta}_1,\boldsymbol{\beta}_2$平面上的投影向量为$\boldsymbol{\gamma}_3$，即

$$\boldsymbol{\gamma}_3 = (\boldsymbol{\alpha}_3)_{\boldsymbol{\beta}_1} + (\boldsymbol{\alpha}_3)_{\boldsymbol{\beta}_2} = \boldsymbol{\gamma}_{13} + \boldsymbol{\gamma}_{23} = k_{13}\,\boldsymbol{\beta}_1 + k_{23}\,\boldsymbol{\beta}_2.$$

其中　$k_{13} = \dfrac{(\boldsymbol{\alpha}_3,\boldsymbol{\beta}_1)}{(\boldsymbol{\beta}_1,\boldsymbol{\beta}_1)}$，　$k_{23} = \dfrac{(\boldsymbol{\alpha}_3,\boldsymbol{\beta}_2)}{(\boldsymbol{\beta}_2,\boldsymbol{\beta}_2)}$，并取

$$\boldsymbol{\beta}_3 = \boldsymbol{\alpha}_3 - \boldsymbol{\gamma}_3 = \boldsymbol{\alpha}_3 - k_{13}\,\boldsymbol{\beta}_1 - k_{23}\,\boldsymbol{\beta}_2,$$

则$\boldsymbol{\beta}_3 \perp \boldsymbol{\beta}_1$且$\boldsymbol{\beta}_3 \perp \boldsymbol{\beta}_2$（如图 4.3 所示）.

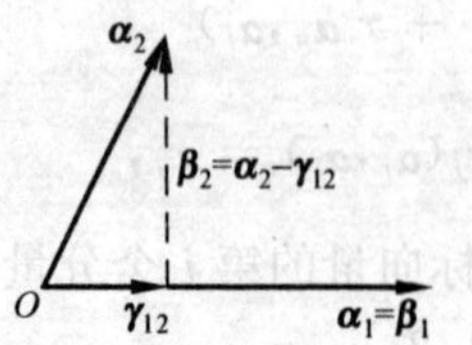

图　4.2

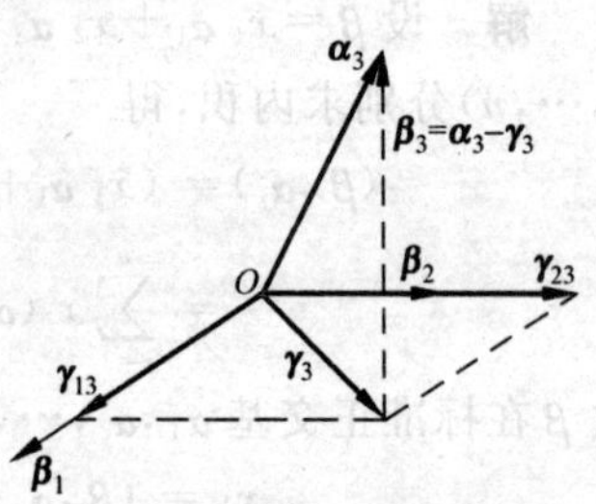

图　4.3

如此求得的$\boldsymbol{\beta}_1,\boldsymbol{\beta}_2,\boldsymbol{\beta}_3$是两两正交的非零向量组. 再将$\boldsymbol{\beta}_1,\boldsymbol{\beta}_2,\boldsymbol{\beta}_3$单位化，即取

$$\boldsymbol{\eta}_j = \frac{1}{\|\boldsymbol{\beta}_j\|}\boldsymbol{\beta}_j,\quad j = 1,2,3.$$

则$\{\boldsymbol{\eta}_1,\boldsymbol{\eta}_2,\boldsymbol{\eta}_3\}$就是$\mathbb{R}^3$的一组标准正交基.

从上述正交化过程所获得的启示，由$\mathbb{R}^n$中线性无关的向量组$\boldsymbol{\alpha}_1,\boldsymbol{\alpha}_2,\cdots,\boldsymbol{\alpha}_m$也可类似地构造出一组标准正交的向量组$\boldsymbol{\eta}_1,\boldsymbol{\eta}_2,\cdots,\boldsymbol{\eta}_m$，其步骤如下：

取

$$\boldsymbol{\beta}_1 = \boldsymbol{\alpha}_1,$$
$$\boldsymbol{\beta}_2 = \boldsymbol{\alpha}_2 + k_{12}\,\boldsymbol{\beta}_1,$$

由于$\boldsymbol{\beta}_1,\boldsymbol{\alpha}_2$线性无关，所以$\boldsymbol{\beta}_2 \neq \mathbf{0}$，为使$\boldsymbol{\beta}_1,\boldsymbol{\beta}_2$正交，即

$$(\boldsymbol{\beta}_2,\boldsymbol{\beta}_1) = (\boldsymbol{\alpha}_2 + k_{12}\,\boldsymbol{\beta}_1,\boldsymbol{\beta}_1)$$

$$= (\boldsymbol{\alpha}_2, \boldsymbol{\beta}_1) + k_{12}(\boldsymbol{\beta}_1, \boldsymbol{\beta}_1) = 0,$$

便得

$$k_{12} = -\frac{(\boldsymbol{\alpha}_2, \boldsymbol{\beta}_1)}{(\boldsymbol{\beta}_1, \boldsymbol{\beta}_1)}.$$

再取

$$\boldsymbol{\beta}_3 = \boldsymbol{\alpha}_3 + k_{23}\boldsymbol{\beta}_2 + k_{13}\boldsymbol{\beta}_1,$$

使$(\boldsymbol{\beta}_3, \boldsymbol{\beta}_1) = (\boldsymbol{\beta}_3, \boldsymbol{\beta}_2) = 0$，又得

$$k_{13} = -\frac{(\boldsymbol{\alpha}_3, \boldsymbol{\beta}_1)}{(\boldsymbol{\beta}_1, \boldsymbol{\beta}_1)}, \quad k_{23} = -\frac{(\boldsymbol{\alpha}_3, \boldsymbol{\beta}_2)}{(\boldsymbol{\beta}_2, \boldsymbol{\beta}_2)}.$$

继续上述步骤，假定已求出两两正交的非零向量$\boldsymbol{\beta}_1, \boldsymbol{\beta}_2, \cdots, \boldsymbol{\beta}_{j-1}$，再取

$$\boldsymbol{\beta}_j = \boldsymbol{\alpha}_j + k_{j-1,j}\boldsymbol{\beta}_{j-1} + \cdots + k_{2j}\boldsymbol{\beta}_2 + k_{1j}\boldsymbol{\beta}_1,$$

为使$\boldsymbol{\beta}_j$与$\boldsymbol{\beta}_i (i = 1, 2, \cdots, j-1)$正交，即

$$(\boldsymbol{\beta}_j, \boldsymbol{\beta}_i) = (\boldsymbol{\alpha}_j, \boldsymbol{\beta}_i) + k_{ij}(\boldsymbol{\beta}_i, \boldsymbol{\beta}_i) = 0,$$

即得

$$k_{ij} = -\frac{(\boldsymbol{\alpha}_j, \boldsymbol{\beta}_i)}{(\boldsymbol{\beta}_i, \boldsymbol{\beta}_i)}, \quad i = 1, 2, \cdots, j-1.$$

故

$$\boldsymbol{\beta}_j = \boldsymbol{\alpha}_j - \frac{(\boldsymbol{\alpha}_j, \boldsymbol{\beta}_1)}{(\boldsymbol{\beta}_1, \boldsymbol{\beta}_1)}\boldsymbol{\beta}_1 - \frac{(\boldsymbol{\alpha}_j, \boldsymbol{\beta}_2)}{(\boldsymbol{\beta}_2, \boldsymbol{\beta}_2)}\boldsymbol{\beta}_2 - \cdots - \frac{(\boldsymbol{\alpha}_j, \boldsymbol{\beta}_{j-1})}{(\boldsymbol{\beta}_{j-1}, \boldsymbol{\beta}_{j-1})}\boldsymbol{\beta}_{j-1}. \tag{4.16}$$

因此，令$\boldsymbol{\beta}_1 = \boldsymbol{\alpha}_1$，并在(4.16)式中取$j = 2, 3, \cdots, m$，就得到两两正交的非零向量组$\boldsymbol{\beta}_1, \boldsymbol{\beta}_2, \cdots, \boldsymbol{\beta}_m$(它们都是非零向量的证明留给读者去完成)．再将它们单位化为

$$\boldsymbol{\eta}_1, \boldsymbol{\eta}_2, \cdots, \boldsymbol{\eta}_m,$$

其中$\boldsymbol{\eta}_j = \frac{1}{\|\boldsymbol{\beta}_j\|}\boldsymbol{\beta}_j, j = 1, 2, \cdots, m$，这就由线性无关的$\boldsymbol{\alpha}_1, \boldsymbol{\alpha}_2, \cdots, \boldsymbol{\alpha}_m$构造出了标准正交向量组$\boldsymbol{\eta}_1, \boldsymbol{\eta}_2, \cdots, \boldsymbol{\eta}_m$．这个正交化过程称为**施密特正交化方法**．

如果$\{\boldsymbol{\alpha}_1,\boldsymbol{\alpha}_2,\cdots,\boldsymbol{\alpha}_n\}$是$\mathbb{R}^n$的一组基，按施密特正交化方法，必可构造出$\mathbb{R}^n$的一组标准正交基$\{\boldsymbol{\eta}_1,\boldsymbol{\eta}_2,\cdots,\boldsymbol{\eta}_n\}$. 由此可见，$\mathbb{R}^n$的标准正交基不唯一. 在$\mathbb{R}^3$中，任何单位长度的两两正交的三个向量都是它的标准正交基.

例 2　已知 $B=\{\boldsymbol{\alpha}_1,\boldsymbol{\alpha}_2,\boldsymbol{\alpha}_3\}$是$\mathbb{R}^3$的一组基，其中

$$\boldsymbol{\alpha}_1=(1,-1,0),\boldsymbol{\alpha}_2=(1,0,1),\boldsymbol{\alpha}_3=(1,-1,1).$$

试用施密特正交化方法，由 B 构造$\mathbb{R}^3$的一组标准正交基.

解　取　$\boldsymbol{\beta}_1=\boldsymbol{\alpha}_1=(1,-1,0)$,

$$\boldsymbol{\beta}_2=\boldsymbol{\alpha}_2-\frac{(\boldsymbol{\alpha}_2,\boldsymbol{\beta}_1)}{(\boldsymbol{\beta}_1,\boldsymbol{\beta}_1)}\boldsymbol{\beta}_1$$

$$=(1,0,1)-\frac{1}{2}(1,-1,0)=\left(\frac{1}{2},\frac{1}{2},1\right),$$

$$\boldsymbol{\beta}_3=\boldsymbol{\alpha}_3-\frac{(\boldsymbol{\alpha}_3,\boldsymbol{\beta}_2)}{(\boldsymbol{\beta}_2,\boldsymbol{\beta}_2)}\boldsymbol{\beta}_2-\frac{(\boldsymbol{\alpha}_3,\boldsymbol{\beta}_1)}{(\boldsymbol{\beta}_1,\boldsymbol{\beta}_1)}\boldsymbol{\beta}_1$$

$$=(1,-1,1)-\frac{2}{3}\left(\frac{1}{2},\frac{1}{2},1\right)-\frac{2}{2}(1,-1,0)$$

$$=\left(-\frac{1}{3},-\frac{1}{3},\frac{1}{3}\right).$$

再将$\boldsymbol{\beta}_1,\boldsymbol{\beta}_2,\boldsymbol{\beta}_3$单位化，得$\mathbb{R}^3$的标准正交基为

$$\boldsymbol{\eta}_1=\frac{1}{\|\boldsymbol{\beta}_1\|}\boldsymbol{\beta}_1=\left(\frac{1}{\sqrt{2}},\frac{-1}{\sqrt{2}},0\right),$$

$$\boldsymbol{\eta}_2=\frac{1}{\|\boldsymbol{\beta}_2\|}\boldsymbol{\beta}_2=\left(\frac{1}{\sqrt{6}},\frac{1}{\sqrt{6}},\frac{2}{\sqrt{6}}\right),$$

$$\boldsymbol{\eta}_3=\frac{1}{\|\boldsymbol{\beta}_3\|}\boldsymbol{\beta}_3=\left(-\frac{1}{\sqrt{3}},-\frac{1}{\sqrt{3}},\frac{1}{\sqrt{3}}\right).$$

4.2.4　正交矩阵及其性质

正交矩阵是一种重要的实方阵，它的行、列向量组皆是标准正交向量组. 下面先给出正交矩阵的定义，然后讨论它的性质.

定义 4.8 设$A\in\mathbb{R}^{n\times n}$,如果$A^{\mathrm{T}}A=I$,就称$A$为**正交矩阵**.

定理 4.6 A为n阶正交矩阵的充分必要条件是A的列向量组为$\mathbb{R}^n$的一组标准正交基.

证 设
$$A=\begin{pmatrix}a_{11}&a_{12}&\cdots&a_{1n}\\a_{21}&a_{22}&\cdots&a_{2n}\\\vdots&\vdots&&\vdots\\a_{n1}&a_{n2}&\cdots&a_{nn}\end{pmatrix},$$
按列分块为$(\boldsymbol{\alpha}_1,\boldsymbol{\alpha}_2,\cdots,\boldsymbol{\alpha}_n)$,于是
$$A^{\mathrm{T}}A=\begin{pmatrix}\boldsymbol{\alpha}_1^{\mathrm{T}}\\\boldsymbol{\alpha}_2^{\mathrm{T}}\\\vdots\\\boldsymbol{\alpha}_n^{\mathrm{T}}\end{pmatrix}(\boldsymbol{\alpha}_1,\boldsymbol{\alpha}_2,\cdots,\boldsymbol{\alpha}_n)=\begin{pmatrix}\boldsymbol{\alpha}_1^{\mathrm{T}}\boldsymbol{\alpha}_1&\boldsymbol{\alpha}_1^{\mathrm{T}}\boldsymbol{\alpha}_2&\cdots&\boldsymbol{\alpha}_1^{\mathrm{T}}\boldsymbol{\alpha}_n\\\boldsymbol{\alpha}_2^{\mathrm{T}}\boldsymbol{\alpha}_1&\boldsymbol{\alpha}_2^{\mathrm{T}}\boldsymbol{\alpha}_2&\cdots&\boldsymbol{\alpha}_2^{\mathrm{T}}\boldsymbol{\alpha}_n\\\vdots&\vdots&&\vdots\\\boldsymbol{\alpha}_n^{\mathrm{T}}\boldsymbol{\alpha}_1&\boldsymbol{\alpha}_n^{\mathrm{T}}\boldsymbol{\alpha}_2&\cdots&\boldsymbol{\alpha}_n^{\mathrm{T}}\boldsymbol{\alpha}_n\end{pmatrix}.$$
因此,$A^{\mathrm{T}}A=I$的充分必要条件是
$$\boldsymbol{\alpha}_i^{\mathrm{T}}\boldsymbol{\alpha}_i=(\boldsymbol{\alpha}_i,\boldsymbol{\alpha}_i)=1,\quad i=1,2,\cdots,n;$$
且
$$\boldsymbol{\alpha}_i^{\mathrm{T}}\boldsymbol{\alpha}_j=(\boldsymbol{\alpha}_i,\boldsymbol{\alpha}_j)=0,\quad j\neq i,\quad i,j=1,2,\cdots,n.$$
即A的列向量组$\{\boldsymbol{\alpha}_1,\boldsymbol{\alpha}_2,\cdots,\boldsymbol{\alpha}_n\}$为$\mathbb{R}^n$的一组标准正交基. ■

定理 4.7 设A,B皆是n阶正交矩阵,则:

(i) $\det A=1$或-1;(ii) $A^{-1}=A^{\mathrm{T}}$;(iii) A^{T}(即A^{-1})也是正交矩阵;(iv) AB也是正交矩阵.

证 (i),(ii)的证明留给读者练习.

(iii) 由于$(A^{\mathrm{T}})^{\mathrm{T}}A^{\mathrm{T}}=AA^{\mathrm{T}}=AA^{-1}=I$,所以$A^{\mathrm{T}}$(即$A^{-1}$)也是正交矩阵,从而$A$的行向量组也是$\mathbb{R}^n$的一组标准正交基.

(iv) 由$(AB)^{\mathrm{T}}(AB)=B^{\mathrm{T}}(A^{\mathrm{T}}A)B=B^{\mathrm{T}}B=I$,即得$AB$也是正交矩阵. ■

定理 4.8 若列向量$\boldsymbol{x},\boldsymbol{y}\in\mathbb{R}^n$在$n$阶正交矩阵$A$作用下变换为$A\boldsymbol{x},A\boldsymbol{y}\in\mathbb{R}^n$,则向量的内积、长度及向量间的夹角都保持不变,即

$$(\boldsymbol{Ax},\boldsymbol{Ay})=(\boldsymbol{x},\boldsymbol{y}),\ \|\boldsymbol{Ax}\|=\|\boldsymbol{x}\|,\ \|\boldsymbol{Ay}\|=\|\boldsymbol{y}\|,$$
$$\langle\boldsymbol{Ax},\boldsymbol{Ay}\rangle=\langle\boldsymbol{x},\boldsymbol{y}\rangle.$$

证 $$(\boldsymbol{Ax},\boldsymbol{Ay})=(\boldsymbol{Ax})^{\mathrm{T}}(\boldsymbol{Ay})=\boldsymbol{x}^{\mathrm{T}}(\boldsymbol{A}^{\mathrm{T}}\boldsymbol{A})\boldsymbol{y}$$
$$=\boldsymbol{x}^{\mathrm{T}}\boldsymbol{y}=(\boldsymbol{x},\boldsymbol{y}).$$

当 $\boldsymbol{y}=\boldsymbol{x}$ 时，有 $(\boldsymbol{Ax},\boldsymbol{Ax})=(\boldsymbol{x},\boldsymbol{x})$，即 $\|\boldsymbol{Ax}\|=\|\boldsymbol{x}\|$. 同理 $\|\boldsymbol{Ay}\|=\|\boldsymbol{y}\|$. 因此

$$\cos\langle\boldsymbol{Ax},\boldsymbol{Ay}\rangle=\frac{(\boldsymbol{Ax},\boldsymbol{Ay})}{\|\boldsymbol{Ax}\|\,\|\boldsymbol{Ay}\|}=\frac{(\boldsymbol{x},\boldsymbol{y})}{\|\boldsymbol{x}\|\,\|\boldsymbol{y}\|}=\cos\langle\boldsymbol{x},\boldsymbol{y}\rangle,$$

所以向量 $\boldsymbol{Ax}$ 与 $\boldsymbol{Ay}$ 的夹角等于 $\boldsymbol{x}$ 与 $\boldsymbol{y}$ 的夹角. ■

欧氏空间中向量 $\boldsymbol{x}$ 在正交矩阵作用下变换为 $\boldsymbol{Ax}$，通常称之为**欧氏空间的正交变换**. 它在第 6 章中研究二次型的标准形时起着重要作用.

*4.3 线性空间的定义及简单性质

线性空间是我们碰到的第一个抽象的代数结构，它是三维几何向量空间和 n 维向量空间进一步推广而抽象出来的一个概念.

在解析几何中讨论的三维几何向量，它的加法和数与向量的乘法运算可以描述一些几何和力学问题的有关属性. 为了研究一般线性方程组的解的理论，我们把三维向量推广为 n 维向量，定义了 n 维向量的加法和数量乘法运算，讨论了 n 维向量空间中的向量关于线性运算的线性相关性，完满地阐明了线性方程组的解的理论.

在全体 n 维实向量作成的集合中，定义了向量的加法运算和实数与向量的数乘运算，就称为实数域上的 n 维向量空间（记作 $\mathbb{R}^n$），$\mathbb{R}^n$ 对两种运算封闭且满足 8 条规则（见本节定义）.

在数学研究的对象中，有很多类型的集合，也可在其中定义加法运算及由给定数域中的数与集合中的元素之间定义数乘运算，

使集合对两种运算封闭并满足相同的 8 条规则. 因此,我们撇开集合的具体对象和两种运算的具体含义,把集合对两种运算的封闭性及运算满足的规则抽象出来,就形成了抽象的线性空间的概念,这种抽象将使得我们进一步研究的线性空间的理论可以在相当广泛的领域内得到应用.

定义 4.9 数域 F 上的线性空间 V 是一个非空集合,它带有两个运算——加法(记作$\boldsymbol{\alpha}+\boldsymbol{\beta}$)和数量乘法(简称数乘,是 F 中的数λ与 V 中元素 $\boldsymbol{\alpha}$ 相乘,记作 $\lambda\boldsymbol{\alpha}$),且 V 对两种运算封闭(即运算结果仍属于 V)并满足以下 8 条运算规则:

(1) $\boldsymbol{\alpha}+\boldsymbol{\beta}=\boldsymbol{\beta}+\boldsymbol{\alpha}$; (交换律)

(2) $(\boldsymbol{\alpha}+\boldsymbol{\beta})+\boldsymbol{\gamma}=\boldsymbol{\alpha}+(\boldsymbol{\beta}+\boldsymbol{\gamma})$; (结合律)

(3) 存在$\boldsymbol{\theta}\in V$,使$\boldsymbol{\alpha}+\boldsymbol{\theta}=\boldsymbol{\alpha}$,其中$\boldsymbol{\theta}$称为 V 的零元素;

(4) 存在$-\boldsymbol{\alpha}\in V$,使$\boldsymbol{\alpha}+(-\boldsymbol{\alpha})=\boldsymbol{\theta}$,其中$-\boldsymbol{\alpha}$称为$\boldsymbol{\alpha}$的负元素;

(5) $1\boldsymbol{\alpha}=\boldsymbol{\alpha}$;

(6) $k(l\boldsymbol{\alpha})=(kl)\boldsymbol{\alpha}$; (结合律)

(7) $(k+l)\boldsymbol{\alpha}=k\boldsymbol{\alpha}+l\boldsymbol{\alpha}$; (分配律)

(8) $k(\boldsymbol{\alpha}+\boldsymbol{\beta})=k\boldsymbol{\alpha}+k\boldsymbol{\beta}$. (分配律)

其中$\boldsymbol{\alpha},\boldsymbol{\beta},\boldsymbol{\gamma}$是 V 中任意元素,k,l 是 F 中任意数.

F 为实(复)数域时,称为**实(复)线性空间**,简称**实(复)空间**.

线性空间 V 中元素也常称为**向量**,线性空间中的加法和数乘运算称为**线性运算**.

显然,三维几何向量空间和$\mathbb{R}^n$都是线性空间的具体模型,下面再列举一些线性空间的例子.

例 1 数域 F 上的全体多项式 $F[x]$,对通常的多项式加法和数乘多项式的运算构成数域 F 上的线性空间,$F[x]$的零元素是系数全为零的多项式(称为零多项式),任一个元素 $f(x)$的负元素是$(-1)f(x)$. 如果只考虑次数小于 n 的实系数多项式,那么它们连同零多项式一起也构成实数域$\mathbb{R}$上的线性空间，记作$\mathbb{R}[x]_n$.

例2 全体$m\times n$实矩阵，对矩阵的加法和数乘运算构成实数域上的线性空间，记作$\mathbb{R}^{m\times n}$（或$M_{m\times n}(\mathbb{R})$），$\mathbb{R}^{m\times n}$的零元素是$m\times n$零矩阵，任一元素$\boldsymbol{A}$的负元素是$(-\boldsymbol{A})$.

例3 区间$[a,b]$上的全体实连续函数，对通常的函数加法和数与函数的乘法运算构成实数域上的线性空间，记作$C[a,b]$. 在(a,b)上全体k阶导数连续的实函数$C^k(a,b)$对同样的加法和数乘运算也构成实线性空间.

对于给定的非空集合V和数域F，如果定义的加法和数乘运算不封闭（即运算的结果不都属于V），或者运算不能完全满足8条规则，那么V对定义的运算就不能构成数域F上的线性空间. 例如，全体n阶实矩阵对矩阵的加法和数乘运算不能构成复数域上的线性空间，全体非零的三维实向量对向量的加法和数乘运算也不构成实的线性空间.

由线性空间的定义可以得到线性空间的下列简单性质.

(i) 线性空间的零元素是唯一的.

假设$\boldsymbol{\theta}_1,\boldsymbol{\theta}_2$是线性空间的两个零元素，则

$$\boldsymbol{\theta}_1=\boldsymbol{\theta}_1+\boldsymbol{\theta}_2=\boldsymbol{\theta}_2+\boldsymbol{\theta}_1=\boldsymbol{\theta}_2.$$

(ii) 线性空间中任一元素$\boldsymbol{\alpha}$的负元素是唯一的.

假设$\boldsymbol{\beta}_1,\boldsymbol{\beta}_2$是$\boldsymbol{\alpha}$的两个负元素，即

$$\boldsymbol{\alpha}+\boldsymbol{\beta}_1=\boldsymbol{\alpha}+\boldsymbol{\beta}_2=\boldsymbol{\theta}.$$

于是

$$\begin{aligned}\boldsymbol{\beta}_1&=\boldsymbol{\beta}_1+\boldsymbol{\theta}=\boldsymbol{\beta}_1+(\boldsymbol{\alpha}+\boldsymbol{\beta}_2)\\&=(\boldsymbol{\beta}_1+\boldsymbol{\alpha})+\boldsymbol{\beta}_2=\boldsymbol{\theta}+\boldsymbol{\beta}_2=\boldsymbol{\beta}_2.\end{aligned}$$

利用负元素，定义减法如下：

$$\boldsymbol{\beta}-\boldsymbol{\alpha}=\boldsymbol{\beta}+(-\boldsymbol{\alpha}).$$

(iii) 若$\boldsymbol{\alpha},\boldsymbol{\beta}\in V$；$k,l\in F$，则有

$$k(\boldsymbol{\alpha}-\boldsymbol{\beta})=k\boldsymbol{\alpha}-k\boldsymbol{\beta},$$

$$(k-l)\boldsymbol{\alpha}=k\boldsymbol{\alpha}-l\boldsymbol{\alpha}.$$

这是因为

$$k(\boldsymbol{\alpha}-\boldsymbol{\beta})+k\boldsymbol{\beta}=k[(\boldsymbol{\alpha}-\boldsymbol{\beta})+\boldsymbol{\beta}]=k[\boldsymbol{\alpha}+((-\boldsymbol{\beta})+\boldsymbol{\beta})]$$
$$=k(\boldsymbol{\alpha}+\boldsymbol{\theta})=k\boldsymbol{\alpha},$$
$$(k-l)\boldsymbol{\alpha}+l\boldsymbol{\alpha}=[(k-l)+l]\boldsymbol{\alpha}=k\boldsymbol{\alpha}.$$

在上述两式的两端，分别加$-k\boldsymbol{\beta}$和$-l\boldsymbol{\alpha}$，即得所要的结果.

由性质(iii)，令$\boldsymbol{\alpha}=\boldsymbol{\beta}$，$\boldsymbol{\alpha}=\boldsymbol{\theta}$，$k=l$，$k=0$，分别可得：

(iv) $k\boldsymbol{\theta}=\boldsymbol{\theta}$，$k(-\boldsymbol{\beta})=-(k\boldsymbol{\beta})$，$0\boldsymbol{\alpha}=\boldsymbol{\theta}$，$(-l)\boldsymbol{\alpha}=-(l\boldsymbol{\alpha})$，特别地，$(-1)\boldsymbol{\alpha}=-\boldsymbol{\alpha}$. 以后，$-(l\boldsymbol{\alpha})$简记作$-l\boldsymbol{\alpha}$.

(v) 设$\boldsymbol{\alpha}\in V$，$k\in F$，若$k\boldsymbol{\alpha}=\boldsymbol{\theta}$，则$k=0$或$\boldsymbol{\alpha}=\boldsymbol{\theta}$.

假设$k\neq 0$，则$\boldsymbol{\alpha}=1\boldsymbol{\alpha}=\frac{1}{k}(k\boldsymbol{\alpha})=\frac{1}{k}\boldsymbol{\theta}=\boldsymbol{\theta}$.

由于线性空间具有上述简单性质，对于线性空间中元素作线性运算所得的方程，如

$$k\boldsymbol{\beta}+k_1\boldsymbol{\alpha}_1+\cdots+k_r\boldsymbol{\alpha}_r=\boldsymbol{\theta}\quad(k\neq 0),$$

就容易解得

$$\boldsymbol{\beta}=-\frac{k_1}{k}\boldsymbol{\alpha}_1-\cdots-\frac{k_r}{k}\boldsymbol{\alpha}_r.$$

*4.4 线性子空间

对于数域F上的线性空间V(简记作$V(F)$)，它的子集合W关于$V(F)$中的两种运算可能是封闭的，也可能是不封闭的. 例如$\mathbb{R}^3$的下列子集合：

$$W_1=\{(x_1,x_2,x_3)\mid x_1-x_2+5x_3=0\},$$
$$W_2=\{(x_1,x_2,x_3)\mid x_1-x_2+5x_3=1\}.$$

W_1是过原点的平面$x_1-x_2+5x_3=0$上的全体向量；W_2是不过原点的平面$x_1-x_2+5x_3=1$上的全体向量. 容易验证，W_1关于

向量的加法和数乘运算是封闭的，而 W_2 对这两种运算是不封闭的.

显然，W_2 对 $\mathbb{R}^3$ 中的线性运算不构成一个线性空间，因而不是 $\mathbb{R}^3$ 的一个线性子空间，而 W_1 则是 $\mathbb{R}^3$ 的一个线性子空间. 下面给出线性空间的子空间的定义.

定义 4.10　设 $V(F)$ 是一个线性空间，W 是 V 的一个非空子集合，如果 W 对 $V(F)$ 中定义的线性运算也构成数域 F 上的线性空间，就称 W 为 $V(F)$ 的一个**线性子空间**（或简称**子空间**）.

定理 4.9　线性空间 $V(F)$ 的非空子集合 W 为 V 的子空间的充分必要条件是 W 对于 V 的两种运算封闭.

证　必要性是显然的，下面证充分性. 此时只需验证 W 中的向量满足线性空间定义中的 8 条规则. 由于 W 是 V 的非空子集合，所以规则(1)，(2)，(5)，(6)，(7)，(8)显然成立. 因此，只需证明 $\boldsymbol{\theta} \in W$；$W$ 中每个向量 $\boldsymbol{\alpha}$ 的负向量 $(-\boldsymbol{\alpha})$ 也在 W 中. 由于 W 对数乘运算封闭，即 $\forall \lambda \in F, \forall \boldsymbol{\alpha} \in W$，均有 $\lambda \boldsymbol{\alpha} \in W$. 取 $\lambda = 0, -1$，则有 $0\boldsymbol{\alpha} = \boldsymbol{\theta} \in W, (-1)\boldsymbol{\alpha} = -\boldsymbol{\alpha} \in W$. ■

例 1　在线性空间 V 中，由单个的零向量组成的子集合 $\{\boldsymbol{\theta}\}$ 是 V 的一个子空间，叫做**零子空间**；V 本身也是 V 的一个子空间. 这两个子空间也叫做 V 的**平凡子空间**，而 V 的其他子空间叫做**非平凡子空间**.

例 2　设 $\boldsymbol{A} \in F^{m \times n}$，则齐次线性方程组 $\boldsymbol{A}\boldsymbol{x} = \boldsymbol{0}$ 的解集合

$$S = \{\boldsymbol{x} \mid \boldsymbol{A}\boldsymbol{x} = \boldsymbol{0}\}$$

是 F^n 的一个子空间，叫做齐次线性方程组的**解空间**（也称矩阵 $\boldsymbol{A}$ 的**零空间**，记作 $N(\boldsymbol{A})$）. 但是非齐次线性方程组 $\boldsymbol{A}\boldsymbol{x} = \boldsymbol{b}$ 的解集合不是 F^n 的子空间.

例 3　全体 n 阶实数量矩阵、实对角矩阵、实对称矩阵、实上（下）三角矩阵分别组成的集合，都是 $\mathbb{R}^{n \times n}$ 的子空间.

例 4　设 $\mathbb{R}^3$ 的子集合

$$V_1=\{(x_1,0,0)\mid x_1\in\mathbb{R}\},$$
$$V_2=\{(1,0,x_3)\mid x_3\in\mathbb{R}\},$$

则 V_1 是 $\mathbb{R}^3$ 的子空间，V_2 不是 $\mathbb{R}^3$ 的子空间，它们的几何意义是：V_1 是 x 轴上的全体向量；V_2 是过点(1,0,0)与 z 轴平行的直线上的全体向量. 在三维几何向量空间中，凡是过原点的平面或直线上的全体向量组成的子集合都是 $\mathbb{R}^3$ 的子空间，而不过原点的平面或直线上的全体向量组成的子集合都不是 $\mathbb{R}^3$ 的子空间.

定理 4.10 设 V 是数域 F 上的线性空间，S 是 V 的一个非空子集合，则 S 中一切向量组的所有线性组合组成的集合

$$W=\{k_1\boldsymbol{\alpha}_1+\cdots+k_m\boldsymbol{\alpha}_m\mid \boldsymbol{\alpha}_i\in S,k_i\in F,i=1,\cdots,m\}$$

是 V 中包含 S 的最小的子空间.

证 W 显然包含 S，设 $\boldsymbol{\alpha},\boldsymbol{\beta}\in W$，则存在 $\boldsymbol{\alpha}_1,\boldsymbol{\alpha}_2,\cdots,\boldsymbol{\alpha}_m$，$\boldsymbol{\beta}_1,\boldsymbol{\beta}_2,\cdots,\boldsymbol{\beta}_n\in S$ 及 $k_1,k_2,\cdots,k_m,l_1,l_2,\cdots,l_n\in F$，使得

$$\boldsymbol{\alpha}=k_1\boldsymbol{\alpha}_1+k_2\boldsymbol{\alpha}_2+\cdots+k_m\boldsymbol{\alpha}_m,$$
$$\boldsymbol{\beta}=l_1\boldsymbol{\beta}_1+l_2\boldsymbol{\beta}_2+\cdots+l_n\boldsymbol{\beta}_n.$$

于是 $\boldsymbol{\alpha}+\boldsymbol{\beta}=(k_1\boldsymbol{\alpha}_1+\cdots+k_m\boldsymbol{\alpha}_m)+(l_1\boldsymbol{\beta}_1+\cdots+l_n\boldsymbol{\beta}_n)\in W.$

又 $\forall k\in F$，也有

$$k\boldsymbol{\alpha}=k(k_1\boldsymbol{\alpha}_1+\cdots+k_m\boldsymbol{\alpha}_m)=kk_1\boldsymbol{\alpha}_1+\cdots+kk_m\boldsymbol{\alpha}_m\in W,$$

所以 W 是 V 的一个子空间.

再设 W^* 是 V 中包含 S 的任一个子空间，则

$$\forall\,\boldsymbol{\alpha}=k_1\boldsymbol{\alpha}_1+\cdots+k_m\boldsymbol{\alpha}_m\in W.$$

由于 $\boldsymbol{\alpha}_1,\cdots,\boldsymbol{\alpha}_m\in S\subseteq W^*$，所以必有 $\boldsymbol{\alpha}\in W^*$，从而 $W\subseteq W^*$，因此 W 是 V 中包含 S 的最小子空间. ■

定理 4.10 中的 W 称为由 V 的非空子集 S 生成的 V 的子空间，或者说 S 生成 W，当 S 为有限子集 $\{\boldsymbol{\alpha}_1,\boldsymbol{\alpha}_2,\cdots,\boldsymbol{\alpha}_m\}$ 时，记 $W=L(\boldsymbol{\alpha}_1,\boldsymbol{\alpha}_2,\cdots,\boldsymbol{\alpha}_m)$，并称 W 是由向量组 $\boldsymbol{\alpha}_1,\boldsymbol{\alpha}_2,\cdots,\boldsymbol{\alpha}_m$ 生成的子空间.

例如，齐次线性方程组 $\boldsymbol{A}\boldsymbol{x}=\boldsymbol{0}$ 的解空间是由它的基础解系生成的子空间；$\mathbb{R}^3$ 中任一个过原点的平面上的全体向量所构成的子

空间，是由该平面上任意两个线性无关的向量生成的子空间.

定理 4.11 设 W_1, W_2 是数域 F 上的线性空间 V 的两个子空间，且 $W_1=L(\boldsymbol{\alpha}_1,\cdots,\boldsymbol{\alpha}_s)$，$W_2=L(\boldsymbol{\beta}_1,\cdots,\boldsymbol{\beta}_t)$，则 $W_1=W_2$ 的充要条件是两个向量组 $\boldsymbol{\alpha}_1,\cdots,\boldsymbol{\alpha}_s$ 与 $\boldsymbol{\beta}_1,\cdots,\boldsymbol{\beta}_t$ 可以互相线性表示（即两个向量组中的每个向量都可由另一个向量组线性表示）.

证 必要性是显然的，下面证充分性.

设 $\boldsymbol{\alpha}=k_1\boldsymbol{\alpha}_1+\cdots+k_s\boldsymbol{\alpha}_s\in W_1$，由于 $\boldsymbol{\alpha}_i(i=1,\cdots,s)$ 可由向量组 $\boldsymbol{\beta}_1,\cdots,\boldsymbol{\beta}_t$ 线性表出，所以 $\boldsymbol{\alpha}$ 也可由 $\boldsymbol{\beta}_1,\cdots,\boldsymbol{\beta}_t$ 线性表示，即存在 $l_1,\cdots,l_t\in F$，使

$$\boldsymbol{\alpha}=l_1\boldsymbol{\beta}_1+\cdots+l_t\boldsymbol{\beta}_t\in W_2,$$

因此，$W_1\subseteq W_2$.

同理可证，$W_2\subseteq W_1$，从而有 $W_1=W_2$. ■

定义 4.11 设 W_1, W_2 是线性空间 V 的两个子空间，则 V 的子集合

$$W_1\cap W_2=\{\boldsymbol{\alpha}\mid\boldsymbol{\alpha}\in W_1\text{ 且 }\boldsymbol{\alpha}\in W_2\},$$

$$W_1+W_2=\{\boldsymbol{\alpha}_1+\boldsymbol{\alpha}_2\mid\boldsymbol{\alpha}_1\in W_1,\boldsymbol{\alpha}_2\in W_2\},$$

分别称为两个子空间的**交**与**和**. 如果 $W_1\cap W_2=\{\boldsymbol{\theta}\}$，就称 W_1+W_2 为**直和**，记作 $W_1\oplus W_2$.

需要注意的是，W_1+W_2 是由 W_1 中的任意向量与 W_2 中的任意向量的和组成的集合，这与 $W_1\cup W_2$ 的概念是不同的.

定理 4.12 线性空间 $V(F)$ 的两个子空间 W_1, W_2 的交与和仍是 V 的子空间.

证 我们只证 W_1+W_2 是 V 的子空间，为此只需证 W_1+W_2 对 V 中的线性运算封闭.

设 $\boldsymbol{\alpha},\boldsymbol{\beta}\in W_1+W_2$，即存在 $\boldsymbol{\alpha}_1,\boldsymbol{\beta}_1\in W_1$；$\boldsymbol{\alpha}_2,\boldsymbol{\beta}_2\in W_2$，使

$$\boldsymbol{\alpha}=\boldsymbol{\alpha}_1+\boldsymbol{\alpha}_2,\ \boldsymbol{\beta}=\boldsymbol{\beta}_1+\boldsymbol{\beta}_2,$$

于是

$$\begin{aligned}\boldsymbol{\alpha}+\boldsymbol{\beta}&=(\boldsymbol{\alpha}_1+\boldsymbol{\alpha}_2)+(\boldsymbol{\beta}_1+\boldsymbol{\beta}_2)\\&=(\boldsymbol{\alpha}_1+\boldsymbol{\beta}_1)+(\boldsymbol{\alpha}_2+\boldsymbol{\beta}_2)\in W_1+W_2,\end{aligned}$$

再设$\lambda\in F$,则$\lambda\boldsymbol{\alpha}=\lambda(\boldsymbol{\alpha}_1+\boldsymbol{\alpha}_2)=\lambda\boldsymbol{\alpha}_1+\lambda\boldsymbol{\alpha}_2\in W_1+W_2$.

故W_1+W_2也是V的一个子空间. ■

下面介绍有用的矩阵列空间和行空间以及$\mathbb{R}^n$的正交子空间的概念.

定义 4.12 矩阵$\boldsymbol{A}$的列(行)向量组生成的子空间,称为矩阵$\boldsymbol{A}$的**列(行)空间**,记作$R(\boldsymbol{A})(R(\boldsymbol{A}^{\mathrm{T}}))$.

若$\boldsymbol{A}\in M_{m\times n}(\mathbb{R})$,则$\boldsymbol{A}$的列向量组$\boldsymbol{\beta}_1,\boldsymbol{\beta}_2,\cdots,\boldsymbol{\beta}_n\in\mathbb{R}^m$,行向量组$\boldsymbol{\alpha}_1,\boldsymbol{\alpha}_2,\cdots,\boldsymbol{\alpha}_m\in\mathbb{R}^n$,于是:$R(\boldsymbol{A})=L(\boldsymbol{\beta}_1,\boldsymbol{\beta}_2,\cdots,\boldsymbol{\beta}_n)$是$\mathbb{R}^m$的一个子空间;$R(\boldsymbol{A}^{\mathrm{T}})=L(\boldsymbol{\alpha}_1,\boldsymbol{\alpha}_2,\cdots,\boldsymbol{\alpha}_m)$是$\mathbb{R}^n$的一个子空间.

第3章讲过,非齐次线性方程组$\boldsymbol{Ax}=\boldsymbol{b}$有解的充要条件之一:"$\boldsymbol{b}$是$\boldsymbol{A}$的列向量组的线性组合".根据矩阵列空间的定义,这个充要条件也可叙述为"$\boldsymbol{b}$属于$\boldsymbol{A}$的列空间,即$\boldsymbol{b}\in R(\boldsymbol{A})$".

定义 4.13 设向量$\boldsymbol{\alpha}\in\mathbb{R}^n$,$W$是$\mathbb{R}^n$的一个子空间,如果对于任意的$\boldsymbol{\gamma}\in W$,都有$(\boldsymbol{\alpha},\boldsymbol{\gamma})=0$,就称$\boldsymbol{\alpha}$与子空间$W$**正交**,记作$\boldsymbol{\alpha}\perp W$.

定义 4.14 设V和W是$\mathbb{R}^n$的两个子空间,如果对于任意的$\boldsymbol{\alpha}\in V$,$\boldsymbol{\beta}\in W$,都有$(\boldsymbol{\alpha},\boldsymbol{\beta})=0$,就称$V$和$W$**正交**,记作$V\perp W$.

例如,$\mathbb{R}^3$中Oxy平面上的全体向量和z轴上的全体向量,分别是$\mathbb{R}^3$的二维和一维子空间,它们是两个正交的子空间.但是过原点互相垂直的两个平面上的全体向量构成的两个子空间不是正交的子空间(因为它们交线上的非零向量自身的内积不等于零).

齐次线性方程组$\boldsymbol{Ax}=\boldsymbol{0}$,即

$$\begin{cases} a_{11}x_1+a_{12}x_2+\cdots+a_{1n}x_n=0, \\ a_{21}x_1+a_{22}x_2+\cdots+a_{2n}x_n=0, \\ \cdots\cdots\cdots\cdots\cdots\cdots\cdots\cdots, \\ a_{m1}x_1+a_{m2}x_2+\cdots+a_{mn}x_n=0. \end{cases}$$

其每个解向量与系数矩阵$\boldsymbol{A}$的每个行向量都正交,所以解空间与$\boldsymbol{A}$的行空间是正交的,即

$$N(\boldsymbol{A}) \perp R(\boldsymbol{A}^{\mathrm{T}}).$$

定理 4.13 $\mathbb{R}^n$中与子空间 V 正交的全部向量所构成的集合

$$W = \{\boldsymbol{\alpha} \mid \boldsymbol{\alpha} \perp V, \boldsymbol{\alpha} \in \mathbb{R}^n\}$$

是$\mathbb{R}^n$的一个子空间.

证 因为零向量与任何子空间正交,所以 W 是非空集合. 设 $\boldsymbol{\alpha}_1, \boldsymbol{\alpha}_2 \in W$,于是对任意的$\boldsymbol{\gamma} \in V$,都有$(\boldsymbol{\alpha}_1, \boldsymbol{\gamma}) = 0$,$(\boldsymbol{\alpha}_2, \boldsymbol{\gamma}) = 0$,从而有

$$(\boldsymbol{\alpha}_1 + \boldsymbol{\alpha}_2, \boldsymbol{\gamma}) = 0, (k\boldsymbol{\alpha}_1, \boldsymbol{\gamma}) = 0 \ (k \in \mathbb{R}),$$

所以$(\boldsymbol{\alpha}_1 + \boldsymbol{\alpha}_2) \perp V$,$k\boldsymbol{\alpha}_1 \perp V$,即$\boldsymbol{\alpha}_1 + \boldsymbol{\alpha}_2 \in W$,$k\boldsymbol{\alpha}_1 \in W$,故 W 是$\mathbb{R}^n$的一个子空间.

定义 4.15 $\mathbb{R}^n$中与子空间 V 正交的全体向量构成的子空间 W,称为 V 的**正交补**,记作 $W = V^{\perp}$.

例如,$\boldsymbol{Ax}=\boldsymbol{0}$ 的解空间 $N(\boldsymbol{A})$是由与 $\boldsymbol{A}$ 的行向量都正交的全部向量构成,所以

$$N(\boldsymbol{A}) = (R(\boldsymbol{A}^{\mathrm{T}}))^{\perp}.$$

这是齐次线性方程组 $\boldsymbol{Ax}=\boldsymbol{0}$ 的解空间的一个基本性质.

*4.5 线性空间的基 维数 向量的坐标

在本章前几节中,我们对于 F^n 已经知道: F^n 中任何 n 个线性无关的向量都是一组基,任一个向量$\boldsymbol{\alpha}$ 都可由 F^n 的基线性表示,其表示的系数按序排成的向量就是$\boldsymbol{\alpha}$ 在这组基下的坐标. 现在,我们要在一般的线性空间 $V(F)$中讨论类似的问题. 为此先要讨论$V(F)$中元素(或称向量)的线性相关性.

由于线性空间关于两种运算和 F^n 关于其线性运算一样满足相同的 8 条规则和简单的性质,因此,F^n 中向量的线性相关性的定义及有关的基本结论也都适用于一般的线性空间 V. 对此,我们不再重复叙述,但要注意,那里的向量$\boldsymbol{\alpha}$, $\boldsymbol{\beta}$, $\boldsymbol{\gamma}$,…,在这里是 V 中

的元素，那里的零向量是这里 V 中的零元素.

例 1 证明：线性空间 $\mathbb{R}[x]_n$ 中元素 $f_0=1, f_1=x, f_2=x^2, \cdots, f_{n-1}=x^{n-1}$ 是线性无关的.

证 设 $k_0f_0+k_1f_1+k_2f_2+\cdots+k_{n-1}f_{n-1}=0(x)$，即

$$k_0+k_1x+k_2x^2+\cdots+k_{n-1}x^{n-1}=0(x),$$

上式中的 $0(x)$ 是 $\mathbb{R}[x]_n$ 的零元素，即零多项式. 因此要使 $1, x, x^2, \cdots, x^{n-1}$ 的线性组合等于零多项式，仅当系数 $k_0, k_1, k_2, \cdots, k_{n-1}$ 全为零才能成立. 故 $1, x, x^2, \cdots, x^{n-1}$ 是线性无关的.

例 2 证明：线性空间 $\mathbb{R}^{2\times 2}$ 中的元素

$$\boldsymbol{A}_1=\begin{pmatrix}1 & 0\\ 0 & 0\end{pmatrix}, \boldsymbol{A}_2=\begin{pmatrix}1 & 1\\ 0 & 0\end{pmatrix}, \boldsymbol{A}_3=\begin{pmatrix}1 & 1\\ 1 & 0\end{pmatrix}, \boldsymbol{A}_4=\begin{pmatrix}1 & 1\\ 1 & 1\end{pmatrix}$$

是线性无关的.

证 设

$$k_1\boldsymbol{A}_1+k_2\boldsymbol{A}_2+k_3\boldsymbol{A}_3+k_4\boldsymbol{A}_4=\boldsymbol{0}_{2\times 2}, \qquad (*)$$

即

$$\begin{bmatrix}k_1+k_2+k_3+k_4 & k_2+k_3+k_4\\ k_3+k_4 & k_4\end{bmatrix}=\begin{pmatrix}0 & 0\\ 0 & 0\end{pmatrix},$$

于是

$$\begin{cases}k_1+k_2+k_3+k_4=0,\\ k_2+k_3+k_4=0,\\ k_3+k_4=0,\\ k_4=0.\end{cases}$$

而此线性方程组只有零解，因此，仅当 $k_1=k_2=k_3=k_4=0$ 时，$(*)$ 式才成立，故 $\boldsymbol{A}_1, \boldsymbol{A}_2, \boldsymbol{A}_3, \boldsymbol{A}_4$ 是线性无关的.

显然，在 $\mathbb{R}^{2\times 2}$ 中，矩阵

$$\boldsymbol{E}_{11}=\begin{pmatrix}1 & 0\\ 0 & 0\end{pmatrix}, \boldsymbol{E}_{12}=\begin{pmatrix}0 & 1\\ 0 & 0\end{pmatrix}, \boldsymbol{E}_{21}=\begin{pmatrix}0 & 0\\ 1 & 0\end{pmatrix}, \boldsymbol{E}_{22}=\begin{pmatrix}0 & 0\\ 0 & 1\end{pmatrix}$$

也是线性无关的，且 $\mathbb{R}^{2\times 2}$ 中任一个矩阵

$$\boldsymbol{A}=\begin{pmatrix}a & b\\ c & d\end{pmatrix}=a\boldsymbol{E}_{11}+b\boldsymbol{E}_{12}+c\boldsymbol{E}_{21}+d\boldsymbol{E}_{22}.$$

读者也不难证明，在$\mathbb{R}^{2\times2}$中任意5个元素(二阶矩阵)$\boldsymbol{A},\boldsymbol{B},\boldsymbol{C},\boldsymbol{D},\boldsymbol{Q}$是线性相关的，如果$\boldsymbol{A},\boldsymbol{B},\boldsymbol{C},\boldsymbol{D}$线性无关，则$\boldsymbol{Q}$可由$\boldsymbol{A},\boldsymbol{B},\boldsymbol{C},\boldsymbol{D}$线性表出，且表示法唯一，$\mathbb{R}^{2\times2}$的这些属性与$\mathbb{R}^4$是类似的，现在我们把线性空间的这些属性抽象为基、维数和坐标的概念.

定义 4.16　如果线性空间$V(F)$中存在线性无关的向量组$B=\{\boldsymbol{\alpha}_1,\boldsymbol{\alpha}_2,\cdots,\boldsymbol{\alpha}_n\}$，且任一$\boldsymbol{\alpha}\in V$都可由$B$线性表示为

$$\boldsymbol{\alpha}=x_1\boldsymbol{\alpha}_1+x_2\boldsymbol{\alpha}_2+\cdots+x_n\boldsymbol{\alpha}_n, \tag{4.17}$$

则称V是 **n 维线性空间**(或说V的维数为n，记作$\dim V=n$)；B是V的一个**基**；有序数组$(x_1,x_2,\cdots,x_n)$为$\boldsymbol{\alpha}$关于基B(或说在基B下)的**坐标**(**向量**)，记作

$$\boldsymbol{\alpha}_B=(x_1,x_2,\cdots,x_n)^{\mathrm{T}}\in F^n. \tag{4.18}$$

如果$V(F)$中有任意多个线性无关的向量，则称V是**无限维线性空间**.

容易证明，在$F[x]$中，$1,x,x^2,\cdots,x^n$(n为任意正整数)是线性无关的，因此，$F[x]$是无限维线性空间. $C[a,b]$也是无限维线性空间. 在我们的课程里，只讨论有限维线性空间.

在n维线性空间V中，任意$n+1$个元素$\boldsymbol{\beta}_1,\boldsymbol{\beta}_2,\cdots,\boldsymbol{\beta}_{n+1}$都可以由$V$的一个基$\boldsymbol{\alpha}_1,\boldsymbol{\alpha}_2,\cdots,\boldsymbol{\alpha}_n$线性表出，因此，根据定理3.4可知，$n$维线性空间中任意$n+1$个元素都是线性相关的. 所以，$n$维线性空间$V$中，任何$n$个线性无关的向量都是$V$的一个基.

例如：$F[x]_n$是n维线性空间，$\{1,x,x^2,\cdots,x^{n-1}\}$是它的一个基；$\mathbb{R}^{2\times2}$是4维线性空间，$\{\boldsymbol{E}_{11},\boldsymbol{E}_{12},\boldsymbol{E}_{21},\boldsymbol{E}_{22}\}$和例2中的$\{\boldsymbol{A}_1,\boldsymbol{A}_2,\boldsymbol{A}_3,\boldsymbol{A}_4\}$都是它的基；$F^{m\times n}$是$m\times n$维线性空间，这是因为$F^{m\times n}$中存在$m\times n$个线性无关的元素$\boldsymbol{E}_{ij}$($\boldsymbol{E}_{ij}$是第$i$行第$j$列为1，其余元素全为零的$m\times n$矩阵)，$i=1,\cdots,m,j=1,\cdots,n$，而且任一个$m\times n$矩阵可由它们线性表出.

在线性空间V中，由向量组$\boldsymbol{\alpha}_1,\boldsymbol{\alpha}_2,\cdots,\boldsymbol{\alpha}_s$生成的子空间$L(\boldsymbol{\alpha}_1,\boldsymbol{\alpha}_2,\cdots,\boldsymbol{\alpha}_s)$的维数等于向量组$\boldsymbol{\alpha}_1,\boldsymbol{\alpha}_2,\cdots,\boldsymbol{\alpha}_s$的秩，向量组

$\boldsymbol{\alpha}_1,\boldsymbol{\alpha}_2,\cdots,\boldsymbol{\alpha}_s$ 的极大线性无关组是 $L(\boldsymbol{\alpha}_1,\boldsymbol{\alpha}_2,\cdots,\boldsymbol{\alpha}_s)$的基. 矩阵 $\boldsymbol{A}$ 的列空间 $\boldsymbol{R}(\boldsymbol{A})$和行空间 $\boldsymbol{R}(\boldsymbol{A}^{\mathrm{T}})$的维数都等于秩($\boldsymbol{A}$). V 的零子空间 $\{\boldsymbol{\theta}\}$的维数为零.

齐次线性方程组 $\boldsymbol{Ax}=\boldsymbol{0}$ 的基础解系是其解空间 $N(\boldsymbol{A})$的基, 如果 $\boldsymbol{A}$ 是 $m\times n$ 矩阵, 秩$(\boldsymbol{A})=r$, 则解空间 $N(\boldsymbol{A})$的维数为 $n-r$, 所以

$$\dim(R(\boldsymbol{A}^{\mathrm{T}}))+\dim(N(\boldsymbol{A}))=n. \tag{4.19}$$

这是 $\boldsymbol{Ax}=\boldsymbol{0}$ 的解空间的又一个基本性质.

定理 4.14 设 V 是 n 维线性空间, W 是 V 的 m 维子空间, 且 $B_1=\{\boldsymbol{\alpha}_1,\boldsymbol{\alpha}_2,\cdots,\boldsymbol{\alpha}_m\}$是 W 的一组基, 则 B_1 可以扩充为 V 的基(即在 B_1 的基础上可以添加 $n-m$ 个向量而成为 V 的一组基).

证 如果 $m=n$, B_1 就是 V 的基. 如果 $m<n$, 则必存在 $\boldsymbol{\alpha}_{m+1}\in V$, 使 $\boldsymbol{\alpha}_1,\cdots,\boldsymbol{\alpha}_m,\boldsymbol{\alpha}_{m+1}$ 线性无关, 否则, $\dim V=m$, 这与 $\dim V=n$ 矛盾. 如果 $m+1=n$, 定理得证, 如果 $m+1<n$, 继续上述步骤, 必存在 $\boldsymbol{\alpha}_{m+2},\cdots,\boldsymbol{\alpha}_n\in V$, 使$\{\boldsymbol{\alpha}_1,\boldsymbol{\alpha}_2,\cdots,\boldsymbol{\alpha}_m,\boldsymbol{\alpha}_{m+1},\cdots,\boldsymbol{\alpha}_n\}$线性无关, 这就是 V 的基. ■

定理 4.15 (子空间的维数公式) 设 W_1, W_2 是线性空间 $V(F)$的子空间, 则

$$\dim W_1+\dim W_2=\dim(W_1+W_2)+\dim(W_1\cap W_2). \tag{4.20}$$

证 设 $\dim W_1=s$, $\dim W_2=t$, $\dim(W_1\cap W_2)=r$, 则 $W_1\cap W_2=L(\boldsymbol{\alpha}_1,\boldsymbol{\alpha}_2,\cdots,\boldsymbol{\alpha}_r)$, $W_1=L(\boldsymbol{\alpha}_1,\cdots,\boldsymbol{\alpha}_r,\boldsymbol{\beta}_1,\cdots,\boldsymbol{\beta}_{s-r})$, $W_2=L(\boldsymbol{\alpha}_1,\cdots,\boldsymbol{\alpha}_r,\boldsymbol{\gamma}_1,\cdots,\boldsymbol{\gamma}_{t-r})$. 于是

$$W_1+W_2=L(\boldsymbol{\alpha}_1,\cdots,\boldsymbol{\alpha}_r,\boldsymbol{\beta}_1,\cdots,\boldsymbol{\beta}_{s-r},\boldsymbol{\gamma}_1,\cdots,\boldsymbol{\gamma}_{t-r}).$$

如此, 只要证明 $\dim(W_1+W_2)=s+t-r$, 即上述生成 W_1+W_2 的 $s+t-r$ 个向量是线性无关的. 为此, 设

$$a_1\boldsymbol{\alpha}_1+\cdots+a_r\boldsymbol{\alpha}_r+b_1\boldsymbol{\beta}_1+\cdots+b_{s-r}\boldsymbol{\beta}_{s-r}+ \\ c_1\boldsymbol{\gamma}_1+\cdots+c_{t-r}\boldsymbol{\gamma}_{t-r}=\boldsymbol{0}, \tag{①}$$

于是

$$a_1\boldsymbol{\alpha}_1+\cdots+a_r\boldsymbol{\alpha}_r+b_1\boldsymbol{\beta}_1+\cdots+b_{s-r}\boldsymbol{\beta}_{s-r}$$
$$=-c_1\boldsymbol{\gamma}_1-\cdots-c_{t-r}\boldsymbol{\gamma}_{t-r}. \qquad ②$$

因为②式两端的向量分别属于 W_1 和 W_2，所以它们都属于 $W_1\cap W_2$，因此

$$-c_1\boldsymbol{\gamma}_1-\cdots-c_{t-r}\boldsymbol{\gamma}_{t-r}=d_1\boldsymbol{\alpha}_1+\cdots+d_r\boldsymbol{\alpha}_r,$$

即

$$d_1\boldsymbol{\alpha}_1+\cdots+d_r\boldsymbol{\alpha}_r+c_1\boldsymbol{\gamma}_1+\cdots+c_{t-r}\boldsymbol{\gamma}_{t-r}=\mathbf{0},$$

其中 $\boldsymbol{\alpha}_1,\cdots,\boldsymbol{\alpha}_r,\boldsymbol{\gamma}_1,\cdots,\boldsymbol{\gamma}_{t-r}$ 是 W_2 的基，所以其系数全为零，将其代入②式右端，又得②的左端系数全为零，所以①中向量组线性无关. ■

关于 n 维线性空间 $V(F)$ 中向量在基 B 下的坐标的概念，是与 F^n 中向量关于基 B 的坐标的概念是完全类似的，那里的主要结论：

(i) 向量在给定基下的坐标是唯一确定的；

(ii) 由基 B_1 到基 B_2 的过渡矩阵的概念以及过渡矩阵是可逆的，即定义 4.2 与定理 4.1；

(iii) 基变换与坐标变换的公式，即定理 4.2.

在这里都是适用的. 除此之外，我们还要进一步指出：

给定了 n 维线性空间 $V(F)$ 的基 $B=\{\boldsymbol{\beta}_1,\boldsymbol{\beta}_2,\cdots,\boldsymbol{\beta}_n\}$，$V(F)$ 中的向量与其坐标（F^n 中的向量）不仅是一一对应的，而且这种对应保持线性运算关系不变，即：

$$V(F)\text{ 中 }\boldsymbol{\alpha}+\boldsymbol{\zeta}\text{ 对应于 }F^n\text{ 中 }\boldsymbol{\alpha}_B+\boldsymbol{\zeta}_B;$$
$$V(F)\text{ 中 }\lambda\boldsymbol{\alpha}\text{ 对应于 }F^n\text{ 中 }\lambda\boldsymbol{\alpha}_B.$$

事实上，如果 $\boldsymbol{\alpha}=x_1\boldsymbol{\beta}_1+x_2\boldsymbol{\beta}_2+\cdots+x_n\boldsymbol{\beta}_n$，$\boldsymbol{\zeta}=y_1\boldsymbol{\beta}_1+y_2\boldsymbol{\beta}_2+\cdots+y_n\boldsymbol{\beta}_n$，$\lambda\in F$，便有

$$\boldsymbol{\alpha}+\boldsymbol{\zeta}=(x_1+y_1)\boldsymbol{\beta}_1+(x_2+y_2)\boldsymbol{\beta}_2+\cdots+(x_n+y_n)\boldsymbol{\beta}_n,$$
$$\lambda\boldsymbol{\alpha}=(\lambda x_1)\boldsymbol{\beta}_1+(\lambda x_2)\boldsymbol{\beta}_2+\cdots+(\lambda x_n)\boldsymbol{\beta}_n,$$

故

$$(\boldsymbol{\alpha}+\boldsymbol{\zeta})_B=\boldsymbol{\alpha}_B+\boldsymbol{\zeta}_B,\ (\lambda\boldsymbol{\alpha})_B=\lambda\boldsymbol{\alpha}_B.$$

具有上述对应关系的两个线性空间 $V(F)$ 与 F^n,我们称它们是**同构**的. 上述对应关系表明,研究任何 n 维线性空间 $V(F)$,都可以通过基和坐标,转化为研究 n 维向量空间 F^n. 这样,我们对不同的 n 维线性空间就有了统一的研究方法,统一到研究 F^n,因此,通常把线性空间也称为**向量空间**,线性空间中的元素也称为**向量**.

例 3 证明:$B=\{f_0,f_1,f_2,\cdots,f_{n-1}\}$(其中 $f_0=1,f_1=x,f_2=x^2,\cdots,f_{n-1}=x^{n-1}$)是$\mathbb{R}[x]_n$ 的一组基,并求 $p(x)=a_0+a_1x+a_2x^2+\cdots+a_{n-1}x^{n-1}$在基 B 下的坐标.

解 在例 1 中已证 B 是线性无关的,而且

$$\forall\, p(x)=a_0+a_1x+a_2x^2+\cdots+a_{n-1}x^{n-1}\in\mathbb{R}[x]_n,$$

有
$$p(x)=a_0f_0+a_1f_1+a_2f_2+\cdots+a_{n-1}f_{n-1}. \qquad ①$$

故 B 是$\mathbb{R}[x]_n$ 的一组基(通常称**自然基**),因此$\mathbb{R}[x]_n$ 是 n 维实线性空间. 由①式也可知 $p(x)$在基 B 下的坐标

$$(p(x))_B=(a_0,a_1,a_2,\cdots,a_{n-1})^{\mathrm{T}},$$

且①式借助于矩阵乘法可以形式地表示为

$$p(x)=(1,x,\cdots,x^{n-1})\begin{pmatrix}a_0\\a_1\\\vdots\\a_{n-1}\end{pmatrix}.$$

例 4 设 $B_1=\{g_1,g_2,g_3\},B_2=\{h_1,h_2,h_3\}$,其中:

$$g_1=1,\qquad g_2=-1+x,\qquad g_3=1-x+x^2,$$
$$h_1=1-x-x^2,\ h_2=3x-2x^2,\ h_3=1-2x^2.$$

(i) 证明 B_1,B_2 都是$\mathbb{R}[x]_3$ 的基;

(ii) 求基 B_1 到基 B_2 的过渡矩阵;

(iii) 已知$[p(x)]_{B_1}=(1,4,3)^{\mathrm{T}}$,求$[p(x)]_{B_2}=(y_1,y_2,y_3)^{\mathrm{T}}$.

解 (i) 已知 $\dim\mathbb{R}[x]_3=3$,所以只要证明 B_1 与 B_2 都是线性无关的. 将 B_1 中每个元素用$\mathbb{R}[x]_3$ 的自然基 $B=\{f_0,f_1,f_2\}$线性表示,得

$$\begin{cases} g_1 = 1 \cdot f_0 \\ g_2 = -1 \cdot f_0 + 1 \cdot f_1, \\ g_3 = 1 \cdot f_0 - 1 \cdot f_1 + 1 \cdot f_2. \end{cases} \quad ①$$

①式可形式地表示为

$$(g_1, g_2, g_3) = (f_0, f_1, f_2) \begin{pmatrix} 1 & -1 & 1 \\ 0 & 1 & -1 \\ 0 & 0 & 1 \end{pmatrix}. \quad ②$$

由于②式中右端矩阵

$$\boldsymbol{A} = \begin{pmatrix} 1 & -1 & 1 \\ 0 & 1 & -1 \\ 0 & 0 & 1 \end{pmatrix} \quad ③$$

的行列式等于 $1 \neq 0$，根据定理 4.1，即得 $B_1 = \{g_1, g_2, g_3\}$ 是线性无关的. 同理可证 $B_2 = \{h_1, h_2, h_3\}$ 也是线性无关的.

(ii) 与①式相类似，同样可写出基 B_2 与自然基 B 的关系，得到

$$(h_1, h_2, h_3) = (f_0, f_1, f_2) \begin{pmatrix} 1 & 0 & 1 \\ -1 & 3 & 0 \\ -1 & -2 & -2 \end{pmatrix}. \quad ④$$

将④式右端矩阵记作

$$\boldsymbol{P} = \begin{pmatrix} 1 & 0 & 1 \\ -1 & 3 & 0 \\ -1 & -2 & -2 \end{pmatrix}.$$

上述 $\boldsymbol{A}, \boldsymbol{P}$ 分别是基 B 到基 B_1 和基 B 到基 B_2 的过渡矩阵. 再由②式得

$$(f_0, f_1, f_2) = (g_1, g_2, g_3)\boldsymbol{A}^{-1}, \quad ⑤$$

将⑤式代入④式，即得

$$(h_1, h_2, h_3) = (g_1, g_2, g_3)(\boldsymbol{A}^{-1}\boldsymbol{P}),$$

因此，基 B_1 到基 B_2 的过渡矩阵为

$$\boldsymbol{C}=\boldsymbol{A}^{-1}\boldsymbol{P}=\begin{pmatrix}1&1&0\\0&1&1\\0&0&1\end{pmatrix}\begin{pmatrix}1&0&1\\-1&3&0\\-1&-2&-2\end{pmatrix}=\begin{pmatrix}0&3&1\\-2&1&-2\\-1&-2&-2\end{pmatrix}.$$

(iii) $$\begin{pmatrix}y_1\\y_2\\y_3\end{pmatrix}=\boldsymbol{C}^{-1}\begin{pmatrix}1\\4\\3\end{pmatrix}=\begin{pmatrix}6&-4&7\\2&-1&2\\-5&3&-6\end{pmatrix}\begin{pmatrix}1\\4\\3\end{pmatrix}=\begin{pmatrix}11\\4\\-11\end{pmatrix}.$$

*4.6 向量空间的线性变换

首先,我们给出映射的定义.

定义 4.17 设 X,Y 是两个非空集合,如果有一个法则 σ,它使 X 中每个元素 α 都有 Y 中唯一确定的一个元素 β 与之对应,那么就称 σ 是 X 到 Y 的一个**映射**,记作

$$\sigma:X\to Y,$$

并称 β 为 α 在 σ 下的**象**,α 为 β 在 σ 下的一个**原象**,记作:

$$\sigma:\alpha\mapsto\beta\quad\text{或}\quad\sigma(\alpha)=\beta.$$

注意,α 的象是唯一的,但 β 的原象不一定是唯一的.

由 X 到自身的映射 σ,常称之为**变换**.

如果 $\forall\alpha_1,\alpha_2\in X,\alpha_1\neq\alpha_2$,都有 $\sigma(\alpha_1)\neq\sigma(\alpha_2)$,就称 σ 为**单射**.

如果 $\forall\beta\in Y$,都有 $\alpha\in X$,使 $\sigma(\alpha)=\beta$,就称 σ 为**满射**.

如果 σ 既是单射,又是满射,就称 σ 为**双射**(或称**一一对应**).

例 1 $f(x)=\sin x$,是 $\mathbb{R}\to[-1,1]$ 的一个映射,这个映射 f 是满射,而不是单射.

$f(x)=\mathrm{e}^x$,是 $\mathbb{R}\to\mathbb{R}$ 的一个映射,它是单射而不是满射.

大家熟知的一元函数中的线性函数

$$y=f(x)=ax\tag{4.21}$$

(其一般形式 $y=ax+b$ 可以通过坐标平移化为上述形式)是 $\mathbb{R}\to\mathbb{R}$(或者说 $\mathbb{R}^1\to\mathbb{R}^1$)的映射,它显然是双射. 这个映射具有以下

性质：

(i) $f(x_1+x_2)=f(x_1)+f(x_2)$；　　(4.22)

(ii) $f(\lambda x)=\lambda f(x)$，$\lambda$ 是常数.

现在，我们把一元线性函数推广到 n 维向量空间，设 $\boldsymbol{A}\in\mathbb{R}^{n\times n}$，如果对每一个列向量 $\boldsymbol{x}\in\mathbb{R}^n$，映射

$$\boldsymbol{\sigma}:\boldsymbol{x}\to\boldsymbol{Ax}\quad \text{即}\quad \boldsymbol{\sigma}(\boldsymbol{x})=\boldsymbol{Ax},$$

(是$\mathbb{R}^n\to\mathbb{R}^n$的一个映射)满足以下性质：

$$\boldsymbol{\sigma}(\boldsymbol{x}_1+\boldsymbol{x}_2)=\boldsymbol{A}(\boldsymbol{x}_1+\boldsymbol{x}_2)=\boldsymbol{Ax}_1+\boldsymbol{Ax}_2=\boldsymbol{\sigma}(\boldsymbol{x}_1)+\boldsymbol{\sigma}(\boldsymbol{x}_2);$$

$$\boldsymbol{\sigma}(\lambda\boldsymbol{x})=\boldsymbol{A}(\lambda\boldsymbol{x})=\lambda\boldsymbol{Ax}=\lambda\boldsymbol{\sigma}(\boldsymbol{x}),\ \lambda\in\mathbb{R}.$$

我们把这个映射$\boldsymbol{\sigma}$称为$\mathbb{R}^n\to\mathbb{R}^n$的**线性映射**(也称**线性变换**).

更一般，如果 $\boldsymbol{A}\in\mathbb{R}^{m\times n}$，$\boldsymbol{x}\in\mathbb{R}^n$，则映射

$$\boldsymbol{\sigma}:\boldsymbol{x}\to\boldsymbol{Ax}\in\mathbb{R}^m$$

是$\mathbb{R}^n$到$\mathbb{R}^m$的线性映射. 例如，二元线性函数

$$y=f(x_1,x_2)=a_1x_1+a_2x_2=(a_1,a_2)\begin{pmatrix}x_1\\x_2\end{pmatrix}$$

就是$\mathbb{R}^2\to\mathbb{R}^1$的线性映射.

本节主要是讨论$\mathbb{R}^n\to\mathbb{R}^n$的线性映射(也称$\mathbb{R}^n$的线性变换). 下面，先把一元线性函数(4.21)的定义域和值域(都是实数域)推广到一般的向量空间 $V(F)$，并保留(4.22)式所表示的性质，就得到向量空间 $V(F)$ 的线性变换的概念，然后再研究它的简单性质及其矩阵表示.

4.6.1　线性变换的定义及其简单性质

定义 4.18　设 $V(F)$ 是一个向量空间，如果 $V(F)$ 的一个变换 $\boldsymbol{\sigma}$ 满足条件：$\forall\boldsymbol{\alpha},\boldsymbol{\beta}\in V$ 和 $\lambda\in F$，

(i) $\boldsymbol{\sigma}(\boldsymbol{\alpha}+\boldsymbol{\beta})=\boldsymbol{\sigma}(\boldsymbol{\alpha})+\boldsymbol{\sigma}(\boldsymbol{\beta})$，　　(4.23)

(ii) $\boldsymbol{\sigma}(\lambda\boldsymbol{\alpha})=\lambda\boldsymbol{\sigma}(\boldsymbol{\alpha})$.

就称$\boldsymbol{\sigma}$是 $V(F)$ 的一个线性变换，并称$\boldsymbol{\sigma}(\boldsymbol{\alpha})$为$\boldsymbol{\alpha}$的象，$\boldsymbol{\alpha}$为$\boldsymbol{\sigma}(\boldsymbol{\alpha})$的

原象.

(4.23)式也可等价地写作：$\forall \boldsymbol{\alpha},\boldsymbol{\beta}\in V$ 和 $\lambda,\mu\in F$，都有

$$\boldsymbol{\sigma}(\lambda\boldsymbol{\alpha}+\mu\boldsymbol{\beta})=\lambda\boldsymbol{\sigma}(\boldsymbol{\alpha})+\mu\boldsymbol{\sigma}(\boldsymbol{\beta}). \qquad (4.23)'$$

本书采用黑正体字母表示线性变换，以区分线性变换和线性变换在一组基下对应的矩阵.

例 2 旋转变换——$\mathbb{R}^2$(Oxy 平面上以原点为始点的全体向量)中每个向量绕原点按逆时针方向旋转 θ 角的变换 $\mathbf{R}_\theta$ 是$\mathbb{R}^2$的一个线性变换(图 4.4). 即 $\forall \boldsymbol{\alpha}=(x,y)\in\mathbb{R}^2$，

$$\mathbf{R}_\theta(x,y)=\mathbf{R}_\theta(\boldsymbol{\alpha})=\boldsymbol{\alpha}'=(x',y'), \qquad (4.24)$$

其中：$|\boldsymbol{\alpha}|=r$，而

$$\begin{aligned} x' &= r\cos(\beta+\theta)=r\cos\beta\cos\theta-r\sin\beta\sin\theta \\ &= x\cos\theta-y\sin\theta, \\ y' &= r\sin(\beta+\theta)=r\sin\beta\cos\theta+r\cos\beta\sin\theta \\ &= y\cos\theta+x\sin\theta. \end{aligned}$$

于是，$\forall \boldsymbol{\alpha}_1=(x_1,y_1),\boldsymbol{\alpha}_2=(x_2,y_2)\in\mathbb{R}^2$ 和 $\forall\lambda,\mu\in\mathbb{R}$，由(4.24)式即得

$$\begin{aligned} \mathbf{R}_\theta(\lambda\boldsymbol{\alpha}_1+\mu\boldsymbol{\alpha}_2) &= \mathbf{R}_\theta(\lambda x_1+\mu x_2,\lambda y_1+\mu y_2) \\ &= ((\lambda x_1+\mu x_2)\cos\theta-(\lambda y_1+\mu y_2)\sin\theta, \\ &\quad (\lambda x_1+\mu x_2)\sin\theta+(\lambda y_1+\mu y_2)\cos\theta) \\ &= \lambda(x_1\cos\theta-y_1\sin\theta,x_1\sin\theta+y_1\cos\theta)+ \\ &\quad \mu(x_2\cos\theta-y_2\sin\theta,x_2\sin\theta+y_2\cos\theta) \\ &= \lambda\mathbf{R}_\theta(x_1,y_1)+\mu\mathbf{R}_\theta(x_2,y_2) \\ &= \lambda\mathbf{R}_\theta(\alpha_1)+\mu\mathbf{R}_\theta(\alpha_2). \end{aligned}$$

故 $\mathbf{R}_\theta$ 是$\mathbb{R}^2$的一个线性变换.

例 3 镜像变换(镜面反射)——$\mathbb{R}^2$中每个向量关于过原点的直线 L(看做镜面)相对称的变换 $\boldsymbol{\varphi}$ 也是$\mathbb{R}^2$的一个线性变换，即

$$\boldsymbol{\varphi}(\boldsymbol{\alpha})=\boldsymbol{\alpha}'.$$

(如图 4.5，L 是 AB 的垂直平分线.)

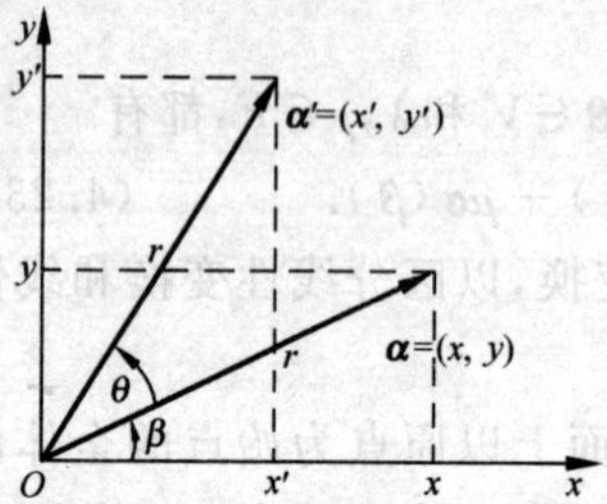

图 4.4

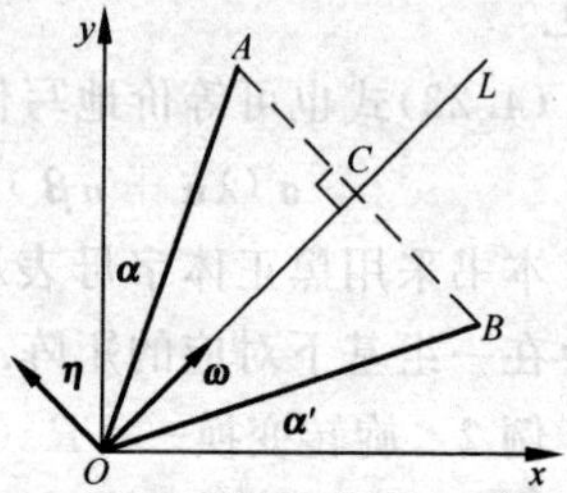

图 4.5

设直线 L 的一个方向的单位向量为 $\boldsymbol{\omega}$，则

$$\overrightarrow{OC}=(\boldsymbol{\alpha},\boldsymbol{\omega})\boldsymbol{\omega},$$

其中 $(\boldsymbol{\alpha},\boldsymbol{\omega})$ 是 $\boldsymbol{\alpha}$ 与 $\boldsymbol{\omega}$ 的内积，于是

$$\begin{aligned}\boldsymbol{\alpha}'&=\boldsymbol{\alpha}+\overrightarrow{AB}=\boldsymbol{\alpha}+2\overrightarrow{AC}=\boldsymbol{\alpha}+2(\overrightarrow{OC}-\boldsymbol{\alpha})\\&=-\boldsymbol{\alpha}+2(\boldsymbol{\alpha},\boldsymbol{\omega})\boldsymbol{\omega},\end{aligned}$$

因此

$$\boldsymbol{\varphi}(\boldsymbol{\alpha})=-\boldsymbol{\alpha}+2(\boldsymbol{\alpha},\boldsymbol{\omega})\boldsymbol{\omega}. \tag{4.25}$$

下面验证 $\boldsymbol{\varphi}$ 是线性变换. $\forall\,\boldsymbol{\alpha}_1,\boldsymbol{\alpha}_2\in\mathbb{R}^2,\lambda,\mu\in\mathbb{R}$，有

$$\begin{aligned}\boldsymbol{\varphi}(\lambda\boldsymbol{\alpha}_1+\mu\boldsymbol{\alpha}_2)&=-(\lambda\boldsymbol{\alpha}_1+\mu\boldsymbol{\alpha}_2)+2(\lambda\boldsymbol{\alpha}_1+\mu\boldsymbol{\alpha}_2,\boldsymbol{\omega})\boldsymbol{\omega}\\&=\lambda(-\boldsymbol{\alpha}_1+2(\boldsymbol{\alpha}_1,\boldsymbol{\omega})\boldsymbol{\omega})+\mu(-\boldsymbol{\alpha}_2+2(\boldsymbol{\alpha}_2,\boldsymbol{\omega})\boldsymbol{\omega})\\&=\lambda\boldsymbol{\varphi}(\boldsymbol{\alpha}_1)+\mu\boldsymbol{\varphi}(\boldsymbol{\alpha}_2),\end{aligned}$$

故镜像变换 $\boldsymbol{\varphi}$ 是 $\mathbb{R}^2$ 的一个线性变换.

例 4　把 $\mathbb{R}^3$ 中向量 $\boldsymbol{\alpha}=(x_1,x_2,x_3)$ 投影为 xOy 平面上的向量 $\boldsymbol{\beta}=(x_1,x_2,0)$ 的投影变换 $\mathbf{P}(\boldsymbol{\alpha})=\boldsymbol{\beta}$（图 4.6），即

$$\mathbf{P}(x_1,x_2,x_3)=(x_1,x_2,0) \tag{4.26}$$

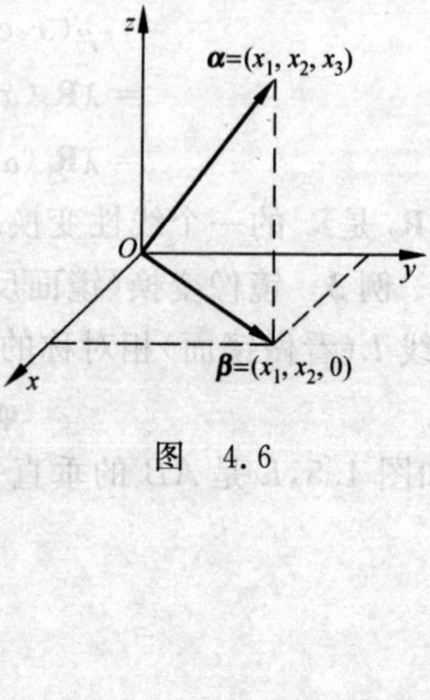

图 4.6

是 $\mathbb{R}^3$ 的一个线性变换. 读者不难验

证：$\forall \boldsymbol{\alpha}_1=(a_1,b_1,c_1),\boldsymbol{\alpha}_2=(a_2,b_2,c_2)\in\mathbb{R}^3$，$\forall k\in\mathbb{R}$，均满足

$$\mathbf{P}(\boldsymbol{\alpha}_1+\boldsymbol{\alpha}_2)=\mathbf{P}(\boldsymbol{\alpha}_1)+\mathbf{P}(\boldsymbol{\alpha}_2),\quad \mathbf{P}(k\boldsymbol{\alpha}_1)=k\mathbf{P}(\boldsymbol{\alpha}_1).$$

这里如果把$\boldsymbol{\alpha}$在基下的坐标向量表示为列的形式$(x_1,x_2,x_3)^{\mathrm{T}}$，$\boldsymbol{\beta}$在基下的坐标向量为$(y_1,y_2,y_3)^{\mathrm{T}}$，显然有

$$\begin{pmatrix}y_1\\y_2\\y_3\end{pmatrix}=\begin{pmatrix}1&&\\&1&\\&&0\end{pmatrix}\begin{pmatrix}x_1\\x_2\\x_3\end{pmatrix}. \tag{4.27}$$

这是以后要讲的投影变换的矩阵表示.

例 5 $\mathbb{R}^n$的下列变换：

恒等变换 $\boldsymbol{\sigma}(\boldsymbol{\alpha})=\boldsymbol{\alpha}$，$(\forall\boldsymbol{\alpha}\in\mathbb{R}^n)$

零变换 $\boldsymbol{\sigma}(\boldsymbol{\alpha})=\mathbf{0}$，$(\forall\boldsymbol{\alpha}\in\mathbb{R}^n)$

数乘变换 $\boldsymbol{\sigma}(\boldsymbol{\alpha})=\lambda\boldsymbol{\alpha}$，$(\forall\boldsymbol{\alpha}\in\mathbb{R}^n$，其中$\lambda$为实常数)

都是$\mathbb{R}^n$的线性变换(证明留给读者练习).

例 6 在$\mathbb{R}^3$中定义变换

$$\boldsymbol{\sigma}(x_1,x_2,x_3)=(x_1+x_2,x_2-4x_3,2x_3),$$

则$\boldsymbol{\sigma}$是$\mathbb{R}^3$的一个线性变换.这是因为：

对于任意的$\boldsymbol{\alpha}=(a_1,a_2,a_3)$，$\boldsymbol{\beta}=(b_1,b_2,b_3)\in\mathbb{R}^3$，有

$$\begin{aligned}\boldsymbol{\sigma}(\boldsymbol{\alpha}+\boldsymbol{\beta})&=\boldsymbol{\sigma}(a_1+b_1,a_2+b_2,a_3+b_3)\\&=(a_1+a_2+b_1+b_2,a_2+b_2-4a_3-4b_3,2a_3+2b_3)\\&=(a_1+a_2,a_2-4a_3,2a_3)+(b_1+b_2,b_2-4b_3,2b_3)\\&=\boldsymbol{\sigma}(\boldsymbol{\alpha})+\boldsymbol{\sigma}(\boldsymbol{\beta}).\end{aligned}$$

同理，对于任意的$\boldsymbol{\alpha}\in\mathbb{R}^3$，$k\in\mathbb{R}$，也有$\boldsymbol{\sigma}(k\boldsymbol{\alpha})=k\boldsymbol{\sigma}(\boldsymbol{\alpha})$.

例 7 在$\mathbb{R}^3$中定义变换

$$\boldsymbol{\sigma}(x_1,x_2,x_3)=(x_1^2,x_2+x_3,x_2),$$

则$\boldsymbol{\sigma}$不是$\mathbb{R}^3$的一个线性变换.

因为对于任意的$\boldsymbol{\alpha}=(a_1,a_2,a_3)$，$\boldsymbol{\beta}=(b_1,b_2,b_3)\in\mathbb{R}^3$，

$$\begin{aligned}\boldsymbol{\sigma}(\boldsymbol{\alpha}+\boldsymbol{\beta})&=\boldsymbol{\sigma}(a_1+b_1,a_2+b_2,a_3+b_3)\\&=((a_1+b_1)^2,a_2+a_3+b_2+b_3,a_2+b_2)\end{aligned}$$

$$\neq (a_1^2, a_2 + a_3, a_2) + (b_1^2, b_2 + b_3, b_2)$$
$$= \boldsymbol{\sigma}(\boldsymbol{\alpha}) + \boldsymbol{\sigma}(\boldsymbol{\beta}).$$

故$\boldsymbol{\sigma}$不是$\mathbb{R}^3$的线性变换. 此例也可用检验$\boldsymbol{\sigma}(\lambda\boldsymbol{\alpha}) \neq \lambda\boldsymbol{\sigma}(\boldsymbol{\alpha})$来说明$\boldsymbol{\sigma}$不是线性变换.

由例 6 可见,$\mathbb{R}^n$的变换

$$\boldsymbol{\sigma}(x_1, x_2, \cdots, x_n) = (y_1, y_2, \cdots, y_n),$$

当 $y_i(i=1,2,\cdots,n)$都是 $x_1, x_2, \cdots, x_n$ 的线性组合时,$\boldsymbol{\sigma}$ 是$\mathbb{R}^n$的线性变换. 例 7 中 $y_1 = x_1^2$,所以不是线性变换,如果 $y_1 = x_1 x_2$,也不是线性变换.

下面讨论线性变换的简单性质.

数域 F 上的向量空间 V 的线性变换$\boldsymbol{\sigma}$,有以下性质:

(1) $\boldsymbol{\sigma}(\mathbf{0}) = \mathbf{0}, \boldsymbol{\sigma}(-\boldsymbol{\alpha}) = -\boldsymbol{\sigma}(\boldsymbol{\alpha}), (\forall \boldsymbol{\alpha} \in V)$.

这个性质由$\boldsymbol{\sigma}(\lambda\boldsymbol{\alpha}) = \lambda\boldsymbol{\sigma}(\boldsymbol{\alpha})$,取 $\lambda = 0, -1$,就立即可得.

(2) 如果$\boldsymbol{\alpha} = k_1\boldsymbol{\alpha}_1 + k_2\boldsymbol{\alpha}_2 + \cdots + k_n\boldsymbol{\alpha}_n (k_i \in F, \boldsymbol{\alpha}_i \in V, i=1, 2, \cdots, n)$,则

$$\boldsymbol{\sigma}(\boldsymbol{\alpha}) = k_1\boldsymbol{\sigma}(\boldsymbol{\alpha}_1) + k_2\boldsymbol{\sigma}(\boldsymbol{\alpha}_2) + \cdots + k_n\boldsymbol{\sigma}(\boldsymbol{\alpha}_n).$$

证 根据线性变换满足的条件,用数学归纳法容易证明:

$$\boldsymbol{\sigma}(\boldsymbol{\beta}_1 + \boldsymbol{\beta}_2 + \cdots + \boldsymbol{\beta}_n) = \boldsymbol{\sigma}(\boldsymbol{\beta}_1) + \boldsymbol{\sigma}(\boldsymbol{\beta}_2) + \cdots + \boldsymbol{\sigma}(\boldsymbol{\beta}_n), n > 2.$$

于是

$$\boldsymbol{\sigma}(\boldsymbol{\alpha}) = \boldsymbol{\sigma}(k_1\boldsymbol{\alpha}_1 + k_2\boldsymbol{\alpha}_2 + \cdots + k_n\boldsymbol{\alpha}_n)$$
$$= \boldsymbol{\sigma}(k_1\boldsymbol{\alpha}_1) + \boldsymbol{\sigma}(k_2\boldsymbol{\alpha}_2) + \cdots + \boldsymbol{\sigma}(k_n\boldsymbol{\alpha}_n)$$
$$= k_1\boldsymbol{\sigma}(\boldsymbol{\alpha}_1) + k_2\boldsymbol{\sigma}(\boldsymbol{\alpha}_2) + \cdots + k_n\boldsymbol{\sigma}(\boldsymbol{\alpha}_n). \blacksquare$$

(3) 如果$\boldsymbol{\alpha}_1, \boldsymbol{\alpha}_2, \cdots, \boldsymbol{\alpha}_n$线性相关,则其象向量组$\boldsymbol{\sigma}(\boldsymbol{\alpha}_1), \boldsymbol{\sigma}(\boldsymbol{\alpha}_2), \cdots, \boldsymbol{\sigma}(\boldsymbol{\alpha}_n)$也线性相关.

利用$\boldsymbol{\sigma}(\mathbf{0}) = \mathbf{0}$,由于有不全为零的 $k_1, k_2, \cdots, k_n$,使

$$k_1\boldsymbol{\alpha}_1 + k_2\boldsymbol{\alpha}_2 + \cdots + k_n\boldsymbol{\alpha}_n = \mathbf{0},$$

也必有 $$k_1\boldsymbol{\sigma}(\boldsymbol{\alpha}_1) + k_2\boldsymbol{\sigma}(\boldsymbol{\alpha}_2) + \cdots + k_n\boldsymbol{\sigma}(\boldsymbol{\alpha}_n) = \mathbf{0}.$$

必须注意,性质(3)的逆不成立. 如例 4 中

$$\boldsymbol{\alpha}_1=(1,1,2),\ \boldsymbol{\alpha}_2=(2,2,2),$$

线性无关，而 $\mathbf{P}(\boldsymbol{\alpha}_1)=(1,1,0)$，$\mathbf{P}(\boldsymbol{\alpha}_2)=(2,2,0)$线性相关.

4.6.2 线性变换的矩阵表示

本节开始时我们讲过，n 阶矩阵 $\boldsymbol{A}$ 把 $\boldsymbol{x}$ 变换为 $\boldsymbol{Ax}$ 是$\mathbb{R}^n$的线性变换. 例 3 中也讲过，投影变换 $\mathbf{P}(\boldsymbol{\alpha})=\boldsymbol{\beta}$ 可用(4.27)式描述，(4.27)中的矩阵

$$\boldsymbol{P}=\begin{pmatrix}1 & & \\ & 1 & \\ & & 0\end{pmatrix}$$

表示了这个投影变换，即 $\mathbf{P}\boldsymbol{x}$ 是 $\boldsymbol{x}$ 在 Oxy 平面上的投影向量. 这些事实表明 n 维向量空间 $V(F)$的线性变换$\boldsymbol{\sigma}$ 与 n 阶矩阵之间有着一定的联系. 下面我们一般地讨论它们之间的对应关系，首先讨论一个线性变换如何用矩阵表示.

设$\{\boldsymbol{\alpha}_1,\boldsymbol{\alpha}_2,\cdots,\boldsymbol{\alpha}_n\}$是 $V(F)$的一组基，$\boldsymbol{\sigma}$ 是 $V(F)$的一个线性变换，若$\boldsymbol{\alpha}\in V(F)$，且

$$\boldsymbol{\alpha}=x_1\boldsymbol{\alpha}_1+x_2\boldsymbol{\alpha}_2+\cdots+x_n\boldsymbol{\alpha}_n, \tag{4.28}$$

由性质(2)即得

$$\boldsymbol{\sigma}(\boldsymbol{\alpha})=x_1\boldsymbol{\sigma}(\boldsymbol{\alpha}_1)+x_2\boldsymbol{\sigma}(\boldsymbol{\alpha}_2)+\cdots+x_n\boldsymbol{\sigma}(\boldsymbol{\alpha}_n). \tag{4.29}$$

因此，对于$\boldsymbol{\sigma}$ 来讲，如果知道了$\boldsymbol{\sigma}$ 关于 $V(F)$的基的象$\boldsymbol{\sigma}(\boldsymbol{\alpha}_1)$，$\boldsymbol{\sigma}(\boldsymbol{\alpha}_2)$，…，$\boldsymbol{\sigma}(\boldsymbol{\alpha}_n)$，则任一个向量$\boldsymbol{\alpha}$ 的象$\boldsymbol{\sigma}(\boldsymbol{\alpha})$就知道了. 下面的定理又进一步说明一个线性变换完全被它在一组基上的象所确定.

定理 4.16 设$\{\boldsymbol{\alpha}_1,\boldsymbol{\alpha}_2,\cdots,\boldsymbol{\alpha}_n\}$是 $V(F)$的一组基，如果 $V(F)$的两个线性变换$\boldsymbol{\sigma}$ 和 $\boldsymbol{\tau}$ 关于这组基的象相同，即

$$\boldsymbol{\sigma}(\boldsymbol{\alpha}_i)=\boldsymbol{\tau}(\boldsymbol{\alpha}_i),\quad i=1,2,\cdots,n,$$

则$\boldsymbol{\sigma}=\boldsymbol{\tau}$.

证 $\boldsymbol{\sigma}=\boldsymbol{\tau}$ 的意义是每个向量在它们的作用下的象相同，即对于任意的$\boldsymbol{\alpha}\in V$，有$\boldsymbol{\sigma}(\boldsymbol{\alpha})=\boldsymbol{\tau}(\boldsymbol{\alpha})$. 设任一个$\boldsymbol{\alpha}$ 如(4.28)式所示，则

$$
\begin{aligned}
\boldsymbol{\sigma}(\boldsymbol{\alpha}) &= x_1\boldsymbol{\sigma}(\boldsymbol{\alpha}_1)+x_2\boldsymbol{\sigma}(\boldsymbol{\alpha}_2)+\cdots+x_n\boldsymbol{\sigma}(\boldsymbol{\alpha}_n)\\
&= x_1\boldsymbol{\tau}(\boldsymbol{\alpha}_1)+x_2\boldsymbol{\tau}(\boldsymbol{\alpha}_2)+\cdots+x_n\boldsymbol{\tau}(\boldsymbol{\alpha}_n)=\boldsymbol{\tau}(\boldsymbol{\alpha}).
\end{aligned}
$$ ■

由于基象$\boldsymbol{\sigma}(\boldsymbol{\alpha}_i)\in V(F)(i=1,2,\cdots,n)$，所以它们可经$V(F)$的基$\{\boldsymbol{\alpha}_1,\boldsymbol{\alpha}_2,\cdots,\boldsymbol{\alpha}_n\}$线性表出，即有

$$
\begin{cases}
\boldsymbol{\sigma}(\boldsymbol{\alpha}_1)=a_{11}\boldsymbol{\alpha}_1+a_{21}\boldsymbol{\alpha}_2+\cdots+a_{n1}\boldsymbol{\alpha}_n,\\
\boldsymbol{\sigma}(\boldsymbol{\alpha}_2)=a_{12}\boldsymbol{\alpha}_1+a_{22}\boldsymbol{\alpha}_2+\cdots+a_{n2}\boldsymbol{\alpha}_n,\\
\cdots\cdots\cdots\cdots\cdots\cdots\cdots\cdots\cdots\cdots\\
\boldsymbol{\sigma}(\boldsymbol{\alpha}_n)=a_{1n}\boldsymbol{\alpha}_1+a_{2n}\boldsymbol{\alpha}_2+\cdots+a_{nn}\boldsymbol{\alpha}_n.
\end{cases}
\tag{4.30}
$$

记

$$
\boldsymbol{\sigma}(\boldsymbol{\alpha}_1,\boldsymbol{\alpha}_2,\cdots,\boldsymbol{\alpha}_n)=(\boldsymbol{\sigma}(\boldsymbol{\alpha}_1),\boldsymbol{\sigma}(\boldsymbol{\alpha}_2),\cdots,\boldsymbol{\sigma}(\boldsymbol{\alpha}_n)).\tag{4.31}
$$

将(4.30)式形式地写作矩阵形式

$$
\boldsymbol{\sigma}(\boldsymbol{\alpha}_1,\boldsymbol{\alpha}_2,\cdots,\boldsymbol{\alpha}_n)=(\boldsymbol{\alpha}_1,\boldsymbol{\alpha}_2,\cdots,\boldsymbol{\alpha}_n)\begin{pmatrix}a_{11}&a_{12}&\cdots&a_{1n}\\a_{21}&a_{22}&\cdots&a_{2n}\\\vdots&\vdots&&\vdots\\a_{n1}&a_{n2}&\cdots&a_{nn}\end{pmatrix},\tag{4.32}
$$

或

$$
\boldsymbol{\sigma}(\boldsymbol{\alpha}_1,\boldsymbol{\alpha}_2,\cdots,\boldsymbol{\alpha}_n)=(\boldsymbol{\alpha}_1,\boldsymbol{\alpha}_2,\cdots,\boldsymbol{\alpha}_n)\boldsymbol{A},\tag{4.32$'$}
$$

其中(4.32)式右端矩阵$\boldsymbol{A}$是(4.30)式右端$\boldsymbol{\alpha}_1,\boldsymbol{\alpha}_2,\cdots,\boldsymbol{\alpha}_n$的系数矩阵的转置，$\boldsymbol{A}$中第$j$列是$\boldsymbol{\sigma}(\boldsymbol{\alpha}_j)$在基$\{\boldsymbol{\alpha}_1,\boldsymbol{\alpha}_2,\cdots,\boldsymbol{\alpha}_n\}$下的坐标.

定义 4.19　如果$V(F)$中的线性变换$\boldsymbol{\sigma}$，使得$V(F)$的基$\{\boldsymbol{\alpha}_1,\boldsymbol{\alpha}_2,\cdots,\boldsymbol{\alpha}_n\}$和$\boldsymbol{\sigma}$关于基的象$\boldsymbol{\sigma}(\boldsymbol{\alpha}_1),\boldsymbol{\sigma}(\boldsymbol{\alpha}_2),\cdots,\boldsymbol{\sigma}(\boldsymbol{\alpha}_n)$具有(4.30)式(即(4.32)式)那样的关系，就称(4.32)式中矩阵$\boldsymbol{A}$是$\boldsymbol{\sigma}$在基$\{\boldsymbol{\alpha}_1,\boldsymbol{\alpha}_2,\cdots,\boldsymbol{\alpha}_n\}$下的**矩阵表示**，或称$\boldsymbol{A}$是$\boldsymbol{\sigma}$在基$\{\boldsymbol{\alpha}_1,\boldsymbol{\alpha}_2,\cdots,\boldsymbol{\alpha}_n\}$**下(对应)的矩阵**.

显然，$\boldsymbol{\sigma}$在给定基下对应的矩阵是唯一确定的. 如果基向量$\boldsymbol{\alpha}_j$和基象向量$\boldsymbol{\sigma}(\boldsymbol{\alpha}_j)(j=1,2,\cdots,n)$都是$\mathbb{R}^n$中的向量，它们用列向量表示，则(4.32)式表示由3个n阶矩阵组成的一个矩阵等式. 给

定$\boldsymbol{\sigma}$，给定一组基，求出了(4.30)式或求出了基象向量，就可求得(4.32)式中矩阵$\boldsymbol{A}$(即$\boldsymbol{\sigma}$在基下对应的矩阵).

下面讨论，如何用$\boldsymbol{\sigma}$在一组基下的矩阵$\boldsymbol{A}$来求$\boldsymbol{\sigma}(\boldsymbol{\alpha})$.

定理 4.17 设$V(F)$的线性变换$\boldsymbol{\sigma}$在基$\{\boldsymbol{\alpha}_1,\boldsymbol{\alpha}_2,\cdots,\boldsymbol{\alpha}_n\}$下的矩阵为$\boldsymbol{A}$，向量$\boldsymbol{\alpha}$在基下的坐标向量为$\boldsymbol{x}=(x_1,x_2,\cdots,x_n)^{\mathrm{T}}$，$\boldsymbol{\sigma}(\boldsymbol{\alpha})$在基下的坐标向量为$\boldsymbol{y}=(y_1,y_2,\cdots,y_n)^{\mathrm{T}}$，则

$$\boldsymbol{y}=\boldsymbol{A}\boldsymbol{x}. \tag{4.33}$$

证 已知

$$\boldsymbol{\sigma}(\boldsymbol{\alpha}_1,\boldsymbol{\alpha}_2,\cdots,\boldsymbol{\alpha}_n)=(\boldsymbol{\alpha}_1,\boldsymbol{\alpha}_2,\cdots,\boldsymbol{\alpha}_n)\boldsymbol{A}, \qquad ①$$

$$\boldsymbol{\alpha}=x_1\boldsymbol{\alpha}_1+x_2\boldsymbol{\alpha}_2+\cdots+x_n\boldsymbol{\alpha}_n=(\boldsymbol{\alpha}_1,\boldsymbol{\alpha}_2,\cdots,\boldsymbol{\alpha}_n)\begin{pmatrix}x_1\\x_2\\\vdots\\x_n\end{pmatrix},$$

则
$$\begin{aligned}\boldsymbol{\sigma}(\boldsymbol{\alpha})&=x_1\boldsymbol{\sigma}(\boldsymbol{\alpha}_1)+x_2\boldsymbol{\sigma}(\boldsymbol{\alpha}_2)+\cdots+x_n\boldsymbol{\sigma}(\boldsymbol{\alpha}_n)\\&=(\boldsymbol{\sigma}(\boldsymbol{\alpha}_1),\boldsymbol{\sigma}(\boldsymbol{\alpha}_2),\cdots,\boldsymbol{\sigma}(\boldsymbol{\alpha}_n))\begin{pmatrix}x_1\\x_2\\\vdots\\x_n\end{pmatrix}\\&\xlongequal{\text{(把①式代入)}}(\boldsymbol{\alpha}_1,\boldsymbol{\alpha}_2,\cdots,\boldsymbol{\alpha}_n)\boldsymbol{A}\begin{pmatrix}x_1\\x_2\\\vdots\\x_n\end{pmatrix}.\end{aligned}$$

故$\boldsymbol{\sigma}(\boldsymbol{\alpha})$在基$\{\boldsymbol{\alpha}_1,\boldsymbol{\alpha}_2,\cdots,\boldsymbol{\alpha}_n\}$下的坐标向量

$$\begin{pmatrix}y_1\\y_2\\\vdots\\y_n\end{pmatrix}=\boldsymbol{A}\begin{pmatrix}x_1\\x_2\\\vdots\\x_n\end{pmatrix}，即\quad \boldsymbol{y}=\boldsymbol{A}\boldsymbol{x}. \qquad ■$$

由这个定理可见，以前求解一个非齐次线性方程组 $\boldsymbol{Ax}=\boldsymbol{y}$，即给定 $\boldsymbol{y}$ 求 $\boldsymbol{x}$，实际上就是给定线性变换 $\boldsymbol{\sigma}$（对应的矩阵为 $\boldsymbol{A}$）的一个象 $\boldsymbol{\sigma}(\boldsymbol{\alpha})$（其坐标向量为 $\boldsymbol{y}$），求其原象 $\boldsymbol{\alpha}$（其坐标向量为 $\boldsymbol{x}$）的问题.

例 8　求例 2 中的旋转变换 $\mathbf{R}_\theta$ 在 $\mathbb{R}^2$ 的标准正交基 $\boldsymbol{\varepsilon}_1=(1,0)^{\mathrm{T}}$，$\boldsymbol{\varepsilon}_2=(0,1)^{\mathrm{T}}$ 下的矩阵（图 4.7）.

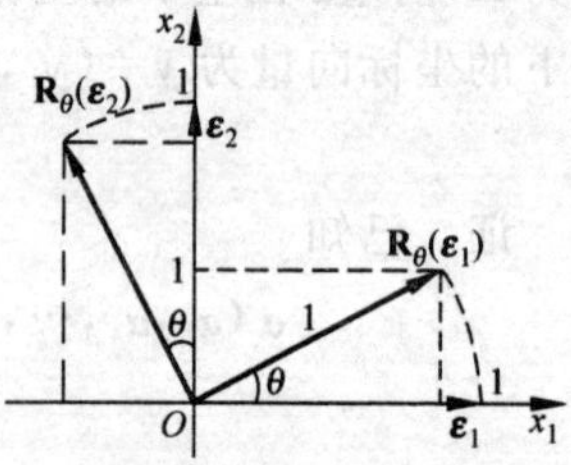

图　4.7

解　先求基象 $\mathbf{R}_\theta(\boldsymbol{\varepsilon}_1)$，$\mathbf{R}_\theta(\boldsymbol{\varepsilon}_2)$，由于它们是长度为 1 的向量，所以

$$\begin{cases}\mathbf{R}_\theta(\boldsymbol{\varepsilon}_1)=(\cos\theta)\,\boldsymbol{\varepsilon}_1+(\sin\theta)\,\boldsymbol{\varepsilon}_2,\\ \mathbf{R}_\theta(\boldsymbol{\varepsilon}_2)=(-\sin\theta)\,\boldsymbol{\varepsilon}_1+(\cos\theta)\,\boldsymbol{\varepsilon}_2.\end{cases}$$

即

$$\mathbf{R}_\theta(\boldsymbol{\varepsilon}_1,\boldsymbol{\varepsilon}_2)=(\mathbf{R}_\theta(\boldsymbol{\varepsilon}_1),\mathbf{R}_\theta(\boldsymbol{\varepsilon}_2))=(\boldsymbol{\varepsilon}_1,\boldsymbol{\varepsilon}_2)\begin{pmatrix}\cos\theta & -\sin\theta\\ \sin\theta & \cos\theta\end{pmatrix},$$

故初等旋转变换 $\mathbf{R}_\theta$ 在标准正交基 $\{\boldsymbol{\varepsilon}_1,\boldsymbol{\varepsilon}_2\}$ 下的矩阵为

$$\boldsymbol{R}=\begin{pmatrix}\cos\theta & -\sin\theta\\ \sin\theta & \cos\theta\end{pmatrix}. \tag{4.34}$$

例 9　对例 3 中的镜像变换 $\boldsymbol{\varphi}$，求它在 $\mathbb{R}^2$ 的标准正交基 $\{\boldsymbol{\omega},\boldsymbol{\eta}\}$（见图 4.5）下所对应的矩阵 $\boldsymbol{H}$.

解　根据镜像变换的定义，显然有

$$\begin{cases}\boldsymbol{\varphi}(\boldsymbol{\omega})=\boldsymbol{\omega},\\ \boldsymbol{\varphi}(\boldsymbol{\eta})=-\boldsymbol{\eta}.\end{cases}\quad \text{即}\quad \boldsymbol{\varphi}(\boldsymbol{\omega},\boldsymbol{\eta})=(\boldsymbol{\omega},\boldsymbol{\eta})\begin{pmatrix}1 & 0\\ 0 & -1\end{pmatrix},$$

所以 $\boldsymbol{\varphi}$ 在标准正交基 $\{\boldsymbol{\omega},\boldsymbol{\eta}\}$ 下的矩阵为

$$\boldsymbol{H}=\begin{pmatrix}1 & 0\\ 0 & -1\end{pmatrix}. \tag{4.35}$$

(4.34)，(4.35)式中矩阵分别称为**初等旋转阵**和**反射阵**，它们都是正交矩阵. 对应的初等旋转变换和镜像变换称为**正交变换**，它

们都使变换后的向量保持长度不变.

例 10 $\mathbb{R}^n$的恒等变换、零变换和数乘变换(见例 5)在任何基下的矩阵分别都是$\boldsymbol{I}_n,\boldsymbol{0}_{n\times n},\lambda\boldsymbol{I}_n$.(证明留给读者练习)

例 11 设$\boldsymbol{\sigma}$是$\mathbb{R}^3$的一个线性变换,$B=\{\boldsymbol{\alpha}_1,\boldsymbol{\alpha}_2,\boldsymbol{\alpha}_3\}$是$\mathbb{R}^3$的一组基,已知

$$\boldsymbol{\alpha}_1=(1,0,0)^{\mathrm{T}},\quad \boldsymbol{\alpha}_2=(1,1,0)^{\mathrm{T}},\quad \boldsymbol{\alpha}_3=(1,1,1)^{\mathrm{T}},$$
$$\boldsymbol{\sigma}(\boldsymbol{\alpha}_1)=(1,-1,0)^{\mathrm{T}},\quad \boldsymbol{\sigma}(\boldsymbol{\alpha}_2)=(-1,1,-1)^{\mathrm{T}},$$
$$\boldsymbol{\sigma}(\boldsymbol{\alpha}_3)=(1,-1,2)^{\mathrm{T}}.$$

(1) 求$\boldsymbol{\sigma}$在基B下对应的矩阵;

(2) 求$\boldsymbol{\sigma}^2(\boldsymbol{\alpha}_1),\boldsymbol{\sigma}^2(\boldsymbol{\alpha}_2),\boldsymbol{\sigma}^2(\boldsymbol{\alpha}_3)$;

(3) 已知$\boldsymbol{\sigma}(\boldsymbol{\beta})$在基$B$下的坐标为$(2,1,-2)^{\mathrm{T}}$,问$\boldsymbol{\sigma}(\boldsymbol{\beta})$的原象$\boldsymbol{\beta}$是否唯一? 并求$\boldsymbol{\beta}$在基$B$下的坐标.

解 (1) 方法 1: 将$\boldsymbol{\alpha}_1,\boldsymbol{\alpha}_2,\boldsymbol{\alpha}_3$;$\boldsymbol{\sigma}(\boldsymbol{\alpha}_1),\boldsymbol{\sigma}(\boldsymbol{\alpha}_2),\boldsymbol{\sigma}(\boldsymbol{\alpha}_3)$以列向量形式代入(4.32)式,得

$$\begin{pmatrix}1&-1&1\\-1&1&-1\\0&-1&2\end{pmatrix}=\begin{pmatrix}1&1&1\\0&1&1\\0&0&1\end{pmatrix}\boldsymbol{A}.$$

因此,$\boldsymbol{\sigma}$在基B下的矩阵为

$$\boldsymbol{A}=\begin{pmatrix}1&1&1\\0&1&1\\0&0&1\end{pmatrix}^{-1}\begin{pmatrix}1&-1&1\\-1&1&-1\\0&-1&2\end{pmatrix}=\begin{pmatrix}2&-2&2\\-1&2&-3\\0&-1&2\end{pmatrix}.$$

方法 2: 将$\boldsymbol{\sigma}(\boldsymbol{\alpha}_1),\boldsymbol{\sigma}(\boldsymbol{\alpha}_2),\boldsymbol{\sigma}(\boldsymbol{\alpha}_3)$用基$B=\{\boldsymbol{\alpha}_1,\boldsymbol{\alpha}_2,\boldsymbol{\alpha}_3\}$线性表示,这里容易看出

$$\begin{cases}\boldsymbol{\sigma}(\boldsymbol{\alpha}_1)=2\boldsymbol{\alpha}_1-\boldsymbol{\alpha}_2,\\ \boldsymbol{\sigma}(\boldsymbol{\alpha}_2)=-2\boldsymbol{\alpha}_1+2\boldsymbol{\alpha}_2-\boldsymbol{\alpha}_3,\\ \boldsymbol{\sigma}(\boldsymbol{\alpha}_3)=2\boldsymbol{\alpha}_1-3\boldsymbol{\alpha}_2+2\boldsymbol{\alpha}_3.\end{cases}$$

上述向量方程组右端系数矩阵的转置,就是$\boldsymbol{\sigma}$在基B下的矩阵.

(2) 方法 1: 先求得$(\boldsymbol{\sigma}(\boldsymbol{\alpha}_1))_B=(x_1,x_2,x_3)^{\mathrm{T}}=(2,-1,0)^{\mathrm{T}}$,

将它和上面求得的 $\boldsymbol{A}$ 代入(4.33)式,即得$\boldsymbol{\sigma}^2(\boldsymbol{\alpha})=\boldsymbol{\sigma}(\boldsymbol{\sigma}(\boldsymbol{\alpha}))$在基 B 下的坐标向量

$$\begin{pmatrix} y_1 \\ y_2 \\ y_3 \end{pmatrix} = \begin{pmatrix} 2 & -2 & 2 \\ -1 & 2 & -3 \\ 0 & -1 & 2 \end{pmatrix} \begin{pmatrix} 2 \\ -1 \\ 0 \end{pmatrix} = \begin{pmatrix} 6 \\ -4 \\ 1 \end{pmatrix},$$

所以$\boldsymbol{\sigma}^2(\boldsymbol{\alpha}_1)=6\boldsymbol{\alpha}_1-4\boldsymbol{\alpha}_2+\boldsymbol{\alpha}_3=(3,-3,1)^{\mathrm{T}}$. 同理可求$\boldsymbol{\sigma}^2(\boldsymbol{\alpha}_2)$, $\boldsymbol{\sigma}^2(\boldsymbol{\alpha}_3)$.

方法 2:利用

$$\boldsymbol{\sigma}(\boldsymbol{\alpha}_1,\boldsymbol{\alpha}_2,\boldsymbol{\alpha}_3)=(\boldsymbol{\sigma}(\boldsymbol{\alpha}_1),\boldsymbol{\sigma}(\boldsymbol{\alpha}_2),\boldsymbol{\sigma}(\boldsymbol{\alpha}_3))=(\boldsymbol{\alpha}_1,\boldsymbol{\alpha}_2,\boldsymbol{\alpha}_3)\boldsymbol{A},$$

将等式两边再用$\boldsymbol{\sigma}$作用,就有

$$\begin{aligned}\boldsymbol{\sigma}(\boldsymbol{\sigma}(\boldsymbol{\alpha}_1),\boldsymbol{\sigma}(\boldsymbol{\alpha}_2),\boldsymbol{\sigma}(\boldsymbol{\alpha}_3)) &= \boldsymbol{\sigma}((\boldsymbol{\alpha}_1,\boldsymbol{\alpha}_2,\boldsymbol{\alpha}_3)\boldsymbol{A}) \\ &= (\boldsymbol{\sigma}(\boldsymbol{\alpha}_1,\boldsymbol{\alpha}_2,\boldsymbol{\alpha}_3))\boldsymbol{A} = (\boldsymbol{\alpha}_1,\boldsymbol{\alpha}_2,\boldsymbol{\alpha}_3)\boldsymbol{A}^2 \\ &= (\boldsymbol{\alpha}_1,\boldsymbol{\alpha}_2,\boldsymbol{\alpha}_3)\begin{pmatrix} 6 & -10 & 14 \\ -4 & 9 & -14 \\ 1 & -4 & 7 \end{pmatrix}.\end{aligned}$$

由此即得

$$\begin{aligned}\boldsymbol{\sigma}^2(\boldsymbol{\alpha}_1) &= \boldsymbol{\sigma}(\boldsymbol{\sigma}(\boldsymbol{\alpha}_1)) = 6\boldsymbol{\alpha}_1-4\boldsymbol{\alpha}_2+\boldsymbol{\alpha}_3=(3,-3,1)^{\mathrm{T}}, \\ \boldsymbol{\sigma}^2(\boldsymbol{\alpha}_2) &= \boldsymbol{\sigma}(\boldsymbol{\sigma}(\boldsymbol{\alpha}_2)) = -10\boldsymbol{\alpha}_1+9\boldsymbol{\alpha}_2-4\boldsymbol{\alpha}_3=(-5,5,-4)^{\mathrm{T}}, \\ \boldsymbol{\sigma}^2(\boldsymbol{\alpha}_3) &= \boldsymbol{\sigma}(\boldsymbol{\sigma}(\boldsymbol{\alpha}_3)) = 14\boldsymbol{\alpha}_1-14\boldsymbol{\alpha}_2+7\boldsymbol{\alpha}_3=(7,-7,7)^{\mathrm{T}}.\end{aligned}$$

(3) 设$(\boldsymbol{\beta})_B=(x_1,x_2,x_3)^{\mathrm{T}}$,由(4.33)式得

$$\begin{pmatrix} 2 & -2 & 2 \\ -1 & 2 & -3 \\ 0 & -1 & 2 \end{pmatrix} \begin{pmatrix} x_1 \\ x_2 \\ x_3 \end{pmatrix} = \begin{pmatrix} 2 \\ 1 \\ -2 \end{pmatrix},$$

解此线性方程组得

$$(x_1,x_2,x_3)^{\mathrm{T}}=(3,2,0)^{\mathrm{T}}+k(1,2,1)^{\mathrm{T}}.$$

其中 k 为任意常数,故$\boldsymbol{\sigma}(\boldsymbol{\beta})$的原象$\boldsymbol{\beta}$不唯一.

线性变换用矩阵表示是与空间的一组基相联系的,一般情况

下，线性变换在不同基下的矩阵是不相同的，下面我们揭示同一个线性变换在不同基下的矩阵之间的相互关系.

定理 4.18 设线性变换$\boldsymbol{\sigma}$在基 $B_1=\{\boldsymbol{\alpha}_1,\boldsymbol{\alpha}_2,\cdots,\boldsymbol{\alpha}_n\}$和基 $B_2=\{\boldsymbol{\beta}_1,\boldsymbol{\beta}_2,\cdots,\boldsymbol{\beta}_n\}$下的矩阵分别为 $\boldsymbol{A}$ 和 $\boldsymbol{B}$，且基 B_1 到基 B_2 的过渡矩阵为 $\boldsymbol{C}$，则

$$\boldsymbol{B}=\boldsymbol{C}^{-1}\boldsymbol{A}\boldsymbol{C}. \tag{4.36}$$

证 根据已知条件有

$$\boldsymbol{\sigma}(\boldsymbol{\alpha}_1,\boldsymbol{\alpha}_2,\cdots,\boldsymbol{\alpha}_n)=(\boldsymbol{\alpha}_1,\boldsymbol{\alpha}_2,\cdots,\boldsymbol{\alpha}_n)\boldsymbol{A}, \quad ①$$

$$(\boldsymbol{\beta}_1,\boldsymbol{\beta}_2,\cdots,\boldsymbol{\beta}_n)=(\boldsymbol{\alpha}_1,\boldsymbol{\alpha}_2,\cdots,\boldsymbol{\alpha}_n)\boldsymbol{C}. \quad ②$$

由②得

$$(\boldsymbol{\alpha}_1,\boldsymbol{\alpha}_2,\cdots,\boldsymbol{\alpha}_n)=(\boldsymbol{\beta}_1,\boldsymbol{\beta}_2,\cdots,\boldsymbol{\beta}_n)\boldsymbol{C}^{-1}, \quad ③$$

$$\begin{aligned}\boldsymbol{\sigma}(\boldsymbol{\beta}_1,\boldsymbol{\beta}_2,\cdots,\boldsymbol{\beta}_n)&=\boldsymbol{\sigma}(\boldsymbol{\alpha}_1,\boldsymbol{\alpha}_2,\cdots,\boldsymbol{\alpha}_n)\boldsymbol{C}\\&\overset{①}{=\!=}(\boldsymbol{\alpha}_1,\boldsymbol{\alpha}_2,\cdots,\boldsymbol{\alpha}_n)\boldsymbol{A}\boldsymbol{C}\\&\overset{③}{=\!=}(\boldsymbol{\beta}_1,\boldsymbol{\beta}_2,\cdots,\boldsymbol{\beta}_n)\boldsymbol{C}^{-1}\boldsymbol{A}\boldsymbol{C}.\end{aligned}$$

由此即得 $\boldsymbol{B}=\boldsymbol{C}^{-1}\boldsymbol{A}\boldsymbol{C}$. ■

定理 4.18 表明，同一个线性变换在不同基下的矩阵 $\boldsymbol{A}$ 与 $\boldsymbol{B}$ 是相似矩阵(见第 5 章定义 5.3)；反之，两个如(4.36)式所示的相似矩阵 $\boldsymbol{A},\boldsymbol{B}$，若 $\boldsymbol{A}$ 是$\boldsymbol{\sigma}$在基$\boldsymbol{\alpha}_1,\boldsymbol{\alpha}_2,\cdots,\boldsymbol{\alpha}_n$下的矩阵，则 $\boldsymbol{B}$ 必是$\boldsymbol{\sigma}$在另一组基(有兴趣的读者自己找出来)下的矩阵.

例 12 设$\mathbb{R}^3$的线性变换$\boldsymbol{\sigma}$在自然基$\{\boldsymbol{\varepsilon}_1,\boldsymbol{\varepsilon}_2,\boldsymbol{\varepsilon}_3\}$下的矩阵为

$$\boldsymbol{A}=\begin{pmatrix}2&-1&-1\\-1&2&-1\\-1&-1&2\end{pmatrix}.$$

(1) 求$\boldsymbol{\sigma}$在基$\{\boldsymbol{\beta}_1,\boldsymbol{\beta}_2,\boldsymbol{\beta}_3\}$下的矩阵，其中$\boldsymbol{\beta}_1=(1,1,1)^{\mathrm{T}}$，$\boldsymbol{\beta}_2=(-1,1,0)^{\mathrm{T}}$，$\boldsymbol{\beta}_3=(-1,0,1)^{\mathrm{T}}$；

(2) $\boldsymbol{\alpha}=(1,2,3)^{\mathrm{T}}$，求$\boldsymbol{\sigma}(\boldsymbol{\alpha})$在基$\{\boldsymbol{\beta}_1,\boldsymbol{\beta}_2,\boldsymbol{\beta}_3\}$下的坐标向量$(y_1,y_2,y_3)^{\mathrm{T}}$及$\boldsymbol{\sigma}(\boldsymbol{\alpha})$.

解 (1) 先求自然基$\{\boldsymbol{\varepsilon}_1,\boldsymbol{\varepsilon}_2,\boldsymbol{\varepsilon}_3\}$到基$\{\boldsymbol{\beta}_1,\boldsymbol{\beta}_2,\boldsymbol{\beta}_3\}$的过渡矩阵$\boldsymbol{C}$，根据

$$(\boldsymbol{\beta}_1,\boldsymbol{\beta}_2,\boldsymbol{\beta}_3)=(\boldsymbol{\varepsilon}_1,\boldsymbol{\varepsilon}_2,\boldsymbol{\varepsilon}_3)\boldsymbol{C},$$

得

$$\boldsymbol{C}=(\boldsymbol{\beta}_1,\boldsymbol{\beta}_2,\boldsymbol{\beta}_3)=\begin{pmatrix}1&-1&-1\\1&1&0\\1&0&1\end{pmatrix},$$

$$\boldsymbol{C}^{-1}=\frac{1}{3}\begin{pmatrix}1&1&1\\-1&2&-1\\-1&-1&2\end{pmatrix}.$$

由定理4.18的(4.36)式可知，$\boldsymbol{\sigma}$在基$\{\boldsymbol{\beta}_1,\boldsymbol{\beta}_2,\boldsymbol{\beta}_3\}$下的矩阵为

$$\begin{aligned}\boldsymbol{B}&=\boldsymbol{C}^{-1}\boldsymbol{A}\boldsymbol{C}\\&=\frac{1}{3}\begin{pmatrix}1&1&1\\-1&2&-1\\-1&-1&2\end{pmatrix}\begin{pmatrix}2&-1&-1\\-1&2&-1\\-1&-1&2\end{pmatrix}\begin{pmatrix}1&-1&-1\\1&1&0\\1&0&1\end{pmatrix}\\&=\begin{pmatrix}0&0&0\\0&3&0\\0&0&3\end{pmatrix}.\end{aligned}$$

(2) 先求$\boldsymbol{\alpha}$在基$\{\boldsymbol{\beta}_1,\boldsymbol{\beta}_2,\boldsymbol{\beta}_3\}$下的坐标向量$(x_1,x_2,x_3)^{\mathrm{T}}$，由于$\boldsymbol{\alpha}$在自然基$\{\boldsymbol{\varepsilon}_1,\boldsymbol{\varepsilon}_2,\boldsymbol{\varepsilon}_3\}$下的坐标向量就是$\boldsymbol{\alpha}$自身，即$(1,2,3)^{\mathrm{T}}$，因此，根据坐标变换公式，得

$$\begin{pmatrix}x_1\\x_2\\x_3\end{pmatrix}=\boldsymbol{C}^{-1}\begin{pmatrix}1\\2\\3\end{pmatrix}=\frac{1}{3}\begin{pmatrix}1&1&1\\-1&2&-1\\-1&-1&2\end{pmatrix}\begin{pmatrix}1\\2\\3\end{pmatrix}=\begin{pmatrix}2\\0\\1\end{pmatrix}.$$

再根据定理4.17中(4.33)式，$\boldsymbol{\sigma}(\boldsymbol{\alpha})$在基$\{\boldsymbol{\beta}_1,\boldsymbol{\beta}_2,\boldsymbol{\beta}_3\}$下的坐标向量

$$\begin{pmatrix}y_1\\y_2\\y_3\end{pmatrix}=\boldsymbol{B}\begin{pmatrix}x_1\\x_2\\x_3\end{pmatrix}=\begin{pmatrix}0&0&0\\0&3&0\\0&0&3\end{pmatrix}\begin{pmatrix}2\\0\\1\end{pmatrix}=\begin{pmatrix}0\\0\\3\end{pmatrix},$$

从而$\boldsymbol{\sigma}(\boldsymbol{\alpha})=0\boldsymbol{\beta}_1+0\boldsymbol{\beta}_2+3\boldsymbol{\beta}_3=(-3,0,3)^{\mathrm{T}}$.

前面讲过的问题是,给定$\mathbb{R}^n$的一个线性变换$\boldsymbol{\sigma}$和$\mathbb{R}^n$的一组基$\{\boldsymbol{\alpha}_1,\boldsymbol{\alpha}_2,\cdots,\boldsymbol{\alpha}_n\}$,$\boldsymbol{\sigma}$就被基象$\boldsymbol{\sigma}(\boldsymbol{\alpha}_1),\boldsymbol{\sigma}(\boldsymbol{\alpha}_2),\cdots,\boldsymbol{\sigma}(\boldsymbol{\alpha}_n)$完全确定,从而$\boldsymbol{\sigma}$在这组基下可用唯一确定的一个矩阵来表示.现在讨论反问题,即任意给定一个n阶矩阵$\boldsymbol{A}$,它是否必是某个线性变换在给定的一组基下的矩阵?由(4.32)式

$$(\boldsymbol{\sigma}(\boldsymbol{\alpha}_1),\boldsymbol{\sigma}(\boldsymbol{\alpha}_2),\cdots,\boldsymbol{\sigma}(\boldsymbol{\alpha}_n))$$

$$=(\boldsymbol{\alpha}_1,\boldsymbol{\alpha}_2,\cdots,\boldsymbol{\alpha}_n)\begin{bmatrix}a_{11}&a_{12}&\cdots&a_{1n}\\a_{21}&a_{22}&\cdots&a_{2n}\\\vdots&\vdots&&\vdots\\a_{n1}&a_{n2}&\cdots&a_{nn}\end{bmatrix}\xlongequal{\text{记作}}(\boldsymbol{\beta}_1,\boldsymbol{\beta}_2,\cdots,\boldsymbol{\beta}_n)$$

(其中$\boldsymbol{\beta}_j=\sum_{i=1}^{n}a_{ij}\boldsymbol{\alpha}_i,j=1,2,\cdots,n$)可知,给定了$\mathbb{R}^n$的一组基$\{\boldsymbol{\alpha}_1,\boldsymbol{\alpha}_2,\cdots,\boldsymbol{\alpha}_n\}$,在$\mathbb{R}^n$中任给一个向量组$\boldsymbol{\beta}_1,\boldsymbol{\beta}_2,\cdots,\boldsymbol{\beta}_n$就等价于任给上式中的一个矩阵$\boldsymbol{A}$.因此反问题的提法是,给定$\mathbb{R}^n$的基$\{\boldsymbol{\alpha}_1,\boldsymbol{\alpha}_2,\cdots,\boldsymbol{\alpha}_n\}$,对于任给的$n$个向量$\boldsymbol{\beta}_1,\boldsymbol{\beta}_2,\cdots,\boldsymbol{\beta}_n$,是否存在唯一的一个线性变换$\boldsymbol{\sigma}$,使得$\boldsymbol{\sigma}(\boldsymbol{\alpha}_j)=\boldsymbol{\beta}_j,j=1,2,\cdots,n$.下面的定理对这个问题作了肯定的回答.

定理 4.19 设$\{\boldsymbol{\alpha}_1,\boldsymbol{\alpha}_2,\cdots,\boldsymbol{\alpha}_n\}$是$\mathbb{R}^n$的一组基,$\boldsymbol{\beta}_1,\boldsymbol{\beta}_2,\cdots,\boldsymbol{\beta}_n$是在$\mathbb{R}^n$中任意给定的$n$个向量,则一定存在唯一的线性变换$\boldsymbol{\sigma}$,使得

$$\boldsymbol{\sigma}(\boldsymbol{\alpha}_j)=\boldsymbol{\beta}_j,\quad j=1,2,\cdots,n. \tag{4.37}$$

证 证明存在性的方法是,先定义一个满足(4.37)式的变换,然后证明这个变换是线性的.

设 $\boldsymbol{\zeta}=x_1\boldsymbol{\alpha}_1+x_2\boldsymbol{\alpha}_2+\cdots+x_n\boldsymbol{\alpha}_n\quad(x_j\in\mathbb{R},j=1,2,\cdots,n)$,定义变换

$$\boldsymbol{\sigma}(\boldsymbol{\zeta})=x_1\boldsymbol{\beta}_1+x_2\boldsymbol{\beta}_2+\cdots+x_n\boldsymbol{\beta}_n. \qquad ①$$

当$\boldsymbol{\zeta}=\boldsymbol{\alpha}_j=0\boldsymbol{\alpha}_1+\cdots+0\boldsymbol{\alpha}_{j-1}+1\boldsymbol{\alpha}_j+0\boldsymbol{\alpha}_{j+1}+\cdots+0\boldsymbol{\alpha}_n$时,根据

①式的定义，显然有

$$\boldsymbol{\sigma}(\boldsymbol{\alpha}_j)=\boldsymbol{\beta}_j,\quad j=1,2,\cdots,n. \qquad ②$$

又对于 $\mathbb{R}^n$ 中任意两个向量 $\boldsymbol{\zeta}_1=\sum_{j=1}^{n}a_j\boldsymbol{\alpha}_j$ 和 $\boldsymbol{\zeta}_2=\sum_{j=1}^{n}b_j\boldsymbol{\alpha}_j$，及对于任意数 $k\in\mathbb{R}$，有

$$\boldsymbol{\sigma}(\boldsymbol{\zeta}_1+\boldsymbol{\zeta}_2)=\boldsymbol{\sigma}\left(\sum_{j=1}^{n}(a_j+b_j)\boldsymbol{\alpha}_j\right)$$

$$\overset{①}{=\!=}\sum_{j=1}^{n}(a_j+b_j)\boldsymbol{\beta}_j=\sum_{j=1}^{n}a_j\boldsymbol{\beta}_j+\sum_{j=1}^{n}b_j\boldsymbol{\beta}_j$$

$$\overset{①}{=\!=}\boldsymbol{\sigma}(\boldsymbol{\zeta}_1)+\boldsymbol{\sigma}(\boldsymbol{\zeta}_2), \qquad ③$$

$$\boldsymbol{\sigma}(k\boldsymbol{\zeta})=\boldsymbol{\sigma}\left(\sum_{j=1}^{n}kx_j\boldsymbol{\alpha}_j\right)\overset{①}{=\!=}\sum_{j=1}^{n}kx_j\boldsymbol{\beta}_j$$

$$=k\sum_{j=1}^{n}x_j\boldsymbol{\beta}_j\overset{①}{=\!=}k\boldsymbol{\sigma}(\boldsymbol{\zeta}). \qquad ④$$

由②，③，④式可知，①式定义的变换 $\boldsymbol{\sigma}$ 是满足定理要求的线性变换，存在性得证，唯一性由定理 4.16 保证. ■

综合本小节前后所述，就可得到一个重要的结论：给定了 $\mathbb{R}^n$ 的一组基以后，$\mathbb{R}^n$ 中的线性变换与 $\mathbb{R}^{n\times n}$ 中的矩阵一一对应.

4.6.3 线性变换的运算

定义 4.20 设 $\boldsymbol{\sigma}$ 与 $\boldsymbol{\tau}$ 是线性空间 $V(F)$ 的两个线性变换，$\lambda\in F$，我们定义 $\boldsymbol{\sigma}$ 与 $\boldsymbol{\tau}$ 之和 $\boldsymbol{\sigma}+\boldsymbol{\tau}$，数量 λ 与 $\boldsymbol{\sigma}$ 之乘积 $\lambda\boldsymbol{\sigma}$ 以及 $\boldsymbol{\sigma}$ 与 $\boldsymbol{\tau}$ 之乘积 $\boldsymbol{\sigma\tau}$ 如下：$\forall\boldsymbol{\alpha}\in V$，

$$(\boldsymbol{\sigma}+\boldsymbol{\tau})(\boldsymbol{\alpha})=\boldsymbol{\sigma}(\boldsymbol{\alpha})+\boldsymbol{\tau}(\boldsymbol{\alpha}); \qquad (4.38)$$

$$(\lambda\boldsymbol{\sigma})(\boldsymbol{\alpha})=\lambda\boldsymbol{\sigma}(\boldsymbol{\alpha}); \qquad (4.39)$$

$$(\boldsymbol{\sigma\tau})(\boldsymbol{\alpha})=\boldsymbol{\sigma}(\boldsymbol{\tau}(\boldsymbol{\alpha})). \qquad (4.40)$$

上述定义的 $\boldsymbol{\sigma}+\boldsymbol{\tau}$，$\lambda\boldsymbol{\sigma}$ 和 $\boldsymbol{\sigma\tau}$ 仍是 $V(F)$ 的线性变换，对此只要

验证它们满足线性变换的条件. 我们证明$\boldsymbol{\sigma\tau}$是线性变换:事实上, $\forall \boldsymbol{\alpha}_1, \boldsymbol{\alpha}_2 \in V, k_1, k_2 \in F$,有

$$\begin{aligned}(\boldsymbol{\sigma\tau})(k_1\boldsymbol{\alpha}_1 + k_2\boldsymbol{\alpha}_2) &= \boldsymbol{\sigma}(\boldsymbol{\tau}(k_1\boldsymbol{\alpha}_1 + k_2\boldsymbol{\alpha}_2)) \\ &= \boldsymbol{\sigma}(k_1\boldsymbol{\tau}(\boldsymbol{\alpha}_1) + k_2\boldsymbol{\tau}(\boldsymbol{\alpha}_2)) \\ &= k_1\boldsymbol{\sigma}(\boldsymbol{\tau}(\boldsymbol{\alpha}_1)) + k_2\boldsymbol{\sigma}(\boldsymbol{\tau}(\boldsymbol{\alpha}_2)) \\ &= k_1(\boldsymbol{\sigma\tau})(\alpha_1) + k_2(\boldsymbol{\sigma\tau})(\boldsymbol{\alpha}_2),\end{aligned}$$

所以$\boldsymbol{\sigma\tau}$也是一个线性变换. $\boldsymbol{\sigma}+\boldsymbol{\tau}$与$\lambda\boldsymbol{\sigma}$也是线性变换的验证留给读者练习.

此外读者也容易验证,线性变换的加法与乘法都满足结合律,即对任意线性变换$\boldsymbol{\sigma}, \boldsymbol{\tau}, \boldsymbol{\varphi}$,有

$$(\boldsymbol{\sigma}+\boldsymbol{\tau})+\boldsymbol{\varphi} = \boldsymbol{\sigma}+(\boldsymbol{\tau}+\boldsymbol{\varphi});$$
$$(\boldsymbol{\sigma\tau})\boldsymbol{\varphi} = \boldsymbol{\sigma}(\boldsymbol{\tau\varphi}).$$

加法还满足交换律,即

$$\boldsymbol{\sigma}+\boldsymbol{\tau} = \boldsymbol{\tau}+\boldsymbol{\sigma}.$$

但乘法不满足交换律,即在一般情况下,$\boldsymbol{\sigma\tau} \neq \boldsymbol{\tau\sigma}$.

乘法对加法满足左分配律和右分配律,即

$$\boldsymbol{\sigma}(\boldsymbol{\tau}+\boldsymbol{\varphi}) = \boldsymbol{\sigma\tau}+\boldsymbol{\sigma\varphi};$$
$$(\boldsymbol{\tau}+\boldsymbol{\varphi})\boldsymbol{\sigma} = \boldsymbol{\tau\sigma}+\boldsymbol{\varphi\sigma}.$$

在前面,我们讲过给定了线性空间$V(F)$的一组基$\{\boldsymbol{\alpha}_1, \boldsymbol{\alpha}_2, \cdots, \boldsymbol{\alpha}_n\}$, $V(F)$的线性变换与$F^{n\times n}$中的元素(数域F上的n阶矩阵)一一对应,这种对应的重要性还表现在保持运算关系不变,即有如下定理:

定理 4.20 设线性空间$V(F)$的线性变换$\boldsymbol{\sigma}$和$\boldsymbol{\tau}$在V的基$\{\boldsymbol{\alpha}_1, \boldsymbol{\alpha}_2, \cdots, \boldsymbol{\alpha}_n\}$下所对应的矩阵分别为$\boldsymbol{A}$和$\boldsymbol{B}$. 则$\boldsymbol{\sigma}+\boldsymbol{\tau}$, $\lambda\boldsymbol{\sigma}$和$\boldsymbol{\sigma\tau}$在该组基下对应的矩阵分别为$\boldsymbol{A}+\boldsymbol{B}$, $\lambda\boldsymbol{A}$和$\boldsymbol{AB}$.

证 设$\boldsymbol{A}=(a_{ij})_{n\times n}$, $\boldsymbol{B}=(b_{ij})_{n\times n}$,根据(4.32)式,有

$$\boldsymbol{\sigma}(\boldsymbol{\alpha}_j) = \sum_{i=1}^{n} a_{ij}\boldsymbol{\alpha}_i, \quad \boldsymbol{\tau}(\boldsymbol{\alpha}_j) = \sum_{i=1}^{n} b_{ij}\boldsymbol{\alpha}_i, \quad j = 1, \cdots, n.$$

于是

$$(\boldsymbol{\sigma}+\boldsymbol{\tau})(\boldsymbol{\alpha}_j)=\boldsymbol{\sigma}(\boldsymbol{\alpha}_j)+\boldsymbol{\tau}(\boldsymbol{\alpha}_j)=\sum_{i=1}^{n}a_{ij}\,\boldsymbol{\alpha}_i+\sum_{i=1}^{n}b_{ij}\,\boldsymbol{\alpha}_i$$

$$=\sum_{i=1}^{n}(a_{ij}+b_{ij})\,\boldsymbol{\alpha}_i,\quad j=1,\cdots,n.$$

这表明$\boldsymbol{\sigma}+\boldsymbol{\tau}$所对应的矩阵的第$i$行、第$j$列元素为$a_{ij}+b_{ij}=(\boldsymbol{A}+\boldsymbol{B})$的第$i$行、第$j$列元素，所以$\boldsymbol{\sigma}+\boldsymbol{\tau}$对应的矩阵为$\boldsymbol{A}+\boldsymbol{B}$. 再由

$$(\boldsymbol{\sigma\tau})(\boldsymbol{\alpha}_j)=\boldsymbol{\sigma}(\boldsymbol{\tau}(\boldsymbol{\alpha}_j))=\boldsymbol{\sigma}\left(\sum_{i=1}^{n}b_{ij}\,\boldsymbol{\alpha}_i\right)$$

$$=\sum_{i=1}^{n}b_{ij}\,\boldsymbol{\sigma}(\boldsymbol{\alpha}_i)=\sum_{i=1}^{n}b_{ij}\left(\sum_{k=1}^{n}a_{ki}\,\boldsymbol{\alpha}_k\right)$$

$$=\sum_{k=1}^{n}\left(\sum_{i=1}^{n}a_{ki}b_{ij}\right)\boldsymbol{\alpha}_k=\sum_{k=1}^{n}c_{kj}\,\boldsymbol{\alpha}_k,$$

所以$\boldsymbol{\sigma\tau}$所对应的矩阵的第k行、第j列元素$c_{kj}=\sum_{i=1}^{n}a_{ki}b_{ij}=(\boldsymbol{AB})_{kj}$(即$\boldsymbol{AB}$的第$k$行、第$j$列元素)，因此$\boldsymbol{\sigma\tau}$对应的矩阵为$\boldsymbol{AB}$.

同样$\lambda\boldsymbol{\sigma}$对应的矩阵为$\lambda\boldsymbol{A}$(证明留给读者). ■

如果线性变换$\boldsymbol{\sigma}$对应的矩阵$\boldsymbol{A}$为可逆矩阵，我们就称$\boldsymbol{\sigma}$是可逆的线性变换. $\boldsymbol{\sigma}$可逆也可定义为：如果存在线性变换$\boldsymbol{\tau}$,使

$$\boldsymbol{\sigma\tau}=\boldsymbol{\tau\sigma}=\boldsymbol{I}\quad(\text{恒等变换})$$

就称$\boldsymbol{\sigma}$为**可逆的线性变换**.

由于线性变换与矩阵之间一一对应(在给定基的前提下)，而且保持运算关系不变，因此，可以用矩阵研究线性变换，也可以用线性变换研究矩阵.

4.6.4 线性变换的象(值域)与核

定义 4.21 设$\boldsymbol{\sigma}$是线性空间$V(F)$的一个线性变换，我们把V中所有元素在$\boldsymbol{\sigma}$下的象所组成的集合

$$\boldsymbol{\sigma}(V)=\{\boldsymbol{\beta}\mid\boldsymbol{\beta}=\boldsymbol{\sigma}(\boldsymbol{\alpha}),\boldsymbol{\alpha}\in V\}\tag{4.41}$$

称为$\boldsymbol{\sigma}$的象(或称$\boldsymbol{\sigma}$的值域),V的零元$\boldsymbol{\theta}$在$\boldsymbol{\sigma}$下的完全原象

$$\boldsymbol{\sigma}^{-1}(\boldsymbol{\theta})=\{\boldsymbol{\alpha}\mid\boldsymbol{\sigma}(\boldsymbol{\alpha})=\boldsymbol{\theta},\boldsymbol{\alpha}\in V\}\tag{4.42}$$

称为$\boldsymbol{\sigma}$的核,$\boldsymbol{\sigma}(V)$和$\boldsymbol{\sigma}^{-1}(\boldsymbol{\theta})$也常记作$\mathrm{Im}\boldsymbol{\sigma}$和$\mathrm{Ker}\boldsymbol{\sigma}$.

例 13 $\mathbb{R}^2$上的旋转变换$\mathbf{R}_\theta$与镜像变换$\boldsymbol{\varphi}$的象(值域)都是$\mathbb{R}^2$自身,它们的核都只含一个零向量$\{\mathbf{0}\}$.

例 14 本节例 4 的$\mathbb{R}^3$上的投影变换$\mathbf{P}$的象和核为

$$\mathrm{Im}\mathbf{P}=L(\boldsymbol{\varepsilon}_1,\boldsymbol{\varepsilon}_2),\quad \mathrm{Ker}\mathbf{P}=L(\boldsymbol{\varepsilon}_3).$$

关于线性变换$\boldsymbol{\sigma}$的象和核,有以下结论:

(1) $\boldsymbol{\sigma}(V)$是线性空间$V(F)$的一个子空间.

事实上,由$\boldsymbol{\sigma}(\boldsymbol{\theta})=\boldsymbol{\theta}$可知$\boldsymbol{\sigma}(V)$是非空集合,而且$\forall\boldsymbol{\beta}_1,\boldsymbol{\beta}_2\in\boldsymbol{\sigma}(V)$,$\exists\boldsymbol{\alpha}_1,\boldsymbol{\alpha}_2\in V$,使得$\boldsymbol{\sigma}(\boldsymbol{\alpha}_1)=\boldsymbol{\beta}_1$,$\boldsymbol{\sigma}(\boldsymbol{\alpha}_2)=\boldsymbol{\beta}_2$,于是$\forall\lambda_1,\lambda_2\in F$,有

$$\begin{aligned}\lambda_1\boldsymbol{\beta}_1+\lambda_2\boldsymbol{\beta}_2&=\lambda_1\boldsymbol{\sigma}(\boldsymbol{\alpha}_1)+\lambda_2\boldsymbol{\sigma}(\boldsymbol{\alpha}_2)\\&=\boldsymbol{\sigma}(\lambda_1\boldsymbol{\alpha}_1+\lambda_2\boldsymbol{\alpha}_2)\in\boldsymbol{\sigma}(V),\end{aligned}$$

所以,$\boldsymbol{\sigma}(V)$是$V(F)$的一个子空间.

(2) $\mathrm{Ker}\boldsymbol{\sigma}$(即$\boldsymbol{\sigma}^{-1}(\boldsymbol{\theta})$)也是线性空间$V(F)$的一个子空间.

因为$\boldsymbol{\sigma}^{-1}(\boldsymbol{\theta})$不是空集(事实上$\boldsymbol{\theta}\in\boldsymbol{\sigma}^{-1}(\boldsymbol{\theta})$),而且$\forall\boldsymbol{\alpha}_1,\boldsymbol{\alpha}_2\in\boldsymbol{\sigma}^{-1}(\boldsymbol{\theta})$和$\forall\lambda_1,\lambda_2\in F$,均有

$$\boldsymbol{\sigma}(\lambda_1\boldsymbol{\alpha}_1+\lambda_2\boldsymbol{\alpha}_2)=\lambda_1\boldsymbol{\sigma}(\boldsymbol{\alpha}_1)+\lambda_2\boldsymbol{\sigma}(\boldsymbol{\alpha}_2)=\lambda_1\boldsymbol{\theta}+\lambda_2\boldsymbol{\theta}=\boldsymbol{\theta},$$

即$\lambda_1\boldsymbol{\alpha}_1+\lambda_2\boldsymbol{\alpha}_2\in\boldsymbol{\sigma}^{-1}(\boldsymbol{\theta})$,所以$\boldsymbol{\sigma}^{-1}(\boldsymbol{\theta})$是$V(F)$的子空间.

(3) 线性变换$\boldsymbol{\sigma}$是单射的充分必要条件为$\boldsymbol{\sigma}^{-1}(\boldsymbol{\theta})=\{\boldsymbol{\theta}\}$.

事实上,其必要性:由$\boldsymbol{\sigma}$是单射,可得$\forall\boldsymbol{\alpha}\in V$,如果$\boldsymbol{\sigma}(\boldsymbol{\alpha})=\boldsymbol{\theta}=\boldsymbol{\sigma}(\boldsymbol{\theta})$,则$\boldsymbol{\alpha}=\boldsymbol{\theta}$,故$\boldsymbol{\sigma}^{-1}(\boldsymbol{\theta})=\{\boldsymbol{\theta}\}$.

其充分性:由$\boldsymbol{\sigma}^{-1}(\boldsymbol{\theta})=\{\boldsymbol{\theta}\}$可得$\forall\boldsymbol{\alpha}_1,\boldsymbol{\alpha}_2\in V$,如果$\boldsymbol{\sigma}(\boldsymbol{\alpha}_1)=\boldsymbol{\sigma}(\boldsymbol{\alpha}_2)$,即$\boldsymbol{\sigma}(\boldsymbol{\alpha}_1)-\boldsymbol{\sigma}(\boldsymbol{\alpha}_2)=\boldsymbol{\sigma}(\boldsymbol{\alpha}_1-\boldsymbol{\alpha}_2)=\boldsymbol{\theta}$,则$\boldsymbol{\alpha}_1-\boldsymbol{\alpha}_2=\boldsymbol{\theta}$,即$\boldsymbol{\alpha}_1=\boldsymbol{\alpha}_2$,故$\boldsymbol{\sigma}$为单射.

线性空间$V(F)$的线性变换$\boldsymbol{\sigma}$的值域$\boldsymbol{\sigma}(V)$和核$\boldsymbol{\sigma}^{-1}(\boldsymbol{\theta})$作为

$V(F)$的两个子空间，也有其维数. 值域的维数 $\dim\boldsymbol{\sigma}(V)$称为$\boldsymbol{\sigma}$的秩，记作 $\mathrm{r}(\boldsymbol{\sigma})$，核的维数 $\dim\boldsymbol{\sigma}^{-1}(\boldsymbol{\theta})$ 称为$\boldsymbol{\sigma}$的零度，记作$N(\boldsymbol{\sigma})$，它们之间的关系如下面的定理所述.

定理 4.21 设线性空间 $V(F)$的维数为 n，$\boldsymbol{\sigma}$是$V(F)$的一个线性变换，则

$$\mathrm{r}(\boldsymbol{\sigma})+N(\boldsymbol{\sigma})=\dim\boldsymbol{\sigma}(V)+\dim\boldsymbol{\sigma}^{-1}(\boldsymbol{\theta})=n. \tag{4.43}$$

证 设 $\dim\boldsymbol{\sigma}^{-1}(\boldsymbol{\theta})=k$，$B_1=\{\boldsymbol{\alpha}_1,\cdots,\boldsymbol{\alpha}_k\}$是核$\boldsymbol{\sigma}^{-1}(\boldsymbol{\theta})$的一个基，把 B_1 扩充为 V 的基 $B=\{\boldsymbol{\alpha}_1,\cdots,\boldsymbol{\alpha}_k,\boldsymbol{\alpha}_{k+1},\cdots,\boldsymbol{\alpha}_n\}$.

由于 $\forall\boldsymbol{\alpha}=x_1\boldsymbol{\alpha}_1+x_2\boldsymbol{\alpha}_2+\cdots+x_n\boldsymbol{\alpha}_n\in V$，有 $\boldsymbol{\sigma}(\boldsymbol{\alpha})=x_1\boldsymbol{\sigma}(\boldsymbol{\alpha}_1)+x_2\boldsymbol{\sigma}(\boldsymbol{\alpha}_2)+\cdots+x_n\boldsymbol{\sigma}(\boldsymbol{\alpha}_n)$，所以$\boldsymbol{\sigma}$的值域是$\boldsymbol{\sigma}$关于$V$的基的象生成的子空间，即$\boldsymbol{\sigma}(V)=L(\boldsymbol{\sigma}(\boldsymbol{\alpha}_1),\cdots,\boldsymbol{\sigma}(\boldsymbol{\alpha}_k),\boldsymbol{\sigma}(\boldsymbol{\alpha}_{k+1}),\cdots,\boldsymbol{\sigma}(\boldsymbol{\alpha}_n))$，再由$\boldsymbol{\sigma}(\boldsymbol{\alpha}_i)=\boldsymbol{\theta}\,(i=1,\cdots,k)$，即得

$$\boldsymbol{\sigma}(V)=L(\boldsymbol{\sigma}(\boldsymbol{\alpha}_{k+1}),\cdots,\boldsymbol{\sigma}(\boldsymbol{\alpha}_n)),$$

因此，只需证明 $\mathrm{r}(\boldsymbol{\sigma})=\dim\boldsymbol{\sigma}(V)=n-k$，即$\{\boldsymbol{\sigma}(\boldsymbol{\alpha}_{k+1}),\cdots,\boldsymbol{\sigma}(\boldsymbol{\alpha}_n)\}$线性无关. 设

$$c_{k+1}\boldsymbol{\sigma}(\boldsymbol{\alpha}_{k+1})+\cdots+c_n\boldsymbol{\sigma}(\boldsymbol{\alpha}_n)=\boldsymbol{\theta},$$

即

$$\boldsymbol{\sigma}(c_{k+1}\boldsymbol{\alpha}_{k+1}+\cdots+c_n\boldsymbol{\alpha}_n)=\boldsymbol{\theta},$$

所以，$c_{k+1}\boldsymbol{\alpha}_{k+1}+\cdots+c_n\boldsymbol{\alpha}_n\in\boldsymbol{\sigma}^{-1}(\boldsymbol{\theta})$，因而它可被 B_1 线性表示，于是有

$$c_1\boldsymbol{\alpha}_1+\cdots+c_k\boldsymbol{\alpha}_k-c_{k+1}\boldsymbol{\alpha}_{k+1}-\cdots-c_n\boldsymbol{\alpha}_n=\boldsymbol{\theta},$$

从而得 $c_1=\cdots=c_k=c_{k+1}=\cdots=c_n=0$，故$\{\boldsymbol{\sigma}(\boldsymbol{\alpha}_{k+1}),\cdots,\boldsymbol{\sigma}(\boldsymbol{\alpha}_n)\}$线性无关. ■

由于线性变换$\boldsymbol{\sigma}$的值域$\boldsymbol{\sigma}(V)$是$\boldsymbol{\sigma}$关于V的基$B=\{\boldsymbol{\alpha}_1,\boldsymbol{\alpha}_2,\cdots,\boldsymbol{\alpha}_n\}$的象$\boldsymbol{\sigma}(\boldsymbol{\alpha}_1),\boldsymbol{\sigma}(\boldsymbol{\alpha}_2),\cdots,\boldsymbol{\sigma}(\boldsymbol{\alpha}_n)$生成的子空间，所以

$$\mathrm{r}(\boldsymbol{\sigma})=\dim\boldsymbol{\sigma}(V)=\text{秩}\{\boldsymbol{\sigma}(\boldsymbol{\alpha}_1),\boldsymbol{\sigma}(\boldsymbol{\alpha}_2),\cdots,\boldsymbol{\sigma}(\boldsymbol{\alpha}_n)\}. \tag{4.44}$$

而(4.44)式中的后者又等于$\boldsymbol{\sigma}$在基B下对应的矩阵$\mathbf{A}=(a_{ij})_{n\times n}$的秩，即

$$\mathrm{r}(\boldsymbol{\sigma})=\mathrm{r}(\mathbf{A}). \tag{4.45}$$

这是因为,由(4.32)式

$$(\boldsymbol{\sigma}(\boldsymbol{\alpha}_1),\boldsymbol{\sigma}(\boldsymbol{\alpha}_2),\cdots,\boldsymbol{\sigma}(\boldsymbol{\alpha}_n))$$
$$=(\boldsymbol{\alpha}_1,\boldsymbol{\alpha}_2,\cdots,\boldsymbol{\alpha}_n)\begin{pmatrix} a_{11} & a_{12} & \cdots & a_{1n} \\ a_{21} & a_{22} & \cdots & a_{2n} \\ \vdots & \vdots & & \vdots \\ a_{n1} & a_{n2} & \cdots & a_{nn} \end{pmatrix}$$

可以证明:基象组$\{\boldsymbol{\sigma}(\boldsymbol{\alpha}_1),\boldsymbol{\sigma}(\boldsymbol{\alpha}_2),\cdots,\boldsymbol{\sigma}(\boldsymbol{\alpha}_n)\}$与 $\mathbf{A}$ 的列向量组$\{\boldsymbol{\beta}_1,\boldsymbol{\beta}_2,\cdots,\boldsymbol{\beta}_n\}$有相同的线性相关性. 设

$$x_1\boldsymbol{\sigma}(\boldsymbol{\alpha}_1)+x_2\boldsymbol{\sigma}(\boldsymbol{\alpha}_2)+\cdots+x_n\boldsymbol{\sigma}(\boldsymbol{\alpha}_n)=\boldsymbol{\theta}, \quad ①$$

即

$$\sum_{j=1}^{n}x_j\boldsymbol{\sigma}(\boldsymbol{\alpha}_j)=\sum_{j=1}^{n}x_j\sum_{i=1}^{n}a_{ij}\boldsymbol{\alpha}_i=\sum_{i=1}^{n}\Big(\sum_{j=1}^{n}a_{ij}x_j\Big)\boldsymbol{\alpha}_i=\boldsymbol{\theta},$$

于是由$\boldsymbol{\alpha}_1,\boldsymbol{\alpha}_2,\cdots,\boldsymbol{\alpha}_n$线性无关即得

$$\sum_{j=1}^{n}a_{ij}x_j=0,\quad i=1,2,\cdots,n.$$

这 n 个等式就是以$\mathbf{A}=(a_{ij})_{n\times n}$为系数矩阵的齐次线性方程组

$$\mathbf{A}\boldsymbol{x}=\mathbf{0}. \quad ②$$

因此,如果$\boldsymbol{\sigma}(\boldsymbol{\alpha}_1),\boldsymbol{\sigma}(\boldsymbol{\alpha}_2),\cdots,\boldsymbol{\sigma}(\boldsymbol{\alpha}_n)$线性无关,那么只有全为零的 $x_1,x_2,\cdots,x_n$ 才使①式成立,从而②只有零解,故 $\mathbf{A}$ 的列向量组线性无关,反之亦然;如果$\boldsymbol{\sigma}(\boldsymbol{\alpha}_1),\boldsymbol{\sigma}(\boldsymbol{\alpha}_2),\cdots,\boldsymbol{\sigma}(\boldsymbol{\alpha}_n)$线性相关,则②有非零解,即 $\mathbf{A}$ 的列向量组线性相关,其逆亦成立. 用同样的方法也可证明,基象组$\{\boldsymbol{\sigma}(\boldsymbol{\alpha}_1),\boldsymbol{\sigma}(\boldsymbol{\alpha}_2),\cdots,\boldsymbol{\sigma}(\boldsymbol{\alpha}_n)\}$任何部分向量与 $\mathbf{A}$ 中对应的部分列向量也有相同的线性相关性. 综上,就有 $\mathrm{r}(\boldsymbol{\sigma})=\mathrm{r}(\mathbf{A})$.

如果线性变换$\boldsymbol{\sigma}$在基 $B=\{\boldsymbol{\alpha}_1,\boldsymbol{\alpha}_2,\cdots,\boldsymbol{\alpha}_n\}$下对应的矩阵为$\mathbf{A}$,则核$\boldsymbol{\sigma}^{-1}(\boldsymbol{\theta})$中任一向量$\boldsymbol{\alpha}=x_1\boldsymbol{\alpha}_1+x_2\boldsymbol{\alpha}_2+\cdots+x_n\boldsymbol{\alpha}_n$在基 B 下的坐标向量$(x_1,x_2,\cdots,x_n)^{\mathrm{T}}$,就是齐次线性方程组 $\mathbf{A}\boldsymbol{x}=\mathbf{0}$ 的解向量. 因此 $\mathbf{A}\boldsymbol{x}=\mathbf{0}$ 的解空间 $N(\mathbf{A})$的维数等于核$\boldsymbol{\sigma}^{-1}(\boldsymbol{\theta})$的维数,即

$$\dim\boldsymbol{\sigma}^{-1}(\boldsymbol{\theta})=\dim N(\mathbf{A}). \quad (4.46)$$

习题 补充题 答案

习题

1. 证明：$\boldsymbol{\alpha}_1=(1,1,1,1)^{\mathrm{T}}$，$\boldsymbol{\alpha}_2=(1,1,-1,-1)^{\mathrm{T}}$，$\boldsymbol{\alpha}_3=(1,-1,1,-1)^{\mathrm{T}}$，$\boldsymbol{\alpha}_4=(1,-1,-1,1)^{\mathrm{T}}$ 是$\mathbb{R}^4$的一组基，并求$\boldsymbol{\beta}=(1,2,1,1)^{\mathrm{T}}$ 在这组基下的坐标.

2. 已知$\mathbb{R}^3$的两组基为

$\boldsymbol{\alpha}_1=(1,2,1)^{\mathrm{T}}$，$\boldsymbol{\alpha}_2=(2,3,3)^{\mathrm{T}}$，$\boldsymbol{\alpha}_3=(3,7,1)^{\mathrm{T}}$，

$\boldsymbol{\beta}_1=(3,1,4)^{\mathrm{T}}$，$\boldsymbol{\beta}_2=(5,2,1)^{\mathrm{T}}$，$\boldsymbol{\beta}_3=(1,1,-6)^{\mathrm{T}}$.

求：(1) 向量$\boldsymbol{\gamma}=(3,6,2)^{\mathrm{T}}$ 在基$\{\boldsymbol{\alpha}_1,\boldsymbol{\alpha}_2,\boldsymbol{\alpha}_3\}$下的坐标；

(2) 基$\{\boldsymbol{\alpha}_1,\boldsymbol{\alpha}_2,\boldsymbol{\alpha}_3\}$到基$\{\boldsymbol{\beta}_1,\boldsymbol{\beta}_2,\boldsymbol{\beta}_3\}$的过渡矩阵；

(3) 用公式(4.7)求$\boldsymbol{\gamma}$在基$\{\boldsymbol{\beta}_1,\boldsymbol{\beta}_2,\boldsymbol{\beta}_3\}$下的坐标.

3. 已知$\mathbb{R}^4$的两组基为$\boldsymbol{\alpha}_1=(1,2,-1,0)^{\mathrm{T}}$，$\boldsymbol{\alpha}_2=(1,-1,1,1)^{\mathrm{T}}$，$\boldsymbol{\alpha}_3=(-1,2,1,1)^{\mathrm{T}}$，$\boldsymbol{\alpha}_4=(-1,-1,0,1)^{\mathrm{T}}$； $\boldsymbol{\beta}_1=(2,1,0,1)^{\mathrm{T}}$，$\boldsymbol{\beta}_2=(0,1,2,2)^{\mathrm{T}}$，$\boldsymbol{\beta}_3=(-2,1,1,2)^{\mathrm{T}}$，$\boldsymbol{\beta}_4=(1,3,1,2)^{\mathrm{T}}$.

(1) 求基$\{\boldsymbol{\alpha}_1,\boldsymbol{\alpha}_2,\boldsymbol{\alpha}_3,\boldsymbol{\alpha}_4\}$到基$\{\boldsymbol{\beta}_1,\boldsymbol{\beta}_2,\boldsymbol{\beta}_3,\boldsymbol{\beta}_4\}$的过渡矩阵；若$\boldsymbol{\gamma}$在基$\{\boldsymbol{\alpha}_1,\boldsymbol{\alpha}_2,\boldsymbol{\alpha}_3,\boldsymbol{\alpha}_4\}$下的坐标为$(1,0,0,0)^{\mathrm{T}}$，求$\boldsymbol{\gamma}$在基$\{\boldsymbol{\beta}_1,\boldsymbol{\beta}_2,\boldsymbol{\beta}_3,\boldsymbol{\beta}_4\}$下的坐标.

(2) 求基$\{\boldsymbol{\beta}_1,\boldsymbol{\beta}_2,\boldsymbol{\beta}_3,\boldsymbol{\beta}_4\}$到基$\{\boldsymbol{\alpha}_1,\boldsymbol{\alpha}_2,\boldsymbol{\alpha}_3,\boldsymbol{\alpha}_4\}$的过渡矩阵；若$\boldsymbol{\xi}$在基$\{\boldsymbol{\beta}_1,\boldsymbol{\beta}_2,\boldsymbol{\beta}_3,\boldsymbol{\beta}_4\}$下的坐标为$(1,2,-1,0)^{\mathrm{T}}$，求$\boldsymbol{\xi}$在基$\{\boldsymbol{\alpha}_1,\boldsymbol{\alpha}_2,\boldsymbol{\alpha}_3,\boldsymbol{\alpha}_4\}$下的坐标.

(3) 已知向量$\boldsymbol{\alpha}$在基$\{\boldsymbol{\alpha}_1,\boldsymbol{\alpha}_2,\boldsymbol{\alpha}_3,\boldsymbol{\alpha}_4\}$下的坐标为$(1,2,-1,0)^{\mathrm{T}}$，求它在基$\{\boldsymbol{\beta}_1,\boldsymbol{\beta}_2,\boldsymbol{\beta}_3,\boldsymbol{\beta}_4\}$下的坐标.

4. 在$\mathbb{R}^4$中找一个向量$\boldsymbol{\gamma}$，它在自然基$\{\boldsymbol{\varepsilon}_1,\boldsymbol{\varepsilon}_2,\boldsymbol{\varepsilon}_3,\boldsymbol{\varepsilon}_4\}$和基$\boldsymbol{\beta}_1=(2,1,-1,1)^{\mathrm{T}}$，$\boldsymbol{\beta}_2=(0,3,1,0)^{\mathrm{T}}$，$\boldsymbol{\beta}_3=(5,3,2,1)^{\mathrm{T}}$，$\boldsymbol{\beta}_4=(6,6,1,3)^{\mathrm{T}}$ 下有相同的坐标.

5. 已知$\boldsymbol{\alpha}=(1,2,-1,1)$，$\boldsymbol{\beta}=(2,3,1,-1)$，$\boldsymbol{\gamma}=(-1,-1,-2,2)$.

(1) 求$\boldsymbol{\alpha}$，$\boldsymbol{\beta}$，$\boldsymbol{\gamma}$的长度及$\langle\boldsymbol{\alpha},\boldsymbol{\beta}\rangle$，$\langle\boldsymbol{\alpha},\boldsymbol{\gamma}\rangle$；

(2) 求与$\boldsymbol{\alpha}$，$\boldsymbol{\beta}$，$\boldsymbol{\gamma}$都正交的所有向量.

6. 求与$(1,1,-1,1)$，$(1,-1,-1,1)$，$(2,1,1,3)$都正交的单位向量.

7. 已知向量$\boldsymbol{\beta}$与向量组$\boldsymbol{\alpha}_1,\boldsymbol{\alpha}_2,\cdots,\boldsymbol{\alpha}_m$中每个向量都正交，求证$\boldsymbol{\beta}$与$\boldsymbol{\alpha}_1,\boldsymbol{\alpha}_2,\cdots,\boldsymbol{\alpha}_m$的任一个线性组合正交.

8. 用施密特正交化方法，由下列向量组分别构造一组标准正交向量组：

(1) $(1,2,2,-1),(1,1,-5,3),(3,2,8,-7)$；

(2) $(1,1,-1,-2),(5,8,-2,-3)$；

(3) $(2,1,3,-1),(7,4,3,-3),(1,1,-6,0),(5,7,7,8)$.

9. 用施密特正交化方法，由下列$\mathbb{R}^3$的基构造$\mathbb{R}^3$的一组标准正交基，并求向量$\boldsymbol{\alpha}=(1,-1,0)$在此标准正交基下的坐标.

(1) $(1,1,1),(0,1,1),(1,0,1)$；

(2) $(1,-1,1),(-1,1,1),(1,1,-1)$.

10. 设$\{\boldsymbol{\alpha}_1,\boldsymbol{\alpha}_2,\boldsymbol{\alpha}_3\}$是$\mathbb{R}^3$的一组标准正交基，证明：$\boldsymbol{\beta}_1=\frac{1}{3}(2\boldsymbol{\alpha}_1+2\boldsymbol{\alpha}_2-\boldsymbol{\alpha}_3)$，$\boldsymbol{\beta}_2=\frac{1}{3}(2\boldsymbol{\alpha}_1-\boldsymbol{\alpha}_2+2\boldsymbol{\alpha}_3)$，$\boldsymbol{\beta}_3=\frac{1}{3}(\boldsymbol{\alpha}_1-2\boldsymbol{\alpha}_2-2\boldsymbol{\alpha}_3)$也是$\mathbb{R}^3$的一组标准正交基.

11. 已知

$$\boldsymbol{Q}=\begin{pmatrix} a & -\frac{3}{7} & \frac{2}{7} \\ b & c & d \\ -\frac{3}{7} & \frac{2}{7} & e \end{pmatrix}$$

为正交矩阵，试求a,b,c,d,e的值.

12. 证明：若$\boldsymbol{A}$是正交矩阵，则$\boldsymbol{A}$的伴随矩阵$\boldsymbol{A}^*$也是正交矩阵.

13. 证明：若$\boldsymbol{A}$是正交矩阵，则：(i)$\boldsymbol{A}$的行列式等于1或-1；(ii)$\boldsymbol{A}^{-1}=\boldsymbol{A}^{\mathrm{T}}$.

14. 定义：若$\boldsymbol{A}^2=\boldsymbol{I}$，称$\boldsymbol{A}$为对合矩阵.

证明：任意一个方阵如果有三个性质(对称矩阵，正交矩阵，对合矩阵)中的任两个性质，则必有第三个性质.

15. 验证下列矩阵是对称矩阵、正交矩阵和对合矩阵：

(1) $\begin{pmatrix} \frac{1}{3} & -\frac{2}{3} & -\frac{2}{3} \\ -\frac{2}{3} & \frac{1}{3} & -\frac{2}{3} \\ -\frac{2}{3} & -\frac{2}{3} & \frac{1}{3} \end{pmatrix}$；(2) $\begin{pmatrix} \frac{1}{2} & \frac{1}{2} & \frac{1}{2} & \frac{1}{2} \\ \frac{1}{2} & \frac{1}{2} & -\frac{1}{2} & -\frac{1}{2} \\ \frac{1}{2} & -\frac{1}{2} & \frac{1}{2} & -\frac{1}{2} \\ \frac{1}{2} & -\frac{1}{2} & -\frac{1}{2} & \frac{1}{2} \end{pmatrix}$.

*16. 如果一个三角形矩阵是正交矩阵，证明这个矩阵是主对角元为 $+1$ 或 -1 的对角阵.

17. 检验下列集合对指定的加法和数量乘法运算，是否构成实数域上的线性空间：

(1) 全体 n 阶实对称(反对称、上三角)矩阵，对矩阵的加法和数量乘法；

(2) 全体 n 阶可逆矩阵(正交矩阵)，对矩阵的加法和数量乘法；

(3) 全体 n 次实系数多项式 $(n\geqslant 1)$，对多项式的加法和数量乘法；

(4) 平面上不平行于某一向量的全体向量，对向量的加法和数量乘法；

(5) 平面上全体向量，对通常的向量加法和如下定义的数量乘法

$$k\cdot\boldsymbol{\alpha}=\mathbf{0},$$

其中 $k\in\mathbb{R}$，$\boldsymbol{\alpha}$ 为任意的平面向量，$\mathbf{0}$ 为零向量；

(6) 齐次线性微分方程 $y'''+3y''+3y'+y=0$ 的全体解，对函数加法及数与函数的乘法；

(7) 非齐次线性微分方程 $y'''+3y''+3y'+y=x+1$ 的全体解，对函数的加法及数与函数的乘法；

(8) 全体正实数 $\mathbb{R}^+$，加法与数量乘法定义为

$$a\oplus b=ab,\quad k\cdot a=a^k,$$

其中 $a,b\in\mathbb{R}^+$，$k\in\mathbb{R}$.

18. 全体复数在实数域上和在复数域上，对通常的数的加法和数乘运算是否都构成线性空间？如构成线性空间，其维数是多少？并给出一组基.

19. $\mathbb{R}^3$ 的下列子集合是 $\mathbb{R}^3$ 的子空间吗？用定义证明你的结论，并说明几何意义.

(1) $W_1=\{(x_1,x_2,x_3)\mid x_1-x_2+x_3=0\}$；

(2) $W_2=\{(x_1,x_2,x_3)\mid x_1+x_2=1\}$；

(3) $W_3=\{(1,x_2,x_3)\mid x_2,x_3\in\mathbb{R}\}$；

(4) $W_4=\{(x_1,0,x_3)\mid x_1,x_3\in\mathbb{R}\}$；

(5) $W_5=\left\{(x_1,x_2,x_3)\mid x_1=\dfrac{x_2}{2}=\dfrac{x_3}{3}\right\}$；

(6) $W_6=\left\{(x_1,x_2,x_3)\mid \dfrac{x_1-1}{2}=\dfrac{x_2}{3}=\dfrac{x_3-5}{-1}\right\}$.

20. 求 19 题中子空间 W_1, W_4, W_5 的基和维数.

21. 设

$$A=\begin{pmatrix}2&1&-1&1&-3\\1&1&1&0&1\\3&2&-1&1&-2\end{pmatrix},$$

求齐次线性方程组 $\boldsymbol{Ax}=\boldsymbol{0}$ 的解空间的维数和解空间的一组标准正交基.

22. 设 V 是 $\mathbb{R}^5$ 的一个二维子空间，它的一组基为 $\boldsymbol{\alpha}_1=(1,1,1,1,1)$，$\boldsymbol{\alpha}_2=(1,1,0,1,1)$，试将 V 的基扩充为 $\mathbb{R}^5$ 的基.

23. 求 $\mathbb{R}^4$ 的子空间

$$V=\{(x_1,x_2,x_3,x_4)\mid x_1-x_2+x_3-x_4=0\}$$

的基和维数，并将 V 的基扩充为 $\mathbb{R}^4$ 的基.

24. 在 $\mathbb{R}^4$ 中，求下列向量组生成的子空间的基和维数，并求子空间的一组标准正交基：

(1) $\begin{cases}\boldsymbol{\alpha}_1=(2,1,3,1),\\ \boldsymbol{\alpha}_2=(1,2,0,1),\\ \boldsymbol{\alpha}_3=(-1,1,-3,0),\\ \boldsymbol{\alpha}_4=(1,1,1,1);\end{cases}$　(2) $\begin{cases}\boldsymbol{\beta}_1=(2,1,3,-1),\\ \boldsymbol{\beta}_2=(-1,1,-3,1),\\ \boldsymbol{\beta}_3=(4,5,3,-1),\\ \boldsymbol{\beta}_4=(1,5,-3,1).\end{cases}$

***25.** 设 $\boldsymbol{\alpha},\boldsymbol{\beta},\boldsymbol{\gamma}\in\mathbb{R}^n$，$c_1,c_2,c_3\in\mathbb{R}$，且 $c_1,c_3\neq0$，证明：若 $c_1\boldsymbol{\alpha}+c_2\boldsymbol{\beta}+c_3\boldsymbol{\gamma}=\boldsymbol{0}$，则 $L(\boldsymbol{\alpha},\boldsymbol{\beta})=L(\boldsymbol{\beta},\boldsymbol{\gamma})$.

26. 对第 17 题中的各线性空间，求维数及一组基.

27. 设 $\{\boldsymbol{\alpha}_1,\boldsymbol{\alpha}_2,\cdots,\boldsymbol{\alpha}_n\}$ 是 n 维线性空间 V 的一组基，又 V 中向量 $\boldsymbol{\alpha}_{n+1}$ 在这组基下的坐标 $(x_1,x_2,\cdots,x_n)$ 全不为零. 证明：$\boldsymbol{\alpha}_1,\boldsymbol{\alpha}_2,\cdots,\boldsymbol{\alpha}_n,\boldsymbol{\alpha}_{n+1}$ 中任意 n 个向量必构成 V 的一组基. 并求 $\boldsymbol{\alpha}_1$ 在基 $\{\boldsymbol{\alpha}_2,\cdots,\boldsymbol{\alpha}_n,\boldsymbol{\alpha}_{n+1}\}$ 下的坐标.

28. 设 $\mathbb{R}[x]_5$ 的旧基为 $\{1,x,x^2,x^3,x^4\}$；新基为 $\{1,1+x,1+x+x^2,1+x+x^2+x^3,1+x+x^2+x^3+x^4\}$.

(1) 求由旧基到新基的过渡矩阵；

(2) 求多项式 $1+2x+3x^2+4x^3+5x^4$ 在新基下的坐标；

(3) 若多项式 $f(x)$ 在新基下的坐标为 $(1,2,3,4,5)$，求它在旧基下的坐标.

29. 设

$$\boldsymbol{E}_{11}=\begin{pmatrix}1&0\\0&0\end{pmatrix},\ \boldsymbol{E}_{12}=\begin{pmatrix}0&1\\0&0\end{pmatrix},\ \boldsymbol{E}_{21}=\begin{pmatrix}0&0\\1&0\end{pmatrix},\ \boldsymbol{E}_{22}=\begin{pmatrix}0&0\\0&1\end{pmatrix},$$

$$\boldsymbol{G}_1=\begin{pmatrix}0&1\\1&1\end{pmatrix},\boldsymbol{G}_2=\begin{pmatrix}1&0\\1&1\end{pmatrix},\boldsymbol{G}_3=\begin{pmatrix}1&1\\0&1\end{pmatrix},\boldsymbol{G}_4=\begin{pmatrix}1&1\\1&0\end{pmatrix}.$$

(1) 证明 $\boldsymbol{G}_1,\boldsymbol{G}_2,\boldsymbol{G}_3,\boldsymbol{G}_4$ 是$\mathbb{R}^{2\times 2}$的一组基；

(2) 求从基$\{\boldsymbol{E}_{11},\boldsymbol{E}_{12},\boldsymbol{E}_{21},\boldsymbol{E}_{22}\}$到基$\{\boldsymbol{G}_1,\boldsymbol{G}_2,\boldsymbol{G}_3,\boldsymbol{G}_4\}$的过渡矩阵；

(3) 求矩阵

$$\boldsymbol{A}=\begin{pmatrix}0&1\\2&-3\end{pmatrix}$$

分别在两组基下的坐标(列)向量.

30. 设
$$\boldsymbol{A}=\begin{bmatrix}1&0&0\\0&\omega&0\\0&0&\omega^2\end{bmatrix},$$
其中
$$\omega=\frac{-1+\sqrt{3}\mathrm{i}}{2}.$$

(1) 证明 $\boldsymbol{A}$ 的全体实系数多项式，对于矩阵多项式的加法和数量乘法，构成实数域上的线性空间.

(2) 求这个线性空间的维数及一组基.

31. 设 $\boldsymbol{A}\in\mathbb{R}^{n\times n}$.

(1) 证明全体与 $\boldsymbol{A}$ 可交换的矩阵组成$\mathbb{R}^{n\times n}$的一个子空间，记作 $C(\boldsymbol{A})$；

(2) 当 $\boldsymbol{A}=\boldsymbol{I}$ 时，求 $C(\boldsymbol{A})$；

(3) 当 $\boldsymbol{A}=\mathrm{diag}(1,2,\cdots,n)$时，求 $C(\boldsymbol{A})$的维数及一组基.

32. 设
$$\boldsymbol{A}=\begin{bmatrix}1&0&0\\0&1&0\\3&2&2\end{bmatrix},$$
求$\mathbb{R}^{3\times 3}$中全体与 $\boldsymbol{A}$ 可交换的矩阵所组成的子空间的维数及一组基.

* **33.** 设 V_1 和 V_2 分别是向量组$\{\boldsymbol{\alpha}_i\}$和$\{\boldsymbol{\beta}_i\}$生成的子空间，求 $V_1\cap V_2$，V_1+V_2 的基和维数. 设：

(1) $\begin{cases}\boldsymbol{\alpha}_1=(1,2,1,0),\\ \boldsymbol{\alpha}_2=(-1,1,1,1);\end{cases}\quad\begin{cases}\boldsymbol{\beta}_1=(2,-1,0,1),\\ \boldsymbol{\beta}_2=(1,-1,3,7);\end{cases}$

(2) $\begin{cases}\boldsymbol{\alpha}_1=(1,2,-1,-2),\\ \boldsymbol{\alpha}_2=(3,1,1,1),\\ \boldsymbol{\alpha}_3=(-1,0,1,-1);\end{cases}$ $\begin{cases}\boldsymbol{\beta}_1=(2,5,-6,-5),\\ \boldsymbol{\beta}_2=(-1,2,-7,3).\end{cases}$

34. 设 V_1, V_2 分别是齐次线性方程组 $x_1+x_2+\cdots+x_n=0$ 与 $x_1=x_2=\cdots=x_n$ 的解空间. 证明 $\mathbb{R}^n=V_1\oplus V_2$.

35. 设 W_1 是 $\mathbb{R}^n$ 的一个子空间,且 $W_1\neq\mathbb{R}^n$. 证明:在 $\mathbb{R}^n$ 中必存在另一个子空间 W_2,使得 $\mathbb{R}^n=W_1\oplus W_2$.

***36.** 设 $$\boldsymbol{A}=\begin{pmatrix}1&1&-1&0&1\\2&3&1&-1&0\\0&1&3&-1&-2\\4&1&-13&3&10\end{pmatrix}.$$

(1) 求矩阵 $\boldsymbol{A}$ 的列空间和行空间的基和维数;

(2) 求矩阵 $\boldsymbol{A}$ 的零空间的基和维数;

(3) 求 $\boldsymbol{A}$ 的行空间的正交补的维数.

***37.** 在 $\mathbb{R}^3$ 中,下列子空间哪些是正交子空间?哪些互为正交补?并说明理由.

(1) $W_1=\{(x,y,z)\mid 3x-y+2z=0\}$;

(2) $W_2=\{(x,y,z)\mid x-y-2z=0\}$;

(3) $W_3=\left\{(x,y,z)\mid \dfrac{x}{3}=\dfrac{y}{-1}=\dfrac{z}{2}\right\}$;

(4) $W_4=\left\{(x,y,z)\mid \dfrac{x}{3}=\dfrac{y}{5}=\dfrac{z}{-2}\right\}$.

38. 设 $\boldsymbol{\alpha}=(x_1,x_2,x_3)\in\mathbb{R}^3$,下列变换 $\boldsymbol{\sigma}$ 是否为 $\mathbb{R}^3$ 的线性变换?并证明之.

(1) $\boldsymbol{\sigma}(\boldsymbol{\alpha})=(2x_1,0,0)$; (2) $\boldsymbol{\sigma}(\alpha)=(x_1x_2,0,x_2)$;

(3) $\boldsymbol{\sigma}(\boldsymbol{\alpha})=(x_1,x_2,-x_3)$; (4) $\boldsymbol{\sigma}(\alpha)=(1,1,x_3)$;

(5) $\boldsymbol{\sigma}(\boldsymbol{\alpha})=\boldsymbol{\alpha}_0+\boldsymbol{\alpha}$,其中 $\boldsymbol{\alpha}_0\in\mathbb{R}^3$ 是一固定向量.

39. 若上题中 (x_1,x_2,x_3) 是向量 $\boldsymbol{\alpha}$ 在自然基 $\{\boldsymbol{\varepsilon}_1,\boldsymbol{\varepsilon}_2,\boldsymbol{\varepsilon}_3\}$ 下的坐标,试说明(1),(3)两个线性变换的几何意义.

40. 对 38 题中(1),(3)两个线性变换,分别求:

(1) $\boldsymbol{\sigma}$ 在自然基$\{\boldsymbol{\varepsilon}_1,\boldsymbol{\varepsilon}_2,\boldsymbol{\varepsilon}_3\}$下的对应矩阵；

(2) $\boldsymbol{\sigma}$ 在基$\boldsymbol{\alpha}_1=(1,0,0),\boldsymbol{\alpha}_2=(-1,1,0),\boldsymbol{\alpha}_3=(1,-1,1)$下的对应矩阵.

41. 在$\mathbb{R}^3$中定义线性变换

$$\boldsymbol{\sigma}(x_1,x_2,x_3)^{\mathrm{T}}=(x_1+x_2,x_1-x_2,x_3)^{\mathrm{T}}.$$

(1) 求$\boldsymbol{\sigma}$在自然基$\{\boldsymbol{\varepsilon}_1,\boldsymbol{\varepsilon}_2,\boldsymbol{\varepsilon}_3\}$下的对应矩阵；

(2) 求$\boldsymbol{\sigma}$在基$\boldsymbol{\beta}_1=(1,0,0)^{\mathrm{T}},\boldsymbol{\beta}_2=(1,1,0)^{\mathrm{T}},\boldsymbol{\beta}_3=(1,1,1)^{\mathrm{T}}$下的对应矩阵.

42. 设$\{\boldsymbol{\alpha}_1,\boldsymbol{\alpha}_2,\boldsymbol{\alpha}_3\}$和$\{\boldsymbol{\beta}_1,\boldsymbol{\beta}_2,\boldsymbol{\beta}_3\}$是$\mathbb{R}^3$的两组基，已知：$\boldsymbol{\beta}_1=2\boldsymbol{\alpha}_1+\boldsymbol{\alpha}_2+3\boldsymbol{\alpha}_3$，$\boldsymbol{\beta}_2=\boldsymbol{\alpha}_1+\boldsymbol{\alpha}_2+2\boldsymbol{\alpha}_3$，$\boldsymbol{\beta}_3=-\boldsymbol{\alpha}_1+\boldsymbol{\alpha}_2+\boldsymbol{\alpha}_3$；$\boldsymbol{\sigma}$在基$\{\boldsymbol{\alpha}_1,\boldsymbol{\alpha}_2,\boldsymbol{\alpha}_3\}$下的对应矩阵为

$$\boldsymbol{A}=\begin{bmatrix}5&7&-5\\0&4&-1\\2&8&3\end{bmatrix}.$$

试求：(1) $\boldsymbol{\sigma}$在基$\{-\boldsymbol{\alpha}_2,2\boldsymbol{\alpha}_1,\boldsymbol{\alpha}_3\}$下的对应矩阵.

(2) $\boldsymbol{\sigma}$在基$\{\boldsymbol{\beta}_1,\boldsymbol{\beta}_2,\boldsymbol{\beta}_3\}$下的对应矩阵.

43. 已知$\mathbb{R}^3$的线性变换$\boldsymbol{\sigma}$对于基

$$\boldsymbol{\alpha}_1=(-1,0,2)^{\mathrm{T}},\ \boldsymbol{\alpha}_2=(0,1,1)^{\mathrm{T}},\ \boldsymbol{\alpha}_3=(3,-1,-6)^{\mathrm{T}}$$

的象为

$$\boldsymbol{\sigma}(\boldsymbol{\alpha}_1)=\boldsymbol{\beta}_1=(-1,0,1)^{\mathrm{T}},\ \boldsymbol{\sigma}(\boldsymbol{\alpha}_2)=\boldsymbol{\beta}_2=(0,-1,2)^{\mathrm{T}},$$
$$\boldsymbol{\sigma}(\boldsymbol{\alpha}_3)=\boldsymbol{\beta}_3=(-1,-1,3)^{\mathrm{T}}.$$

(1) 求$\boldsymbol{\sigma}$在基$\{\boldsymbol{\alpha}_1,\boldsymbol{\alpha}_2,\boldsymbol{\alpha}_3\}$下的矩阵表示；

(2) 求$\boldsymbol{\sigma}(\boldsymbol{\beta}_1),\boldsymbol{\sigma}(\boldsymbol{\beta}_2),\boldsymbol{\sigma}(\boldsymbol{\beta}_3)$；

(3) $\boldsymbol{\alpha}$在基$\{\boldsymbol{\alpha}_1,\boldsymbol{\alpha}_2,\boldsymbol{\alpha}_3\}$的坐标向量为$(5,1,1)^{\mathrm{T}}$，求$\boldsymbol{\sigma}(\boldsymbol{\alpha})$在基$\{\boldsymbol{\alpha}_1,\boldsymbol{\alpha}_2,\boldsymbol{\alpha}_3\}$下的坐标向量；

(4) $\boldsymbol{\beta}=(1,1,1)^{\mathrm{T}}$，求$\boldsymbol{\sigma}(\boldsymbol{\beta})$；.

(5) $\boldsymbol{\sigma}(\boldsymbol{\gamma})$在基$\{\boldsymbol{\alpha}_1,\boldsymbol{\alpha}_2,\boldsymbol{\alpha}_3\}$下的坐标向量为$(2,-4,-2)^{\mathrm{T}}$，问：原象$\boldsymbol{\gamma}$是否唯一？如不唯一，求所有的原象$\boldsymbol{\gamma}$.

44. 在$\mathbb{R}^{n\times n}$中定义变换$\boldsymbol{\sigma}(\boldsymbol{X})=\boldsymbol{BXC}$，其中$\boldsymbol{B},\boldsymbol{C}\in\mathbb{R}^{n\times n}$是两个固定的矩阵. 证明$\boldsymbol{\sigma}$是$\mathbb{R}^{n\times n}$的线性变换.

45. 求$\mathbb{R}[x]_4$的微分变换$\mathbf{D}(f(x))=f'(x)$在基$\{1,1+x,1+x+x^2,1+x+x^2+x^3\}$下的对应矩阵.

46. 设44题中的

$$\boldsymbol{B}=\boldsymbol{C}=\begin{pmatrix} a & b \\ c & d \end{pmatrix}.$$

求$\boldsymbol{\sigma}(\boldsymbol{X})=\boldsymbol{BXC}$在基$\boldsymbol{E}_{11},\boldsymbol{E}_{12},\boldsymbol{E}_{21},\boldsymbol{E}_{22}$(如 29 题所给)下的对应矩阵.

47. 设$\boldsymbol{\sigma}$是线性空间V上的线性变换.如果$\boldsymbol{\sigma}^{k-1}(\boldsymbol{\xi})\neq\boldsymbol{\theta}$,但$\boldsymbol{\sigma}^{k}(\boldsymbol{\xi})=\boldsymbol{\theta}$,求证$\boldsymbol{\xi},\boldsymbol{\sigma}(\boldsymbol{\xi}),\boldsymbol{\sigma}^2(\boldsymbol{\xi}),\cdots,\boldsymbol{\sigma}^{k-1}(\boldsymbol{\xi})$线性无关($k>1$).

48. 求下列线性变换$\boldsymbol{\sigma}$的象(值域)和核以及$\boldsymbol{\sigma}$的秩:

(1) $\boldsymbol{\sigma}(x_1,x_2,x_3)=(x_1+x_2+x_3,-x_1-2x_3,x_2-x_3)$;

(2) $\boldsymbol{\sigma}$是n维线性空间的零变换;

(3) $\boldsymbol{\sigma}$是n维线性空间V的恒等变换;

(4) $\boldsymbol{\sigma}:\mathbb{R}^n\to\mathbb{R}^n$且$\boldsymbol{\sigma}(x_1,x_2,\cdots,x_n)=(x_1,0,\cdots,0)$.

49. 求$\mathbb{R}^3$的一个线性变换$\boldsymbol{\sigma}$,使得$\boldsymbol{\sigma}$的象为$\boldsymbol{\sigma}(\mathbb{R}^3)=L(\boldsymbol{\alpha}_1,\boldsymbol{\alpha}_2)$,其中$\boldsymbol{\alpha}_1=(1,0,-1)$,$\boldsymbol{\alpha}_2=(1,2,2)$.

50. 已知$\mathbb{R}^2$的线性变换$\boldsymbol{\sigma}(x_1,x_2)=(x_1-x_2,x_1+x_2)$.

(1) 求$\boldsymbol{\sigma}^2(x_1,x_2)=$?

(2) 问$\boldsymbol{\sigma}$是否可逆?如可逆,求$\boldsymbol{\sigma}^{-1}(x_1,x_2)=$?

补充题

51. 设$\boldsymbol{A}$为正交矩阵,$\boldsymbol{I}+\boldsymbol{A}$可逆,证明:

(1) $(\boldsymbol{I}-\boldsymbol{A})(\boldsymbol{I}+\boldsymbol{A})^{-1}$可交换;

(2) $(\boldsymbol{I}-\boldsymbol{A})(\boldsymbol{I}+\boldsymbol{A})^{-1}$为反对称矩阵.

52. 证明:(1) 若$\det\boldsymbol{A}=1$,则$\boldsymbol{A}$为正交矩阵的充分必要条件是$\boldsymbol{A}$的每个元素等于自己的代数余子式;(2) 若$\det\boldsymbol{A}=-1$,则$\boldsymbol{A}$为正交矩阵的充要条件是$\boldsymbol{A}$的每个元素等于其代数余子式乘以-1.

53. 设$\boldsymbol{\alpha}_1,\boldsymbol{\alpha}_2,\cdots,\boldsymbol{\alpha}_m\in\mathbb{R}^n$,证明:$\boldsymbol{\alpha}_1,\boldsymbol{\alpha}_2,\cdots,\boldsymbol{\alpha}_m$线性无关的充要条件是

$$\det\begin{bmatrix} (\alpha_1,\alpha_1) & (\alpha_1,\alpha_2) & \cdots & (\alpha_1,\alpha_m) \\ (\alpha_2,\alpha_1) & (\alpha_2,\alpha_2) & \cdots & (\alpha_2,\alpha_m) \\ \vdots & \vdots & & \vdots \\ (\alpha_m,\alpha_1) & (\alpha_m,\alpha_2) & \cdots & (\alpha_m,\alpha_m) \end{bmatrix}\neq 0.$$

54. 证明:$L(\boldsymbol{\alpha}_1,\boldsymbol{\alpha}_2,\cdots,\boldsymbol{\alpha}_s)+L(\boldsymbol{\beta}_1,\boldsymbol{\beta}_2,\cdots,\boldsymbol{\beta}_t)=L(\boldsymbol{\alpha}_1,\cdots,\boldsymbol{\alpha}_s,\boldsymbol{\beta}_1,\cdots,\boldsymbol{\beta}_t)$.

55. 设秩$\{\boldsymbol{\alpha}_1,\boldsymbol{\alpha}_2,\cdots,\boldsymbol{\alpha}_s\}=r$,秩$\{\boldsymbol{\beta}_1,\boldsymbol{\beta}_2,\cdots,\boldsymbol{\beta}_t\}=p$.证明:

$$\dim L(\boldsymbol{\alpha}_1,\boldsymbol{\alpha}_2,\cdots,\boldsymbol{\alpha}_s,\boldsymbol{\beta}_1,\boldsymbol{\beta}_2,\cdots,\boldsymbol{\beta}_t)\leqslant r+p.$$

56. 设 $\boldsymbol{A}$ 是 $m\times n$ 的矩阵，$\boldsymbol{B}$ 是 $s\times n$ 矩阵，两个齐次线性方程组 $\boldsymbol{A}\boldsymbol{x}=\boldsymbol{0}$，$\boldsymbol{B}\boldsymbol{x}=\boldsymbol{0}$ 的解空间的交是什么意义？如何求它们的交？

57. 如何求两个子空间 $L(\boldsymbol{\alpha}_1,\boldsymbol{\alpha}_2,\cdots,\boldsymbol{\alpha}_s)$ 与 $L(\boldsymbol{\beta}_1,\boldsymbol{\beta}_2,\cdots,\boldsymbol{\beta}_t)$ 的交. 其中 $\boldsymbol{\alpha}_i$，$\boldsymbol{\beta}_j\in\mathbb{R}^n$，$i=1,\cdots,s$；$j=1,\cdots,t$.

58. 设 $\boldsymbol{A}$ 为 n 阶实矩阵，问：下列命题是否正确？并说明理由.

(1) 若 $\dim R(\boldsymbol{A})=n$，则 $R(\boldsymbol{A})=R(\boldsymbol{A}^{\mathrm{T}})$；

(2) 若 $\dim R(\boldsymbol{A})=m<n$，则 $R(\boldsymbol{A})\neq R(\boldsymbol{A}^{\mathrm{T}})$.

59. 设 V_1,V_2 是 $\mathbb{R}^n$ 的两个非平凡子空间，证明：在 $\mathbb{R}^n$ 中存在向量 $\boldsymbol{\alpha}$，使 $\boldsymbol{\alpha}\overline{\in}V_1$，且 $\boldsymbol{\alpha}\overline{\in}V_2$，并在 $\mathbb{R}^3$ 中举例说明此结论.

答案

1. $\frac{1}{4}(5,1,-1,-1)^{\mathrm{T}}$.　**2.** (1) $(-2,1,1)^{\mathrm{T}}$.

(2) $\begin{bmatrix}-27&-71&-41\\9&20&9\\4&12&8\end{bmatrix}$.　(3) $\frac{1}{4}(153,-106,83)^{\mathrm{T}}$.

3. (1) $\begin{pmatrix}1&0&0&1\\1&1&0&1\\0&1&1&1\\0&0&1&0\end{pmatrix}$，$\begin{pmatrix}0\\-1\\0\\1\end{pmatrix}$. (2) $\begin{pmatrix}0&1&-1&1\\-1&1&0&0\\0&0&0&1\\1&-1&1&-1\end{pmatrix}$，$\begin{pmatrix}1\\3\\1\\-1\end{pmatrix}$.

(3) $(3,1,0,-2)^{\mathrm{T}}$.

4. $k(1,1,1,-1)^{\mathrm{T}}$.

5. (2) $k_1(-5,3,1,0)^{\mathrm{T}}+k_2(5,-3,0,1)^{\mathrm{T}}$.

6. $\frac{1}{\sqrt{26}}(4,0,1,-3)^{\mathrm{T}}$.

8. (1) $\frac{1}{\sqrt{10}}(1,2,2,-1)^{\mathrm{T}}$，$\frac{1}{\sqrt{26}}(2,3,-3,2)^{\mathrm{T}}$，$\frac{1}{\sqrt{10}}(2,-1,-1,-2)^{\mathrm{T}}$.

(2) $\frac{1}{\sqrt{7}}(1,1,-1,-2)^{\mathrm{T}}$，$\frac{1}{\sqrt{39}}(2,5,1,3)^{\mathrm{T}}$.

(3) $\frac{1}{\sqrt{15}}(2,1,3,-1)^{\mathrm{T}}$，$\frac{1}{\sqrt{23}}(3,2,-3,-1)^{\mathrm{T}}$，

$\frac{1}{\sqrt{127}}(1,5,1,10)^{\mathrm{T}}$.

9. (1) $\frac{1}{\sqrt{3}}(1,1,1)^{\mathrm{T}},\frac{1}{\sqrt{6}}(-2,1,1)^{\mathrm{T}},\frac{1}{\sqrt{2}}(0,-1,1)^{\mathrm{T}}$,

$\left(0,-\frac{\sqrt{6}}{2},\frac{\sqrt{2}}{2}\right)^{\mathrm{T}}$.

(2) $\frac{1}{\sqrt{3}}(1,-1,1)^{\mathrm{T}}$，$\frac{1}{\sqrt{6}}(-1,1,2)^{\mathrm{T}}$，

$\frac{1}{\sqrt{2}}(1,1,0)^{\mathrm{T}}$，$\left(\frac{2\sqrt{3}}{3},-\frac{\sqrt{6}}{3},0\right)^{\mathrm{T}}$.

11. $-\frac{6}{7},\frac{2}{7},-\frac{6}{7},-\frac{3}{7},-\frac{6}{7}$,或$-\frac{6}{7},-\frac{2}{7},\frac{6}{7},\frac{3}{7},-\frac{6}{7}$.

12. 利用$\boldsymbol{A}^*=|\boldsymbol{A}|\boldsymbol{A}^{-1}$及$|\boldsymbol{A}|^2=1$,证明$(\boldsymbol{A}^*)^{\mathrm{T}}\boldsymbol{A}^*=\boldsymbol{I}$.

13. 利用定义$\boldsymbol{A}^{\mathrm{T}}\boldsymbol{A}=\boldsymbol{I}$,立即可得.

14. 由$\boldsymbol{A}^{\mathrm{T}}=\boldsymbol{A}$, $\boldsymbol{A}^{\mathrm{T}}\boldsymbol{A}=\boldsymbol{I}$可推出$\boldsymbol{A}^2=\boldsymbol{I}$,其他类似.

16. 利用列向量组是标准正交向量组或用数学归纳法做证明.

17. (1)是,(2)否,(3)否,(4)否,(5)否,(6)是,(7)否,(8)是.

18. 是;在实数域上是2维,基$\{1,\mathrm{i}\}$;在复数域上是1维,基$\{1\}$.

19. (1),(4),(5)是;(2),(3),(6)不是.

20. W_1: 2;$(1,1,0)^{\mathrm{T}},(0,1,1)^{\mathrm{T}}$. W_4: 2;$(1,0,0)^{\mathrm{T}},(0,0,1)^{\mathrm{T}}$,$W_5$: 1;$(1,2,3)^{\mathrm{T}}$.

21. 2;$\frac{1}{\sqrt{3}}(-1,1,0,1,0)^{\mathrm{T}},\frac{1}{\sqrt{15}}(1,-2,0,3,1)^{\mathrm{T}}$.

22. $(1,1,1,1,1)^{\mathrm{T}},(1,1,0,1,1)^{\mathrm{T}},(0,0,0,1,0)^{\mathrm{T}},(0,0,0,0,1)^{\mathrm{T}},(1,0,0,0,0)^{\mathrm{T}}$.

23. 3;$(1,1,0,0)^{\mathrm{T}},(1,0,-1,0)^{\mathrm{T}},(1,0,0,1)^{\mathrm{T}}$;$(1,1,0,0)^{\mathrm{T}},(1,0,-1,0)^{\mathrm{T}},(1,0,0,1)^{\mathrm{T}},(1,0,0,0)^{\mathrm{T}}$.

24. (1) 3;$\boldsymbol{\alpha}_1,\boldsymbol{\alpha}_2,\boldsymbol{\alpha}_4$;$\frac{1}{\sqrt{15}}(2,1,3,1)^{\mathrm{T}},\frac{1}{\sqrt{39}}(1,5,-3,2)^{\mathrm{T}},\frac{1}{\sqrt{390}}(-4,-7,-1,18)^{\mathrm{T}}$. (2) 2;$\boldsymbol{\beta}_1,\boldsymbol{\beta}_2$;$\frac{1}{\sqrt{15}}(2,1,3,-1),\frac{1}{\sqrt{885}}(7,26,-12,4)$.

25. 只要证明向量组$\{\boldsymbol{\alpha},\boldsymbol{\beta}\}$与$\{\boldsymbol{\beta},\boldsymbol{\gamma}\}$是等价向量组，即可以互相线性表示.

26. (1) 全体n阶实对称矩阵(上三角矩阵)构成的线性空间为$\frac{n(n+1)}{2}$维. 如$n=2$时，对于实对称矩阵构成的线性空间的基为$\boldsymbol{A}_1=\begin{pmatrix}1&0\\0&0\end{pmatrix}$，$\boldsymbol{A}_2=\begin{pmatrix}0&0\\0&1\end{pmatrix}$，$\boldsymbol{A}_3=\begin{pmatrix}0&1\\1&0\end{pmatrix}$. 全体$n$阶反对称矩阵构成的线性空间为$\frac{(n-1)n}{2}$维.

(6) 维数为3，它的基为e^{-x}，$x\mathrm{e}^{-x}$，$x^2\mathrm{e}^{-x}$.

(8) 维数为1，任何非零正实数a都是基，任何非零正实数b均可表示为$b=k\cdot a=a^k$，其中$k=\log_b a$.

27. 用定义证明，如证明$\boldsymbol{\alpha}_2,\boldsymbol{\alpha}_3,\cdots,\boldsymbol{\alpha}_n,\boldsymbol{\alpha}_{n+1}$线性无关时，设$k_2\boldsymbol{\alpha}_2+k_3\boldsymbol{\alpha}_3+\cdots+k_n\boldsymbol{\alpha}_n+k_{n+1}\boldsymbol{\alpha}_{n+1}=\boldsymbol{0}$. 将已知条件$\boldsymbol{\alpha}_{n+1}=x_1\boldsymbol{\alpha}_1+x_2\boldsymbol{\alpha}_2+\cdots+x_n\boldsymbol{\alpha}_n$ (其中$x_1,\cdots,x_n$全为非零数)代入，即可推出$k_1=k_2=\cdots=k_n=k_{n+1}=0$.

30. (2) 利用$\omega^3=1$，$\boldsymbol{A}^3=\boldsymbol{I}$，$\boldsymbol{A}=\begin{pmatrix}1&0&0\\0&\omega&0\\0&0&\omega^2\end{pmatrix}$，$\boldsymbol{A}^2=\begin{pmatrix}1&0&0\\0&\omega^2&0\\0&0&\omega\end{pmatrix}$，再定义$\boldsymbol{A}^0=\boldsymbol{I}$，于是$\forall k\in\mathbb{Z}$(正整数)，$\boldsymbol{A}^k$均可由$\boldsymbol{A}^0,\boldsymbol{A},\boldsymbol{A}^2$线性表示，证明$\boldsymbol{I},\boldsymbol{A},\boldsymbol{A}^2$线性无关，从而$\boldsymbol{A}$的全体实系数多项式构成的线性空间是三维的，且$f(\boldsymbol{A})=\sum_{i=0}^{n}a_i\boldsymbol{A}^i=\sum_{j=0}^{2}b_j\boldsymbol{A}^j$ (其中$a_i,b_j\in\mathbb{R}$，n为任何正整数).

32. 设$\boldsymbol{B}=(b_{ij})_{3\times3}\in\mathbb{R}^{3\times3}$，利用$\boldsymbol{AB}=\boldsymbol{BA}$. 求出所有的$\boldsymbol{B}$，再确定所有$\boldsymbol{B}$构成的子空间的基和维数.

33. (1) 设$x_1\boldsymbol{\alpha}_1+x_2\boldsymbol{\alpha}_2=x_3\boldsymbol{\beta}_1+x_4\boldsymbol{\beta}_2$，求解这个向量方程所对应的$x_1,x_2,x_3,x_4$的齐次线性方程组，即可得$V_1\cap V_2$，而$V_1+V_2=L(\boldsymbol{\alpha}_1,\boldsymbol{\alpha}_2,\boldsymbol{\beta}_1,\boldsymbol{\beta}_2)$的基为$\{\boldsymbol{\alpha}_1,\boldsymbol{\alpha}_2,\boldsymbol{\beta}_1,\boldsymbol{\beta}_2\}$的极大线性无关组.

35. 将W_1的基$\{\boldsymbol{\alpha}_1,\cdots,\boldsymbol{\alpha}_m\}$扩充为$\mathbb{R}^n$的基$\{\boldsymbol{\alpha}_1,\cdots,\boldsymbol{\alpha}_m,\boldsymbol{\alpha}_{m+1},\cdots,\boldsymbol{\alpha}_n\}$，取$W_2=L(\boldsymbol{\alpha}_m,\cdots,\boldsymbol{\alpha}_n)$，则$W_1\oplus W_2=\mathbb{R}^n$.

36. (1)2;$\boldsymbol{\alpha}_1,\boldsymbol{\alpha}_2$; 2; $\boldsymbol{\beta}_1,\boldsymbol{\beta}_2$. (2) 3;$(4,-3,1,0,0)^{\mathrm{T}}$,$(-1,1,0,1,0)^{\mathrm{T}}$,$(-3,2,0,0,1)^{\mathrm{T}}$. (3) 3.

37. $W_1\perp W_3$且$W_1=W_3^{\perp}$，$W_3\perp W_4$.

38. (1),(3)是;(2),(4),(5)否.

40. (1) $\begin{pmatrix}2&0&0\\0&0&0\\0&0&0\end{pmatrix}$, $\begin{pmatrix}1&0&0\\0&1&0\\0&0&-1\end{pmatrix}$,

(2) $\begin{pmatrix}2&-2&2\\0&0&0\\0&0&0\end{pmatrix}$, $\begin{pmatrix}1&-1&0\\0&1&-2\\0&0&-1\end{pmatrix}$.

41. (1) $\begin{pmatrix}1&1&0\\1&-1&0\\0&0&1\end{pmatrix}$, (2) $\begin{pmatrix}0&2&2\\1&0&-1\\0&0&1\end{pmatrix}$.

42. (1) $\begin{pmatrix}4&0&1\\-\frac{7}{2}&5&-\frac{5}{2}\\-8&4&3\end{pmatrix}$, (2) $\begin{pmatrix}37&24&12\\-54&-34&-18\\18&12&9\end{pmatrix}$.

43. (1) $\begin{pmatrix}-2&9&7\\-1&2&1\\-1&3&2\end{pmatrix}$. (2) $(3,2,-7)^T$, $(-12,-5,22)^T$, $(-9,-3,15)^T$. (3) $(6,-2,0)^T$. (4) $(-7,-5,17)^T$. (5) $(4k-8,2-2k,18-9k)^T$, k 为任意常数.

44. 用定义证明:$\forall \boldsymbol{X}_1,\boldsymbol{X}_2\in\mathbb{R}^{n\times n}$, $\boldsymbol{\sigma}(k_1\boldsymbol{X}_1+k_2\boldsymbol{X}_2)=k_1\boldsymbol{\sigma}(\boldsymbol{X}_1)+k_2\boldsymbol{\sigma}(\boldsymbol{X}_2)$.

45. $\begin{pmatrix}0&1&-1&-1\\0&0&2&-1\\0&0&0&3\\0&0&0&0\end{pmatrix}$. **46.** $\begin{pmatrix}a^2&ac&ab&bc\\ab&ad&b^2&bd\\ac&c^2&ad&cd\\bc&cd&bd&d^2\end{pmatrix}$.

47. 证法与第 3 章 46 题的证明类似.

48. (1) $\mathrm{Im}\boldsymbol{\sigma}=L((1,-1,0),(1,0,1))$, $\mathrm{Ker}\boldsymbol{\sigma}=L((-2,1,1))$, $\mathrm{r}(\boldsymbol{\sigma})=2$.

(2) $\mathrm{Im}\boldsymbol{\sigma}=\{\boldsymbol{0}\}$, $\mathrm{Ker}\boldsymbol{\sigma}=V$, $\mathrm{r}(\boldsymbol{\sigma})=0$. (3) $\mathrm{Im}\boldsymbol{\sigma}=V$, $\mathrm{Ker}\boldsymbol{\sigma}=\{\boldsymbol{0}\}$, $\mathrm{r}(\boldsymbol{\sigma})=n$.

(4) $\mathrm{Im}\boldsymbol{\sigma}=L(\boldsymbol{\varepsilon}_1)$, $\mathrm{Ker}\boldsymbol{\sigma}=L(\boldsymbol{\varepsilon}_2,\cdots,\boldsymbol{\varepsilon}_n)$, $\mathrm{r}(\boldsymbol{\sigma})=1$.

49. $\forall\boldsymbol{\alpha}\in\mathbb{R}^3$, $\boldsymbol{\sigma}(\boldsymbol{\alpha})\in L(\boldsymbol{\alpha}_1,\boldsymbol{\alpha}_2)$,所以$\boldsymbol{\sigma}(\boldsymbol{\alpha})=x_1\boldsymbol{\alpha}_1+x_2\boldsymbol{\alpha}_2=(x_1+x_2,0+2x_2,-x_1+2x_2)$.

50. (1) $\boldsymbol{\sigma}^2(x_1,x_2)=(-2x_2,2x_1)$,

(2) $\boldsymbol{\sigma}^{-1}(x_1,x_2)=\left(\dfrac{x_1+x_2}{2},\ \dfrac{x_2-x_1}{2}\right)$.

51. (1) 利用$(\boldsymbol{I}+\boldsymbol{A})(\boldsymbol{I}-\boldsymbol{A})=(\boldsymbol{I}-\boldsymbol{A})(\boldsymbol{I}+\boldsymbol{A})$.

(2) 利用 $\boldsymbol{I}=\boldsymbol{A}^{\mathrm{T}}\boldsymbol{A}$.

52. 利用 $\boldsymbol{A}^{\mathrm{T}}=\boldsymbol{A}^{-1}=\dfrac{1}{|\boldsymbol{A}|}\boldsymbol{A}^*$.

53. 用反证法.

57. 设$\boldsymbol{\xi}\in L(\boldsymbol{\alpha}_1,\cdots,\boldsymbol{\alpha}_s)\cap L(\boldsymbol{\beta}_1,\cdots,\boldsymbol{\beta}_t)$,则

$$\boldsymbol{\xi}=x_1\boldsymbol{\alpha}_1+\cdots+x_s\boldsymbol{\alpha}_s=x_{s+1}\boldsymbol{\beta}_1+\cdots+x_{s+t}\boldsymbol{\beta}_t,$$

即

$$x_1\boldsymbol{\alpha}_1+\cdots+x_s\boldsymbol{\alpha}_s-x_{s+1}\boldsymbol{\beta}_1-\cdots-x_{s+t}\boldsymbol{\beta}_t=\mathbf{0}.$$

解此向量方程对应的齐次线性方程组即可求得两个子空间的交.

58. (1) 正确. (2) 不正确,反例:$\boldsymbol{A}$ 为非满秩的实对称矩阵.

59. 存在$\boldsymbol{\alpha}_1\overline{\in}V_2$,但$\boldsymbol{\alpha}_1\in V_1$;$\boldsymbol{\alpha}_2\overline{\in}V_1$,但$\boldsymbol{\alpha}_2\in V_2$,证明$\boldsymbol{\alpha}_1+\boldsymbol{\alpha}_2$满足要求.

第 5 章

特征值和特征向量　矩阵的对角化

前几章讨论的问题，几乎都涉及线性方程组求解，为此而把矩阵简化为阶梯形所采用的主要方法是初等变换．今后要讨论的主要问题，虽然仍要把矩阵简化为对角形或上三角形，但是主要的技巧不再是初等变换，尽管解决问题时仍要用到初等变换，但它仅起辅助的作用．这一章主要讨论：矩阵的特征值和特征向量；矩阵在相似意义下化为对角形；实对称矩阵的对角化．

5.1　矩阵的特征值和特征向量　相似矩阵

5.1.1　特征值和特征向量的基本概念

定义 5.1　设 $\boldsymbol{A}$ 为复数域$\mathbb{C}$上的 n 阶矩阵，如果存在数 $\lambda\in\mathbb{C}$ 和非零的 n 维向量 $\boldsymbol{x}$，使得

$$\boldsymbol{A}\boldsymbol{x}=\lambda\boldsymbol{x} \tag{5.1}$$

就称 λ 是矩阵 $\boldsymbol{A}$ 的**特征值**，$\boldsymbol{x}$ 是 $\boldsymbol{A}$ 的属于(或对应于)特征值 λ 的**特征向量**．

注意：特征向量 $\boldsymbol{x}\neq\boldsymbol{0}$；特征值问题是对方阵而言的，本章的矩阵如不加说明，都是方阵．

根据定义，n 阶矩阵 $\boldsymbol{A}$ 的特征值，就是使齐次线性方程组

$$(\lambda \boldsymbol{I} - \boldsymbol{A})\boldsymbol{x} = \boldsymbol{0}$$

有非零解的 λ 值,即满足方程

$$\det(\lambda \boldsymbol{I} - \boldsymbol{A}) = 0 \tag{5.2}$$

的 λ 都是矩阵 $\boldsymbol{A}$ 的特征值. 因此,特征值是 λ 的多项式 $\det(\lambda \boldsymbol{I} - \boldsymbol{A})$ 的根.

定义 5.2　设 n 阶矩阵 $\boldsymbol{A} = (a_{ij})$,则

$$f(\lambda) = \det(\lambda \boldsymbol{I} - \boldsymbol{A}) = \begin{vmatrix} \lambda - a_{11} & -a_{12} & \cdots & -a_{1n} \\ -a_{21} & \lambda - a_{22} & \cdots & -a_{2n} \\ \vdots & \vdots & & \vdots \\ -a_{n1} & -a_{n2} & \cdots & \lambda - a_{nn} \end{vmatrix} \tag{5.3}$$

称为矩阵 $\boldsymbol{A}$ 的**特征多项式**,$\lambda \boldsymbol{I} - \boldsymbol{A}$ 称为 $\boldsymbol{A}$ 的**特征矩阵**,(5.2)式称为 $\boldsymbol{A}$ 的**特征方程**.

显然,n 阶矩阵 $\boldsymbol{A}$ 的特征多项式是 λ 的 n 次多项式. 特征多项式的 k 重根也称为 k 重特征值. 当 $n \geqslant 5$ 时,特征多项式没有一般的求根公式,即使是三阶矩阵的特征多项式,一般也难以求根,所以求矩阵的特征值一般要采用近似计算的方法,它是计算方法课中的一个专题.

例 1　求矩阵

$$\boldsymbol{A} = \begin{pmatrix} 5 & -1 & -1 \\ 3 & 1 & -1 \\ 4 & -2 & 1 \end{pmatrix}$$

的特征值和特征向量.

解　矩阵 $\boldsymbol{A}$ 的特征方程为

$$\det(\lambda \boldsymbol{I} - \boldsymbol{A}) = \begin{vmatrix} \lambda - 5 & 1 & 1 \\ -3 & \lambda - 1 & 1 \\ -4 & 2 & \lambda - 1 \end{vmatrix} = 0$$

该特征矩阵的行列式的每行之和均为 $\lambda - 3$,将各列加到第1列,

并将第 1 行乘 −1 加到第 2、3 行得

$$\det(\lambda \boldsymbol{I}-\boldsymbol{A})=(\lambda-3)\begin{vmatrix}1 & 1 & 1\\ 0 & \lambda-2 & 0\\ 0 & 1 & \lambda-2\end{vmatrix}$$

$$=(\lambda-3)(\lambda-2)^2=0.$$

故 $\boldsymbol{A}$ 的特征值为 $\lambda_1=3$,$\lambda_2=2$(二重特征值).

当 $\lambda_1=3$ 时,由 $(\lambda_1\boldsymbol{I}-\boldsymbol{A})\boldsymbol{x}=\boldsymbol{0}$,即

$$\begin{pmatrix}-2 & 1 & 1\\ -3 & 2 & 1\\ -4 & 2 & 2\end{pmatrix}\begin{pmatrix}x_1\\ x_2\\ x_3\end{pmatrix}=\begin{pmatrix}0\\ 0\\ 0\end{pmatrix}$$

得其基础解系为 $\boldsymbol{x}_1=(1,1,1)^{\mathrm{T}}$,因此,$k_1\boldsymbol{x}_1$($k_1$ 为非零任意常数)是 $\boldsymbol{A}$ 的对应于 $\lambda_1=3$ 的全部特征向量.

当 $\lambda_2=2$ 时,由 $(\lambda_2\boldsymbol{I}-\boldsymbol{A})\boldsymbol{x}=\boldsymbol{0}$,即

$$\begin{pmatrix}-3 & 1 & 1\\ -3 & 1 & 1\\ -4 & 2 & 1\end{pmatrix}\begin{pmatrix}x_1\\ x_2\\ x_3\end{pmatrix}=\begin{pmatrix}0\\ 0\\ 0\end{pmatrix}$$

得其基础解系为 $\boldsymbol{x}_2=(1,1,2)^{\mathrm{T}}$,因此,$k_2\boldsymbol{x}_2$($k_2$ 为非零任意常数)是 $\boldsymbol{A}$ 的对应于 $\lambda_2=2$ 的全部特征向量.

例 2 主对角元为 $a_{11},a_{22},\cdots,a_{nn}$ 的对角矩阵 $\boldsymbol{A}$ 或上(下)三角矩阵 $\boldsymbol{B}$ 的特征多项式是

$$|\lambda\boldsymbol{I}-\boldsymbol{A}|=|\lambda\boldsymbol{I}-\boldsymbol{B}|=(\lambda-a_{11})(\lambda-a_{22})\cdots(\lambda-a_{nn}),$$

故 $\boldsymbol{A},\boldsymbol{B}$ 的 n 个特征值就是 n 个主对角元.

5.1.2 特征值和特征向量的性质

定理 5.1 若 $\boldsymbol{x}_1$ 和 $\boldsymbol{x}_2$ 都是 $\boldsymbol{A}$ 的属于特征值 λ_0 的特征向量,则 $k_1\boldsymbol{x}_1+k_2\boldsymbol{x}_2$ 也是 $\boldsymbol{A}$ 的属于 λ_0 的特征向量(其中 k_1,k_2 是任意常数,但 $k_1\boldsymbol{x}_1+k_2\boldsymbol{x}_2\neq\boldsymbol{0}$).

证 由于 $\boldsymbol{x}_1,\boldsymbol{x}_2$ 是齐次线性方程组

$$(\lambda_0 \boldsymbol{I}-\boldsymbol{A})\boldsymbol{x}=\boldsymbol{0}$$

的解，因此 $k_1\boldsymbol{x}_1+k_2\boldsymbol{x}_2$ 也是上式的解，故当 $k_1\boldsymbol{x}_1+k_2\boldsymbol{x}_2\neq\boldsymbol{0}$ 时，是 $\boldsymbol{A}$ 的属于 λ_0 的特征向量. ■

在 $(\lambda_0\boldsymbol{I}-\boldsymbol{A})\boldsymbol{x}=\boldsymbol{0}$ 的解空间中，除零向量以外的全体解向量就是 $\boldsymbol{A}$ 的属于特征值 λ 的全体特征向量，因此，$(\lambda\boldsymbol{I}-\boldsymbol{A})\boldsymbol{x}=\boldsymbol{0}$ 的解空间也称为矩阵 $\boldsymbol{A}$ 关于特征值 λ 的特征子空间，记作 V_λ. n 阶矩阵 $\boldsymbol{A}$ 的特征子空间是 n 维向量空间的子空间，它的维数为

$$\dim V_\lambda = n-\mathrm{r}(\lambda\boldsymbol{I}-\boldsymbol{A}).$$

需要注意的是，n 阶实矩阵的特征值可能是复数，所以特征子空间一般是 n 维复向量空间 $\mathbb{C}^n$（见附录）的子空间.

例1中矩阵 $\boldsymbol{A}$ 的两个特征子空间为

$$V_{\lambda_1}=\{k\boldsymbol{x}\mid \boldsymbol{x}=(1,1,1)^{\mathrm{T}},\ k\in\mathbb{C}\},$$

$$V_{\lambda_2}=\{k\boldsymbol{x}\mid \boldsymbol{x}=(1,1,2)^{\mathrm{T}},\ k\in\mathbb{C}\}.$$

定理 5.2　设 n 阶矩阵 $\boldsymbol{A}=(a_{ij})$ 的 n 个特征值为 $\lambda_1,\lambda_2,\cdots,\lambda_n$，则

$$\text{(i)}\ \sum_{i=1}^{n}\lambda_i=\sum_{i=1}^{n}a_{ii};\qquad \text{(ii)}\ \prod_{i=1}^{n}\lambda_i=\det\boldsymbol{A}.$$

其中 $\sum_{i=1}^{n}a_{ii}$ 是 $\boldsymbol{A}$ 的主对角元之和，称为矩阵 $\boldsymbol{A}$ 的迹，记作 $\mathrm{tr}(\boldsymbol{A})$.

*证　设

$$\det(\lambda\boldsymbol{I}-\boldsymbol{A})=\begin{vmatrix}\lambda-a_{11} & 0-a_{12} & \cdots & 0-a_{1n}\\ 0-a_{21} & \lambda-a_{22} & \cdots & 0-a_{2n}\\ \vdots & \vdots & & \vdots\\ 0-a_{n1} & 0-a_{n2} & \cdots & \lambda-a_{nn}\end{vmatrix} \tag{5.4}$$

$$=\lambda^n+c_1\lambda^{n-1}+c_2\lambda^{n-2}+\cdots+c_{n-1}\lambda+c_n. \tag{5.5}$$

(5.4)式可表示为 2^n 个行列式之和，其中展开后含 λ^{n-1} 项的行列式有下面 n 个

$$\begin{vmatrix} -a_{11} & 0 & 0 & \cdots & 0 \\ -a_{21} & \lambda & 0 & \cdots & 0 \\ -a_{31} & 0 & \lambda & \cdots & 0 \\ \vdots & \vdots & \vdots & \ddots & \vdots \\ -a_{n1} & 0 & 0 & \cdots & \lambda \end{vmatrix}, \begin{vmatrix} \lambda & -a_{12} & 0 & \cdots & 0 \\ 0 & -a_{22} & 0 & \cdots & 0 \\ 0 & -a_{32} & \lambda & \cdots & 0 \\ \vdots & \vdots & \vdots & \ddots & \vdots \\ 0 & -a_{n2} & 0 & \cdots & \lambda \end{vmatrix}, \cdots,$$

$$\begin{vmatrix} \lambda & 0 & 0 & \cdots & -a_{1n} \\ 0 & \lambda & 0 & \cdots & -a_{2n} \\ 0 & 0 & \lambda & \cdots & -a_{3n} \\ \vdots & \vdots & \vdots & \ddots & \vdots \\ 0 & 0 & 0 & \cdots & -a_{nn} \end{vmatrix}.$$

它们之和等于

$$-(a_{11}+a_{22}+\cdots+a_{nn})\lambda^{n-1}=\left(-\sum_{i=1}^{n}a_{ii}\right)\lambda^{n-1},$$

即(5.5)式中的 $c_1=-\sum_{i=1}^{n}a_{ii}$.

又(5.4)式展开后不含 λ 的常数项为

$$\begin{vmatrix} -a_{11} & -a_{12} & \cdots & -a_{1n} \\ -a_{21} & -a_{22} & \cdots & -a_{2n} \\ \vdots & \vdots & & \vdots \\ -a_{n1} & -a_{n2} & \cdots & -a_{nn} \end{vmatrix}=(-1)^n\det\boldsymbol{A},$$

即(5.5)式中的 $c_n=(-1)^n\det\boldsymbol{A}$.

假设 $\boldsymbol{A}$ 的 n 个特征值为 $\lambda_1,\lambda_2,\cdots,\lambda_n$，根据 n 次多项式的根和系数的关系，得

$$\sum_{i=1}^{n}\lambda_i=-c_1=\sum_{i=1}^{n}a_{ii},$$

$$(-1)^n\prod_{i=1}^{n}\lambda_i=c_n=(-1)^n\det\boldsymbol{A},$$

故

$$\prod_{i=1}^{n}\lambda_i = \det\boldsymbol{A}.$$ ■

由定理 5.2(ii)可知：当 $\det\boldsymbol{A}\neq 0$(即 $\boldsymbol{A}$ 为可逆矩阵)时，其特征值全为非零数；反之，奇异矩阵 $\boldsymbol{A}$ 至少有一个零特征值.

有兴趣的读者，可以证明(5.5)式中一般的 c_k 为：

$$c_k = (-1)^k s_k,\quad k = 1,2,\cdots,n,$$

其中 s_k 为 n 阶矩阵 $\boldsymbol{A}$ 的全体 k 阶主子式之和.

矩阵的特征向量总是相对于矩阵的特征值而言的. 一个特征向量不能属于不同的特征值，这是因为，如果 $\boldsymbol{x}$ 同时是 $\boldsymbol{A}$ 的属于特征值 $\lambda_1,\lambda_2(\lambda_1\neq\lambda_2)$ 的特征向量，即有

$$\boldsymbol{A}\boldsymbol{x} = \lambda_1\boldsymbol{x}\quad 且\quad \boldsymbol{A}\boldsymbol{x} = \lambda_2\boldsymbol{x},$$

则

$$\lambda_1\boldsymbol{x} = \lambda_2\boldsymbol{x}\quad 即\quad (\lambda_1-\lambda_2)\boldsymbol{x} = \boldsymbol{0}.$$

由于 $\lambda_1-\lambda_2\neq 0$，则 $\boldsymbol{x}=\boldsymbol{0}$，这与 $\boldsymbol{x}\neq\boldsymbol{0}$ 矛盾.

矩阵的特征值和特征向量还有以下性质：

性质 1 若 λ 是矩阵 $\boldsymbol{A}$ 的特征值，$\boldsymbol{x}$ 是 $\boldsymbol{A}$ 的属于 λ 的特征向量，则

(i) $k\lambda$ 是 $k\boldsymbol{A}$ 的特征值(k 是任意常数)，

(ii) λ^m 是 $\boldsymbol{A}^m$ 的特征值(m 是正整数)，

(iii) 当 $\boldsymbol{A}$ 可逆时，λ^{-1} 是 $\boldsymbol{A}^{-1}$ 的特征值；

且 $\boldsymbol{x}$ 仍是矩阵 $k\boldsymbol{A},\boldsymbol{A}^m,\boldsymbol{A}^{-1}$ 的分别对应于特征值 $k\lambda,\lambda^m,\dfrac{1}{\lambda}$ 的特征向量.

证 (i) 的证明留给读者练习.

(ii) 由已知条件 $\boldsymbol{A}\boldsymbol{x}=\lambda\boldsymbol{x}$，可得

$$\boldsymbol{A}(\boldsymbol{A}\boldsymbol{x}) = \boldsymbol{A}(\lambda\boldsymbol{x}) = \lambda(\boldsymbol{A}\boldsymbol{x}) = \lambda(\lambda\boldsymbol{x}),$$

即

$$\boldsymbol{A}^2\boldsymbol{x} = \lambda^2\boldsymbol{x}.$$

再继续施行上述步骤 $m-2$ 次，就得

$$\boldsymbol{A}^m\boldsymbol{x} = \lambda^m\boldsymbol{x},$$

故 λ^m 是矩阵 $\boldsymbol{A}^m$ 的特征值，且 $\boldsymbol{x}$ 也是 $\boldsymbol{A}^m$ 对应于 λ^m 的特征向量.

(iii) 当 $\boldsymbol{A}$ 可逆时，$\lambda \neq 0$，由 $\boldsymbol{A}\boldsymbol{x}=\lambda\boldsymbol{x}$ 可得

$$\boldsymbol{A}^{-1}(\boldsymbol{A}\boldsymbol{x}) = \boldsymbol{A}^{-1}(\lambda\boldsymbol{x}) = \lambda\boldsymbol{A}^{-1}\boldsymbol{x},$$

因此

$$\boldsymbol{A}^{-1}\boldsymbol{x} = \lambda^{-1}\boldsymbol{x},$$

故 λ^{-1} 是 $\boldsymbol{A}^{-1}$ 的特征值，且 $\boldsymbol{x}$ 也是 $\boldsymbol{A}^{-1}$ 对应于 λ^{-1} 的特征向量. ■

性质 2 矩阵 $\boldsymbol{A}$ 和 $\boldsymbol{A}^{\mathrm{T}}$ 的特征值相同.

证 因为 $(\lambda\boldsymbol{I}-\boldsymbol{A})^{\mathrm{T}}=(\lambda\boldsymbol{I})^{\mathrm{T}}-\boldsymbol{A}^{\mathrm{T}}=\lambda\boldsymbol{I}-\boldsymbol{A}^{\mathrm{T}}$，所以

$$\det(\lambda\boldsymbol{I}-\boldsymbol{A})=\det(\lambda\boldsymbol{I}-\boldsymbol{A}^{\mathrm{T}}).$$

因此，$\boldsymbol{A}$ 和 $\boldsymbol{A}^{\mathrm{T}}$ 有完全相同的特征值. ■

* **定理 5.3** 设 $\boldsymbol{A}=(a_{ij})$ 是 n 阶矩阵，若

(1) $\displaystyle\sum_{j=1}^{n} |a_{ij}| < 1 \qquad (i=1,2,\cdots,n)$，

(2) $\displaystyle\sum_{i=1}^{n} |a_{ij}| < 1 \qquad (j=1,2,\cdots,n)$

有一个成立，则 $\boldsymbol{A}$ 的所有特征值 $\lambda_k(k=1,2,\cdots,n)$ 的模（当 λ 为实数时，是指 λ_k 的绝对值）$|\lambda_k|$ 小于 1.

证 设 λ 为 $\boldsymbol{A}$ 的任一特征值，$\boldsymbol{x}$ 为 λ 对应的特征向量，由 $\boldsymbol{A}\boldsymbol{x}=\lambda\boldsymbol{x}$，即

$$\sum_{j=1}^{n} a_{ij}x_j = \lambda x_i \quad (i=1,2,\cdots,n).$$

记 $\max\limits_{1\leqslant j\leqslant n}|x_j|=x_k$，则有

$$|\lambda| = \left|\frac{\lambda x_k}{x_k}\right| = \left|\frac{\sum\limits_{j=1}^{n} a_{kj}x_j}{x_k}\right| \leqslant \sum_{j=1}^{n} |a_{kj}| \left|\frac{x_j}{x_k}\right| \leqslant \sum_{j=1}^{n} |a_{kj}|.$$

由此可见，若(1)成立，则 $|\lambda|<1$. 因此，由 λ 的任意性即得 $|\lambda_k|<1\ (k=1,\cdots,n)$. 同理，若(2)成立，则 $\boldsymbol{A}^{\mathrm{T}}$ 的所有特征值即 $\boldsymbol{A}$ 的所有特征值的模小于 1.

例 3 设 $A=\begin{pmatrix}1 & -1 & 1\\ 2 & -2 & 2\\ -1 & 1 & -1\end{pmatrix}$.

(i) 求 A 的特征值和特征向量;

(ii) 求可逆矩阵 P,使 $P^{-1}AP$ 为对角阵.

解 (i)

$$|\lambda I-A|=\begin{vmatrix}\lambda-1 & 1 & -1\\ -2 & \lambda+2 & -2\\ 1 & -1 & \lambda+1\end{vmatrix}=\begin{vmatrix}\lambda-1 & 0 & -1\\ -2 & \lambda & -2\\ 1 & \lambda & \lambda+1\end{vmatrix}$$

$$=\begin{vmatrix}\lambda-1 & 0 & -1\\ -2 & \lambda & -2\\ 3 & 0 & \lambda+3\end{vmatrix}=\lambda[(\lambda-1)(\lambda+3)+3]$$

$$=\lambda^2(\lambda+2),$$

A 的特征值为 $\lambda_1=\lambda_2=0$(二重特征值)和 $\lambda_3=-2$.

当 $\lambda_1=0$ 时,由 $(\lambda_1 I-A)x=0$,即 $Ax=0$ 得基础解系 $x_1=(1,1,0)^{\mathrm T}$ 和 $x_2=(-1,0,1)^{\mathrm T}$,故 A 对应于 $\lambda_1=0$ 的全体特征向量为 $k_1x_1+k_2x_2=k_1(1,1,0)^{\mathrm T}+k_2(-1,0,1)^{\mathrm T}$(其中 k_1,k_2 为不全为零的任意常数).

当 $\lambda_3=-2$ 时,由 $(\lambda_3 I-A)x=0$,即

$$\begin{pmatrix}-3 & 1 & -1\\ -2 & 0 & -2\\ 1 & -1 & -1\end{pmatrix}\begin{pmatrix}x_1\\ x_2\\ x_3\end{pmatrix}=\begin{pmatrix}0\\0\\0\end{pmatrix}$$

得基础解系为 $x_3=(-1,-2,1)^{\mathrm T}$,$A$ 对应于 $\lambda_3=-2$ 的全体特征向量为 $k_3x_3=k_3(-1,-2,1)^{\mathrm T}$($k_3$ 为非零任意常数).

(ii) 将 $Ax_i=\lambda_i x_i\,(i=1,2,3)$ 排成矩阵等式

$$A(x_1,x_2,x_3)=(x_1,x_2,x_3)\begin{pmatrix}\lambda_1 & 0 & 0\\ 0 & \lambda_2 & 0\\ 0 & 0 & \lambda_3\end{pmatrix},$$

取

$$P=(x_1,x_2,x_3)=\begin{bmatrix}1&-1&-1\\1&0&-2\\0&1&1\end{bmatrix},\quad \Lambda=\begin{bmatrix}0&&\\&0&\\&&-2\end{bmatrix},$$

则 $AP=P\Lambda$，且 $|P|=2\neq0$，因此就得 $P^{-1}AP=\Lambda$ 为对角阵.

5.1.3 相似矩阵及其性质

定义 5.3 对于矩阵 A 和 B，若存在可逆矩阵 P，使 $P^{-1}AP=B$，就称 A 相似于 B，记作 $A\sim B$.

矩阵的相似关系也是一种等价关系，即也有以下三条性质.

(i) 反身性：$A\sim A$.

(ii) 对称性：若 $A\sim B$，则 $B\sim A$.

(iii) 传递性：若 $A\sim B$，$B\sim C$，则 $A\sim C$.

它们的证明，留给读者作为练习.

相似矩阵有以下性质：

(1) $P^{-1}(k_1A_1+k_2A_2)P=k_1P^{-1}A_1P+k_2P^{-1}A_2P$(其中 k_1,k_2 是任意常数).

(2) $P^{-1}(A_1A_2)P=(P^{-1}A_1P)(P^{-1}A_2P)$.

(3) 若 $A\sim B$，则 $A^m\sim B^m$(m 为正整数).

证 因为 $A\sim B$，所以存在可逆矩阵 P，使

$$P^{-1}AP=B,$$

于是

$$\begin{aligned}B^m&=(P^{-1}AP)(P^{-1}AP)\cdots(P^{-1}AP)\\&=P^{-1}A^mP,\end{aligned}$$

故

$$A^m\sim B^m.$$ ■

*(4) 若 $A\sim B$，则 $f(A)\sim f(B)$，其中

$$f(x)=a_nx^n+a_{n-1}x^{n-1}+\cdots+a_1x+a_0,$$

$$f(A)=a_nA^n+a_{n-1}A^{n-1}+\cdots+a_1A+a_0I,$$

$$f(B)=a_nB^n+a_{n-1}B^{n-1}+\cdots+a_1B+a_0I.$$

利用性质(1),(3)的结论,容易证明性质(4).

第(5)条性质是一个重要的结论,我们把它写成一个定理.

定理 5.4　相似矩阵的特征值相同.

证　只需证明相似矩阵有相同的特征多项式. 设 $\boldsymbol{A}\sim\boldsymbol{B}$,则存在可逆矩阵 $\boldsymbol{P}$,使得

$$\boldsymbol{P}^{-1}\boldsymbol{A}\boldsymbol{P}=\boldsymbol{B}.$$

于是

$$\begin{aligned}|\lambda\boldsymbol{I}-\boldsymbol{B}|&=|\lambda\boldsymbol{I}-\boldsymbol{P}^{-1}\boldsymbol{A}\boldsymbol{P}|\\&=|\boldsymbol{P}^{-1}(\lambda\boldsymbol{I}-\boldsymbol{A})\boldsymbol{P}|=|\boldsymbol{P}^{-1}||\lambda\boldsymbol{I}-\boldsymbol{A}||\boldsymbol{P}|\\&=|\lambda\boldsymbol{I}-\boldsymbol{A}|\quad(因\ |\boldsymbol{P}^{-1}||\boldsymbol{P}|=1).\end{aligned}$$ ■

必须注意,定理 5.4 的逆命题不成立,例如

$$\boldsymbol{I}=\begin{pmatrix}1&0\\0&1\end{pmatrix},\quad \boldsymbol{A}=\begin{pmatrix}1&1\\0&1\end{pmatrix},$$

都以 1 为二重特征值,但对于任何可逆矩阵 $\boldsymbol{P}$,都有 $\boldsymbol{P}^{-1}\boldsymbol{I}\boldsymbol{P}=\boldsymbol{I}\neq\boldsymbol{A}$,故 $\boldsymbol{A}$ 和 $\boldsymbol{I}$ 不相似.

5.2　矩阵可对角化的条件

所谓矩阵可对角化指的是,矩阵与对角阵相似. 本节讨论矩阵可对角化的条件. 其主要结论是:矩阵可对角化的充分必要条件是 n 阶矩阵有 n 个线性无关的特征向量,或矩阵的每个特征值的(代数)重数等于对应特征子空间的(几何)维数.

今后我们常将主对角元为 $a_1,a_2,\cdots,a_n$ 的对角阵记作 $\mathrm{diag}(a_1,a_2,\cdots,a_n)$,或记作 $\boldsymbol{\Lambda}$.

从 5.1 节例 3 可见,当三阶矩阵 $\boldsymbol{A}$ 有三个线性无关的特征向量 $\boldsymbol{x}_1,\boldsymbol{x}_2,\boldsymbol{x}_3$ 时,取 $\boldsymbol{P}=(\boldsymbol{x}_1,\boldsymbol{x}_2,\boldsymbol{x}_3)$就有

$$\boldsymbol{P}^{-1}\boldsymbol{A}\boldsymbol{P}=\mathrm{diag}(\lambda_1,\lambda_2,\lambda_3),$$

其中 $\lambda_1,\lambda_2,\lambda_3$ 分别是特征向量 $\boldsymbol{x}_1,\boldsymbol{x}_2,\boldsymbol{x}_3$ 所对应的特征值. 这表

明，三阶矩阵 $\boldsymbol{A}$ 有三个线性无关的特征向量是 $\boldsymbol{A}$ 与对角阵相似的充分条件.事实上它也是必要条件.下面给出一般结论.

定理 5.5 n 阶矩阵 $\boldsymbol{A}$ 与对角阵相似的充要条件是 $\boldsymbol{A}$ 有 n 个线性无关的特征向量.

证 必要性：设

$$\boldsymbol{P}^{-1}\boldsymbol{A}\boldsymbol{P}=\mathrm{diag}(\lambda_1,\lambda_2,\cdots,\lambda_n)\xlongequal{\text{记作}}\boldsymbol{\Lambda},$$

即

$$\boldsymbol{A}\boldsymbol{P}=\boldsymbol{P}\boldsymbol{\Lambda}.$$

将 $\boldsymbol{P}$ 矩阵按列分块，表示成

$$\boldsymbol{P}=(\boldsymbol{x}_1,\boldsymbol{x}_2,\cdots,\boldsymbol{x}_n),$$

则

$$\boldsymbol{A}(\boldsymbol{x}_1,\boldsymbol{x}_2,\cdots,\boldsymbol{x}_n)=(\boldsymbol{x}_1,\boldsymbol{x}_2,\cdots,\boldsymbol{x}_n)\begin{pmatrix}\lambda_1 & & & \\ & \lambda_2 & & \\ & & \ddots & \\ & & & \lambda_n\end{pmatrix},$$

即

$$(\boldsymbol{A}\boldsymbol{x}_1,\boldsymbol{A}\boldsymbol{x}_2,\cdots,\boldsymbol{A}\boldsymbol{x}_n)=(\lambda_1\boldsymbol{x}_1,\lambda_2\boldsymbol{x}_2,\cdots,\lambda_n\boldsymbol{x}_n),$$

于是

$$\boldsymbol{A}\boldsymbol{x}_i=\lambda_i\boldsymbol{x}_i\quad(i=1,2,\cdots,n).$$

故 $\boldsymbol{x}_1,\boldsymbol{x}_2,\cdots,\boldsymbol{x}_n$ 是 $\boldsymbol{A}$ 分别对应于特征值 $\lambda_1,\lambda_2,\cdots,\lambda_n$ 的特征向量.由于 $\boldsymbol{P}$ 可逆，所以它们是线性无关的，必要性得证.

上述步骤显然可逆，所以充分性也成立. ■

5.1 节例 1 中的 $\boldsymbol{A}$ 只存在两个线性无关的特征向量，所以不可对角化.

由定理 5.4 可知：若 $\boldsymbol{A}$ 与对角阵 $\boldsymbol{\Lambda}$ 相似，则 $\boldsymbol{\Lambda}$ 的主对角元都是 $\boldsymbol{A}$ 的特征值.若不计 λ_k 的排列顺序，则 $\boldsymbol{\Lambda}$ 是唯一的，称 $\boldsymbol{\Lambda}$ 为 $\boldsymbol{A}$ 的**相似标准形**.

定理 5.6 矩阵 $\boldsymbol{A}$ 的属于不同特征值的特征向量是线性无关的.

证　设$\boldsymbol{A}$的m个互不相同的特征值为$\lambda_1,\lambda_2,\cdots,\lambda_m$，其相应的特征向量分别为$\boldsymbol{x}_1,\boldsymbol{x}_2,\cdots,\boldsymbol{x}_m$.

对m作归纳法，证明$\boldsymbol{x}_1,\boldsymbol{x}_2,\cdots,\boldsymbol{x}_m$线性无关.

当$m=1$时，结论显然成立（因为特征向量$\boldsymbol{x}_1\neq\boldsymbol{0}$）.

设k个不同特征值$\lambda_1,\lambda_2,\cdots,\lambda_k$的特征向量$\boldsymbol{x}_1,\boldsymbol{x}_2,\cdots,\boldsymbol{x}_k$线性无关，下面考虑$k+1$个不同特征值的特征向量的情况.

设

$$a_1\boldsymbol{x}_1+a_2\boldsymbol{x}_2+\cdots+a_k\boldsymbol{x}_k+a_{k+1}\boldsymbol{x}_{k+1}=\boldsymbol{0}, \tag{①}$$

则

$$\boldsymbol{A}(a_1\boldsymbol{x}_1+a_2\boldsymbol{x}_2+\cdots+a_k\boldsymbol{x}_k+a_{k+1}\boldsymbol{x}_{k+1})=\boldsymbol{0},$$

即

$$a_1\lambda_1\boldsymbol{x}_1+a_2\lambda_2\boldsymbol{x}_2+\cdots+a_k\lambda_k\boldsymbol{x}_k+a_{k+1}\lambda_{k+1}\boldsymbol{x}_{k+1}=\boldsymbol{0}. \tag{②}$$

将①式乘λ_{k+1}，再减去②式得

$$a_1(\lambda_{k+1}-\lambda_1)\boldsymbol{x}_1+a_2(\lambda_{k+1}-\lambda_2)\boldsymbol{x}_2+\cdots+a_k(\lambda_{k+1}-\lambda_k)\boldsymbol{x}_k=\boldsymbol{0}.$$

根据归纳假设$\boldsymbol{x}_1,\boldsymbol{x}_2,\cdots,\boldsymbol{x}_k$线性无关，所以

$$a_i(\lambda_{k+1}-\lambda_i)=0,\ i=1,2,\cdots,k.$$

由于

$$\lambda_{k+1}\neq\lambda_i,\ i=1,2,\cdots,k,$$

所以

$$a_i=0,\ i=1,2,\cdots,k. \tag{③}$$

将③式代入①式，得

$$a_{k+1}\boldsymbol{x}_{k+1}=\boldsymbol{0}.$$

由于特征向量$\boldsymbol{x}_{k+1}\neq\boldsymbol{0}$，故$a_{k+1}=0$，故$\boldsymbol{x}_1,\boldsymbol{x}_2,\cdots,\boldsymbol{x}_{k+1}$线性无关. ■

推论　若n阶矩阵$\boldsymbol{A}$有n个互不相同的特征值，则$\boldsymbol{A}$与对角阵相似.

但必须注意，推论的逆不成立，如5.1节例3，$\boldsymbol{A}$与对角阵相似，但特征值中0是二重特征根.

* **定理 5.7**　设$\lambda_1,\lambda_2,\cdots,\lambda_m$是$n$阶矩阵$\boldsymbol{A}$的$m$个互异特征值，对应于$\lambda_i$的线性无关的特征向量为$\boldsymbol{x}_{i_1},\boldsymbol{x}_{i_2},\cdots,\boldsymbol{x}_{i_{r_i}}$（$i=1,2,\cdots,m$），则由所有这些特征向量（共$r_1+r_2+\cdots+r_m$个）构成的

向量组$\{\boldsymbol{x}_{i_1},\cdots,\boldsymbol{x}_{i_{r_i}} \mid i=1,2,\cdots,m\}$是线性无关的.

证 设

$$\sum_{i=1}^{m}(k_{i_1}\boldsymbol{x}_{i_1}+k_{i_2}\boldsymbol{x}_{i_2}+\cdots+k_{i_{r_i}}\boldsymbol{x}_{i_{r_i}})=\boldsymbol{0}, \qquad ①$$

记

$$\boldsymbol{y}_i=k_{i_1}\boldsymbol{x}_{i_1}+k_{i_2}\boldsymbol{x}_{i_2}+\cdots+k_{i_{r_i}}\boldsymbol{x}_{i_{r_i}}. \qquad ②$$

①式化为

$$\boldsymbol{y}_1+\boldsymbol{y}_2+\cdots+\boldsymbol{y}_m=\boldsymbol{0}, \qquad ③$$

其中$\boldsymbol{y}_i$是对应于λ_i的特征向量或零向量($i=1,\cdots,m$).根据定理5.6,③式中的$\boldsymbol{y}_1,\boldsymbol{y}_2,\cdots,\boldsymbol{y}_m$都不是特征向量(因为它们中如有一个或几个是特征向量,则由其线性无关性可知它们之和不等于$\boldsymbol{0}$),所以

$$\boldsymbol{y}_i=\boldsymbol{0}, \quad i=1,2,\cdots,m. \qquad ④$$

由于$\boldsymbol{x}_{i_1},\boldsymbol{x}_{i_2},\cdots,\boldsymbol{x}_{i_{r_i}}$是线性无关的,因此由④和②可得

$$k_{i_1}=k_{i_2}=\cdots=k_{i_{r_i}}=0, \quad i=1,2,\cdots,m.$$

故定理的结论成立. ■

由定理5.7可知,5.1节例3中$\boldsymbol{A}$的特征向量$\boldsymbol{x}_1,\boldsymbol{x}_2,\boldsymbol{x}_3$必定是线性无关的.

***定理 5.8** 设λ_0是n阶矩阵$\boldsymbol{A}$的一个k重特征值,对应于λ_0的线性无关的特征向量的最大个数为l,则$k\geqslant l$.

证 用反证法.设$l>k$,由于

$$\boldsymbol{A}\boldsymbol{x}_i=\lambda_0\boldsymbol{x}_i, \quad \boldsymbol{x}_i\neq\boldsymbol{0}, \quad i=1,2,\cdots,l. \qquad ①$$

将$\boldsymbol{x}_1,\boldsymbol{x}_2,\cdots,\boldsymbol{x}_l$扩充为$n$维向量空间$\mathbb{C}^n$的一组基

$$\boldsymbol{x}_1,\boldsymbol{x}_2,\cdots,\boldsymbol{x}_l,\boldsymbol{x}_{l+1},\cdots,\boldsymbol{x}_n,$$

其中$\boldsymbol{x}_{l+1},\cdots,\boldsymbol{x}_n$一般不是$\boldsymbol{A}$的特征向量,但$\boldsymbol{A}\boldsymbol{x}_m\in\mathbb{C}^n$($m=l+1,\cdots,n$),可用上述的一组基线性表示,即

$$\boldsymbol{A}\boldsymbol{x}_m=a'_{1m}\boldsymbol{x}_1+a'_{2m}\boldsymbol{x}_2+\cdots+a'_{lm}\boldsymbol{x}_l+$$

$$a'_{l+1\,m}\boldsymbol{x}_{l+1}+\cdots+a'_{nm}\boldsymbol{x}_n$$
$$(m=l+1,\cdots,n). \qquad ②$$

将①,②中的 n 个等式写成一个矩阵等式

$$\boldsymbol{A}(\boldsymbol{x}_1,\cdots,\boldsymbol{x}_l,\boldsymbol{x}_{l+1},\cdots,\boldsymbol{x}_n)$$
$$=(\boldsymbol{x}_1,\cdots,\boldsymbol{x}_l,\boldsymbol{x}_{l+1},\cdots,\boldsymbol{x}_n)\left[\begin{array}{ccc:ccc}\lambda_0 & & & a'_{1\,l+1} & \cdots & a'_{1n}\\ & \ddots & & \vdots & & \vdots\\ & & \lambda_0 & a'_{l\,l+1} & \cdots & a'_{ln}\\ \hdashline & & & a'_{l+1\,l+1} & \cdots & a'_{l+1\,n}\\ & \boldsymbol{0} & & \vdots & & \vdots\\ & & & a'_{n\,l+1} & \cdots & a'_{nn}\end{array}\right], \qquad ③$$

其中 λ_0 有 l 个.

记 $$\boldsymbol{P}=(\boldsymbol{x}_1,\cdots,\boldsymbol{x}_l,\boldsymbol{x}_{l+1},\cdots,\boldsymbol{x}_n),$$

并将③式右端矩阵分块表示,则有

$$\boldsymbol{P}^{-1}\boldsymbol{A}\boldsymbol{P}=\begin{bmatrix}\lambda_0\boldsymbol{I}_l & \boldsymbol{A}_1\\ \boldsymbol{0} & \boldsymbol{A}_2\end{bmatrix}.$$

根据相似矩阵有相同的特征多项式,得

$$|\lambda\boldsymbol{I}_n-\boldsymbol{A}|=|\lambda\boldsymbol{I}_n-\boldsymbol{P}^{-1}\boldsymbol{A}\boldsymbol{P}|$$
$$=\begin{vmatrix}(\lambda-\lambda_0)\boldsymbol{I}_l & -\boldsymbol{A}_1\\ \boldsymbol{0} & \lambda\boldsymbol{I}_{n-l}-\boldsymbol{A}_2\end{vmatrix}$$
$$=|(\lambda-\lambda_0)\boldsymbol{I}_l|\,|\lambda\boldsymbol{I}_{n-l}-\boldsymbol{A}_2|$$
$$=(\lambda-\lambda_0)^l g(\lambda). \qquad ④$$

其中 $g(\lambda)=|\lambda\boldsymbol{I}_{n-l}-\boldsymbol{A}_2|$ 是 λ 的 $n-l$ 次多项式.

由④式可知,λ_0 至少是 $\boldsymbol{A}$ 的 $l(l>k)$ 重特征值,与 λ_0 是 k 重特征值矛盾. 所以 $l\leqslant k$. ■

由于 $(\lambda_0\boldsymbol{I}-\boldsymbol{A})\boldsymbol{x}=\boldsymbol{0}$ 的基础解系含 $l=n-\mathrm{r}(\lambda_0\boldsymbol{I}-\boldsymbol{A})$ 个向量,即特征子空间的维数 $\dim V_{\lambda_0}=l$,定理5.8也可以叙述为: 特征子空间 V_{λ_0} 的维数 $\dim V_{\lambda_0}\leqslant$ 特征值 λ_0 的重数.

* **定理 5.9** n 阶矩阵 $\boldsymbol{A}$ 与对角矩阵相似的充分必要条件是：$\boldsymbol{A}$ 的每个特征值对应的特征向量线性无关的最大个数等于该特征值的重数(即 $\boldsymbol{A}$ 的每个特征子空间 V_{λ_i} 的维数等于特征值 λ_i 的重数).

证 设
$$|\lambda \boldsymbol{I}-\boldsymbol{A}|=\prod_{i=1}^{m}(\lambda-\lambda_i)^{r_i},$$
其中 $\lambda_1,\cdots,\lambda_m\in\mathbb{C}$ 且互异，又有 $\sum_{i=1}^{m} r_i=n$.

充分性：由于对应于 λ_i 的特征向量有 r_i 个线性无关，又 m 个特征值互异，由定理 5.7，$\boldsymbol{A}$ 有 n 个线性无关的特征向量，依据定理 5.5，$\boldsymbol{A}$ 与对角阵相似.

必要性：用反证法，设有一个特征值 λ_i 所对应的线性无关的特征向量的最大个数 $l_i<\lambda_i$ 的重数 r_i，则由定理 5.8 可知，$\boldsymbol{A}$ 的线性无关的特征向量个数小于 n，故 $\boldsymbol{A}$ 不能与对角阵相似. ■

例 1 设实对称矩阵
$$\boldsymbol{A}=\begin{pmatrix} 1 & -1 & -1 & -1 \\ -1 & 1 & -1 & -1 \\ -1 & -1 & 1 & -1 \\ -1 & -1 & -1 & 1 \end{pmatrix}.$$
问：$\boldsymbol{A}$ 是否与对角阵相似？若与对角阵相似，求对角阵 $\boldsymbol{\Lambda}$ 及可逆矩阵 $\boldsymbol{P}$，使得 $\boldsymbol{P}^{-1}\boldsymbol{A}\boldsymbol{P}=\boldsymbol{\Lambda}$. 再求 $\boldsymbol{A}^k$(k 为正整数).

解 $\boldsymbol{A}$ 的特征多项式
$$|\lambda \boldsymbol{I}-\boldsymbol{A}|=\begin{vmatrix} \lambda-1 & 1 & 1 & 1 \\ 1 & \lambda-1 & 1 & 1 \\ 1 & 1 & \lambda-1 & 1 \\ 1 & 1 & 1 & \lambda-1 \end{vmatrix}$$

$$=(\lambda+2)\begin{vmatrix}1 & 1 & 1 & 1\\1 & \lambda-1 & 1 & 1\\1 & 1 & \lambda-1 & 1\\1 & 1 & 1 & \lambda-1\end{vmatrix}$$

$$=(\lambda+2)\begin{vmatrix}1 & 1 & 1 & 1\\0 & \lambda-2 & 0 & 0\\0 & 0 & \lambda-2 & 0\\0 & 0 & 0 & \lambda-2\end{vmatrix}$$

$$=(\lambda+2)(\lambda-2)^3.$$

所以 $\boldsymbol{A}$ 的特征值 $\lambda_1=-2$(单根),$\lambda_2=2$(三重根).

由 $(\lambda_1\boldsymbol{I}-\boldsymbol{A})\boldsymbol{x}=\boldsymbol{0}$,即

$$\begin{pmatrix}-3 & 1 & 1 & 1\\1 & -3 & 1 & 1\\1 & 1 & -3 & 1\\1 & 1 & 1 & -3\end{pmatrix}\begin{pmatrix}x_1\\x_2\\x_3\\x_4\end{pmatrix}=\begin{pmatrix}0\\0\\0\\0\end{pmatrix}$$

得 λ_1 对应的特征向量为 $\{k_1\boldsymbol{x}_1 \mid \boldsymbol{x}_1=(1,1,1,1)^{\mathrm{T}},\ k_1\neq 0\}$.

由 $(\lambda_2\boldsymbol{I}-\boldsymbol{A})\boldsymbol{x}=\boldsymbol{0}$,即

$$x_1+x_2+x_3+x_4=0,$$

得基础解系为 $\boldsymbol{x}_{21}=(1,-1,0,0)^{\mathrm{T}}$, $\boldsymbol{x}_{22}=(1,0,-1,0)^{\mathrm{T}}$. $\boldsymbol{x}_{23}=(1,0,0,-1)^{\mathrm{T}}$.

$\boldsymbol{A}$ 有 4 个线性无关的特征向量,故 $\boldsymbol{A}$ 与对角阵相似.

取

$$\boldsymbol{P}=(\boldsymbol{x}_1,\boldsymbol{x}_{21},\boldsymbol{x}_{22},\boldsymbol{x}_{23})=\begin{pmatrix}1 & 1 & 1 & 1\\1 & -1 & 0 & 0\\1 & 0 & -1 & 0\\1 & 0 & 0 & -1\end{pmatrix},$$

则

$$P^{-1}AP=\begin{pmatrix}-2&&&\\&2&&\\&&2&\\&&&2\end{pmatrix}=\Lambda.$$

Λ 的 4 个对角元依次是 4 个特征向量所对应的特征值. 由于特征向量(或$(\lambda I-A)x=0$ 的基础解系)不唯一,所以 P 也不唯一.

由 $A=P\Lambda P^{-1}$,可得

$$A^k=(P\Lambda P^{-1})^k=P\Lambda P^{-1}P\Lambda P^{-1}\cdots P\Lambda P^{-1}=P\Lambda^kP^{-1}$$

$$=\begin{pmatrix}1&1&1&1\\1&-1&0&0\\1&0&-1&0\\1&0&0&-1\end{pmatrix}\begin{pmatrix}(-2)^k&&&\\&2^k&&\\&&2^k&\\&&&2^k\end{pmatrix}\cdot$$

$$\frac{1}{4}\begin{bmatrix}1&1&1&1\\1&-3&1&1\\1&1&-3&1\\1&1&1&-3\end{bmatrix}$$

$$=\begin{cases}2^kI_4, & \text{当 } k \text{ 为偶数},\\ 2^{k-1}A, & \text{当 } k \text{ 为奇数}.\end{cases}$$

例 2 设 $A=(a_{ij})_{n\times n}$ 是主对角元全为 2 的上三角矩阵,且存在 $a_{ij}\neq 0\ (i<j)$,问 A 是否与对角阵相似?

解 设
$$A=\begin{pmatrix}2&*&\cdots&*\\0&2&\cdots&*\\\vdots&\vdots&\ddots&\vdots\\0&0&\cdots&2\end{pmatrix}$$

(其中 * 为不全为零的任意常数). 则

$$|\lambda I-A|=(\lambda-2)^n,$$

即 $\lambda=2$ 是 A 的 n 重特征值,而 $r(2I-A)\geqslant 1$,所以$(2I-A)x=0$ 的基础解系所含向量个数$\leqslant n-1$ 个,即 A 的线性无关的特征向量

的个数$\leqslant n-1$个,因此,$\boldsymbol{A}$不与对角阵相似.

*例3 设$f(x)=x^3-2x+5$,矩阵$\boldsymbol{A}$同例1,求可逆阵$\boldsymbol{P}$和对角阵$\boldsymbol{\Lambda}_1$,使得$\boldsymbol{P}^{-1}f(\boldsymbol{A})\boldsymbol{P}=\boldsymbol{\Lambda}_1$,其中$f(\boldsymbol{A})=\boldsymbol{A}^3-2\boldsymbol{A}+5\boldsymbol{I}$.

解 利用5.1节性质1,若$\boldsymbol{A}\boldsymbol{x}=\lambda\boldsymbol{x}(\boldsymbol{x}\neq\boldsymbol{0})$,则

$$(k\boldsymbol{A})\boldsymbol{x}=(k\lambda)\boldsymbol{x},\quad \boldsymbol{A}^m\boldsymbol{x}=\lambda^m\boldsymbol{x}$$

(其中$k\in\mathbb{C}$,$m\in\mathbb{N}$),因此对任意多项式$f(x)$,有$f(\boldsymbol{A})\boldsymbol{x}=f(\lambda)\boldsymbol{x}$(请读者自己证明),即$f(\lambda)$是$f(\boldsymbol{A})$的特征值,$\boldsymbol{x}$是$f(\boldsymbol{A})$对应的特征向量,由$\lambda_1=-2$和$\lambda_2=2$得$f(\lambda_1)=1$,$f(\lambda_2)=9$,例1中的$\boldsymbol{x}_1$,$\boldsymbol{x}_{21}$,$\boldsymbol{x}_{22}$,$\boldsymbol{x}_{23}$是$f(\boldsymbol{A})$的特征值$f(\lambda_1)$,$f(\lambda_2)$所分别对应的特征向量.取$\boldsymbol{P}=(\boldsymbol{x}_1,\boldsymbol{x}_{21},\boldsymbol{x}_{22},\boldsymbol{x}_{23})$,则

$$\begin{aligned}\boldsymbol{P}^{-1}f(\boldsymbol{A})\boldsymbol{P}&=\mathrm{diag}(f(\lambda_1),f(\lambda_2),f(\lambda_2),f(\lambda_2))\\&=\mathrm{diag}(1,9,9,9)=\boldsymbol{\Lambda}_1.\end{aligned}$$

本题还有另一种解法,利用例1结果

$$\boldsymbol{P}^{-1}\boldsymbol{A}\boldsymbol{P}=\mathrm{diag}(-2,2,2,2)=\boldsymbol{\Lambda},$$

即

$$\boldsymbol{A}=\boldsymbol{P}\boldsymbol{\Lambda}\boldsymbol{P}^{-1}.$$

于是

$$\begin{aligned}f(\boldsymbol{A})&=\boldsymbol{A}^3-2\boldsymbol{A}+5\boldsymbol{I}\\&=(\boldsymbol{P}\boldsymbol{\Lambda}\boldsymbol{P}^{-1})^3-2(\boldsymbol{P}\boldsymbol{\Lambda}\boldsymbol{P}^{-1})+5\boldsymbol{I}\\&=\boldsymbol{P}(\boldsymbol{\Lambda}^3-2\boldsymbol{\Lambda}+5\boldsymbol{I})\boldsymbol{P}^{-1}\\&=\boldsymbol{P}f(\boldsymbol{\Lambda})\boldsymbol{P}^{-1},\end{aligned}$$

所以,$\boldsymbol{P}^{-1}f(\boldsymbol{A})\boldsymbol{P}=f(\boldsymbol{\Lambda})=\mathrm{diag}(f(-2),f(2),f(2),f(2))$

$$=\mathrm{diag}(1,9,9,9).$$

*例4 设n阶幂等矩阵$\boldsymbol{A}$(即$\boldsymbol{A}^2=\boldsymbol{A}$)的秩为$r(0<r\leqslant n)$.证明:$\boldsymbol{A}\sim\mathrm{diag}(1,1,\cdots,1,0,\cdots,0)$,其中1有$r$个.

证 设$\boldsymbol{A}\boldsymbol{x}=\lambda\boldsymbol{x}$ $(\boldsymbol{x}\neq\boldsymbol{0})$,由

$$\lambda\boldsymbol{x}=\boldsymbol{A}\boldsymbol{x}=\boldsymbol{A}^2\boldsymbol{x}=\lambda^2\boldsymbol{x}\quad(\boldsymbol{x}\neq\boldsymbol{0}),$$

得$\lambda^2=\lambda$,所以幂等矩阵的特征值为0或1.

当$\lambda_1=1$时,其特征矩阵$\boldsymbol{I}-\boldsymbol{A}$的秩为$n-r$.这是因为$\boldsymbol{A}-\boldsymbol{A}^2=\boldsymbol{A}(\boldsymbol{I}-\boldsymbol{A})=\boldsymbol{0}$,所以

$$\mathrm{r}(\boldsymbol{A})+\mathrm{r}(\boldsymbol{I}-\boldsymbol{A})\leqslant n.$$

又 $$\mathrm{r}(\boldsymbol{A})+\mathrm{r}(\boldsymbol{I}-\boldsymbol{A})\geqslant \mathrm{r}(\boldsymbol{A}+(\boldsymbol{I}-\boldsymbol{A}))=\mathrm{r}(\boldsymbol{I})=n,$$

故 $$\mathrm{r}(\boldsymbol{A})+\mathrm{r}(\boldsymbol{I}-\boldsymbol{A})=n.$$

因此 $\mathrm{r}(\boldsymbol{I}-\boldsymbol{A})=n-r,\quad \mathrm{dim}V_{\lambda_1}=n-(n-r)=r.$

于是由$(\boldsymbol{I}-\boldsymbol{A})\boldsymbol{x}=\boldsymbol{0}$,可求得对应于$\lambda_1=1$的$r$个线性无关的特征向量$\boldsymbol{x}_1,\boldsymbol{x}_2,\cdots,\boldsymbol{x}_r$.

当$\lambda_2=0$时,由$(\lambda_2\boldsymbol{I}-\boldsymbol{A})\boldsymbol{x}=\boldsymbol{0}$,即$\boldsymbol{A}\boldsymbol{x}=\boldsymbol{0}$,可求得$n-r$个线性无关的特征向量$\boldsymbol{x}_{r+1},\cdots,\boldsymbol{x}_n$.取

$$\boldsymbol{P}=(\boldsymbol{x}_1,\boldsymbol{x}_2,\cdots,\boldsymbol{x}_r,\boldsymbol{x}_{r+1},\cdots,\boldsymbol{x}_n),$$

则 $$\boldsymbol{P}^{-1}\boldsymbol{A}\boldsymbol{P}=\mathrm{diag}(1,1,\cdots,1,0,\cdots,0),$$

其中1的个数为$r=\mathrm{r}(\boldsymbol{A})$个,0的个数为$n-r$个,当$r=n$时,$\mathrm{r}(\boldsymbol{I}-\boldsymbol{A})=0$,$\boldsymbol{A}=\boldsymbol{I}$,命题也成立. ■

5.3 实对称矩阵的对角化

上一节已指出,不是任何矩阵都与对角阵相似,然而实用中很重要的实对称矩阵一定可对角化,其特征值全为实数.而且对于任一个实对称矩阵$\boldsymbol{A}$,存在正交矩阵$\boldsymbol{T}$,使得$\boldsymbol{T}^{-1}\boldsymbol{A}\boldsymbol{T}$为对角阵.为了证明这些重要结论,先介绍复矩阵和复向量的有关概念和性质.

定义 5.4 元素为复数的矩阵和向量,称为**复矩阵**和**复向量**.

定义 5.5 设a_{ij}为复数,$\boldsymbol{A}=(a_{ij})_{m\times n}$,$\overline{\boldsymbol{A}}=(\overline{a}_{ij})_{m\times n}$,$\overline{a}_{ij}$是$a_{ij}$的共轭复数,则称$\overline{\boldsymbol{A}}$是$\boldsymbol{A}$的**共轭矩阵**.

由定义5.5可知:$\overline{\overline{\boldsymbol{A}}}=\boldsymbol{A}$;$\overline{\boldsymbol{A}}^{\mathrm{T}}=\overline{(\boldsymbol{A}^{\mathrm{T}})}$;当$\boldsymbol{A}$为实对称矩阵时,$\overline{\boldsymbol{A}}^{\mathrm{T}}=\boldsymbol{A}$.

根据定义及共轭复数的运算性质,容易证明共轭矩阵有以下性质:

(1) $\overline{k\boldsymbol{A}}=\overline{k}\,\overline{\boldsymbol{A}}$ (k为复数);

(2) $\overline{\boldsymbol{A}+\boldsymbol{B}}=\overline{\boldsymbol{A}}+\overline{\boldsymbol{B}}$;

(3) $\overline{AB}=\overline{A}\overline{B}$;

(4) $\overline{(AB)^{\mathrm{T}}}=\overline{B}^{\mathrm{T}}\overline{A}^{\mathrm{T}}$;

(5) 若 A 可逆,则$\overline{A^{-1}}=(\overline{A})^{-1}$;

(6) $\det\overline{A}=\overline{\det A}$.

n 维复向量(以列的形式表示)x 满足性质:

$\overline{x}^{\mathrm{T}}x\geqslant 0$,等号成立当且仅当 $x=0$.

这是因为,若 $x=(x_1,x_2,\cdots,x_n)^{\mathrm{T}},x_i\in\mathbb{C}\quad(i=1,2,\cdots,n)$,则

$$\overline{x}^{\mathrm{T}}x=\overline{x}_1x_1+\overline{x}_2x_2+\cdots+\overline{x}_nx_n$$

$$=|x_1|^2+|x_2|^2+\cdots+|x_n|^2\geqslant 0,$$

其中$|x_i|$是复数 x_i 的模,因此 $\overline{x}^{\mathrm{T}}x=0$,当且仅当 $x_i=0\ (i=1,2,\cdots,n)$,即$x=0$.

5.3.1 实对称矩阵的特征值和特征向量

虽然一般实矩阵的特征多项式是实系数多项式,但其特征根可能是复数,相应的特征向量也可能是复向量.然而实对称矩阵的特征值全是实数,(在实数域上)相应的特征向量是实向量,且不同特征值的特征向量是正交的.下面给以证明.

定理 5.10　实对称矩阵 A 的任一个特征值都是实数.

证　设 λ 是 A 的任一个特征值.由 $\overline{A}^{\mathrm{T}}=A$,和 $Ax=\lambda x$,有

$$\overline{(Ax)^{\mathrm{T}}}=\overline{(\lambda x)^{\mathrm{T}}},$$

$$\overline{x^{\mathrm{T}}A^{\mathrm{T}}}x=\overline{\lambda}\,\overline{x^{\mathrm{T}}}x,$$

$$\overline{x}^{\mathrm{T}}Ax=\lambda\overline{x}^{\mathrm{T}}x=\overline{\lambda}\,\overline{x}^{\mathrm{T}}x.$$

又 $x\neq 0,\overline{x}^{\mathrm{T}}x>0$,所以 $\lambda=\overline{\lambda}$,即 λ 为实数. ■

定理 5.11　实对称矩阵 A 对应于不同特征值的特征向量是正交的.

证　设 $Ax_i=\lambda_ix_i$,$(x_i\neq 0,\ i=1,2)$,$\lambda_1\neq\lambda_2$,$A^{\mathrm{T}}=A$,则

$$\lambda_1x_2^{\mathrm{T}}x_1=x_2^{\mathrm{T}}Ax_1=x_2^{\mathrm{T}}A^{\mathrm{T}}x_1=(Ax_2)^{\mathrm{T}}x_1$$

$$=(\lambda_2x_2)^{\mathrm{T}}x_1=\lambda_2x_2^{\mathrm{T}}x_1.$$

由于 $\lambda_1 \neq \lambda_2$，所以 $\boldsymbol{x}_2^{\mathrm{T}}\boldsymbol{x}_1=0$，即 $(\boldsymbol{x}_2,\boldsymbol{x}_1)=0$，故当 $\boldsymbol{x}_1,\boldsymbol{x}_2$ 为实的特征向量时，$\boldsymbol{x}_1$ 与 $\boldsymbol{x}_2$ 正交（$\boldsymbol{x}_1,\boldsymbol{x}_2$ 为复向量的情形，利用附录 A 的知识，也可证明二者正交）. ■

5.3.2 实对称矩阵的对角化

定理 5.12 对于任一个 n 阶实对称矩阵 $\boldsymbol{A}$，存在 n 阶正交矩阵 $\boldsymbol{T}$，使得

$$\boldsymbol{T}^{-1}\boldsymbol{A}\boldsymbol{T}=\operatorname{diag}(\lambda_1,\lambda_2,\cdots,\lambda_n).$$

证 用数学归纳法. $n=1$ 时，结论显然成立.

假设定理对任一个 $n-1$ 阶实对称矩阵 $\boldsymbol{B}$ 成立，即存在 $n-1$ 阶正交矩阵 $\boldsymbol{Q}$，使得 $\boldsymbol{Q}^{-1}\boldsymbol{B}\boldsymbol{Q}=\boldsymbol{\Lambda}_1$. 下面证明，对 n 阶实对称矩阵 $\boldsymbol{A}$ 也成立.

设 $\boldsymbol{A}\boldsymbol{x}_1=\lambda_1\boldsymbol{x}_1$，其中 $\boldsymbol{x}_1$ 是长度为 1 的特征向量. 现将 $\boldsymbol{x}_1$ 扩充为 $\mathbb{R}^n$ 的一组标准正交基

$$\boldsymbol{x}_1,\boldsymbol{x}_2,\cdots,\boldsymbol{x}_n,$$

其中 $\boldsymbol{x}_2,\cdots,\boldsymbol{x}_n$ 不一定是 $\boldsymbol{A}$ 的特征向量，于是就有

$$\begin{aligned}\boldsymbol{A}(\boldsymbol{x}_1,\boldsymbol{x}_2,\cdots,\boldsymbol{x}_n)&=(\boldsymbol{A}\boldsymbol{x}_1,\boldsymbol{A}\boldsymbol{x}_2,\cdots,\boldsymbol{A}\boldsymbol{x}_n)\\&=(\boldsymbol{x}_1,\boldsymbol{x}_2,\cdots,\boldsymbol{x}_n)\cdot\left(\begin{array}{c|ccc}\lambda_1 & b_{12} & \cdots & b_{1n}\\ \hline 0 & b_{22} & \cdots & b_{2n}\\ \vdots & \vdots & & \vdots\\ 0 & b_{n2} & \cdots & b_{nn}\end{array}\right).\end{aligned} \quad ①$$

记

$$\boldsymbol{P}=(\boldsymbol{x}_1,\boldsymbol{x}_2,\cdots,\boldsymbol{x}_n)\quad(\boldsymbol{P}\text{ 为正交矩阵}),$$

并将①式右端矩阵用分块矩阵表示，①式可写为

$$\boldsymbol{P}^{-1}\boldsymbol{A}\boldsymbol{P}=\begin{pmatrix}\lambda_1 & \boldsymbol{b}\\ \boldsymbol{0} & \boldsymbol{B}\end{pmatrix}. \quad ②$$

由于 $\boldsymbol{P}^{-1}=\boldsymbol{P}^{\mathrm{T}}$，$(\boldsymbol{P}^{-1}\boldsymbol{A}\boldsymbol{P})^{\mathrm{T}}=\boldsymbol{P}^{\mathrm{T}}\boldsymbol{A}^{\mathrm{T}}(\boldsymbol{P}^{-1})^{\mathrm{T}}=\boldsymbol{P}^{-1}\boldsymbol{A}\boldsymbol{P}$，所以

$$\begin{bmatrix} \lambda_1 & \mathbf{0} \\ \boldsymbol{b}^{\mathrm{T}} & \boldsymbol{B}^{\mathrm{T}} \end{bmatrix} = \begin{pmatrix} \lambda_1 & \boldsymbol{b} \\ \mathbf{0} & \boldsymbol{B} \end{pmatrix}.$$

因此，$\boldsymbol{b}=\mathbf{0}$，$\boldsymbol{B}^{\mathrm{T}}=\boldsymbol{B}$（即 $\boldsymbol{B}$ 为 $n-1$ 阶实对称矩阵），代入②式得

$$\boldsymbol{P}^{-1}\boldsymbol{A}\boldsymbol{P} = \begin{pmatrix} \lambda_1 & \mathbf{0} \\ \mathbf{0} & \boldsymbol{B} \end{pmatrix}.$$

根据归纳假设，构造一个正交矩阵

$$\boldsymbol{S} = \begin{pmatrix} 1 & \mathbf{0} \\ \mathbf{0} & \boldsymbol{Q} \end{pmatrix},$$

（读者不难验证 $\boldsymbol{S}^{\mathrm{T}}\boldsymbol{S}=\boldsymbol{I}_n$），便有

$$\begin{aligned} \boldsymbol{S}^{-1}(\boldsymbol{P}^{-1}\boldsymbol{A}\boldsymbol{P})\boldsymbol{S} &= \begin{pmatrix} 1 & \mathbf{0} \\ \mathbf{0} & \boldsymbol{Q}^{-1} \end{pmatrix}\begin{pmatrix} \lambda_1 & \mathbf{0} \\ \mathbf{0} & \boldsymbol{B} \end{pmatrix}\begin{pmatrix} 1 & \mathbf{0} \\ \mathbf{0} & \boldsymbol{Q} \end{pmatrix} \\ &= \begin{bmatrix} \lambda_1 & \mathbf{0} \\ \mathbf{0} & \boldsymbol{Q}^{-1}\boldsymbol{B}\boldsymbol{Q} \end{bmatrix} = \begin{bmatrix} \lambda_1 & \mathbf{0} \\ \mathbf{0} & \boldsymbol{\Lambda}_1 \end{bmatrix} \\ &= \mathrm{diag}(\lambda_1,\lambda_2,\cdots,\lambda_n). \end{aligned}$$

取 $\boldsymbol{T}=\boldsymbol{P}\boldsymbol{S}$（两个正交矩阵之积仍是正交矩阵），$\boldsymbol{T}^{-1}=\boldsymbol{S}^{-1}\boldsymbol{P}^{-1}$，则

$$\boldsymbol{T}^{-1}\boldsymbol{A}\boldsymbol{T} = \mathrm{diag}(\lambda_1,\lambda_2,\cdots,\lambda_n),$$

其中 $\lambda_1,\lambda_2,\cdots,\lambda_n$ 是 $\boldsymbol{A}$ 的特征值. ■

给定一个 n 阶实对称矩阵 $\boldsymbol{A}$，如何求正交矩阵 $\boldsymbol{T}$，使 $\boldsymbol{T}^{-1}\boldsymbol{A}\boldsymbol{T}=\boldsymbol{\Lambda}$ 呢？首先由特征多项式 $|\lambda\boldsymbol{I}-\boldsymbol{A}|=\prod_{i=1}^{m}(\lambda-\lambda_i)^{r_i}$ 得到全部互异特征值 $\lambda_1,\cdots,\lambda_m$. 由于 $\boldsymbol{A}$ 可对角化，根据定理 5.9，r_i 重特征值 λ_i 对应 r_i 个线性无关的特征向量 $\boldsymbol{x}_{i_1},\cdots,\boldsymbol{x}_{i_{r_i}}$，利用施密特正交化方法得到 r_i 个相互正交的单位向量 $\boldsymbol{y}_{i_1},\cdots,\boldsymbol{y}_{i_{r_i}}$，由定理 5.11，不同特征值对应的特征向量正交，得到 $\{\boldsymbol{y}_{i_1},\cdots,\boldsymbol{y}_{i_{r_i}} \mid i=1,\cdots,m\}$ 为 n 个相互正交的单位特征向量，将其按列排成 n 阶矩阵，就是所求的正交矩阵 $\boldsymbol{T}$.

例 1 设

$$A=\begin{pmatrix}1&-2&2\\-2&-2&4\\2&4&-2\end{pmatrix},$$

求正交阵 $\boldsymbol{T}$,使 $\boldsymbol{T}^{-1}\boldsymbol{AT}$ 为对角阵.

解

$$|\lambda\boldsymbol{I}-\boldsymbol{A}|=\begin{vmatrix}\lambda-1&2&-2\\2&\lambda+2&-4\\-2&-4&\lambda+2\end{vmatrix}$$

$$=\begin{vmatrix}0&-2(\lambda-2)&(\lambda+3)(\lambda-2)/2\\0&\lambda-2&\lambda-2\\-2&-4&\lambda+2\end{vmatrix}$$

$$=(-2)(\lambda-2)^2\begin{vmatrix}-2&(\lambda+3)/2\\1&1\end{vmatrix}$$

$$=(\lambda-2)^2(\lambda+7),$$

得 $\lambda_1=2$(二重)和 $\lambda_2=-7$.

对于 $\lambda_1=2$,由 $(\lambda_1\boldsymbol{I}-\boldsymbol{A})\boldsymbol{x}=\boldsymbol{0}$,即

$$\begin{pmatrix}1&2&-2\\2&4&-4\\-2&-4&4\end{pmatrix}\begin{pmatrix}x_1\\x_2\\x_3\end{pmatrix}=\begin{pmatrix}0\\0\\0\end{pmatrix},$$

得线性无关的特征向量 $\boldsymbol{x}_1=(2,-1,0)^{\mathrm{T}}$,$\boldsymbol{x}_2=(2,0,1)^{\mathrm{T}}$. 用施密特正交化方法,先正交化,得

$$\boldsymbol{\beta}_1=\boldsymbol{x}_1,$$

$$\boldsymbol{\beta}_2=\boldsymbol{x}_2-\frac{(\boldsymbol{x}_2,\boldsymbol{\beta}_1)}{(\boldsymbol{\beta}_1,\boldsymbol{\beta}_1)}\boldsymbol{\beta}_1$$

$$=\begin{pmatrix}2\\0\\1\end{pmatrix}-\frac{4}{5}\begin{pmatrix}2\\-1\\0\end{pmatrix}=\frac{1}{5}\begin{pmatrix}2\\4\\5\end{pmatrix},$$

再将$\boldsymbol{\beta}_1,\boldsymbol{\beta}_2$单位化得

$$\boldsymbol{y}_1=\left(\frac{2\sqrt{5}}{5},-\frac{\sqrt{5}}{5},0\right)^{\mathrm{T}},$$

$$\boldsymbol{y}_2=\left(\frac{2\sqrt{5}}{15},\frac{4\sqrt{5}}{15},\frac{\sqrt{5}}{3}\right)^{\mathrm{T}}.$$

对于$\lambda_2=-7$,由$(\lambda_2\boldsymbol{I}-\boldsymbol{A})\boldsymbol{x}=\boldsymbol{0}$,即

$$\begin{bmatrix}-8 & 2 & -2\\ 2 & -5 & -4\\ -2 & -4 & -5\end{bmatrix}\begin{bmatrix}x_1\\ x_2\\ x_3\end{bmatrix}=\begin{bmatrix}0\\ 0\\ 0\end{bmatrix},$$

得特征向量$\boldsymbol{x}_3=(1,2,-2)^{\mathrm{T}}$,单位化得$\boldsymbol{y}_3=\left(\frac{1}{3},\frac{2}{3},\frac{-2}{3}\right)^{\mathrm{T}}$,取正交矩阵

$$\boldsymbol{T}=(\boldsymbol{y}_1,\boldsymbol{y}_2,\boldsymbol{y}_3)=\begin{bmatrix}\frac{2\sqrt{5}}{5} & \frac{2\sqrt{5}}{15} & \frac{1}{3}\\ -\frac{\sqrt{5}}{5} & \frac{4\sqrt{5}}{15} & \frac{2}{3}\\ 0 & \frac{\sqrt{5}}{3} & -\frac{2}{3}\end{bmatrix},$$

则$\boldsymbol{T}^{-1}\boldsymbol{A}\boldsymbol{T}=\mathrm{diag}(\lambda_1,\lambda_1,\lambda_2)=\mathrm{diag}(2,2,-7)$.

例2　设实对称矩阵$\boldsymbol{A}$和$\boldsymbol{B}$是相似矩阵,证明:存在正交矩阵$\boldsymbol{T}$,使得$\boldsymbol{T}^{-1}\boldsymbol{A}\boldsymbol{T}=\boldsymbol{B}$.

证　由于$\boldsymbol{A}\sim\boldsymbol{B}$,所以$\boldsymbol{A}$和$\boldsymbol{B}$有相同的特征值$\lambda_1,\lambda_2,\cdots,\lambda_n$.根据定理5.12,对$\boldsymbol{A}$和$\boldsymbol{B}$分别存在正交矩阵$\boldsymbol{T}_1$和$\boldsymbol{T}_2$,使得

$$\boldsymbol{T}_1^{-1}\boldsymbol{A}\boldsymbol{T}_1=\mathrm{diag}(\lambda_1,\lambda_2,\cdots,\lambda_n)=\boldsymbol{T}_2^{-1}\boldsymbol{B}\boldsymbol{T}_2,$$

所以

$$\boldsymbol{T}_2\boldsymbol{T}_1^{-1}\boldsymbol{A}\boldsymbol{T}_1\boldsymbol{T}_2^{-1}=\boldsymbol{B}.$$

取$\boldsymbol{T}=\boldsymbol{T}_1\boldsymbol{T}_2^{-1}$(仍是正交矩阵),则$\boldsymbol{T}^{-1}=\boldsymbol{T}_2\boldsymbol{T}_1^{-1}$,如此就得

$$\boldsymbol{T}^{-1}\boldsymbol{A}\boldsymbol{T}=\boldsymbol{B}.$$ ■

例3　设n阶实对称矩阵$\boldsymbol{A},\boldsymbol{B}$有完全相同的$n$个特征值,证

明：存在正交矩阵 $\boldsymbol{T}$ 和 n 阶矩阵 $\boldsymbol{Q}$ 使得 $\boldsymbol{A}=\boldsymbol{QT}$ 和 $\boldsymbol{B}=\boldsymbol{TQ}$ 同时成立.

证 由于实对称矩阵与对角阵 $\boldsymbol{\Lambda}$ 相似，$\boldsymbol{\Lambda}$ 的对角元为 n 个特征值，所以，$\boldsymbol{A}\sim\boldsymbol{\Lambda}\sim\boldsymbol{B}$，即 $\boldsymbol{A}\sim\boldsymbol{B}$. 由例 2 知存在正交矩阵 $\boldsymbol{T}_1$，使得 $\boldsymbol{T}_1^{-1}\boldsymbol{AT}_1=\boldsymbol{B}$，即 $\boldsymbol{AT}_1=\boldsymbol{T}_1\boldsymbol{B}$，记 $\boldsymbol{Q}=\boldsymbol{AT}_1$，则 $\boldsymbol{A}=\boldsymbol{QT}_1^{-1}=\boldsymbol{QT}$，$\boldsymbol{B}=\boldsymbol{T}_1^{-1}\boldsymbol{Q}=\boldsymbol{TQ}$（其中 $\boldsymbol{T}=\boldsymbol{T}_1^{-1}$ 仍为正交矩阵）同时成立. ■

例 4 设 $\boldsymbol{A},\boldsymbol{B}$ 都是 n 阶实对称矩阵，若存在正交矩阵 $\boldsymbol{T}$ 使 $\boldsymbol{T}^{-1}\boldsymbol{AT},\boldsymbol{T}^{-1}\boldsymbol{BT}$ 都是对角阵，则 $\boldsymbol{AB}$ 是实对称矩阵.

证 由 $(\boldsymbol{AB})^{\mathrm{T}}=\boldsymbol{B}^{\mathrm{T}}\boldsymbol{A}^{\mathrm{T}}=\boldsymbol{BA}$ 可知，此时 $\boldsymbol{AB}$ 对称的充要条件是 $\boldsymbol{AB}$ 可交换. 因此只需证明 $\boldsymbol{AB}=\boldsymbol{BA}$. 根据已知条件，有

$$\boldsymbol{T}^{-1}\boldsymbol{AT}=\operatorname{diag}(\lambda_1,\lambda_2,\cdots,\lambda_n),$$

$$\boldsymbol{T}^{-1}\boldsymbol{BT}=\operatorname{diag}(\mu_1,\mu_2,\cdots,\mu_n),$$

于是 $(\boldsymbol{T}^{-1}\boldsymbol{AT})(\boldsymbol{T}^{-1}\boldsymbol{BT})=(\boldsymbol{T}^{-1}\boldsymbol{BT})(\boldsymbol{T}^{-1}\boldsymbol{AT})=\operatorname{diag}(\lambda_1\mu_1,\cdots,\lambda_n\mu_n)$，因此，$\boldsymbol{AB}=\boldsymbol{BA}$，$(\boldsymbol{AB})^{\mathrm{T}}=\boldsymbol{BA}=\boldsymbol{AB}$. ■

习题 补充题 答案

习题

1. 求下列矩阵的特征值和特征向量：

(1) $\begin{pmatrix}2&-3\\-3&1\end{pmatrix}$；　(2) $\begin{pmatrix}3&-1&1\\2&0&1\\1&-1&2\end{pmatrix}$；

(3) $\begin{pmatrix}2&0&0\\1&1&1\\1&-1&3\end{pmatrix}$；　(4) $\begin{pmatrix}1&2&3&4\\0&1&2&3\\0&0&1&2\\0&0&0&1\end{pmatrix}$；

(5) $\begin{pmatrix}4&5&-2\\-2&-2&1\\-1&-1&1\end{pmatrix}$；　(6) $\begin{pmatrix}2&-2&0\\-2&1&-2\\0&-2&0\end{pmatrix}$.

2. 已知矩阵

$$\boldsymbol{A}=\begin{pmatrix}7 & 4 & -1\\ 4 & 7 & -1\\ -4 & -4 & x\end{pmatrix}$$

的特征值 $\lambda_1=3$(二重)，$\lambda_2=12$，求 x 的值，并求其特征向量.

3. 设 $\boldsymbol{x}_1,\boldsymbol{x}_2$ 是矩阵 $\boldsymbol{A}$ 不同特征值的特征向量，证明 $\boldsymbol{x}_1+\boldsymbol{x}_2$ 不是 $\boldsymbol{A}$ 的一个特征向量.

4. 设 $\boldsymbol{x}_1,\boldsymbol{x}_2,\boldsymbol{x}_3$ 分别是矩阵 $\boldsymbol{A}$ 对应于互不相同的特征值 $\lambda_1,\lambda_2,\lambda_3$ 的特征向量，证明 $\boldsymbol{x}_1+\boldsymbol{x}_2+\boldsymbol{x}_3$ 不是 $\boldsymbol{A}$ 的特征向量.

5. 证明对合矩阵 $\boldsymbol{A}$(即 $\boldsymbol{A}^2=\boldsymbol{I}$)的特征值只能为 1 或 -1.

6. 设 $\boldsymbol{A}$ 可逆，讨论 $\boldsymbol{A}$ 与 $\boldsymbol{A}^*$ 的特征值(特征向量)之间的相互关系.

7. 若 $\boldsymbol{P}^{-1}\boldsymbol{AP}=\boldsymbol{B}$，问：$\boldsymbol{P}^{-1}(\boldsymbol{A}-2\boldsymbol{I})\boldsymbol{P}=\boldsymbol{B}-2\boldsymbol{I}$ 是否成立？

8. 已知 $\boldsymbol{A}\sim\boldsymbol{\Lambda}=\begin{pmatrix}-1 & 0\\ 0 & 2\end{pmatrix}$，求 $\det(\boldsymbol{A}-\boldsymbol{I})$.

9. 已知 $\boldsymbol{P}=\begin{pmatrix}2 & -1\\ 3 & -2\end{pmatrix}$，$\boldsymbol{P}^{-1}\boldsymbol{AP}=\begin{pmatrix}-1 & 0\\ 0 & 2\end{pmatrix}$，求 $\boldsymbol{A}^n$.

***10.** 设 $\boldsymbol{B}=\boldsymbol{P}^{-1}\boldsymbol{AP}$，$\boldsymbol{x}$ 是矩阵 $\boldsymbol{A}$ 属于特征值 λ_0 的特征向量. 证明：$\boldsymbol{P}^{-1}\boldsymbol{x}$ 是矩阵 $\boldsymbol{B}$ 对应其特征值 λ_0 的一个特征向量.

***11.** 设 $\boldsymbol{A}$ 为非奇异矩阵，证明 $\boldsymbol{AB}$ 与 $\boldsymbol{BA}$ 相似.

***12.** 设 $\boldsymbol{A}\sim\boldsymbol{B}$，$\boldsymbol{C}\sim\boldsymbol{D}$，证明：

$$\begin{pmatrix}\boldsymbol{A} & \boldsymbol{0}\\ \boldsymbol{0} & \boldsymbol{C}\end{pmatrix}\sim\begin{pmatrix}\boldsymbol{B} & \boldsymbol{0}\\ \boldsymbol{0} & \boldsymbol{D}\end{pmatrix}.$$

***13.** 证明：m 阶矩阵

$$\boldsymbol{J}=\begin{pmatrix}0 & 1 & & \\ & 0 & \ddots & \\ & & \ddots & 1\\ & & & 0\end{pmatrix}$$

只有零特征值，且其特征子空间是 $\mathbb{R}^m$ 的一维子空间，并求它的基.

14. 若 $\boldsymbol{I}+\boldsymbol{A}$ 可逆，$\boldsymbol{I}-\boldsymbol{A}$ 不可逆，那么，关于 $\boldsymbol{A}$ 的特征值能做出怎样的断语？

15. 若 $\det(\boldsymbol{I}-\boldsymbol{A}^2)=0$，证明：1 或 -1 至少有一个是 $\boldsymbol{A}$ 的特征值.

16. 在第1题中，哪些矩阵可对角化？并对可对角化的矩阵 $\boldsymbol{A}$，求矩阵 $\boldsymbol{P}$ 和对角矩阵$\boldsymbol{\Lambda}$，使得 $\boldsymbol{P}^{-1}\boldsymbol{AP}=\boldsymbol{\Lambda}$.

17. 主对角元互不相等的上(下)三角形矩阵是否与对角阵相似(说明理由)?

18. 设 n 阶矩阵 $\boldsymbol{A}$ 的 n^2 个元素全为1，试求可逆矩阵 $\boldsymbol{P}$，使 $\boldsymbol{P}^{-1}\boldsymbol{AP}$ 为对角阵，并写出与 $\boldsymbol{A}$ 相似的对角阵.

19. 已知4阶矩阵 $\boldsymbol{A}$ 的特征值 $\lambda_1=1$(三重)，$\lambda_2=-3$；对应于 λ_1 的特征向量有 $\boldsymbol{x}_1=(1,-1,0,0)^{\mathrm{T}}$，$\boldsymbol{x}_2=(-1,1,-1,0)^{\mathrm{T}}$，$\boldsymbol{x}_3=(0,-1,1,-1)^{\mathrm{T}}$，对应于 λ_2 的特征向量为 $\boldsymbol{x}_4=(0,0,-1,1)^{\mathrm{T}}$. 问：$\boldsymbol{A}$ 可否对角化？如能对角化，求出 $\boldsymbol{A}$ 及 $\boldsymbol{A}^n$(n 为正整数).

20. 设三阶矩阵 $\boldsymbol{A}$ 有二重特征值 λ_1，如果 $\boldsymbol{x}_1=(1,0,1)^{\mathrm{T}}$，$\boldsymbol{x}_2=(-1,0,-1)^{\mathrm{T}}$，$\boldsymbol{x}_3=(1,1,0)^{\mathrm{T}}$，$\boldsymbol{x}_4=(0,1,-1)^{\mathrm{T}}$ 都是对应于 λ_1 的特征向量，问 $\boldsymbol{A}$ 可否对角化?

21. 已知 $\boldsymbol{A}=\begin{pmatrix}-3 & 2\\ -2 & 2\end{pmatrix}$.

(1) 求 $\boldsymbol{A}^4$，$\boldsymbol{A}^5$，$\boldsymbol{A}^k$(k 为正整数).

*(2) 若 $f(x)=\begin{vmatrix}x^4-1 & x\\ x^3 & x^6+1\end{vmatrix}$，求 $f(\boldsymbol{A})$.

22. 设 $\boldsymbol{A}=\begin{pmatrix}3 & 4 & 0 & 0\\ 4 & -3 & 0 & 0\\ 0 & 0 & 2 & 4\\ 0 & 0 & 0 & 2\end{pmatrix}$，求 $\boldsymbol{A}^k$(k 为正整数).

(提示：按对角块矩阵求 $\boldsymbol{A}^k$.)

23. 对5.2节例1的矩阵 $\boldsymbol{A}$，求正交矩阵 $\boldsymbol{T}$，使 $\boldsymbol{T}^{-1}\boldsymbol{AT}$ 为对角阵.

24. 对下列实对称矩阵 $\boldsymbol{A}$，求正交矩阵 $\boldsymbol{T}$ 和对角矩阵$\boldsymbol{\Lambda}$，使 $\boldsymbol{T}^{-1}\boldsymbol{AT}=\boldsymbol{\Lambda}$：

(1) $\begin{pmatrix}3 & 2 & 4\\ 2 & 0 & 2\\ 4 & 2 & 3\end{pmatrix}$； (2) $\begin{pmatrix}1 & 3 & 0\\ 3 & 4 & -1\\ 0 & -1 & 1\end{pmatrix}$； (3) $\begin{pmatrix}1 & 0 & 2\\ 0 & 1 & 2\\ 2 & 2 & -1\end{pmatrix}$；

(4) $\begin{pmatrix}0 & 0 & 4 & 1\\ 0 & 0 & 1 & 4\\ 4 & 1 & 0 & 0\\ 1 & 4 & 0 & 0\end{pmatrix}$； (5) $\begin{pmatrix}-1 & -3 & 3 & -3\\ -3 & -1 & -3 & 3\\ 3 & -3 & -1 & -3\\ -3 & 3 & -3 & -1\end{pmatrix}$.

25. 设 $\boldsymbol{A}$ 是 n 阶实对称矩阵，且 $\boldsymbol{A}^2=\boldsymbol{A}$，证明存在正交矩阵 $\boldsymbol{T}$，使得

$$\boldsymbol{T}^{-1}\boldsymbol{A}\boldsymbol{T}=\mathrm{diag}(1,1,\cdots,1,0,\cdots,0).$$

* **26.** 设 n 阶实对称矩阵 $\boldsymbol{A}$ 的特征值 $\lambda_i\geqslant 0\ (i=1,2,\cdots,n)$，证明存在特征值非负的实对称矩阵 $\boldsymbol{B}$，使得 $\boldsymbol{A}=\boldsymbol{B}^2$.

* **27.** 设 $\boldsymbol{A}$ 为 n 阶实对称幂等矩阵($\boldsymbol{A}^2=\boldsymbol{A}$)，$\mathrm{r}(\boldsymbol{A})=r$，试求 $\det(\boldsymbol{A}-2\boldsymbol{I})$.

补充题

28. 设多项式 $f(x)=a_nx^n+a_{n-1}x^{n-1}+\cdots+a_1x+a_0$，$\lambda_0$ 是矩阵 $\boldsymbol{A}$ 的一个特征值，$\boldsymbol{x}$ 是 $\boldsymbol{A}$ 对应于 λ_0 的特征向量. 证明 $f(\lambda_0)$ 是 $f(\boldsymbol{A})$ 的特征值，且 $\boldsymbol{x}$ 仍是 $f(\boldsymbol{A})$ 对应于 $f(\lambda_0)$ 的特征向量.

29. 设 $\boldsymbol{A}\sim\boldsymbol{B}$，$f(\boldsymbol{A})=\boldsymbol{A}^3+2\boldsymbol{A}-3\boldsymbol{I}$，证明：$f(\boldsymbol{A})\sim f(\boldsymbol{B})$.

30. 设 $\boldsymbol{A}=(a_{ij})_{4\times 4}$，已知 0 是 $\boldsymbol{A}$ 的二重特征值，1 是 $\boldsymbol{A}$ 的(一重)特征值，求矩阵 $\boldsymbol{A}$ 的特征多项式 $\det(\lambda\boldsymbol{I}-\boldsymbol{A})$.

31. 设 n 阶矩阵 $\boldsymbol{A}$ 的每行元素之和皆为 1. 问：能否至少求得 $\boldsymbol{A}$ 的一个特征值？

32. 设 $\lambda_1,\lambda_2,\cdots,\lambda_n$ 是矩阵 $\boldsymbol{A}=(a_{ij})_{n\times n}$ 的 n 个特征值，证明：

$$\sum_{i=1}^{n}\lambda_i^2=\sum_{i=1}^{n}\sum_{j=1}^{n}a_{ij}a_{ji}.$$

33. 设 $\boldsymbol{AB}=\boldsymbol{BA}$，$\boldsymbol{x}$ 是 $\boldsymbol{A}$ 对应于特征值 λ_0 的特征向量，证明：

$$\boldsymbol{Bx}\in V_{\lambda_0}\quad(\boldsymbol{A}\text{ 的特征子空间}).$$

34. 证明：若 n 阶矩阵 $\boldsymbol{A}$ 有 n 个互不相同的特征值，则 $\boldsymbol{AB}=\boldsymbol{BA}$ 的充要条件是 $\boldsymbol{A}$ 的特征向量也是 $\boldsymbol{B}$ 的特征向量.

35. 设 $\boldsymbol{A},\boldsymbol{B}$ 皆为 n 阶矩阵，$\varphi(\lambda)=|\lambda\boldsymbol{I}-\boldsymbol{B}|$. 证明：$\varphi(\boldsymbol{A})$ 可逆的充要条件为 $\boldsymbol{B}$ 的任一特征值都不是 $\boldsymbol{A}$ 的特征值.

(提示：设 $\varphi(\lambda)=|\lambda\boldsymbol{I}-\boldsymbol{B}|=(\lambda-\lambda_1)(\lambda-\lambda_2)\cdots(\lambda-\lambda_n)$，利用 μ 不是 $\boldsymbol{A}$ 的特征值时，$|\mu\boldsymbol{I}-\boldsymbol{A}|\neq 0$，讨论 $|\varphi(\boldsymbol{A})|\neq 0$ 的充分必要条件.)

36. 证明反对称实矩阵的特征值是 0 或纯虚数.

37. 已知 $\mathbb{R}^n$ 中两个非零的正交向量

$$\boldsymbol{\alpha}=(a_1,a_2,\cdots,a_n),\quad \boldsymbol{\beta}=(b_1,b_2,\cdots,b_n).$$

证明：矩阵 $\boldsymbol{A}=\boldsymbol{\alpha}^{\mathrm{T}}\boldsymbol{\beta}$ 的特征值全为 0，且 $\boldsymbol{A}$ 不可对角化.

38. 设$\boldsymbol{\alpha}=(a_1,a_2,\cdots,a_n)\in\mathbb{R}^n$，且$a_i\neq0\ (i=1,2,\cdots,n)$. 试求矩阵$\boldsymbol{A}=\boldsymbol{\alpha}^{\mathrm{T}}\boldsymbol{\alpha}$的特征值，并求可逆矩阵$\boldsymbol{P}$，使$\boldsymbol{P}^{-1}\boldsymbol{AP}$成对角形.

39. 已知
$$\boldsymbol{A}=\begin{pmatrix}2&-1&2\\5&a&3\\-1&b&-2\end{pmatrix}$$
的一个特征向量$\boldsymbol{\xi}=(1,1,-1)^{\mathrm{T}}$.

(1) 确定a,b及$\boldsymbol{\xi}$对应的特征值；(2) $\boldsymbol{A}$能否相似于对角矩阵？说明理由.

40. 设$\boldsymbol{A}=\begin{pmatrix}a&-1&c\\5&b&3\\1-c&0&-a\end{pmatrix}$，

已知$|\boldsymbol{A}|=1$，且$\boldsymbol{A}^*$有一特征值λ_0，其特征向量$\boldsymbol{x}=(-1,-1,1)^{\mathrm{T}}$，试求$a,b,c$及$\lambda_0$.

41. 设
$$\boldsymbol{A}=\begin{pmatrix}1&-1&1\\x&4&y\\-3&-3&5\end{pmatrix},$$
已知$\boldsymbol{A}$有3个线性无关的特征向量，且$\lambda_1=2$是其二重特征值，求$\boldsymbol{P}$，使$\boldsymbol{P}^{-1}\boldsymbol{AP}=\boldsymbol{\Lambda}$(对角矩阵).

42. 设$\boldsymbol{\alpha}=(a_1,a_2,\cdots,a_n)^{\mathrm{T}}$，$\boldsymbol{\beta}=(b_1,b_2,\cdots,b_n)^{\mathrm{T}}$均为非零向量，已知$\boldsymbol{\alpha}^{\mathrm{T}}\boldsymbol{\beta}=0$，$\boldsymbol{A}=\boldsymbol{\alpha\beta}^{\mathrm{T}}$. 试求：(1) $\boldsymbol{A}^2$；(2) $\boldsymbol{A}$的特征值与特征向量.

下列43～46题为选择题.

43. 已知$2,4,6,\cdots,2n$是n阶矩阵$\boldsymbol{A}$的n个特征值，则行列式$|\boldsymbol{A}-3\boldsymbol{I}|=($　$)$.

(A) $2\cdot n!-3^n$；　(B) $(2n-3)!!=1\cdot3\cdot5\cdot\cdots\cdot(2n-3)$；

(C) $-(2n-3)!!$；　(D) $5\cdot7\cdot9\cdot\cdots\cdot(2n+3)$.

44. 已知n阶矩阵$\boldsymbol{A}$的行列式$|\boldsymbol{A}|\neq0$，λ_1为$\boldsymbol{A}$的一个特征值，则$(\boldsymbol{A}^*)^2+\boldsymbol{E}$($\boldsymbol{E}$为单位矩阵)必有特征值(　).

(A) $(\lambda_1|\boldsymbol{A}|)^2+1$；　(B) $\left(\dfrac{|\boldsymbol{A}|}{\lambda_1}\right)^2+1$；

(C) $(1+\lambda_1|\boldsymbol{A}|)^2$；　(D) $\left(1+\dfrac{|\boldsymbol{A}|}{\lambda_1}\right)^2$.

45. 若 $\boldsymbol{A},\boldsymbol{B}$ 均为 n 阶矩阵，且 $\boldsymbol{A}\sim\boldsymbol{B}$，则(　).

(A) $\lambda\boldsymbol{E}-\boldsymbol{A}=\lambda\boldsymbol{E}-\boldsymbol{B}$；　(B) $\boldsymbol{A}$ 与 $\boldsymbol{B}$ 有相同的特征值和特征向量；

(C) $\boldsymbol{AB}\sim\boldsymbol{B}^2$；　(D) 对于任意常数 t，均有 $t\boldsymbol{E}-\boldsymbol{A}\sim t\boldsymbol{E}-\boldsymbol{B}$.

46. 已知

$$\boldsymbol{A}=\begin{pmatrix}2&0&0\\0&0&1\\0&1&x\end{pmatrix}\quad 与\quad \boldsymbol{B}=\begin{pmatrix}2&0&0\\0&y&0\\0&0&-1\end{pmatrix}$$

相似，则(　).

(A) $x=0,y=1$；　(B) $y=0,x=-1$；

(C) $x=y=0$；　(D) $x=y=1$.

答案

1. (1) $\dfrac{3}{2}\pm\dfrac{\sqrt{37}}{2}$，$(6,1\mp\sqrt{37})^{\mathrm{T}}$.　(2) 1，$(0,1,1)^{\mathrm{T}}$；2（二重），$(1,1,0)^{\mathrm{T}}$.　(3) 2（三重），$(1,1,0)^{\mathrm{T}}$，$(0,1,1)^{\mathrm{T}}$.　(4) 1（四重），$(1,0,0,0)^{\mathrm{T}}$.　(5) 1（三重），$(-1,1,1)^{\mathrm{T}}$.　(6) 1，$(-2,-1,2)^{\mathrm{T}}$；4，$(2,-2,1)^{\mathrm{T}}$；$-2$，$(1,2,2)^{\mathrm{T}}$.

2. $x=4$；3（二重），$(1,-1,0)^{\mathrm{T}}$，$(1,0,4)^{\mathrm{T}}$；12，$(-1,-1,1)^{\mathrm{T}}$.

3. 用反证法，一个特征向量不能属于不同的特征值.

5. 用定义证.　**6.** 若 $\boldsymbol{Ax}=\lambda\boldsymbol{x}$，则 $\boldsymbol{A}^*\boldsymbol{x}=\dfrac{|\boldsymbol{A}|}{\lambda}\boldsymbol{x}$.

7. 成立.　**8.** -2.

9. $\begin{pmatrix}2^2(-1)^n-3\cdot2^n & 2(-1)^{n+1}+2^{n+1}\\ 6(-1)^n-3\cdot2^{n+1} & 3(-1)^{n+1}+2^{n+2}\end{pmatrix}$.

10. 用定义证明 $\boldsymbol{B}(\boldsymbol{P}^{-1}\boldsymbol{x})=\lambda_0(\boldsymbol{P}^{-1}\boldsymbol{x})$.

11. 利用 $\boldsymbol{A}^{-1}\boldsymbol{A}=\boldsymbol{I}$.　**13.** $(1,0,\cdots,0)^{\mathrm{T}}$.

14. 1 是 $\boldsymbol{A}$ 的特征值，-1 不是.

15. 由 $|\boldsymbol{I}-\boldsymbol{A}^2|=|\boldsymbol{I}-\boldsymbol{A}||\boldsymbol{I}+\boldsymbol{A}|=0$ 即得.

16. (1)，(6)可对角化.　(6) $\boldsymbol{\Lambda}=\mathrm{diag}(1,4,-2)$.

$$\boldsymbol{P}=\begin{pmatrix}-2&2&1\\-1&-2&2\\2&1&2\end{pmatrix}.$$

17. 可以,因有 n 个互不相等的特征值.

18.

$$\begin{pmatrix} 1 & 0 & \cdots & 0 & 1 \\ -1 & 1 & \cdots & 0 & 1 \\ 0 & -1 & \ddots & 0 & 1 \\ \vdots & \vdots & \ddots & \ddots & \vdots \\ 0 & 0 & \cdots & -1 & 1 \end{pmatrix}, \quad \boldsymbol{\Lambda} = \mathrm{diag}(0, \cdots, 0, n).$$

19. 可对角化,

$$\boldsymbol{A}^n = \begin{pmatrix} 1 & 0 & 0 & 0 \\ 0 & 1 & 0 & 0 \\ -1+(-3)^n & -1+(-3)^n & 1 & 1-(-3)^n \\ 1-(-3)^n & 1-(-3)^n & 0 & (-3)^n \end{pmatrix}.$$

20. 可对角化.

21.

(1) $\begin{pmatrix} 21 & -10 \\ 10 & -4 \end{pmatrix}$; $\quad \begin{pmatrix} -43 & 22 \\ -22 & 12 \end{pmatrix}$;

$$\frac{1}{3}\begin{pmatrix} -1+(-2)^{k+2} & 2+(-2)^{k+1} \\ -2-(-2)^{k+1} & 2^2-(-2)^k \end{pmatrix}.$$

(2) $\begin{pmatrix} 1279 & -640 \\ 640 & -321 \end{pmatrix}$.

22.

$$\begin{pmatrix} 4(5)^{k-1}-5(-5)^{k-1} & 2(5)^{k-1}+2(-5)^{k-1} & 0 & 0 \\ 2(5)^{k-1}+2(-5)^{k-1} & 5^{k-1}-4(-5)^{k-1} & 0 & 0 \\ 0 & 0 & 2^k & 4k2^{k-1} \\ 0 & 0 & 0 & 2^k \end{pmatrix}.$$

23.

$$\begin{pmatrix} \frac{1}{\sqrt{2}} & \frac{1}{\sqrt{6}} & \frac{\sqrt{3}}{6} & \frac{1}{2} \\ -\frac{1}{\sqrt{2}} & \frac{1}{\sqrt{6}} & \frac{\sqrt{3}}{6} & \frac{1}{2} \\ 0 & -\frac{2}{\sqrt{6}} & \frac{\sqrt{3}}{6} & \frac{1}{2} \\ 0 & 0 & -\frac{\sqrt{3}}{2} & \frac{1}{2} \end{pmatrix} \begin{pmatrix} 2 & & & \\ & 2 & & \\ & & 2 & \\ & & & -2 \end{pmatrix}.$$

24.

(1) $$\begin{pmatrix} \frac{1}{\sqrt{5}} & \frac{4}{\sqrt{45}} & \frac{2}{3} \\ -\frac{2}{\sqrt{5}} & \frac{2}{\sqrt{45}} & \frac{1}{3} \\ 0 & -\frac{5}{\sqrt{45}} & \frac{2}{3} \end{pmatrix} \begin{pmatrix} -1 & & \\ & -1 & \\ & & 8 \end{pmatrix}.$$

(2) $$\begin{pmatrix} \frac{1}{\sqrt{10}} & -\frac{3}{\sqrt{14}} & -\frac{3}{\sqrt{35}} \\ 0 & \frac{2}{\sqrt{14}} & -\frac{5}{\sqrt{35}} \\ \frac{3}{\sqrt{10}} & \frac{1}{\sqrt{14}} & \frac{1}{\sqrt{35}} \end{pmatrix} \begin{pmatrix} 1 & & \\ & -1 & \\ & & 6 \end{pmatrix}.$$

(3) $$\begin{pmatrix} \frac{1}{\sqrt{3}} & -\frac{1}{\sqrt{2}} & \frac{1}{\sqrt{6}} \\ \frac{1}{\sqrt{3}} & \frac{1}{\sqrt{2}} & \frac{1}{\sqrt{6}} \\ \frac{1}{\sqrt{3}} & 0 & -\frac{2}{\sqrt{6}} \end{pmatrix} \begin{pmatrix} 3 & & \\ & 1 & \\ & & -3 \end{pmatrix}.$$

(4) $$\frac{1}{2} \begin{pmatrix} 1 & 1 & 1 & 1 \\ -1 & -1 & 1 & 1 \\ 1 & -1 & 1 & -1 \\ -1 & 1 & 1 & -1 \end{pmatrix} \begin{pmatrix} 3 & & & \\ & -3 & & \\ & & 5 & \\ & & & -5 \end{pmatrix}.$$

(5) $\begin{pmatrix} \frac{1}{\sqrt{2}} & 0 & \frac{1}{2} & -\frac{1}{2} \\ \frac{1}{\sqrt{2}} & 0 & -\frac{1}{2} & \frac{1}{2} \\ 0 & \frac{1}{\sqrt{2}} & -\frac{1}{2} & -\frac{1}{2} \\ 0 & \frac{1}{\sqrt{2}} & \frac{1}{2} & \frac{1}{2} \end{pmatrix}$ $\begin{pmatrix} -4 & & & \\ & -4 & & \\ & & -4 & \\ & & & 8 \end{pmatrix}$.

26. 利用$(\boldsymbol{P\Lambda P}^{-1})^2=\boldsymbol{P\Lambda}^2\boldsymbol{P}^{-1}$. **27.** $(-1)^n 2^{n-r}$.

30. $\lambda^2(\lambda-1)\left(\lambda-\sum_{i=1}^{4}a_{ii}+1\right)$.

31. 能,其一个特征值为 1. **33.** 证 $\boldsymbol{A}(\boldsymbol{Bx})=\lambda_0(\boldsymbol{Bx})$.

34. 必要性用 33 题结果及 $\boldsymbol{A}$ 的每个特征子空间是一维子空间;充分性证存在同一个 $\boldsymbol{P}$,使得 $\boldsymbol{P}^{-1}\boldsymbol{AP}$ 和 $\boldsymbol{P}^{-1}\boldsymbol{BP}$ 皆为对角矩阵.

37. 先证 $\boldsymbol{A}^2=\boldsymbol{0}$,再利用 $\dim R(\boldsymbol{A})=1$.

38. $\lambda_1=\sum_{i=1}^{n}a_i^2$, $\lambda_2=0$ ($n-1$ 重),

$$\boldsymbol{P}=\begin{pmatrix} a_1 & a_2 & \cdots & a_n \\ a_2 & -a_1 & \cdots & 0 \\ \vdots & \vdots & \ddots & \vdots \\ a_n & 0 & \cdots & -a_1 \end{pmatrix}.$$

39. (1) 由$(\lambda\boldsymbol{I}-\boldsymbol{A})\boldsymbol{\xi}=\boldsymbol{0}$,得$\boldsymbol{\xi}$对应的特征值$\lambda=-1$, $a=-3$, $b=0$; (2) 由$|\lambda\boldsymbol{I}-\boldsymbol{A}|=(\lambda+1)^3$,得$-1$是$\boldsymbol{A}$的三重特征值,再由 $\mathrm{r}(-\boldsymbol{I}-\boldsymbol{A})=2$,得特征值$\lambda=-1$只有一个线性无关的特征向量,所以$\boldsymbol{A}$不能与对角矩阵相似.

40. 由 $\boldsymbol{A}^*\boldsymbol{x}=\lambda_0\boldsymbol{x}$(因 $\boldsymbol{A}$ 可逆, $\lambda_0\neq 0$),可推出 $\boldsymbol{Ax}=\frac{1}{\lambda_0}\boldsymbol{x}$,再由 $\left(\frac{1}{\lambda_0}\boldsymbol{I}-\boldsymbol{A}\right)\boldsymbol{x}=\boldsymbol{0}$ 及 $|\boldsymbol{A}|=1$,可得到 $\lambda_0=-1$, $a=c=4$, $b=-3$.

41. 因为 $\boldsymbol{A}$ 可对角化,所以属于 $\lambda_1=2$ 的线性无关的特征向量有两个,从而 $\mathrm{r}(\lambda_1\boldsymbol{I}-\boldsymbol{A})=1$,由此,即得 $x=-y=-2$;$\boldsymbol{A}$ 的另一个特征值 λ_2 满足 $\lambda_2+2+2=1+4+5$,所以 $\lambda_2=6$.

$$\boldsymbol{P}=\begin{pmatrix}1&1&1\\-1&0&-2\\0&1&3\end{pmatrix},\quad \boldsymbol{\Lambda}=\begin{pmatrix}2&0&0\\0&2&0\\0&0&6\end{pmatrix}.$$

42. (1) $\boldsymbol{A}^2=\boldsymbol{0}$. (2) $\boldsymbol{A}$ 的特征值 $\lambda_1=0$（至少是 $n-1$ 重特征值），因为有 $n-1$ 个线性无关的特征向量（不妨设 $b_1\neq 0$）：$\boldsymbol{x}_1=(b_2,-b_1,0,\cdots,0)^{\mathrm{T}}$，$\boldsymbol{x}_2=(b_3,0,-b_1,0,\cdots,0)^{\mathrm{T}},\cdots,\boldsymbol{x}_{n-1}=(b_n,0,\cdots,0,-b_1)^{\mathrm{T}}$. 此时，$\boldsymbol{A}$ 没有非零特征向量，因为 $\boldsymbol{A}$ 的特征值之和等于 $\boldsymbol{A}$ 的迹（此时 $\mathrm{tr}\boldsymbol{A}=0$）. 此外，由 $\boldsymbol{A}^2=\boldsymbol{0}$，即 $\boldsymbol{A}$ 为幂零矩阵，而幂零矩阵的特征值必为零.

43. (C). **44.** (B). **45.** (D). **46.** (A).

第6章

二 次 型

二次型就是二次齐次多项式.在解析几何中讨论的有心二次曲线,当中心与坐标原点重合时,其一般方程是

$$ax^2+2bxy+cy^2=f, \quad ①$$

方程的左端就是 x,y 的一个二次齐次多项式.为了便于研究这个二次曲线的几何性质,我们通过基变换(坐标变换),把方程①化为不含 x,y 混合项的标准方程

$$a'x'^2+c'y'^2=f'. \quad ②$$

在二次曲面的研究中也有类似的问题.二次齐次多项式不仅在几何问题中出现,而且在数学的其他分支及物理、力学和网络计算中也常会碰到.

二次型的一个基本问题是如同中心在原点的一般二次曲线方程化为标准方程那样,把一般的二次齐次多项式化为只含纯平方项的代数和.本章除了重点讨论这个基本问题外,还将讨论有重要应用的有定二次型(主要是正定二次型)的性质、判定,并介绍它的一些应用.我们将用矩阵工具来研究二次型,因此首先要讨论二次型的矩阵表示.

6.1 二次型的定义和矩阵表示 合同矩阵

定义 6.1 n 元变量 $x_1,x_2,\cdots,x_n$ 的二次齐次多项式

$$\begin{aligned}
f(x_1,x_2,\cdots,x_n) \\
&= a_{11}x_1^2+2a_{12}x_1x_2+2a_{13}x_1x_3+\cdots+2a_{1n}x_1x_n \\
&\quad +a_{22}x_2^2+2a_{23}x_2x_3+\cdots \quad +2a_{2n}x_2x_n \\
&\quad \cdots\cdots \\
&\quad +a_{nn}x_n^2.
\end{aligned} \tag{6.1}$$

当系数属于数域 F 时,称为数域 F 上的一个 **n 元二次型**. 本章讨论实数域上的 n 元二次型,简称**二次型**.

由于 $x_ix_j=x_jx_i$,具有对称性,若令

$$a_{ji}=a_{ij}, \quad i<j, \tag{6.2}$$

则 $2a_{ij}x_ix_j=a_{ij}x_ix_j+a_{ji}x_jx_i\,(i<j)$,于是(6.1)可以写成对称形式

$$\begin{aligned}
f(x_1,x_2,\cdots,x_n) \\
&= a_{11}x_1^2+a_{12}x_1x_2+\cdots+a_{1n}x_1x_n \\
&\quad +a_{21}x_2x_1+a_{22}x_2^2+\cdots+a_{2n}x_2x_n \\
&\quad +\cdots \\
&\quad +a_{n1}x_nx_1+a_{n2}x_nx_2+\cdots+a_{nn}x_n^2 \\
&= \sum_{i=1}^{n}x_i(a_{i1}x_1+a_{i2}x_2+\cdots+a_{in}x_n) \\
&= \sum_{i=1}^{n}x_i\sum_{j=1}^{n}a_{ij}x_j=\sum_{i=1}^{n}\sum_{j=1}^{n}a_{ij}x_ix_j
\end{aligned} \tag{6.3}$$

$$= (x_1,x_2,\cdots,x_n)\begin{pmatrix} a_{11}x_1+a_{12}x_2+\cdots+a_{1n}x_n \\ a_{21}x_1+a_{22}x_2+\cdots+a_{2n}x_n \\ \vdots \\ a_{n1}x_1+a_{n2}x_2+\cdots+a_{nn}x_n \end{pmatrix}$$

$$= (x_1,x_2,\cdots,x_n)\begin{pmatrix} a_{11} & a_{12} & \cdots & a_{1n} \\ a_{21} & a_{22} & \cdots & a_{2n} \\ \vdots & \vdots & & \vdots \\ a_{n1} & a_{n2} & \cdots & a_{nn} \end{pmatrix}\begin{pmatrix} x_1 \\ x_2 \\ \vdots \\ x_n \end{pmatrix} = \boldsymbol{x}^{\mathrm{T}}\boldsymbol{A}\boldsymbol{x}, \quad (6.4)$$

其中：$\boldsymbol{x}=(x_1,x_2,\cdots,x_n)^{\mathrm{T}}$，$\boldsymbol{A}=(a_{ij})_{n\times n}$. 并称 $\boldsymbol{A}$ 为二次型(6.3)**对应的矩阵**. 对于任意一个二次型(6.1)，总可以通过(6.2)，使其写成对称形式(6.3)，并对应于矩阵 $\boldsymbol{A}$. 由(6.2)知，$\boldsymbol{A}$ 为对称矩阵，又若 $\boldsymbol{A},\boldsymbol{B}$ 为 n 阶对称方阵，且

$$f(x_1,x_2,\cdots,x_n) = \boldsymbol{x}^{\mathrm{T}}\boldsymbol{A}\boldsymbol{x} = \boldsymbol{x}^{\mathrm{T}}\boldsymbol{B}\boldsymbol{x},$$

则必有 $\boldsymbol{A}=\boldsymbol{B}$(证明留作练习). 因此二次型和它的矩阵是相互唯一确定的. 所以，研究二次型的性质转化为研究 $\boldsymbol{A}$ 所具有的性质.

例 1 设 $f(x_1,x_2,x_3,x_4)=2x_1^2+x_1x_2+2x_1x_3+4x_2x_4+x_3^2+5x_4^2$，则它的矩阵为

$$\boldsymbol{A}=\begin{pmatrix} 2 & \frac{1}{2} & 1 & 0 \\ \frac{1}{2} & 0 & 0 & 2 \\ 1 & 0 & 1 & 0 \\ 0 & 2 & 0 & 5 \end{pmatrix}.$$

一个二次型 $\boldsymbol{x}^{\mathrm{T}}\boldsymbol{A}\boldsymbol{x}$ 也可看成 n 维向量 $\boldsymbol{\alpha}$ 的一个函数，即

$$f(\boldsymbol{\alpha}) = \boldsymbol{x}^{\mathrm{T}}\boldsymbol{A}\boldsymbol{x},$$

其中 $\boldsymbol{x}=(x_1,x_2,\cdots,x_n)^{\mathrm{T}}$ 是 $\boldsymbol{\alpha}$ 在 $\mathbb{R}^n$ 的一组基下的坐标向量. 所以二次型 $\boldsymbol{x}^{\mathrm{T}}\boldsymbol{A}\boldsymbol{x}$ 是向量 $\boldsymbol{\alpha}$ 的 n 个坐标的二次齐次函数. 因此二次型作为 n 维向量 $\boldsymbol{\alpha}$ 的函数，它的矩阵是与一组基相联系的.

如果 n 维向量 $\boldsymbol{\alpha}$ 在两组基$\{\boldsymbol{\varepsilon}_1,\boldsymbol{\varepsilon}_2,\cdots,\boldsymbol{\varepsilon}_n\}$和$\{\boldsymbol{\eta}_1,\boldsymbol{\eta}_2,\cdots,\boldsymbol{\eta}_n\}$下的坐标向量分别为

$$\boldsymbol{x}=(x_1,x_2,\cdots,x_n)^{\mathrm{T}} \text{ 和 } \boldsymbol{y}=(y_1,y_2,\cdots,y_n)^{\mathrm{T}},$$

又

$$(\boldsymbol{\eta}_1,\boldsymbol{\eta}_2,\cdots,\boldsymbol{\eta}_n)=(\boldsymbol{\varepsilon}_1,\boldsymbol{\varepsilon}_2,\cdots,\boldsymbol{\varepsilon}_n)\boldsymbol{C},$$

于是

$$\boldsymbol{x}=\boldsymbol{C}\boldsymbol{y},$$

(其中变换矩阵 $\boldsymbol{C}$ 是可逆矩阵),如此则有二次型

$$f(\boldsymbol{\alpha})=\boldsymbol{x}^{\mathrm{T}}\boldsymbol{A}\boldsymbol{x}=\boldsymbol{y}^{\mathrm{T}}(\boldsymbol{C}^{\mathrm{T}}\boldsymbol{A}\boldsymbol{C})\boldsymbol{y},$$

即二次型 $f(\boldsymbol{\alpha})$在两组基$\{\boldsymbol{\varepsilon}_1,\boldsymbol{\varepsilon}_2,\cdots,\boldsymbol{\varepsilon}_n\}$和$\{\boldsymbol{\eta}_1,\boldsymbol{\eta}_2,\cdots,\boldsymbol{\eta}_n\}$下所对应的矩阵分别为

$$\boldsymbol{A} \text{ 和 } \boldsymbol{C}^{\mathrm{T}}\boldsymbol{A}\boldsymbol{C},$$

其中 $\boldsymbol{C}^{\mathrm{T}}\boldsymbol{A}\boldsymbol{C}$ 仍是对称阵,$\boldsymbol{y}^{T}(\boldsymbol{C}^{\mathrm{T}}\boldsymbol{A}\boldsymbol{C})\boldsymbol{y}$ 是 $y_1,y_2,\cdots,y_n$ 的一个二次型.

例 2 设向量$\boldsymbol{\alpha}$ 在自然基$\{\boldsymbol{\varepsilon}_1,\boldsymbol{\varepsilon}_2\}$下的坐标$(x_1,x_2)^{\mathrm{T}}$ 满足方程

$$5x_1^2+5x_2^2-6x_1x_2=4. \tag*{①}$$

如果做基变换,将$\boldsymbol{\varepsilon}_1$和$\boldsymbol{\varepsilon}_2$逆时针旋转 45°变为$\boldsymbol{\eta}_1$和$\boldsymbol{\eta}_2$,即

$$(\boldsymbol{\eta}_1,\boldsymbol{\eta}_2)=(\boldsymbol{\varepsilon}_1,\boldsymbol{\varepsilon}_2)\begin{pmatrix}\cos45^\circ & -\sin45^\circ\\ \sin45^\circ & \cos45^\circ\end{pmatrix}, \tag*{②}$$

则$\boldsymbol{\alpha}$ 在基$\{\boldsymbol{\eta}_1,\boldsymbol{\eta}_2\}$下的坐标$(y_1,y_2)^{\mathrm{T}}$ 满足

$$\boldsymbol{x}=\begin{bmatrix}x_1\\ x_2\end{bmatrix}=\begin{pmatrix}\cos45^\circ & -\sin45^\circ\\ \sin45^\circ & \cos45^\circ\end{pmatrix}\begin{bmatrix}y_1\\ y_2\end{bmatrix}=\boldsymbol{C}\boldsymbol{y}. \tag*{③}$$

①式可用矩阵形式表示为

$$\boldsymbol{x}^{\mathrm{T}}\boldsymbol{A}\boldsymbol{x}=(x_1,x_2)\begin{pmatrix}5 & -3\\ -3 & 5\end{pmatrix}\begin{bmatrix}x_1\\ x_2\end{bmatrix}=4,$$

将③式代入上式得

$$\boldsymbol{x}^{\mathrm{T}}\boldsymbol{A}\boldsymbol{x}=\boldsymbol{y}^{\mathrm{T}}\boldsymbol{C}^{\mathrm{T}}\boldsymbol{A}\boldsymbol{C}\boldsymbol{y}$$

$$=(y_1,y_2)\begin{pmatrix}\frac{\sqrt{2}}{2} & \frac{\sqrt{2}}{2}\\ \frac{-\sqrt{2}}{2} & \frac{\sqrt{2}}{2}\end{pmatrix}\begin{pmatrix}5 & -3\\ -3 & 5\end{pmatrix}\begin{pmatrix}\frac{\sqrt{2}}{2} & \frac{-\sqrt{2}}{2}\\ \frac{\sqrt{2}}{2} & \frac{\sqrt{2}}{2}\end{pmatrix}\begin{pmatrix}y_1\\ y_2\end{pmatrix}$$

$$=(y_1,y_2)\begin{pmatrix}2 & 0\\ 0 & 8\end{pmatrix}\begin{pmatrix}y_1\\ y_2\end{pmatrix}=2y_1^2+8y_2^2=4,$$

即

$$\frac{1}{2}y_1^2+2y_2^2=1. \qquad ④$$

这样,我们就把方程①化成了在基$\{\boldsymbol{\eta}_1,\boldsymbol{\eta}_2\}$的坐标系下的标准方程④,它的图形是一个椭圆(图 6.1).

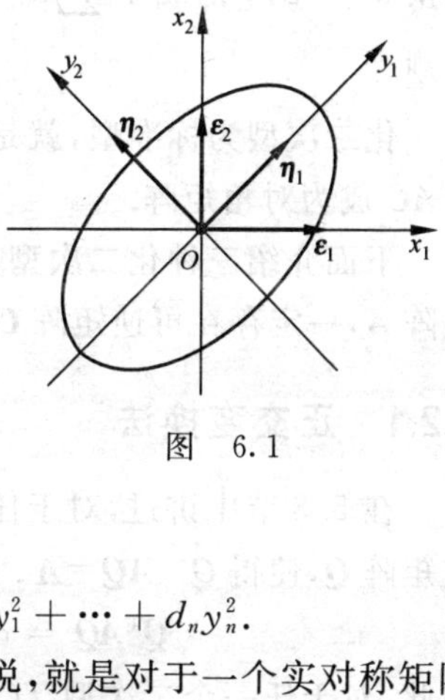

图 6.1

把一般的二次型 $f(x_1,x_2,\cdots,x_n)$化为 $y_1,y_2,\cdots,y_n$ 的纯平方项之代数和(简称平方和)的基本方法是做坐标变换(或说非退化的线性变换)

$$\boldsymbol{x}=\boldsymbol{C}\boldsymbol{y},$$

其中 $\boldsymbol{C}$ 为可逆矩阵,使

$$\boldsymbol{x}^{\mathrm{T}}\boldsymbol{A}\boldsymbol{x}=\boldsymbol{y}^{\mathrm{T}}\boldsymbol{C}^{\mathrm{T}}\boldsymbol{A}\boldsymbol{C}\boldsymbol{y}=d_1y_1^2+\cdots+d_ny_n^2.$$

这个基本问题,从矩阵的角度来说,就是对于一个实对称矩阵 $\boldsymbol{A}$,寻找一个可逆矩阵 $\boldsymbol{C}$,使得 $\boldsymbol{C}^{\mathrm{T}}\boldsymbol{A}\boldsymbol{C}$ 成为对角形.

定义 6.2 对于两个矩阵 $\boldsymbol{A}$ 和 $\boldsymbol{B}$,如果存在可逆矩阵 $\boldsymbol{C}$,使得 $\boldsymbol{C}^{\mathrm{T}}\boldsymbol{A}\boldsymbol{C}=\boldsymbol{B}$,就称 $\boldsymbol{A}$ 合同(或相合)于 $\boldsymbol{B}$,记做 $\boldsymbol{A}\simeq\boldsymbol{B}$.

由定义容易证明,矩阵之间的合同关系也具有反身性,对称性和传递性. 由于合同关系有对称性,所以 $\boldsymbol{A}$ 合同于 $\boldsymbol{B}$,也说成 $\boldsymbol{A}$ 与 $\boldsymbol{B}$ 是合同的,或 $\boldsymbol{A},\boldsymbol{B}$ 是**合同矩阵**.

6.2 化二次型为标准形

本节讨论的问题是：如何通过坐标变换 $x = Cy$，把二次型 $f(x_1,x_2,\cdots,x_n) = x^{\mathrm{T}}Ax$ 化为 $y_1,y_2,\cdots,y_n$ 的平方和 $d_1y_1^2 + d_2y_2^2 + \cdots + d_ny_n^2$. 我们把含平方项而不含混合项的二次型称为**标准的二次型**. 如果一个二次型 $x^{\mathrm{T}}Ax = \sum_{i=1}^{n}\sum_{j=1}^{n} a_{ij}x_ix_j$，通过坐标变换 $x = Cy$，化成了 $\sum_{i=1}^{n} d_iy_i^2$，我们就称它为二次型 $x^{\mathrm{T}}Ax$ 的标准型.

化二次型为标准型，就是对实对称矩阵 A，寻找可逆阵 C，使 $C^{\mathrm{T}}AC$ 成为对角矩阵.

下面介绍三种化二次型为标准形的方法，并证明任何实对称矩阵 A，一定存在可逆矩阵 C，使 $C^{\mathrm{T}}AC$ 为对角矩阵.

6.2.1 正交变换法

在5.3节中讲过，对于任一个 n 阶实对称矩阵 A，一定存在正交矩阵 Q，使得 $Q^{-1}AQ=\Lambda$. 由于 $Q^{-1}=Q^{\mathrm{T}}$，所以有

$$Q^{\mathrm{T}}AQ = \mathrm{diag}(\lambda_1,\lambda_2,\cdots,\lambda_n).$$

因此，对于任一个二次型 $f(x_1,x_2,\cdots,x_n)=x^{\mathrm{T}}Ax$，有下面的重要定理.

定理 6.1（主轴定理） 对于任一个 n 元二次型

$$f(x_1,x_2,\cdots,x_n) = x^{\mathrm{T}}Ax,$$

存在正交变换 $x=Qy$（Q 为 n 阶正交矩阵），使得

$$x^{\mathrm{T}}Ax = y^{\mathrm{T}}(Q^{\mathrm{T}}AQ)y = \lambda_1y_1^2 + \lambda_2y_2^2 + \cdots + \lambda_ny_n^2, \quad (6.5)$$

其中 $\lambda_1,\lambda_2,\cdots,\lambda_n$ 是实对称矩阵 A 的 n 个特征值，Q 的 n 个列向量 $\alpha_1,\alpha_2,\cdots,\alpha_n$ 是 A 对应于特征值 $\lambda_1,\lambda_2,\cdots,\lambda_n$ 的标准正交特征

向量.

例 1 用正交变换法,将二次型 $f(x_1,x_2,x_3)=2x_1^2+5x_2^2+5x_3^2+4x_1x_2-4x_1x_3-8x_2x_3$ 化成标准形.

解 二次型对应矩阵为

$$A=\begin{pmatrix}2&2&-2\\2&5&-4\\-2&-4&5\end{pmatrix},$$

其特征多项式

$$|\lambda I-A|=(\lambda-1)^2(\lambda-10).$$

A 的特征值 $\lambda_1=1,\lambda_2=1,\lambda_3=10$. 由 $(\lambda_1 I-A)x=0$,即

$$\begin{pmatrix}-1&-2&2\\-2&-4&4\\2&4&-4\end{pmatrix}\begin{pmatrix}x_1\\x_2\\x_3\end{pmatrix}=\begin{pmatrix}0\\0\\0\end{pmatrix},$$

和 $(\lambda_3 I-A)x=0$,即

$$\begin{pmatrix}8&-2&2\\-2&5&4\\2&4&5\end{pmatrix}\begin{pmatrix}x_1\\x_2\\x_3\end{pmatrix}=\begin{pmatrix}0\\0\\0\end{pmatrix},$$

分别求得对应 $\lambda_{1,2}=1$ 的线性无关特征向量

$$x_1=(-2,1,0)^{\mathrm{T}},\quad x_2=(2,0,1)^{\mathrm{T}},$$

和 $\lambda_3=10$ 的特征向量

$$x_3=(1,2,-2)^{\mathrm{T}}.$$

对 x_1,x_2 用施密特正交化方法得 ξ_1,ξ_2,再将 x_3 单位化为 ξ_3,其中:

$$\xi_1=\left(-\frac{2\sqrt{5}}{5},\frac{\sqrt{5}}{5},0\right)^{\mathrm{T}},\quad \xi_2=\left(\frac{2\sqrt{5}}{15},\frac{4\sqrt{5}}{15},\frac{\sqrt{5}}{3}\right)^{\mathrm{T}},$$

$$\xi_3=\left(\frac{1}{3},\frac{2}{3},-\frac{2}{3}\right)^{\mathrm{T}}.$$

取正交矩阵

$$
\boldsymbol{Q}=(\boldsymbol{\xi}_1,\boldsymbol{\xi}_2,\boldsymbol{\xi}_3)=\begin{pmatrix}-\frac{2\sqrt{5}}{5} & \frac{2\sqrt{5}}{15} & \frac{1}{3}\\ \frac{\sqrt{5}}{5} & \frac{4\sqrt{5}}{15} & \frac{2}{3}\\ 0 & \frac{\sqrt{5}}{3} & -\frac{2}{3}\end{pmatrix},
$$

则
$$
\boldsymbol{Q}^{-1}\boldsymbol{A}\boldsymbol{Q}=\boldsymbol{Q}^{\mathrm{T}}\boldsymbol{A}\boldsymbol{Q}=\mathrm{diag}(1,1,10).
$$

令 $\boldsymbol{x}=(x_1,x_2,x_3)^{\mathrm{T}}$，$\boldsymbol{y}=(y_1,y_2,y_3)^{\mathrm{T}}$，做正交变换 $\boldsymbol{x}=\boldsymbol{Q}\boldsymbol{y}$，原二次型就化成标准形

$$
\boldsymbol{x}^{\mathrm{T}}\boldsymbol{A}\boldsymbol{x}=\boldsymbol{y}^{\mathrm{T}}(\boldsymbol{Q}^{\mathrm{T}}\boldsymbol{A}\boldsymbol{Q})\boldsymbol{y}=y_1^2+y_2^2+10y_3^2.
$$

我们可以给这个例子一个几何解释. 对在自然坐标系(基) $\{\boldsymbol{\varepsilon}_1,\boldsymbol{\varepsilon}_2,\boldsymbol{\varepsilon}_3\}$ 下的二次曲面

$$
2x_1^2+5x_2^2+5x_3^2+4x_1x_2-4x_1x_3-8x_2x_3=1,
$$

若将坐标系 $\{\boldsymbol{\varepsilon}_1,\boldsymbol{\varepsilon}_2,\boldsymbol{\varepsilon}_3\}$ 变换为另一直角坐标系

$$
\boldsymbol{\xi}_1=\begin{pmatrix}-\frac{2\sqrt{5}}{5}\\ \frac{\sqrt{5}}{5}\\ 0\end{pmatrix},\quad \boldsymbol{\xi}_2=\begin{pmatrix}\frac{2\sqrt{5}}{15}\\ \frac{4\sqrt{5}}{15}\\ \frac{\sqrt{5}}{3}\end{pmatrix},\quad \boldsymbol{\xi}_3=\begin{pmatrix}\frac{1}{3}\\ \frac{2}{3}\\ -\frac{2}{3}\end{pmatrix},
$$

即

$$
(\boldsymbol{\xi}_1,\boldsymbol{\xi}_2,\boldsymbol{\xi}_3)=(\boldsymbol{\varepsilon}_1,\boldsymbol{\varepsilon}_2,\boldsymbol{\varepsilon}_3)\begin{pmatrix}-\frac{2\sqrt{5}}{5} & \frac{2\sqrt{5}}{15} & \frac{1}{3}\\ \frac{\sqrt{5}}{5} & \frac{4\sqrt{5}}{15} & \frac{2}{3}\\ 0 & \frac{\sqrt{5}}{3} & -\frac{2}{3}\end{pmatrix},
$$

则在坐标系 $\{\boldsymbol{\xi}_1,\boldsymbol{\xi}_2,\boldsymbol{\xi}_3\}$ 下，二次曲面方程为

$$
y_1^2+y_2^2+10y_3^2=1.
$$

由解析几可知，这是一个椭球面. 该椭球的三个主轴长度分别为 1,1,$\frac{1}{\sqrt{10}}$,与特征值的关系为$\frac{1}{\sqrt{|\lambda_1|}}$,$\frac{1}{\sqrt{|\lambda_2|}}$,$\frac{1}{\sqrt{|\lambda_3|}}$. 特征值的符号则决定了二次曲面的类型.

* **例 2** 将一般二次曲面方程

$$x^2-2y^2+10z^2+28xy-8yz+20zx-26x+$$
$$32y+28z-38=0 \quad ①$$

化为标准方程(只含纯平方项和常数项的方程).

解 首先将①式中的二次型部分

$$x^2-2y^2+10z^2+28xy-8yz+20zx, \quad ②$$

采用类似例 1 的正交变换法，通过求②式对应矩阵 $\boldsymbol{A}$ 的特征值和特征向量，并对特征向量进行施密特正交化，则可得一正交矩阵

$$\boldsymbol{Q}=\begin{pmatrix} \frac{1}{3} & \frac{2}{3} & \frac{2}{3} \\ \frac{2}{3} & \frac{1}{3} & -\frac{2}{3} \\ -\frac{2}{3} & \frac{2}{3} & -\frac{1}{3} \end{pmatrix},$$

使得 $\boldsymbol{Q}^{\mathrm{T}}\boldsymbol{A}\boldsymbol{Q}=\mathrm{diag}(9,18,-18)$. 做正交变换 $\boldsymbol{x}=\boldsymbol{Q}\boldsymbol{y}$, $\boldsymbol{x}=(x,y,z)^{\mathrm{T}}$, $\boldsymbol{y}=(x',y',z')^{\mathrm{T}}$,代入②式 $\boldsymbol{x}^{\mathrm{T}}\boldsymbol{A}\boldsymbol{x}$,得

$$\begin{aligned}\boldsymbol{x}^{\mathrm{T}}\boldsymbol{A}\boldsymbol{x}&=\boldsymbol{y}^{\mathrm{T}}(\boldsymbol{Q}^{\mathrm{T}}\boldsymbol{A}\boldsymbol{Q})\boldsymbol{y}\\&=(x',y,'z')\begin{pmatrix}9&0&0\\0&18&0\\0&0&-18\end{pmatrix}\begin{pmatrix}x'\\y'\\z'\end{pmatrix}\\&=9x'^2+18y'^2-18z'^2.\end{aligned}$$

再令 $\boldsymbol{x}=\boldsymbol{Q}\boldsymbol{y}$,即

$$\begin{cases} x = \dfrac{1}{3}x' + \dfrac{2}{3}y' + \dfrac{2}{3}z', \\ y = \dfrac{2}{3}x' + \dfrac{1}{3}y' - \dfrac{2}{3}z', \\ z = -\dfrac{2}{3}x' + \dfrac{2}{3}y' - \dfrac{1}{3}z'. \end{cases} \quad ③$$

代入曲面方程①的一次项部分,整个曲面方程①就化为

$$x'^2 + 2y'^2 - 2z'^2 - \frac{2}{3}x' + \frac{4}{3}y' - \frac{16}{3}z' - \frac{38}{9} = 0,$$

配方得

$$\left(x' - \frac{1}{3}\right)^2 + 2\left(y' + \frac{1}{3}\right)^2 - 2\left(z' + \frac{4}{3}\right)^2 = 1. \quad ④$$

再令

$$x'' = x' - \frac{1}{3},\ y'' = y' + \frac{1}{3},\ z'' = z' + \frac{4}{3}. \quad ⑤$$

将⑤代入方程④,得曲面方程①的标准方程

$$x''^2 + 2y''^2 - 2z''^2 = 1, \quad ⑥$$

故方程的图形为单叶双曲面.

例2中①式是曲面在空间直角坐标系 $Oxyz$ 下的方程,方程中的 x,y,z 是空间向量(即空间点)在自然基 $\{\boldsymbol{\varepsilon}_1,\boldsymbol{\varepsilon}_2,\boldsymbol{\varepsilon}_3\}$ 下的坐标.当基 $\{\boldsymbol{\varepsilon}_1,\boldsymbol{\varepsilon}_2,\boldsymbol{\varepsilon}_3\}$ 变换为 $\{\boldsymbol{\xi}_1,\boldsymbol{\xi}_2,\boldsymbol{\xi}_3\}$,即

$$\boldsymbol{\xi}_1 = \left(\frac{1}{3}, \frac{2}{3}, -\frac{2}{3}\right)^{\mathrm{T}}, \quad \boldsymbol{\xi}_2 = \left(\frac{2}{3}, \frac{1}{3}, \frac{2}{3}\right)^{\mathrm{T}},$$

$$\boldsymbol{\xi}_3 = \left(\frac{2}{3}, -\frac{2}{3}, -\frac{1}{3}\right)^{\mathrm{T}}$$

时,坐标向量 $\boldsymbol{x}=(x,y,z)^{\mathrm{T}}$ 变换为 $\boldsymbol{y}=(x',y',z')^{\mathrm{T}}$,二者的关系即为正交变换 $\boldsymbol{x}=\boldsymbol{Q}\boldsymbol{y}$.因此④式是曲面在基 $\{\boldsymbol{\xi}_1,\boldsymbol{\xi}_2,\boldsymbol{\xi}_3\}$ 下的坐标方程.⑤式表示平移变换(不是线性变换,请读者证明),就得到了曲面在空间坐标系 $O''x''y''z''$ 下的标准方程⑥.新坐标系的原点 O''

在坐标系 $Ox'y'z'$下的坐标为$\left(\frac{1}{3},-\frac{1}{3},-\frac{4}{3}\right)^{\mathrm{T}}$，在 $Oxyz$ 的坐标为$(-1,1,0)^{\mathrm{T}}$. ■

从本例中可以看出，当二次曲面的中心与坐标原点重合时，总可以通过正交变换将其化成标准形. 对中心不在坐标原点的二次曲面，可以通过一个正交变换和一个平移变换使其成为标准形.

*6.2.2 配方法和初等变换法

n 元二次型也可以通过一般的坐标变换 $\boldsymbol{x}=\boldsymbol{Cy}$ 化为标准形，即

$$\boldsymbol{x}^{\mathrm{T}}\boldsymbol{Ax} = \boldsymbol{y}^{\mathrm{T}}\boldsymbol{C}^{\mathrm{T}}\boldsymbol{ACy} = d_1y_1^2 + \cdots + d_ny_n^2.$$

即对任一个实对称矩阵 $\boldsymbol{A}$，都存在变换矩阵 $\boldsymbol{C}$，使得

$$\boldsymbol{C}^{\mathrm{T}}\boldsymbol{AC} = \mathrm{diag}(d_1,\cdots,d_n),$$

其中的 $d_1,\cdots,d_n$ 一般不是 $\boldsymbol{A}$ 的特征值，矩阵 $\boldsymbol{C}$ 的列向量一般也不是 $\boldsymbol{A}$ 的特征向量.

这里常用的方法是“配方法”和“初等变换法”. 下面，我们通过例题介绍这两种方法.

例 3 用配方法把三元二次型

$$f(x_1,x_2,x_3) = 2x_1^2 + 3x_2^2 + x_3^2 + 4x_1x_2 - 4x_1x_3 - 8x_2x_3 \quad ①$$

化为标准形，并求所用的坐标变换 $\boldsymbol{x}=\boldsymbol{Cy}$ 及变换矩阵 $\boldsymbol{C}$.

解 先按 x_1^2 及含有 x_1 的混合项配成完全平方，即

$$\begin{aligned} f(x_1,x_2,x_3) &= 2[x_1^2 + 2x_1(x_2 - x_3) + (x_2 - x_3)^2] - \\ &\quad 2(x_2 - x_3)^2 + 3x_2^2 + x_3^2 - 8x_2x_3 \\ &= 2(x_1 + x_2 - x_3)^2 + x_2^2 - x_3^2 - 4x_2x_3, \end{aligned}$$

在上式中，再按 $x_2^2-4x_2x_3$ 配成完全平方，于是

$$f(x_1,x_2,x_3) = 2(x_1 + x_2 - x_3)^2 + (x_2 - 2x_3)^2 - 5x_3^2. \quad ②$$

令

$$\begin{cases} y_1 = x_1 + x_2 - x_3, \\ y_2 = \quad\quad x_2 - 2x_3, \\ y_3 = \quad\quad\quad\quad x_3. \end{cases} \tag{③}$$

将③式代入②式,得二次型的标准形

$$f(x_1,x_2,x_3) = 2y_1^2 + y_2^2 - 5y_3^2. \tag{④}$$

从③式中解出 x_1,x_2,x_3,得

$$\begin{pmatrix} x_1 \\ x_2 \\ x_3 \end{pmatrix} = \begin{pmatrix} 1 & -1 & -1 \\ 0 & 1 & 2 \\ 0 & 0 & 1 \end{pmatrix} \begin{pmatrix} y_1 \\ y_2 \\ y_3 \end{pmatrix}. \tag{⑤}$$

⑤式是化二次型①为其标准形④所做的坐标变换 $\boldsymbol{x}=\boldsymbol{C}\boldsymbol{y}$(其中变换矩阵 $\boldsymbol{C}$ 是⑤式中的三阶矩阵).

对于一般的 n 元二次型 $f(x_1,x_2,\cdots,x_n)$,如果 x_1^2 的系数不为零,一般都可像例 3 那样将其化为标准形.如果 x_1^2 的系数为零,而 x_2^2 的系数不为零,配方可先从 x_2 开始.如果所有平方项的系数全为零,二次型中只含混合项,此时可按下面例 4 的方法,将其化为标准形.

例 4　用配方法化二次型 $f(x_1,x_2,x_3)=2x_1x_2+4x_1x_3$ 为标准形,并求所做的坐标变换.

解　因为二次型中没有平方项,无法配方,所以先做一个坐标变换,使其出现平方项.根据 x_1x_2,利用平方差公式,令

$$\begin{cases} x_1 = y_1 + y_2, \\ x_2 = y_1 - y_2, \\ x_3 = y_3. \end{cases} \tag{①}$$

将①式代入二次型,得

$$\begin{aligned} f(x_1,x_2,x_3) &= 2(y_1+y_2)(y_1-y_2) + 4(y_1+y_2)y_3 \\ &= 2y_1^2 - 2y_2^2 + 4y_1y_3 + 4y_2y_3. \end{aligned}$$

再用例 3 中的配方法,先对含 y_1 的项配完全平方,然后对含 y_2 的项配完全平方,得到

$$f(x_1,x_2,x_3)=2(y_1^2+2y_1y_3+y_3^2)-2y_3^2-2y_2^2+4y_2y_3$$
$$=2(y_1+y_3)^2-2(y_2-y_3)^2. \qquad ②$$

令 $$\begin{cases} z_1=y_1+y_3, \\ z_2=y_2-y_3, \\ z_3=y_3. \end{cases}$$

即 $$\begin{cases} y_1=z_1-z_3, \\ y_2=z_2+z_3, \\ y_3=z_3. \end{cases} \qquad ③$$

将③式代入②式.二次型 $f(x_1,x_2,x_3)$ 就化成了标准形,即

$$f(x_1,x_2,x_3)=2z_1^2-2z_2^2. \qquad ④$$

这里把二次型 $2x_1x_2+4x_1x_3$ 化成标准形 $2z_1^2-2z_2^2$,做了①式和③式所示的两次坐标变换,把它们分别记做

$$\boldsymbol{x}=\boldsymbol{C}_1\boldsymbol{y} \quad 和 \quad \boldsymbol{y}=\boldsymbol{C}_2\boldsymbol{z},$$

其中

$$\boldsymbol{C}_1=\begin{pmatrix}1&1&0\\1&-1&0\\0&0&1\end{pmatrix}, \quad \boldsymbol{C}_2=\begin{pmatrix}1&0&-1\\0&1&1\\0&0&1\end{pmatrix}, \qquad ⑤$$

$$\boldsymbol{x}=(x_1,x_2,x_3)^{\mathrm{T}}, \quad \boldsymbol{y}=(y_1,y_2,y_3)^{\mathrm{T}}, \quad \boldsymbol{z}=(z_1,z_2,z_3)^{\mathrm{T}}.$$

于是 $\boldsymbol{x}=(\boldsymbol{C}_1\boldsymbol{C}_2)\boldsymbol{z}$ 就是二次型化成④式标准形所做的坐标变换,其中变换矩阵

$$\boldsymbol{C}=\boldsymbol{C}_1\boldsymbol{C}_2=\begin{pmatrix}1&1&0\\1&-1&-2\\0&0&1\end{pmatrix}.$$

这里原二次型 $2x_1x_2+4x_1x_3$ 及其标准形 $2z_1^2-2z_2^2$ 所对应的矩阵,分别是

$$\boldsymbol{A}=\begin{pmatrix}0&1&2\\1&0&0\\2&0&0\end{pmatrix}, \qquad \boldsymbol{\Lambda}=\begin{pmatrix}2&&\\&-2&\\&&0\end{pmatrix}.$$

读者不难验证，$\boldsymbol{C}^{\mathrm{T}}\boldsymbol{AC}=\mathrm{diag}(2,-2,0)$.

按例3、例4提供的方法，任何n元二次型都可用配方法化为标准形，相应的变换矩阵为主对元为1的上三角矩阵和例4中⑤式类型的对角块矩阵$\boldsymbol{C}_1$，或者是这两类矩阵的乘积.

任一个n阶实对称矩阵$\boldsymbol{A}$，也都可以通过一系列相同类型的初等行、列变换化成其合同标准形(对角形矩阵). 所谓相同类型的初等行、列变换，指的是：

(1) 如果用倍加初等阵$\boldsymbol{E}_{ji}(c)$右乘$\boldsymbol{A}$(即将$\boldsymbol{A}$的第i列乘c加到第j列)，那么相应地也用$\boldsymbol{E}_{ji}^{\mathrm{T}}(c)=\boldsymbol{E}_{ij}(c)$左乘$\boldsymbol{A}$(即将列变换后的$\boldsymbol{A}$的第$i$行乘$c$加到第$j$行). 变换后的矩阵$\boldsymbol{E}_{ji}^{\mathrm{T}}(c)\boldsymbol{A}\boldsymbol{E}_{ji}(c)$仍是对称矩阵.

(2) 如果用$\boldsymbol{E}_i(c)$右乘$\boldsymbol{A}$，则也用$\boldsymbol{E}_i^{\mathrm{T}}(c)=\boldsymbol{E}_i(c)$左乘$\boldsymbol{A}$，即$\boldsymbol{A}$的第$i$列和第$i$行都乘非零常数$c$(其中元素$a_{ii}$乘$c^2$)，显然$\boldsymbol{E}_i^{\mathrm{T}}(c)\boldsymbol{A}\boldsymbol{E}_i(c)$仍是对称矩阵.

(3) 如果用$\boldsymbol{E}_{ij}$右乘$\boldsymbol{A}$，则也用$\boldsymbol{E}_{ij}^{\mathrm{T}}=\boldsymbol{E}_{ij}$左乘$\boldsymbol{A}$，即$\boldsymbol{A}$的第$i$列与第$j$列对换，列变换后的$\boldsymbol{A}$的第$i$行与第$j$行也对换，如此所得的$\boldsymbol{E}_{ij}^{\mathrm{T}}\boldsymbol{A}\boldsymbol{E}_{ij}$也是对称矩阵.

对于一个n阶实对称矩阵$\boldsymbol{A}=(a_{ij})_{n\times n}$：

(1) 如果$a_{11}\neq 0$，由于$a_{1j}=a_{j1}(j=1,2,\cdots,n)$，因此对$\boldsymbol{A}$做相同的倍加行、列变换，可将第1行与第1列的其他元素全化为零，得

$$\begin{pmatrix} a_{11} & \boldsymbol{0} \\ \boldsymbol{0} & \boldsymbol{A}_1 \end{pmatrix},$$

其中$\boldsymbol{A}_1$是$n-1$阶实对称矩阵.

(2) 如果$a_{11}=0$，但存在$a_{ii}\neq 0$，此时，先将第1列与第i列对换，再将第1行与第i行对换，这样，a_{ii}就换到了第1行、第1列的位置，如此就化为上面(1)的情况.

(3) 如果主对角元a_{ii}全为零，但必存在$a_{ij}\neq 0$，此时，先将第j

列加到第 i 列，再将第 j 行加到第 i 行，这样，第 i 行、第 i 列元素就化为 $2a_{ij}\neq 0$，如此就化为上面(2)的情况.

这样，我们就可用数学归纳法证明下面的定理(其证明留给有兴趣的读者作为练习).

定理 6.2 对任一个 n 阶实对称矩阵 $\boldsymbol{A}$，都存在可逆矩阵 $\boldsymbol{C}$，使得

$$\boldsymbol{C}^{\mathrm{T}}\boldsymbol{A}\boldsymbol{C}=\operatorname{diag}(d_1,d_2,\cdots,d_n). \tag{6.6}$$

证明时，要利用第 2 章定理 2.4 的推论 1，任何可逆矩阵可以表示为一系列初等矩阵($\boldsymbol{E}_{ij}(c)$，$\boldsymbol{E}_i(c)$，$\boldsymbol{E}_{ij}$)的乘积. 即 $\boldsymbol{C}=\boldsymbol{P}_1\boldsymbol{P}_2\cdots\boldsymbol{P}_k$(其中 $\boldsymbol{P}_1,\boldsymbol{P}_2,\cdots,\boldsymbol{P}_k$ 均为初等矩阵)，于是只要证明，存在 $\boldsymbol{P}_1,\boldsymbol{P}_2,\cdots,\boldsymbol{P}_k$，使得

$$\boldsymbol{P}_k^{\mathrm{T}}\cdots\boldsymbol{P}_2^{\mathrm{T}}\boldsymbol{P}_1^{\mathrm{T}}\boldsymbol{A}\boldsymbol{P}_1\boldsymbol{P}_2\cdots\boldsymbol{P}_k=\operatorname{diag}(d_1,d_2,\cdots,d_n). \tag{6.7}$$

也就是只要证明，对实对称矩阵 $\boldsymbol{A}$ 做一系列相同类型的初等行、列变换，可将 $\boldsymbol{A}$ 化为对角矩阵.

由(6.7)式可见，用初等变换法，将实对称矩阵 $\boldsymbol{A}$ 合同变换为对角矩阵，即

$$\boldsymbol{C}^{\mathrm{T}}\boldsymbol{A}\boldsymbol{C}=\operatorname{diag}(d_1,d_2,\cdots,d_n),$$

其变换矩阵

$$\boldsymbol{C}=\boldsymbol{P}_1\boldsymbol{P}_2\cdots\boldsymbol{P}_k=\boldsymbol{I}\boldsymbol{P}_1\boldsymbol{P}_2\cdots\boldsymbol{P}_k \tag{6.8}$$

因此，将施加于 $\boldsymbol{A}$ 的列变换(即右乘初等矩阵 $\boldsymbol{P}_1,\boldsymbol{P}_2,\cdots,\boldsymbol{P}_k$)同时施加于单位阵 $\boldsymbol{I}$，当 $\boldsymbol{A}$ 变为对角阵时，$\boldsymbol{I}$ 就变为变换矩阵 $\boldsymbol{C}$.

例 5 用初等变换法将例 1 中的二次型

$$f(x_1,x_2,x_3)=(x_1,x_2,x_3)\begin{pmatrix}2&2&-2\\2&5&-4\\-2&-4&5\end{pmatrix}\begin{pmatrix}x_1\\x_2\\x_3\end{pmatrix}$$

化为标准形，并求所做的坐标变换 $\boldsymbol{x}=\boldsymbol{C}\boldsymbol{y}$.

解 下面的变换中，符号[i]表示第 i 列，符号ⓘ表示第 i 行，[2]+[1]×(−1)表示在第 2 列上加第 1 列乘(−1).

$$\begin{pmatrix} A \\ \cdots \\ I \end{pmatrix} = \begin{pmatrix} 2 & 2 & -2 \\ 2 & 5 & -4 \\ -2 & -4 & 5 \\ \hdashline 1 & 0 & 0 \\ 0 & 1 & 0 \\ 0 & 0 & 1 \end{pmatrix} \xrightarrow[\substack{[2]+[1]\times(-1) \\ [3]+[1]}]{\substack{[2]+[1]\times(-1) \\ [3]+[1]}} \begin{pmatrix} 2 & 0 & 0 \\ 2 & 3 & -2 \\ -2 & -2 & 3 \\ \hdashline 1 & -1 & 1 \\ 0 & 1 & 0 \\ 0 & 0 & 1 \end{pmatrix}$$

$$\xrightarrow[\text{不变换}]{\substack{\text{行变换} \\ ②+①\times(-1) \\ ③+①}} \begin{pmatrix} 2 & 0 & 0 \\ 0 & 3 & -2 \\ 0 & -2 & 3 \\ \hdashline 1 & -1 & 1 \\ 0 & 1 & 0 \\ 0 & 0 & 1 \end{pmatrix} \xrightarrow[{[3]+[2]\times\frac{2}{3}}]{\substack{[3]+[2]\times\frac{2}{3} \\ ③+②\times\frac{2}{3}}} \begin{pmatrix} 2 & 0 & 0 \\ 0 & 3 & 0 \\ 0 & 0 & \frac{5}{3} \\ \hdashline 1 & -1 & \frac{1}{3} \\ 0 & 1 & \frac{2}{3} \\ 0 & 0 & 1 \end{pmatrix}$$

$$= \begin{pmatrix} \Lambda \\ \cdots \\ C \end{pmatrix}.$$

上述过程是对 A 做一系列同样类型的初等行、列变换，将 A 化成了对角阵Λ ，对单位矩阵 I 只做同样的列变换，不做行变换，则 I 就变成了变换矩阵 C（C 就是一系列初等列变换对应的初等矩阵的乘积），上面的变换可用分块矩阵表示为

$$\begin{pmatrix} C^{\mathrm{T}} & 0 \\ 0 & I \end{pmatrix}\begin{pmatrix} A \\ I \end{pmatrix} C = \begin{pmatrix} C^{\mathrm{T}}AC \\ C \end{pmatrix} = \begin{pmatrix} \Lambda \\ C \end{pmatrix}.$$

于是，做坐标变换 $x=Cy$，原二次型 $x^{\mathrm{T}}Ax$ 就变换为标准形

$$y^{\mathrm{T}}C^{\mathrm{T}}ACy = y^{\mathrm{T}}\Lambda y = 2y_1^2 + 3y_2^2 + \frac{5}{3}y_3^2.$$

例 6 用初等变换法将例 4 的 $f(x_1, x_2, x_3) = 2x_1x_2 + 4x_1x_3$ 化为标准形，并求所做的坐标变换 $x=Cy$.

解 $f(x_1,x_2,x_3)=(x_1,x_2,x_3)\begin{pmatrix}0&1&2\\1&0&0\\2&0&0\end{pmatrix}\begin{pmatrix}x_1\\x_2\\x_3\end{pmatrix}$.

用例 5 相同的记号[i]和 ⓘ，则初等变换可以写成

$$\begin{pmatrix}\boldsymbol{A}\\ \cdots\\ \boldsymbol{I}\end{pmatrix}=\begin{pmatrix}0&1&2\\1&0&0\\2&0&0\\ \hdashline 1&0&0\\0&1&0\\0&0&1\end{pmatrix}\xrightarrow[\text{[1]+[2]}]{\substack{\text{[1]+[2]}\\ ①+②}}\begin{pmatrix}2&1&2\\1&0&0\\2&0&0\\ \hdashline 1&0&0\\1&1&0\\0&0&1\end{pmatrix}$$

$$\xrightarrow[\text{[2]+[1]}\times\left(-\frac{1}{2}\right)]{\substack{\text{[2]+[1]}\times\left(-\frac{1}{2}\right)\\ ②+①\times\left(-\frac{1}{2}\right)}}\begin{pmatrix}2&0&2\\0&-\frac{1}{2}&-1\\2&-1&0\\ \hdashline 1&-\frac{1}{2}&0\\1&\frac{1}{2}&0\\0&0&1\end{pmatrix}$$

$$\xrightarrow[\text{[3]+[1]}\times(-1)]{\substack{\text{[3]+[1]}\times(-1)\\ ③+①\times(-1)}}\begin{pmatrix}2&0&0\\0&-\frac{1}{2}&-1\\0&-1&-2\\ \hdashline 1&-\frac{1}{2}&-1\\1&\frac{1}{2}&-1\\0&0&1\end{pmatrix}$$

$$\xrightarrow[\text{[3]+[2]}\times(-2)]{\substack{\text{[3]+[2]}\times(-2)\\ ③+②\times(-2)}}\begin{pmatrix}2 & 0 & 0\\ 0 & -\frac{1}{2} & 0\\ 0 & 0 & 0\\ \hdashline 1 & -\frac{1}{2} & 0\\ 1 & \frac{1}{2} & -2\\ 0 & 0 & 1\end{pmatrix}=\begin{pmatrix}\boldsymbol{\Lambda}\\ \hdashline \boldsymbol{C}\end{pmatrix}.$$

于是,做坐标变换 $\boldsymbol{x}=\boldsymbol{C}\boldsymbol{y}$,其中

$$\boldsymbol{C}=\begin{pmatrix}1 & -\frac{1}{2} & 0\\ 1 & \frac{1}{2} & -2\\ 0 & 0 & 1\end{pmatrix},$$

则二次型 $f(x_1,x_2,x_3)$化为标准形

$$f(x_1,x_2,x_3)=\boldsymbol{x}^{\mathrm{T}}\boldsymbol{A}\boldsymbol{x}=\boldsymbol{y}^{\mathrm{T}}(\boldsymbol{C}^{\mathrm{T}}\boldsymbol{A}\boldsymbol{C})\boldsymbol{y}=\boldsymbol{y}^{\mathrm{T}}\boldsymbol{\Lambda}\boldsymbol{y}$$

$$=2y_1^2-\frac{1}{2}y_2^2.$$

从例 1 和例 5、例 4 和例 6 的两种解法,我们可以看到,用不同的坐标变换化二次型为标准形,其标准形一般是不同的,这个事实再次表明,作为 n 维向量函数的二次型,它在不同基下的坐标表示式(n 个坐标的二次齐次多项式)一般是不同的. 然而,在同一个二次型所化成的不同的标准形中,正平方项的项数和负平方项的项数是不变的. 如例 1 和例 5 中都是三个正平方项,例 4 和例 6 中都是一个正、负和零平方项. 这不是偶然的巧合,而是必然的结果,下一节将给以证明.

*6.3 惯性定理和二次型的规范形

定理 6.3(惯性定理) 对于一个 n 元二次型 $\boldsymbol{x}^{\mathrm{T}}\boldsymbol{A}\boldsymbol{x}$,不论做怎样的坐标变换使之化为标准形,其中正平方项的项数 p 和负平方项的项数 q 都是唯一确定的. 或者说,对于一个 n 阶实对称矩阵 $\boldsymbol{A}$,不论取怎样的可逆矩阵 $\boldsymbol{C}$,只要使

$$\boldsymbol{C}^{\mathrm{T}}\boldsymbol{A}\boldsymbol{C}=\begin{pmatrix} d_1 & & & & & & & & \\ & \ddots & & & & & & & \\ & & d_p & & & & & & \\ & & & -d_{p+1} & & & & & \\ & & & & \ddots & & & & \\ & & & & & -d_{p+q} & & & \\ & & & & & & 0 & & \\ & & & & & & & \ddots & \\ & & & & & & & & 0 \end{pmatrix},$$

$d_i>0\ (i=1,2,\cdots,p+q)$, $p+q\leqslant n$ 成立,则 p 和 q 是由 $\boldsymbol{A}$ 唯一确定的.

***证** 由于秩$(\boldsymbol{A})=$秩$(\boldsymbol{C}^{\mathrm{T}}\boldsymbol{A}\boldsymbol{C})=p+q$,所以 $p+q$ 由 $\boldsymbol{A}$ 的秩唯一确定. 因此,只需证明 p 由 $\boldsymbol{A}$ 唯一确定.

设 $p+q=\mathrm{r}(\boldsymbol{A})=r$,二次型 $f=\boldsymbol{x}^{\mathrm{T}}\boldsymbol{A}\boldsymbol{x}$ 经坐标变换

$$\boldsymbol{x}=\boldsymbol{B}\boldsymbol{y} \quad 和 \quad \boldsymbol{x}=\boldsymbol{C}\boldsymbol{z} \qquad ①$$

都可化成标准形,其标准形分别为

$$f=b_1y_1^2+b_2y_2^2+\cdots+b_py_p^2-b_{p+1}y_{p+1}^2-\cdots-b_ry_r^2, \qquad ②$$

$$f = c_1 z_1^2 + c_2 z_2^2 + \cdots + c_t z_t^2 - c_{t+1} z_{t+1}^2 - \cdots - c_r z_r^2, \qquad ③$$

式②,③中 $b_i > 0$, $c_i > 0$ $(i=1,2,\cdots,r)$.

要证正平方项的项数唯一确定,即证 $p=t$.

用反证法.假设 $p>t$,由②,③可得

$$\begin{aligned} f &= b_1 y_1^2 + \cdots + b_t y_t^2 \; \vdots + b_{t+1} y_{t+1}^2 + \cdots + b_p y_p^2 \; \vdots - \\ &\quad b_{p+1} y_{p+1}^2 - \cdots - b_r y_r^2 \\ &= c_1 z_1^2 + \cdots + c_t z_t^2 \; \vdots - c_{t+1} z_{t+1}^2 - \cdots - \\ &\quad c_p z_p^2 \; \vdots - c_{p+1} z_{p+1}^2 - \cdots - c_r z_r^2. \end{aligned} \qquad ④$$

由①式得 $\boldsymbol{z}=\boldsymbol{C}^{-1}\boldsymbol{B}\boldsymbol{y}$ (记 $\boldsymbol{D}=\boldsymbol{C}^{-1}\boldsymbol{B}$),$\boldsymbol{z}=\boldsymbol{D}\boldsymbol{y}$,即

$$\begin{cases} z_1 = d_{11} y_1 + d_{12} y_2 + \cdots + d_{1n} y_n, \\ \cdots\cdots\cdots\cdots\cdots\cdots\cdots\cdots \\ z_t = d_{t1} y_1 + d_{t2} y_2 + \cdots + d_{tn} y_n, \\ \cdots\cdots\cdots\cdots\cdots\cdots\cdots\cdots \\ z_n = d_{n1} y_1 + d_{n2} y_2 + \cdots + d_{nn} y_n. \end{cases} \qquad ⑤$$

为了从④式中找到矛盾,我们令 $z_1 = z_2 = \cdots = z_t = 0$, $y_{p+1} = \cdots = y_n = 0$,再利用⑤式,得到 $y_1, y_2, \cdots, y_n$ 的线性方程组

$$\begin{cases} d_{11} y_1 + d_{12} y_2 + \cdots + d_{1n} y_n = 0, \\ \cdots\cdots\cdots\cdots\cdots\cdots\cdots\cdots \\ d_{t1} y_1 + d_{t2} y_2 + \cdots + d_{tn} y_n = 0, \\ y_{p+1} = 0, \\ \cdots\cdots\cdots\cdots\cdots\cdots\cdots\cdots \\ y_n = 0. \end{cases} \qquad ⑥$$

齐次线性方程组⑥有 n 个未知量,但方程个数 $=t+(n-p)=n-(p-t)<n$,故必有非零解.由于 $y_{p+1}=\cdots=y_n=0$,所以⑥的非零解中 $y_1, y_2, \cdots, y_p$ 不全为零,代入④式得

$$f = b_1 y_1^2 + b_2 y_2^2 + \cdots + b_t y_t^2 + \cdots + b_p y_p^2 > 0. \qquad ⑦$$

将⑥的非零解代入⑤式得到 $z_1, z_2, \cdots, z_t, \cdots, z_n$ 一组值(这时

$z_1=z_2=\cdots=z_t=0$)，将它们代入④式，又得

$$f=-c_{t+1}z_{t+1}^2-\cdots-c_pz_p^2-\cdots-c_rz_r^2\leqslant 0. \qquad ⑧$$

显然，⑦，⑧是矛盾的，故假设的 $p>t$ 不能成立.

同理可证 $p<t$ 也不成立. 故 $p=t$. 这就证明了二次型的标准形中，正平方项的项数与所做的非退化线性变换无关，它是由二次型本身(或者说二次型矩阵 $\boldsymbol{A}$)所确定的. 由于 $q=r(\boldsymbol{A})-p$，所以 q 也是由 $\boldsymbol{A}$ 唯一确定的. ■

定义 6.3 二次型 $\boldsymbol{x}^{\mathrm{T}}\boldsymbol{A}\boldsymbol{x}$(所化成)的标准形中，正平方项的项数(即与 $\boldsymbol{A}$ 合同的对角阵中正对角元的个数)，称为二次型(或 $\boldsymbol{A}$)的**正惯性指数**；负平方项的项数(即与 $\boldsymbol{A}$ 合同的对角阵中负对角元的个数)，称为二次型(或 $\boldsymbol{A}$)的**负惯性指数**；正、负惯性指数的差称为**符号差**；矩阵 $\boldsymbol{A}$ 的秩也称为二次型 $\boldsymbol{x}^{\mathrm{T}}\boldsymbol{A}\boldsymbol{x}$ 的秩.

n 阶实对称矩阵 $\boldsymbol{A}$ 的秩为 r，正惯性指数为 p，则负惯性指数 $q=r-p$，符号差 $p-q=2p-r$，与 $\boldsymbol{A}$ 合同的对角阵的零对角元个数为 $n-r$.

由惯性定理可得下面的推论.

推论 设 $\boldsymbol{A}$ 为 n 阶实对称矩阵，若 $\boldsymbol{A}$ 的正、负惯性指数分别为 p 和 q，则

$$\boldsymbol{A}\simeq \operatorname{diag}(1,\cdots,1,-1,\cdots,-1,0,\cdots,0), \qquad (6.9)$$

其中 1 有 p 个，-1 有 q 个，0 有 $n-(p+q)$ 个.

或者说，对于二次型 $\boldsymbol{x}^{\mathrm{T}}\boldsymbol{A}\boldsymbol{x}$，存在坐标变换 $\boldsymbol{x}=\boldsymbol{C}\boldsymbol{y}$，使得

$$\boldsymbol{x}^{\mathrm{T}}\boldsymbol{A}\boldsymbol{x}=y_1^2+\cdots+y_p^2-y_{p+1}^2-\cdots-y_{p+q}^2. \qquad (6.10)$$

并把(6.10)式右端的二次型称为 $\boldsymbol{x}^{\mathrm{T}}\boldsymbol{A}\boldsymbol{x}$ 的规范形；把(6.9)式中的对角矩阵称为 $\boldsymbol{A}$ 的合同规范形.

证 根据定理 6.2 及惯性定理，存在可逆矩阵 $\boldsymbol{C}_1$，使得

$$\boldsymbol{C}_1^{\mathrm{T}}\boldsymbol{A}\boldsymbol{C}_1=\operatorname{diag}(d_1,\cdots,d_p,-d_{p+1},\cdots,-d_{p+q},0,\cdots,0),$$

其中 $d_i>0$ $(i=1\cdots,p,p+1,\cdots,p+q)$. 取可逆矩阵

$$C_2 = \mathrm{diag}\left(\frac{1}{\sqrt{d_1}},\cdots,\frac{1}{\sqrt{d_p}},\frac{1}{\sqrt{d_{p+1}}},\cdots,\frac{1}{\sqrt{d_{p+q}}},1,\cdots,1\right),$$

则 $C_2^{\mathrm{T}}=C_2$，并有

$$C_2^{\mathrm{T}}(C_1^{\mathrm{T}}AC_1)C_2 = \mathrm{diag}(1,\cdots,1,-1,\cdots,-1,0,\cdots,0),$$

其中±1分别有 p,q 个，0有 $n-(p+q)$ 个.

取 $C=C_1C_2$，(6.9)式的右端 $=C^{\mathrm{T}}AC$；取 $x=Cy$（C 可逆），(6.10)式就成立. ■

如果两个 n 阶实对称矩阵 A,B 合同，我们也称它们对应的二次型 $x^{\mathrm{T}}Ax$ 和 $y^{\mathrm{T}}By$ 合同.

根据以上的结果，读者不难证明以下的结论.

(i) 两个实对称矩阵 A,B 合同的充要条件是 A,B 有相同的正惯性指数和相同的负惯性指数.

(ii) 全体 n 阶实对称矩阵，按其合同规范形（不考虑+1，−1，0的排列次序）分类，共有$\dfrac{(n+1)(n+2)}{2}$类.

6.4 正定二次型和正定矩阵

n 元正定二次型是正惯性指数为 n 的二次型，n 阶正定矩阵是正惯性指数为 n 的实对称矩阵，它们在工程技术和最优化等问题中有着广泛的应用. 现在我们从二元函数极值点的判别问题，引入二次型正定的概念，例如，对于

$$f(x,y) = 2x^2+4xy+5y^2, \qquad ①$$

易知：$f(0,0)=0$，$f'_x(0,0)=f'_y(0,0)=0$，所以原点 $O(0,0)$ 是 $f(x,y)$ 的驻点. 由

$$f(x,y) = 2(x+y)^2+3y^2,$$

又可知，当 x,y 不全为零，即 $\boldsymbol{\alpha}=(x,y)^{\mathrm{T}}\neq\mathbf{0}$ 时，$f(x,y)$ 恒大于零，所以 $O(0,0)$ 是 $f(x,y)$ 的极小值点. 这里的二次型①就是本节要

讨论的正定二次型. 再如，

$$F(x,y)=4+4xy+2x\sin x+5y\sin y, \qquad ②$$

易知：$F(0,0)=4$，$F'_x(0,0)=F'_y(0,0)=0$. 因此原点 $O(0,0)$ 是 $F(x,y)$ 的驻点. 在多元函数微分学中讲过，要判别原点 $O(0,0)$ 是否是 $F(x,y)$ 的极值点，要将 $F(x,y)$ 在原点处展成一阶泰勒公式

$$\begin{aligned}F(x,y)=&F(0,0)+F'_x(0,0)x+F'_y(0,0)y+\\&\frac{1}{2!}[F''_{xx}(0,0)x^2+F''_{xy}(0,0)xy+F''_{yx}(0,0)yx+\\&F''_{yy}(0,0)y^2]+o(x^2+y^2),\end{aligned}$$

其中 $o(x^2+y^2)$ 是比 x^2+y^2 高阶的无穷小量. 经过计算可得

$$F''_{xx}(0,0)=4,\quad F''_{xy}(0,0)=F''_{yx}(0,0)=4,$$
$$F''_{yy}(0,0)=10.$$

于是

$$F(x,y)=4+(2x^2+4xy+5y^2)+o(x^2+y^2).$$

因此，判别 $F(0,0)=4$ 是否是 $F(x,y)$ 的极小(大)值，就是要判别，在原点 $(0,0)$ 的某个邻域内

$$(2x^2+4xy+5y^2)+o(x^2+y^2),$$

是否恒正(负). 而上式 $o(x^2+y^2)$ 是比 x^2+y^2 高阶的无穷小量，故上式的正负号取决于 $2x^2+4xy+5y^2$ 的正负号. 根据前面对①式的讨论，可知原点 $O(0,0)$ 也是②中函数 $F(x,y)$ 的极小值点.

对于一般的 n 元函数，其驻点是否为极值点的问题，需要讨论一个 n 元二次型是否恒正、恒负的问题，这就是二次型是否正定、负定的问题. 现在我们先讨论正定二次型.

定义 6.4 如果对于任意的非零向量 $\boldsymbol{x}=(x_1,x_2,\cdots,x_n)^{\mathrm{T}}$，恒有

$$\sum_{i=1}^{n}\sum_{j=1}^{n}a_{ij}x_ix_j=\boldsymbol{x}^{\mathrm{T}}\boldsymbol{A}\boldsymbol{x}>0, \qquad (6.11)$$

就称 $\boldsymbol{x}^{\mathrm{T}}\boldsymbol{A}\boldsymbol{x}$ **为正定二次型**，称 $\boldsymbol{A}$ **为正定矩阵**.

根据定义 6.4,可得以下结论;

(i) 二次型 $f(y_1,y_2,\cdots,y_n)=d_1y_1^2+d_2y_2^2+\cdots+d_ny_n^2$ 正定的充分必要条件是 $d_i>0\ (i=1,2,\cdots,n)$. 充分性是显然的. 用反证法证必要性. 设 $d_i\leqslant 0$,取 $y_i=1$, $y_j=0\ (j\neq i)$,代入二次型,得

$$f(0,\cdots,0,1,0,\cdots,0)=d_i\leqslant 0,$$

与二次型 $f(y_1,y_2,\cdots,y_n)$正定矛盾.

(ii) 一个二次型 $\boldsymbol{x}^{\mathrm{T}}\boldsymbol{A}\boldsymbol{x}$,经过非退化线性变换 $\boldsymbol{x}=\boldsymbol{C}\boldsymbol{y}$,化为 $\boldsymbol{y}^{\mathrm{T}}(\boldsymbol{C}^{\mathrm{T}}\boldsymbol{A}\boldsymbol{C})\boldsymbol{y}$,其正定性保持不变. 即当

$$\boldsymbol{x}^{\mathrm{T}}\boldsymbol{A}\boldsymbol{x}\xlongequal{\boldsymbol{x}=\boldsymbol{C}\boldsymbol{y}}\boldsymbol{y}^{\mathrm{T}}(\boldsymbol{C}^{\mathrm{T}}\boldsymbol{A}\boldsymbol{C})\boldsymbol{y}\qquad(\boldsymbol{C}\text{ 可逆})$$

时,等式两端的二次型有相同的正定性. 这是因为:对于任意的 $\boldsymbol{y}_0\neq\boldsymbol{0}$,即$(y_1^{(0)},y_2^{(0)},\cdots,y_n^{(0)})^{\mathrm{T}}\neq\boldsymbol{0}$,由于 $\boldsymbol{x}=\boldsymbol{C}\boldsymbol{y}$($\boldsymbol{C}$ 可逆),所以与 $\boldsymbol{y}_0$ 相对应的 $\boldsymbol{x}_0\neq\boldsymbol{0}$(如果 $\boldsymbol{x}_0=\boldsymbol{0}$,则 $\boldsymbol{y}_0=\boldsymbol{C}^{-1}\boldsymbol{x}_0=\boldsymbol{0}$,与 $\boldsymbol{y}_0\neq\boldsymbol{0}$ 矛盾),若 $\boldsymbol{x}^{\mathrm{T}}\boldsymbol{A}\boldsymbol{x}$ 正定,则 $\boldsymbol{x}_0^{\mathrm{T}}\boldsymbol{A}\boldsymbol{x}_0>0$. 如此就有:$\forall\ \boldsymbol{y}_0\neq\boldsymbol{0}$,

$$\boldsymbol{y}_0^{\mathrm{T}}(\boldsymbol{C}^{\mathrm{T}}\boldsymbol{A}\boldsymbol{C})\boldsymbol{y}_0=\boldsymbol{x}_0^{\mathrm{T}}\boldsymbol{A}\boldsymbol{x}_0>0,$$

故 $\boldsymbol{y}^{\mathrm{T}}(\boldsymbol{C}^{\mathrm{T}}\boldsymbol{A}\boldsymbol{C})\boldsymbol{y}$ 是正定二次型. 反之亦然.

由上述两个结论可见,一个二次型 $\boldsymbol{x}^{\mathrm{T}}\boldsymbol{A}\boldsymbol{x}$(或实对称矩阵 $\boldsymbol{A}$),通过坐标变换 $\boldsymbol{x}=\boldsymbol{C}\boldsymbol{y}$,将其化成标准形(或规范形)$\boldsymbol{y}^{\mathrm{T}}(\boldsymbol{C}^{\mathrm{T}}\boldsymbol{A}\boldsymbol{C})\boldsymbol{y}=\sum\limits_{i=1}^{n}d_iy_i^2$(或将 $\boldsymbol{A}$ 合同于对角矩阵,即 $\boldsymbol{C}^{\mathrm{T}}\boldsymbol{A}\boldsymbol{C}=\boldsymbol{\Lambda}$),就容易判别其正定性.

就二次型的标准形(或规范形)来判别二次型的正定性,有下列重要的结果.

定理 6.4 若 $\boldsymbol{A}$ 是 n 阶实对称矩阵,则下列命题等价:

(i) $\boldsymbol{x}^{\mathrm{T}}\boldsymbol{A}\boldsymbol{x}$ 是正定二次型(或 $\boldsymbol{A}$ 是正定矩阵);

(ii) $\boldsymbol{A}$ 的正惯性指数为 n,即 $\boldsymbol{A}\simeq\boldsymbol{I}$;

(iii) 存在可逆矩阵 $\boldsymbol{P}$,使得 $\boldsymbol{A}=\boldsymbol{P}^{\mathrm{T}}\boldsymbol{P}$;

(iv) $\boldsymbol{A}$ 的 n 个特征值 $\lambda_1,\lambda_2,\cdots,\lambda_n$ 全大于零.

定理中四个命题等价,其意义是任两个命题都互为充要条件.

证明若干个命题等价,可采用下列循环证法.

证 (i)⇒(ii)根据定理6.2,对于$\boldsymbol{A}$,存在可逆矩阵$\boldsymbol{C}$,使得

$$\boldsymbol{C}^{\mathrm{T}}\boldsymbol{A}\boldsymbol{C} = \operatorname{diag}(d_1, d_2, \cdots, d_n).$$

假设$\boldsymbol{A}$的正惯性指数$<n$,则至少存在一个$d_i \leqslant 0$,做变换$\boldsymbol{x}=\boldsymbol{C}\boldsymbol{y}$,则

$$\boldsymbol{x}^{\mathrm{T}}\boldsymbol{A}\boldsymbol{x} = \boldsymbol{y}^{\mathrm{T}}(\boldsymbol{C}^{\mathrm{T}}\boldsymbol{A}\boldsymbol{C})\boldsymbol{y} = d_1 y_1^2 + d_2 y_2^2 + \cdots + d_n y_n^2$$

不恒大于零(见定义6.4后的结论(i)),与命题(i)矛盾,故$\boldsymbol{A}$的正惯性指数为n,从而$\boldsymbol{A} \simeq \boldsymbol{I}$.

(ii)⇒(iii) 由$\boldsymbol{C}^{\mathrm{T}}\boldsymbol{A}\boldsymbol{C}=\boldsymbol{I}$($\boldsymbol{C}$可逆),得$\boldsymbol{A}=(\boldsymbol{C}^{\mathrm{T}})^{-1}\boldsymbol{C}^{-1}=(\boldsymbol{C}^{-1})^{\mathrm{T}}\boldsymbol{C}^{-1}$,取$\boldsymbol{P}=\boldsymbol{C}^{-1}$,则有$\boldsymbol{A}=\boldsymbol{P}^{\mathrm{T}}\boldsymbol{P}$.

(iii)⇒(iv) 设$\boldsymbol{A}\boldsymbol{x}=\lambda\boldsymbol{x}$,即$(\boldsymbol{P}^{\mathrm{T}}\boldsymbol{P})\boldsymbol{x}=\lambda\boldsymbol{x}$,于是便有

$$\boldsymbol{x}^{\mathrm{T}}\boldsymbol{P}^{\mathrm{T}}\boldsymbol{P}\boldsymbol{x} = \lambda\boldsymbol{x}^{\mathrm{T}}\boldsymbol{x},\text{即}(\boldsymbol{P}\boldsymbol{x}, \boldsymbol{P}\boldsymbol{x}) = \lambda(\boldsymbol{x}, \boldsymbol{x}).$$

由于特征向量$\boldsymbol{x}\neq\boldsymbol{0}$,从而$\boldsymbol{P}\boldsymbol{x}\neq\boldsymbol{0}$,故$\boldsymbol{A}$的特征值

$$\lambda = \frac{(\boldsymbol{P}\boldsymbol{x}, \boldsymbol{P}\boldsymbol{x})}{(\boldsymbol{x}, \boldsymbol{x})} > 0.$$

(iv)⇒(i) 对于n阶实对称矩阵$\boldsymbol{A}$,存在正交矩阵$\boldsymbol{Q}$,使得

$$\boldsymbol{Q}^{\mathrm{T}}\boldsymbol{A}\boldsymbol{Q} = \operatorname{diag}(\lambda_1, \lambda_2, \cdots, \lambda_n),$$

做正交变换$\boldsymbol{x}=\boldsymbol{Q}\boldsymbol{y}$,得

$$\boldsymbol{x}^{\mathrm{T}}\boldsymbol{A}\boldsymbol{x} = \lambda_1 y_1^2 + \lambda_2 y_2^2 + \cdots + \lambda_n y_n^2.$$

由于已知特征值$\lambda_1, \lambda_2, \cdots, \lambda_n$都大于零,故$\boldsymbol{x}^{\mathrm{T}}\boldsymbol{A}\boldsymbol{x}$正定. ■

例1 证明:若$\boldsymbol{A}$是正定矩阵,则$\boldsymbol{A}^{-1}$也是正定矩阵.

证 正定矩阵是满秩矩阵,所以$\boldsymbol{A}^{-1}$是存在的,正定矩阵是对称矩阵,可逆对称矩阵的逆矩阵仍是对称矩阵,故$\boldsymbol{A}^{-1}$也是对称矩阵.证明$\boldsymbol{A}^{-1}$正定的方法很多.

方法1:用定义证.

$$\begin{aligned}\boldsymbol{x}^{\mathrm{T}}\boldsymbol{A}^{-1}\boldsymbol{x} &= (\boldsymbol{x}, \boldsymbol{A}^{-1}\boldsymbol{x}) \qquad (\text{做变换 } \boldsymbol{x} = \boldsymbol{A}\boldsymbol{y})\\ &= (\boldsymbol{A}\boldsymbol{y}, \boldsymbol{A}^{-1}\boldsymbol{A}\boldsymbol{y}) = (\boldsymbol{A}\boldsymbol{y}, \boldsymbol{y}) = \boldsymbol{y}^{\mathrm{T}}\boldsymbol{A}\boldsymbol{y}.\end{aligned}$$

由于当$\boldsymbol{x}=\boldsymbol{A}\boldsymbol{y}$($\boldsymbol{A}$可逆)时,$\boldsymbol{x}\neq\boldsymbol{0} \Leftrightarrow \boldsymbol{y}\neq\boldsymbol{0}$;又已知$\forall\, \boldsymbol{y}\neq\boldsymbol{0}$,恒有

$\boldsymbol{y}^{\mathrm{T}}\boldsymbol{A}\boldsymbol{y}>0$. 故 $\forall\, \boldsymbol{x}\neq\boldsymbol{0}$，恒有 $\boldsymbol{x}^{\mathrm{T}}\boldsymbol{A}^{-1}\boldsymbol{x}>0$，因此 $\boldsymbol{A}^{-1}$ 正定.

方法 2：利用定理 6.4 中，(i)⇔(ii).

已知 $\boldsymbol{A}$ 正定，所以存在可逆矩阵 $\boldsymbol{C}$，使得 $\boldsymbol{C}^{\mathrm{T}}\boldsymbol{A}\boldsymbol{C}=\boldsymbol{I}$.

将 $\boldsymbol{C}^{\mathrm{T}}\boldsymbol{A}\boldsymbol{C}=\boldsymbol{I}$ 两边求逆，得 $\boldsymbol{C}^{-1}\boldsymbol{A}^{-1}(\boldsymbol{C}^{-1})^{\mathrm{T}}=\boldsymbol{I}$，取 $\boldsymbol{D}=(\boldsymbol{C}^{-1})^{\mathrm{T}}$，则 $\boldsymbol{D}^{\mathrm{T}}\boldsymbol{A}^{-1}\boldsymbol{D}=\boldsymbol{I}$($\boldsymbol{D}$ 可逆)，故 $\boldsymbol{A}^{-1}$ 正定.

方法 3：利用定理 6.4 中，(i)⇔(iii).

$\boldsymbol{A}$ 正定，所以存在可逆矩阵 $\boldsymbol{P}$，使得 $\boldsymbol{A}=\boldsymbol{P}^{\mathrm{T}}\boldsymbol{P}$，于是 $\boldsymbol{A}^{-1}=\boldsymbol{P}^{-1}(\boldsymbol{P}^{-1})^{\mathrm{T}}=\boldsymbol{S}^{\mathrm{T}}\boldsymbol{S}$ (其中 $\boldsymbol{S}=(\boldsymbol{P}^{-1})^{\mathrm{T}}$ 是可逆矩阵)，故 $\boldsymbol{A}^{-1}$ 正定.

方法 4：利用定理 6.4 中，(i)⇔(iv).

根据 $\boldsymbol{A}\boldsymbol{x}=\lambda\boldsymbol{x}$，则 $\boldsymbol{A}^{-1}\boldsymbol{x}=\dfrac{1}{\lambda}\boldsymbol{x}$(其中 $\lambda\neq0$). 已知 $\boldsymbol{A}$ 的特征值全大于零，所以 $\boldsymbol{A}^{-1}$ 的特征值也全大于零，故 $\boldsymbol{A}^{-1}$ 正定. ■

例 2 判断二次型

$$f(x_1,x_2,x_3)=x_1^2+2x_2^2+3x_3^2+2x_1x_2-2x_2x_3$$

是否是正定二次型.

解 用配方法得

$$\begin{aligned}f(x_1,x_2,x_3)&=(x_1+2x_1x_2+x_2^2)+(x_2^2-2x_2x_3+x_3^2)+2x_3^2\\&=(x_1+x_2)^2+(x_2-x_3)^2+2x_3^2\geqslant0.\end{aligned}$$

等号成立的充分必要条件是

$$x_1+x_2=0,\quad x_2-x_3=0,\quad x_3=0,$$

即 $x_1=x_2=x_3=0$，故 $f(x_1,x_2,x_3)$正定.

例 3 判断二次型

$$f(x_1,x_2,x_3)=3x_1^2+x_2^2+3x_3^2-4x_1x_2-4x_1x_3+4x_2x_3$$

是否是正定二次型.

解 任何二次型都可用配方法判断其正定性，但此题配方时系数较繁，所以可考虑用特征值判定(但是求一般的二次型矩阵的特征值也不是容易的，如例 2 的特征多项式 $|\lambda\boldsymbol{I}-\boldsymbol{A}|=\lambda^3-6\lambda^2+9\lambda-2$ 需要将其分解为 $(\lambda-2)(\lambda^2-4\lambda+1)$，得特征值 $\lambda=2$，

$2\pm\sqrt{3}$)，该二次型对应的矩阵为

$$\boldsymbol{A}=\begin{pmatrix}3&-2&-2\\-2&1&2\\-2&2&3\end{pmatrix}.$$

由

$$|\lambda\boldsymbol{I}-\boldsymbol{A}|=\begin{vmatrix}\lambda-3&2&2\\2&\lambda-1&-2\\2&-2&\lambda-3\end{vmatrix}\xlongequal{[1]+[3]}\begin{vmatrix}\lambda-1&2&2\\0&\lambda-1&-2\\\lambda-1&-2&\lambda-3\end{vmatrix}$$

$$\xlongequal{③+①\times(-1)}\begin{vmatrix}\lambda-1&2&2\\0&\lambda-1&-2\\0&-4&\lambda-5\end{vmatrix}$$

$$=(\lambda-1)(\lambda^2-6\lambda-3)=0,$$

得 $\boldsymbol{A}$ 的特征值：$\lambda_1=1,\lambda_2=3+2\sqrt{3},\lambda_3=3-2\sqrt{3}<0$，所以 $\boldsymbol{A}$ 不是正定矩阵，从而二次型也不是正定的.

此题由正定二次型的定义也容易判定其非正定性. 因为当 $x_1=1,x_2=1,x_3=0$ 时，二次型 $f(1,1,0)=0$，不大于零.

下面，我们从二次型矩阵 $\boldsymbol{A}$ 的子式，来判别二次型 $\boldsymbol{x}^{\mathrm{T}}\boldsymbol{A}\boldsymbol{x}$ 的正定性. 先给出 $\boldsymbol{A}$ 正定的两个必要条件，再给一个充分必要条件.

定理 6.5　若二次型 $\boldsymbol{x}^{\mathrm{T}}\boldsymbol{A}\boldsymbol{x}$ 正定，则：

(i) $\boldsymbol{A}$ 的主对角元 $a_{ii}>0\ (i=1,2,\cdots,n)$；

(ii) $\boldsymbol{A}$ 的行列式 $|\boldsymbol{A}|>0$.

证　(i) 因为 $\boldsymbol{x}^{\mathrm{T}}\boldsymbol{A}\boldsymbol{x}=\sum\limits_{i=1}^{n}\sum\limits_{j=1}^{n}a_{ij}x_ix_j$ 正定，所以取 $\boldsymbol{x}_i=(0,\cdots,0,1,0,\cdots,0)^{\mathrm{T}}\neq\boldsymbol{0}$(其中第 i 个分量 $x_i=1$)，则必有 $\boldsymbol{x}_i^{\mathrm{T}}\boldsymbol{A}\boldsymbol{x}_i=a_{ii}x_i^2=a_{ii}>0\ (i=1,2,\cdots,n)$.

(ii) 因为 $\boldsymbol{A}$ 正定,所以存在可逆矩阵 $\boldsymbol{P}$,使得 $\boldsymbol{A}=\boldsymbol{P}^{\mathrm{T}}\boldsymbol{P}$,因此 $|\boldsymbol{A}|=|\boldsymbol{P}^{\mathrm{T}}||\boldsymbol{P}|=|\boldsymbol{P}|^2>0$.

或根据正定矩阵 $\boldsymbol{A}$ 的特征值全大于零,即得 $|\boldsymbol{A}|=\lambda_1\lambda_2\cdots\lambda_n>0$. ■

定理 6.5 是 $\boldsymbol{A}$ 正定的必要条件,由该定理很易验证

$$\boldsymbol{A}=\begin{pmatrix}1 & 2\\ 2 & 4\end{pmatrix},\quad \boldsymbol{B}=\begin{pmatrix}4 & 5\\ 5 & 2\end{pmatrix},\quad \boldsymbol{C}=\begin{pmatrix}-3 & 2\\ 2 & 3\end{pmatrix}$$

都不是正定矩阵,因为 $\det(\boldsymbol{A})=0$, $\det(\boldsymbol{B})<0$, $\boldsymbol{C}$ 中 $c_{11}<0$. 而对于

$$\boldsymbol{A}=\begin{pmatrix}1 & 2 & 0 & 0\\ 2 & 1 & 0 & 0\\ 0 & 0 & 1 & 2\\ 0 & 0 & 2 & 1\end{pmatrix},$$

虽有 $a_{ii}>0$,且 $\det(\boldsymbol{A})=\begin{vmatrix}1 & 2\\ 2 & 1\end{vmatrix}^2=9>0$. 但用定理 6.4 可以验证(留给读者)$\boldsymbol{A}$ 不是正定矩阵.

定理 6.6 n 元二次型 $\boldsymbol{x}^{\mathrm{T}}\boldsymbol{A}\boldsymbol{x}$ 正定的充要条件是 $\boldsymbol{A}$ 的 n 个顺序主子式全大于零.

证 设 $\boldsymbol{A}=(a_{ij})_{n\times n}$,则

$$\det\boldsymbol{A}_k=\begin{vmatrix}a_{11} & a_{12} & \cdots & a_{1k}\\ a_{21} & a_{22} & \cdots & a_{2k}\\ \vdots & \vdots & & \vdots\\ a_{k1} & a_{k2} & \cdots & a_{kk}\end{vmatrix}$$

称为 n 阶矩阵 $\boldsymbol{A}$ 的 k 阶顺序(或左上角)主子式. 当 k 取 $1,2,\cdots,n$ 时,就得 $\boldsymbol{A}$ 的 n 个顺序主子式.

必要性 取 $\boldsymbol{x}_k=(x_1,\cdots,x_k)^{\mathrm{T}}\neq\boldsymbol{0}$, $\boldsymbol{x}=(x_1,\cdots,x_k,0,\cdots,0)^{\mathrm{T}}\neq\boldsymbol{0}$,记 $\boldsymbol{x}=(\boldsymbol{x}_k^{\mathrm{T}},\boldsymbol{0})^{\mathrm{T}}$,则必有

$$\boldsymbol{x}^{\mathrm{T}}\boldsymbol{A}\boldsymbol{x}=(\boldsymbol{x}_k^{\mathrm{T}},\ \boldsymbol{0})\begin{pmatrix}\boldsymbol{A}_k & * \\ * & *\end{pmatrix}\begin{pmatrix}\boldsymbol{x}_k \\ \boldsymbol{0}\end{pmatrix}=(\boldsymbol{x}_k^{\mathrm{T}}\boldsymbol{A}_k,\ *)\begin{pmatrix}\boldsymbol{x}_k \\ \boldsymbol{0}\end{pmatrix}$$

$$=\boldsymbol{x}_k^{\mathrm{T}}\boldsymbol{A}_k\boldsymbol{x}_k>0$$

对于一切 $\boldsymbol{x}_k\neq\boldsymbol{0}$ 都成立. 故 $x_1,x_2,\cdots,x_k$ 的 k 元二次型 $\boldsymbol{x}_k^{\mathrm{T}}\boldsymbol{A}_k\boldsymbol{x}_k$ 是正定的,根据定理 6.5,必有 $|\boldsymbol{A}_k|>0$. 必要性得证.

* **充分性** 对 n 作数学归纳法. 当 $n=1$ 时,$a_{11}>0$,$\boldsymbol{x}^{\mathrm{T}}\boldsymbol{A}\boldsymbol{x}=a_{11}x_1^2>0$ ($\forall\, x_1\neq 0$),故充分性成立. 假设充分性对 $n-1$ 元二次型成立,下面证明对 n 元二次型也成立. 将 $\boldsymbol{A}$ 分块表示为

$$\boldsymbol{A}=\begin{bmatrix}\boldsymbol{A}_{n-1} & \boldsymbol{\alpha} \\ \boldsymbol{\alpha}^{\mathrm{T}} & a_{nn}\end{bmatrix},$$

其中 $\boldsymbol{\alpha}^{\mathrm{T}}=(a_{n1},a_{n2},\cdots,a_{n,n-1})$.

根据定理 6.4,只需证明 $\boldsymbol{A}$ 合同于单位矩阵. 取

$$\boldsymbol{C}_1^{\mathrm{T}}=\begin{bmatrix}\boldsymbol{I}_{n-1} & \boldsymbol{0} \\ -\boldsymbol{\alpha}^{\mathrm{T}}\boldsymbol{A}_{n-1}^{-1} & 1\end{bmatrix},$$

则

$$\boldsymbol{C}_1=\begin{bmatrix}\boldsymbol{I}_{n-1} & -\boldsymbol{A}_{n-1}^{-1}\boldsymbol{\alpha} \\ \boldsymbol{0} & 1\end{bmatrix}.$$

做 $\boldsymbol{C}_1^{\mathrm{T}}\boldsymbol{A}\boldsymbol{C}_1$ 的乘法运算,得

$$\boldsymbol{C}_1^{\mathrm{T}}\boldsymbol{A}\boldsymbol{C}_1=\begin{bmatrix}\boldsymbol{A}_{n-1} & \boldsymbol{0} \\ \boldsymbol{0} & a_{nn}-\boldsymbol{\alpha}^{\mathrm{T}}\boldsymbol{A}_{n-1}^{-1}\boldsymbol{\alpha}\end{bmatrix}\xlongequal{\text{记作}}\begin{pmatrix}\boldsymbol{A}_{n-1} & \boldsymbol{0} \\ \boldsymbol{0} & a\end{pmatrix}.$$

根据充分性条件 $|\boldsymbol{A}|>0$,$|\boldsymbol{A}_{n-1}|>0$,由上式易得 $a>0$. 根据归纳假设 $\boldsymbol{A}_{n-1}$ 正定,故存在 $n-1$ 阶可逆矩阵 $\boldsymbol{G}$,使得 $\boldsymbol{G}^{\mathrm{T}}\boldsymbol{A}_{n-1}\boldsymbol{G}=\boldsymbol{I}_{n-1}$. 所以再取

$$\boldsymbol{C}_2^{\mathrm{T}}=\begin{bmatrix}\boldsymbol{G}^{\mathrm{T}} & \boldsymbol{0} \\ \boldsymbol{0} & \dfrac{1}{\sqrt{a}}\end{bmatrix},\quad \text{则 } \boldsymbol{C}_2=\begin{bmatrix}\boldsymbol{G} & \boldsymbol{0} \\ \boldsymbol{0} & \dfrac{1}{\sqrt{a}}\end{bmatrix}.$$

就立即可得 $\boldsymbol{C}_2^{\mathrm{T}}(\boldsymbol{C}_1^{\mathrm{T}}\boldsymbol{A}\boldsymbol{C}_1)\boldsymbol{C}_2=\boldsymbol{I}_n$,故 $\boldsymbol{A}$ 合同于单位矩阵,因此 $\boldsymbol{A}$ 正定. ■

用定理 6.6 容易判断

$$A=\begin{pmatrix}1&2&0&0\\2&1&0&0\\0&0&1&2\\0&0&2&1\end{pmatrix}$$

不是正定的. 这是因为 $\det(A_2)=\begin{vmatrix}1&2\\2&1\end{vmatrix}=-3<0$.

***例 4** 证明: 若 A 是 n 阶正定矩阵, 则存在正定矩阵 B, 使得 $A=B^2$.

证 因为正定矩阵 A 是实对称矩阵, 且特征值全大于零, 所以存在正交矩阵 Q, 使得

$$A=Q\operatorname{diag}(\lambda_1,\lambda_2,\cdots,\lambda_n)Q^{\mathrm{T}}, \qquad ①$$

其中 $\lambda_i>0\ (i=1,2,\cdots,n)$. 利用 $Q^{\mathrm{T}}Q=I$, 及

$$\operatorname{diag}(\lambda_1,\lambda_2,\cdots,\lambda_n)=[\operatorname{diag}(\sqrt{\lambda_1},\sqrt{\lambda_2},\cdots,\sqrt{\lambda_n})]^2,$$

可将①式表示成

$$A=(Q\operatorname{diag}(\sqrt{\lambda_1},\sqrt{\lambda_2},\cdots,\sqrt{\lambda_n})Q^{\mathrm{T}})^2, \qquad ②$$

因此取

$$B=Q\operatorname{diag}(\sqrt{\lambda_1},\sqrt{\lambda_2},\cdots,\sqrt{\lambda_n})Q^{\mathrm{T}}, \qquad ③$$

就得

$$A=B^2.$$

由于③式中 $\sqrt{\lambda_i}$ 是 B 的特征值, 且 $\sqrt{\lambda_i}>0\ (i=1,2,\cdots,n)$, 故 B 也是正定矩阵. 于是命题得证. ■

这里的 B 通常记做 $A^{\frac{1}{2}}$.

*6.5 其他有定二次型

正定和半正定以及负定和半负定二次型, 统称为有定二次型. 本节简要介绍半正定、负定和半负定二次型的性质及判别定理.

定义 6.5 如果 $\forall \boldsymbol{x}=(x_1,x_2,\cdots,x_n)^{\mathrm{T}}\neq\boldsymbol{0}$,恒有二次型

(i) $\boldsymbol{x}^{\mathrm{T}}\boldsymbol{A}\boldsymbol{x}\geqslant 0$,但至少存在一个 $\boldsymbol{x}_0\neq\boldsymbol{0}$,使得 $\boldsymbol{x}_0^{\mathrm{T}}\boldsymbol{A}\boldsymbol{x}_0=0$,就称 $\boldsymbol{x}^{\mathrm{T}}\boldsymbol{A}\boldsymbol{x}$ 是**半正定二次型**,$\boldsymbol{A}$ 是**半正定矩阵**;

(ii) $\boldsymbol{x}^{\mathrm{T}}\boldsymbol{A}\boldsymbol{x}<0$,称 $\boldsymbol{x}^{\mathrm{T}}\boldsymbol{A}\boldsymbol{x}$ 是**负定二次型**,$\boldsymbol{A}$ 是**负定矩阵**.

(iii) $\boldsymbol{x}^{\mathrm{T}}\boldsymbol{A}\boldsymbol{x}\leqslant 0$,但至少存在一个 $\boldsymbol{x}_0\neq\boldsymbol{0}$,使得 $\boldsymbol{x}_0^{\mathrm{T}}\boldsymbol{A}\boldsymbol{x}_0=0$,就称 $\boldsymbol{x}^{\mathrm{T}}\boldsymbol{A}\boldsymbol{x}$ 是**半负定二次型**,$\boldsymbol{A}$ 是**半负定矩阵**.

如果二次型不是有定的,就称为**不定二次型**.

例如:$\boldsymbol{x}^{\mathrm{T}}\boldsymbol{A}\boldsymbol{x}=d_1x_1^2+d_2x_2^2+\cdots+d_nx_n^2$,当 $d_i<0\ (i=1,2,\cdots,n)$时是负定的;当 $d_i\geqslant 0\ (i=1,2,\cdots,n)$但至少有一个为零时是半正定的;当 $d_i\leqslant 0\ (i=1,2,\cdots,n)$但至少有一个为零时是半负定的.

显然,如果 $\boldsymbol{A}$ 是正定(半正定)矩阵,则$(-\boldsymbol{A})$是负定(半负定)矩阵.反之亦然.

根据定义并利用上节中的方法,可以证明下面的定理.

定理 6.7 设 $\boldsymbol{A}$ 是 n 阶实对称矩阵,则下列命题等价:

(i) $\boldsymbol{x}^{\mathrm{T}}\boldsymbol{A}\boldsymbol{x}$ 负定;

(ii) $\boldsymbol{A}$ 的负惯性指数为 n,即 $\boldsymbol{A}\simeq-\boldsymbol{I}$;

(iii) 存在可逆矩阵 $\boldsymbol{P}$,使得 $\boldsymbol{A}=-\boldsymbol{P}^{\mathrm{T}}\boldsymbol{P}$;

(iv) $\boldsymbol{A}$ 的特征值全小于零;

(v) $\boldsymbol{A}$ 的奇数阶顺序主子式全小于零,偶数阶顺序主子式全大于零.

定理 6.8 设 $\boldsymbol{A}$ 是 n 阶实对称矩阵,则下列命题等价:

(i) $\boldsymbol{x}^{\mathrm{T}}\boldsymbol{A}\boldsymbol{x}$ 半正定;

(ii) $\boldsymbol{A}$ 的正惯性指数$=\mathrm{r}(\boldsymbol{A})=r\,(r<n)$,或 $\boldsymbol{A}\simeq\mathrm{diag}(1,1,\cdots,1,0,\cdots,0)$,1 有 r 个;

(iii) $\boldsymbol{A}$ 的特征值都大于等于零,但至少有一个等于零;

(iv) 存在非满秩矩阵 $\boldsymbol{P}(\mathrm{r}(\boldsymbol{P})<n)$,使得 $\boldsymbol{A}=\boldsymbol{P}^{\mathrm{T}}\boldsymbol{P}$.

(v) $\boldsymbol{A}$ 的各阶主子式$\geqslant 0$,但至少有一个主子式等于零.(主子

式的定义见第 3 章定义 3.9）

关于半负定的相应的定理，读者不难自行写出.

关于定理的证明，如果用循环证法证明定理 6.7，(iv)⇒(v)的证明较难，定理 6.8 中的(v)作为半正定的充要条件，其充分性的证明也较难.我们略去这些证明.

例 1 判断二次型 $n\sum_{i=1}^{n}x_i^2-\left(\sum_{i=1}^{n}x_i\right)^2$ 是否是有定二次型.

解 方法 1

$$\begin{aligned}\text{原式}&=(n-1)\sum_{i=1}^{n}x_i^2-\sum_{1\leqslant i<j\leqslant n}2x_ix_j \qquad ①\\&=(x_1-x_2)^2+(x_1-x_3)^2+\cdots+(x_1-x_n)^2+\\&\quad(x_2-x_3)^2+\cdots+(x_2-x_n)^2+\cdots+\\&\quad(x_{n-1}-x_n)^2=\sum_{1\leqslant i<j\leqslant n}(x_i-x_j)^2\geqslant 0.\end{aligned}$$

当 $x_1=x_2=\cdots=x_n$ 时，等号成立.故原二次型是半正定的.

方法 2 利用①式二次型矩阵 $\boldsymbol{A}$ 的特征值来做出判断.

$$|\lambda\boldsymbol{I}-\boldsymbol{A}|=\begin{vmatrix}\lambda-(n-1) & 1 & \cdots & 1\\ 1 & \lambda-(n-1) & \cdots & 1\\ \vdots & \vdots & \ddots & \vdots\\ 1 & 1 & \cdots & \lambda-(n-1)\end{vmatrix}$$

$$=\lambda\begin{vmatrix}1 & 1 & \cdots & 1\\ 0 & \lambda-n & \cdots & 0\\ \vdots & \vdots & \ddots & \vdots\\ 0 & 0 & \cdots & \lambda-n\end{vmatrix}$$

$$=\lambda(\lambda-n)^{n-1},$$

$\boldsymbol{A}$ 的特征值为 $\lambda_1=0,\lambda_2=n$ ($n-1$ 重)，故二次型是半正定的.

习题 补充题 答案

习题

将下列 1～3 题的二次型表示成矩阵形式.

1. $f(x,y)=4x^2-6xy-7y^2$.

2. $f(x,y,z)=3x^2+4xy-y^2-6yz+z^2$.

3. $f(x_1,x_2,x_3,x_4)=x_1^2+x_3^2+2x_4^2+4x_1x_2+2x_1x_4-$

$$2x_2x_3-6x_2x_4+4x_3x_4.$$

4. 设 n 元二次型 $f(x_1,x_2,\cdots,x_n)$的矩阵为 n 阶三对角对称矩阵

$$\boldsymbol{A}=\begin{pmatrix} 1 & -1 & & & \\ -1 & 1 & -1 & & \\ & -1 & 1 & \ddots & \\ & & \ddots & \ddots & -1 \\ & & & -1 & 1 \end{pmatrix},$$

试写出二次型(二次齐次多项式)的表示式.

* **5.** 若二次型 $f(x_1,x_2,x_3,x_4)=\boldsymbol{x}^{\mathrm{T}}\boldsymbol{A}\boldsymbol{x}$,对于一切 $\boldsymbol{x}=(x_1,x_2,x_3,x_4)^{\mathrm{T}}$ 恒有 $f(x_1,x_2,x_3,x_4)=0$,证明 $\boldsymbol{A}$ 为 4 阶零矩阵.

(提示:取一些特殊的 $\boldsymbol{x}$,如$(1,0,0,0)^{\mathrm{T}}$,$(0,1,0,0)^{\mathrm{T}}$,$(1,0,1,0)^{\mathrm{T}}$,$(0,1,1,0)^{\mathrm{T}}$ 等,来论证 $\boldsymbol{A}=\boldsymbol{0}$.)

* **6.** 证明:若 $\boldsymbol{A},\boldsymbol{B}$ 均为三阶实对称矩阵,且对一切 $\boldsymbol{x}$ 有 $\boldsymbol{x}^{\mathrm{T}}\boldsymbol{A}\boldsymbol{x}=\boldsymbol{x}^{\mathrm{T}}\boldsymbol{B}\boldsymbol{x}$,则$\boldsymbol{A}=\boldsymbol{B}$.

* **7.** 设 $\boldsymbol{A}\simeq\boldsymbol{B}$,$\boldsymbol{C}\simeq\boldsymbol{D}$,且它们均为 n 阶实对称矩阵,问下列结论成立吗?若成立,则证明之.

(1) $(\boldsymbol{A}+\boldsymbol{C})\simeq(\boldsymbol{B}+\boldsymbol{D})$. (2) $\begin{pmatrix}\boldsymbol{A} & \boldsymbol{0}\\ \boldsymbol{0} & \boldsymbol{C}\end{pmatrix}\simeq\begin{pmatrix}\boldsymbol{B} & \boldsymbol{0}\\ \boldsymbol{0} & \boldsymbol{D}\end{pmatrix}$.

8. 用正交变换 $\boldsymbol{x}=\boldsymbol{Q}\boldsymbol{y}$,将下列二次型化为标准形,并求正交矩阵 $\boldsymbol{Q}$:

(1) $f=2x_1^2+3x_2^2+3x_3^2+4x_2x_3$.

(2) $f=x_1^2+x_2^2+x_3^2+x_4^2+2x_1x_2-2x_1x_4-2x_2x_3-2x_3x_4$.

9. 设

$$A=\begin{pmatrix}4 & -2 & & & \\ -2 & 1 & & & \\ & & 5 & & \\ & & & -4 & 6 \\ & & & 6 & 1\end{pmatrix},$$

试求正交矩阵 $\boldsymbol{Q}$,使得 $\boldsymbol{Q}^{\mathrm{T}}\boldsymbol{AQ}$ 为对角阵.

10. 用配方法将下列二次型化为标准形,并写出所用的坐标变换:

(1) $x_1^2+4x_1x_2-3x_2x_3$;　　(2) $x_1x_2+x_1x_3-3x_2x_3$;

(3) $2x_1^2+5x_2^2+4x_3^2+4x_1x_2-8x_2x_3-4x_3x_1$.

11. 用初等变换法将下列二次型化为标准形,并求相应的坐标变换.

(1) $x_1x_2+x_2x_3+x_3x_1$;

(2) $x_1^2-2x_2^2+x_3^2+2x_1x_2+4x_1x_3+2x_2x_3$;

(3) $x_1^2+5x_2^2+4x_3^2-x_4^2+6x_1x_2-4x_1x_3-4x_2x_4-8x_3x_4$.

12. 设 $\boldsymbol{C}$ 为可逆矩阵,且 $\boldsymbol{C}^{\mathrm{T}}\boldsymbol{AC}=\mathrm{diag}(d_1,d_2,\cdots,d_n)$,问:对角矩阵的对角元是否都是 $\boldsymbol{A}$ 的特征值?并说明理由.

13. 设 n 阶实对称矩阵 $\boldsymbol{A}$ 的秩为 $r(r<n)$,试证明:

(1) 存在可逆矩阵 $\boldsymbol{C}$,使得 $\boldsymbol{C}^{\mathrm{T}}\boldsymbol{AC}=\mathrm{diag}(d_1,d_2,\cdots,d_r,0,\cdots,0)$,其中 $d_i\neq 0\ (i=1,2,\cdots,r)$.

*(2) $\boldsymbol{A}$ 可表示为 r 个秩为 1 的对称矩阵之和.

***14.** 设 n 阶实对称幂等矩阵 $\boldsymbol{A}$(满足 $\boldsymbol{A}^2=\boldsymbol{A}$)的秩为 r,试求:

(1) 二次型 $\boldsymbol{x}^{\mathrm{T}}\boldsymbol{Ax}$ 的一个标准形;　　(2) $\det(\boldsymbol{I}+\boldsymbol{A}+\boldsymbol{A}^2+\cdots+\boldsymbol{A}^n)$.

***15.** 设 $\boldsymbol{A}$ 为 n 阶实对称矩阵,且其正负惯性指数都不为零.证明:存在非零向量 $\boldsymbol{x}_1,\boldsymbol{x}_2$ 和 $\boldsymbol{x}_3$,使得 $\boldsymbol{x}_1^{\mathrm{T}}\boldsymbol{Ax}_1>0,\boldsymbol{x}_2^{\mathrm{T}}\boldsymbol{Ax}_2=0$ 和 $\boldsymbol{x}_3^{\mathrm{T}}\boldsymbol{Ax}_3<0$.

***16.** 设 $\boldsymbol{A}$ 是奇数阶实对称矩阵,且 $\det(\boldsymbol{A})>0$.证明:存在非零向量 $\boldsymbol{x}_0$,使 $\boldsymbol{x}_0^{\mathrm{T}}\boldsymbol{Ax}_0>0$.

17. 把 11 题中的二次型化为规范形,并求变换矩阵 $\boldsymbol{C}$.

18. 对 9 题中的矩阵 $\boldsymbol{A}$,求可逆矩阵 $\boldsymbol{C}$,使 $\boldsymbol{C}^{\mathrm{T}}\boldsymbol{AC}$ 成为规范形.

***19.** 证明 6.3 节末尾的结论(i).

***20.** 证明 6.3 节末尾的结论(ii).

21. 判断下列矩阵是否是正定矩阵:

(1) $\begin{pmatrix} 2 & -1 & 0 \\ -1 & 2 & -1 \\ 0 & -1 & 2 \end{pmatrix}$； (2) $\begin{pmatrix} 2 & -1 & -1 \\ -1 & 2 & -1 \\ -1 & -1 & 2 \end{pmatrix}$；

(3) $\begin{pmatrix} 1 & 1 & 1 \\ 1 & 2 & 2 \\ 1 & 2 & 3 \end{pmatrix}$.

22. 判断下列二次型是否是正定二次型：

(1) $x_1^2+3x_2^2+20x_3^2-2x_1x_2-2x_1x_3-10x_2x_3$；

(2) $3x_1^2+4x_2^2+5x_3^2+4x_1x_2-4x_2x_3$；

(3) $x_1^2+2x_2^2+3x_3^2+4x_4^2-2x_1x_2+4x_2x_3-8x_3x_4$.

23. 用正交变换法化二次型 $\sum\limits_{i=1}^{n}x_i^2+\sum\limits_{i<j}^{n}x_ix_j$ 为标准形. 并说明它是否是正定二次型. 在 $n=3$ 的情况下，求出正交变换的矩阵 $\boldsymbol{Q}$.

* **24.** 对上题中 $n=3$ 时的二次型矩阵 $\boldsymbol{A}$，求正定矩阵 $\boldsymbol{B}$，使得 $\boldsymbol{A}=\boldsymbol{B}^2$.

25. 求下列二次型中的参数 t，使得二次型正定：

(1) $5x_1^2+x_2^2+tx_3^2+4x_1x_2-2x_1x_3-2x_2x_3$；

(2) $2x_1^2+x_2^2+3x_3^2+2tx_1x_2+2x_1x_3$.

26. 用矩阵的特征值和特征向量的定义及正定二次型的定义，证明正定矩阵的特征值大于零.

27. 设 $\boldsymbol{P}$ 为可逆矩阵，用正定二次型的定义证明，$\boldsymbol{P}^{\mathrm{T}}\boldsymbol{P}$ 是正定矩阵.

28. 设 $\boldsymbol{A}$ 是正定矩阵，$\boldsymbol{C}$ 是实可逆矩阵，证明：$\boldsymbol{C}^{\mathrm{T}}\boldsymbol{A}\boldsymbol{C}$ 是实对称矩阵，而且也是正定矩阵.

29. 设 $\boldsymbol{A}$ 是正定矩阵，证明 $\boldsymbol{A}$ 的伴随矩阵 $\boldsymbol{A}^*$ 也是正定矩阵.

30. 设 $\boldsymbol{A},\boldsymbol{B}$ 均是 n 阶正定矩阵，k,l 都是正数，用定义证明 $k\boldsymbol{A}+l\boldsymbol{B}$ 也是正定矩阵.

31. 判断下列矩阵是否负定，半正定，半负定：

(1) $\begin{pmatrix} -1 & 1 & 0 \\ 1 & -2 & 1 \\ 0 & 1 & -3 \end{pmatrix}$； (2) $\begin{pmatrix} 1 & -1 & -1 \\ -1 & 2 & -1 \\ -1 & -1 & 3 \end{pmatrix}$；

(3) $\begin{pmatrix} 0 & -1 & -1 \\ -1 & 2 & -1 \\ -1 & -1 & 2 \end{pmatrix}$； (4) $\begin{pmatrix} -2 & 1 & 1 \\ 1 & -2 & 1 \\ 1 & 1 & -2 \end{pmatrix}$.

32. 证明负定矩阵的主对角元必须全小于零.

* **33.** 设 $\boldsymbol{x}^{\mathrm{T}}\boldsymbol{A}\boldsymbol{x}$ 为半负定二次型,问:(1) $\boldsymbol{x}^{\mathrm{T}}(-\boldsymbol{A})\boldsymbol{x}$ 是否半正定?(2) $\boldsymbol{A}$ 的各阶主子式是否全都小于等于零?

34. 判断下列二次型是否是有定二次型:

(1) $-x_1^2-2x_2^2-5x_3^2-2x_1x_2+4x_2x_3$;

(2) $x_1^2+2x_2^2+4x_3^2+2x_1x_2-4x_2x_3$;

(3) $x_1^2+2x_2^2+3x_3^2+2x_1x_2-4x_2x_3$.

35. 证明:$\boldsymbol{A}$ 是负定矩阵的充要条件是存在可逆矩阵 $\boldsymbol{P}$ 使得$\boldsymbol{A}=-\boldsymbol{P}^{\mathrm{T}}\boldsymbol{P}$.

36. 设 $\boldsymbol{B}$ 是一个 n 阶矩阵,$\mathrm{r}(\boldsymbol{B})<n$. 证明 $\boldsymbol{B}^{\mathrm{T}}\boldsymbol{B}$ 是半正定矩阵.

37. 证明:若 $\boldsymbol{A}$ 是半正定矩阵,则存在半正定矩阵 $\boldsymbol{B}$,使得 $\boldsymbol{A}=\boldsymbol{B}^2$.

补充题

38. 若对于任意的全不为零的 $x_1,x_2,\cdots,x_n$,二次型 $f(x_1,x_2,\cdots,x_n)$恒大于零,问二次型 f 是否正定?

39. 设 $\boldsymbol{A}$ 是实对称矩阵,证明:当 t 充分大时,$\boldsymbol{A}+t\boldsymbol{I}$ 是正定矩阵.

40. 设 n 阶实对称矩阵 $\boldsymbol{A}$ 的特征值为 $\lambda_1,\lambda_2,\cdots,\lambda_n$,问:$t$ 满足什么条件时,$\boldsymbol{A}-t\boldsymbol{I}$ 为正定矩阵.

41. 设 $\boldsymbol{A}$ 是实对称矩阵,$\boldsymbol{B}$ 是正定矩阵,证明:存在可逆矩阵 $\boldsymbol{C}$,使得 $\boldsymbol{C}^{\mathrm{T}}\boldsymbol{A}\boldsymbol{C}$ 和 $\boldsymbol{C}^{\mathrm{T}}\boldsymbol{B}\boldsymbol{C}$ 都成对角形矩阵.

42. 设 $\boldsymbol{A},\boldsymbol{B}$ 皆是正定矩阵,且 $\boldsymbol{A}\boldsymbol{B}=\boldsymbol{B}\boldsymbol{A}$,证明 $\boldsymbol{A}\boldsymbol{B}$ 是正定矩阵.(提示:存在正交矩阵 $\boldsymbol{C},\boldsymbol{D}$;使得 $\boldsymbol{D}^{\mathrm{T}}(\boldsymbol{C}^{\mathrm{T}}\boldsymbol{A}\boldsymbol{C})\boldsymbol{D}=\boldsymbol{D}^{\mathrm{T}}\boldsymbol{\Lambda}_1\boldsymbol{D},\boldsymbol{D}^{\mathrm{T}}(\boldsymbol{C}^{\mathrm{T}}\boldsymbol{B}\boldsymbol{C})\boldsymbol{D}=\boldsymbol{\Lambda}_2$,并利用定理 6.6 的充分条件.)

43. 设 $\boldsymbol{A}=(a_{ij})$是 n 阶正定矩阵,$\boldsymbol{x}=(x_1,x_2,\cdots,x_n)^{\mathrm{T}}$. 证明:

$$f(\boldsymbol{x})=\det\begin{pmatrix}0 & \boldsymbol{x}^{\mathrm{T}}\\ \boldsymbol{x} & \boldsymbol{A}\end{pmatrix}$$

是一个负定二次型.

44. 设 $\boldsymbol{A}=(a_{ij})$是 n 阶正定矩阵,证明:

$$\det\boldsymbol{A}\leqslant\prod_{i=1}^{n}a_{ii}.$$

45. 设 $\boldsymbol{B}=(b_{ij})$是 n 阶实可逆矩阵,证明:

$$|\boldsymbol{B}|^2 \leqslant \prod_{i=1}^{n}(b_{1i}^2+b_{2i}^2+\cdots+b_{ni}^2).$$

46. 已知 $f(x_1,x_2,x_3)=2x_1^2+3x_2^2+3x_3^2+2ax_2x_3$ 通过正交变换 $\boldsymbol{x}=\boldsymbol{Q}\boldsymbol{y}$ 可化为标准形 $f=y_1^2+2y_2^2+5y_3^2$,试求参数 a 及正交矩阵 $\boldsymbol{Q}$.

47. 已知 $f(x_1,x_2,x_3)=5x_1^2+5x_2^2+cx_3^2-2x_1x_2+6x_1x_3-6x_2x_3$ 的秩为 2.

(1) 求 c； (2) 方程 $f(x_1,x_2,x_3)=1$ 表示何种二次曲面.

48. 设

$$\boldsymbol{A}=\begin{pmatrix}1&0&1\\0&2&0\\1&0&1\end{pmatrix},$$

$$\boldsymbol{B}=(k\boldsymbol{E}+\boldsymbol{A})^2,$$

k 为实数,$\boldsymbol{E}$ 为单位矩阵.求对角矩阵$\boldsymbol{\Lambda}$,使 $\boldsymbol{B}\simeq\boldsymbol{\Lambda}$;并问:$k$ 为何值时,$\boldsymbol{B}$ 为正定矩阵.

49. 设 $f(x_1,x_2,\cdots,x_n)=(x_1+a_1x_2)^2+(x_2+a_2x_3)^2+\cdots+(x_{n-1}+a_{n-1}x_n)^2+(x_n+a_nx_1)^2$,其中 $a_1,a_2,\cdots,a_n$ 均为实数,问: $a_1,a_2,\cdots,a_n$ 满足何条件时,二次型 $f(x_1,x_2,\cdots,x_n)$正定.

50. 设 $\boldsymbol{A}$ 为 m 阶实对称正定矩阵,$\boldsymbol{B}\in\mathbb{R}^{m\times n}$,证明: $\boldsymbol{B}^{\mathrm{T}}\boldsymbol{A}\boldsymbol{B}$ 正定的充分必要条件为 $\mathrm{r}(\boldsymbol{B})=n$.

答案

6. 利用第 5 题的结果.

7. (1) 不成立. (2) 成立.

8. (1) $\begin{pmatrix}0&1&0\\ \dfrac{1}{\sqrt{2}}&0&\dfrac{1}{\sqrt{2}}\\ -\dfrac{1}{\sqrt{2}}&0&\dfrac{1}{\sqrt{2}}\end{pmatrix}$, $y_1^2+2y_2^2+5y_3^2$.

(2) $\dfrac{1}{2}\begin{pmatrix}\sqrt{2}&0&-\sqrt{2}&0\\-1&1&-1&-1\\0&\sqrt{2}&0&\sqrt{2}\\1&1&1&-1\end{pmatrix}$,

$$(1-\sqrt{2})y_1^2+(1-\sqrt{2})y_2^2+(1+\sqrt{2})y_3^2+(1+\sqrt{2})y_4^2.$$

9. $\begin{pmatrix} \frac{2}{\sqrt{5}} & 0 & 0 & 0 & \frac{1}{\sqrt{5}} \\ -\frac{1}{\sqrt{5}} & 0 & 0 & 0 & \frac{2}{\sqrt{5}} \\ 0 & 0 & 1 & 0 & 0 \\ 0 & \frac{2}{\sqrt{13}} & 0 & \frac{3}{\sqrt{13}} & 0 \\ 0 & \frac{3}{\sqrt{13}} & 0 & -\frac{2}{\sqrt{13}} & 0 \end{pmatrix}$, $\begin{pmatrix} 5 & & & & \\ & 5 & & & \\ & & 5 & & \\ & & & -8 & \\ & & & & 0 \end{pmatrix}$.

10. (1) $y_1^2-4y_2^2+\frac{9}{16}y_3^2$; $\begin{cases} x_1=y_1-2y_2+\frac{3}{4}y_3, \\ x_2=\quad y_2-\frac{3}{8}y_3, \\ x_3=\quad y_3. \end{cases}$

(2) $z_1^2-\frac{1}{2}z_2^2+3z_3^2$; $\begin{cases} x_1=z_1+\frac{1}{2}z_2-3z_3, \\ x_2=z_1+\frac{1}{2}z_2-\ z_3, \\ x_3=\quad z_3. \end{cases}$

(3) $2y_1^2+3y_2^2+\frac{2}{3}y_3^2$; $\begin{cases} x_1=y_1-y_2+\frac{1}{3}y_3, \\ x_2=\quad y_2+\frac{2}{3}y_3, \\ x_3=\quad y_3. \end{cases}$

11. (1) $z_1^2-z_2^2-z_3^2$; $\begin{cases} x_1=z_1+z_2-z_3, \\ x_2=z_1-z_2-z_3, \\ x_3=\quad z_3. \end{cases}$

(2) $y_1^2-3y_2^2-\frac{8}{3}y_3^2$; $\begin{cases} x_1=y_1-y_2+\frac{5}{3}y_3, \\ x_2=\quad y_2-\frac{1}{3}y_3, \\ x_3=\quad y_3. \end{cases}$

(3) $y_1^2-4y_2^2+9y_3^2-\frac{49}{9}y_4^2$；$\begin{cases}x_1=y_1-3y_2-\frac{5}{2}y_3-\frac{4}{9}y_4,\\ x_2=\qquad y_2+\frac{3}{2}y_3+\frac{2}{3}y_4,\\ x_3=\qquad\qquad y_3+\frac{7}{9}y_4,\\ x_4=\qquad\qquad\qquad y_4.\end{cases}$

12. 不一定，当 $\boldsymbol{C}$ 为正交矩阵时，一定是.

14. (1) $y_1^2+y_2^2+\cdots+y_r^2$. (2) $(n+1)^r$.

15. 将 $\boldsymbol{A}$ 化成规范形，由正负惯性指数都不为零，构造 $\boldsymbol{x}_1,\boldsymbol{x}_2$ 和 $\boldsymbol{x}_3$.

16. 利用 15 题结论，先证 $\boldsymbol{A}$ 必有正特征值.

17. (1) $y_1^2-y_2^2-y_3^2$，$\begin{pmatrix}1&1&-1\\1&-1&-1\\0&0&1\end{pmatrix}$.

(2) $y_1^2-y_2^2-y_3^2$，$\begin{pmatrix}1&-\frac{\sqrt{3}}{3}&-\frac{5}{\sqrt{24}}\\0&\frac{\sqrt{3}}{3}&-\frac{1}{\sqrt{24}}\\0&0&\frac{3}{\sqrt{24}}\end{pmatrix}$.

(3) $y_1^2+y_2^2-y_3^2-y_4^2$，$\begin{pmatrix}1&-\frac{5}{6}&-\frac{3}{2}&-\frac{4}{21}\\0&\frac{1}{2}&\frac{1}{2}&\frac{2}{7}\\0&\frac{1}{3}&0&\frac{1}{3}\\0&0&0&\frac{3}{7}\end{pmatrix}$.

21. (1) 正定，(2)(3)不正定.　**22.** 都正定.

23. $\frac{n+1}{2}y_1^2+\frac{1}{2}(y_2^2+y_3^2+\cdots+y_n^2)$，正定，

$$\begin{pmatrix} \frac{1}{\sqrt{3}} & -\frac{1}{\sqrt{2}} & \frac{1}{\sqrt{6}} \\ \frac{1}{\sqrt{3}} & 0 & -\frac{2}{\sqrt{6}} \\ \frac{1}{\sqrt{3}} & \frac{1}{\sqrt{2}} & \frac{1}{\sqrt{6}} \end{pmatrix}.$$

24. $\begin{pmatrix} \frac{2\sqrt{2}}{3} & \frac{\sqrt{2}}{6} & \frac{\sqrt{2}}{6} \\ \frac{\sqrt{2}}{6} & \frac{2\sqrt{2}}{3} & \frac{\sqrt{2}}{6} \\ \frac{\sqrt{2}}{6} & \frac{\sqrt{2}}{6} & \frac{2\sqrt{2}}{3} \end{pmatrix}.$

25. (1) $t>2$, (2) $|t|<\sqrt{\frac{5}{3}}$.

27. 用定义证明 $\boldsymbol{x}^{\mathrm{T}}\boldsymbol{P}^{\mathrm{T}}\boldsymbol{P}\boldsymbol{x}>0$ ($\forall\, \boldsymbol{x}\neq\boldsymbol{0}$).

28. 用定义证明 $\boldsymbol{x}^{\mathrm{T}}\boldsymbol{C}^{\mathrm{T}}\boldsymbol{A}\boldsymbol{C}\boldsymbol{x}>0$ ($\forall\, \boldsymbol{x}\neq\boldsymbol{0}$).

30. 用定义证明.

31. (1) 负定,(2) 不定,(3) 不定,(4) 半负定.

34. (1) 负定,(2) 半正定,(3) 不定.

38. 否. **39.** 考虑 $\boldsymbol{A}+t\boldsymbol{I}$ 的特征值.

40. $t<\min(\lambda_1,\lambda_2,\cdots,\lambda_n)$.

41. 存在可逆阵 $\boldsymbol{C}_1$,使得 $\boldsymbol{C}_1^{\mathrm{T}}\boldsymbol{B}\boldsymbol{C}_1=\boldsymbol{I}$,又 $\boldsymbol{C}_1^{\mathrm{T}}\boldsymbol{A}\boldsymbol{C}_1$ 为实对称矩阵.

43. 将分块矩阵第二行左乘$-\boldsymbol{x}^{\mathrm{T}}\boldsymbol{A}^{-1}$加到第一行,并利用 $\boldsymbol{A}^{-1}$ 正定.

44. 用数学归纳法.把 $\boldsymbol{A}$ 分块表示为 $\begin{pmatrix} \boldsymbol{A}_{n-1} & \boldsymbol{\alpha} \\ \boldsymbol{\alpha}^{\mathrm{T}} & a_{nn} \end{pmatrix}$,并用初等变换将其化为上三角矩阵.

45. 利用 44 题的结果.

46. 由二次型矩阵 $\boldsymbol{A}$ 的特征值为 1,2,5,可得 $a=2$.正交矩阵 $\boldsymbol{Q}$ 与习题 8(1)相同.

47. (1) 由二次型矩阵 $\boldsymbol{A}$ 的秩为 2,或$|\boldsymbol{A}|=0$ 得 $c=3$.(2) $\boldsymbol{A}$ 的特征值 $\lambda_1=4,\lambda_2=9,\lambda_3=0$,通过正交变换 $\boldsymbol{x}=\boldsymbol{Q}\boldsymbol{y}$,方程 $\boldsymbol{x}^{\mathrm{T}}\boldsymbol{A}\boldsymbol{x}=1$ 化为 $\boldsymbol{y}^{\mathrm{T}}\boldsymbol{Q}^{\mathrm{T}}\boldsymbol{A}\boldsymbol{Q}\boldsymbol{y}=4y_1^2+9y_2^2=1$,这是一个椭圆柱面.

48. $k\neq 0$ 且 $k\neq -2$ 时，$\boldsymbol{B}$ 为正定矩阵. 提示：先证明 $\boldsymbol{Q}^{\mathrm{T}}\boldsymbol{A}\boldsymbol{Q}=\mathrm{diag}(0,2,2)$（其中 $\boldsymbol{Q}$ 为正交矩阵）.

49. 由线性方程组 $x_1+a_1x_2=0, x_2+a_2x_3=0, \cdots, x_n+a_nx_1=0$ 可得，当 $1+(-1)^{n-1}a_1a_2\cdots a_n\neq 0$ 时，线性方程组只有零解. 因此，当 $1+(-1)^{n-1}a_1a_2\cdots a_n\neq 0$ 时，仅当 $\boldsymbol{x}=(x_1,x_2,\cdots,x_n)^{\mathrm{T}}=\boldsymbol{0}$ 时，$f(x_1,x_2,\cdots,x_n)=0$，而 $\forall \boldsymbol{x}\neq\boldsymbol{0}$ 时，均有 $f(x_1,x_2,\cdots,x_n)=\boldsymbol{x}^{\mathrm{T}}\boldsymbol{A}\boldsymbol{x}>0$，故此时的二次型 $f(x_1,x_2,\cdots,x_n)$ 正定.

50. 充分性：由 $\mathrm{r}(\boldsymbol{B})=n$，得 $\forall \boldsymbol{x}=(x_1,x_2,\cdots,x_n)^{\mathrm{T}}\neq\boldsymbol{0}$，$\boldsymbol{B}\boldsymbol{x}\neq\boldsymbol{0}$，从而 $\boldsymbol{x}^{\mathrm{T}}(\boldsymbol{B}^{\mathrm{T}}\boldsymbol{A}\boldsymbol{B})\boldsymbol{x}=(\boldsymbol{B}\boldsymbol{x})^{\mathrm{T}}\boldsymbol{A}(\boldsymbol{B}\boldsymbol{x})>0$，故 $\boldsymbol{B}^{\mathrm{T}}\boldsymbol{A}\boldsymbol{B}$ 正定. 必要性：用反证法.

*第 7 章 应用问题

7.1 人口模型

人口增长的问题是关系到国计民生的重大问题之一. 为了预测和控制人口的增长,从 18 世纪以来各国人口学家、数学家不断地提出各种人口模型,有确定性的,有随机性的;有连续的,有离散的. 本节介绍的 Leslie 人口模型是 20 世纪 40 年代提出的,它是预测人口按年龄组变化的离散模型.

7.1.1 Leslie 人口模型

这个模型仅考虑女性人口的发展变化,因为一般男女人口的比例变化不大. 假设女性最大年龄为 s 岁,分 s 为 n 个年龄区间

$$\Delta t_i = \left[(i-1)\frac{s}{n}, i\frac{s}{n}\right], \quad i = 1,2,\cdots,n.$$

年龄属于 Δt_i 的女性称为第 i 组,设第 i 组人数为 $x_i(i=1,2,\cdots,n)$,称 $\boldsymbol{x}=(x_1,x_2,\cdots,x_n)^{\mathrm{T}}$ 为(女性)人口年龄分布向量. 考虑 $\boldsymbol{x}$ 随时间 t_k 的变化情况,每隔 s/n 年观察一次,不考虑同一时间间隔内的变化(即将时间离散化了). 设初始时间为 t_0, $t_k=t_0+ks/n$, t_k 时的年龄分布向量为 $\boldsymbol{x}^{(k)}=(x_1^{(k)},x_2^{(k)},\cdots,x_n^{(k)})^{\mathrm{T}}$,这里只考虑由生

育、老化和死亡引起的人口演变，而不考虑迁移、战争、意外灾难等社会因素的影响.

设第 i 组女性的生育率(已扣除女婴死亡率)为 a_i(第 i 组每位女性在 s/n 年中平均生育的女婴数，$a_i \geqslant 0$)，存活率为 b_i(第 i 组女性经过 s/n 年仍活着的人数与原人数之比，$0 < b_i \leqslant 1$). 死亡率 $= 1 - b_i$，假设 a_i, b_i 在同一时间间隔内不变，它可由人口统计资料获得.

t_k 时第一组女性的总数 $x_1^{(k)}$ 是 t_{k-1} 时各组女性(人数为 $x_i^{(k-1)}, i=1,\cdots,n$)所生育的女婴的总数，即

$$x_1^{(k)} = a_1 x_1^{(k-1)} + a_2 x_2^{(k-1)} + \cdots + a_n x_n^{(k-1)}, \tag{7.1}$$

t_k 时第 $i+1$ 组($i \geqslant 1$)女性人数 $x_{i+1}^{(k)}$ 是 t_{k-1} 时第 i 组的女性经 s/n 年存活下来的人数，即

$$x_{i+1}^{(k)} = b_i x_i^{(k-1)}, \quad i = 1,2,\cdots,n-1. \tag{7.2}$$

将(7.1)，(7.2)以矩阵形式表示为

$$\boldsymbol{x}^{(k)} = \boldsymbol{L}\boldsymbol{x}^{(k-1)}, \quad k = 1,2,\cdots,n. \tag{7.3}$$

其中

$$\boldsymbol{L} = \begin{pmatrix} a_1 & a_2 & \cdots & a_{n-1} & a_n \\ b_1 & 0 & \cdots & 0 & 0 \\ 0 & b_2 & \ddots & \vdots & \vdots \\ \vdots & \ddots & \ddots & 0 & 0 \\ 0 & \cdots & 0 & b_{n-1} & 0 \end{pmatrix}, \tag{7.4}$$

称 $\boldsymbol{L}$ 为 Leslie **矩阵**，由(7.3)式递推得

$$\boldsymbol{x}^{(k)} = \boldsymbol{L}^k \boldsymbol{x}^{(0)}. \tag{7.5}$$

利用(7.5)可算出 t_k 时间各年龄组人口总数，人口增长率及各年龄组人口占总人口的百分数. 此模型也适用于动物群.

例 1 某饲养场的某种动物所能达到的最大年龄为 6 岁，1990 年观测的数据如表 7-1 所示. 问：1998 年各年龄组的动物数量及分布比例为多少？总数的增长率为多少？

解 由所给表格得到动物 1990 年的年龄分布向量 $\boldsymbol{x}^{(0)}$ 及 Leslie 矩阵 $\boldsymbol{L}$ 分别为

$$\boldsymbol{x}^{(0)}=\begin{bmatrix}160\\320\\80\end{bmatrix},\quad \boldsymbol{L}=\begin{bmatrix}0&4&3\\1/2&0&0\\0&1/4&0\end{bmatrix}.$$

表 7-1

年龄	[0,2)	[2,4)	[4,6)
头数	160	320	80
生育率	0	4	3
存活率	$\frac{1}{2}$	$\frac{1}{4}$	0

1998 年的年龄分布向量为

$$\boldsymbol{x}^{(4)}=\boldsymbol{L}^4\boldsymbol{x}^{(0)}=\begin{bmatrix}0&4&3\\1/2&0&0\\0&1/4&0\end{bmatrix}^4\begin{bmatrix}160\\320\\80\end{bmatrix}$$

$$=\begin{bmatrix}4&3&9/8\\3/16&4&3\\1/4&3/32&0\end{bmatrix}\begin{bmatrix}160\\320\\80\end{bmatrix}=\begin{bmatrix}1690\\1550\\70\end{bmatrix}.$$

所以,1998 年动物总数为 3310 头;小于 2 岁的有 1690 头,占 51.06%;2～4 岁的有 1550 头,占 46.83%;4～6 岁的有 70 头,占 2.11%. 增长总数为 3310—560 = 2750 头,8 年总增长率为 491.07%.

利用 Leslie 模型分析人口增长,发现观察时间充分长后人口增长率和年龄分布结构均趋于一个稳定状态,这与矩阵 $\boldsymbol{L}$ 的特征值、特征向量有关.

7.1.2 Leslie 矩阵的优势特征值及其实际意义

定理 7.1 (7.4)式中的矩阵 $\boldsymbol{L}$ 有唯一的单重正特性值 λ_1，对应的特征向量为 $\boldsymbol{x}_1=(1,b_1/\lambda_1,b_1b_2/\lambda_1^2,\cdots,b_1b_2\cdots b_{n-1}/\lambda_1^{n-1})^{\mathrm{T}}$（各分量全为正数）.

证

$$p_n(\lambda)=|\lambda\boldsymbol{I}-\boldsymbol{L}|=\begin{vmatrix}\lambda-a_1 & -a_2 & \cdots & -a_{n-1} & -a_n\\ -b_1 & \lambda & & & \\ & -b_2 & \ddots & & \\ & & \ddots & \lambda & \\ & & & -b_{n-1} & \lambda\end{vmatrix}$$

$$=\lambda p_{n-1}(\lambda)+b_{n-1}\begin{vmatrix}\lambda-a_1 & -a_2 & \cdots & -a_{n-2} & -a_n\\ -b_1 & \lambda & & & \\ & -b_2 & \ddots & & \\ & & \ddots & \lambda & \\ & & & -b_{n-2} & 0\end{vmatrix}$$

$$=\lambda p_{n-1}(\lambda)+b_{n-1}(-a_n)(-1)^n(-1)^{n-2}b_1b_2\cdots b_{n-2}$$

$$=\lambda p_{n-1}(\lambda)-a_nb_1b_2\cdots b_{n-1}. \qquad (*)$$

记 $\beta_i=a_ib_1b_2\cdots b_{i-1}\,(b_0=1)$，由于 $a_i\geqslant 0$ 且不全为零，$b_i>0$，所以 $\beta_i\geqslant 0\,(i=1,2,\cdots,n)$ 且不全为零. 由递推关系(∗)得

$$\begin{aligned}p_n(\lambda)&=\lambda p_{n-1}(\lambda)-\beta_n=\lambda(\lambda p_{n-2}(\lambda)-\beta_{n-1})-\beta_n\\&=\lambda^2p_{n-2}(\lambda)-\lambda\beta_{n-1}-\beta_n=\cdots\\&=\lambda^n-\beta_1\lambda^{n-1}-\beta_2\lambda^{n-2}-\cdots-\beta_{n-1}\lambda-\beta_n.\end{aligned} \qquad (7.6)$$

记

$$q(\lambda)=\beta_1/\lambda+\beta_2/\lambda^2+\cdots+\beta_n/\lambda^n \quad (\lambda\neq 0), \qquad (7.7)$$

则特征方程

$$p_n(\lambda)=0 \qquad (7.8)$$

等价于方程

$$q(\lambda)=1. \tag{7.9}$$

显然当 $\lambda>0$ 时，$q(\lambda)$ 是连续的单调减函数，且 $\lim\limits_{\lambda\to 0^+}q(\lambda)=+\infty$，$\lim\limits_{\lambda\to\infty}q(\lambda)=0$，所以存在唯一的 $\lambda_1\in(0,+\infty)$ 使得 $q(\lambda_1)=1$ 或 $p_n(\lambda_1)=0$，即 λ_1 为唯一的正特征值. 下面证明 λ_1 是单根，用反证法.

设 λ_1 是 $p_n(\lambda)=0$ 的 k 重根 $(k\geqslant 2)$，则 $p_n'(\lambda_1)=0$，且

$$p'_n(\lambda_1)=n\lambda_1^{n-1}-(n-1)\beta_1\lambda_1^{n-2}-\cdots-2\beta_{n-2}\lambda_1-\beta_{n-1}=0,$$

此式可写成

$$1=\frac{n-1}{n}\frac{\beta_1}{\lambda_1}+\frac{n-2}{n}\frac{\beta_2}{\lambda_1^2}+\cdots+\frac{2\beta_{n-2}}{n\lambda_1^{n-2}}+\frac{\beta_{n-1}}{n\lambda_1^{n-1}}<q(\lambda_1)=1,$$

(因为 $(n-i)/n<1$) 矛盾，所以 λ_1 为单根.

解方程组 $(\lambda_1\boldsymbol{I}-\boldsymbol{L})\boldsymbol{x}=\boldsymbol{0}$，容易得到 λ_1 对应的特征向量为定理给出的 $\boldsymbol{x}_1$. ■

定理 7.2　若 λ_1 是矩阵 $\boldsymbol{L}$ 的正特征值，则 $\boldsymbol{L}$ 的任一个(实的或复的)特征值 λ 都满足

$$|\lambda|\leqslant\lambda_1. \tag{7.10}$$

证　若 $\lambda=0$，显然成立；设 $\lambda=re^{i\theta}$，且 $r>0$，用反证法. 假设 $|\lambda|=r>\lambda_1$，由(7.9)和(7.7)式，

$$q(\lambda)=q(re^{i\theta})=\frac{\beta_1}{r}e^{-i\theta}+\frac{\beta_2}{r^2}e^{-2i\theta}+\cdots+\frac{\beta_n}{r^n}e^{-ni\theta}=1,$$

得 $q(\lambda)$ 的实部为 1，即

$$\begin{aligned}1&=\frac{\beta_1}{r}\cos\theta+\frac{\beta_2}{r^2}\cos 2\theta+\cdots+\frac{\beta_n}{r^n}\cos n\theta\\&\leqslant\beta_1/r+\beta_2/r^2+\cdots+\beta_n/r^n\\&<\beta_1/\lambda_1+\beta_2/\lambda_1^2+\cdots+\beta_n/\lambda_1^n\\&=q(\lambda_1)=1,\end{aligned}$$

矛盾. 所以对任一特征值 λ，有 $|\lambda|\leqslant\lambda_1$. ■

我们把 $\boldsymbol{L}$ 矩阵的唯一的正特征值 λ_1 称为**优势特征值**. 如果 $\boldsymbol{L}$

的任一个特征值$\lambda\neq\lambda_1$,均满足$|\lambda|<\lambda_1$,则称λ_1为$\boldsymbol{L}$的**严格优势特征值**.

定理 7.3 若矩阵$\boldsymbol{L}$的第一行有两个顺序元素$a_i,a_{i+1}>0$,则$\boldsymbol{L}$的正特征值是严格优势特征值.

证 由定理7.2,$|\lambda|\leqslant\lambda_1$,只须证等号不成立.用反证法,假设存在$\lambda\neq\lambda_1$有$|\lambda|=\lambda_1$,则

$$\begin{aligned}
1&=q(\lambda)=\beta_1/\lambda+\beta_2/\lambda^2+\cdots+\beta_n/\lambda^n\\
&\leqslant|\beta_1/\lambda|+|\beta_2/\lambda^2|+\cdots+|\beta_i/\lambda^i+\beta_{i+1}/\lambda^{i+1}|+\cdots+|\beta_n/\lambda^n|\\
&=\beta_1/\lambda_1+\beta_2/\lambda_1^2+\cdots+|\beta_i\lambda_1+\beta_{i+1}|/\lambda_1^{i+1}+\cdots+\beta_n/\lambda_1^n\\
&<\beta_1/\lambda_1+\beta_2/\lambda_1^2+\cdots+\beta_i/\lambda_1^i+\beta_{i+1}/\lambda_1^{i+1}+\cdots+\beta_n/\lambda_1^n\\
&=q(\lambda_1)=1.
\end{aligned}$$

这是矛盾的,所以$|\lambda|<\lambda_1$(上式"<"是根据$|\beta_i\lambda+\beta_{i+1}|<\beta_i|\lambda|+\beta_{i+1}$,因为$\beta_i=a_ib_1\cdots b_{i-1}>0,\beta_{i+1}>0$,且$\lambda$为非正实数,据定理7.1,$\lambda_1$是唯一的正特征值).

定理7.3的条件在人口模型中是能保证的,所以$\boldsymbol{L}$矩阵必有严格优势特征值λ_1.

定理 7.4 若矩阵$\boldsymbol{L}$有严格优势特征值λ_1,其对应的特征向量为$\boldsymbol{x}_1$,则

$$\lim_{k\to+\infty}\frac{1}{\lambda_1^k}\boldsymbol{x}^{(k)}=c\boldsymbol{x}_1,\tag{7.11}$$

其中$\boldsymbol{x}^{(k)}$由(7.5)式确定,c为常数.

证 设$\boldsymbol{L}$可对角化(对一般情况要用附录B中的约当标准形来证明),即存在线性无关的特征向量$\boldsymbol{x}_1,\boldsymbol{x}_2,\cdots,\boldsymbol{x}_n$及$\boldsymbol{P}=(\boldsymbol{x}_1,\boldsymbol{x}_2,\cdots,\boldsymbol{x}_n)$使得

$$\boldsymbol{P}^{-1}\boldsymbol{LP}=\mathrm{diag}(\lambda_1,\lambda_2,\cdots,\lambda_n),$$

则

$$\begin{aligned}
\boldsymbol{L}^k&=(\boldsymbol{P}\mathrm{diag}(\lambda_1,\cdots,\lambda_n)\boldsymbol{P}^{-1})^k\\
&=\boldsymbol{P}\mathrm{diag}(\lambda_1^k,\cdots,\lambda_n^k)\boldsymbol{P}^{-1}.
\end{aligned}$$

由(7.5)式得

$$\frac{1}{\lambda_1^k}\boldsymbol{x}^{(k)}=\frac{1}{\lambda_1^k}\boldsymbol{L}^{(k)}\boldsymbol{x}^{(0)}=\frac{1}{\lambda_1^k}\boldsymbol{P}\mathrm{diag}(\lambda_1^k,\cdots,\lambda_n^k)\boldsymbol{P}^{-1}\boldsymbol{x}^{(0)}.$$

$$=\boldsymbol{P}\mathrm{diag}\left(1,\left(\frac{\lambda_2}{\lambda_1}\right)^k,\cdots,\left(\frac{\lambda_n}{\lambda_1}\right)^k\right)\boldsymbol{P}^{-1}\boldsymbol{x}^{(0)}.$$

记 $\boldsymbol{P}^{-1}\boldsymbol{x}^{(0)}=(c,d_2,\cdots,d_n)^{\mathrm{T}}$，由于 $\lim\limits_{k\to+\infty}\left(\frac{\lambda_i}{\lambda_1}\right)^k=0\,(i=2,\cdots,n)$，所以有

$$\begin{aligned}\lim_{k\to+\infty}\frac{1}{\lambda_1^k}\boldsymbol{x}^{(k)}&=\lim_{k\to+\infty}\boldsymbol{P}\mathrm{diag}\left(1,\left(\frac{\lambda_2}{\lambda_1}\right)^k,\cdots,\left(\frac{\lambda_n}{\lambda_1}\right)^k\right)\boldsymbol{P}^{-1}\boldsymbol{x}^{(0)}\\&=\boldsymbol{P}\mathrm{diag}(1,0,\cdots,0)(c,d_2,\cdots,d_n)^{\mathrm{T}}\\&=(\boldsymbol{x}_1,\boldsymbol{x}_2,\cdots,\boldsymbol{x}_n)\begin{pmatrix}1&&\\&0&\\&&\ddots&\\&&&0\end{pmatrix}\begin{pmatrix}c\\d_2\\\vdots\\d_n\end{pmatrix}\\&=c\boldsymbol{x}_1.\end{aligned}$$

■

由(7.11)式，当 k 充分大后

$$\boldsymbol{x}^{(k)}\approx c\lambda_1^k\boldsymbol{x}_1=\lambda_1(c\lambda_1^{k-1}\boldsymbol{x}_1)\approx\lambda_1\boldsymbol{x}^{(k-1)}.$$

这表明时间 t_k 充分大后，年龄分布向量趋于稳定状态，即各年龄组人数 $x_i^{(k)}$ 占总人数 $\sum\limits_{i=1}^n x_i^{(k)}$ 的百分比几乎等于特征向量 $\boldsymbol{x}_1$ 中相应分量 x_i 占分量总和 $\sum\limits_{i=1}^n x_i$ 的百分比. 同时 t_k 充分大后，人口增长率 $(x_i^{(k+1)}-x_i^{(k)})/x_i^{(k)}$ 趋于 λ_1-1，或说 $\lambda_1>1$ 时，人口递增；$\lambda_1<1$ 时人口递减；$\lambda_1=1$ 时人口总数稳定不变. 由式(7.7)和(7.9)容易得到如下定理.

定理 7.5 $\boldsymbol{L}$ 矩阵的正特征值 $\lambda_1=1$ 的充要条件是 $\beta_1+\beta_2+\cdots+\beta_n=1$.

记 $R=\beta_1+\cdots+\beta_n=a_1+a_2b_1+\cdots+a_nb_1\cdots b_{n-1}$，我们称 R 为**净再生(繁殖)率**，它表示每名女性一生中平均所生育的女婴数. 不

难证明:当 $R>1,<1$ 和 $=1$ 时,相应的 $\lambda_1>1,<1$ 和 $=1$(利用(7.7),(7.9)式),从而当 t_k 充分大后,它们分别表示人口递增,递减和稳定不变.

如例1中 $\boldsymbol{L}$ 的特征多项式为

$$p(\lambda)=|\lambda \boldsymbol{I}-\boldsymbol{L}|=\lambda^3-2\lambda-\frac{3}{8}=0,$$

得严格优势特征值 $\lambda_1=3/2$,相应特征向量 $\boldsymbol{x}_1=(1,b_1/\lambda_1,b_1b_2/\lambda_1^2)^{\mathrm{T}}=(1,1/3,1/18)^{\mathrm{T}}$,当 t_k 充分大后,增长率的极限值为 $\lambda_1-1=50\%$;三个年龄组的动物头数之比为 1∶1/3∶1/18 或 18∶6∶1,即小于2岁的占72%,2~4岁的占24%,4~6岁的占4%.

例2 根据表7-2所示的加拿大1965年的统计资料(由于≥50岁的妇女生育者极少,我们只讨论0~50岁之间的人口增长问题).

表 7-2

年龄组 i	年龄区间	a_i	b_i
1	[0,5)	0.00000	0.99651
2	[5,10)	0.00024	0.99820
3	[10,15)	0.05861	0.99802
4	[15,20)	0.28608	0.99729
5	[20,25)	0.44791	0.99694
6	[25,30)	0.36399	0.99621
7	[30,35)	0.22259	0.99460
8	[35,40)	0.10459	0.99184
9	[40,45)	0.02826	0.98700
10	[45,50)	0.00240	—

应用数值方法,可得矩阵 $\boldsymbol{L}$ 的严格优势特征值及相应的特征向量 $\boldsymbol{x}_1$ 分别为

$$\lambda_1 = 1.07622, \quad \boldsymbol{x}_1 = \begin{bmatrix} 1.00000 \\ 0.92594 \\ 0.85881 \\ 0.79641 \\ 0.73800 \\ 0.68364 \\ 0.63281 \\ 0.58482 \\ 0.53897 \\ 0.49429 \end{bmatrix}.$$

如果加拿大妇女生育率和存活率保持 1965 年的状况，那么经过较长时间以后，50 岁以内的人口总数每 5 年将递增 7.622%；由特征向量可算得各年龄组人口占总人口的比例数依次为13.79%，12.77%，11.84%，10.98%，10.17%，9.42%，8.72%，8.06%，7.43%，6.82%.

7.2 马尔可夫链

考虑一系列有随机因素影响的试验，每次试验结果出现事件 $S_1,\cdots,S_m$ 中的一个且仅出现一个，称这些 $S_i(i=1,\cdots,m)$ 为**状态**，出现 S_i 就称系统处于 S_i 状态. 系统在每一时刻所处的状态是随机的. 若下一时刻的状态仅取决于这一时刻的状态和转移概率，与这一时刻以前的状态无关，则称此为**无后效性**，通俗地说，将来的状态只与现在的已知状态有关，与过去的历史无关. **马尔可夫链**（或称马氏链）是时间和状态都已离散化的无后效性的随机过程. 马氏链在经济、社会、生态和遗传等学科中均有广泛的应用.

以 $x_i(n)(n=0,1,2,\cdots)$ 表示系统在时刻 t_n 处于状态 S_i 的概率，$\boldsymbol{x}(n)=(x_1(n),\cdots,x_m(n))^{\mathrm{T}}$ 称为**概率向量**，其中 $0\leqslant x_i(n)\leqslant 1$

且 $x_1(n)+\cdots+x_m(n)=1$，以 $p_{ij}(i,j=1,2,\cdots,m)$ 表示现时刻系统处于状态 S_j 而下一时刻处于状态 S_i 的概率，称为**转移概率**. 称 $\boldsymbol{P}=(p_{ij})_{m\times m}$ 为**转移矩阵**. $\boldsymbol{P}$ 的每一列的列和都是 1(由于 $p_{ij}\geqslant 0$，我们以后把这样的矩阵 $\boldsymbol{P}$，记作 $\boldsymbol{P}\geqslant\boldsymbol{0}$). 根据无后效性得到马氏链的基本方程为

$$x_i(n+1)=p_{i1}x_1(n)+p_{i2}x_2(n)+\cdots+p_{im}x_m(n),\quad i=1,2,\cdots,m. \tag{7.12}$$

用矩阵表示为

$$\boldsymbol{x}(n+1)=\boldsymbol{P}\boldsymbol{x}(n), \tag{7.12$'$}$$

$$\boldsymbol{P}\geqslant\boldsymbol{0},\quad \sum_{i=1}^{m}p_{ij}=1. \tag{7.13}$$

由递推公式得

$$\boldsymbol{x}(n)=\boldsymbol{P}^n\boldsymbol{x}(0), \tag{7.14}$$

其中 $\boldsymbol{x}(0)=(x_1(0),\cdots,x_m(0))^{\mathrm{T}}$ 为**初始概率向量**.

例 1 某商店销售某商品有好销(S_1)和不好销(S_2)两种状态，每月观测一次，已知本月好销而下月不好销的概率 $p_{21}=\alpha$，和本月不好销下月好销的概率 $p_{12}=\beta$，其中 $0\leqslant\alpha,\beta\leqslant 1$，若初始状态为好销(或不好销)，问经过 n 个月后保持好销的概率有多大?

解 由列和等于 1 得到转移矩阵为

$$\boldsymbol{P}=\begin{pmatrix}1-\alpha & \beta\\ \alpha & 1-\beta\end{pmatrix}.$$

由 $|\lambda\boldsymbol{I}-\boldsymbol{P}|=0$ 得特征值 $\lambda_1=1$ 和 $\lambda_2=1-\alpha-\beta$.

(1) 若 α,β 不全为 0 和 1，则 $|\lambda_2|<\lambda_1=1$. λ_1,λ_2 所对应的特征向量分别为 $\boldsymbol{x}_1=(\beta,\alpha)^{\mathrm{T}}$，$\boldsymbol{x}_2=(1,-1)^{\mathrm{T}}$. 取 $\boldsymbol{R}=(\boldsymbol{x}_1,\boldsymbol{x}_2)$，则

$$\boldsymbol{R}^{-1}\boldsymbol{P}\boldsymbol{R}=\mathrm{diag}(\lambda_1,\lambda_2),$$

其中

$$\boldsymbol{R}^{-1}=\frac{1}{\alpha+\beta}\begin{pmatrix}1 & 1\\ \alpha & -\beta\end{pmatrix}.$$

于是 $\boldsymbol{x}(n)=\boldsymbol{P}^n\boldsymbol{x}(0)=\boldsymbol{R}\mathrm{diag}(\lambda_1^n,\lambda_2^n)\boldsymbol{R}^{-1}\boldsymbol{x}(0)$,

$$\lim_{n\to\infty}\boldsymbol{x}(\boldsymbol{n})=\frac{1}{\alpha+\beta}\begin{pmatrix}\beta & 1\\ \alpha & -1\end{pmatrix}\begin{pmatrix}1 & 0\\ 0 & 0\end{pmatrix}\begin{pmatrix}1 & 1\\ \alpha & -\beta\end{pmatrix}\begin{bmatrix}x_1(0)\\ x_2(0)\end{bmatrix}$$

$$=\frac{1}{\alpha+\beta}\begin{pmatrix}\beta & \beta\\ \alpha & \alpha\end{pmatrix}\begin{pmatrix}x_1(0)\\ x_2(0)\end{pmatrix}$$

$$=\frac{1}{\alpha+\beta}\begin{pmatrix}\beta\\ \alpha\end{pmatrix}\underset{\text{记}}{=}\boldsymbol{q}.$$

(第三个等号成立是因为 $x_1(0)+x_2(0)=1$),即 $n\to\infty$ 时 $\boldsymbol{x}(n)$ 趋于一个与 $\boldsymbol{x}(0)$ 无关的稳定值 $\boldsymbol{q}$,称 $\boldsymbol{q}$ 为**极限状态概率**,$\boldsymbol{q}=(q_1,q_2)^{\mathrm{T}}$ 有 $q_1+q_2=1$,q_1 与 q_2 分别表示 $n\to\infty$ 时好销和不好销的概率,它完全由转移矩阵 $\boldsymbol{P}$ 决定.

(2) 若 $\alpha=\beta=0$,则 $\boldsymbol{P}=\boldsymbol{I}$,$\boldsymbol{x}(n)=\boldsymbol{x}(0)$.

(3) 若 $\alpha=\beta=1$,则 $\boldsymbol{P}=\begin{pmatrix}0 & 1\\ 1 & 0\end{pmatrix}$. $\lambda_1=1$,$\lambda_2=-1$,$\lim\limits_{n\to\infty}(-1)^n$ 不存在,且

$$\boldsymbol{x}(n)=\boldsymbol{P}^n\boldsymbol{x}(0)=\begin{cases}\boldsymbol{x}(0), & \text{当 } n \text{ 为偶数},\\ \boldsymbol{P}\boldsymbol{x}(0), & \text{当 } n \text{ 为奇数}.\end{cases}$$

定义 7.1　若存在某个正整数 N 使得 $\boldsymbol{P}^N>\boldsymbol{0}$(即 $p_{ij}>0$ 对 $i,j=1,\cdots,m$),则称 $\boldsymbol{P}$ 为**正则转移矩阵**.对应的马氏链称为**正则链**.

定理 7.6　设 $\boldsymbol{P}$ 为 m 阶正则转移矩阵,则

$$\lim_{n\to\infty}\boldsymbol{P}^n=(\boldsymbol{q},\boldsymbol{q},\cdots,\boldsymbol{q})=\boldsymbol{Q},\tag{7.15}$$

其中 $\boldsymbol{q}=(q_1,q_2,\cdots,q_m)^{\mathrm{T}}$,$q_i(i=1,\cdots,m)$ 为正数且 $q_1+q_2+\cdots+q_m=1$.

证明略.

矩阵 $\boldsymbol{Q}$ 有如下性质:对任意的概率向量 $\boldsymbol{x}=(x_1,x_2,\cdots,x_m)^{\mathrm{T}}$,有

$$\boldsymbol{Q}\boldsymbol{x}=\left(\sum_{i=1}^m x_i\right)\boldsymbol{q}=\boldsymbol{q}.\tag{7.16}$$

定理 7.7 正则链存在唯一的极限状态概率向量 $\boldsymbol{q}$,使得

$$\boldsymbol{P}\boldsymbol{q} = \boldsymbol{q}. \tag{7.17}$$

证 $$\lim_{n\to\infty}\boldsymbol{x}(n) = \lim_{n\to\infty}\boldsymbol{P}^n\boldsymbol{x}(0) = \boldsymbol{Q}\boldsymbol{x}(0) = \boldsymbol{q}.$$

由 $\boldsymbol{P}\boldsymbol{P}^n = \boldsymbol{P}^{n+1}$ 及 $\lim\limits_{n\to\infty}\boldsymbol{P}^n = \lim\limits_{n\to\infty}\boldsymbol{P}^{n+1} = \boldsymbol{Q}$,得

$$\boldsymbol{P}\boldsymbol{Q}\boldsymbol{x}(0) = \boldsymbol{Q}\boldsymbol{x}(0),$$

即
$$\boldsymbol{P}\boldsymbol{q} = \boldsymbol{q}.$$

下证唯一性. 设 $\boldsymbol{r}$ 是正则链的任一极限状态概率向量满足 $\boldsymbol{P}\boldsymbol{r} = \boldsymbol{r}$,那么 $\boldsymbol{P}^n\boldsymbol{r} = \boldsymbol{r}$ 对 $n = 1,2,\cdots$ 成立. 取极限,由(7.15),(7.16)及(7.17)得

$$\lim_{n\to\infty}\boldsymbol{P}^n\boldsymbol{r} = \boldsymbol{Q}\boldsymbol{r} = \boldsymbol{q} = \boldsymbol{r}. \quad ■$$

由(7.17)式知,对正则链,其极限状态概率向量 $\boldsymbol{q}$ 是线性方程组

$$(\boldsymbol{I} - \boldsymbol{P})\boldsymbol{x} = \boldsymbol{0}$$

的唯一满足 $q_1 + \cdots + q_m = 1$ 的解. 即 $\boldsymbol{q}$ 是矩阵 $\boldsymbol{P}$ 对应于特征值 $\lambda_1 = 1$ 的特征向量,其各分量和为 1.

例 1 中解 $(\boldsymbol{I}-\boldsymbol{P})\boldsymbol{x} = \boldsymbol{0}$,得 $\boldsymbol{x} = (\beta,\alpha)^{\mathrm{T}}$,取 $\boldsymbol{q} = \dfrac{1}{\alpha+\beta}(\beta,\alpha)^{\mathrm{T}}$ 使各分量和为 1,即为所求的极限状态.

例 2 考察微量元素磷在自然界中的转移情况,假定磷只分布于 s_1(土壤),s_2(草、羊、牛等生物体)和 s_3(上述系统之外如河流等),每月观察一次. 变化情况如图 7.1 所示,即土壤中的磷 30% 转移到生物体,20% 排到系统外,50% 仍在土壤中;生物体中的磷 40% 回到土壤中,40% 排出系统外,遗留下 20%. 若初始 s_1,s_2,s_3 中磷的比例为 0.5 : 0.3 : 0.2,问经过 n 个月后磷在三种状态中的分布比例是多少(图 7.1)?

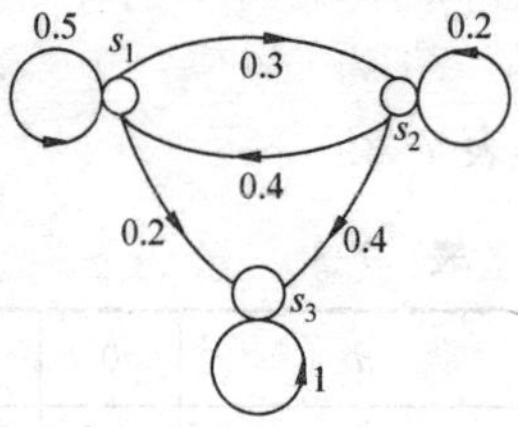

图 7.1

解 初始概率向量 $\boldsymbol{x}(0) = (0.5,0.3,0.2)^{\mathrm{T}}$,转移矩阵

$$P=\begin{pmatrix}0.5 & 0.4 & 0\\0.3 & 0.2 & 0\\0.2 & 0.4 & 1\end{pmatrix},$$

由于 $p_{33}=1$，即系统一旦进入状态 s_3，就不再转移出去，称 s_3 为**吸收状态**.

定义 7.2 若马氏链中存在吸收状态 s_i，即 $p_{ii}=1$，且从每一非吸收状态出发能以正的概率经有限次转移达到某一吸收状态，则称马氏链为**吸收链**. 它是不同于正则链的另一类马氏链.

记

$$P_2=\begin{pmatrix}0.5 & 0.4\\0.3 & 0.2\end{pmatrix},\quad \boldsymbol{\alpha}=(0.2,0.4),$$

则

$$P=\begin{pmatrix}P_2 & \mathbf{0}\\ \boldsymbol{\alpha} & 1\end{pmatrix}$$

为下三角块矩阵，P^n 仍为下三角块阵，即

$$P^n=\begin{pmatrix}P_2^n & \mathbf{0}\\ * & 1\end{pmatrix}.$$

对任意的 $n\in\mathbb{N}$，$(P^n)_{13}=(P^n)_{23}=0$，从而 $P^n\not>\mathbf{0}$. 所以 P 不是正则转移矩阵. 计算

$$x(n)=P^n x(0),$$

得表 7-3.

表 7-3

n		0	1	2	3	…	10	…	∞
$x(n)$	$x_1(n)$	0.5	0.37	0.27	0.195	…	0.020	…	$\to 0$
	$x_2(n)$	0.3	0.21	0.15	0.111	…	0.011	…	$\to 0$
	$x_3(n)$	0.2	0.42	0.58	0.694	…	0.969	…	$\to 1$

一般说，对吸收链的 m 阶转移矩阵 P 可经 s_i 下标的重新排列

表示为

$$\boldsymbol{P}=\begin{bmatrix}\boldsymbol{I}_r & \boldsymbol{P}_1\\ \boldsymbol{0} & \boldsymbol{P}_2\end{bmatrix},$$

其中 $\boldsymbol{I}_r$ 表示有 r 个吸收状态,有 $m-r$ 个非吸收状态.一般 $\boldsymbol{P}_1\neq\boldsymbol{0}$,所以 $\boldsymbol{P}_2$ 的列和<1,因此 $\boldsymbol{P}_2$ 的特征值 $\lambda(\boldsymbol{P}_2)$ 满足 $|\lambda(\boldsymbol{P}_2)|<1$,且 $\boldsymbol{I}-\boldsymbol{P}_2$ 可逆,否则,$|\boldsymbol{I}-\boldsymbol{P}_2|=0$,$\lambda=1$ 为 $\boldsymbol{P}_2$ 的一个特征值,矛盾.若记

$$\boldsymbol{M}=(\boldsymbol{I}-\boldsymbol{P}_2)^{-1}=\boldsymbol{I}+\boldsymbol{P}_2+\boldsymbol{P}_2^2+\cdots+\boldsymbol{P}_2^n+\cdots=\sum_{n=0}^{\infty}\boldsymbol{P}^n,$$

$$\boldsymbol{\alpha}=(1,1,\cdots,1)_{1\times(m-r)}^{\mathrm{T}},$$

则

$$\boldsymbol{Y}=\boldsymbol{M\alpha}=(y_1,\cdots,y_{m-r})^{\mathrm{T}},$$

其中 y_i 是从第 i 个非吸收状态出发被某个吸收状态吸收的平均转移次数.

例 2 中,状态排序改为 (s_3,s_2,s_1) 对应的概率转移矩阵为

$$\boldsymbol{P}=\begin{pmatrix}1 & \boldsymbol{\beta}\\ \boldsymbol{0} & \boldsymbol{P}_2\end{pmatrix},\quad \boldsymbol{\beta}=(0.4,0.2),\quad \boldsymbol{P}_2=\begin{pmatrix}0.2 & 0.3\\ 0.4 & 0.5\end{pmatrix},$$

$$\boldsymbol{I}-\boldsymbol{P}_2=\begin{pmatrix}0.8 & -0.3\\ -0.4 & 0.5\end{pmatrix},\quad (\boldsymbol{I}-\boldsymbol{P}_2)^{-1}=\frac{1}{0.28}\begin{pmatrix}0.5 & 0.3\\ 0.4 & 0.8\end{pmatrix},$$

所以

$$\begin{aligned}\boldsymbol{Y}=\boldsymbol{M\alpha}&=(\boldsymbol{I}-\boldsymbol{P}_2)^{-1}\boldsymbol{\alpha}\\ &=\frac{1}{0.28}\begin{pmatrix}0.5 & 0.3\\ 0.4 & 0.8\end{pmatrix}\begin{pmatrix}1\\ 1\end{pmatrix}=\begin{pmatrix}20/7\\ 30/7\end{pmatrix}.\end{aligned}$$

即从状态 s_2 和 s_1 出发平均经过 3 次和 4.3 次的转移,被状态 s_3 吸收.

7.3 投入产出数学模型

本节介绍投入产出的一个线性模型.它研究一个经济系统中各部门(企业)之间"投入"与"产出"的平衡关系.在一个经济系统

中，各部门（企业）既是生产者又是消耗者，生产的产品提供给系统内各部门和系统外部（包括出口等）的需求；消耗系统内各部门（企业）提供的产品如原材料、设备、运输和能源等，此外还有人力消耗.消耗的目的是为了生产，生产的结果必然要创造新的价值，以用于支付劳动者的报酬、缴付税金和获取合理的利润.显然，对每个部门（企业）来讲，在物资方面的消耗和新创造的价值，等于它的总产品的价值.这就是“投入”与“产出”之间的总的平衡关系.

这里我们只讨论价值型投入产出数学模型，投入和产出都用货币数值来度量.

7.3.1 分配平衡方程组

首先考虑一个系统内部各部门的产品的产销（包括内销和外销）平衡或分配平衡.

设某个经济系统由 n 个企业所组成，并用：

x_i 表示第 i 个企业的总产值，$x_i \geqslant 0$；

d_i 表示系统外部对第 i 个企业的产值的需求量，$d_i \geqslant 0$；

c_{ij} 表示第 j 个企业生产单位产值需要消耗第 i 个企业的产值数，称为第 j 个企业对第 i 个企业的直接消耗系数，$c_{ij} \geqslant 0$.

为了帮助理解 x_i, d_i, c_{ij} 的含义及系统内外的相互关系，我们列出表 7-4.

表 7-4

直接消耗系数 企业 \ 企业		消耗企业 1	2	…	n	外部需求	总产值
生产企业	1	c_{11}	c_{12}	…	c_{1n}	d_1	x_1
	2	c_{21}	c_{22}	…	c_{2n}	d_2	x_2
	⋮	⋮	⋮		⋮	⋮	⋮
	n	c_{n1}	c_{n2}	…	c_{nn}	d_n	x_n

表中编号相同的生产企业和消耗企业是指同一个企业.如“1”号表示煤矿,“2”号表示电厂,c_{21}表示煤矿生产单位产值需要直接消耗电厂的产值数,c_{22}表示电厂生产单位产值需要直接消耗自身的产值数(即厂用电的消耗数),d_2表示系统外部对电厂产值的需求量(即所需发电量的值),x_2表示电厂的总产值(即总发电量的值).

根据上面的假设,从第i行看,第i个企业分配给系统内各企业生产性消耗的产值数为

$$c_{i1}x_1 + c_{i2}x_2 + \cdots + c_{in}x_n.$$

提供给系统外部的产值数为d_i,这两部分之和就是第i个企业的总产值x_i.于是可得分配平衡方程组

$$x_i = \left(\sum_{j=1}^{n} c_{ij}x_j\right) + d_i,\quad i = 1,2,\cdots,n. \tag{7.18}$$

记

$$\boldsymbol{C} = \begin{pmatrix} c_{11} & c_{12} & \cdots & c_{1n} \\ c_{21} & c_{22} & \cdots & c_{2n} \\ \vdots & \vdots & & \vdots \\ c_{n1} & c_{n2} & \cdots & c_{nn} \end{pmatrix},\quad \boldsymbol{x} = \begin{pmatrix} x_1 \\ x_2 \\ \vdots \\ x_n \end{pmatrix},\quad \boldsymbol{d} = \begin{pmatrix} d_1 \\ d_2 \\ \vdots \\ d_n \end{pmatrix}. \tag{7.19}$$

称$\boldsymbol{C}$为**直接消耗系数矩阵**;$\boldsymbol{C}\geqslant\boldsymbol{0}$(即$c_{ij}\geqslant 0\ \forall\, i,j=1,2,\cdots,n$),称之为**非负矩阵**;称$\boldsymbol{x}$为**生产向量**;$\boldsymbol{x}\geqslant\boldsymbol{0}$(即$x_i\geqslant 0, i=1,\cdots,n$),称之为**非负向量**;称$\boldsymbol{d}$为**外部需求向量**,$\boldsymbol{d}\geqslant\boldsymbol{0}$.于是(7.18)可表示成矩阵形式

$$\boldsymbol{x} = \boldsymbol{C}\boldsymbol{x} + \boldsymbol{d}, \tag{7.20}$$

或

$$(\boldsymbol{I} - \boldsymbol{C})\boldsymbol{x} = \boldsymbol{d}, \tag{7.21}$$

(7.20)或(7.21)式是投入产出数学模型之一.

例1　某经济系统有三个企业:煤矿、电厂和铁路.设在一年内,企业之间直接消耗系数及外部对各企业产值需求量如表7-5.

表 7-5

直接消耗系数 企业 \ 企业		消耗企业 煤矿	电厂	铁路	外部需求	总产值
生产企业	煤矿	0	0.65	0.55	50000	x_1
	电厂	0.25	0.05	0.10	25000	x_2
	铁路	0.25	0.05	0	0	x_3

为使各企业产值与系统内外需求平衡，各企业一年内总产值 x_1，x_2，x_3 应为多少？

解 根据已知条件，直接消耗系数矩阵 $\boldsymbol{C}$，外部需求向量 $\boldsymbol{d}$，生产向量 $\boldsymbol{x}$ 分别为

$$\boldsymbol{C}=\begin{pmatrix}0 & 0.65 & 0.55\\ 0.25 & 0.05 & 0.10\\ 0.25 & 0.05 & 0\end{pmatrix},\ \boldsymbol{d}=\begin{pmatrix}50000\\25000\\0\end{pmatrix},\ \boldsymbol{x}=\begin{pmatrix}x_1\\x_2\\x_3\end{pmatrix}.$$

代入(7.21)式，得

$$\begin{pmatrix}1.00 & -0.65 & -0.55\\ -0.25 & 0.95 & -0.10\\ -0.25 & -0.05 & 1.00\end{pmatrix}\begin{pmatrix}x_1\\x_2\\x_3\end{pmatrix}=\begin{pmatrix}50000\\25000\\0\end{pmatrix},$$

其中系数矩阵 $\boldsymbol{I}-\boldsymbol{C}$ 是可逆的，且 $(\boldsymbol{I}-\boldsymbol{C})^{-1}>\boldsymbol{0}$，求解得

$$\begin{pmatrix}x_1\\x_2\\x_3\end{pmatrix}=\frac{1}{503}\begin{pmatrix}756 & 542 & 470\\ 220 & 690 & 190\\ 200 & 170 & 630\end{pmatrix}\begin{pmatrix}50000\\25000\\0\end{pmatrix}=\begin{pmatrix}120087\\56163\\28330\end{pmatrix}.$$

7.3.2 消耗平衡方程组

这里考虑系统内各部门(企业)的总产值与新创造的价值(净产值)和内部的生产性消耗之间的平衡. 已知某系统的直接消耗系数矩阵 $\boldsymbol{C}_{n\times n}$，由 $\boldsymbol{C}$ 可知，第 j 个企业生产产值 x_j，需要消耗自身和

其他企业的产值数(如原材料、运输、能源、设备等方面的生产性消耗)为

$$c_{1j}x_j + c_{2j}x_j + \cdots + c_{nj}x_j.$$

如果生产产值 x_j 所获得的净产值为 z_j,则

$$x_j = c_{1j}x_j + c_{2j}x_j + \cdots + c_{nj}x_j + z_j,$$

即

$$x_j = \left(\sum_{i=1}^{n} c_{ij}\right)x_j + z_j, \quad j = 1,2,\cdots,n. \tag{7.22}$$

方程组(7.22)称为**消耗平衡方程组**.(7.22)式可写成

$$\left(1 - \sum_{i=1}^{n} c_{ij}\right)x_j = z_j, \quad j = 1,2,\cdots,n. \tag{7.23}$$

记

$$\boldsymbol{D} = \mathrm{diag}\left(\sum_{i=1}^{n} c_{i1}, \sum_{i=1}^{n} c_{i2}, \cdots, \sum_{i=1}^{n} c_{in}\right), \tag{7.24}$$

$$\boldsymbol{z} = (z_1, z_2, \cdots, z_n)^{\mathrm{T}},$$

$\boldsymbol{D}$ 称为**企业消耗矩阵**,$\boldsymbol{z}$ 称为**净产值向量**.于是(7.22),(7.23)式可分别写成矩阵形式

$$\boldsymbol{x} = \boldsymbol{D}\boldsymbol{x} + \boldsymbol{z}, \tag{7.25}$$

和

$$(\boldsymbol{I} - \boldsymbol{D})\boldsymbol{x} = \boldsymbol{z}. \tag{7.26}$$

(7.25)或(7.26)式是投入产出数学模型之二.它揭示了经济系统的生产向量 $\boldsymbol{x}$,净产值向量 $\boldsymbol{z}$ 与企业消耗矩阵 $\boldsymbol{D}$ 之间的关系.

由(7.18)式和(7.22)式可得

$$\sum_{i=1}^{n} x_i = \sum_{i=1}^{n}\left[\left(\sum_{j=1}^{n} c_{ij}x_j\right) + d_i\right] = \sum_{j=1}^{n}\left[\left(\sum_{i=1}^{n} c_{ij}x_j\right) + z_j\right],$$

即

$$\sum_{i=1}^{n}\sum_{j=1}^{n} c_{ij}x_j + \sum_{i=1}^{n} d_i = \sum_{j=1}^{n}\sum_{i=1}^{n} c_{ij}x_j + \sum_{j=1}^{n} z_j,$$

故

$$\sum_{i=1}^{n} d_i = \sum_{j=1}^{n} z_j. \tag{7.27}$$

(7.27)式表明：系统外部对各企业产值的需求量总和，等于系统内部各企业净产值之总和.

7.3.3 分配和消耗平衡方程组的解

在消耗平衡方程组中，显然有

$$x_j > 0, \quad z_j > 0, \quad j = 1,2,\cdots,n. \tag{7.28}$$

于是由(7.23)式可知，企业之间的直接消耗系数具有性质

$$\sum_{i=1}^{n} c_{ij} < 1, \quad j = 1,2,\cdots,n. \tag{7.29}$$

于是又有

$$0 \leqslant c_{ij} < 1, \quad i,j = 1,2,\cdots,n. \tag{7.30}$$

因此 $\boldsymbol{I}-\boldsymbol{D}=\operatorname{diag}(1-d_1,1-d_2,\cdots,1-d_n)$（其中 $d_j=\sum\limits_{i=1}^{n} c_{ij}$ 由(7.24)式给出，$j=1,\cdots,n$），由 $1-d_i>0$（$i=1,2,\cdots,n$）得 $\boldsymbol{I}-\boldsymbol{D}$ 可逆，且 $(\boldsymbol{I}-\boldsymbol{D})^{-1}>\mathbf{0}$. 由(7.26)式得

$$\boldsymbol{x} = (\boldsymbol{I}-\boldsymbol{D})^{-1}\boldsymbol{z}. \tag{7.31}$$

由(7.29)，(7.30)式知，$\boldsymbol{C}$ 的所有特征值的模小于 1（见定理 5.3），所以 $\boldsymbol{I}-\boldsymbol{C}$ 可逆（否则，$\lambda=1$ 是 $\boldsymbol{C}$ 的一个特征值），即分配平衡方程组 $(\boldsymbol{I}-\boldsymbol{C})\boldsymbol{x}=\boldsymbol{d}$ 有解

$$\boldsymbol{x} = (\boldsymbol{I}-\boldsymbol{C})^{-1}\boldsymbol{d}. \tag{7.32}$$

由 $\lim\limits_{k\to+\infty} \boldsymbol{C}^k=\mathbf{0}$（其证明要用附录中的约当标准形）及等式

$$(\boldsymbol{I}-\boldsymbol{C})(\boldsymbol{I}+\boldsymbol{C}+\boldsymbol{C}^2+\cdots+\boldsymbol{C}^{k-1}) = \boldsymbol{I}-\boldsymbol{C}^k \to \boldsymbol{I} \quad (k\to+\infty)$$

知 $\sum\limits_{i=0}^{\infty}\boldsymbol{C}^i$ 收敛，且

$$(\boldsymbol{I}-\boldsymbol{C})^{-1} = \sum_{i=0}^{\infty}\boldsymbol{C}^i > \mathbf{0},$$

即(7.32)是平衡方程组的唯一非负解.

实际问题中求平衡方程组的解一般采用迭代法(此法在计算方法课中将详细介绍),当 n 较小时也可以用高斯消元法.

7.4 图的邻接矩阵

设 $V=\{v_1,\cdots,v_n\}$ 是顶点集,称顶点间的有序对 (v_i,v_j) 为弧,以 A 表示弧的集合,则称 $G=(V,A)$ 为**图**. 如 5 个球队之间的比赛情况可以由图 7.2 表示,其中弧 (v_i,v_j) 表示 v_i 队胜于 v_j 队. 若两点之间存在一条弧,则称这两点相邻. 称 $v_1v_2\cdots v_k$ 为长为 $k-1$ 的**路**,若其中任两个顶点互异,且 $(v_{i-1},v_i)\in A(i=2,\cdots,k)$. 如图7.2中的 $v_4v_5v_1v_2v_3$ 为长为 4 的路. 称 v_1 为**起点**, v_k 为**终点**,称起终点重合的路为**回路**,如图 7.2 中 v_1,v_2,v_5,v_1 是长为 3 的回路. 若 v_1,v_k 之间存在一条路(记为 v_1—v_k 路),则称 v_1 与 v_k 点连通,任意两点均连通的图称为**连通图**.

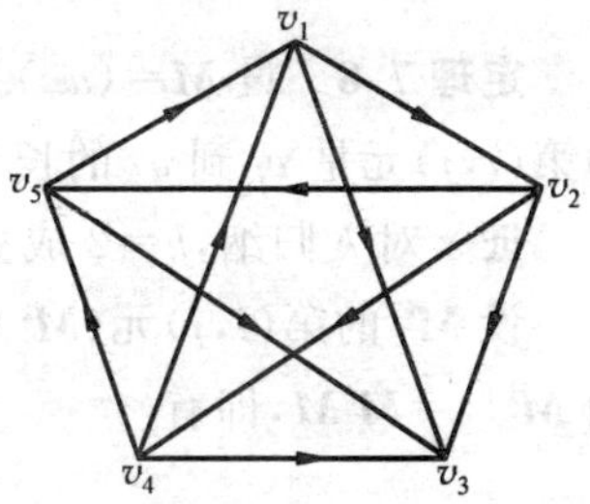

图 7.2

一个图可以用一个矩阵来表示. 称 $\boldsymbol{M}=(a_{ij})_{n\times n}$ 为图 $G=(V,A)$ 的邻接矩阵,若

$$a_{ij}=\begin{cases}1, & (v_i,v_j)\in A,\\ 0, & \text{否则}.\end{cases} \tag{7.33}$$

如图 7.2 的邻接矩阵为

$$\boldsymbol{M}=\begin{pmatrix}0&1&1&0&0\\0&0&1&1&1\\0&0&0&0&0\\1&0&1&0&1\\1&0&1&0&0\end{pmatrix},$$

第 i 行的行和表示以 v_i 为起点的弧的数目，如 v_4(行和为 3)胜 3 场；第 j 列的列和表示以 v_j 为终点的弧数，如 v_5(列和为 2)负 2 场. 图 7.2 中表示的竞赛，v_2，v_4 均胜 3 个队，如何判断哪个队为冠军呢？需要再计算"间接胜"的球队. 如甲队胜乙队，乙队又胜丙队，则称甲队间接胜丙队. 即若 v_i—v_j 之间存在长为 k 的路($k\geqslant 2$)就称 v_i 间接胜于 v_j. 求 v_i 到 v_j 长为 2 的路的数目，即求

$$a_{i1}a_{1j}+a_{i2}a_{2j}+\cdots+a_{in}a_{nj}=\sum_{k=1}^{n}a_{ik}a_{kj}. \tag{7.34}$$

定理 7.8 设 $\boldsymbol{M}=(a_{ij})_{n\times n}$ 为图 $G=(V,A)$ 的邻接矩阵，则 $\boldsymbol{M}^k$ 的第(i,j)元是 v_i 到 v_j 的长为 k 的路的数目.

证 对 k 归纳，$k=2$ 成立(见(7.34)).

设 $\boldsymbol{M}^k$ 的第(i,j)元$(\boldsymbol{M}^k)_{ij}$是 v_i 到 v_j 的长为 k 的路的数目，则由 $\boldsymbol{M}^{k+1}=\boldsymbol{M}^k\boldsymbol{M}$，即有

$$(\boldsymbol{M}^{k+1})_{ij}=\sum_{l=1}^{n}(\boldsymbol{M}^k)_{il}(\boldsymbol{M})_{lj},$$

其中$(\boldsymbol{M})_{lj}=a_{lj}$是 v_l 到 v_j 的长为 1 的路的数目，所以和式中每项表示从 v_i 到 v_l 再从 v_l 到 v_j 的长为 $k+1$ 的路的数目，对所有的 l 求和得到从 v_i 到 v_j 的长为 $k+1$ 的路的数目. 所以定理对 $k+1$ 成立. ■

例 1 5 个球队的单循环赛，比赛结果如图 7.2 所示，试排出 5 个球队的名次.

解 若行和最大的是 v_i，则 v_i 队胜，由于 v_2，v_4 同时具有行和等于 3，所以再计算 $\boldsymbol{M}^2$ 和 $\boldsymbol{M}+\boldsymbol{M}^2$.

$$\boldsymbol{M}^2=\begin{pmatrix}0&0&1&1&1\\2&0&2&0&1\\0&0&0&0&0\\1&1&2&0&0\\0&1&1&0&0\end{pmatrix},\quad \boldsymbol{M}+\boldsymbol{M}^2=\begin{pmatrix}0&1&2&1&1\\2&0&3&1&2\\0&0&0&0&0\\2&1&3&0&1\\1&1&2&0&0\end{pmatrix},$$

$(\boldsymbol{M}+\boldsymbol{M}^2)_{ij}$ 表示 v_i 到 v_j 的路长≤2 的路的数目，即 v_i 直接和间接($k=2$)打败 v_j 的场数. $\boldsymbol{M}+\boldsymbol{M}^2$ 中行和最大的是第 2 行(为 8)，所以判 v_2 队为冠军，同理 v_4 队为亚军，v_1, v_5, v_3 分别为第三、四、五名.

若 $\boldsymbol{M}+\boldsymbol{M}^2$ 中仍存在行和相等的若干行，则再计算 $\boldsymbol{M}+\boldsymbol{M}^2+\boldsymbol{M}^3$，依次类推.

称矩阵 $\boldsymbol{P}=(p_{ij})_{n\times n}$ 为**可达到矩阵**，若

$$p_{ij}=\begin{cases}1,\text{从 } v_i \text{ 到 } v_j \text{ 存在至少一条路},\\ 0,\text{不存在 } v_i \text{ 到 } v_j \text{ 的路}.\end{cases}\tag{7.35}$$

由于 v_i, v_j 中若存在路，其路长必不超过 n，因此，计算 $\boldsymbol{B}_n=\boldsymbol{M}+\boldsymbol{M}^2+\cdots+\boldsymbol{M}^n$，将 $\boldsymbol{B}_n$ 中非零元素均改为 1 即得到可达到矩阵 $\boldsymbol{P}$，若 $\boldsymbol{P}$ 是元素全为 1 的矩阵，则 G 中任两点连通，即 G 为连通图.

例 2　设 4 个城市 v_1, v_2, v_3, v_4 有航班如图 7.3 所示，问从任一个城市起飞，可否达到其余 3 个城市？

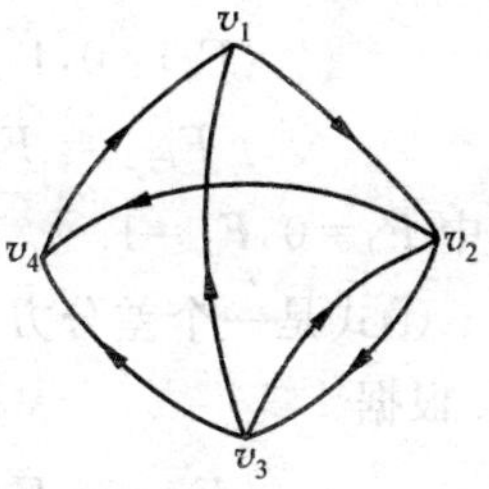

图　7.3

解　图的邻接矩阵为

$$\boldsymbol{M}=\begin{pmatrix}0&1&0&0\\0&0&1&1\\1&1&0&1\\1&0&0&0\end{pmatrix}.$$

计算 $\boldsymbol{M}^2, \boldsymbol{M}^3, \boldsymbol{M}^4$ 和 $\boldsymbol{M}+\boldsymbol{M}^2+\boldsymbol{M}^3+\boldsymbol{M}^4=\boldsymbol{B}_4$ 及 $\boldsymbol{P}$ 如下：

$$\boldsymbol{M}^2=\begin{pmatrix}0&0&1&1\\2&1&0&1\\1&1&1&1\\0&1&0&0\end{pmatrix},\boldsymbol{M}^3=\begin{pmatrix}2&1&0&1\\1&2&1&1\\2&2&1&2\\0&0&1&1\end{pmatrix},\boldsymbol{M}^4=\begin{pmatrix}1&2&1&1\\2&2&2&3\\3&3&2&3\\2&1&0&1\end{pmatrix},$$

$$\boldsymbol{B}_4=\begin{pmatrix}3&4&2&3\\5&5&4&6\\7&7&4&7\\3&2&1&2\end{pmatrix},\quad \boldsymbol{P}=\begin{pmatrix}1&1&1&1\\1&1&1&1\\1&1&1&1\\1&1&1&1\end{pmatrix}.$$

所以,图 G 为连通图,从任一城市起飞可到达其余的城市. $(\boldsymbol{B}_4)_{ij}$ 表示从 v_i 到 v_j 的航线数目,如 $(\boldsymbol{B}_4)_{11}=3$ 表示从 v_1 起航返回 v_1 有三条航线: $v_1v_2v_4v_1$, $v_1v_2v_3v_1$, $v_1v_2v_3v_4v_1$. 路长为 3 的两条($(\boldsymbol{M}^3)_{11}=2$),路长为 4 的一条($(\boldsymbol{M}^4)_{11}=1$).

7.5 递推关系式的矩阵解法

利用矩阵对角化的方法可以解某些递推关系式. 例如著名的斐波那契(Fibonacci)数列

$$\{F_n\}: 0,1,1,2,3,5,8,13,21,34,\cdots \text{ 满足}$$

$$F_{k+2}=F_{k+1}+F_k \quad (k=0,1,2,\cdots), \qquad ①$$

其中 $F_0=0, F_1=1$.

①式是一个差分方程,现在我们用矩阵的工具来求数列的通项. 根据

$$\begin{cases}F_{k+2}=F_{k+1}+F_k\\F_{k+1}=F_{k+1}\end{cases} \qquad (k=0,1,2,\cdots),$$

即

$$\boldsymbol{\alpha}_{k+1}=\boldsymbol{A}\boldsymbol{\alpha}_k \qquad (k=0,1,2,\cdots), \qquad ②$$

其中

$$\boldsymbol{A}=\begin{pmatrix}1&1\\1&0\end{pmatrix},\quad \boldsymbol{\alpha}_k=\begin{pmatrix}F_{k+1}\\F_k\end{pmatrix},\quad \boldsymbol{\alpha}_0=\begin{pmatrix}F_1\\F_0\end{pmatrix}=\begin{pmatrix}1\\0\end{pmatrix}.$$

由②式递推可得

$$\boldsymbol{\alpha}_k=\boldsymbol{A}^k\boldsymbol{\alpha}_0, \quad k=1,2,\cdots. \qquad ③$$

于是求 F_k 的问题就归结为求 $\boldsymbol{\alpha}_k$,也就是求 $\boldsymbol{A}^k$ 的问题.

由$|\lambda \boldsymbol{I}-\boldsymbol{A}|=\begin{vmatrix}\lambda-1 & -1\\ -1 & \lambda\end{vmatrix}=\lambda^2-\lambda-1=0$,得 $\boldsymbol{A}$ 的特征值

$$\lambda_1=\frac{1+\sqrt{5}}{2},\quad \lambda_2=\frac{1-\sqrt{5}}{2}. \qquad ④$$

相应于λ_1,λ_2的特征向量分别为

$$\boldsymbol{x}_1=(\lambda_1,1)^{\mathrm{T}},\quad \boldsymbol{x}_2=(\lambda_2,1)^{\mathrm{T}}.$$

取

$$\boldsymbol{P}=(\boldsymbol{x}_1,\boldsymbol{x}_2)=\begin{pmatrix}\lambda_1 & \lambda_2\\ 1 & 1\end{pmatrix},$$

则
$$\boldsymbol{P}^{-1}=\frac{1}{\lambda_1-\lambda_2}\begin{pmatrix}1 & -\lambda_2\\ -1 & \lambda_1\end{pmatrix}.$$

于是就有$\boldsymbol{P}^{-1}\boldsymbol{A}\boldsymbol{P}=\mathrm{diag}(\lambda_1,\lambda_2)$和

$$\boldsymbol{A}^k=\boldsymbol{P}\begin{pmatrix}\lambda_1^k & 0\\ 0 & \lambda_2^k\end{pmatrix}\boldsymbol{P}^{-1}=\frac{1}{\lambda_1-\lambda_2}\begin{pmatrix}\lambda_1^{k+1}-\lambda_2^{k+1} & \lambda_1\lambda_2^{k+1}-\lambda_2\lambda_1^{k+1}\\ \lambda_1^k-\lambda_2^k & \lambda_1\lambda_2^k-\lambda_2\lambda_1^k\end{pmatrix},$$

$$\begin{pmatrix}F_{k+1}\\ F_k\end{pmatrix}=\boldsymbol{\alpha}_k=\boldsymbol{A}^k\begin{pmatrix}1\\ 0\end{pmatrix}=\frac{1}{\lambda_1-\lambda_2}\begin{pmatrix}\lambda_1^{k+1}-\lambda_2^{k+1}\\ \lambda_1^k-\lambda_2^k\end{pmatrix}. \qquad ⑤$$

将④式代入⑤式得

$$F_k=\frac{1}{\sqrt{5}}\left[\left(\frac{1+\sqrt{5}}{2}\right)^k-\left(\frac{1-\sqrt{5}}{2}\right)^k\right]. \qquad ⑥$$

对于任何正整数k,由⑥式求得的F_k都是正整数,这可能出乎人们的预料,然而这是准确无误的.

记

$$r_k=\frac{1}{\sqrt{5}}\left|\left(\frac{1-\sqrt{5}}{2}\right)^k\right|, \qquad ⑦$$

则

$$F_k = \begin{cases} \dfrac{1}{\sqrt{5}}\left(\dfrac{1+\sqrt{5}}{2}\right)^k + r_k, & k = \text{奇数}, \\ \dfrac{1}{\sqrt{5}}\left(\dfrac{1+\sqrt{5}}{2}\right)^k - r_k, & k = \text{偶数}. \end{cases} \quad ⑧$$

由于 $\left|\dfrac{1-\sqrt{5}}{2}\right| \approx 0.618 < 1$，所以 $0 < r_k < \dfrac{1}{2}$. 因此由⑧式可知，F_k 是等于 $\dfrac{1}{\sqrt{5}}\left(\dfrac{1+\sqrt{5}}{2}\right)^k$ 所最接近的正整数. 例如，当 $k=19,20$ 时，

$$\frac{1}{\sqrt{5}}\left(\frac{1+\sqrt{5}}{2}\right)^k \approx \begin{cases} 4180.999964, & k = 19, \\ 6765.000052, & k = 20, \end{cases}$$

得到 $F_{19}=4181$，$F_{20}=6765$（利用①式可验算结果是正确的）.

当 k 很大时，$|\lambda_2|^k \approx (0.618)^k \ll 1$，此时

$$F_{k+1}/F_k \approx \lambda_1^{k+1}/\lambda_1^k = \lambda_1 \quad ⑨$$
$$\approx 1.618,$$

或

$$F_k/F_{k+1} \approx \frac{1}{\lambda_1} = |\lambda_2| \quad ⑩$$
$$\approx 0.618,$$

例　某君举步上高楼，每跨一次或上一个台阶或上两个台阶，若要上 n 个台阶，问有多少种不同的方式?

解　设登上 n 个台阶的不同方式数为 F_n，则显然有 $F_1=1$（即登上一个台阶只有一种方式），$F_2=2$（即登上两个台阶有两种方式），

$$F_n = F_{n-1} + F_{n-2}, \quad n = 3,4,\cdots. \quad ⑪$$

（因为在登上 n 个台阶的所有方式中，跨第一步只有两种可能：(i)第一步跨一个台阶，后面登 $n-1$ 个台阶的方式有 F_{n-1} 个；(ii)第一步跨二个台阶，后面登 $n-2$ 个台阶的方式有 F_{n-2} 个）.

这里再定义 $F_0=1$，即 $\boldsymbol{\alpha}_0=(F_1,F_0)^{\mathrm{T}}=(1,1)^{\mathrm{T}}$，则⑪式也可

表示为②式，同样得到

$$\boldsymbol{\alpha}_k = \boldsymbol{A}^k \boldsymbol{\alpha}_0, \quad k = 1,2,3,\cdots.$$

此时上台阶的方式数 F_n 为(n 从 0 开始)：1,1,2,3,5,8,13,21,34,…，它也是斐波那契数列. 所不同的是，前面的 $F_1=1$，$F_2=1$，$F_3=2$，$F_4=3$，…，而这里的 $F_1=1$，$F_2=2$，$F_3=3$，….

如果某君住二层楼上(共有 18 个台阶)，则上楼的方式共有 $F_{18}=4181$ 种(相当于前面的 F_{19}). 因此，如果某君每天以一种方式上楼，那么他可以在 11.45 年内，每天都以不同的方式上楼.

7.6 矩阵在求解常系数线性微分方程组中的应用

7.6.1 矩阵函数的微分与积分(简介)

设 $\boldsymbol{A}(t)=(a_{ij}(t))_{m\times n}$，若 $\boldsymbol{A}$ 的每个元素 $a_{ij}(t)$($t\to t_0$ 或 $t\to\infty$)的极限存在，则称 $\boldsymbol{A}(t)$ 的极限存在，且

$$\lim \boldsymbol{A}(t) = (\lim a_{ij}(t))_{m\times n}.$$

若 $a_{ij}(t)$ 可微($i=1,\cdots,m$；$j=1,\cdots,t$)，则称 $\boldsymbol{A}(t)$ 可微，且

$$\frac{\mathrm{d}}{\mathrm{d}t}\boldsymbol{A}(t) = \left(\frac{\mathrm{d}a_{ij}(t)}{\mathrm{d}t}\right)_{m\times n}.$$

若每一元素 $a_{ij}(t)$ 在 $[t_1,t_2]$ 上可积，则称 $\boldsymbol{A}(t)$ 在 $[t_1,t_2]$ 上可积，且

$$\int_{t_1}^{t_2} \boldsymbol{A}(t)\,\mathrm{d}t = \left(\int_{t_1}^{t_2} a_{ij}(t)\,\mathrm{d}t\right)_{m\times n}.$$

对收敛的级数也有相同形式的表达式和收敛性. 如由

$$\mathrm{e}^x = 1 + x + \frac{x^2}{2!} + \cdots + \frac{x^n}{n!} + \cdots,$$

有

$$\mathrm{e}^{\boldsymbol{A}} = \boldsymbol{I} + \boldsymbol{A} + \frac{1}{2!}\boldsymbol{A}^2 + \cdots + \frac{1}{n!}\boldsymbol{A}^n + \cdots, \tag{7.36}$$

及
$$e^{tA}=I+tA+\frac{1}{2}(tA)^2+\cdots+\frac{1}{n!}(tA)^n+\cdots, \tag{7.37}$$
$$\frac{d}{dt}(e^{tA})=A+tA^2+\cdots+\frac{1}{(n-1)!}t^{n-1}A^n+\cdots,$$
即
$$\frac{d}{dt}(e^{tA})=Ae^{tA}. \tag{7.38}$$
这里矩阵指数函数 e^A,e^{tA}的定义及其导数与微积分中有关内容是类似的.

7.6.2 一阶线性常系数微分方程组的矩阵解法

将常系数线性微分方程组
$$\begin{cases}\dfrac{du_1}{dt}=a_{11}u_1+a_{12}u_2+\cdots+a_{1n}u_n,\\ \dfrac{du_2}{dt}=a_{21}u_1+a_{22}u_2+\cdots+a_{2n}u_n,\\ \cdots\cdots\cdots\cdots\cdots\cdots\cdots\cdots\cdots\cdots\\ \dfrac{du_n}{dt}=a_{n1}u_1+a_{n2}u_2+\cdots+a_{nn}u_n.\end{cases} \tag{7.39}$$
写成矩阵形式为
$$\frac{du}{dt}=Au, \tag{7.40}$$
其中 $\boldsymbol{u}=(u_1,u_2,\cdots,u_n)^{\mathrm{T}}$,$\boldsymbol{A}=(a_{ij})_{n\times n}$为系数矩阵. 令(7.40)式的解为
$$u=e^{\lambda t}x, \tag{7.41}$$
即
$$(u_1,\cdots,u_n)^{\mathrm{T}}=e^{\lambda t}(x_1,x_2,\cdots,x_n)^{\mathrm{T}}.$$
将(7.41)式代入(7.40)式得
$$\lambda e^{\lambda t}x=Ae^{\lambda t}x=e^{\lambda t}Ax,$$
化简得 $\boldsymbol{Ax}=\lambda\boldsymbol{x}$,即(7.41)式中 λ 为 $\boldsymbol{A}$ 的特征值,$\boldsymbol{x}$ 为 λ 对应的特征向量,若 $\boldsymbol{A}$ 可对角化,则存在 n 个线性无关的特征向量 $\boldsymbol{x}_1$,

$\boldsymbol{x}_2,\cdots,\boldsymbol{x}_n$. 于是得到(7.40)式的 n 个线性无关的特解

$$\boldsymbol{u}_1=\mathrm{e}^{\lambda_1 t}\boldsymbol{x}_1,\quad \boldsymbol{u}_2=\mathrm{e}^{\lambda_2 t}\boldsymbol{x}_2,\cdots,\quad \boldsymbol{u}_n=\mathrm{e}^{\lambda_n t}\boldsymbol{x}_n.$$

它们的线性组合

$$\boldsymbol{u}=c_1\mathrm{e}^{\lambda_1 t}\boldsymbol{x}_1+c_2\mathrm{e}^{\lambda_2 t}\boldsymbol{x}_2+\cdots+c_n\mathrm{e}^{\lambda_n t}\boldsymbol{x}_n \tag{7.42}$$

(其中 $c_1,c_2,\cdots,c_n$ 为任意常数)为(7.39)式的一般解,将(7.42)式改写成矩阵形式

$$\boldsymbol{u}=(\boldsymbol{x}_1,\boldsymbol{x}_2,\cdots,\boldsymbol{x}_n)\begin{pmatrix}\mathrm{e}^{\lambda_1 t} & & & \\ & \mathrm{e}^{\lambda_2 t} & & \\ & & \ddots & \\ & & & \mathrm{e}^{\lambda_n t}\end{pmatrix}\begin{pmatrix}c_1\\ c_2\\ \vdots\\ c_n\end{pmatrix},$$

记 $\boldsymbol{c}=(c_1,c_2,\cdots,c_n)^{\mathrm{T}}$, $\mathrm{e}^{t\boldsymbol{\Lambda}}=\mathrm{diag}(\mathrm{e}^{\lambda_1 t},\mathrm{e}^{\lambda_2 t},\cdots,\mathrm{e}^{\lambda_n t})$, $\boldsymbol{P}=(\boldsymbol{x}_1,\boldsymbol{x}_2,\cdots,\boldsymbol{x}_n)$,则(7.39)式或(7.40)式有一般解

$$\boldsymbol{u}=\boldsymbol{P}\mathrm{e}^{t\boldsymbol{\Lambda}}\boldsymbol{c}. \tag{7.43}$$

对于初值问题

$$\begin{cases}\dfrac{\mathrm{d}\boldsymbol{u}}{\mathrm{d}t}=\boldsymbol{A}\boldsymbol{u},\\ \boldsymbol{u}\big|_{t=0}=\boldsymbol{u}_0.\end{cases} \tag{7.44}$$

解为

$$\boldsymbol{u}=\boldsymbol{P}\mathrm{e}^{t\boldsymbol{\Lambda}}\boldsymbol{P}^{-1}\boldsymbol{u}_0, \tag{7.45}$$

因为 $t=0$ 代入(7.43)式得 $\boldsymbol{c}=\boldsymbol{P}^{-1}\boldsymbol{u}_0$.

例 1 如图7.4所示电阻、电容线路图,已知 $R_1=3$, $R_2=2$(单位为 Ω), $C_1=1$, $C_2=2$(单位为 F),开关合上时,容器 C_1 上初始电压为11V,右边闭合回路的初始电流和 C_2 上的初始电压全为0. 试求:开关闭合后两个电容器上的电压 u_1 和 u_2 与时间 t 的函数关系,即求 $u_1(t)$ 和 $u_2(t)$.

解 由物理学的知识可知,电容器两端电流与电压的关系为

$$i_1=C_1\frac{\mathrm{d}u_1}{\mathrm{d}t}=\frac{\mathrm{d}u_1}{\mathrm{d}t},\quad i_2=C_2\frac{\mathrm{d}u_2}{\mathrm{d}t}=2\frac{\mathrm{d}u_2}{\mathrm{d}t}.$$

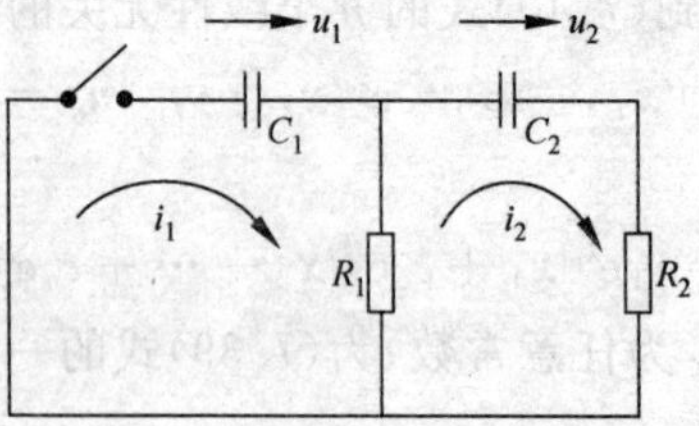

图 7.4

根据基尔霍夫定律,容易列出两个回路的电压方程

$$\begin{cases} u_1 + 3\left(\dfrac{\mathrm{d}u_1}{\mathrm{d}t} - 2\dfrac{\mathrm{d}u_2}{\mathrm{d}t}\right) = 0, \\ u_2 + 4\dfrac{\mathrm{d}u_2}{\mathrm{d}t} + 3\left(2\dfrac{\mathrm{d}u_2}{\mathrm{d}t} - \dfrac{\mathrm{d}u_1}{\mathrm{d}t}\right) = 0. \end{cases}$$

把它化成一阶线性常系数齐次微分方程组的标准形式

$$\begin{cases} \dfrac{\mathrm{d}u_1}{\mathrm{d}t} = -\dfrac{5}{6}u_1 - \dfrac{1}{2}u_2, \\ \dfrac{\mathrm{d}u_2}{\mathrm{d}t} = -\dfrac{1}{4}u_1 - \dfrac{1}{4}u_2. \end{cases} \qquad ①$$

初始条件为 $u_1(0) = 11, \quad u_2(0) = 0.$ ②

以矩阵表示①,②即得

$$\begin{cases} \dfrac{\mathrm{d}\boldsymbol{u}}{\mathrm{d}t} = \boldsymbol{A}\boldsymbol{u}, \\ \boldsymbol{u}\,|_{t=0} = \boldsymbol{u}_0 = (11,0)^{\mathrm{T}}, \end{cases} \qquad ③$$

其中

$$\boldsymbol{A} = \begin{pmatrix} -5/6 & -1/2 \\ -1/4 & -1/4 \end{pmatrix}.$$

先求特征值和特征向量.由 $|\lambda \boldsymbol{I} - \boldsymbol{A}| = 0$,得 $\lambda_1 = -1, \lambda_2 = -1/12$,对应的特征向量为 $\boldsymbol{x}_1 = (3,1)^{\mathrm{T}}, \boldsymbol{x}_2 = (2,-3)^{\mathrm{T}}$,

$$\mathrm{e}^{t\boldsymbol{\Lambda}} = \mathrm{diag}(\mathrm{e}^{-t}, \mathrm{e}^{-t/12}), \quad \boldsymbol{P} = (\boldsymbol{x}_1, \boldsymbol{x}_2).$$

由(7.45)式得初值问题③的解为

$$u = Pe^{tA}P^{-1}u_0,$$

即

$$\begin{pmatrix} u_1 \\ u_2 \end{pmatrix} = \begin{pmatrix} 3 & 2 \\ 1 & -3 \end{pmatrix} \begin{pmatrix} e^{-t} & 0 \\ 0 & e^{-t/12} \end{pmatrix} \frac{-1}{11} \begin{pmatrix} -3 & -2 \\ -1 & 3 \end{pmatrix} \begin{pmatrix} 11 \\ 0 \end{pmatrix},$$

$$\begin{pmatrix} u_1 \\ u_2 \end{pmatrix} = \begin{pmatrix} 9e^{-t} + 2e^{-t/12} \\ 3e^{-t} - 3e^{-t/12} \end{pmatrix}$$

为所求解.

例 2 解线性常系数微分方程组

$$\begin{cases} \dfrac{dx_1}{dt} = x_1 + x_2, \\ \dfrac{dx_2}{dt} = -4x_1 + 5x_2, \\ \dfrac{dx_3}{dt} = x_1 + 2x_3. \end{cases}$$

已知初始值为：$x_1(0)=1, x_2(0)=-1, x_3(0)=2$.

解 本题的初值问题为

$$\begin{cases} \dfrac{d\boldsymbol{x}}{dt} = \boldsymbol{A}\boldsymbol{x}, \\ \boldsymbol{x}(0) = \boldsymbol{x}_0 = (1, -1, 2)^{T}, \end{cases}$$

其中

$$\boldsymbol{A} = \begin{bmatrix} 1 & 1 & 0 \\ -4 & 5 & 0 \\ 1 & 0 & 2 \end{bmatrix}.$$

利用附录 B 中提供的方法，可得 $\boldsymbol{A}$ 的约当标准形，即有可逆矩阵

$$\boldsymbol{P} = \begin{bmatrix} 0 & 1 & 2 \\ 0 & 2 & 5 \\ 1 & 1 & 1 \end{bmatrix},$$

使

$$P^{-1}AP = J = \begin{pmatrix} 2 & 0 & 0 \\ 0 & 3 & 1 \\ 0 & 0 & 3 \end{pmatrix}.$$

根据(7.45)式,该初值问题的解为

$$x = Pe^{tJ}P^{-1}x_0, \qquad ①$$

其中

$$e^{tJ} = I + tJ + \frac{(tJ)^2}{2!} + \cdots + \frac{(tJ)^n}{n!} + \cdots, \qquad ②$$

$$J^n = \begin{pmatrix} 2 & 0 & 0 \\ 0 & 3 & 1 \\ 0 & 0 & 3 \end{pmatrix}^n = \begin{pmatrix} 2^n & 0 & 0 \\ 0 & 3^n & 3^{n-1}C_n^1 \\ 0 & 0 & 3^n \end{pmatrix}. \qquad ③$$

将③式代入②式,得

$$e^{tJ} = \begin{pmatrix} e^{2t} & 0 & 0 \\ 0 & e^{3t} & te^{3t} \\ 0 & 0 & e^{3t} \end{pmatrix}. \qquad ④$$

再将④式及 P, P^{-1}, x_0 代入①式,得

$$x = \begin{pmatrix} x_1(t) \\ x_2(t) \\ x_3(t) \end{pmatrix} = \begin{pmatrix} 0 & 1 & 2 \\ 0 & 2 & 5 \\ 1 & 1 & 1 \end{pmatrix} \begin{pmatrix} e^{2t} & 0 & 0 \\ 0 & e^{3t} & te^{3t} \\ 0 & 0 & e^{3t} \end{pmatrix} \begin{pmatrix} -3 & 1 & 1 \\ 5 & -2 & 0 \\ -2 & 1 & 0 \end{pmatrix} \begin{pmatrix} 1 \\ -1 \\ 2 \end{pmatrix}$$

$$= \begin{pmatrix} (1-3t)e^{3t} \\ (-1-6t)e^{3t} \\ -2e^{2t} + (4-3t)e^{3t} \end{pmatrix}.$$

7.7　不相容方程组的最小二乘解

非齐次线性方程组

$$\sum_{j=1}^{m} a_{ij}x_j = b_i \quad (i = 1, 2, \cdots, n), \qquad (7.46)$$

或
$$A_{n\times m}x = b.$$
当 $r(A,b)\neq r(A)$ 时称为不相容线性方程组，在通常意义下无解，即对任意的 $x_{m\times 1}$，均有 $Ax\neq b$，因此 $\|Ax-b\|>0$，其中 $\|Ax-b\|$ 表示 n 维向量 $Ax-b$ 的模. 现在，我们要求找 x，使得 $\|Ax-b\|$ 达到最小，或使
$$\|b-Ax\|^2 = \sum_{i=1}^{n}\Big(b_i - \sum_{j=1}^{m}a_{ij}x_j\Big)^2$$
达到最小，并称这样的 x 为不相容线性方程组(7.46)的**最小二乘解**. 为求最小二乘解，我们先给出有关向量在子空间上的投影和向量到子空间的垂直距离的概念.

定义 7.3 设 $\alpha,\beta\in\mathbb{R}^n$，称 $d(\alpha,\beta)=\|\alpha-\beta\|$ 为 α 与 β 之间的**距离**. 若 $\alpha=(a_1,a_2,\cdots,a_n)^{\mathrm{T}}$，$\beta=(b_1,b_2,\cdots,b_n)^{\mathrm{T}}$，则
$$\begin{aligned}d(\alpha,\beta) &= \|\alpha-\beta\|\\ &= \sqrt{(a_1-b_1)^2+(a_2-b_2)^2+\cdots+(a_n-b_n)^2}.\end{aligned}\tag{7.47}$$

读者不难证明，这样定义的距离，满足三条基本性质：

(i) $d(\alpha,\beta)=d(\beta,\alpha)$.

(ii) $d(\alpha,\beta)\geqslant 0$，等号成立当且仅当 $\alpha=\beta$. (7.48)

(iii) $d(\alpha,\beta)\leqslant d(\alpha,\gamma)+d(\gamma,\beta)$（三角不等式）.

定义 7.4 设 $\alpha\in\mathbb{R}^n$，W 为 $\mathbb{R}^n$ 的子空间，若 $\beta\in W$，且 $(\alpha-\beta)\perp W$，则称 β 为 α 在 W 上的投影. 记作 $(\alpha)_W=\beta$，称 $\|\alpha-\beta\|$ 为 α 到 W 的垂直距离.

定义 7.4 在三维几何空间中的几何意义如图 7.5，图 7.6 所示（图中 W_1 是 $\mathbb{R}^3$ 的一维子空间，W_2 是二维子空间）.

向量在子空间上的投影是唯一的. 这是因为，如果 β_1,β_2 是 α 在子空间 W 上的两个投影，则 $(\alpha-\beta_1)\perp W$，$(\alpha-\beta_2)\perp W$，因此，对于任意的 $\gamma\in W$，有 $(\alpha-\beta_1,\gamma)=(\alpha-\beta_2,\gamma)=0$，于是
$$(\beta_1,\gamma) = (\beta_2,\gamma),$$
即

$$(\boldsymbol{\beta}_1-\boldsymbol{\beta}_2,\boldsymbol{\gamma})=0.$$

由于上式对任意的 $\boldsymbol{\gamma}\in W$ 都成立，所以 $\boldsymbol{\beta}_1=\boldsymbol{\beta}_2$（如果 $\boldsymbol{\beta}_1\neq\boldsymbol{\beta}_2$，上式对于 $\boldsymbol{\gamma}=\boldsymbol{\beta}_1-\boldsymbol{\beta}_2\in W$，就不成立）.

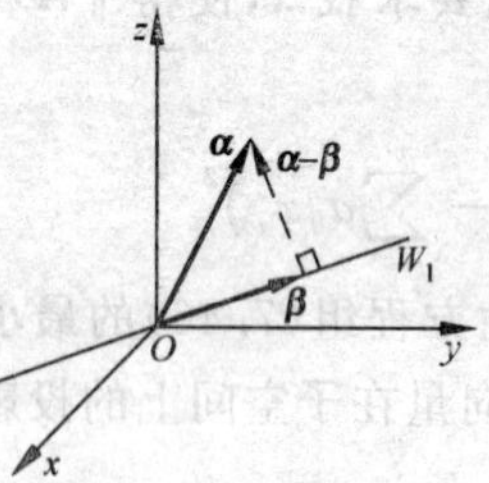

图 7.5

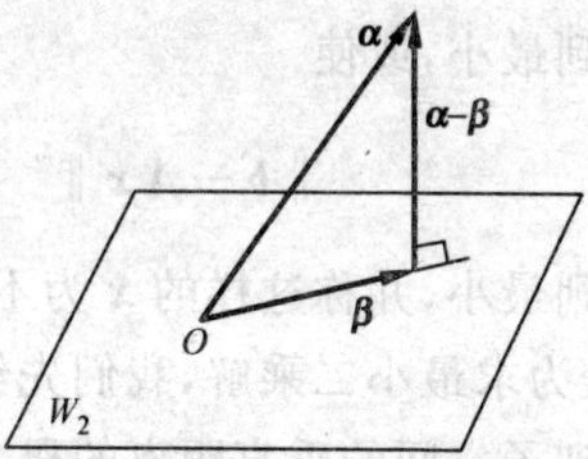

图 7.6

设 $\boldsymbol{A}_{n\times s}=(\boldsymbol{\alpha}_1,\boldsymbol{\alpha}_2,\cdots,\boldsymbol{\alpha}_s)$，$R(\boldsymbol{A})=L(\boldsymbol{\alpha}_1,\boldsymbol{\alpha}_2,\cdots,\boldsymbol{\alpha}_s)$ 为 $\boldsymbol{A}$ 的列空间，显然

$$\boldsymbol{\beta}\in R(\boldsymbol{A})\Leftrightarrow\boldsymbol{\beta}=\sum_{i=1}^{s}x_i\boldsymbol{\alpha}_i=\boldsymbol{A}\boldsymbol{x}.$$

定理 7.9 设 $\boldsymbol{b}\in\mathbb{R}^n$，$\boldsymbol{b}$ 在 $R(\boldsymbol{A})$ 上的投影 $(\boldsymbol{b})_{R(\boldsymbol{A})}=\boldsymbol{A}\boldsymbol{x}^*$，则 $\boldsymbol{x}^*$ 是线性方程组 $\boldsymbol{A}^{\mathrm{T}}\boldsymbol{A}\boldsymbol{x}=\boldsymbol{A}^{\mathrm{T}}\boldsymbol{b}$ 的解.

证 由于 $(\boldsymbol{b}-\boldsymbol{A}\boldsymbol{x}^*)\perp R(\boldsymbol{A})$，所以对 $R(\boldsymbol{A})$ 中的任意向量 $\boldsymbol{\beta}=\boldsymbol{A}\boldsymbol{x}$，有 $(\boldsymbol{b}-\boldsymbol{A}\boldsymbol{x}^*)\perp\boldsymbol{A}\boldsymbol{x}$，即

$$(\boldsymbol{A}\boldsymbol{x},\boldsymbol{b}-\boldsymbol{A}\boldsymbol{x}^*)=0,$$

即
$$(\boldsymbol{A}\boldsymbol{x})^{\mathrm{T}}(\boldsymbol{b}-\boldsymbol{A}\boldsymbol{x}^*)=\boldsymbol{x}^{\mathrm{T}}\boldsymbol{A}^{\mathrm{T}}(\boldsymbol{b}-\boldsymbol{A}\boldsymbol{x}^*)=0.$$

由 $\boldsymbol{x}$ 的任意性，有 $\boldsymbol{A}^{\mathrm{T}}(\boldsymbol{b}-\boldsymbol{A}\boldsymbol{x}^*)=0$，即 $\boldsymbol{x}^*$ 是 $\boldsymbol{A}^{\mathrm{T}}\boldsymbol{A}\boldsymbol{x}=\boldsymbol{A}^{\mathrm{T}}\boldsymbol{b}$ 的解. ■

我们把线性方程组

$$\boldsymbol{A}^{\mathrm{T}}\boldsymbol{A}\boldsymbol{x}=\boldsymbol{A}^{\mathrm{T}}\boldsymbol{b},\tag{7.49}$$

称为**正规方程**.

定理 7.10 (i) 若 $\mathrm{r}(\boldsymbol{A}_{n\times s})=s$，则(7.49)式有唯一解.

(ii) 若 $\mathrm{r}(\boldsymbol{A})<s$，则(7.49)式有无穷多解.

证 (i) $\boldsymbol{A}^{\mathrm{T}}\boldsymbol{A}$ 是 s 阶矩阵，根据 $\mathrm{r}(\boldsymbol{A}^{\mathrm{T}}\boldsymbol{A})=\mathrm{r}(\boldsymbol{A})=s$（见第 3.4

节例 4),所以正规方程有唯一解,且解为

$$\boldsymbol{x}^* = (\boldsymbol{A}^{\mathrm{T}}\boldsymbol{A})^{-1}\boldsymbol{A}^{\mathrm{T}}\boldsymbol{b}. \tag{7.50}$$

(ii) 只需证明:$\mathrm{r}(\boldsymbol{A}^{\mathrm{T}}\boldsymbol{A},\boldsymbol{A}^{\mathrm{T}}\boldsymbol{b})=\mathrm{r}(\boldsymbol{A}^{\mathrm{T}}\boldsymbol{A})$(留作练习). ■

推论 若 $\mathrm{r}(\boldsymbol{A})=s$,则

$$(\boldsymbol{b})_{R(\boldsymbol{A})} = \boldsymbol{A}\boldsymbol{x}^* = \boldsymbol{A}(\boldsymbol{A}^{\mathrm{T}}\boldsymbol{A})^{-1}\boldsymbol{A}^{\mathrm{T}}\boldsymbol{b} = \boldsymbol{P}\boldsymbol{b}, \tag{7.51}$$

其中

$$\boldsymbol{P} = \boldsymbol{A}(\boldsymbol{A}^{\mathrm{T}}\boldsymbol{A})^{-1}\boldsymbol{A}^{\mathrm{T}}$$

称为**投影矩阵**,$\boldsymbol{P}$ 满足:

(i) $\boldsymbol{P}^2=\boldsymbol{P}$($\boldsymbol{P}$ 是幂等矩阵);(ii) $\boldsymbol{P}^{\mathrm{T}}=\boldsymbol{P}$($\boldsymbol{P}$ 是对称矩阵).

(证明留作练习).

定理 7.11 当 $\mathrm{r}(\boldsymbol{A}_{n\times s})=s$ 时,不相容线性方程组 $\boldsymbol{A}\boldsymbol{x}=\boldsymbol{b}$ 的最小二乘解 $\boldsymbol{x}^*$ 是正规方程(7.49)的解,即 $\boldsymbol{x}^*=(\boldsymbol{A}^{\mathrm{T}}\boldsymbol{A})^{-1}\boldsymbol{A}^{\mathrm{T}}\boldsymbol{b}$.

证 最小二乘解 $\boldsymbol{x}^*$ 满足:对一切 $\boldsymbol{x}\in\mathbb{R}^s$,

$$\|\boldsymbol{b}-\boldsymbol{A}\boldsymbol{x}^*\| \leqslant \|\boldsymbol{b}-\boldsymbol{A}\boldsymbol{x}\|. \tag{7.52}$$

由于 $\boldsymbol{A}\boldsymbol{x}^*,\boldsymbol{A}\boldsymbol{x}\in R(\boldsymbol{A})$,当 $\boldsymbol{A}\boldsymbol{x}^*=(\boldsymbol{b})_{R(\boldsymbol{A})}$ 时,即 $(\boldsymbol{b}-\boldsymbol{A}\boldsymbol{x}^*)\perp R(\boldsymbol{A})$,$\|\boldsymbol{b}-\boldsymbol{A}\boldsymbol{x}^*\|$ 是 $\boldsymbol{b}$ 到 $R(\boldsymbol{A})$ 的垂直距离,满足(7.52)式,由定理7.9,$\boldsymbol{x}^*$ 是正规方程的解. ■

例 弹簧在弹性限度内的伸长 x 与所受的拉力 y 满足关系式

$$y = a + bx. \tag{①}$$

试由下列数据,确定弹性系数 b.

x_i/cm	2.6	3.0	3.5	4.3
y_i/N	0	1	2	3

解 将表格数据代入①式得

$$\begin{cases} a+2.6b=0, \\ a+3.0b=1, \\ a+3.5b=2, \\ a+4.3b=3. \end{cases} \tag{②}$$

记作
$$\boldsymbol{Ax}=\boldsymbol{y},$$

其中 $\boldsymbol{A}=\begin{pmatrix}1 & 2.6\\1 & 3.0\\1 & 3.5\\1 & 4.3\end{pmatrix}$, $\boldsymbol{x}=\begin{pmatrix}a\\b\end{pmatrix}$, $\boldsymbol{y}=\begin{pmatrix}0\\1\\2\\3\end{pmatrix}$.

②式是不相容线性方程组,其最小二乘解为
$$\boldsymbol{x}^*=(\boldsymbol{A}^{\mathrm{T}}\boldsymbol{A})^{-1}\boldsymbol{A}^{\mathrm{T}}\boldsymbol{y}, \quad ③$$

其中
$$\boldsymbol{A}^{\mathrm{T}}\boldsymbol{A}=\begin{pmatrix}1 & 1 & 1 & 1\\2.6 & 3.0 & 3.5 & 4.3\end{pmatrix}\begin{pmatrix}1 & 2.6\\1 & 3.0\\1 & 3.5\\1 & 4.3\end{pmatrix}=\begin{pmatrix}4 & 13.4\\13.4 & 46.5\end{pmatrix}.$$

$$(\boldsymbol{A}^{\mathrm{T}}\boldsymbol{A})^{-1}=\frac{1}{6.44}\begin{pmatrix}46.5 & -13.4\\-13.4 & 4\end{pmatrix},\quad \boldsymbol{A}^{\mathrm{T}}\boldsymbol{y}=\begin{pmatrix}6\\22.9\end{pmatrix}.$$

代入③式得
$$\boldsymbol{x}^*=\begin{pmatrix}a_0\\b_0\end{pmatrix}=\begin{pmatrix}-4.326\\1.739\end{pmatrix}.$$

所以弹簧的弹性系数 $b=b_0=1.739$ 牛顿/厘米.

欲将实验获得的一批数据$(x_i,y_i)(i=1,2,\cdots,n)$拟合于一条曲线,以求得 x,y 之间的一个函数 $y=f(x)$,常采用最小二乘解法,一般步骤如下:

(i) 将实验数据点(x_i,y_i),$i=1,2,\cdots,n$,逐个描在坐标纸上,根据点的分布状况,判断 x,y 间的函数类型. 例如:图 7.7 的情况,可将实验数据点拟合于一条直线 $y=a+bx$;图 7.8 的情况,可拟合于一条三次曲线 $y=a+bx+cx^2+dx^3$.

(ii) 将实验数据代入选定的函数关系,得到一个非齐次线性方程组. 例如,选 $y=f(x)$是 m 次多项式

$$y = a_0 + a_1 x + a_2 x^2 + \cdots + a_m x^m,$$

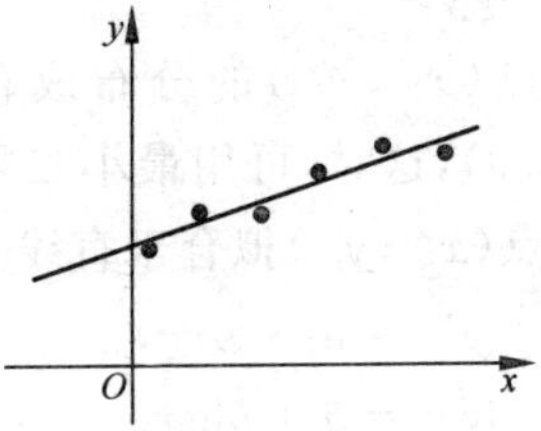

图 7.7

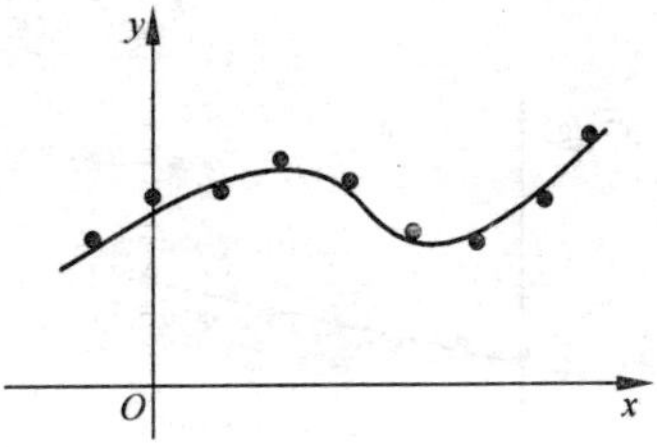

图 7.8

代入实验数据$(x_i, y_i)(i=1,2,\cdots,n)$得线性方程组

$$\boldsymbol{A}\boldsymbol{x} = \boldsymbol{y}, \tag{7.53}$$

其中$\boldsymbol{A} = \begin{pmatrix} 1 & x_1 & x_1^2 & \cdots & x_1^m \\ 1 & x_2 & x_2^2 & \cdots & x_2^m \\ \vdots & \vdots & \vdots & & \vdots \\ 1 & x_n & x_n^2 & \cdots & x_n^m \end{pmatrix}$, $\boldsymbol{x} = \begin{pmatrix} a_0 \\ a_1 \\ \vdots \\ a_m \end{pmatrix}$, $\boldsymbol{y} = \begin{pmatrix} y_1 \\ y_2 \\ \vdots \\ y_n \end{pmatrix}$.

通常 $n \gg m$，且(7.53)式是不相容线性方程组. 但是，可以证明，只要 $x_1, x_2, \cdots, x_n$ 互异，就有 $\mathrm{r}(\boldsymbol{A}) = m$，因此线性方程组(7.53)的最小二乘解为

$$\boldsymbol{x}^* = (a_0, a_1, \cdots, a_m)^{\mathrm{T}} = (\boldsymbol{A}^{\mathrm{T}}\boldsymbol{A})^{-1}\boldsymbol{A}^{\mathrm{T}}\boldsymbol{y},$$

所得的曲线方程 $y = a_0 + a_1 x + \cdots + a_m x^m$ 在工程技术中通常称为**经验公式**. 这个经验公式是在假定了函数类型的情况下，用最小二乘法求得的，至于这个假定是否符合实验点所反映的客观数量关系，用这个经验公式推测一般情况下某个 x 值对应的 y 值是否可靠，则要用数理统计的方法做进一步的研究.

用最小二乘法对实验数据配曲线，函数类型是不易确定的，实际问题的函数类型是多种多样的，并不局限于直线和多项式曲线. 有时将实验数据点(x_i, y_i)，$i=1,2,\cdots,n$ 描出来后，不易判断 $y=f(x)$的函数形式，但是，如果把这 n 个点描在对数坐标纸上，

即令

$$x^{*}=\lg x,y^{*}=\lg y,$$

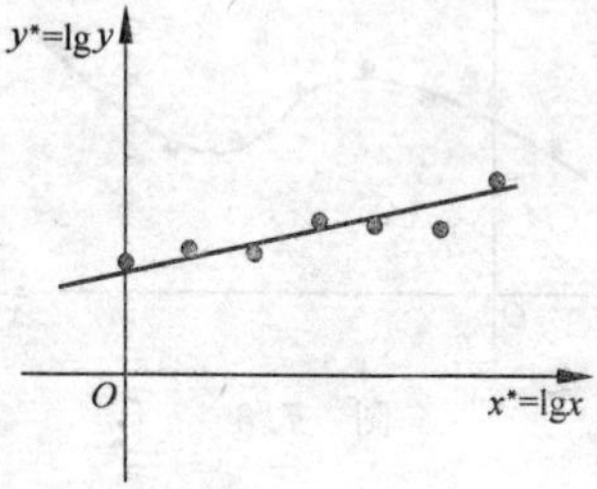

图 7.9

则 n 个点 (x_i^*,y_i^*) 的分布成直线(如图 7.9),这时,可用最小二乘法将 n 个点 (x_i^*,y_i^*) 拟合于直线

$$y^{*}=a+bx^{*},$$

即

$$\lg y=a+b\lg x.$$

再令 $a=\lg c$,从而求得

$$y=cx^{b}.$$

这就是 n 个点 (x_i,y_i) 所拟合的最小二乘曲线.

习题 补充题 答案

习题

1. 设一群动物分成两个年龄组,每个年龄组的区间长度为 1 年,其 Leslie 矩阵为

$$\boldsymbol{L}=\begin{pmatrix}1 & 1/5\\ 1/2 & 0\end{pmatrix}.$$

若起始时第 1,2 年龄组动物头数分别为 100 和 10,问:5 年内两个年龄组的动物每年各递增多少?动物总数递增多少?并求过了整 5 年,两组动物的分布比例.

2. 设一群动物分成 4 个年龄组,最大年龄为 8 岁,已知:生育率 $a_1=0$,$a_2=20/9$,$a_3=15/32$,$a_4=0$;存活率 $b_1=9/10$,$b_2=8/9$,$b_3=7/8$;开始时,各组动物头数均为 100. 问:8 年内,每隔两年各年龄组动物和 4 组动物总数分别递增(减)多少?并求 4 组动物的分布比例.

3. 求下列 Leslie 矩阵的特征值及严格优势特征值,并求相应于严格优势特征值的特征向量.

(1) $\begin{pmatrix} 0 & \frac{5}{4} & 0 \\ \frac{4}{5} & 0 & 0 \\ 0 & \frac{3}{4} & 0 \end{pmatrix}$；(2) $\begin{pmatrix} 0 & \frac{5}{4} & \frac{75}{64} \\ \frac{4}{5} & 0 & 0 \\ 0 & \frac{3}{4} & 0 \end{pmatrix}$；

(3) $\begin{pmatrix} 0 & \frac{20}{9} & \frac{15}{32} & 0 \\ \frac{9}{10} & 0 & 0 & 0 \\ 0 & \frac{8}{9} & 0 & 0 \\ 0 & 0 & \frac{7}{8} & 0 \end{pmatrix}$；(4) $\begin{pmatrix} \frac{1}{6} & \frac{13}{32} & \frac{1}{4} \\ \frac{2}{3} & 0 & 0 \\ 0 & \frac{1}{4} & 0 \end{pmatrix}$.

4. 设动物群的每个年龄组的年龄区间长度为1年，其 Leslie 矩阵为上题的(2),(3),(4).问：

(1) k 年以后(k 充分大)，动物总数每年递增多少？各年龄组动物各占总数百分之几？此时的年龄分布状况与起始分布有无关系？

(2) 对于上题(3)中的 $\boldsymbol{L}$ 矩阵，已知起始年龄分布向量 $\boldsymbol{x}^{(0)}=(100,100,100,100)^{\mathrm{T}}$，试求 $\boldsymbol{x}^{(1)},\boldsymbol{x}^{(2)},\boldsymbol{x}^{(3)},\boldsymbol{x}^{(4)}$，并计算每年递增百分之几？

5. 对第3题中的 $\boldsymbol{L}$ 矩阵，求净再生率 R.

6. 证明：人口增长过程充分久以后，(1)人口总数增加当且仅当净再生率 $R>1$；(2)人口总数减少当且仅当净再生率 $R<1$.

7. 某班男女生在节日互赠贺卡，初始每位女生互赠贺卡，男生不参加赠卡.以后每次节日女生收到来自女生和男生赠的贺卡各占70%和30%，男生收到来自男生和女生的贺卡各占80%和20%.问经过 n 次节日，男女生收到贺卡的概率为多少($n=1,2,\cdots,5$，及 $n\to\infty$)?

8. 某借书卡可从3家图书馆出借图书.读者借书初始概率向量 $\boldsymbol{x}(0)=(0,1,0)^{\mathrm{T}}$，转移概率为

$$\boldsymbol{P}=\begin{pmatrix} 0.8 & 0.3 & 0.2 \\ 0.1 & 0.2 & 0.6 \\ 0.1 & 0.5 & 0.2 \end{pmatrix},$$

问 n 次借阅($n=1,2,\cdots,5,n\to\infty$)后，该卡从每家图书馆借阅的概率为多少？

9. 设 $\boldsymbol{P}$ 是 m 阶概率转移矩阵，若 $\boldsymbol{P}$ 的每行行和都等于1(称每行行和与每列列和均为1的非负矩阵为**双随机矩阵**)，问它的稳定概率向量是什么？

10. 有 m 个城市 $s_1,\cdots,s_m$，s_i 在时刻 $t(t=0,1,\cdots,n)$ 空气污染的浓度为 $x_i(t)$，从 t 到 $t+1$ 其 s_j 的污染物扩散到 s_i 的比例为 p_{ij} $(0\leqslant p_{ij}\leqslant 1)$，扩散到 $s_1,\cdots,s_r(r=m-3)$ 的污染物被吸收，s_{m-2},s_{m-1},s_m 的概率转移矩阵为

$$\boldsymbol{P}_2=\begin{bmatrix}1/3 & 1/3 & 0\\ 0 & 1/3 & 2/3\\ 1/3 & 1/3 & 1/3\end{bmatrix}.$$

求污染物从第 j 个$(j=m-2,m-1,m)$城市出发被某个城市 s_k $(k=1,\cdots,r)$ 吸收的平均转移次数等于多少？

11. 下列直接消耗矩阵 $\boldsymbol{C}$，矩阵 $\boldsymbol{I}-\boldsymbol{C}$ 是否可逆(检查是否满足条件(7.29))？

(1) $\begin{pmatrix}0.8 & 0.1\\ 0.3 & 0.6\end{pmatrix}$；　(2) $\begin{bmatrix}0.70 & 0.30 & 0.25\\ 0.10 & 0.25 & 0.25\\ 0.15 & 0.05 & 0.25\end{bmatrix}$；

(3) $\begin{bmatrix}0.7 & 0.3 & 0.2\\ 0.1 & 0.4 & 0.3\\ 0.2 & 0.4 & 0.1\end{bmatrix}$.

12. 由土建师、电气师和机械师3人组成一个技术服务社.他们商定，每人收入1元需他人提供的服务数为："电"、"机"给"土"的分别为0.1元，0.3元；"土"、"机"给"电"的分别为0.2元，0.4元；"土"、"电"给"机"的分别为0.3元，0.4元.各人不必为自己提供服务数.如在一段时间内，"土"、"电"、"机"3人为外部服务的收入分别为500元、700元、600元，问这段时间内，每人实际收入各是多少元？

13. 已知由3个企业组成的某经济系统，在一个生产周期内的直接消耗系数矩阵 $\boldsymbol{C}$ 及系统外部需求向量 $\boldsymbol{d}$ 为

$$\boldsymbol{C}=\begin{bmatrix}0.2 & 0.1 & 0.2\\ 0.1 & 0.2 & 0.2\\ 0.1 & 0.1 & 0.1\end{bmatrix},\quad \boldsymbol{d}=\begin{bmatrix}75\\ 120\\ 225\end{bmatrix}.$$

(1) 求各企业的总产值 x_1,x_2,x_3；

(2) 求各企业消耗其他(包括自身)企业的产值数 x_{ij}(即第 j 个企业消耗

第 i 个企业的产值数，$i,j=1,2,3$)，及各企业的净产值 $z_j(j=1,2,3)$.

14. 一个包括 3 个部门的经济系统，已知计划报告期直接消耗系数矩阵为

$$C=\begin{pmatrix}0.20 & 0.20 & 0.3125\\ 0.14 & 0.15 & 0.25\\ 0.16 & 0.50 & 0.1875\end{pmatrix}.$$

(1) 如外部需求向量 $\boldsymbol{d}=(60,55,120)^{\mathrm{T}}$，求各部门总产值.

(2) 如外部需求向量 $\boldsymbol{d}=(70,55,120)^{\mathrm{T}}$，求各部门总产值.

15. 5 个城市之间的铁路线连接以邻接矩阵 $\boldsymbol{M}$ 表示，已知 $a_{12}=a_{24}=a_{31}=a_{45}=a_{51}=1$ 其余的 a_{ij} 为零，试画出图. 问任何两城市之间可否经铁路连通？

16. 5 支足球队的锦标赛，每两队只赛一次，结果为：A 胜 B,C,D；B 胜 C,E；C 胜 D,E；D 胜 B；E 胜 A,D.

(1) 画出比赛结果图；给出邻接矩阵 $\boldsymbol{M}$；

(2) 评出 5 支球队的名次.

17. 年初一对小兔(一雌一雄)一个月长大，至第二月就繁殖出一雌一雄的一对小兔，以后凡成熟一对就繁殖出雄雌一对小兔，问一年半后共有多少对兔子？

18. 一只蜜蜂自蜂房 A 爬到第 n 号蜂房，每次都从一个蜂房爬向右侧邻近的蜂房而不会逆行(向左). 问有多少种不同的爬行方式？

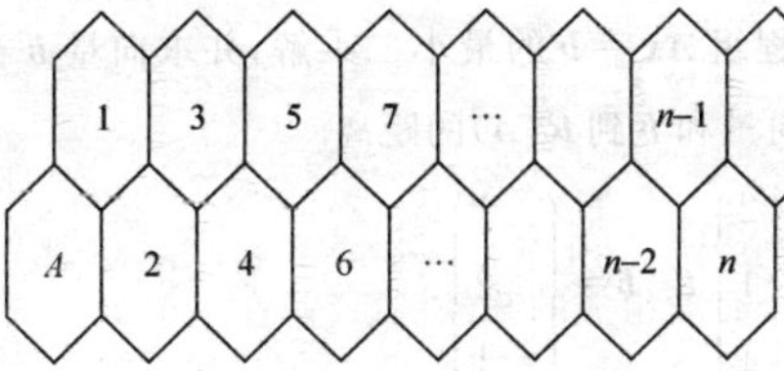

题 18 图

19. 用矩阵方法解递归关系式：

$$u_n=u_{n-1}+2u_{n-2},\quad u_1=0,\quad u_2=1.$$

20. 设数列$\{a_k\}$：$0,\dfrac{1}{2},\dfrac{1}{4},\dfrac{3}{8},\dfrac{5}{16},\dfrac{11}{32},\cdots$从第三个数起，每个数是前两

个数的平均值,即

$$a_{k+2}=\frac{1}{2}(a_{k+1}+a_k),\quad k=0,1,2,\cdots,$$

且 $a_0=0, a_1=\frac{1}{2}$,试求 a_k,并求 a_k 的极限值.

21. 解一阶线性常系数齐次微分方程组的初值问题

(1) $\begin{cases}\dfrac{\mathrm{d}\boldsymbol{u}}{\mathrm{d}t}=\boldsymbol{Au},\\ \boldsymbol{u}(0)=\boldsymbol{u}_0.\end{cases}\quad \boldsymbol{A}=\begin{pmatrix}1&0&2\\0&1&2\\2&2&-1\end{pmatrix},\quad \boldsymbol{u}_0=\begin{pmatrix}1\\0\\0\end{pmatrix}.$

(2) 方程同(1),其中

$$\boldsymbol{A}=\begin{pmatrix}0&0&4&1\\0&0&1&4\\4&1&0&0\\1&4&0&0\end{pmatrix},\quad \boldsymbol{u}(0)=\begin{pmatrix}1\\0\\1\\0\end{pmatrix}.$$

22. 求下列线性微分方程组的一般解:

(1) $\begin{cases}\dfrac{\mathrm{d}x_1}{\mathrm{d}t}=3x_1+2x_2+4x_3,\\ \dfrac{\mathrm{d}x_2}{\mathrm{d}t}=2x_1+2x_3,\\ \dfrac{\mathrm{d}x_3}{\mathrm{d}t}=4x_1+2x_2+3x_3.\end{cases}$ (2) $\begin{cases}\dfrac{\mathrm{d}x_1}{\mathrm{d}t}=x_1+3x_2,\\ \dfrac{\mathrm{d}x_2}{\mathrm{d}t}=3x_1+4x_2-x_3,\\ \dfrac{\mathrm{d}x_3}{\mathrm{d}t}=-x_2+x_3.\end{cases}$

23. 求线性方程组 $\boldsymbol{Ax}=\boldsymbol{b}$ 的最小二乘解,并求向量 $\boldsymbol{b}$ 在矩阵 $\boldsymbol{A}$ 的列空间 $R(\boldsymbol{A})$ 上的投影向量和 $\boldsymbol{b}$ 到 $R(\boldsymbol{A})$ 的距离.

(1) $\boldsymbol{A}=\begin{pmatrix}1&2\\1&-1\\0&1\end{pmatrix},\quad \boldsymbol{b}=\begin{pmatrix}1\\2\\-1\end{pmatrix}.$

(2) $\boldsymbol{A}=\begin{pmatrix}1&1&-1\\-1&-2&1\\0&1&-1\\0&0&1\end{pmatrix},\quad \boldsymbol{b}=\begin{pmatrix}0\\0\\0\\1\end{pmatrix}.$

24. 设

$$\boldsymbol{\alpha}_1=\begin{pmatrix}1\\1\\1\\1\end{pmatrix},\quad \boldsymbol{\alpha}_2=\begin{pmatrix}0\\1\\1\\1\end{pmatrix},\quad \boldsymbol{\alpha}_3=\begin{pmatrix}0\\0\\1\\1\end{pmatrix},\quad \boldsymbol{\alpha}_4=\begin{pmatrix}0\\0\\0\\1\end{pmatrix},\quad \boldsymbol{b}=\begin{pmatrix}1\\2\\2\\0\end{pmatrix}.$$

求：(1) $\boldsymbol{b}$ 在 $L(\boldsymbol{\alpha}_1,\boldsymbol{\alpha}_2)$ 上的投影向量和 $\boldsymbol{b}$ 到 $L(\boldsymbol{\alpha}_1,\boldsymbol{\alpha}_2)$ 的距离；

(2) $\boldsymbol{b}$ 在 $L(\boldsymbol{\alpha}_2,\boldsymbol{\alpha}_3,\boldsymbol{\alpha}_4)$ 上的投影向量和 $\boldsymbol{b}$ 到 $L(\boldsymbol{\alpha}_2,\boldsymbol{\alpha}_3,\boldsymbol{\alpha}_4)$ 的距离.

25. 证明：投影矩阵 $\boldsymbol{P}=\mathbf{A}(\mathbf{A}^{\mathrm{T}}\mathbf{A})^{-1}A^{T}$ 是幂等的对称矩阵，即 $\boldsymbol{P}^2=\boldsymbol{P}$，$\boldsymbol{P}^{\mathrm{T}}=\boldsymbol{P}$.

***26.** 设

$$\mathbf{A}=\begin{pmatrix}1 & x_1 & x_1^2 & \cdots & x_1^m\\ 1 & x_2 & x_2^2 & \cdots & x_2^m\\ \vdots & \vdots & \vdots & & \vdots\\ 1 & x_n & x_n^2 & \cdots & x_n^m\end{pmatrix},$$

证明：当 $n>m$ 时，秩 $\mathbf{A}=m+1$ 的充要条件是 $x_1,x_2,\cdots,x_n$ 中至少有 $m+1$ 个互不相同.

27. 求拟合于 3 个点(0,0)，(1,2)，(2,7)的最小二乘直线.

28. 求拟合于 4 个点(0,1)，(2,0)，(3,1)，(3,2)的最小二乘直线.

29. 用最小二乘法，将 4 个点(2,0)，(3,−10)，(5,−48)，(6,−76)拟合于二次多项式曲线.

30. 用最小二乘法将 5 个点(−1,−14)，(0,−5)，(2,−22)，(1,−4)，(2,1)拟合于三次多项式曲线.

31. 某商店在某年的前 5 个月的营业额曲线为二次多项式曲线，已知前 5 个月的营业额为 4.0，4.4，5.2，6.4 和 8.0 万元. 试用最小二乘法求营业额曲线，并估计 12 月份的营业额.

32. 由牛顿第二定律可得到，物体在地球表面附近垂直下落的运动方程为

$$s=s_0+v_0t+\frac{1}{2}gt^2,$$

利用这个方程，通过实验测定 g，已知实验数据为：

t/s	0.1	0.2	0.3	0.4	0.5
s/ft	−0.18	0.31	1.03	2.48	3.73

试用最小二乘法求 g 的近似值.

补充题

33. 生物的外部表征由体内两个基因(A,a)组成的基因对 AA,Aa,aa 所确定. 例如3种基因对确定某种花的3种颜色. 常染色体的遗传是，母体双方各自的两个基因等可能地遗传给后代一个. 因此母体基因型与后代基因型的关系如下表：

		母体(双方)基因型					
		$AA-AA$	$AA-Aa$	$AA-aa$	$Aa-Aa$	$Aa-aa$	$aa-aa$
后代基因型	AA	1	$\frac{1}{2}$	0	$\frac{1}{4}$	0	0
	Aa	0	$\frac{1}{2}$	1	$\frac{1}{2}$	$\frac{1}{2}$	0
	aa	0	0	0	$\frac{1}{4}$	$\frac{1}{2}$	1

例如第四列表示：母体皆为 Aa 型时，其后代为 AA,Aa,aa 型的可能性分别为$\frac{1}{4},\frac{1}{2},\frac{1}{4}$.

(1) 设某植物有3种基因型，如果它们总是都与 Aa 型结合进行繁殖，问繁殖到第 n 代时，3种基因型植物占总数的百分数 a_n,b_n,c_n 各为多少？并求其极限值.(假定繁殖开始时的初始分布为 a_0,b_0,c_0，且 $a_0+b_0+c_0=1$.)

(2) 在(1)中的植物，如果初始时都与 AA 型结合，第一代都与 Aa 型结合，第二代又都与 AA 型结合，如此交替下去，求 a_n,b_n,c_n 及其极限值.

答案

7. $\boldsymbol{x}_1=(0.3,0.7)^{\mathrm{T}},\boldsymbol{x}_2=(0.45,0.55)^{\mathrm{T}},\boldsymbol{x}_5=(0.581,0.419)^{\mathrm{T}},\boldsymbol{x}_n=(0.6,0.4)^{\mathrm{T}},(n\geqslant 11)$.

8. $\boldsymbol{x}_1=(0.3,0.2,0.5)^{\mathrm{T}},\boldsymbol{x}_5=(0.533,0.240,0.227)^{\mathrm{T}},\boldsymbol{x}_n=\frac{1}{61}(34,14,$

13)^T. **9.** $\left(\frac{1}{m},\frac{1}{m},\cdots,\frac{1}{m}\right)^T$.

10. $\boldsymbol{y}=(y_{m-2},y_{m-1},y_m)=\left(9,15,\frac{27}{2}\right)$.

15. 可逆矩阵 $\boldsymbol{P}$ 中 $p_{i3}=0$；$p_{i1}=0,(i\neq3)$其余为 1.

16. A,E,B,C,D. **17.** 第 18 个月有 2584 对. **18.** F_n.

19. $u_n=\frac{1}{3}(2^n+(-1)^{n-1})$.

23. (1) $\left(\frac{19}{11},-\frac{5}{11}\right)^T$；$\left(\frac{9}{11},\frac{24}{11},-\frac{5}{11}\right)^T$；$\frac{2\sqrt{11}}{11}$.

(2) $\left(\frac{1}{3},\frac{2}{3},\frac{11}{12}\right)^T$；$\left(\frac{1}{12},-\frac{1}{12},-\frac{1}{4},\frac{11}{12}\right)^T$；$\frac{\sqrt{3}}{6}$.

24. (1) $\left(1,\frac{4}{3},\frac{4}{3},\frac{4}{3}\right)^T$；$\frac{2\sqrt{6}}{3}$. (2) $(0,2,2,0)^T$;1.

26. 利用范德蒙行列式的结论.

27. $y=7x/2-1/2$. **28.** $y=x/6+2/3$.

附录 A

内积空间　埃尔米特二次型

在$\mathbb{R}^n$中，不仅有线性空间的加法和数量乘法运算，而且还定义了内积运算，使向量具有几何度量性. 向量的度量性质在分析、几何等许多问题中是不可缺少的. 因而，我们有必要对一般的实数域和复数域上的线性空间，定义内积运算，使之成为内积空间. 我们将在附录 A.1 中讨论实数域上的内积空间，在附录 A.3 中讨论复内积空间(酉空间).

A.1　实内积空间　欧氏空间

在线性空间的定义中，集合是抽象的，两种线性运算也是抽象的，运算由性质来约定. 因此在抽象的线性空间中，也是由性质来约定内积运算.

定义 1　设 V 是实数域$\mathbb{R}$上的线性空间，我们对 V 中任两个向量$\boldsymbol{\alpha}$,$\boldsymbol{\beta}$确定一个实数$(\boldsymbol{\alpha},\boldsymbol{\beta})$，如果它具有以下性质：

(i) $(\boldsymbol{\alpha},\boldsymbol{\beta})=(\boldsymbol{\beta},\boldsymbol{\alpha})$；

(ii) $(k\boldsymbol{\alpha},\boldsymbol{\beta})=k(\boldsymbol{\alpha},\boldsymbol{\beta})$；

(iii) $(\boldsymbol{\alpha}+\boldsymbol{\beta},\boldsymbol{\gamma})=(\boldsymbol{\alpha},\boldsymbol{\gamma})+(\boldsymbol{\beta},\boldsymbol{\gamma})$；

(iv) $(\boldsymbol{\alpha},\boldsymbol{\alpha})\geqslant 0$，等号成立当且仅当$\boldsymbol{\alpha}=\mathbf{0}$.

其中$\boldsymbol{\alpha},\boldsymbol{\beta},\boldsymbol{\gamma}\in V$，$k\in\mathbb{R}$，就称$(\boldsymbol{\alpha},\boldsymbol{\beta})$是$\boldsymbol{\alpha}$与$\boldsymbol{\beta}$的**内积**. 在实数域上定

义了内积的 V 称为**实内积空间**，有限维实内积空间叫做**欧几里得(Euclid)空间(欧氏空间)**.

定义中性质(i)表明内积是对称的，因此与(ii)，(iii)相当的就有：

$$(\boldsymbol{\alpha},k\boldsymbol{\beta})=(k\boldsymbol{\beta},\boldsymbol{\alpha})=k(\boldsymbol{\beta},\boldsymbol{\alpha})=k(\boldsymbol{\alpha},\boldsymbol{\beta});$$

$$(\boldsymbol{\alpha},\boldsymbol{\beta}+\boldsymbol{\gamma})=(\boldsymbol{\beta}+\boldsymbol{\gamma},\boldsymbol{\alpha})=(\boldsymbol{\beta},\boldsymbol{\alpha})+(\boldsymbol{\gamma},\boldsymbol{\alpha})$$
$$=(\boldsymbol{\alpha},\boldsymbol{\beta})+(\boldsymbol{\alpha},\boldsymbol{\gamma}),$$

在性质(ii)中取 $k=0$，就有$(\mathbf{0},\boldsymbol{\beta})=0$. 所以线性空间中任何元素与零元素的内积都等于零.

根据内积定义的第(iv)条性质，我们可用内积定义向量的长度.

定义 2 实数域 $\mathbb{R}$ 上的内积空间 V 中向量 $\boldsymbol{\alpha}$ 的长度定义为

$$\|\boldsymbol{\alpha}\|=\sqrt{(\boldsymbol{\alpha},\boldsymbol{\alpha})}.$$

例 1 两个重要的实内积空间

(i) 在 $\mathbb{R}^n$ 上定义内积为

$$(\boldsymbol{\alpha},\boldsymbol{\beta})=a_1b_1+a_2b_2+\cdots+a_nb_n, \tag{1}$$

其中 $\boldsymbol{\alpha}=(a_1,a_2,\cdots,a_n)^{\mathrm{T}}$，$\boldsymbol{\beta}=(b_1,b_2,\cdots,b_n)^{\mathrm{T}}$.

容易验证(1)式满足内积的 4 条性质，$\mathbb{R}^n$ 关于这个内积就构成 一个 n 维欧氏空间，这个内积称为 $\mathbb{R}^n$ 的标准内积，此时，向量 $\boldsymbol{\alpha}$ 的长度

$$\|\boldsymbol{\alpha}\|=\sqrt{a_1^2+a_2^2+\cdots+a_n^2}.$$

(ii) 在区间$[a,b]$上一切连续的实值函数构成的线性空间 $C[a,b]$上，$\forall f(x),g(x)\in C[a,b]$，定义

$$(f,g)=\int_a^b f(x)g(x)\,\mathrm{d}x. \tag{2}$$

(2) 式是 $f(x)$ 与 $g(x)$ 的内积，因为它满足内积的 4 条性质. 下面验证满足第(iii)条.

设 $f,g,h\in C[a,b]$，则

$$\begin{aligned}(f+g,h)&=\int_a^b(f(x)+g(x))h(x)\mathrm{d}x\\&=\int_a^b[f(x)h(x)+g(x)h(x)]\mathrm{d}x\\&=\int_a^b f(x)h(x)\mathrm{d}x+\int_a^b g(x)h(x)\mathrm{d}x\\&=(f,h)+(g,h).\end{aligned}$$

这个内积称为 $C[a,b]$ 上的标准内积.

在 $\mathbb{R}^n$ 中定义内积的方法不是唯一的，例如，下面的例子给出 $\mathbb{R}^2$ 中的另一种内积.

例 2　在 $\mathbb{R}^2$ 中，对任意的 $\boldsymbol{\alpha}=(a_1,a_2)$，$\boldsymbol{\beta}=(b_1,b_2)$，定义

$$(\boldsymbol{\alpha},\boldsymbol{\beta})=a_1b_1-a_2b_1-a_1b_2+3a_2b_2,\qquad(*)$$

容易验证它也满足内积的 4 条性质，我们验证第(iv)条：

$$(\boldsymbol{\alpha},\boldsymbol{\alpha})=a_1^2-2a_1a_2+3a_2^2=(a_1-a_2)^2+2a_2^2\geqslant 0,$$

其等号成立当且仅当 $a_1=a_2=0$，即 $\boldsymbol{\alpha}=\mathbf{0}$.

故($*$)式也是 $\mathbb{R}^2$ 的一个内积，此时向量 $\boldsymbol{\alpha}$ 的长度 $\|\boldsymbol{\alpha}\|=\sqrt{(a_1-a_2)^2+2a_2^2}$.

关于这个内积，对 $\boldsymbol{\alpha}=(1,0)$ 和 $\boldsymbol{\beta}=\left(\frac{1}{\sqrt{2}},\frac{1}{\sqrt{2}}\right)$，有

$$\|\boldsymbol{\alpha}\|=\|\boldsymbol{\beta}\|=1,(\boldsymbol{\alpha},\boldsymbol{\beta})=0.$$

实内积空间的距离同 $\mathbb{R}^n$ 标准内积所定义的距离有相同的几何解释.

定理 1　若 V 是一个实内积空间，则对任意的 $\boldsymbol{\alpha},\boldsymbol{\beta}\in V$ 和 $\lambda\in\mathbb{R}$，有：

(i) $\|\lambda\boldsymbol{\alpha}\|=|\lambda|\,\|\boldsymbol{\alpha}\|$；

(ii) $|(\boldsymbol{\alpha},\boldsymbol{\beta})|\leqslant\|\boldsymbol{\alpha}\|\,\|\boldsymbol{\beta}\|$；**(柯西-施瓦茨不等式)**

(iii) $\|\boldsymbol{\alpha}+\boldsymbol{\beta}\|\leqslant\|\boldsymbol{\alpha}\|+\|\boldsymbol{\beta}\|$.　**(三角不等式)**

证 (i) $\|\lambda\boldsymbol{\alpha}\|=\sqrt{(\lambda\boldsymbol{\alpha},\lambda\boldsymbol{\alpha})}=\sqrt{\lambda^2(\boldsymbol{\alpha},\boldsymbol{\alpha})}=|\lambda|\sqrt{(\boldsymbol{\alpha},\boldsymbol{\alpha})}$
$=|\lambda|\|\boldsymbol{\alpha}\|$.

(ii),(iii)的证明与正文 4.2 节中相同结论的证明是一样的.

把柯西-施瓦茨不等式应用于内积空间 $C[a,b]$,可以得到以下不等式

$$\left|\int_a^b f(x)g(x)\mathrm{d}x\right|\leqslant\left(\int_a^b f^2(x)\mathrm{d}x\right)^{1/2}\left(\int_a^b g^2(x)\mathrm{d}x\right)^{1/2}.$$

证明了柯西-施瓦茨不等式,我们就可以用内积定义两个向量的夹角.

定义 3 对于实内积空间 V 中的两个非零向量$\boldsymbol{\alpha},\boldsymbol{\beta}$,定义其夹角

$$\langle\boldsymbol{\alpha},\boldsymbol{\beta}\rangle=\arccos\frac{(\boldsymbol{\alpha},\boldsymbol{\beta})}{\|\boldsymbol{\alpha}\|\|\boldsymbol{\beta}\|}.$$

显然,当且仅当$(\boldsymbol{\alpha},\boldsymbol{\beta})=0$ 时两个非零向量$\boldsymbol{\alpha},\boldsymbol{\beta}$相互垂直.由于零向量与任何向量的内积等于零,所以我们也说零向量与任何向量正交,于是有下面定义.

定义 4 实内积空间 V 中两个向量$\boldsymbol{\alpha},\boldsymbol{\beta}$,如果$(\boldsymbol{\alpha},\boldsymbol{\beta})=0$,则称$\boldsymbol{\alpha}$与$\boldsymbol{\beta}$ **正交**,记作$\boldsymbol{\alpha}\perp\boldsymbol{\beta}$.

例 3 对 $C[-1,1]$上给定的标准内积,证明函数

$$P_1(x)=x,\qquad P_2(x)=\frac{1}{2}(3x^2-1)$$

是正交的,并求它们的长度.

证

$$(P_1,P_2)=\int_{-1}^1 P_1(x)P_2(x)\mathrm{d}x=\frac{1}{2}\int_{-1}^1(3x^3-x)\mathrm{d}x=0.$$

因此 P_1 和 P_2 是正交的.

P_1 的长度为

$$\|P_1\|=\sqrt{\int_{-1}^1 P_1{}^2(x)\mathrm{d}x}=\sqrt{\int_{-1}^1 x^2\mathrm{d}x}=\sqrt{\frac{2}{3}}.$$

P_2 的长度为

$$\| P_2 \| = \sqrt{\int_{-1}^{1} P_2{}^2(x)\mathrm{d}x} = \sqrt{\frac{2}{5}}.$$

A.2 度量矩阵和标准正交基

对于一个 n 维实线性空间 V，要在其中确定内积 $(\boldsymbol{\alpha},\boldsymbol{\beta})$，只要确定一组基间的内积就行了.

设 $\{\boldsymbol{\varepsilon}_1,\boldsymbol{\varepsilon}_2,\cdots,\boldsymbol{\varepsilon}_n\}$ 是 V 的一组基，且

$$(\boldsymbol{\varepsilon}_i,\boldsymbol{\varepsilon}_j) = a_{ij},\quad i,j = 1,2,\cdots,n. \tag{3}$$

对 V 中任意两个元素（向量）

$$\boldsymbol{\alpha} = x_1\boldsymbol{\varepsilon}_1 + x_2\boldsymbol{\varepsilon}_2 + \cdots + x_n\boldsymbol{\varepsilon}_n,$$
$$\boldsymbol{\beta} = y_1\boldsymbol{\varepsilon}_1 + y_2\boldsymbol{\varepsilon}_2 + \cdots + y_n\boldsymbol{\varepsilon}_n.$$

由内积的性质得

$$\begin{aligned}
(\boldsymbol{\alpha},\boldsymbol{\beta}) &= (x_1\boldsymbol{\varepsilon}_1 + x_2\boldsymbol{\varepsilon}_2 + \cdots + x_n\boldsymbol{\varepsilon}_n, y_1\boldsymbol{\varepsilon}_1 + y_2\boldsymbol{\varepsilon}_2 + \cdots + y_n\boldsymbol{\varepsilon}_n) \\
&= \sum_{i=1}^{n}\sum_{j=1}^{n}(\boldsymbol{\varepsilon}_i,\boldsymbol{\varepsilon}_j)x_iy_j = \sum_{i=1}^{n}\sum_{j=1}^{n}a_{ij}x_iy_j = \sum_{i=1}^{n}x_i\sum_{j=1}^{n}a_{ij}y_j \\
&= \sum_{i=1}^{n}x_i(a_{i1},a_{i2},\cdots,a_{in})\begin{pmatrix} y_1 \\ y_2 \\ \vdots \\ y_n \end{pmatrix} \\
&= (x_1,x_2,\cdots,x_n)\begin{pmatrix} a_{11} & a_{12} & \cdots & a_{1n} \\ a_{21} & a_{22} & \cdots & a_{2n} \\ \vdots & \vdots & & \vdots \\ a_{n1} & a_{n2} & \cdots & a_{nn} \end{pmatrix}\begin{pmatrix} y_1 \\ y_2 \\ \vdots \\ y_n \end{pmatrix} = \boldsymbol{x}^{\mathrm{T}}\boldsymbol{A}\boldsymbol{y},
\end{aligned} \tag{4}$$

其中：$\boldsymbol{x}=(x_1,x_2,\cdots,x_n)^{\mathrm{T}}$ 和 $\boldsymbol{y}=(y_1,y_2,\cdots,y_n)^{\mathrm{T}}$ 分别是向量 $\boldsymbol{\alpha}$ 和 $\boldsymbol{\beta}$ 在基 $\{\boldsymbol{\varepsilon}_1,\boldsymbol{\varepsilon}_2,\cdots,\boldsymbol{\varepsilon}_n\}$ 下的坐标向量；

$$\boldsymbol{A} = (a_{ij})_{n\times n} = ((\boldsymbol{\varepsilon}_i,\boldsymbol{\varepsilon}_j))_{n\times n} \tag{5}$$

称为欧氏空间在基$\{\boldsymbol{\varepsilon}_1,\boldsymbol{\varepsilon}_2,\cdots,\boldsymbol{\varepsilon}_n\}$下的度量矩阵，简称基$\{\boldsymbol{\varepsilon}_1,\boldsymbol{\varepsilon}_2,\cdots,\boldsymbol{\varepsilon}_n\}$的度量矩阵. 由于内积具有对称性，所以度量矩阵 $\boldsymbol{A}$ 是实对称矩阵. 上面的讨论表明，知道了欧氏空间一组基的度量矩阵 $\boldsymbol{A}$，空间中任意两个元素 $\boldsymbol{\alpha}$ 与 $\boldsymbol{\beta}$ 的内积，就可以通过其坐标向量按(4)式 $\boldsymbol{x}^{\mathrm{T}}\boldsymbol{A}\boldsymbol{y}$ 来计算，因而度量矩阵完全确定了内积.

定理 2 欧氏空间中两组不同基的度量矩阵是合同的.

证 设基$\{\boldsymbol{\varepsilon}_1,\boldsymbol{\varepsilon}_2,\cdots,\boldsymbol{\varepsilon}_n\}$的度量矩阵为 $\boldsymbol{A}$，将(5)式中的 $\boldsymbol{A}$ 形式地表示成以向量(不一定是$\mathbb{R}^n$中的向量)为元素的矩阵的乘积，即

$$\boldsymbol{A}=\begin{pmatrix}\boldsymbol{\varepsilon}_1\\ \boldsymbol{\varepsilon}_2\\ \vdots\\ \boldsymbol{\varepsilon}_n\end{pmatrix}(\boldsymbol{\varepsilon}_1,\boldsymbol{\varepsilon}_2,\cdots,\boldsymbol{\varepsilon}_n). \qquad ①$$

这里作矩阵乘法时，$\boldsymbol{\varepsilon}_i$和$\boldsymbol{\varepsilon}_j$相乘是指内积$(\boldsymbol{\varepsilon}_i,\boldsymbol{\varepsilon}_j)$.

设基$\{\boldsymbol{\eta}_1,\boldsymbol{\eta}_2,\cdots,\boldsymbol{\eta}_n\}$的度量矩阵为

$$\boldsymbol{B}=\begin{pmatrix}\boldsymbol{\eta}_1\\ \boldsymbol{\eta}_2\\ \vdots\\ \boldsymbol{\eta}_n\end{pmatrix}(\boldsymbol{\eta}_1,\boldsymbol{\eta}_2,\cdots,\boldsymbol{\eta}_n). \qquad ②$$

基$\{\boldsymbol{\varepsilon}_1,\boldsymbol{\varepsilon}_2,\cdots,\boldsymbol{\varepsilon}_n\}$到基$\{\boldsymbol{\eta}_1,\boldsymbol{\eta}_2,\cdots,\boldsymbol{\eta}_n\}$的过渡矩阵为 $\boldsymbol{C}$，即

$$(\boldsymbol{\eta}_1,\boldsymbol{\eta}_2,\cdots,\boldsymbol{\eta}_n)=(\boldsymbol{\varepsilon}_1,\boldsymbol{\varepsilon}_2,\cdots,\boldsymbol{\varepsilon}_n)\boldsymbol{C}. \qquad ③$$

将③式代入②式，得到

$$\boldsymbol{B}=\boldsymbol{C}^{\mathrm{T}}\begin{pmatrix}\boldsymbol{\varepsilon}_1\\ \boldsymbol{\varepsilon}_2\\ \vdots\\ \boldsymbol{\varepsilon}_n\end{pmatrix}(\boldsymbol{\varepsilon}_1,\boldsymbol{\varepsilon}_2,\cdots,\boldsymbol{\varepsilon}_n)\boldsymbol{C}=\boldsymbol{C}^{\mathrm{T}}\boldsymbol{A}\boldsymbol{C}, \qquad ④$$

故 $\boldsymbol{A}$ 和 $\boldsymbol{B}$ 是合同的. ■

例 4 设 $\boldsymbol{\eta}_1=(1,0,0,0)^{\mathrm{T}}$，$\boldsymbol{\eta}_2=(1,1,0,0)^{\mathrm{T}}$，$\boldsymbol{\eta}_3=(1,1,1,0)^{\mathrm{T}}$，$\boldsymbol{\eta}_4=(1,1,1,1)^{\mathrm{T}}$，求这一组基的度量矩阵，并求

$$\alpha = \eta_1 + \eta_2 + \eta_3 + \eta_4,$$
$$\beta = \eta_1 - \eta_2 + \eta_3$$

在标准内积下的内积(α,β).

解　很明显$\{\eta_1,\eta_2,\eta_3,\eta_4\}$为$\mathbb{R}^4$的一组基，因此，在基$\{\eta_1,\eta_2,\eta_3,\eta_4\}$下的度量矩阵为

$$A = \begin{pmatrix} (\eta_1,\eta_1) & (\eta_1,\eta_2) & (\eta_1,\eta_3) & (\eta_1,\eta_4) \\ (\eta_2,\eta_1) & (\eta_2,\eta_2) & (\eta_2,\eta_3) & (\eta_2,\eta_4) \\ (\eta_3,\eta_1) & (\eta_3,\eta_2) & (\eta_3,\eta_3) & (\eta_3,\eta_4) \\ (\eta_4,\eta_1) & (\eta_4,\eta_2) & (\eta_4,\eta_3) & (\eta_4,\eta_4) \end{pmatrix}$$

$$= \begin{pmatrix} 1 & 1 & 1 & 1 \\ 1 & 2 & 2 & 2 \\ 1 & 2 & 3 & 3 \\ 1 & 2 & 3 & 4 \end{pmatrix},$$

故有

$$(\alpha,\beta) = (1,1,1,1)A\begin{pmatrix} 1 \\ -1 \\ 1 \\ 0 \end{pmatrix} = 6.$$

也可用定理2，设$\{\varepsilon_1,\varepsilon_2,\varepsilon_3,\varepsilon_4\}$为自然基，则$\{\varepsilon_1,\varepsilon_2,\varepsilon_3,\varepsilon_4\}$到$\{\eta_1,\eta_2,\eta_3,\eta_4\}$的过渡矩阵为

$$C = \begin{pmatrix} 1 & 1 & 1 & 1 \\ 0 & 1 & 1 & 1 \\ 0 & 0 & 1 & 1 \\ 0 & 0 & 0 & 1 \end{pmatrix},$$

又已知自然基的度量矩阵为I，所以基$\{\eta_1,\cdots,\eta_4\}$的度量矩阵$A=C^{\mathrm{T}}IC=C^{\mathrm{T}}C$，如此即得

$$(\alpha,\beta) = (1,1,1,1)A\begin{pmatrix} 1 \\ -1 \\ 1 \\ 0 \end{pmatrix} = (1,1,1,1)C^{\mathrm{T}}C\begin{pmatrix} 1 \\ -1 \\ 1 \\ 0 \end{pmatrix} = 6.$$

如果例 4 只求内积$(\boldsymbol{\alpha},\boldsymbol{\beta})$，更简便的方法是由

$$\boldsymbol{\alpha}=\boldsymbol{\eta}_1+\boldsymbol{\eta}_2+\boldsymbol{\eta}_3+\boldsymbol{\eta}_4=(4,3,2,1),$$
$$\boldsymbol{\beta}=\boldsymbol{\eta}_1-\boldsymbol{\eta}_2+\boldsymbol{\eta}_3=(1,0,1,0),$$

立即可得$(\boldsymbol{\alpha},\boldsymbol{\beta})=4\times1+2\times1=6$.

此外，根据内积的性质(iv)，对于任意的非零向量$\boldsymbol{\alpha}$（即$\boldsymbol{\alpha}$在基$\{\boldsymbol{\varepsilon}_1,\boldsymbol{\varepsilon}_2,\cdots,\boldsymbol{\varepsilon}_n\}$下的坐标向量$\boldsymbol{x}\neq\boldsymbol{0}$)，有

$$(\boldsymbol{\alpha},\boldsymbol{\alpha})=\boldsymbol{x}^{\mathrm{T}}\boldsymbol{A}\boldsymbol{x}>0, \tag{6}$$

因此度量矩阵$\boldsymbol{A}$是正定的.

我们在正文 6.4 节中讲过，正定矩阵一定合同于单位矩阵，即对于正定矩阵$\boldsymbol{A}$，存在可逆矩阵$\boldsymbol{C}$，使得

$$\boldsymbol{C}^{\mathrm{T}}\boldsymbol{A}\boldsymbol{C}=\boldsymbol{I}.$$

因此，由定理 2 可知，欧氏空间中必存在满足关系

$$(\boldsymbol{\alpha}_1,\boldsymbol{\alpha}_2,\cdots,\boldsymbol{\alpha}_n)=(\boldsymbol{\varepsilon}_1,\boldsymbol{\varepsilon}_2,\cdots,\boldsymbol{\varepsilon}_n)\boldsymbol{C}$$

的一组基$\{\boldsymbol{\alpha}_1,\boldsymbol{\alpha}_2,\cdots,\boldsymbol{\alpha}_n\}$，其度量矩阵为单位矩阵. 即

$$\begin{bmatrix}(\boldsymbol{\alpha}_1,\boldsymbol{\alpha}_1) & (\boldsymbol{\alpha}_1,\boldsymbol{\alpha}_2) & \cdots & (\boldsymbol{\alpha}_1,\boldsymbol{\alpha}_n)\\ (\boldsymbol{\alpha}_2,\boldsymbol{\alpha}_1) & (\boldsymbol{\alpha}_2,\boldsymbol{\alpha}_2) & \cdots & (\boldsymbol{\alpha}_2,\boldsymbol{\alpha}_n)\\ \vdots & \vdots & & \vdots\\ (\boldsymbol{\alpha}_n,\boldsymbol{\alpha}_1) & (\boldsymbol{\alpha}_n,\boldsymbol{\alpha}_2) & \cdots & (\boldsymbol{\alpha}_n,\boldsymbol{\alpha}_n)\end{bmatrix}=\begin{bmatrix}1 & & & \\ & 1 & & \\ & & \ddots & \\ & & & 1\end{bmatrix}. \tag{7}$$

于是

$$(\boldsymbol{\alpha}_i,\boldsymbol{\alpha}_j)=\begin{cases}1, j=i,\\ 0, j\neq i,\end{cases}\quad i,j=1,2,\cdots,n. \tag{8}$$

定义 5 设$\boldsymbol{\alpha}_1,\boldsymbol{\alpha}_2,\cdots,\boldsymbol{\alpha}_n$是$n$维欧氏空间$V$中的$n$个向量，如果$\boldsymbol{\alpha}_i,\boldsymbol{\alpha}_j$满足(8)式，则称$\{\boldsymbol{\alpha}_1,\boldsymbol{\alpha}_2,\cdots,\boldsymbol{\alpha}_n\}$为**标准正交基**.

由于标准正交基的度量矩阵是单位矩阵，因此当向量$\boldsymbol{\alpha},\boldsymbol{\beta}$在标准正交基下的坐标向量为$\boldsymbol{x}$和$\boldsymbol{y}$时，其内积为$(\boldsymbol{\alpha},\boldsymbol{\beta})=\boldsymbol{x}^{\mathrm{T}}\boldsymbol{y}$. 以前在$\mathbb{R}^n$中定义的内积，正是在这种意义下的内积（即把$\mathbb{R}^n$中的向量自身作为自然标准正交基$\{\boldsymbol{\varepsilon}_1,\boldsymbol{\varepsilon}_2,\cdots,\boldsymbol{\varepsilon}_n\}$下的坐标向量)，所以有时也把它称为标准的内积.

从上面的讨论过程中可知，在一般的欧氏空间中，一定存在标准正交基. 至于如何求得一组标准正交基，我们仍采用施密特正交化方法（读者不难证明，这个方法也适用于一般的欧氏空间）.

例 5 在$\mathbb{R}[x]_3=\{a_0+a_1x+a_2x^2 \mid a_0,a_1,a_2\in\mathbb{R}\}$中定义内积

$$(f,g)=\int_0^1 f(x)g(x)\mathrm{d}x.$$

试求$\mathbb{R}[x]_3$在区间$[0,1]$上关于该内积的一组标准正交基.

解 容易验证$f_0=1,f_1=x,f_2=x^2$是$\mathbb{R}[x]_3$的一组基. 用施密特正交化方法可由这组基求得$\mathbb{R}[x]_3$的一组标准正交基.

先正交化：取

$$g_0=f_0=1,\|g_0\|^2=(g_0,g_0)=\int_0^1 1^2\mathrm{d}x=1,$$

$$g_1=f_1-\frac{(f_1,g_0)}{(g_0,g_0)}g_0=x-\frac{1}{1}\left(\int_0^1 x\cdot 1\mathrm{d}x\right)\cdot 1=x-\frac{1}{2},$$

$$\|g_1\|^2=(g_1,g_1)=\int_0^1\left(x-\frac{1}{2}\right)^2\mathrm{d}x=\frac{1}{3}\left(x-\frac{1}{2}\right)^3\Big|_0^1=\frac{1}{12},$$

$$\begin{aligned}g_2&=f_2-\frac{(f_2,g_1)}{(g_1,g_1)}g_1-\frac{(f_2,g_0)}{(g_0,g_0)}g_0\\&=x^2-12\left(x-\frac{1}{2}\right)\int_0^1 x^2\left(x-\frac{1}{2}\right)\mathrm{d}x-\int_0^1 x^2\cdot 1\mathrm{d}x\\&=x^2-\left(x-\frac{1}{2}\right)-\frac{1}{3}=x^2-x+\frac{1}{6},\end{aligned}$$

$$\|g_2\|^2=(g_2,g_2)=\int_0^1\left(x^2-x+\frac{1}{6}\right)^2\mathrm{d}x=\frac{1}{180}.$$

再单位化，得

$$\begin{aligned}p_0&=g_0/\|g_0\|=1,\\p_1&=g_1/\|g_1\|=\sqrt{3}(2x-1),\\p_2&=g_2/\|g_2\|=\sqrt{5}(6x^2-6x+1),\end{aligned}$$

则 p_0, p_1, p_2 是$\mathbb{R}[x]_3$ 的一组标准正交基. 它是$\mathbb{R}[x]_3$ 中关于(2)式内积的一组标准正交多项式. ■

A.3 复向量的内积 酉空间

本节介绍复数域上线性空间的内积和酉空间.

定义 6 设 V 是复数域$\mathbb{C}$上的一个线性空间,我们对 V 中任意两个向量$\boldsymbol{\alpha},\boldsymbol{\beta}$确定一个复数$(\boldsymbol{\alpha},\boldsymbol{\beta})$,如果它具有以下性质:

(i) $(\boldsymbol{\alpha},\boldsymbol{\beta})=\overline{(\boldsymbol{\beta},\boldsymbol{\alpha})}$;

(ii) $(k\boldsymbol{\alpha},\boldsymbol{\beta})=k(\boldsymbol{\alpha},\boldsymbol{\beta})$;

(iii) $(\boldsymbol{\alpha}+\boldsymbol{\beta},\boldsymbol{\gamma})=(\boldsymbol{\alpha},\boldsymbol{\gamma})+(\boldsymbol{\beta},\boldsymbol{\gamma})$;

(iv) $(\boldsymbol{\alpha},\boldsymbol{\alpha})\geqslant 0$,等号成立当且仅当 $\boldsymbol{\alpha}=\mathbf{0}$.

(其中$\boldsymbol{\alpha},\boldsymbol{\beta},\boldsymbol{\gamma}\in V, k\in\mathbb{C}$),就称$(\boldsymbol{\alpha},\boldsymbol{\beta})$为$\boldsymbol{\alpha}$与$\boldsymbol{\beta}$的内积,并把这个复数域上的线性空间 V 称为**酉空间**.

必须注意,$(\boldsymbol{\alpha},k\boldsymbol{\beta})=\overline{(k\boldsymbol{\beta},\boldsymbol{\alpha})}=\overline{k(\boldsymbol{\beta},\boldsymbol{\alpha})}=\bar{k}(\boldsymbol{\alpha},\boldsymbol{\beta})$,

$$(\mathbf{0},\boldsymbol{\beta})=(0\boldsymbol{\alpha},\boldsymbol{\beta})=0(\boldsymbol{\alpha},\boldsymbol{\beta})=0.$$

例 6 设列向量$\boldsymbol{\alpha}=(a_1,a_2,\cdots,a_n)^{\mathrm{T}}$ 和$\boldsymbol{\beta}=(b_1,b_2,\cdots,b_n)^{\mathrm{T}}$ 是 n 维复向量空间$\mathbb{C}^n$中的任两个向量,我们定义$\boldsymbol{\alpha},\boldsymbol{\beta}$的运算为

$$(\boldsymbol{\alpha},\boldsymbol{\beta}) = a_1\bar{b}_1+a_2\bar{b}_2+\cdots+a_n\bar{b}_n, \tag{9}$$

则(9)式所定义的运算为内积.

解 显然$(\boldsymbol{\alpha},\boldsymbol{\beta})=\bar{\boldsymbol{\beta}}^{\mathrm{T}}\boldsymbol{\alpha}$. 由(9)式,得

$$\begin{aligned}\overline{(\boldsymbol{\beta},\boldsymbol{\alpha})}&=\overline{\bar{a}_1b_1+\bar{a}_2b_2+\cdots+\bar{a}_nb_n},\\&=\bar{b}_1a_1+\bar{b}_2a_2+\cdots+\bar{b}_na_n=(\boldsymbol{\alpha},\boldsymbol{\beta}).\end{aligned}$$

于是性质(i)成立.

性质(ii)和性质(iii)的验证比较容易. 这里再验证性质(iv),因为

$$(\boldsymbol{\alpha},\boldsymbol{\alpha})=a_1\bar{a}_1+a_2\bar{a}_2+\cdots+a_n\bar{a}_n,$$

其中 $a_i\bar{a}_i=|a_i|^2\geqslant 0, i=1,2,\cdots,n$. 所以$(\boldsymbol{\alpha},\boldsymbol{\alpha})\geqslant 0$,且$(\boldsymbol{\alpha},\boldsymbol{\alpha})=0$ 当

且仅当$|a_i|=0, i=1,2,\cdots,n$，即$\boldsymbol{\alpha}=(a_1,a_2,\cdots,a_n)^{\mathrm{T}}=\mathbf{0}$.

由性质(iv)，我们可以定义复向量的长度.

定义 7 设$\boldsymbol{\alpha}$为酉空间V中的一个向量，则定义$\boldsymbol{\alpha}$的长度

$$\|\boldsymbol{\alpha}\|=\sqrt{(\boldsymbol{\alpha},\boldsymbol{\alpha})}.$$

以下我们用$|\cdots|$表示复数的模，$\|\cdots\|$表示**复向量的长度**(或**称范数**).

定理 3 对于任意两个$\boldsymbol{\alpha},\boldsymbol{\beta}\in\mathbb{C}^n$，都有

(i) $|(\boldsymbol{\alpha},\boldsymbol{\beta})|\leqslant\|\boldsymbol{\alpha}\|\|\boldsymbol{\beta}\|$(**柯西-施瓦茨不等式**)，

(ii) $\|\boldsymbol{\alpha}+\boldsymbol{\beta}\|\leqslant\|\boldsymbol{\alpha}\|+\|\boldsymbol{\beta}\|$(**三角不等式**).

证 (i) 当$\boldsymbol{\beta}=\mathbf{0}$时，柯西-施瓦茨不等式显然成立. 当$\boldsymbol{\beta}\neq\mathbf{0}$时，有

$$(\boldsymbol{\alpha}+k\boldsymbol{\beta},\boldsymbol{\alpha}+k\boldsymbol{\beta})=(\boldsymbol{\alpha},\boldsymbol{\alpha})+|k|^2(\boldsymbol{\beta},\boldsymbol{\beta})+k(\boldsymbol{\beta},\boldsymbol{\alpha})+\bar{k}(\boldsymbol{\alpha},\boldsymbol{\beta}).$$

由于式中$\bar{k}(\boldsymbol{\alpha},\boldsymbol{\beta})=\bar{k}\,\overline{(\boldsymbol{\beta},\boldsymbol{\alpha})}=\overline{k(\boldsymbol{\beta},\boldsymbol{\alpha})}$，又共轭复数之和等于其实部之和，即$z+\bar{z}=2\mathrm{Re}z$. 于是上式可写成

$$\begin{aligned}(\boldsymbol{\alpha}+k\boldsymbol{\beta},\boldsymbol{\alpha}+k\boldsymbol{\beta})&=(\boldsymbol{\alpha},\boldsymbol{\alpha})+|k|^2(\boldsymbol{\beta},\boldsymbol{\beta})+2\mathrm{Re}\{\bar{k}(\boldsymbol{\alpha},\boldsymbol{\beta})\}\\&=\|\boldsymbol{\alpha}\|^2+|k|^2\|\boldsymbol{\beta}\|^2+2\mathrm{Re}\{\bar{k}(\boldsymbol{\alpha},\boldsymbol{\beta})\}\\&\geqslant 0.\end{aligned}\tag{10}$$

取

$$k=-\frac{(\boldsymbol{\alpha},\boldsymbol{\beta})}{\|\boldsymbol{\beta}\|^2},\qquad ①$$

则

$$|k|^2=\bar{k}k=\frac{|(\boldsymbol{\alpha},\boldsymbol{\beta})|^2}{\|\boldsymbol{\beta}\|^4}.\qquad ②$$

$$\bar{k}(\boldsymbol{\alpha},\boldsymbol{\beta})=-\frac{\overline{(\boldsymbol{\alpha},\boldsymbol{\beta})}}{\|\boldsymbol{\beta}\|^2}(\boldsymbol{\alpha},\boldsymbol{\beta})=-\frac{|(\boldsymbol{\alpha},\boldsymbol{\beta})|^2}{\|\boldsymbol{\beta}\|^2}.\qquad ③$$

将②、③式代入(10)式，即得

$$\|\boldsymbol{\alpha}\|^2\|\boldsymbol{\beta}\|^2\geqslant|(\boldsymbol{\alpha},\boldsymbol{\beta})|^2,$$

故

$$|(\boldsymbol{\alpha},\boldsymbol{\beta})|\leqslant\|\boldsymbol{\alpha}\|\|\boldsymbol{\beta}\|,$$

等号成立，当且仅当$\boldsymbol{\alpha}+k\boldsymbol{\beta}=\mathbf{0}$，即$\boldsymbol{\alpha},\boldsymbol{\beta}$线性相关.

(ii) 在(10)式中，取$k=1$，利用$\mathrm{Re}\{(\boldsymbol{\alpha},\boldsymbol{\beta})\}\leqslant|(\boldsymbol{\alpha},\boldsymbol{\beta})|\leqslant$

$\|\boldsymbol{\alpha}\|\|\boldsymbol{\beta}\|$,就得

$$\begin{aligned}\|\boldsymbol{\alpha}+\boldsymbol{\beta}\|^2&=(\boldsymbol{\alpha}+\boldsymbol{\beta},\boldsymbol{\alpha}+\boldsymbol{\beta})\\&\leqslant\|\boldsymbol{\alpha}\|^2+\|\boldsymbol{\beta}\|^2+2\|\boldsymbol{\alpha}\|\|\boldsymbol{\beta}\|,\end{aligned}$$

故
$$\|\boldsymbol{\alpha}+\boldsymbol{\beta}\|\leqslant\|\boldsymbol{\alpha}\|+\|\boldsymbol{\beta}\|. \quad ■$$

根据柯西-施瓦茨不等式,可以给出非零向量$\boldsymbol{\alpha},\boldsymbol{\beta}$的夹角的定义.

定义 8 对于酉空间中的两非零向量$\boldsymbol{\alpha},\boldsymbol{\beta}$定义其夹角$\langle\boldsymbol{\alpha},\boldsymbol{\beta}\rangle$为

$$\langle\boldsymbol{\alpha},\boldsymbol{\beta}\rangle=\arccos\frac{(\boldsymbol{\alpha},\boldsymbol{\beta})}{\|\boldsymbol{\alpha}\|\|\boldsymbol{\beta}\|},\qquad 0\leqslant\langle\boldsymbol{\alpha},\boldsymbol{\beta}\rangle\leqslant\pi.$$

当$(\boldsymbol{\alpha},\boldsymbol{\beta})=0$时,称$\boldsymbol{\alpha}$与$\boldsymbol{\beta}$**正交或互相垂直**,记作$\boldsymbol{\alpha}\perp\boldsymbol{\beta}$.

当$\boldsymbol{\alpha}$与$\boldsymbol{\beta}$正交时,在(10)式中取$k=1$,即得勾股定理

$$\|\boldsymbol{\alpha}+\boldsymbol{\beta}\|^2=\|\boldsymbol{\alpha}\|^2+\|\boldsymbol{\beta}\|^2.$$

有限维酉空间与有限维欧氏空间一样,也有基的度量矩阵;也存在标准正交基;也可用施密特正交化方法,由一组基构造一组标准正交基.但是要注意,基$\{\boldsymbol{\varepsilon}_1,\boldsymbol{\varepsilon}_2,\cdots,\boldsymbol{\varepsilon}_n\}$的度量矩阵$A=(a_{ij})$中元素满足条件.

$$a_{ji}=(\boldsymbol{\varepsilon}_j,\boldsymbol{\varepsilon}_i)=\overline{(\boldsymbol{\varepsilon}_i,\boldsymbol{\varepsilon}_j)}=\overline{a}_{ij},\qquad i,j=1,2,\cdots,n.$$

故
$$\overline{A}^{\mathrm{T}}=A. \tag{11}$$

酉空间的基的度量矩阵 A 称为**埃尔米特矩阵**.

此外,若$\boldsymbol{\alpha},\boldsymbol{\beta}$在基$\{\boldsymbol{\varepsilon}_1,\boldsymbol{\varepsilon}_2,\cdots,\boldsymbol{\varepsilon}_n\}$下的坐标向量为$\boldsymbol{x}$和$\boldsymbol{y}(\boldsymbol{x},\boldsymbol{y}\in\mathbb{C}^n)$,则

$$(\boldsymbol{\alpha},\boldsymbol{\beta})=\overline{\boldsymbol{y}}^{\mathrm{T}}A\boldsymbol{x}, \tag{12}$$

$$(\boldsymbol{\alpha},\boldsymbol{\alpha})=\overline{\boldsymbol{x}}^{\mathrm{T}}A\boldsymbol{x}=(A\boldsymbol{x},\boldsymbol{x}). \tag{13}$$

(13)式称为复变量$x_1,x_2,\cdots,x_n$的**埃尔米特二次型**.

A.4 酉矩阵和埃尔米特二次型

定义 9 若n阶复矩阵$\boldsymbol{U}$满足条件

$$\overline{\boldsymbol{U}}^{\mathrm{T}}\boldsymbol{U}=\boldsymbol{I}, \tag{14}$$

则称 U 为酉矩阵.

酉矩阵有以下性质(证明留给读者练习):

(i) 酉矩阵的行列式的模为 1,即 $|\det U|=1$;

(ii) $U^{-1}=\overline{U}^{\mathrm{T}}$,且 $\overline{U}^{\mathrm{T}}$ 仍是酉矩阵;

(iii) 两个酉矩阵的乘积仍是酉矩阵;

(iv) 酉矩阵的列向量组和行向量组都是 $\mathbb{C}^n$ 的标准正交基.

定义 10　若 $A=(a_{ij})$ 为 n 阶埃尔米特矩阵($\overline{A}^{\mathrm{T}}=A$),则

$$\overline{x}^{\mathrm{T}}Ax=\sum_{i=1}^{n}\sum_{j=1}^{n}a_{ij}\overline{x}_i x_j,\ (a_{ji}=\overline{a}_{ij}),\tag{15}$$

称为 $x_1,x_2,\cdots,x_n$ 的**埃尔米特二次型**.

对于任意的 $x\in\mathbb{C}^n$,埃尔米特二次型 $\overline{x}^{\mathrm{T}}Ax$ 都是实数,这是因为

$$\overline{\overline{x}^{\mathrm{T}}Ax}=\overline{(\overline{x}^{\mathrm{T}}Ax)^{\mathrm{T}}}=\overline{x}^{\mathrm{T}}\overline{A}^{\mathrm{T}}x=\overline{x}^{\mathrm{T}}Ax.$$

定理 4　埃尔米特矩阵 A 的特征值都是实数,且属于不同特征值的特征向量是正交的.

证　设 $Ax=\lambda x\,(x\neq 0)$,则

$$\overline{x}^{\mathrm{T}}Ax=\lambda\overline{x}^{\mathrm{T}}x=\lambda(x,x),$$

$$\lambda=\frac{\overline{x}^{\mathrm{T}}Ax}{(x,x)}.$$

因为 $(x,x)>0$,$\overline{x}^{\mathrm{T}}Ax$ 为实数,所以特征值 λ 是实数.

设 $Ax_1=\lambda_1x_1$,$Ax_2=\lambda_2x_2$,λ_1,λ_2 是不同的特征值(实数),则

$$\begin{aligned}\lambda_1\overline{x}_2^{\mathrm{T}}x_1&=\overline{x}_2^{\mathrm{T}}Ax_1=\overline{(Ax_2)}^{\mathrm{T}}x_1\\&=\overline{\lambda_2x_2}^{\mathrm{T}}x_1=\lambda_2\overline{x}_2^{\mathrm{T}}x_1.\end{aligned}$$

由于 $\lambda_1\neq\lambda_2$,故 $\overline{x}_2^{\mathrm{T}}x_1=(x_1,x_2)=0$,即特征向量 x_1 与 x_2 正交. ■

定理 5　对于任一个 n 阶埃尔米特矩阵 A,一定存在酉矩阵 U,使得

$$U^{-1}AU=\overline{U}^{\mathrm{T}}AU=\mathrm{diag}(\lambda_1,\lambda_2,\cdots,\lambda_n),$$

其中 $\lambda_1,\lambda_2,\cdots,\lambda_n$ 是 A 的 n 个特征值,U 的 n 个列向量是依次对应

于 $\lambda_1,\lambda_2,\cdots,\lambda_n$ 的标准正交的特征向量.

定理 5 的证明与正文 5.3 节定理 5.12 的证法类似.

由定理 5 立即可得下面的定理.

定理 6 对于任一个埃尔米特二次型 $\overline{\boldsymbol{x}}^{\mathrm{T}}\boldsymbol{A}\boldsymbol{x}$,一定存在酉变换 $\boldsymbol{x}=\boldsymbol{U}\boldsymbol{y}$,使得

$$\overline{\boldsymbol{x}}^{\mathrm{T}}\boldsymbol{A}\boldsymbol{x}=\overline{\boldsymbol{y}}^{\mathrm{T}}(\overline{\boldsymbol{U}}^{\mathrm{T}}\boldsymbol{A}\boldsymbol{U})\boldsymbol{y}=\lambda_1\overline{y_1}y_1+\lambda_2\overline{y_2}y_2+\cdots+\lambda_n\overline{y_n}y_n.$$

在第 5 章中讲过,不是任何矩阵都能与对角阵相似,有了酉矩阵的概念,可以证明任何矩阵在复数域上都与上三角矩阵相似(定理 7). 这个结论在实用上也很有意义.

定理 7 对于任一个实的或复的 n 阶矩阵,一定存在酉矩阵,使得

$$\boldsymbol{U}^{-1}\boldsymbol{A}\boldsymbol{U}=\begin{pmatrix}\lambda_1 & * & \cdots & * \\ & \lambda_2 & \cdots & * \\ & & \ddots & \vdots \\ & & & \lambda_n\end{pmatrix}, \tag{16}$$

其中上三角矩阵是复矩阵.

可用数学归纳法证明这个定理,与定理 5 的证法基本上一样.

推论 若实矩阵 $\boldsymbol{A}$ 的特征值全为实数,则存在正交矩阵 $\boldsymbol{Q}$,使得 $\boldsymbol{Q}^{-1}\boldsymbol{A}\boldsymbol{Q}$ 成上三角矩阵.

习题 答案

习题

1. 设 $\boldsymbol{A}$ 是一个 n 阶正定矩阵,在 $\mathbb{R}^n$ 中对任意两个向量 $\boldsymbol{\alpha}=(x_1,x_2,\cdots,x_n)^{\mathrm{T}}$,$\boldsymbol{\beta}=(y_1,y_2,\cdots,y_n)^{\mathrm{T}}$,定义

$$(\boldsymbol{\alpha},\boldsymbol{\beta})=\boldsymbol{\alpha}^{\mathrm{T}}\boldsymbol{A}\boldsymbol{\beta}.$$

(1) 证明在这个定义之下,$\mathbb{R}^n$ 构成欧氏空间(即验证 $(\boldsymbol{\alpha},\boldsymbol{\beta})$ 满足内积 4 条性质);

(2) 求$\mathbb{R}^n$在自然基$\{\boldsymbol{\varepsilon}_1,\boldsymbol{\varepsilon}_2,\cdots,\boldsymbol{\varepsilon}_n\}$下的度量矩阵；

(3) 写出这个空间的柯西-施瓦茨不等式.

2. 设$\boldsymbol{\alpha},\boldsymbol{\beta}\in\mathbb{R}^3$,以下哪些函数$(\boldsymbol{\alpha},\boldsymbol{\beta})$定义了$\mathbb{R}^3$上的一个内积?

(1) $(\boldsymbol{\alpha},\boldsymbol{\beta})=a_1b_1+a_2b_2+a_3b_3+2a_2b_3-2a_3b_2$；

(2) $(\boldsymbol{\alpha},\boldsymbol{\beta})=a_1b_1+a_2b_2+a_3b_3-a_2b_3-a_3b_2$；

(3) $(\boldsymbol{\alpha},\boldsymbol{\beta})=a_1^2b_1^2+a_2^2b_2^2+a_3^2b_3^2$；

(4) $(\boldsymbol{\alpha},\boldsymbol{\beta})=a_1b_1+a_3b_3$.

3. 以下哪些运算定义了$C[-1,1]$上的一个内积?

(1) $(f,g)=\int_{-1}^{1}f^2(x)g^2(x)\mathrm{d}x$；

(2) $(f,g)=\int_{-1}^{1}xf(x)g(x)\mathrm{d}x$；

(3) $(f,g)=\int_{-1}^{1}x^2f(x)g(x)\mathrm{d}x$；

(4) $(f,g)=-\int_{-1}^{1}xf(x)g(x)\mathrm{d}x$；

(5) $(f,g)=\int_{-1}^{1}\mathrm{e}^{-x}f(x)g(x)\mathrm{d}x$.

4. 设$\{\boldsymbol{\varepsilon}_1,\boldsymbol{\varepsilon}_2,\boldsymbol{\varepsilon}_3,\boldsymbol{\varepsilon}_4,\boldsymbol{\varepsilon}_5\}$是5维欧氏空间$V$的一组标准正交基；$W=L(\boldsymbol{\alpha}_1,\boldsymbol{\alpha}_2,\boldsymbol{\alpha}_3)$,其中$\boldsymbol{\alpha}_1=\boldsymbol{\varepsilon}_1+\boldsymbol{\varepsilon}_5$,$\boldsymbol{\alpha}_2=\boldsymbol{\varepsilon}_1-\boldsymbol{\varepsilon}_2+\boldsymbol{\varepsilon}_4$,$\boldsymbol{\alpha}_3=2\boldsymbol{\varepsilon}_1+\boldsymbol{\varepsilon}_2+\boldsymbol{\varepsilon}_3$,求$W$的一组标准正交基.

5. 设$\{\boldsymbol{\alpha}_1,\boldsymbol{\alpha}_2,\cdots,\boldsymbol{\alpha}_n\}$是$n$维欧氏空间$V$的一组标准正交基. 证明：

(1) 如果$\boldsymbol{\gamma}\in V$,使$(\boldsymbol{\gamma},\boldsymbol{\alpha}_i)=0,i=1,2,\cdots,n$,则$\boldsymbol{\gamma}=\mathbf{0}$；

(2) 如果$\boldsymbol{\gamma}_1,\boldsymbol{\gamma}_2\in V$,使对任意一个$\boldsymbol{\alpha}\in V$,有$(\boldsymbol{\gamma}_1,\boldsymbol{\alpha})=(\boldsymbol{\gamma}_2,\boldsymbol{\alpha})$,则$\boldsymbol{\gamma}_1=\boldsymbol{\gamma}_2$.

6. 在$\mathbb{R}[x]_4$中定义内积$(f,g)=\int_{-1}^{1}f(x)g(x)\mathrm{d}x$；试求基$\{1,x,x^2,x^3\}$的度量矩阵,并由这组基构造$\mathbb{R}[x]_4$的一组标准正交基.

7. 证明在$\mathbb{R}[x]$(全体实系数多项式)中对任意两个多项式$f(x),g(x)$,定义了

$$(f,g)=\int_0^{+\infty}f(x)g(x)\mathrm{e}^{-x}\mathrm{d}x,$$

$\mathbb{R}[x]$就构成一个欧氏空间,并用施密特正交化方法由$f_0=1$,$f_1=x$,$f_2=x^2$关于这个内积构造3个标准正交多项式.

8. 在$\mathbb{C}^{n\times n}$中对任意两个 n 阶复矩阵 $\boldsymbol{A},\boldsymbol{B}$,定义$(\boldsymbol{A},\boldsymbol{B})=\mathrm{tr}(\boldsymbol{A}\overline{\boldsymbol{B}}^{\mathrm{T}})$,验证它满足内积的 4 条性质.

9. 证明:对任何复矩阵 $\boldsymbol{B}$,$\boldsymbol{A}=\boldsymbol{B}\overline{\boldsymbol{B}}^{\mathrm{T}}$ 是埃尔米特矩阵.

10. 证明酉矩阵的 4 条性质.

11. 设 $\boldsymbol{U}$ 是 n 阶酉矩阵,$\boldsymbol{x},\boldsymbol{y}$ 是 n 维复的列向量,证明$(\boldsymbol{Ux},\boldsymbol{Uy})=(\boldsymbol{x},\boldsymbol{y})$.

12. 证明定理 5. **13.** 证明定理 7.

14. 对下列埃尔米特矩阵,求酉矩阵,使得 $\overline{\boldsymbol{U}}^{\mathrm{T}}\boldsymbol{AU}$ 为对角阵:

(1) $\boldsymbol{A}=\begin{pmatrix}1 & 2\mathrm{i}\\ -2\mathrm{i} & 1\end{pmatrix}$; (2) $\boldsymbol{A}=\begin{pmatrix}2 & 3-3\mathrm{i}\\ 3+3\mathrm{i} & 5\end{pmatrix}$.

15. 设 $\boldsymbol{P}_1,\boldsymbol{P}_2$ 均是 m 阶矩阵,

$$\boldsymbol{P}=\begin{pmatrix}\boldsymbol{P}_1 & \boldsymbol{A}\\ \boldsymbol{0} & \boldsymbol{P}_2\end{pmatrix}$$

是酉矩阵. 证明:$\boldsymbol{A}=\boldsymbol{0}$,且 $\boldsymbol{P}_1,\boldsymbol{P}_2$ 都是酉矩阵.

答案

1. (2) $\boldsymbol{A}$;(3) $|(\boldsymbol{\alpha},\boldsymbol{\beta})|\leqslant\sqrt{\boldsymbol{\alpha}^{\mathrm{T}}\boldsymbol{A}\boldsymbol{\alpha}}\ \sqrt{\boldsymbol{\beta}^{\mathrm{T}}\boldsymbol{A}\boldsymbol{\beta}}$.

2. (1) 满足;(2) 不满足;(3) 不满足;(4) 不满足.

3. (1) 不满足;(2) 不满足;(3) 满足;(4) 不满足;(5) 满足.

4. $\frac{1}{\sqrt{2}}\boldsymbol{\varepsilon}_1+\frac{1}{\sqrt{2}}\boldsymbol{\varepsilon}_5$,$\frac{1}{\sqrt{10}}\boldsymbol{\varepsilon}_1-\frac{2}{\sqrt{10}}\boldsymbol{\varepsilon}_2+\frac{2}{\sqrt{10}}\boldsymbol{\varepsilon}_4-\frac{1}{\sqrt{10}}\boldsymbol{\varepsilon}_5$,

$\frac{1}{2}\boldsymbol{\varepsilon}_1+\frac{1}{2}\boldsymbol{\varepsilon}_2+\frac{1}{2}\boldsymbol{\varepsilon}_3-\frac{1}{2}\boldsymbol{\varepsilon}_5$.

6. $\begin{pmatrix}2 & 0 & \frac{2}{3} & 0\\ 0 & \frac{2}{3} & 0 & \frac{2}{5}\\ \frac{2}{3} & 0 & \frac{2}{5} & 0\\ 0 & \frac{2}{5} & 0 & \frac{2}{7}\end{pmatrix}$;$\frac{\sqrt{2}}{2}$,$\sqrt{\frac{3}{2}}x$,$\frac{3}{4}\sqrt{10}\left(x^2-\frac{1}{3}\right)$,

$\frac{5}{4}\sqrt{14}\left(x^3-\frac{3}{5}x\right)$.

7. 3 个标准正交多项式：$1, x-1, \frac{1}{2\sqrt{2}}(x-2)^2$.

14. (1) $\begin{bmatrix} \frac{1}{\sqrt{2}} & \frac{1}{\sqrt{2}} \\ \frac{-\mathrm{i}}{\sqrt{2}} & \frac{\mathrm{i}}{\sqrt{2}} \end{bmatrix}$；$\begin{pmatrix} 3 & 0 \\ 0 & -1 \end{pmatrix}$.

(2) $\begin{bmatrix} \frac{\mathrm{i}-1}{\sqrt{6}} & \frac{\mathrm{i}-1}{\sqrt{3}} \\ \frac{-2}{\sqrt{6}} & \frac{1}{\sqrt{3}} \end{bmatrix}$；$\begin{pmatrix} 8 & 0 \\ 0 & -1 \end{pmatrix}$.

15. 由定义和分块矩阵的性质证明.

附录 B

约当标准形（简介）

在第 5 章讲过，复数域上的 n 阶矩阵 $\boldsymbol{A}$ 与对角矩阵相似的充分必要条件是 $\boldsymbol{A}$ 有 n 个线性无关特征向量，如果只有 m 个（$m<n$）线性无关的特征向量，可以证明 $\boldsymbol{A}$ 一定与由约当块组成的约当形矩阵相似. 约当形矩阵的定义如下.

定义 1 我们把准对角矩阵

$$\boldsymbol{J}=\begin{pmatrix}\boldsymbol{J}_1 & & & \\ & \boldsymbol{J}_2 & & \\ & & \ddots & \\ & & & \boldsymbol{J}_s\end{pmatrix},$$

其中

$$\boldsymbol{J}_i=\begin{pmatrix}\lambda_i & 1 & & \\ & \lambda_i & \ddots & \\ & & \ddots & 1 \\ & & & \lambda_i\end{pmatrix},\qquad i=1,2,\cdots,s,$$

叫做约当(Jordan)形矩阵，$\boldsymbol{J}_i$ 为方阵，叫做约当块.

当 $\boldsymbol{J}_1=(\lambda_1)$，$\boldsymbol{J}_2=(\lambda_2)$，…，$\boldsymbol{J}_s=(\lambda_s)$ 都是一阶约当块时，$\boldsymbol{J}$ 为对角矩阵，所以对角矩阵是约当形的特例.

$\boldsymbol{A}$ 和约当形矩阵相似，即存在可逆矩阵 $\boldsymbol{P}$，使得

$$P^{-1}AP = J = \begin{pmatrix} J_1 & & & \\ & J_2 & & \\ & & \ddots & \\ & & & J_s \end{pmatrix},$$

J_i 中的 λ_i 显然是 A 的特征值,但当 $i \neq j$ 时,λ_i 和 λ_j 可能相等. 然而,P 中的列向量却并非都是 A 的特征向量.

我们把与 A 相似的约当形矩阵称为 A 的**约当标准形**.

约当标准形的理论比较复杂,我们仅介绍这个理论的要点(不作证明)和求约当标准形的方法.

定义 2 若矩阵 $A=(a_{ij})$ 的元素 a_{ij} 是 λ 的多项式,就称 A 为 **λ 矩阵**. 记作 $A(\lambda)$.

例如 A 的特征矩阵 $\lambda I - A$ 是一个 λ 矩阵.

λ 矩阵也可做初等变换,它的 3 种初等变换为:

(i) 矩阵的某行(列)乘以非零常数;

(ii) 矩阵的某行(列)乘多项式 $\varphi(\lambda)$ 加到另一行(列);

(iii) 矩阵的两行(列)对换位置.

定义 3 λ 矩阵 $A(\lambda)$ 经初等变换化为 $B(\lambda)$,称 $A(\lambda)$ 与 $B(\lambda)$ 是相抵的,记作 $A(\lambda) \cong B(\lambda)$.

定理 1 任意一个 n 阶矩阵 A 的特征矩阵 $A(\lambda)=\lambda I - A$ 都相抵于一个对角形 λ 矩阵,即

$$A(\lambda)=\lambda I - A \cong \begin{pmatrix} d_1(\lambda) & & & \\ & d_2(\lambda) & & \\ & & \ddots & \\ & & & d_n(\lambda) \end{pmatrix} = D(\lambda), \qquad (1)$$

且

$$A_k(\lambda) = D_k(\lambda) \qquad (k = 1,2,\cdots,n), \qquad (2)$$

其中:(i) $d_i(\lambda)$ $(i=1,2,\cdots,n)$ 是首一多项式(即 λ 的最高次项系数为 1);

(ii) $d_i(\lambda)|d_{i+1}(\lambda)$(即 $d_{i+1}(\lambda)=q_i(\lambda)d_i(\lambda)$,$q_i(\lambda)$也是$\lambda$的多项式)$i=1,2,\cdots,n-1$;

(iii) $A_k(\lambda)$和$D_k(\lambda)$分别表示$\boldsymbol{A}(\lambda)$和$\boldsymbol{D}(\lambda)$中全部k阶子式的最高公因式.

由定理的结论可知:

$$D_k(\lambda)=d_1(\lambda)d_2(\lambda)\cdots d_k(\lambda),\quad k=1,2,\cdots,n,\tag{3}$$

$$d_1(\lambda)=D_1(\lambda)=A_1(\lambda),\tag{4}$$

$$A_k(\lambda)=D_k(\lambda)=D_{k-1}(\lambda)d_k(\lambda)=A_{k-1}(\lambda)d_k(\lambda),$$

所以
$$d_k(\lambda)=A_k(\lambda)/A_{k-1}(\lambda),\quad k=2,3,\cdots,n.\tag{5}$$

由此可见,$d_1(\lambda),d_2(\lambda),\cdots,d_n(\lambda)$是由$\boldsymbol{A}(\lambda)=\lambda\boldsymbol{I}-\boldsymbol{A}$唯一确定的,它们称为$\lambda\boldsymbol{I}-\boldsymbol{A}$的**不变因子**(以后简称为$\boldsymbol{A}$的不变因子).由于$A_n(\lambda)=|\lambda\boldsymbol{I}-\boldsymbol{A}|=D_n(\lambda)$是$\lambda$的$n$次多项式,所以$n$个不变因子的次数和等于$n$.

例1 求三阶矩阵

$$\boldsymbol{J}=\begin{pmatrix}a&1&0\\0&a&1\\0&0&a\end{pmatrix}$$

的特征矩阵$\boldsymbol{J}(\lambda)=\lambda\boldsymbol{I}-\boldsymbol{J}$的不变因子.

解 方法1:根据(4)式$d_1(\lambda)=A_1(\lambda)$及(5)式$d_k(\lambda)=A_k(\lambda)/A_{k-1}(\lambda)$求不变因子.

先把

$$\boldsymbol{J}(\lambda)=\lambda\boldsymbol{I}-\boldsymbol{J}=\begin{pmatrix}\lambda-a&-1&0\\0&\lambda-a&-1\\0&0&\lambda-a\end{pmatrix}$$

的所有一阶、二阶子式及三阶子式求出来,然后容易求得它们的最高公因式分别为

$$J_1(\lambda)=1,\quad J_2(\lambda)=1,\quad J_3(\lambda)=(\lambda-a)^3,$$

于是得$\boldsymbol{J}(\lambda)$的不变因子

$$d_1(\lambda)=J_1(\lambda)=1,\qquad d_2(\lambda)=J_2(\lambda)/J_1(\lambda)=1,$$
$$d_3(\lambda)=J_3(\lambda)/J_2(\lambda)=(\lambda-a)^3.$$

方法 2：用初等变换，把 $\boldsymbol{J}(\lambda)=\lambda\boldsymbol{I}-\boldsymbol{J}$ 化成(1)的形式(下面的 ⓘ表示第 i 行，$[j]$表示第 j 列).

$$\lambda\boldsymbol{I}-\boldsymbol{J}=\begin{bmatrix}\lambda-a & -1 & 0\\ 0 & \lambda-a & -1\\ 0 & 0 & \lambda-a\end{bmatrix}$$

$$\xrightarrow{[1]+[2]\times(\lambda-a)}\begin{bmatrix}0 & -1 & 0\\ (\lambda-a)^2 & \lambda-a & -1\\ 0 & 0 & \lambda-a\end{bmatrix}$$

$$\xrightarrow[{[1]\leftrightarrow[2]}]{②+①\times(\lambda-a)}\begin{bmatrix}-1 & 0 & 0\\ 0 & (\lambda-a)^2 & -1\\ 0 & 0 & \lambda-a\end{bmatrix}$$

$$\xrightarrow{[2]+[3]\times(\lambda-a)^2}\begin{bmatrix}-1 & 0 & 0\\ 0 & 0 & -1\\ 0 & (\lambda-a)^3 & \lambda-a\end{bmatrix}$$

$$\xrightarrow[{[2]\leftrightarrow[3]}]{③+②\times(\lambda-a)}\begin{bmatrix}-1 & 0 & 0\\ 0 & -1 & 0\\ 0 & & (\lambda-a)^3\end{bmatrix}$$

$$\xrightarrow[②\times(-1)]{①\times(-1)}\begin{bmatrix}1 & 0 & 0\\ 0 & 1 & 0\\ 0 & 0 & (\lambda-a)^3\end{bmatrix},$$

故 $\boldsymbol{J}(\lambda)=\lambda\boldsymbol{I}-\boldsymbol{J}$ 的不变因子为 $1,1,(\lambda-a)^3$.

由于 n 次多项式在复数域上一定可以分解为 n 个一次因式的乘积，因此 $\lambda\boldsymbol{I}-\boldsymbol{A}$ 的次数$\geqslant1$ 的不变因子都可以分解为若干个一次因式幂的乘积，这些一次因式的幂称为 $\lambda\boldsymbol{I}-\boldsymbol{A}$(或简称 $\boldsymbol{A}$)的初等因子. 但是 $\boldsymbol{A}(\lambda)$的初等因子中，同样的一次因式的幂可能重复出现. 如例 1 中 $\boldsymbol{J}(\lambda)=\lambda\boldsymbol{I}-\boldsymbol{J}$ 的初等因子为$(\lambda-a)^3$. 又如当

$$\lambda\boldsymbol{I}-\boldsymbol{A}\cong\begin{pmatrix}1&&&&\\&1&&&\\&&1&&\\&&&(\lambda-3)^2&\\&&&&(\lambda+1)(\lambda-3)^2\end{pmatrix}\tag{6}$$

时,$\boldsymbol{A}$ 的初等因子为$(\lambda-3)^2$,$(\lambda-3)^2$,$(\lambda+1)$.

定理 2 $\boldsymbol{A}\sim\boldsymbol{B}$ 的充要条件是$\lambda\boldsymbol{I}-\boldsymbol{A}\cong\lambda\boldsymbol{I}-\boldsymbol{B}$.(证明略)

由于相抵关系具有传递性,所以 $\lambda\boldsymbol{I}-\boldsymbol{A}\cong\lambda\boldsymbol{I}-\boldsymbol{B}$ 的充要条件是它们有完全相同的不变因子.有相同的不变因子,则必有相同的初等因子,反之亦然.于是有下面的定理.

定理 3 $\boldsymbol{A}\sim\boldsymbol{B}$ 的充要条件是$\lambda\boldsymbol{I}-\boldsymbol{A}$ 和$\lambda\boldsymbol{I}-\boldsymbol{B}$ 有完全相同的初等因子.

定理 4 若 n 阶矩阵$\boldsymbol{A}$ 的特征矩阵$\lambda\boldsymbol{I}-\boldsymbol{A}$ 的初等因子为

$(\lambda-\lambda_1)^{m_1},(\lambda-\lambda_2)^{m_2},\cdots,(\lambda-\lambda_k)^{m_k}$,其中$\sum\limits_{i=1}^{k}m_i=n$ 则

$$\boldsymbol{A}\sim\boldsymbol{J}=\begin{pmatrix}\boldsymbol{J}_1&&&\\&\boldsymbol{J}_2&&\\&&\ddots&\\&&&\boldsymbol{J}_k\end{pmatrix},\tag{7}$$

其中

$$\boldsymbol{J}_i=\begin{pmatrix}\lambda_i&1&&\\&\lambda_i&\ddots&\\&&\ddots&1\\&&&\lambda_i\end{pmatrix}_{m_i\text{阶}},\quad i=1,2,\cdots,k.$$

证 由例 1 可知,$\lambda\boldsymbol{I}-\boldsymbol{J}_i$ 的不变因子为 $1,\cdots,1,(\lambda-\lambda_i)^{m_i}$,初等因子为$(\lambda-\lambda_i)^{m_i}$,$i=1,2,\cdots,k$,因此 $\lambda\boldsymbol{I}-\boldsymbol{J}$ 与$\lambda\boldsymbol{I}-\boldsymbol{A}$ 有完全相同的初等因子.根据定理 3,$\boldsymbol{A}$ 与 $\boldsymbol{J}$ 相似. ■

由于$\lambda\boldsymbol{I}-\boldsymbol{A}$ 存在初等因子,且由 $\boldsymbol{A}$ 唯一确定,又 $\boldsymbol{A}$ 的初等因

子的次数和等于矩阵的阶数,因此,由定理4可知,任意一个n阶矩阵在复数域上都与一个约当形矩阵相似.

这里需要做一点说明:在约当形矩阵$\boldsymbol{J}$中改变约当块的排列次序,不影响$\lambda\boldsymbol{I}-\boldsymbol{J}$的初等因子.因此,如果不考虑约当块的排列次序,矩阵$\boldsymbol{A}$的约当标准形$\boldsymbol{J}$是唯一的.

由定理4可知,$\boldsymbol{A}$与对角矩阵相似的充要条件是$\lambda\boldsymbol{I}-\boldsymbol{A}$的初等因子都是一次因式.

例2 已知

$$\lambda\boldsymbol{I}-\boldsymbol{A}\cong\begin{bmatrix}1&&&&\\&1&&&\\&&1&&\\&&&(\lambda-3)^2&\\&&&&(\lambda+1)(\lambda-3)^2\end{bmatrix},$$

$$\lambda\boldsymbol{I}-\boldsymbol{B}\cong\begin{bmatrix}1&&&&\\&1&&&\\&&1&&\\&&&1&\\&&&&(\lambda+4)(\lambda+3)^4\end{bmatrix},$$

试求矩阵$\boldsymbol{A},\boldsymbol{B}$的约当标准形.

解 由已知条件可知,$\lambda\boldsymbol{I}-\boldsymbol{A}$的初等因子为$(\lambda-3)^2$,$(\lambda-3)^2$,$(\lambda+1)$;$\lambda\boldsymbol{I}-\boldsymbol{B}$的初等因子为$(\lambda+3)^4$,$(\lambda+4)$.所以

$$\boldsymbol{A}\sim\boldsymbol{J}=\begin{bmatrix}3&1&&&\\0&3&&&\\&&3&1&\\&&0&3&\\&&&&-1\end{bmatrix}\text{或}\boldsymbol{A}\sim\begin{bmatrix}3&1&&&\\0&3&&&\\&&-1&&\\&&&3&1\\&&&0&3\end{bmatrix}$$

或

$$A \sim \begin{pmatrix} -1 & & & & \\ & 3 & 1 & & \\ & 0 & 3 & & \\ & & & 3 & 1 \\ & & & 0 & 3 \end{pmatrix}.$$

$$B \sim J = \begin{pmatrix} -3 & 1 & 0 & 0 & \\ 0 & -3 & 1 & 0 & \\ 0 & 0 & -3 & 1 & \\ 0 & 0 & 0 & -3 & \\ & & & & -4 \end{pmatrix}$$

或

$$B \sim \begin{pmatrix} -4 & & & & \\ & -3 & 1 & 0 & 0 \\ & 0 & -3 & 1 & 0 \\ & 0 & 0 & -3 & 1 \\ & 0 & 0 & 0 & -3 \end{pmatrix}.$$

例 3　求

$$A = \begin{pmatrix} 3 & 1 & 0 \\ -4 & -1 & 0 \\ 4 & -8 & -2 \end{pmatrix}$$

的约当标准形.

解

$$\lambda \boldsymbol{I}-\boldsymbol{A}=\begin{bmatrix}\lambda-3 & -1 & 0\\ 4 & \lambda+1 & 0\\ -4 & 8 & \lambda+2\end{bmatrix}\cong\begin{bmatrix}0 & -1 & 0\\ (\lambda-1)^2 & \lambda+1 & 0\\ 8\lambda-28 & 8 & \lambda+2\end{bmatrix}$$

$$\cong\begin{bmatrix}0 & -1 & 0\\ (\lambda-1)^2 & 0 & 0\\ 8\lambda-28 & 0 & \lambda+2\end{bmatrix}\cong\begin{bmatrix}1 & 0 & 0\\ 0 & (\lambda-1)^2 & 0\\ 0 & 8\lambda-28 & \lambda+2\end{bmatrix}$$

$$\cong\begin{bmatrix}1 & 0 & 0\\ 0 & (\lambda-1)^2 & 0\\ 0 & -44 & \lambda+2\end{bmatrix}\cong\begin{bmatrix}1 & 0 & 0\\ 0 & 0 & \frac{1}{44}(\lambda+2)(\lambda-1)^2\\ 0 & -44 & \lambda+2\end{bmatrix}$$

$$\cong\begin{bmatrix}1 & 0 & 0\\ 0 & 1 & 0\\ 0 & 0 & (\lambda+2)(\lambda-1)^2\end{bmatrix},$$

所以 $\lambda \boldsymbol{I}-\boldsymbol{A}$ 的初等因子是 $\lambda+2,(\lambda-1)^2$,因此 $\boldsymbol{A}$ 的约当标准形为

$$\begin{bmatrix}-2 & 0 & 0\\ 0 & 1 & 1\\ 0 & 0 & 1\end{bmatrix}\quad 或\quad \begin{bmatrix}1 & 1 & 0\\ 0 & 1 & 0\\ 0 & 0 & -2\end{bmatrix}.$$

例 4 设

$$\boldsymbol{A}=\begin{bmatrix}1 & 2 & 0\\ 0 & 2 & 0\\ -2 & -2 & 1\end{bmatrix},$$

问:$\boldsymbol{A}$ 是否与对角矩阵相似?若不与对角矩阵相似,求可逆矩阵 $\boldsymbol{P}$,使 $\boldsymbol{P}^{-1}\boldsymbol{AP}$ 为约当标准形.

解

$$|\lambda \boldsymbol{I}-\boldsymbol{A}|=\begin{vmatrix}\lambda-1 & -2 & 0\\ 0 & \lambda-2 & 0\\ 2 & 2 & \lambda-1\end{vmatrix}=(\lambda-1)^2(\lambda-2),$$

$\boldsymbol{A}$ 的特征值为 $\lambda_1=1$(二重)，$\lambda_2=2$.

二重特征值 $\lambda_1=1$ 的线性无关的特征向量只有一个，即

$$\boldsymbol{x}_1=(0,0,1)^{\mathrm{T}},$$

故 $\boldsymbol{A}$ 不能与对角矩阵相似.

求 $\boldsymbol{A}$ 的约当标准形，可按例 3 或例 1 的解法，得

$$\boldsymbol{A}\sim\boldsymbol{J}=\begin{pmatrix}1&1&0\\0&1&0\\0&0&2\end{pmatrix},$$

即存在可逆矩阵 $\boldsymbol{P}$，使得 $\boldsymbol{P}^{-1}\boldsymbol{AP}=\boldsymbol{J}$. 设

$$\boldsymbol{P}=(\boldsymbol{\xi}_1,\boldsymbol{\xi}_2,\boldsymbol{\xi}_3),$$

则

$$\boldsymbol{AP}=\boldsymbol{PJ},$$

$$\boldsymbol{A}(\boldsymbol{\xi}_1,\boldsymbol{\xi}_2,\boldsymbol{\xi}_3)=(\boldsymbol{\xi}_1,\boldsymbol{\xi}_2,\boldsymbol{\xi}_3)\begin{pmatrix}1&1&0\\0&1&0\\0&0&2\end{pmatrix},$$

于是

$$\boldsymbol{A\xi}_1=\boldsymbol{\xi}_1,$$
$$\boldsymbol{A\xi}_2=\boldsymbol{\xi}_1+\boldsymbol{\xi}_2,$$
$$\boldsymbol{A\xi}_3=2\boldsymbol{\xi}_3,$$

其中：$\boldsymbol{\xi}_1$是对应于 $\lambda_1=1$ 的特征向量，即$\boldsymbol{\xi}_1=\boldsymbol{x}_1=(0,0,1)^{\mathrm{T}}$；$\boldsymbol{\xi}_3$是 $\boldsymbol{A}$ 的对应于 $\lambda_2=2$ 的特征向量，易得$\boldsymbol{\xi}_3=(2,1,-6)^{\mathrm{T}}$.

$\boldsymbol{\xi}_2$不是 $\boldsymbol{A}$ 的特征向量，但将$\boldsymbol{\xi}_1$代入

$$\boldsymbol{A\xi}_2=\boldsymbol{\xi}_1+\boldsymbol{\xi}_2,$$

即

$$(\boldsymbol{A}-\boldsymbol{I})\boldsymbol{\xi}_2=\boldsymbol{\xi}_1,$$

便可解得

$$\boldsymbol{\xi}_2=\left(-\frac{1}{2},0,0\right)^{\mathrm{T}}.$$

因此取

$$P=(\boldsymbol{\xi}_1,\boldsymbol{\xi}_2,\boldsymbol{\xi}_3)=\begin{pmatrix}0 & -\frac{1}{2} & 2\\ 0 & 0 & 1\\ 1 & 0 & -6\end{pmatrix},$$

就可使
$$P^{-1}AP=J=\begin{pmatrix}1 & 1 & 0\\ 0 & 1 & 0\\ 0 & 0 & 2\end{pmatrix}.$$

由于特征向量$\boldsymbol{\xi}_1,\boldsymbol{\xi}_3$的取法可以不同,从而$\boldsymbol{\xi}_2$也可不同,故$\boldsymbol{P}$不是唯一的.

由此例求$\boldsymbol{P}$的方法可知,如果$\boldsymbol{A}$的约当标准形由s个约当块组成,则$\boldsymbol{A}$有s个线性无关的特征向量;反之亦然.但是,读者必须注意,我们求得了$\boldsymbol{A}$的s个线性无关的特征向量,并不能立即写出它的s个约当块.例如λ_i是$\boldsymbol{A}$的四重特征值,$\boldsymbol{A}$属于λ_i的线性无关的特征向量有两个,$\boldsymbol{A}$的约当标准形中以λ_i为主对角元的约当块必有两块,但它们可能有两种情况

$$\begin{pmatrix}\lambda_i & 1 & & \\ 0 & \lambda_i & & \\ & & \lambda_i & 1\\ & & 0 & \lambda_i\end{pmatrix}\quad 或\quad \begin{pmatrix}\lambda_i & & & \\ & \lambda_i & 1 & 0\\ & 0 & \lambda_i & 1\\ & 0 & 0 & \lambda_i\end{pmatrix},$$

当然对于给定的$\boldsymbol{A}$,必是二者之一.

习题　答案

习题

求下列 1～8 题矩阵的约当标准形:

1. $\begin{pmatrix}1 & 1 & 0\\ -4 & 5 & 0\\ 1 & 0 & 2\end{pmatrix}$.　　**2.** $\begin{pmatrix}3 & 0 & 8\\ 3 & -1 & 6\\ -2 & 0 & -5\end{pmatrix}$.

3. $\begin{pmatrix} 4 & 5 & -2 \\ -2 & -2 & 1 \\ -1 & -1 & 1 \end{pmatrix}$. **4.** $\begin{pmatrix} 1 & -1 & 2 \\ 3 & -3 & 6 \\ 2 & -2 & 4 \end{pmatrix}$.

5. $\begin{pmatrix} 3 & 7 & -3 \\ -2 & -5 & 2 \\ -4 & -10 & 3 \end{pmatrix}$. **6.** $\begin{pmatrix} -4 & 2 & 10 \\ -4 & 3 & 7 \\ -3 & 1 & 7 \end{pmatrix}$.

7. $\begin{pmatrix} 3 & 1 & 0 & 0 \\ -4 & -1 & 0 & 0 \\ 7 & 1 & 2 & 1 \\ -7 & -6 & -1 & 0 \end{pmatrix}$.

8. $\begin{pmatrix} 0 & 1 & 0 & \cdots & 0 & 0 \\ 0 & 0 & 1 & \cdots & 0 & 0 \\ \vdots & \vdots & \vdots & \ddots & \vdots & \vdots \\ 0 & 0 & 0 & \cdots & 0 & 1 \\ 1 & 0 & 0 & \cdots & 0 & 0 \end{pmatrix}$.

9. 对下列约当块 $\boldsymbol{J}_i$,求 k 次幂 $\boldsymbol{J}_i^k$:

(1) $\begin{pmatrix} \lambda & 1 & 0 \\ 0 & \lambda & 1 \\ 0 & 0 & \lambda \end{pmatrix}$; (2) $\begin{pmatrix} \lambda & 1 & & \\ & \lambda & \ddots & \\ & & \ddots & 1 \\ & & & \lambda \end{pmatrix}_{m阶}$.

10. 对 1 题的矩阵 $\boldsymbol{A}$,求可逆矩阵 $\boldsymbol{P}$,使得 $\boldsymbol{P}^{-1}\boldsymbol{AP}$ 成为约当标准形,并求 $\boldsymbol{A}^k$.

11. 设 $\boldsymbol{A}$ 为 n 阶幂零矩阵(即存在正整数 k,使得 $\boldsymbol{A}^k=\boldsymbol{0}$),试求 $\det(\boldsymbol{A}-2\boldsymbol{I})$.

答案

1. $\begin{pmatrix} 2 & 0 & 0 \\ 0 & 3 & 1 \\ 0 & 0 & 3 \end{pmatrix}$. **2.** $\begin{pmatrix} -1 & 0 & 0 \\ 0 & 1 & 1 \\ 0 & 0 & 1 \end{pmatrix}$. **7.** $\begin{pmatrix} 1 & 1 & 0 & 0 \\ 0 & 1 & 1 & 0 \\ 0 & 0 & 1 & 1 \\ 0 & 0 & 0 & 1 \end{pmatrix}$.

8. 特征值为 n 个互不相同的单位根,故相似于对角阵.

9. (1) $\begin{pmatrix} \lambda^k & k\lambda^{k-1} & \frac{k(k-1)}{2}\lambda^{k-2} \\ 0 & \lambda^k & k\lambda^{k-1} \\ 0 & 0 & \lambda^k \end{pmatrix}$.

(2) $k<m-1$ 时，$\begin{pmatrix} \lambda^k & C_k^1\lambda^{k-1} & \cdots & 1 & 0 & \cdots & 0 \\ & \lambda^k & \ddots & \ddots & \ddots & \ddots & \vdots \\ & & \ddots & \ddots & \ddots & \ddots & 0 \\ & & & \ddots & \ddots & \ddots & 1 \\ & & & & \ddots & \ddots & \vdots \\ & & & & & \lambda^k & k\lambda^{k-1} \\ & & & & & & \lambda^k \end{pmatrix}$.

$k=m-1$ 时，$\begin{pmatrix} \lambda^k & C_k^1\lambda^{k-1} & \cdots & C_k^{m-1}\cdot 1 \\ 0 & \lambda^k & \cdots & C_k^{m-2}\lambda \\ \vdots & \vdots & \ddots & \vdots \\ 0 & 0 & \cdots & \lambda^k \end{pmatrix}$.

$k>m-1$ 时，$\begin{pmatrix} \lambda^k & C_k^1\lambda^{k-1} & \cdots & C_k^{m-1}\lambda^{k-m+1} \\ 0 & \lambda^k & \cdots & C_k^{m-2}\lambda^{k-m+2} \\ \vdots & \vdots & \ddots & \vdots \\ 0 & 0 & \cdots & \lambda^k \end{pmatrix}$.

10. $\boldsymbol{P}=\begin{pmatrix} 0 & 1 & 2 \\ 0 & 2 & 5 \\ 1 & 1 & 1 \end{pmatrix}$；$\boldsymbol{J}=\begin{pmatrix} 2 & 0 & 0 \\ 0 & 3 & 1 \\ 0 & 0 & 3 \end{pmatrix}$.

$$\boldsymbol{A}^k = \begin{pmatrix} 5(5\cdot 3^k-2\cdot k3^{k-1})-4\cdot 3^k & -2\cdot 3^k+k\cdot 3^{k-1}+2\cdot 3^k & 0 \\ 2(5\cdot 3^k-2k3^{k-1})-10\cdot 3^k & 2(-2\cdot 3^k+k\cdot 3^{k-1}+5\cdot 3^k & 0 \\ -3\cdot 2^k+5\cdot 3^k-2\cdot k\cdot 3^{k-1}-2\cdot 3^k & 2^k-2\cdot 3^k+k\cdot 3^{k-1}+3^k & 2^k \end{pmatrix}.$$

11. $(-2)^n$

附录 C

历年硕士研究生入学考试中线性代数试题汇编

1 行列式

1. 设 $\boldsymbol{A}=(\boldsymbol{\alpha},\boldsymbol{\gamma}_2,\boldsymbol{\gamma}_3,\boldsymbol{\gamma}_4)$，$\boldsymbol{B}=(\boldsymbol{\beta},\boldsymbol{\gamma}_2,\boldsymbol{\gamma}_3,\boldsymbol{\gamma}_4)$，其中 $\boldsymbol{\alpha},\boldsymbol{\beta},\boldsymbol{\gamma}_2,\boldsymbol{\gamma}_3,\boldsymbol{\gamma}_4$ 为 4 维列向量，已知 $|\boldsymbol{A}|=4$，$|\boldsymbol{B}|=1$，求 $|\boldsymbol{A}+\boldsymbol{B}|$.

2. 习题 1-27(表示第 1 章习题 27，下同).

3. 设 $\boldsymbol{A}\in\mathbb{R}^{m\times n}$，$\boldsymbol{B}\in\mathbb{R}^{n\times m}$，则下列命题必成立的是(　　).

① 若 $m>n$，则 $|\boldsymbol{AB}|\neq 0$；　② 若 $m>n$，则 $|\boldsymbol{AB}|=0$；

③ 若 $n>m$，则 $|\boldsymbol{AB}|\neq 0$；　④ 若 $n>m$，则 $|\boldsymbol{AB}|=0$.

4. 设

$$f(x)=\begin{vmatrix} x-2 & x-1 & x-2 & x-3 \\ 2x-2 & 2x-1 & 2x-2 & 2x-3 \\ 3x-3 & 3x-2 & 4x-5 & 3x-5 \\ 4x & 4x-3 & 5x-7 & 4x-3 \end{vmatrix},$$

则方程 $f(x)=0$ 的根的个数为(　　).

① 1 个；　② 2 个；　③ 3 个；　④ 4 个.

5. 设 $\boldsymbol{A},\boldsymbol{B}$ 均为 n 阶矩阵，$|\boldsymbol{A}|=2$，$|\boldsymbol{B}|=-3$，求 $|2\boldsymbol{A}^*\boldsymbol{B}^{-1}|$.

6. 设 $\boldsymbol{\alpha}=(1,0,-1)^{\mathrm{T}}$，$\boldsymbol{A}=\boldsymbol{\alpha}\boldsymbol{\alpha}^{\mathrm{T}}$，计算 $|a\boldsymbol{I}-\boldsymbol{A}^n|$，其中 $\boldsymbol{I}$ 为三阶

单位矩阵，a 为常数，n 为正整数.

7. 设 4 阶矩阵 $\boldsymbol{A}\sim\boldsymbol{B}$，$\boldsymbol{A}$ 的特征值为 2，3，4，5，计算 $|\boldsymbol{B}-\boldsymbol{I}|$.

8. 设行列式

$$D=\begin{vmatrix}3 & 0 & 4 & 0\\ 2 & 2 & 2 & 2\\ 0 & -7 & 0 & 0\\ 5 & 3 & -2 & 2\end{vmatrix},$$

则第四行各元素余子式之和的值为______.

2　矩阵

1. 给定 $\boldsymbol{A}$，且 $\boldsymbol{A}-2\boldsymbol{I}$ 可逆，已知 $\boldsymbol{AB}=\boldsymbol{A}+2\boldsymbol{B}$，求 $\boldsymbol{B}$.

2. 设 n 阶矩阵 $\boldsymbol{A}$ 的行列式 $|\boldsymbol{A}|=a\neq0$，求 $|\boldsymbol{A}^*|$.

3. 已知 $\boldsymbol{AP}=\boldsymbol{PB}$，$\boldsymbol{B}$ 为对角阵，$\boldsymbol{P}$ 为下三角可逆矩阵，求 $\boldsymbol{A}$，$\boldsymbol{A}^5$.

4. 设
$$\boldsymbol{A}=\begin{pmatrix}3 & 0 & 0\\ 1 & 4 & 0\\ 0 & 0 & 3\end{pmatrix},$$
求 $(\boldsymbol{A}-2\boldsymbol{I})^{-1}$.

5. 设
$$\boldsymbol{A}=\begin{pmatrix}5 & 2 & 0 & 0\\ 2 & 1 & 0 & 0\\ 0 & 0 & 1 & -2\\ 0 & 0 & 1 & 1\end{pmatrix},$$
求 $\boldsymbol{A}^{-1}$.

6. 设
$$\boldsymbol{B}=\begin{pmatrix}1 & -1 & 0 & 0\\ 0 & 1 & -1 & 0\\ 0 & 0 & 1 & -1\\ 0 & 0 & 0 & 1\end{pmatrix},\quad \boldsymbol{C}=\begin{pmatrix}2 & 1 & 3 & 4\\ 0 & 2 & 1 & 3\\ 0 & 0 & 2 & 1\\ 0 & 0 & 0 & 2\end{pmatrix},$$
且 $\boldsymbol{A}$ 满足 $\boldsymbol{A}(\boldsymbol{I}-\boldsymbol{C}^{-1}\boldsymbol{B})^{\mathrm{T}}\boldsymbol{C}^{\mathrm{T}}=\boldsymbol{I}$，试化简方程，并求 $\boldsymbol{A}$.

7. 设 $\boldsymbol{A},\boldsymbol{B},\boldsymbol{C}$ 均为 n 阶矩阵，且 $\boldsymbol{ABC}=\boldsymbol{I}$，则必有(　　).

① $\boldsymbol{ACB}=\boldsymbol{I}$； ② $\boldsymbol{CBA}=\boldsymbol{I}$； ③ $\boldsymbol{BAC}=\boldsymbol{I}$； ④ $\boldsymbol{BCA}=\boldsymbol{I}$.

8. 设 $\boldsymbol{A},\boldsymbol{B}$ 为三阶矩阵，且 $\boldsymbol{AB}+\boldsymbol{I}=\boldsymbol{A}^2+\boldsymbol{B}$，其中

$$\boldsymbol{A}=\begin{pmatrix}1&0&1\\0&2&0\\-1&0&1\end{pmatrix},$$

求 $\boldsymbol{B}$.

9. 设
$$\boldsymbol{A}=\begin{pmatrix}a_1b_1&a_1b_2&\cdots&a_1b_n\\a_2b_1&a_2b_2&\cdots&a_2b_n\\\vdots&\vdots&&\vdots\\a_nb_1&a_nb_2&\cdots&a_nb_n\end{pmatrix},$$

其中 $a_ib_i\neq0,i=1,2,\cdots,n$，求 $\mathrm{r}(\boldsymbol{A})$.

10. 设 $\boldsymbol{\alpha}=(1,2,3)$，$\boldsymbol{\beta}=\left(1,\frac{1}{2},\frac{1}{3}\right)$，$\boldsymbol{A}=\boldsymbol{\alpha}^{\mathrm{T}}\boldsymbol{\beta}$，计算 $\boldsymbol{A}^n$.

11. $\boldsymbol{A}$ 为 n 阶非零矩阵，当 $\boldsymbol{A}^*=\boldsymbol{A}^{\mathrm{T}}$ 时，证明 $|\boldsymbol{A}|\neq0$(编者注：此题中的 $\boldsymbol{A}$ 应为实矩阵. 如果元素为复数的复矩阵，结论将不成立).

提示：由 $\boldsymbol{A}^*\boldsymbol{A}=\boldsymbol{A}^{\mathrm{T}}\boldsymbol{A}=|\boldsymbol{A}|\boldsymbol{I}$，只要证明 $\boldsymbol{A}^{\mathrm{T}}\boldsymbol{A}\neq\boldsymbol{0}$，就有 $|\boldsymbol{A}|\neq0$(因为若 $|\boldsymbol{A}|=0$，则 $\boldsymbol{A}^{\mathrm{T}}\boldsymbol{A}=\boldsymbol{0}$).

证明时，设 $\boldsymbol{A}=(\boldsymbol{\alpha}_1,\boldsymbol{\alpha}_2,\cdots,\boldsymbol{\alpha}_n)$，则 $\boldsymbol{A}^{\mathrm{T}}\boldsymbol{A}=(\boldsymbol{\alpha}_i^{\mathrm{T}}\boldsymbol{\alpha}_j)_{n\times n}$，由于 $\boldsymbol{A}=(a_{ij})_{n\times n}\neq\boldsymbol{0}$，所以存在 $a_{ij}\neq0$，即 $\exists\ \boldsymbol{\alpha}_j\neq\boldsymbol{0}$，从而 $\boldsymbol{\alpha}_j^{\mathrm{T}}\boldsymbol{\alpha}_j=\sum_{i=1}^{n}a_{ij}^2=|\boldsymbol{\alpha}_j|^2\neq0$，故 $\boldsymbol{A}^{\mathrm{T}}\boldsymbol{A}\neq\boldsymbol{0}$.

12. 设
$$\boldsymbol{A}=\begin{pmatrix}1/3&0&0\\0&1/4&0\\0&0&1/7\end{pmatrix},$$

且 $\boldsymbol{A}^{-1}\boldsymbol{BA}=6\boldsymbol{A}+\boldsymbol{BA}$，求 $\boldsymbol{B}$.

13. 设 $A=\begin{pmatrix}1&1&-1\\0&1&1\\0&0&-1\end{pmatrix}$,

且 $A^2-AB=I$,求 B.

14. 设 $B=\begin{pmatrix}1&2&-3&-2\\0&1&2&-3\\0&0&1&2\\0&0&0&1\end{pmatrix}$, $C=\begin{pmatrix}1&2&0&1\\0&1&2&0\\0&0&1&2\\0&0&0&1\end{pmatrix}$,

且 $(2I-C^{-1}B)A^{\mathrm{T}}=C^{-1}$,求 A.

15. 设 $A=\begin{pmatrix}1&1&-1\\-1&1&1\\1&-1&1\end{pmatrix}$,

求矩阵 X,使之满足 $A^*X=A^{-1}+2X$.

16. 设 $A=\mathrm{diag}(1,-2,1)$,且 $A^*BA=2BA-8I$,求 B.

17. 设 $A^*=\begin{pmatrix}1&0&0&0\\0&1&0&0\\1&0&1&0\\0&-3&0&8\end{pmatrix}$,

且 $ABA^{-1}=BA^{-1}+3I$,求 B.

18. 设 $A=\begin{pmatrix}1&0&0&0\\-2&3&0&0\\0&-4&5&0\\0&0&-6&7\end{pmatrix}$,

且 $B=(I+A)^{-1}(I-A)$,求 $(I+B)^{-1}$.

提示:由 $(I+A)B=I-A\Rightarrow(I+A)(B+I)=2I$.

19. 设 $A=\begin{pmatrix}a_{11}&a_{12}&a_{13}\\a_{21}&a_{22}&a_{23}\\a_{31}&a_{32}&a_{33}\end{pmatrix}$,

$$\boldsymbol{B}=\begin{pmatrix} a_{21} & a_{22} & a_{23} \\ a_{11} & a_{12} & a_{13} \\ a_{31}+a_{11} & a_{32}+a_{12} & a_{33}+a_{13} \end{pmatrix},$$

$$\boldsymbol{P}_1=\begin{pmatrix} 0 & 1 & 0 \\ 1 & 0 & 0 \\ 0 & 0 & 1 \end{pmatrix},\quad \boldsymbol{P}_2=\begin{pmatrix} 1 & 0 & 0 \\ 0 & 1 & 0 \\ 1 & 0 & 1 \end{pmatrix}.$$

则必有(　　).

① $\boldsymbol{AP}_1\boldsymbol{P}_2=\boldsymbol{B}$;　　② $\boldsymbol{AP}_2\boldsymbol{P}_1=\boldsymbol{B}$;

③ $\boldsymbol{P}_1\boldsymbol{P}_2\boldsymbol{A}=\boldsymbol{B}$;　　④ $\boldsymbol{P}_2\boldsymbol{P}_1\boldsymbol{A}=\boldsymbol{B}$.

20. 设 $\boldsymbol{A}=\mathbb{R}^{4\times 3}$, $\mathrm{r}(\boldsymbol{A})=2$,

$$\boldsymbol{B}=\begin{pmatrix} 1 & 0 & 2 \\ 0 & 2 & 0 \\ -1 & 0 & 3 \end{pmatrix},$$

则 $\mathrm{r}(\boldsymbol{AB})=$________.

21. $\boldsymbol{A}$ 为 n 阶矩阵($n\geqslant 3$), k 为常数($k\neq 0,\pm 1$),则$(k\boldsymbol{A})^*=$(　　).

① $k\boldsymbol{A}^*$;　② $k^{n-1}\boldsymbol{A}^*$;　③ $k^n\boldsymbol{A}^*$;　④ $k^{-1}\boldsymbol{A}^*$.

提示:令 $\boldsymbol{B}=k\boldsymbol{A}$,讨论 $\boldsymbol{B}^*$ 与 $\boldsymbol{A}^*$ 之间的关系.答案为②.

22. 设 $\boldsymbol{A}$ 为 n 阶可逆矩阵,$\boldsymbol{A}$ 的第 i,j 行对换后得 $\boldsymbol{B}$.试:① 证明 $\boldsymbol{B}$ 可逆;② 求 $\boldsymbol{AB}^{-1}$.

23. 设 $\boldsymbol{A}=\boldsymbol{I}-\boldsymbol{\xi}\boldsymbol{\xi}^{\mathrm{T}}$(其中$\boldsymbol{\xi}$是 n 维非零列向量),证明:

① $\boldsymbol{A}^2=\boldsymbol{A}$ 的充要条件是$\boldsymbol{\xi}^{\mathrm{T}}\boldsymbol{\xi}=1$;

② 当$\boldsymbol{\xi}^{\mathrm{T}}\boldsymbol{\xi}=1$ 时,$\boldsymbol{A}$ 不可逆.

提示:② 由 $\boldsymbol{A}^2=\boldsymbol{A}$ 得$(\boldsymbol{A}-\boldsymbol{I})\boldsymbol{A}=\boldsymbol{0}$.再根据 $\mathrm{r}(\boldsymbol{A}-\boldsymbol{I})+\mathrm{r}(\boldsymbol{A})\leqslant n$, $\mathrm{r}(\boldsymbol{A}-\boldsymbol{I})=\mathrm{r}(-\boldsymbol{\xi}\boldsymbol{\xi}^{\mathrm{T}})=1$,得 $\mathrm{r}(\boldsymbol{A})\leqslant n-1$,所以 $\boldsymbol{A}$ 不可逆.

24. 设 $\boldsymbol{A},\boldsymbol{B}$ 为 n 阶矩阵,$\boldsymbol{A}^*,\boldsymbol{B}^*$ 分别为 $\boldsymbol{A},\boldsymbol{B}$ 对应的伴随矩阵.分块矩阵 $\boldsymbol{C}=\begin{pmatrix} \boldsymbol{A} & \boldsymbol{0} \\ \boldsymbol{0} & \boldsymbol{B} \end{pmatrix}$,则 $\boldsymbol{C}$ 的伴随矩阵 $\boldsymbol{C}^*=$________.

(A) $\begin{pmatrix} |\boldsymbol{A}|\boldsymbol{A}^* & \boldsymbol{0} \\ \boldsymbol{0} & |\boldsymbol{B}|\boldsymbol{B}^* \end{pmatrix}$；　　(B) $\begin{pmatrix} |\boldsymbol{B}|\boldsymbol{B}^* & \boldsymbol{0} \\ \boldsymbol{0} & |\boldsymbol{A}|\boldsymbol{A}^* \end{pmatrix}$；

(C) $\begin{pmatrix} |\boldsymbol{A}|\boldsymbol{B}^* & \boldsymbol{0} \\ \boldsymbol{0} & |\boldsymbol{B}|\boldsymbol{A}^* \end{pmatrix}$；　　(D) $\begin{pmatrix} |\boldsymbol{B}|\boldsymbol{A}^* & \boldsymbol{0} \\ \boldsymbol{0} & |\boldsymbol{A}|\boldsymbol{B}^* \end{pmatrix}$.

25. 设矩阵

$$\boldsymbol{A}=\begin{pmatrix} k & 1 & 1 & 1 \\ 1 & k & 1 & 1 \\ 1 & 1 & k & 1 \\ 1 & 1 & 1 & k \end{pmatrix},$$

且秩($\boldsymbol{A}$)=3，则 $k=$________.

26. 设

$$\boldsymbol{A}=\begin{pmatrix} a_{11} & a_{12} & a_{13} & a_{14} \\ a_{21} & a_{22} & a_{23} & a_{24} \\ a_{31} & a_{32} & a_{33} & a_{34} \\ a_{41} & a_{42} & a_{43} & a_{44} \end{pmatrix},\quad \boldsymbol{B}=\begin{pmatrix} a_{14} & a_{13} & a_{12} & a_{11} \\ a_{24} & a_{23} & a_{22} & a_{21} \\ a_{34} & a_{33} & a_{32} & a_{31} \\ a_{44} & a_{43} & a_{42} & a_{41} \end{pmatrix},$$

$$\boldsymbol{P}_1=\begin{pmatrix} 0 & 0 & 0 & 1 \\ 0 & 1 & 0 & 0 \\ 0 & 0 & 1 & 0 \\ 1 & 0 & 0 & 0 \end{pmatrix},\quad \boldsymbol{P}_2=\begin{pmatrix} 1 & 0 & 0 & 0 \\ 0 & 0 & 1 & 0 \\ 0 & 1 & 0 & 0 \\ 0 & 0 & 0 & 1 \end{pmatrix},$$

其中 $\boldsymbol{A}$ 可逆，则 $\boldsymbol{B}^{-1}$ 等于________.

(A) $\boldsymbol{A}^{-1}\boldsymbol{P}_1\boldsymbol{P}_2$；　　(B) $\boldsymbol{P}_1\boldsymbol{A}^{-1}\boldsymbol{P}_2$；

(C) $\boldsymbol{P}_1\boldsymbol{P}_2\boldsymbol{A}^{-1}$；　　(D) $\boldsymbol{P}_2\boldsymbol{A}^{-1}\boldsymbol{P}_1$.

27. 已知 $\boldsymbol{A},\boldsymbol{B}$ 为三阶矩阵，且满足 $2\boldsymbol{A}^{-1}\boldsymbol{B}=\boldsymbol{B}-4\boldsymbol{I}$，其中 $\boldsymbol{I}$ 是三阶单位矩阵.

(1) 证明：矩阵 $\boldsymbol{A}-2\boldsymbol{I}$ 可逆；

(2) 若 $\boldsymbol{B}=\begin{pmatrix} 1 & -2 & 0 \\ 1 & 2 & 0 \\ 0 & 0 & 2 \end{pmatrix}$，求矩阵 $\boldsymbol{A}$.

3 线性方程组

1. n 维向量$\boldsymbol{\alpha}_1,\boldsymbol{\alpha}_2,\cdots,\boldsymbol{\alpha}_s(s\geqslant 3)$线性无关的充要条件是什么?

提示:作 $\boldsymbol{A}=(\boldsymbol{\alpha}_1,\boldsymbol{\alpha}_2,\cdots,\boldsymbol{\alpha}_s)_{n\times s}$,用 $\boldsymbol{Ax}=\boldsymbol{0}$ 的解回答.

2. 设 4 阶矩阵 $\boldsymbol{A}$ 的行列式$|\boldsymbol{A}|=0$,则 $\boldsymbol{A}$ 中必有( ).

① $\boldsymbol{A}$ 的列向量线性相关,且任意 3 个列向量也线性相关;

② $\boldsymbol{A}$ 的 4 个列向量两两线性相关;

③ $\boldsymbol{A}$ 中必有一个列向量是其余列向量的线性组合;

④ $\boldsymbol{A}$ 中任意 3 个行向量线性无关,但其 4 个行向量线性相关.

3. 已知$\boldsymbol{\alpha}_1,\boldsymbol{\alpha}_2,\boldsymbol{\alpha}_3,\boldsymbol{\alpha}_4$线性无关,则( ).

① $\boldsymbol{\alpha}_1+\boldsymbol{\alpha}_2,\boldsymbol{\alpha}_2+\boldsymbol{\alpha}_3,\boldsymbol{\alpha}_3+\boldsymbol{\alpha}_4,\boldsymbol{\alpha}_4+\boldsymbol{\alpha}_1$也线性无关;

② $\boldsymbol{\alpha}_1-\boldsymbol{\alpha}_2,\boldsymbol{\alpha}_2-\boldsymbol{\alpha}_3,\boldsymbol{\alpha}_3-\boldsymbol{\alpha}_4,\boldsymbol{\alpha}_4-\boldsymbol{\alpha}_1$也线性无关;

③ $\boldsymbol{\alpha}_1+\boldsymbol{\alpha}_2,\boldsymbol{\alpha}_2+\boldsymbol{\alpha}_3,\boldsymbol{\alpha}_3+\boldsymbol{\alpha}_4,\boldsymbol{\alpha}_4-\boldsymbol{\alpha}_1$也线性无关;

④ $\boldsymbol{\alpha}_1+\boldsymbol{\alpha}_2,\boldsymbol{\alpha}_2+\boldsymbol{\alpha}_3,\boldsymbol{\alpha}_3-\boldsymbol{\alpha}_4,\boldsymbol{\alpha}_4-\boldsymbol{\alpha}_1$也线性无关.

4. 设$\boldsymbol{\alpha}_1=(1,0,2,3),\boldsymbol{\alpha}_2=(1,1,3,5),\boldsymbol{\alpha}_3=(1,-1,a+2,1),\boldsymbol{\alpha}_4=(1,2,4,a+8),\boldsymbol{\beta}=(1,1,b+3,5)$. 试问:

① a,b 为何值时,$\boldsymbol{\beta}$不能由$\boldsymbol{\alpha}_1,\boldsymbol{\alpha}_2,\boldsymbol{\alpha}_3,\boldsymbol{\alpha}_4$线性表示;

② a,b 为何值时,$\boldsymbol{\beta}$可由$\boldsymbol{\alpha}_1,\boldsymbol{\alpha}_2,\boldsymbol{\alpha}_3,\boldsymbol{\alpha}_4$唯一地线性表示.

5. 设$\boldsymbol{\alpha}_1=(1,4,0,2)^{\mathrm{T}},\boldsymbol{\alpha}_2=(2,7,1,3)^{\mathrm{T}},\boldsymbol{\alpha}_3=(0,1,-1,a)^{\mathrm{T}},\boldsymbol{\beta}=(3,10,b,4)^{\mathrm{T}}$,试讨论:

① a,b 取何值时,$\boldsymbol{\beta}$不能由$\boldsymbol{\alpha}_1,\boldsymbol{\alpha}_2,\boldsymbol{\alpha}_3$线性表示;

② a,b 取何值时,$\boldsymbol{\beta}$可用$\boldsymbol{\alpha}_1,\boldsymbol{\alpha}_2,\boldsymbol{\alpha}_3$线性表示,并写出表示式.

6. 设$\boldsymbol{\alpha}_1=(1,1,1,3)^{\mathrm{T}},\boldsymbol{\alpha}_2=(-1,-3,5,1)^{\mathrm{T}},\boldsymbol{\alpha}_3=(3,2,-1,p+2)^{\mathrm{T}},\boldsymbol{\alpha}_4=(-2,-6,10,p)^{\mathrm{T}}$,试求:

① p 为何值时,$\boldsymbol{\alpha}_1,\boldsymbol{\alpha}_2,\boldsymbol{\alpha}_3,\boldsymbol{\alpha}_4$线性无关,并将$\boldsymbol{\alpha}=(4,1,6,10)^{\mathrm{T}}$用它们线性表示.

② p 为何值时,$\boldsymbol{\alpha}_1,\boldsymbol{\alpha}_2,\boldsymbol{\alpha}_3,\boldsymbol{\alpha}_4$线性相关,并求一个极大无

关组.

7. 设$\boldsymbol{\beta}$可由$\{\boldsymbol{\alpha}_1,\cdots,\boldsymbol{\alpha}_m\}$线性表示,记(Ⅰ):$\{\boldsymbol{\alpha}_1,\cdots,\boldsymbol{\alpha}_{m-1}\}$,(Ⅱ):$\{\boldsymbol{\alpha}_1,\cdots,\boldsymbol{\alpha}_{m-1},\boldsymbol{\beta}\}$,若$\boldsymbol{\beta}$不能由(Ⅰ)线性表示,则(　　).

① $\boldsymbol{\alpha}_m$不能由(Ⅰ)表示,也不能由(Ⅱ)表示;

② $\boldsymbol{\alpha}_m$不能由(Ⅰ)表示,但可由(Ⅱ)表示;

③ $\boldsymbol{\alpha}_m$可由(Ⅰ)表示,也可由(Ⅱ)表示;

④ $\boldsymbol{\alpha}_m$可由(Ⅰ)表示,但不可由(Ⅱ)表示.

8. 设$\boldsymbol{\alpha}_i,\boldsymbol{\beta}_i\in F^n$,若$\boldsymbol{\alpha}_1,\cdots,\boldsymbol{\alpha}_m(m<n)$线性无关,则$\boldsymbol{\beta}_1,\cdots,\boldsymbol{\beta}_m$线性无关的充要条件为(　).

① $\{\boldsymbol{\alpha}_1,\cdots,\boldsymbol{\alpha}_m\}$可由$\{\boldsymbol{\beta}_1,\cdots,\boldsymbol{\beta}_m\}$线性表示;

② $\{\boldsymbol{\beta}_1,\cdots,\boldsymbol{\beta}_m\}$可由$\{\boldsymbol{\alpha}_1,\cdots,\boldsymbol{\alpha}_m\}$线性表示;

③ $\{\boldsymbol{\alpha}_1,\cdots,\boldsymbol{\alpha}_m\}$与$\{\boldsymbol{\beta}_1,\cdots,\boldsymbol{\beta}_m\}$等价;

④ 矩阵$\boldsymbol{A}=(\boldsymbol{\alpha}_1,\cdots,\boldsymbol{\alpha}_m)\cong\boldsymbol{B}=(\boldsymbol{\beta}_1,\cdots,\boldsymbol{\beta}_m)$.

9. 设$\boldsymbol{\alpha}_1=(1,2,3,4)$,$\boldsymbol{\alpha}_2=(2,3,4,5)$,$\boldsymbol{\alpha}_3=(3,4,5,6)$,$\boldsymbol{\alpha}_4=(4,5,6,7)$,求秩$\{\boldsymbol{\alpha}_1,\boldsymbol{\alpha}_2,\boldsymbol{\alpha}_3,\boldsymbol{\alpha}_4\}=$?

10. 设$\boldsymbol{\alpha}_1=(1,2,-1,1)$,$\boldsymbol{\alpha}_2=(2,0,t,0)$,$\boldsymbol{\alpha}_3=(0,-4,5,-2)$,若秩$\{\boldsymbol{\alpha}_1,\boldsymbol{\alpha}_2,\boldsymbol{\alpha}_3\}=2$,则$t=$________.

11. 习题3-49.　　**12**. 习题3-46.

13. 习题3-52.

14. 已知$\boldsymbol{\alpha}_1,\boldsymbol{\alpha}_2,\boldsymbol{\alpha}_3$是$\boldsymbol{Ax}=\boldsymbol{b}$的3个解($\boldsymbol{A}\in\mathbb{R}^{4\times4}$),$\mathrm{r}(\boldsymbol{A})=3$. $\boldsymbol{\alpha}_1=(1,2,3,4)^{\mathrm{T}}$,$\boldsymbol{\alpha}_2+\boldsymbol{\alpha}_3=(0,1,2,3)^{\mathrm{T}}$,$c$为任意常数,则$\boldsymbol{Ax}=\boldsymbol{b}$的通解$\boldsymbol{x}=$________.

① $\boldsymbol{\alpha}_1+c(1,1,1,1)^{\mathrm{T}}$;　　② $\boldsymbol{\alpha}_1+c(0,1,2,3)^{\mathrm{T}}$;

③ $\boldsymbol{\alpha}_1+c(2,3,4,5)^{\mathrm{T}}$;　　④ $\boldsymbol{\alpha}_1+c(1,3,5,7)^{\mathrm{T}}$.

15. 设$\boldsymbol{\beta}_1=(0,1,-1)^{\mathrm{T}}$,$\boldsymbol{\beta}_2=(a,2,1)^{\mathrm{T}}$,$\boldsymbol{\beta}_3=(b,1,0)^{\mathrm{T}}$;$\boldsymbol{\alpha}_1=(1,2,-3)^{\mathrm{T}}$,$\boldsymbol{\alpha}_2=(3,0,1)^{\mathrm{T}}$,$\boldsymbol{\alpha}_3=(9,6,-7)^{\mathrm{T}}$.已知:秩$\{\boldsymbol{\beta}_1,\boldsymbol{\beta}_2,\boldsymbol{\beta}_3\}=$秩$\{\boldsymbol{\alpha}_1,\boldsymbol{\alpha}_2,\boldsymbol{\alpha}_3\}$且$\boldsymbol{\beta}_3$可由$\boldsymbol{\alpha}_1,\boldsymbol{\alpha}_2,\boldsymbol{\alpha}_3$线性表示.试求:$a,b$.

16. 设$\boldsymbol{\alpha}_1=(a,2,10)^{\mathrm{T}}$,$\boldsymbol{\alpha}_2=(-2,1,5)^{\mathrm{T}}$,$\boldsymbol{\alpha}_3=(-1,1,4)^{\mathrm{T}}$,

$\boldsymbol{\beta}=(1,b,c)^{\mathrm{T}}$，问：$a,b,c$ 满足什么条件时，① $\boldsymbol{\beta}$ 可用 $\boldsymbol{\alpha}_1,\boldsymbol{\alpha}_2,\boldsymbol{\alpha}_3$ 线性表示，且表示方式唯一；② $\boldsymbol{\beta}$ 不能用 $\boldsymbol{\alpha}_1,\boldsymbol{\alpha}_2,\boldsymbol{\alpha}_3$ 表示；③ $\boldsymbol{\beta}$ 可用 $\boldsymbol{\alpha}_1,\boldsymbol{\alpha}_2,\boldsymbol{\alpha}_3$ 表示，但表示方式不唯一，并写出一般表示式.

17. 习题 3-45.

18. 设 $\boldsymbol{A}\in\mathbb{R}^{n\times m}$，$\boldsymbol{B}\in\mathbb{R}^{m\times n}$，$n<m$，证明：若 $\boldsymbol{AB}=\boldsymbol{I}$，则 $\boldsymbol{B}$ 的列向量组线性无关.

19. 设非齐次线性方程组 $\boldsymbol{Ax}=\boldsymbol{b}$ 的增广矩阵 $(\boldsymbol{A},\boldsymbol{b})$ 如下，问其中参数(a,b,λ 等)取何值时，方程无解，有唯一解，有无穷多解？当有无穷多解时，求其一般解.

(1) $\left(\begin{array}{cccc:c}1&1&1&1&0\\0&1&2&2&1\\0&-1&a-3&-2&b\\2&2&1&a&-1\end{array}\right)$；(2) $\left(\begin{array}{ccc:c}1&0&1&\lambda\\4&1&1&\lambda+2\\6&1&4&2\lambda+3\end{array}\right)$；

(3) $\left(\begin{array}{cccc:c}1&3&2&4&1\\0&1&a&-a&-1\\1&2&0&3&3\end{array}\right)$；(4) $\left(\begin{array}{ccc:c}2&\lambda&-1&1\\\lambda&-1&1&2\\4&5&-5&-1\end{array}\right)$；

(5) $\left(\begin{array}{ccc:c}1&2&1&1\\2&3&a+2&3\\1&a&-2&0\end{array}\right)$.

20. 习题 3-38.　　**21.** 习题 3-39.

22. 习题 3-40.　　**23.** 习题 3-50.

24. 若 $\boldsymbol{\xi}_1=(1,0,2)^{\mathrm{T}}$，$\boldsymbol{\xi}_2=(0,1,-1)^{\mathrm{T}}$ 是齐次线性方程组 $\boldsymbol{Ax}=\boldsymbol{0}$ 的解，则系数矩阵 $\boldsymbol{A}$ 为(　　).

① $(-2,1,1)$；　　② $\begin{pmatrix}2&0&-1\\0&1&1\end{pmatrix}$.

25. 设 $\boldsymbol{A}=\left(\begin{array}{ccc:cc}1&1&0&0&5\\1&1&-1&0&0\\0&0&1&1&1\end{array}\right)$，

求齐次线性方程组 $\boldsymbol{Ax}=\boldsymbol{0}$ 的基础解系.

26. 设 $\boldsymbol{A}=(a_{ij})$ 是 $n\times(2n)$ 矩阵，已知 $\boldsymbol{Ax}=\boldsymbol{0}$ 的基础解系为：$\boldsymbol{\xi}_1=(b_{11},b_{12},\cdots,b_{1,2n})^{\mathrm{T}}$，$\boldsymbol{\xi}_2=(b_{21},b_{22},\cdots,b_{2,2n})^{\mathrm{T}}$，$\cdots$，$\boldsymbol{\xi}_n=(b_{n1},b_{n2},\cdots,b_{n,2n})^{\mathrm{T}}$，试求齐次线性方程组 $\boldsymbol{By}=\boldsymbol{0}$，即

$$\begin{cases} b_{11}y_1+b_{12}y_2+\cdots+b_{1n}y_n+\cdots+b_{1,2n}y_{2n}=0, \\ \cdots\cdots\cdots\cdots\cdots\cdots\cdots\cdots\cdots\cdots\cdots\cdots \\ b_{n1}y_1+b_{n2}y_2+\cdots+b_{nn}y_n+\cdots+b_{n,2n}y_{2n}=0. \end{cases}$$

的通解，并说明理由.

27. 习题 3-51.

28. 设
$$\boldsymbol{A}=\begin{pmatrix} 1 & 1 & 1 \\ a & b & c \\ a^2 & b^2 & c^2 \end{pmatrix},$$

① a,b,c 满足什么关系时，$\boldsymbol{Ax}=\boldsymbol{0}$ 只有零解；

② a,b,c 满足什么关系时，$\boldsymbol{Ax}=\boldsymbol{0}$ 有无穷多解，并用基础解系表示通解.

29. 设
$$\boldsymbol{A}=\begin{pmatrix} \lambda & 1 & \lambda^2 \\ 1 & \lambda & 1 \\ 1 & 1 & \lambda \end{pmatrix},$$

已知存在三阶矩阵 $\boldsymbol{B}\neq\boldsymbol{0}$，使 $\boldsymbol{AB}=\boldsymbol{0}$，则必有（　　）.

① $\lambda=-2,|\boldsymbol{B}|=0$；　　② $\lambda=-2,|\boldsymbol{B}|\neq0$；

③ $\lambda=1,|\boldsymbol{B}|=0$；　　④ $\lambda=|\boldsymbol{B}|\neq0$.

30. 设
$$\boldsymbol{A}=\begin{pmatrix} 1 & 2 & -2 \\ 4 & t & 3 \\ 3 & -1 & 1 \end{pmatrix},$$

已知存在三阶非零矩阵 $\boldsymbol{B}$，使 $\boldsymbol{AB}=\boldsymbol{0}$，则 $t=$________.

31. 设
$$\boldsymbol{A}=\begin{pmatrix} a_1 & b_1 & c_1 \\ a_2 & b_2 & c_2 \\ a_3 & b_3 & c_3 \end{pmatrix}$$

是满秩矩阵，直线 L_1，L_2 的方程分别为

$$\frac{x-a_3}{a_1-a_2}=\frac{y-b_3}{b_1-b_2}=\frac{z-c_3}{c_1-c_2};\quad \frac{x-a_1}{a_2-a_3}=\frac{y-b_1}{b_2-b_3}=\frac{z-c_1}{c_2-c_3}.$$

则直线 L_1 与 L_2 必是(　).

① 交于一点； ② 重合； ③ 平行而不重合；

④ 两条异面直线.

32. 设 $\boldsymbol{A}\in M_n(\mathbb{R})$（即 n 阶实矩阵），则线性方程组(Ⅰ)，(Ⅱ)：

(Ⅰ) $\boldsymbol{Ax}=\boldsymbol{0}$；　　　(Ⅱ) $\boldsymbol{A}^{\mathrm{T}}\boldsymbol{Ax}=\boldsymbol{0}$

的解集必为(　　).

① 同解(相等)；② (Ⅰ)的解必是(Ⅱ)的解，但(Ⅱ)的解不一定是(Ⅰ)的解；③ (Ⅱ)的解必是(Ⅰ)的解，但(Ⅰ)的解不一定是(Ⅱ)的解；④ 二者的解没有关系.

33. 3.5 节例 5.

34. 设 $\boldsymbol{\alpha}_i=(a_{i1},a_{i2},\cdots,a_{in})^{\mathrm{T}}(i=1,2,\cdots,r;r<n)$ 是 n 维实向量，且 $\boldsymbol{\alpha}_1,\boldsymbol{\alpha}_2,\cdots,\boldsymbol{\alpha}_r$ 线性无关，已知 $\boldsymbol{\beta}=(b_1,b_2,\cdots,b_n)^{\mathrm{T}}$ 是线性方程组

$$\begin{cases} a_{11}x_1+a_{12}x_2+\cdots+a_{1n}x_n=0, \\ a_{21}x_1+a_{22}x_2+\cdots+a_{2n}x_n=0, \\ \cdots\cdots\cdots\cdots\cdots\cdots\cdots\cdots \\ a_{r1}x_1+a_{r2}x_2+\cdots+a_{rn}x_n=0 \end{cases}$$

的非零解向量. 试判断向量组 $\boldsymbol{\alpha}_1,\boldsymbol{\alpha}_2,\cdots,\boldsymbol{\alpha}_r,\boldsymbol{\beta}$ 的线性相关性.

35. 设四元齐次线性方程组(Ⅰ)为

$$\begin{cases} 2x_1+3x_2-x_3=0, \\ x_1+2x_2+x_3-x_4=0. \end{cases}$$

已知另一四元齐次线性方程组(Ⅱ)的一个基础解系为

$$\boldsymbol{\alpha}_1=(2,-1,a+2,1)^{\mathrm{T}},\quad \boldsymbol{\alpha}_2=(-1,2,4,a+8)^{\mathrm{T}}.$$

(1) 求方程组(Ⅰ)的一个基础解系；

(2) 当 a 为何值时，方程组(Ⅰ)与(Ⅱ)有非零公共解？在有

非零公共解时,求出全部非零公共解.

36. 设 $\boldsymbol{A}$ 是 $m\times n$ 矩阵,$\boldsymbol{B}$ 是 $n\times m$ 矩阵,则线性方程组$(\boldsymbol{AB})\boldsymbol{x}=\boldsymbol{0}$

(A) 当 $n>m$ 时仅有零解;　(B) 当 $n>m$ 时必有非零解;

(C) 当 $m>n$ 时仅有零解;　(D) 当 $m>n$ 时必有非零解.

37. 设齐次线性方程组

$$\begin{cases} ax_1+bx_2+bx_3+\cdots+bx_n=0, \\ bx_1+ax_2+bx_3+\cdots+bx_n=0, \\ \cdots\cdots\cdots\cdots\cdots\cdots\cdots\cdots\cdots\cdots \\ bx_1+bx_2+bx_3+\cdots+ax_n=0. \end{cases}$$

其中 $a\neq 0,b\neq 0,n\geqslant 2$. 试讨论 a,b 为何值时,方程组仅有零解、有无穷多组解?在有无穷多组解时,求出全部解,并用基础解系表示全部解.

38. 设$\boldsymbol{\alpha}_1,\boldsymbol{\alpha}_2,\cdots,\boldsymbol{\alpha}_s$为线性方程组 $\boldsymbol{Ax}=\boldsymbol{0}$ 的一个基础解系,$\boldsymbol{\beta}_1=t_1\boldsymbol{\alpha}_1+t_2\boldsymbol{\alpha}_2,\boldsymbol{\beta}_2=t_1\boldsymbol{\alpha}_2+t_2\boldsymbol{\alpha}_3,\cdots,\boldsymbol{\beta}_s=t_1\boldsymbol{\alpha}_s+t_2\boldsymbol{\alpha}_1$,其中 t_1,t_2 为实常数. 试问 t_1,t_2 满足什么关系时,$\boldsymbol{\beta}_1,\boldsymbol{\beta}_2,\cdots,\boldsymbol{\beta}_s$也为 $\boldsymbol{Ax}=\boldsymbol{0}$ 的一个基础解系.

39. 设 $\boldsymbol{A}$ 是 n 阶矩阵,$\boldsymbol{\alpha}$ 是 n 维列向量. 若秩$\begin{pmatrix}\boldsymbol{A} & \boldsymbol{\alpha} \\ \boldsymbol{\alpha}^{\mathrm{T}} & 0\end{pmatrix}=$秩$(\boldsymbol{A})$,则线性方程组

(A) $\boldsymbol{Ax}=\boldsymbol{\alpha}$ 必有无穷多解;

(B) $\boldsymbol{Ax}=\boldsymbol{\alpha}$ 必有唯一解;

(C) $\begin{pmatrix}\boldsymbol{A} & \boldsymbol{\alpha} \\ \boldsymbol{\alpha}^{\mathrm{T}} & 0\end{pmatrix}\begin{pmatrix}\boldsymbol{x} \\ y\end{pmatrix}=\boldsymbol{0}$ 仅有零解;

(D) $\begin{pmatrix}\boldsymbol{A} & \boldsymbol{\alpha} \\ \boldsymbol{\alpha}^{\mathrm{T}} & 0\end{pmatrix}\begin{pmatrix}\boldsymbol{x} \\ y\end{pmatrix}=\boldsymbol{0}$ 必有非零解.

40. 已知 4 阶方阵 $\boldsymbol{A}=(\boldsymbol{\alpha}_1,\boldsymbol{\alpha}_2,\boldsymbol{\alpha}_3,\boldsymbol{\alpha}_4)$,其中$\boldsymbol{\alpha}_1,\boldsymbol{\alpha}_2,\boldsymbol{\alpha}_3,\boldsymbol{\alpha}_4$均为 4 维列向量,且$\boldsymbol{\alpha}_2,\boldsymbol{\alpha}_3,\boldsymbol{\alpha}_4$线性无关,$\boldsymbol{\alpha}_1=2\boldsymbol{\alpha}_2-\boldsymbol{\alpha}_3$. 如果$\boldsymbol{\beta}=\boldsymbol{\alpha}_1+$

$\boldsymbol{\alpha}_2+\boldsymbol{\alpha}_3+\boldsymbol{\alpha}_4$,求线性方程组$\boldsymbol{A}\boldsymbol{x}=\boldsymbol{\beta}$的通解.

41. 设向量组$\boldsymbol{\alpha}_1,\boldsymbol{\alpha}_2,\boldsymbol{\alpha}_3$线性无关,向量$\boldsymbol{\beta}_1$可由$\boldsymbol{\alpha}_1,\boldsymbol{\alpha}_2,\boldsymbol{\alpha}_3$线性表示,而向量$\boldsymbol{\beta}_2$不能由$\boldsymbol{\alpha}_1,\boldsymbol{\alpha}_2,\boldsymbol{\alpha}_3$线性表示,则对于任意常数$k$,必有

(A) $\boldsymbol{\alpha}_1,\boldsymbol{\alpha}_2,\boldsymbol{\alpha}_3,k\boldsymbol{\beta}_1+\boldsymbol{\beta}_2$线性无关;

(B) $\boldsymbol{\alpha}_1,\boldsymbol{\alpha}_2,\boldsymbol{\alpha}_3,k\boldsymbol{\beta}_1+\boldsymbol{\beta}_2$线性相关;

(C) $\boldsymbol{\alpha}_1,\boldsymbol{\alpha}_2,\boldsymbol{\alpha}_3,\boldsymbol{\beta}_1+k\boldsymbol{\beta}_2$线性无关;

(D) $\boldsymbol{\alpha}_1,\boldsymbol{\alpha}_2,\boldsymbol{\alpha}_3,\boldsymbol{\beta}_1+k\boldsymbol{\beta}_2$线性相关.

4 向量空间与线性变换

1. 已知$\mathbb{R}^3$的基底为$\boldsymbol{\alpha}_1=(1,1,0),\boldsymbol{\alpha}_2=(1,0,1),\boldsymbol{\alpha}_3=(0,1,1)$,求$\boldsymbol{\mu}=(2,0,0)$在基底下的坐标.

2. 已知$\mathbb{R}^3$的两组基:

$\boldsymbol{\alpha}_1=(1,0,1)^{\mathrm{T}},\boldsymbol{\alpha}_2=(1,0,-1)^{\mathrm{T}},\boldsymbol{\alpha}_3=(1,1,1)^{\mathrm{T}}$;

$\boldsymbol{\beta}_1=(1,2,1)^{\mathrm{T}},\boldsymbol{\beta}_2=(2,3,4)^{\mathrm{T}},\boldsymbol{\beta}_3=(3,4,3)^{\mathrm{T}}$.

求$\{\boldsymbol{\alpha}_1,\boldsymbol{\alpha}_2,\boldsymbol{\alpha}_3\}$到$\{\boldsymbol{\beta}_1,\boldsymbol{\beta}_2,\boldsymbol{\beta}_3\}$的过渡矩阵.

3. 设$\boldsymbol{B}\in\mathbb{R}^{5\times4}$,$\mathrm{r}(\boldsymbol{B})=2$,已知齐次线性方程组$\boldsymbol{B}\boldsymbol{x}=\boldsymbol{0}$的3个解向量为$\boldsymbol{\alpha}_1=(1,1,2,3)^{\mathrm{T}},\boldsymbol{\alpha}_2=(-1,1,4,-1)^{\mathrm{T}},\boldsymbol{\alpha}_3=(5,-1,-8,9)^{\mathrm{T}}$. 试求$\boldsymbol{B}\boldsymbol{x}=\boldsymbol{0}$的解空间的一个标准正交基.

5 特征值与特征向量 矩阵的对角化

1. 习题5-3. **2.** 习题5-6.

3. 习题5-18(只求特征值). **4.** 习题5-43.

5. 习题5-39. **6.** 习题5-44.

7. 习题5-40. **8.** 习题5-41.

9. 习题5-45. **10.** 习题5-46.

11. 习题5-42.

12. 已知三阶矩阵$\boldsymbol{A}$的特征值$\lambda_1=1,\lambda_2=2,\lambda_3=3$,其对应的

特征向量 $\boldsymbol{\xi}_1=(1,1,1)^{\mathrm{T}}$，$\boldsymbol{\xi}_2=(1,2,4)^{\mathrm{T}}$，$\boldsymbol{\xi}_3=(1,3,9)^{\mathrm{T}}$；又 $\boldsymbol{\beta}=(1,1,3)^{\mathrm{T}}$.

① 将 $\boldsymbol{\beta}$ 用 $\boldsymbol{\xi}_1,\boldsymbol{\xi}_2,\boldsymbol{\xi}_3$ 线性表示；

② 求 $\boldsymbol{A}^n\boldsymbol{\beta}$（$n\in\mathbb{N}$ 自然数集）.

13. 设

$$\boldsymbol{A}=\begin{bmatrix}3 & 2 & -2\\ -k & -1 & k\\ 4 & 2 & -3\end{bmatrix}.$$

问：k 为何值时，存在可逆矩阵 $\boldsymbol{P}$，使 $\boldsymbol{P}^{-1}\boldsymbol{A}\boldsymbol{P}=\boldsymbol{\Lambda}$（对角矩阵），并求 $\boldsymbol{P}$ 和 $\boldsymbol{\Lambda}$.

14. 设
$$\boldsymbol{A}=\begin{bmatrix}1 & 0 & 1\\ 0 & 2 & 0\\ 1 & 0 & 1\end{bmatrix},$$
计算 $\boldsymbol{A}^n-2\boldsymbol{A}^{n-1}$（其中自然数 $n\geqslant 2$）.

15. 已知 $\begin{pmatrix}x_1\\ y_1\end{pmatrix}=\begin{pmatrix}1\\ 1\end{pmatrix}$，$\begin{pmatrix}x_{n+1}\\ y_{n+1}\end{pmatrix}=\boldsymbol{A}\begin{pmatrix}x_n\\ y_n\end{pmatrix}$（$n=1,2,\cdots$），求 $\begin{pmatrix}x_{n+1}\\ y_{n+1}\end{pmatrix}$.

① $\boldsymbol{A}=\begin{pmatrix}1 & 1\\ 0 & 1\end{pmatrix}$，　　② $\boldsymbol{A}=\begin{pmatrix}1 & 2\\ 3 & 2\end{pmatrix}$.

16. 设 $\boldsymbol{A}$ 是 n 阶实矩阵，$\boldsymbol{A}\boldsymbol{A}^{\mathrm{T}}=\boldsymbol{I}$，$|\boldsymbol{A}|<0$，求 $|\boldsymbol{A}+\boldsymbol{I}|$.

提示：$\boldsymbol{A}$ 是正交矩阵，设 $\boldsymbol{A}\boldsymbol{x}=\lambda\boldsymbol{x}$（$\boldsymbol{x}\neq\boldsymbol{0}$，特征值 λ 可能是复数），则由

$$\overline{\boldsymbol{A}\boldsymbol{x}}^{\mathrm{T}}\boldsymbol{A}\boldsymbol{x}=\overline{\lambda\boldsymbol{x}}^{\mathrm{T}}\lambda\boldsymbol{x}\Rightarrow\bar{\boldsymbol{x}}^{\mathrm{T}}\boldsymbol{A}^{\mathrm{T}}\boldsymbol{A}\boldsymbol{x}=\bar{\lambda}\lambda\bar{\boldsymbol{x}}^{\mathrm{T}}\boldsymbol{x}$$
$$\Rightarrow\bar{\boldsymbol{x}}^{\mathrm{T}}\boldsymbol{x}=\bar{\lambda}\lambda\bar{\boldsymbol{x}}^{\mathrm{T}}\boldsymbol{x}\quad(\bar{\boldsymbol{x}}^{\mathrm{T}}\boldsymbol{x}=\|\boldsymbol{x}\|^2\neq 0)$$

得 $\bar{\lambda}\lambda=1$. 当 λ 为实数时，$\lambda^2=1$，$\lambda=\pm 1$；当 λ 为复数时，其模 $|\lambda|=1$，且 $\bar{\lambda}$ 也必是其特征值. 再由 $|\boldsymbol{A}|=-1=\lambda_1\lambda_2\cdots\lambda_n$，可知 $\boldsymbol{A}$ 必以 -1 为其特征值，故 $|\boldsymbol{I}+\boldsymbol{A}|=|-(-\boldsymbol{I}-\boldsymbol{A})|=(-1)^n|-\boldsymbol{I}-\boldsymbol{A}|=0$.

17. 设$\boldsymbol{A}$为三阶实对称矩阵,且满足条件$\boldsymbol{A}^2+2\boldsymbol{A}=\boldsymbol{0}$,已知$\boldsymbol{A}$的秩$\mathrm{r}(\boldsymbol{A})=2$.

(1) 求$\boldsymbol{A}$的全部特征值;

(2) 当k为何值时,矩阵$\boldsymbol{A}+k\boldsymbol{I}$为正定矩阵,其中$\boldsymbol{I}$为三阶单位矩阵.

18. 已知三阶矩阵$\boldsymbol{A}$与三维向量$\boldsymbol{x}$,使得向量组$\boldsymbol{x},\boldsymbol{Ax},\boldsymbol{A}^2\boldsymbol{x}$线性无关,且满足$\boldsymbol{A}^3\boldsymbol{x}=3\boldsymbol{Ax}-2\boldsymbol{A}^2\boldsymbol{x}$.

(1) 记$\boldsymbol{P}=(\boldsymbol{x},\boldsymbol{Ax},\boldsymbol{A}^2\boldsymbol{x})$,求三阶矩阵$\boldsymbol{B}$,使$\boldsymbol{A}=\boldsymbol{PBP}^{-1}$;

(2) 计算行列式$|\boldsymbol{A}+\boldsymbol{I}|$.

19. 设矩阵

$$\boldsymbol{A}=\begin{pmatrix}1 & 1 & a\\ 1 & a & 1\\ a & 1 & 1\end{pmatrix},\qquad \boldsymbol{\beta}=\begin{pmatrix}1\\ 1\\ -2\end{pmatrix}.$$

已知线性方程组$\boldsymbol{Ax}=\boldsymbol{\beta}$有解但不唯一,试求:(1)$a$的值;(2)正交矩阵$\boldsymbol{Q}$,使$\boldsymbol{Q}^{\mathrm{T}}\boldsymbol{AQ}$为对角矩阵.

20. 设$\boldsymbol{A}$是n阶实对称矩阵,$\boldsymbol{P}$是n阶可逆矩阵.已知n维列向量$\boldsymbol{\alpha}$是$\boldsymbol{A}$的属于特征值λ的特征向量,则矩阵$(\boldsymbol{P}^{-1}\boldsymbol{AP})^{\mathrm{T}}$属于特征值$\lambda$的特征向量是

(A) $\boldsymbol{P}^{-1}\boldsymbol{\alpha}$; (B) $\boldsymbol{P}^{\mathrm{T}}\boldsymbol{\alpha}$; (C) $\boldsymbol{P\alpha}$; (D) $(\boldsymbol{P}^{-1})^{\mathrm{T}}\boldsymbol{\alpha}$.

21. 设实对称矩阵

$$\boldsymbol{A}=\begin{pmatrix}a & 1 & 1\\ 1 & a & -1\\ 1 & -1 & a\end{pmatrix},$$

求可逆矩阵$\boldsymbol{P}$,使$\boldsymbol{P}^{-1}\boldsymbol{AP}$为对角矩阵,并计算行列式$|\boldsymbol{A}-\boldsymbol{I}|$的值.

22. 矩阵$\begin{pmatrix}0 & -2 & -2\\ 2 & 2 & -2\\ -2 & -2 & 2\end{pmatrix}$的非零特征值是________.

23. 设 $\boldsymbol{A},\boldsymbol{B}$ 为同阶方阵.

(1) 如果 $\boldsymbol{A},\boldsymbol{B}$ 相似,试证 $\boldsymbol{A},\boldsymbol{B}$ 的特征多项式相等.

(2) 举一个二阶方阵的例子说明(1)的逆命题不成立.

(3) 当 $\boldsymbol{A},\boldsymbol{B}$ 均为实对称矩阵时,试证(1)的逆命题成立.

6　二次型

1. 求一个正交变换,化二次型 $f(x_1,x_2,x_3)=x_1^2+4x_2^2+4x_3^2-4x_1x_2-4x_1x_3-8x_2x_3$ 为标准形.

2. 已知 $\boldsymbol{A}$ 为 n 阶实对称正定矩阵,证明: $|\boldsymbol{A}+\boldsymbol{I}|>1$.

3. $x^2+ay^2+z^2+2bxy+2xz+2yz=4$ 经过正交变换

$$(x,y,z)^{\mathrm{T}}=\boldsymbol{P}(\xi,\eta,\zeta)^{\mathrm{T}}$$

可化为椭圆柱面方程 $\eta^2+4\zeta^2=4$,试求 a,b 及正交矩阵 $\boldsymbol{P}$.

4. 习题 6-46(与习题 6-8(1)相同).

5. 习题 6-47.　　**6.** 习题 6-48.

7. 习题 6-49.　　**8.** 习题 6-50.

9. 已知实二次型 $f(x_1,x_2,x_3)=a(x_1^2+x_2^2+x_3^2)+4x_1x_2+4x_1x_3+4x_2x_3$ 经正交变换 $\boldsymbol{x}=\boldsymbol{P}\boldsymbol{y}$ 可化成标准形 $f=6y_1^2$,则 $a=$________.

索 引

B

半负定二次型 §6.5
半负定矩阵 §6.5
半正定二次型 §6.5
半正定矩阵 §6.5
伴随矩阵 §2.4
变换 §4.6
倍加变换 §2.5
倍乘变换 §2.5
标准的二次型 §6.2
标准基 §4.1
标准正交基 §4.2
不定二次型 §6.5
不相容方程组 §2.1

C

柯西-施瓦茨不等式 §4.2
初等变换 §2.5
初等矩阵 §2.5
初等倍乘矩阵 §2.5
初等倍加矩阵 §2.5
初等对换矩阵 §2.5
初等行变换 §2.5
初等列变换 §2.5
初等旋转阵 §4.6

D

代数余子式 §1.1
单射 §4.6
单位矩阵 §2.2
等价关系 §3.4
递推关系(递推公式) §1.1 §7.5
对换变换 §2.5
对称矩阵 §2.3
对角矩阵 §2.2
对角块矩阵(准对角阵) §2.6
对角化 §5.3

E

二次型 §6.1
二次型的标准形 §6.2
二次型的规范形 §6.3

F

范德蒙行列式 §1.2
反对称行列式 §1.2
反对称矩阵 §2.3
反射阵 §4.6
方阵的多项式 §2.1
方阵 §2.1
方阵的幂 §2.2
非负矩阵 §7.3
非负向量 §7.3
非奇异矩阵 §2.2
非齐次线性方程组 §2.1
分块矩阵 §2.6
分配平衡方程组 §7.3
符号差 §6.3
负定二次型 §6.5
负定矩阵 §6.5
负惯性指数 §6.3
负元素 §4.3
复空间 §4.3
复矩阵 §5.3
复向量 §5.3

G

概率向量 §7.2
高斯消元法 §2.1
共轭矩阵 §5.3
惯性定理 §6.3
过渡矩阵 §4.1

H

核 §4.6
行 §2.1
行空间 §4.4
行列式 §1.1
行列式性质 §1.1
行简化阶梯矩阵 §2.1
行向量 §3.1
合同 §6.1
合同矩阵 §6.1
恒等变换 §4.6
回路§7.4

J

基 §4.1 §4.5
基变换 §4.1
基的变换矩阵 §4.1
基础解系 §3.4
极大线性无关组 §3.2
交换律 §2.2
净产值向量 §7.3
镜像变换(镜面反射) §4.6
解的结构 §3.4
解空间 §4.4
解向量 §3.1
结合律 §2.2
阶梯形线性方程组 §2.1
矩阵(方阵) §2.1
矩阵表示 §4.6
矩阵的乘法 §2.2
矩阵的加法 §2.2
矩阵的数量乘法 §2.2
矩阵的对角化 §5.2
矩阵的主对角元 §2.2
矩阵的行秩 §3.3
矩阵的阶 §2.1
矩阵的列秩 §3.3
矩阵的合同(相合) §6.1
矩阵的相抵 §3.3
矩阵的相似 §5.1
矩阵的转置 §2.3
矩阵的秩 §3.3

K

可对角化 §5.2
可达到矩阵 §7.4
可交换矩阵 §2.2
可逆矩阵 §2.4
可逆线性变换 §4.6
克罗内克 δ_{ij} §1.1
克拉默法则 §1.3

L

Leslie 矩阵 §7.1
Leslie 人口模型 §7.1
连通图 §7.4
列 §2.1
列空间 §4.4
列向量 §3.1
零变换 §4.6
零矩阵 §2.1
零空间 §4.4
零元素 §4.3
零子空间 §4.4

M

马尔可夫链 §7.2
满射 §4.6
幂等矩阵 §5.2

N

内积 §4.2
逆矩阵 §2.4

O

欧几里得空间 §4.2

P

平凡子空间 §4.4
配方法 §6.2

Q

企业消耗矩阵 §7.3
奇异矩阵 §2.2
齐次线性方程组 §2.1

S

三对角行列式 §1.2
三角(形)不等式 §4.2
施密特正交化 §4.2
上三角矩阵 §2.2
生产向量 §7.3
实对称矩阵 §5.3
实空间 §4.3
数乘变换 §4.6
数量乘法(数乘) §2.2
数量矩阵 §2.2
双射(一一对应) §4.6

T

特解 §3.5
特征多项式 §5.1
特征方程 §5.1
特征矩阵 §5.1

特征向量 §5.1
特征值 §5.1
特征子空间 §5.1
投影矩阵 §7.7
投入产出数学模型 §7.3
椭球面 §6.2
图 §7.4
图的邻接矩阵 §7.4

W

外部需求向量 §7.3
维数 §4.5
无限维线性空间 §4.5

X

系数矩阵 §2.1
下三角矩阵 §2.2
线性变换 §4.6
线性表示 §3.1
线性方程组 §1.3 §3.1
线性非齐次方程组 §1.3
线性空间 §4.5
线性空间的基 §4.5
线性空间的维数 §4.5
线性相关 §3.1
线性相关性 §3.1
线性无关 §3.1
线性运算 §4.3
线性映射 §4.6
线性组合 §3.1
线性子空间 §4.4
象 §4.6
相抵 §3.3
相抵标准形 §3.3
相合 §6.1
相容方程组 §2.1
相似 §5.1
相似标准形 §5.2
相似矩阵 §5.1
向量 §3.1 §4.3
向量空间 §4.5
向量组的秩 §3.2
消耗平衡方程组 §7.3
消去律 §2.2
旋转变换 §4.6

Y

一般解(通解) §3.4
一阶线性常系数微分方程组 §7.6
映射 §4.6
有定二次型 §6.5
右零因子 §2.2
余子式 §1.1

元素 §2.1
原象 §4.6

Z

增广矩阵 §2.1
正定二次型 §6.4
正定矩阵 §6.4
正规方程 §7.7
正交 §4.4
正交变换 §4.6
正交补 §4.4
正交矩阵 §4.2
正惯性指数 §6.3
正则链 §7.2
正则转移矩阵 §7.2
直和 §4.4
直接消耗系数矩阵 §7.3
值域 §4.6
转移概率 §7.2
转移矩阵 §7.2
转置矩阵 §2.3
主对角线 §1.1
主对角元 §1.1
主轴定理 §6.2
主子式 §3.3
准对角阵 §2.6
子空间 §4.4
子空间的和 §4.4
子空间的交 §4.4
子空间的维数公式 §4.5
子式 §3.3
子行列式 §3.3
自然基 §4.1 §4.5
最小二乘解 §7.7
坐标 §4.1 §4.5
坐标变换 §4.1
坐标向量 §4.1
左零因子 §2.2